Lernen

Die Lerneinheiten sind in drei Teile geteilt:

1. **Basisaufgaben**, die das neu Gelernte üben.
2. Mit **Alles klar?** prüfst du, ob du alles verstanden hast.
3. Danach stehen dir **zwei Wege** zur Auswahl.
   Wähle den einfacheren oder den schwierigeren **Lernweg**.

Alles klar?
Hier prüfst du, ob du alles verstanden hast.

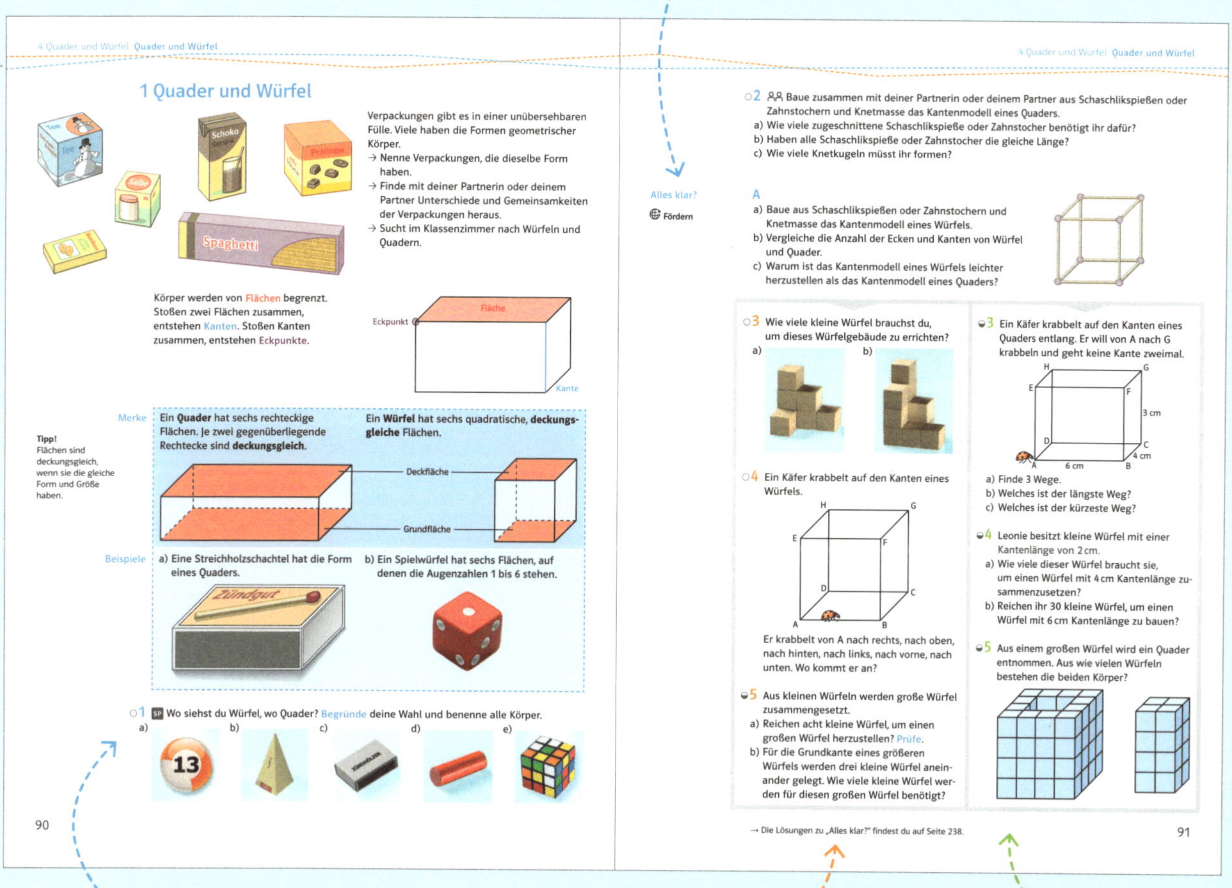

4 Quader und Würfel Quader und Würfel

1 Quader und Würfel

Verpackungen gibt es in einer unübersehbaren Fülle. Viele haben die Formen geometrischer Körper.
→ Nenne Verpackungen, die dieselbe Form haben.
→ Finde mit deiner Partnerin oder deinem Partner Unterschiede und Gemeinsamkeiten der Verpackungen heraus.
→ Sucht im Klassenzimmer nach Würfeln und Quadern.

Körper werden von Flächen begrenzt. Stoßen zwei Flächen zusammen, entstehen Kanten. Stoßen Kanten zusammen, entstehen Eckpunkte.

Tipp! Flächen sind deckungsgleich, wenn sie die gleiche Form und Größe haben.

Merke: Ein **Quader** hat sechs rechteckige Flächen. Je zwei gegenüberliegende Rechtecke sind **deckungsgleich**. Ein **Würfel** hat sechs quadratische, **deckungsgleiche** Flächen.

Beispiele: a) Eine Streichholzschachtel hat die Form eines Quaders. b) Ein Spielwürfel hat sechs Flächen, auf denen die Augenzahlen 1 bis 6 stehen.

○1 SP Wo siehst du Würfel, wo Quader? Begründe deine Wahl und benenne alle Körper.

90

4 Quader und Würfel Quader und Würfel

○2 Baue zusammen mit deiner Partnerin oder deinem Partner aus Schaschlikspießen oder Zahnstochern und Knetmasse das Kantenmodell eines Quaders.
a) Wie viele zugeschnittene Schaschlikspieße oder Zahnstocher benötigt ihr dafür?
b) Haben alle Schaschlikspieße oder Zahnstocher die gleiche Länge?
c) Wie viele Knetkugeln müsst ihr formen?

Alles klar? Fördern

A
a) Baue aus Schaschlikspießen oder Zahnstochern und Knetmasse das Kantenmodell eines Würfels.
b) Vergleiche die Anzahl der Ecken und Kanten von Würfel und Quader.
c) Warum ist das Kantenmodell eines Würfels leichter herzustellen als das Kantenmodell eines Quaders?

○3 Wie viele kleine Würfel brauchst du, um dieses Würfelgebäude zu errichten?
a) b)

○4 Ein Käfer krabbelt auf den Kanten eines Würfels.
Er krabbelt von A nach rechts, nach oben, nach hinten, nach links, nach vorne, nach unten. Wo kommt er an?

◒5 Aus kleinen Würfeln werden große Würfel zusammengesetzt.
a) Reichen acht kleine Würfel, um einen großen Würfel herzustellen? Prüfe.
b) Für die Grundkante eines größeren Würfels werden drei kleine Würfel aneinander gelegt. Wie viele kleine Würfel werden für diesen großen Würfel benötigt?

◒3 Ein Käfer krabbelt auf den Kanten eines Quaders entlang. Er will von A nach G krabbeln und geht keine Kante zweimal.
a) Finde 3 Wege.
b) Welches ist der längste Weg?
c) Welches ist der kürzeste Weg?

◒4 Leonie besitzt kleine Würfel mit einer Kantenlänge von 2 cm.
a) Wie viele dieser Würfel braucht sie, um einen Würfel mit 4 cm Kantenlänge zusammenzusetzen?
b) Reichen ihr 30 kleine Würfel, um einen Würfel mit 6 cm Kantenlänge zu bauen?

◒5 Aus einem großen Würfel wird ein Quader entnommen. Aus wie vielen Würfeln bestehen die beiden Körper?

→ Die Lösungen zu „Alles klar?" findest du auf Seite 238.

91

Basisaufgaben,
die das neu Gelernte einüben

Lernweg
einfachere Aufgaben

Lernweg
schwierigere Aufgaben

Symbole

- Partner- oder Gruppenaufgabe
- Computeraufgabe
- ○ einfache Aufgabe
- ◒ mittlere Aufgabe
- ● schwierige Aufgabe
- MK kennzeichnet Aufgaben oder Inhalte zum Thema Medienkompetenz.
- SP kennzeichnet Aufgaben, die den Fokus verstärkt auf (fachintegrierte) Sprachbildung richten.

Teste dich
Fördern
Material

An vielen Stellen im Buch findest du Hinweise auf Zusatzmaterialien. Zu jedem Kapitel gibt es einen Code, der dich zu weiteren Informationen, Materialien und Übungen führt. Gib einfach den Code aus dem Inhaltsverzeichnis auf www.klett.de ein.

Potthoff

Schnittpunkt 6

Mathematik – Differenzierende Ausgabe

Sarah Macha
Rainer Pongs
Peter Rausche
Jens Richter
Ingrid Wald-Schillings

Martina Backhaus
Ilona Bernhard
Joachim Böttner
Günther Fechner
Wolfgang Malzacher
Achim Olpp
Emilie Scholl-Molter
Colette Simon
Claus Stöckle
Thomas Straub
Hartmut Wellstein

Ernst Klett Verlag
Stuttgart · Leipzig

Inhaltsverzeichnis

1 Kreis, Winkel, Dreieck

Code zum Kapitel
ue6x5a

2 Teilbarkeit und Brüche

Code zum Kapitel
4sh2vr

MK kennzeichnet Aufgaben oder Inhalte zum Thema Medienkompetenz.
SP kennzeichnet Aufgaben, die den Fokus verstärkt auf (fachintegrierte) Sprachbildung richten.

3 Rechnen mit Brüchen

🌐 **Code zum Kapitel**
7iw43y

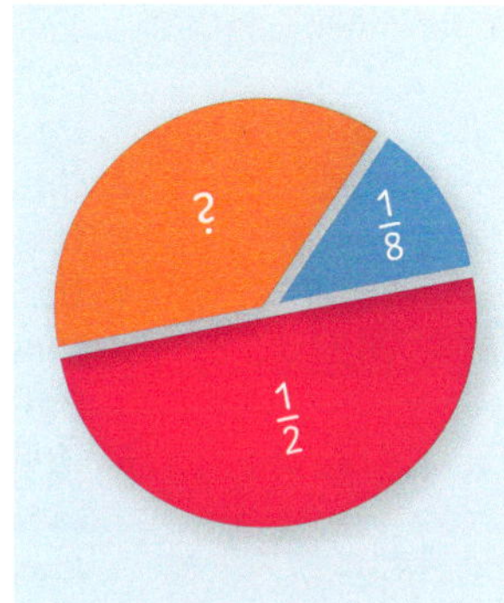

4 Quader und Würfel

🌐 **Code zum Kapitel**
mq848p

5 Dezimalzahlen

MK SP

Code zum Kapitel 2r9322

6 Rechnen mit Dezimalzahlen

MK SP

Code zum Kapitel 2tp4y9

MK kennzeichnet Aufgaben oder Inhalte zum Thema Medienkompetenz.
SP kennzeichnet Aufgaben, die den Fokus verstärkt auf (fachintegrierte) Sprachbildung richten.

7 Daten darstellen und auswerten

Code zum Kapitel
k9s333

8 Ganze Zahlen

Code zum Kapitel
te75wi

Standpunkt | Kreis, Winkel, Dreieck

Wo stehe ich?

Ich kann …	gut	etwas	nicht gut	Lerntipp!
A Radius und Durchmesser in einen Kreis einzeichnen,	■	■	■	→ Seite 221; 222
B Muster mit Geodreieck und Zirkel zeichnen,	■	■	■	→ Seite 222
C Senkrechte und Parallele erkennen,	■	■	■	→ Seite 220
D rechte Winkel zeichnen,	■	■	■	→ Seite 220
E Punkte aus einem Koordinatensystem ablesen und eintragen.	■	■	■	→ Seite 226

Teste dich

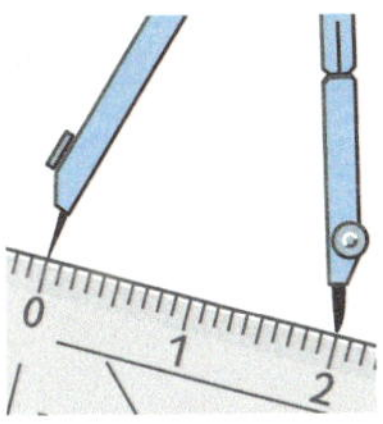

Überprüfe dich selbst:

A Zeichne mit dem Zirkel eine ähnliche Figur ins Heft.
Kennzeichne den Mittelpunkt mit M.
Zeichne beim kleinen Kreis einen Radius und beim größeren Kreis einen Durchmesser ein. Gib ihre Länge an.

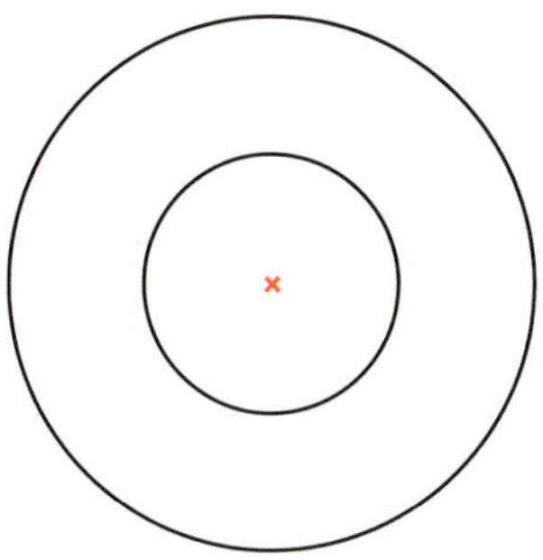

B Zeichne ein Quadrat mit der Seitenlänge 6 cm. Ergänze zur Kreisfigur.

a)

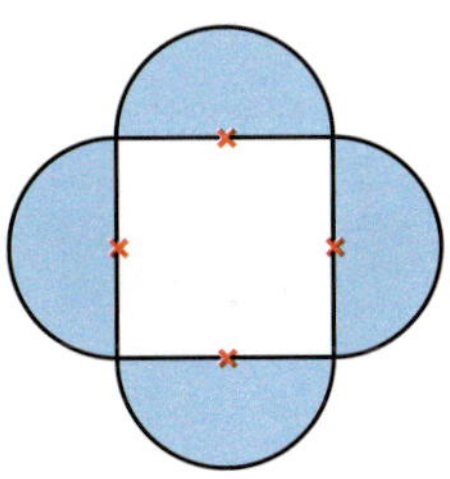

b)

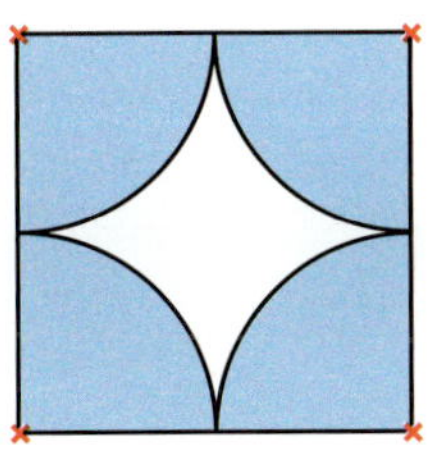

C Parallel oder senkrecht?

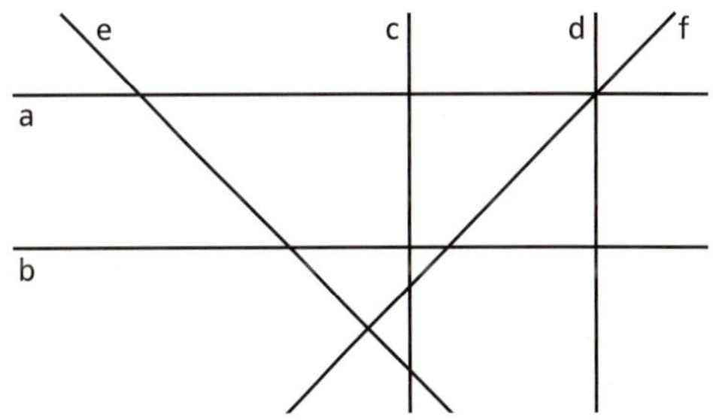

Setze im Heft das Zeichen ∥ oder ⊥.

a ■ b　　b ■ c　　c ■ a

f ■ e　　a ■ d　　c ■ d

D Zeichne drei rechte Winkel in verschiedener Lage ins Heft.

E

a) Lies für jeden Punkt die Koordinaten ab und notiere sie.

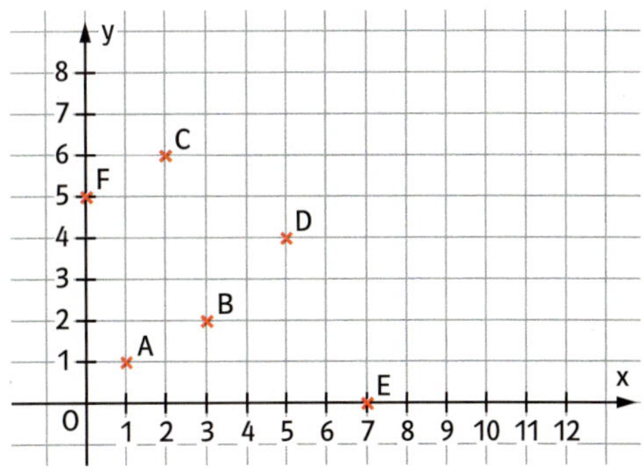

b) Zeichne ein Koordinatensystem in dein Heft. Trage die Punkte G(5|6); H(8|7); K(0|3) und L(8|4) ein.

→ Die Lösungen findest du auf Seite 230.

1 Kreis, Winkel, Dreieck

1 Kreise findest du oft im Alltag. Ohne kreisförmige Gegenstände würde vieles nicht funktionieren. Nenne solche Gegenstände. Was weißt du über Kreise?

2 Beschreibe, wie man Kreise zeichnen kann. Zeichne selbst Kreise. Kannst du auch ohne einen Zirkel Kreise zeichnen? Nenne Hilfsmittel.

3 Was ändert sich, wenn du den Fächer noch weiter öffnest? Was bleibt gleich? Beschreibe.

Ich lerne,

- wie man Kreise, Kreisteile und Winkel zeichnet,
- wie man die Größe von Winkeln angibt,
- welche verschiedenen Arten von Winkeln es gibt,
- wie man Winkel schätzt, misst und zeichnet,
- wie man Dreiecke mit bestimmten Winkeln zeichnet und benennt.

1 Kreis

Beim Longieren läuft das Pferd an einer Leine, der Longe. Der Longeführer dreht sich dabei auf einem Punkt in der Mitte des Longierzirkels.

→ Skizziere die Laufbahn des Pferdes bei gespannter Longe.

→ Besprecht miteinander, wie sich die Laufbahn ändert, wenn das Longierseil länger bzw. kürzer ist. Macht eine Skizze.

Im Heft zeichnet man Kreise meist mit dem Zirkel.

Merke

Alle Punkte einer Kreislinie haben vom **Mittelpunkt M** denselben Abstand. Den Abstand nennt man **Radius r** des Kreises.

Jede Strecke durch den Mittelpunkt, die zwei Punkte auf der Kreislinie verbindet, heißt **Durchmesser d**.

Der Durchmesser ist doppelt so lang wie der Radius.
Durchmesser = 2 · Radius (kurz: $d = 2 \cdot r$)
Die Kreisfläche wird von der **Kreislinie** eingeschlossen.

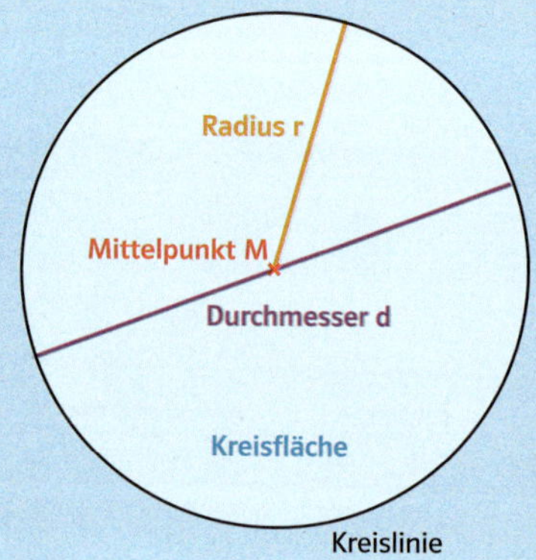

Beispiele

a) So zeichnet man einen Kreis:

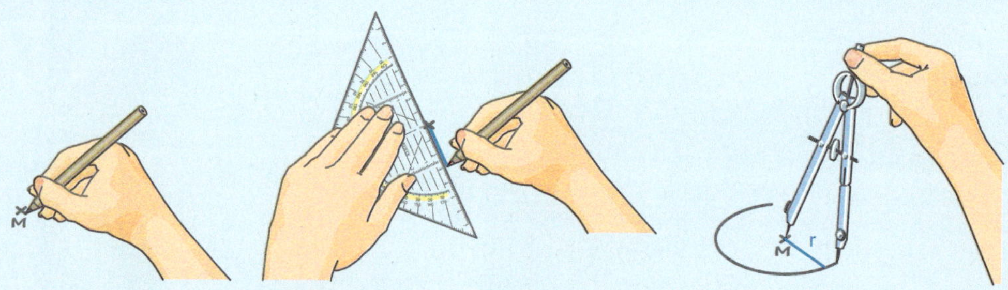

b) Um den Mittelpunkt M(7|4) ist ein Kreis mit dem Radius 4 Kästchen gezeichnet.
Der Durchmesser ist
2 · 4 Kästchen = 8 Kästchen lang.

Die auf der Kreislinie markierten Punkte haben die Koordinaten P(3|4), Q(7|0), R(11|4) und S(7|8).

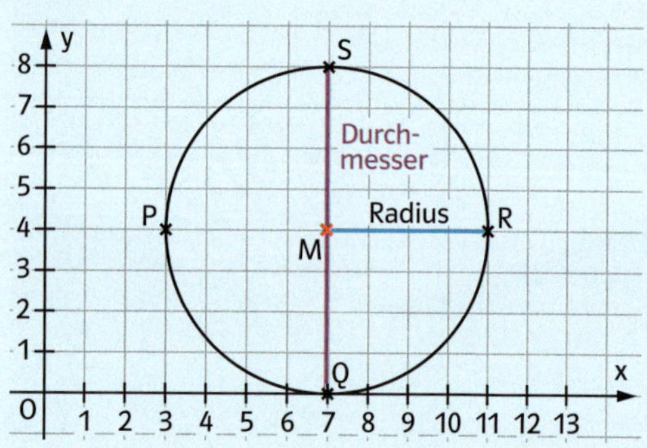

Tipp!

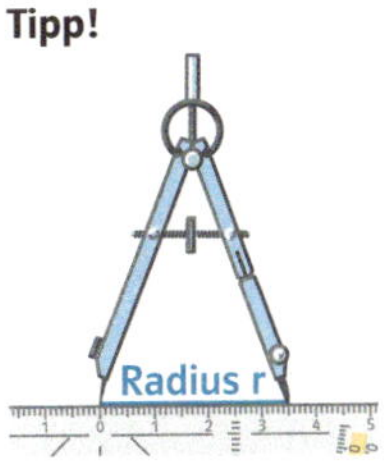

○ **1** Übertrage den Mittelpunkt ins Heft. Zeichne den Kreis fertig.
Trage einen Radius in Blau und einen Durchmesser in Rot ein. Beschrifte M, r = ■ cm und d = ■ cm.

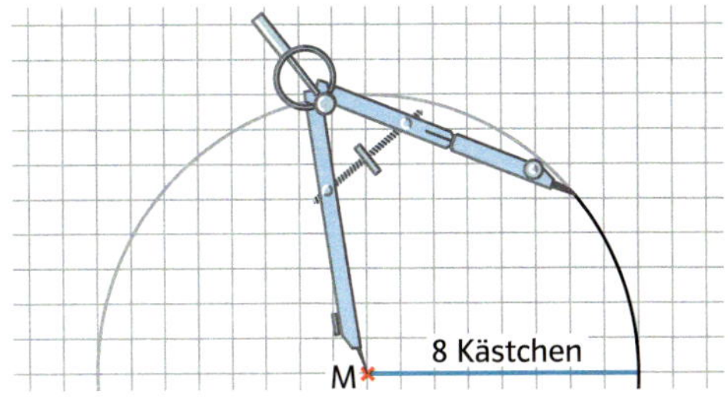

○ **2** Markiere einen Mittelpunkt M im Heft. Zeichne um M einen Kreis mit dem Radius
a) r = 3 cm. b) r = 3,5 cm. c) r = 40 mm.

Alles klar?

Fördern

A Übertrage die Kreise ins Heft. Zeichne jeweils einen Radius und einen Durchmesser ein und miss deren Länge.

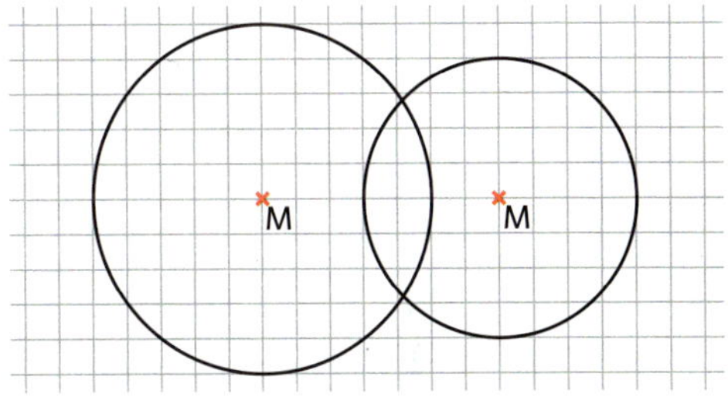

B Markiere einen Mittelpunkt M.
a) Zeichne um M Kreise mit r = 5 cm und r = 30 mm. Berechne jeweils den Durchmesser d. Überprüfe durch Messen.
b) Zeichne um M Kreise mit d = 8 cm und d = 90 mm. Berechne zuerst den Radius.

○ **3** Berechne die fehlende Größe des Kreises.

	Radius r	Durchmesser d
a)	7 cm	■
b)	16 mm	■
c)	■	16 mm
d)	■	48 cm
e)	3,5 cm	■

Tipp!
zu Aufgabe 4
Hilfe zum Koordinatensystem findest du auf Seite 226.

○ **4** Zeichne einen Kreis mit dem angegebenen Durchmesser in dein Heft. Berechne zuerst den Radius r.
a) d = 6 cm b) d = 10 cm
c) d = 110 mm d) d = 76 mm

◒ **5** Zeichnet mit Kreide und mithilfe einer Schnur einen Kreis auf dem Schulhof. Messt den Radius und den Durchmesser.

◒ **3** Berechne r bzw. d.

	Radius r	Durchmesser d
a)	2,8 cm	■
b)	■	78 mm
c)	136 mm	■
d)	■	1,1 dm

◒ **4** Zeichne im Koordinatensystem den Kreis um M. Gib jeweils drei Punkte an, die auf dem Kreis liegen.
a) M (8 | 10); r = 3 cm
b) M (4 | 7); r = 20 mm
c) M (5 | 8); d = 5 cm
d) M (8 | 12); d = 30 mm

● **5** Zeichne ein Quadrat mit einer Seitenlänge von 7 cm.
a) Zeichne in das Quadrat einen Kreis, der weder die Seitenlinien noch die Eckpunkte berührt.
b) Zeichne um das Quadrat einen Kreis, der durch alle vier Eckpunkte verläuft.
c) Zeichne einen Kreis, der alle Seiten des Quadrats berührt. Wie lang ist r?
d) Welche der Teilaufgaben a) bis c) sind bei einem Rechteck mit einer Länge von 7 cm und einer Breite von 5 cm lösbar?

→ Die Lösungen zu „Alles klar?" findest du auf Seite 230.

6 Markiere einen Mittelpunkt im Heft. Zeichne fünf Kreise um M mit r = 3,5 cm; r = 4 cm; r = 4,5 cm; r = 5 cm und r = 5,5 cm.

7 Zeichne zwei Kreise mit den Radien 3 cm und 4 cm. Die Kreise sollen
a) sich weder berühren noch schneiden.
b) sich schneiden.
c) sich berühren.

8 Zeichne die Kreisfigur in dein Heft. Male die Figur bunt aus.

a) 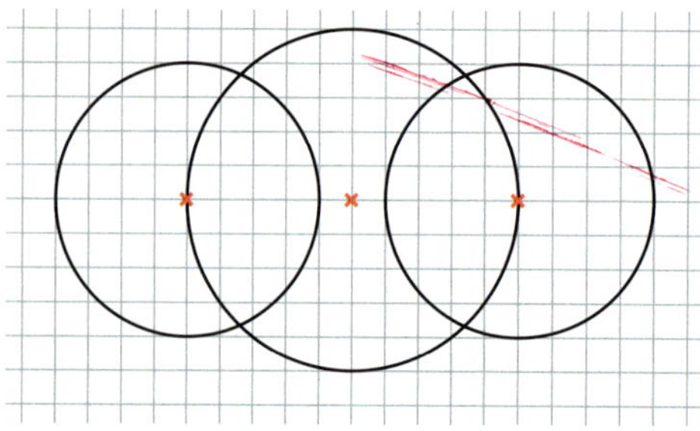

b) 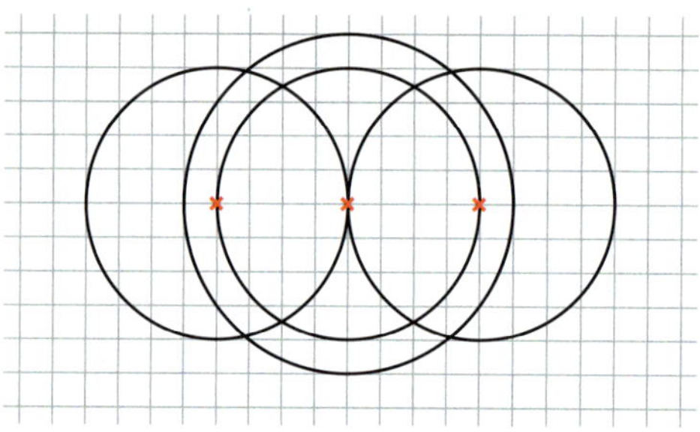

9 SP Zeichne im Heft um jeden Punkt einen Kreis mit dem Radius 2 cm. **Beschreibe** das entstandene Muster.

a) 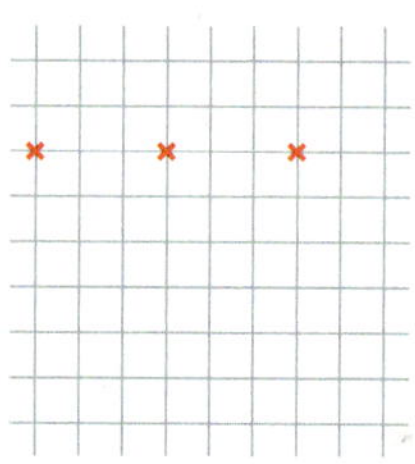

b) 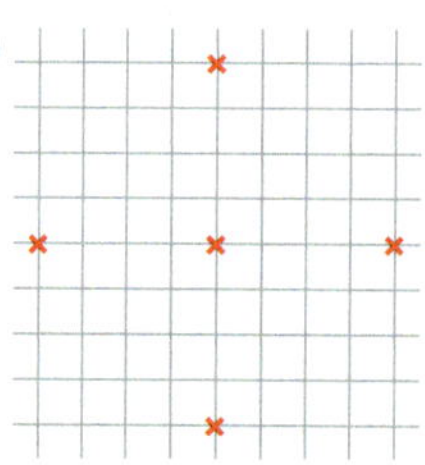

10 Zeichne den Kreis im Koordinatensystem. Gib zwei weitere Punkte an, die auf dem Kreis liegen.
a) Kreis um M(4|6) mit r = 2 cm
b) Kreis um M(7|8) mit d = 50 mm
c) Kreis um M(7|9) durch P(0|9)
d) Kreis um M(8|5) durch P(4|3)

6 Auf der Olympiaflagge sind fünf Ringe abgebildet.

a) Ergänze einen fünften Punkt mit derselben Entfernung im Heft. Zeichne um jeden Punkt zwei Kreise mit den Radien r = 2 cm und r = 2,5 cm.

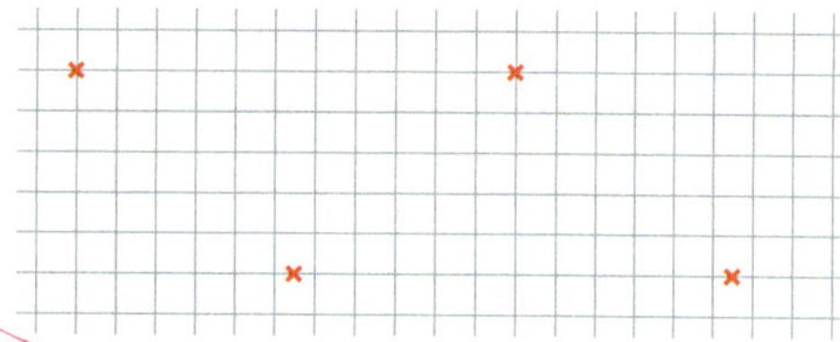

b) Färbe die Ringe wie in der Flagge.
c) MK Recherchiere die Bedeutung der Ringe.

7 SP Zeichne die Kreisfigur vergrößert ins Heft und färbe sie. **Erklärt** euch gegenseitig, wie ihr vorgegangen seid. Erfindet eigene Kreisfiguren.

a) 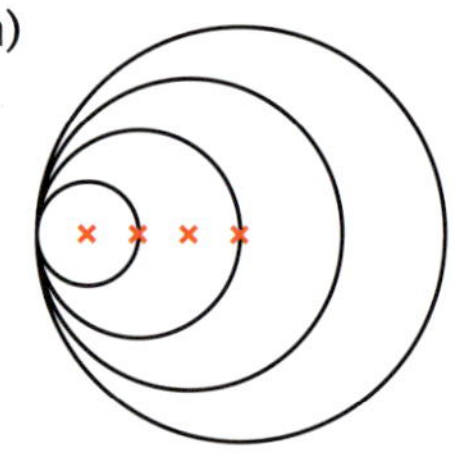

b) 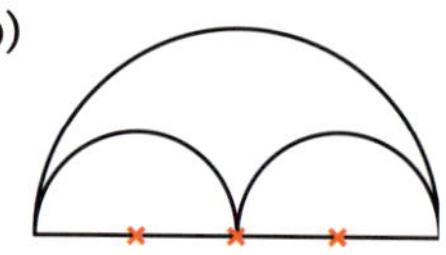

c) 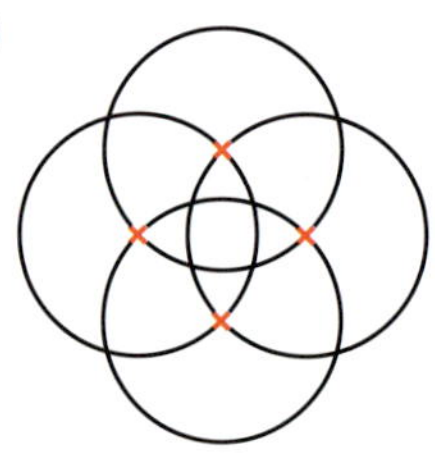

d) 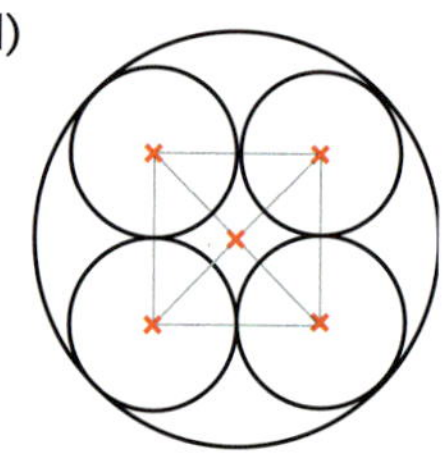

e) 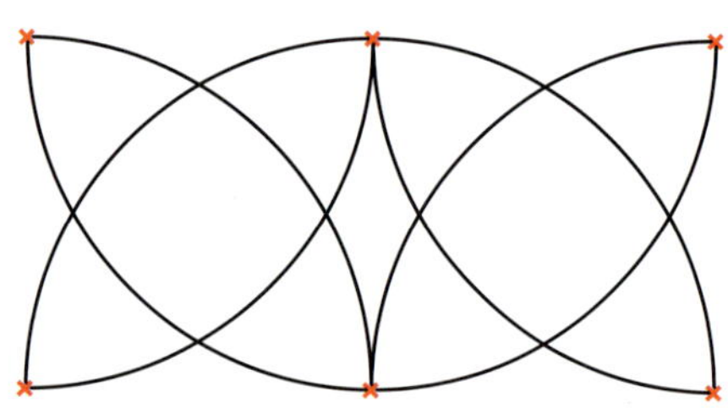

2 Winkel

Man kann von Lkw- oder Busfahrern leicht übersehen werden, wenn man sich im „toten Winkel“ befindet.

→ Stellt den „toten Winkel“ dar. Befestigt dazu ein Band in 2 m Höhe. Spannt das Band so in den Raum hinein, wie es im Bild mit dem Pfeil dargestellt ist. Probiert, wie viele Kinder eurer Klasse im toten Winkel stehen können.

→ In welchen Situationen geratet ihr durch den toten Winkel in Gefahr? Überlegt, wie ihr das vermeiden könnt.

Merke

Ein **Winkel** wird von zwei **Schenkeln** mit gemeinsamem Anfangspunkt S begrenzt. Der Punkt **S** heißt **Scheitel**.

Winkel werden mit einem **Winkelbogen** markiert und mit griechischen Buchstaben benannt:
α (alpha); β (beta); γ (gamma); δ (delta); ε (epsilon); …

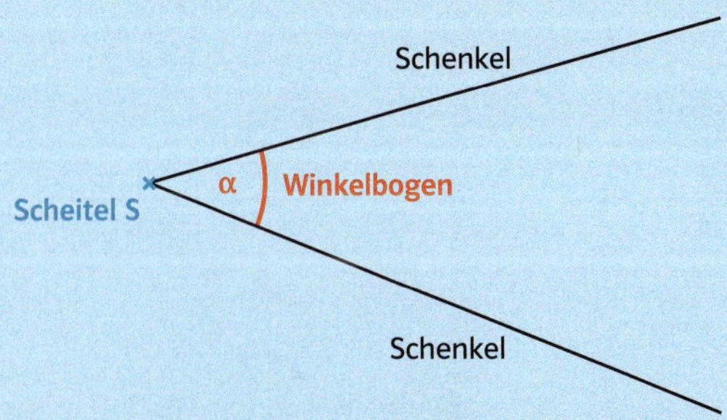

Beispiele

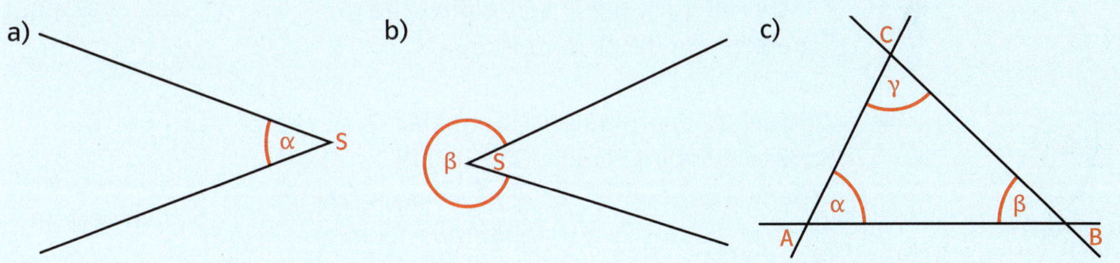

Tipp!
Statt S kann der Scheitel auch mit anderen Buchstaben bezeichnet werden.
A bei α
B bei β
C bei γ

○ **1** Zeichne drei verschiedene Winkel und beschrifte sie wie im Merkekasten.

Alles klar?

Fördern

A SP Ordne die Begriffe den Bildern richtig zu.

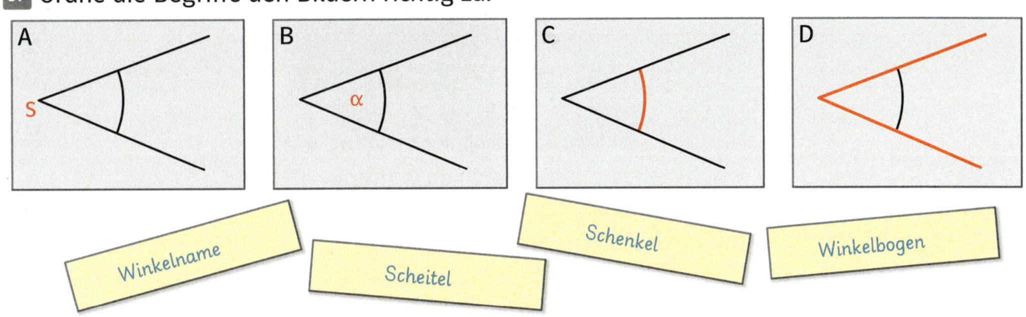

→ Die Lösungen zu „Alles klar?“ findest du auf Seite 231.

○ **2** Zeichne zwei Geraden, die sich schneiden. Markiere und benenne alle entstandenen Winkel.

○ **3** **Skizziere** die Figur ins Heft.
Markiere alle Winkel innerhalb der Figur und benenne sie.

a)

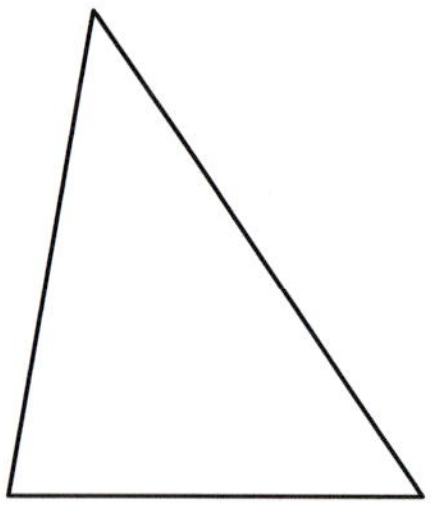

b)

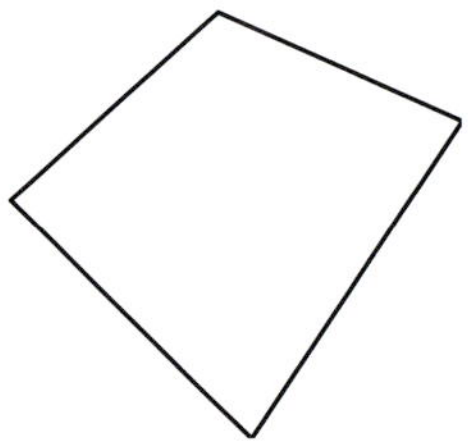

○ **4** SP

a) Wo liegt der Scheitel, wo liegen die Schenkel des Winkels?

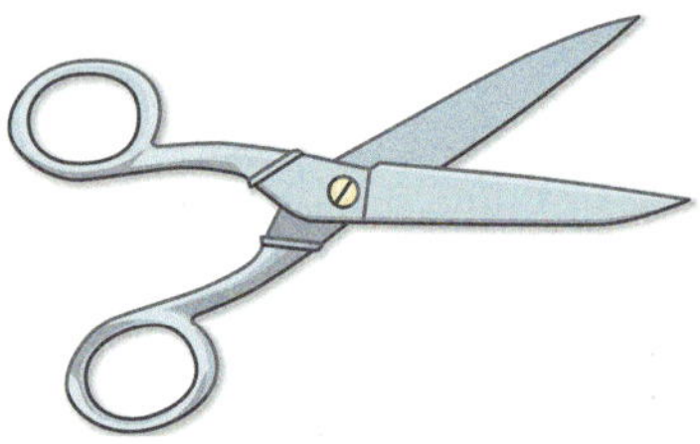

b) Sucht Winkel in eurer Umgebung. **Beschreibt** euch gegenseitig die Lage der Schenkel und des Scheitels.

◒ **5** Zeichne im Koordinatensystem. Der Scheitel liegt im Punkt A(3|5). Ein Schenkel geht durch B(10|2), der andere durch C(2|10). Es entstehen zwei Winkel. Markiere und benenne sie. Welcher Winkel ist der größere?

◒ **6** Die Zeiger der Uhr bilden um 09:00 Uhr einen besonderen Winkel.

a) Gibt es diesen Winkel auch zu weiteren Uhrzeiten?

b) Einer nennt eine Uhrzeit, der andere skizziert dazu den Winkel, den die Zeiger bilden. Wechselt euch ab.

◒ **2** Hier entstehen jeweils zwei Winkel. Benenne sie. Welcher ist der größere?

a) Der Scheitel liegt im Punkt A(8|4). Ein Schenkel geht durch den Punkt B(4|10), der andere durch C(11|12).

b) Im Punkt D(6|2) liegt der Scheitel. Die Schenkel verlaufen durch die Punkte E(1|9) und F(10|0).

◒ **3** Übertrage die Figuren ins Heft. Färbe gleich große Winkel in derselben Farbe.

a)

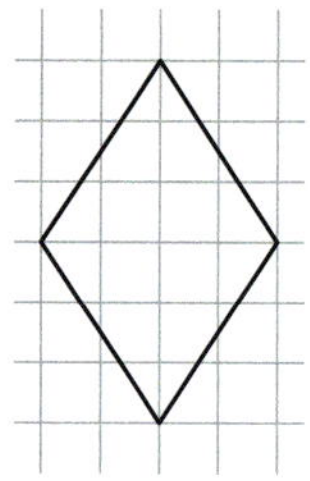

b)

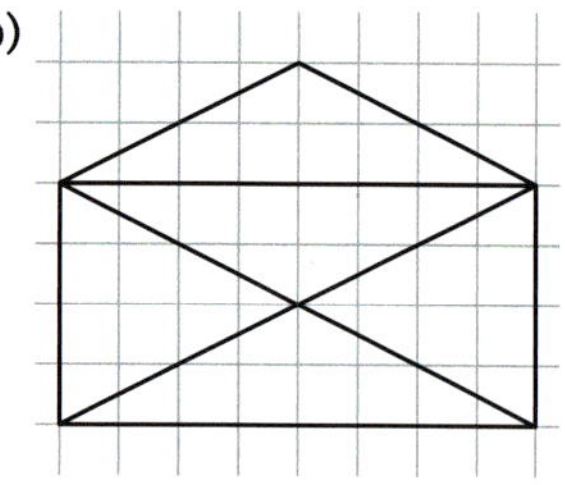

◒ **4**

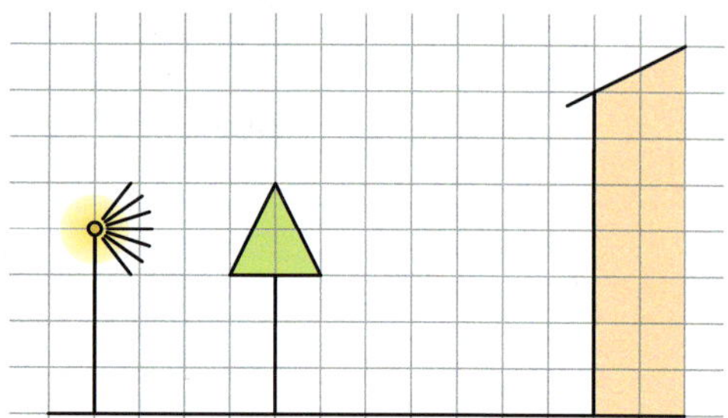

a) Welchen Schatten wirft die Baumkrone im Scheinwerferlicht an die Hauswand? Zeichne.

b) Wie ändert sich der Schatten, wenn der Scheinwerfer näher am Baum steht?

● **5** Das Messgerät gehört zu einem Öltank. Es zeigt das Fassungsvermögen in Litern. Der schwarze Zeiger zeigt den Füllstand bei der letzten Wartung des Tanks. Der rote Zeiger zeigt den aktuellen Inhalt an.

a) Welcher Winkel zeigt den Verbrauch seit der letzten Wartung? Welcher Winkel zeigt den Füllstand? Skizziere.

b) Wie viele Liter sind das jeweils?

3 Einteilung der Winkel. Winkelarten

Das Gesichtsfeld ist der Bereich, den man wahrnimmt, wenn man geradeaus schaut. Verschiedene Lebewesen haben unterschiedliche Gesichtsfelder.
Betrachtet man die Gesichtsfelder von oben, kann man sie als Kreisteile zeichnen. Die Augen der Lebewesen befinden sich dabei in der Mitte der Kreisteile.
→ Vergleiche die Gesichtsfelder.
→ Findet gemeinsam Gründe für die unterschiedlich großen Gesichtsfelder.

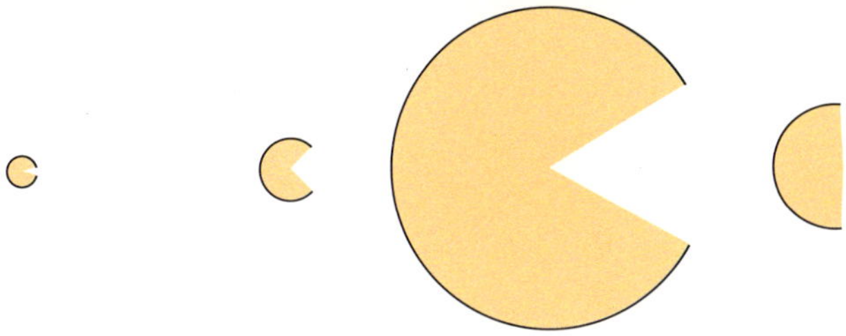

Um die Größe von Winkeln anzugeben, verwendet man die Maßeinheit Grad. Man zerlegt einen Kreis in 360 gleiche Teile. Ein solcher Teil heißt **1°**. Lies: **Ein Grad**.

Merke

Für die Größe eines Winkels verwendet man das Winkelmaß **Grad** (kurz: °).
Winkel werden nach ihrer Größe in 6 Winkelarten eingeteilt.

spitzer Winkel (kleiner als 90°)	**rechter** Winkel (90°)	**stumpfer** Winkel (größer als 90° und kleiner als 180°)	**gestreckter** Winkel (180°)	**überstumpfer** Winkel (größer als 180° und kleiner als 360°)	**Vollwinkel** (360°)

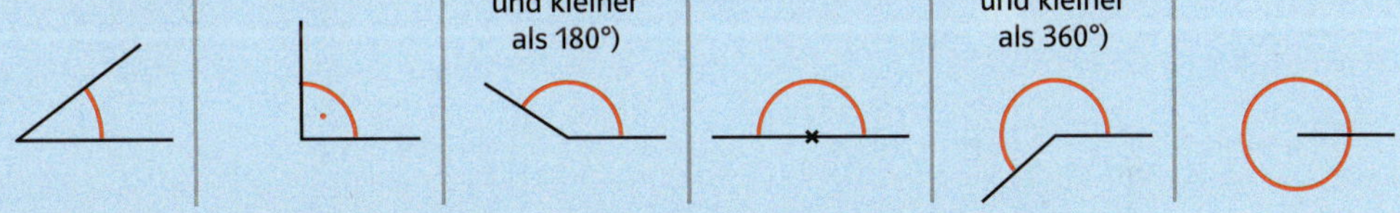

Eine Zerlegung des Vollkreises hilft beim Schätzen von Winkelgrößen.

Beispiele

a) Der Kreis ist in 4 gleich große Teile eingeteilt.
Also misst jeder Winkel
$\alpha = 360° : 4$
$\alpha = 90°$
Man erhält vier rechte Winkel.

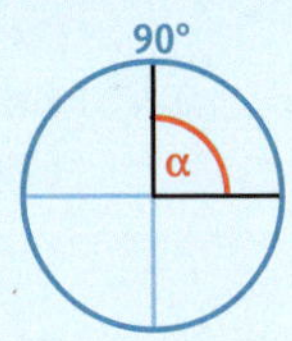

b) Beim Schätzen von Winkeln verwendet man bekannte Winkelgrößen als Hilfe.
β ist größer als 90° und kleiner als 180°, also ein stumpfer Winkel.
In der Mitte von 90° und 180° liegt 135°.
Also schätzt man, dass der Winkel β zwischen 90° und 135° liegt.

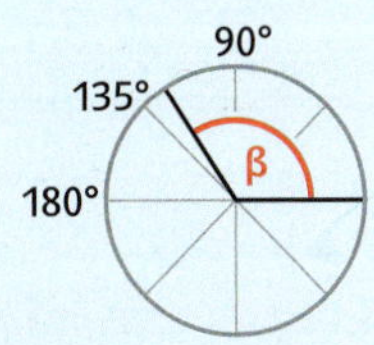

○**1** Gib die Winkelart an.

a) $\alpha = 40°$; $\beta = 190°$; $\gamma = 136°$; $\delta = 90°$; $\varepsilon = 5°$

b) $\alpha = 130°$; $\beta = 20°$; $\gamma = 179°$; $\delta = 180°$; $\varepsilon = 181°$

c) $\alpha = 1°$; $\beta = 360°$; $\gamma = 95°$; $\delta = 119°$; $\varepsilon = 359°$

○**2** Gib die Winkelart an.

a) b) c)

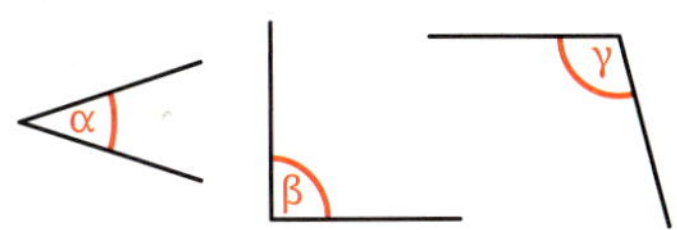

Tipp!
zu Aufgabe 3

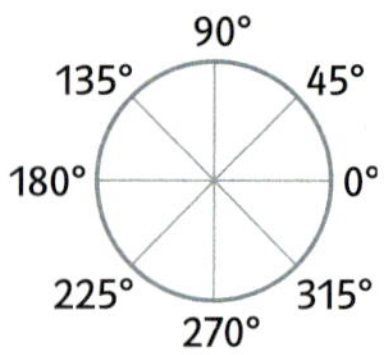

○ **3** SP Gib die Winkelart an. In welchem Bereich liegt der abgebildete Winkel? Schreibe zum Beispiel: … liegt zwischen 135° und 180°.

a) 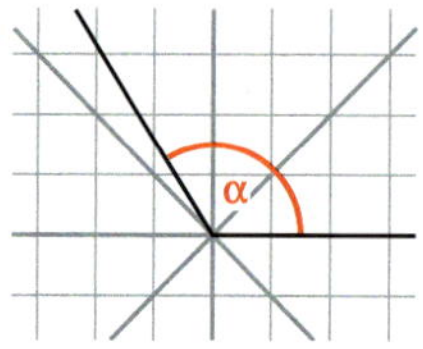

b) 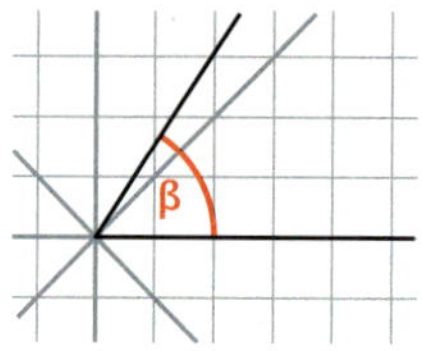

c) 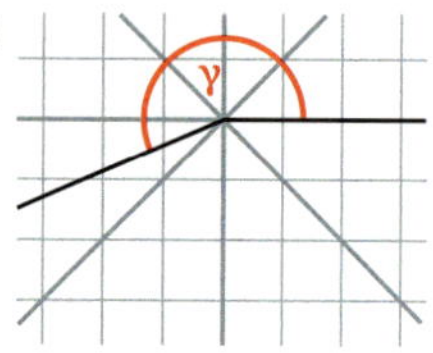

d) 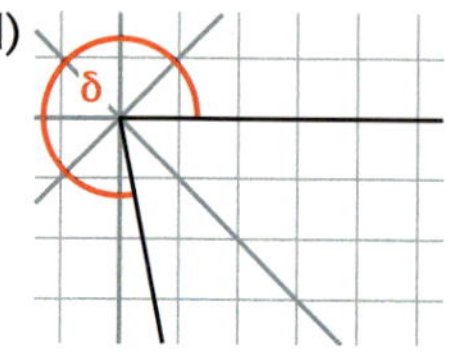

○ **4** Stellt Winkelscheiben wie abgebildet her. Stelle einen Winkel ein. Deine Partnerin oder dein Partner gibt die Winkelart an und schätzt die Größe des Winkels. Wechselt euch ab.

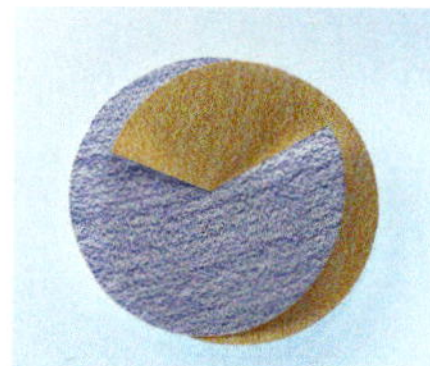
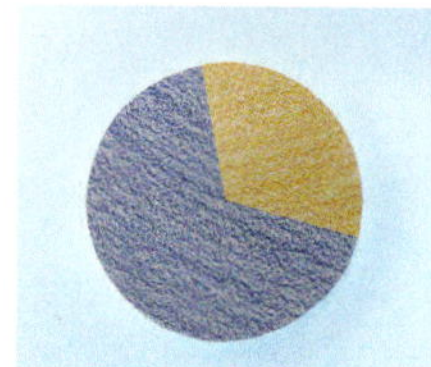

Alles klar?

Fördern

A Gib die Winkelart an. Ordne die Winkelgrößen richtig zu. Welches Kärtchen bleibt übrig?

a) 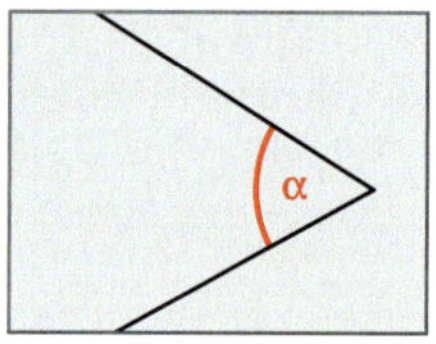

b) 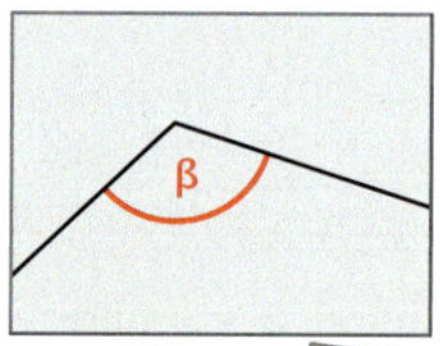

c) 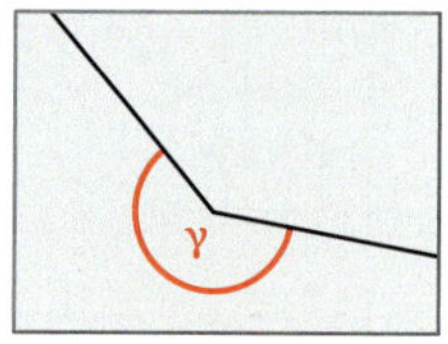

d) 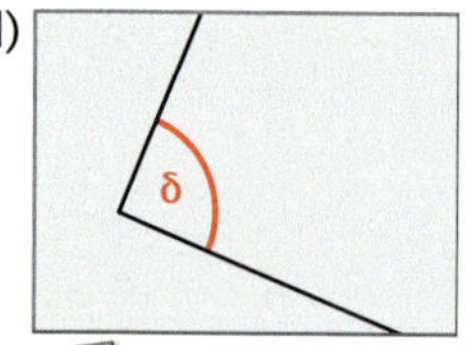

180° | 90° | 220° | 120° | 60°

○ **5**
a) Zu welcher Winkelart gehören die Winkel?
b) Übertrage die Winkel ins Heft. Ergänze Hilfslinien. Schätze die Größe der Winkel.

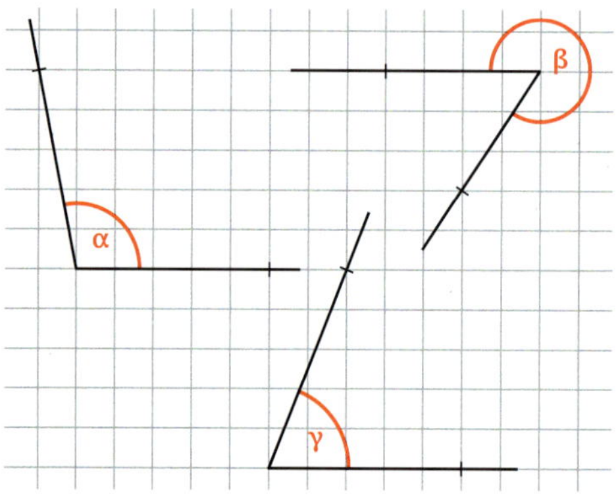

○ **6** Zeichne jeweils drei Winkel und benenne sie.
a) spitzer Winkel
b) stumpfer Winkel
c) überstumpfer Winkel

◐ **5** Wie viele spitze, rechte, stumpfe, überstumpfe und volle Winkel findest du im abgebildeten Haus?

◐ **6** Gib die Winkelart an und schätze ihre Größe.

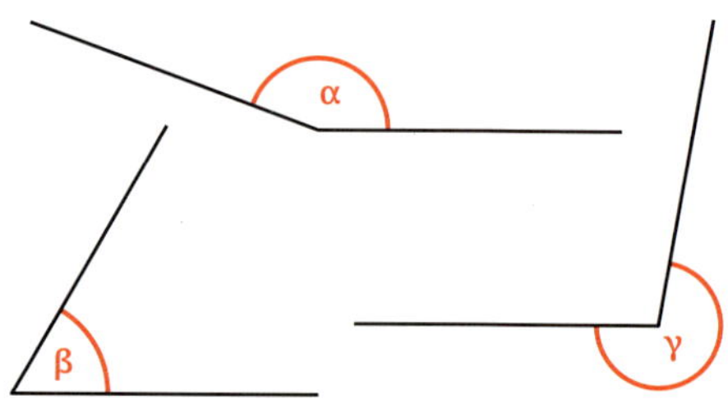

→ Die Lösungen zu „Alles klar?" findest du auf Seite 231.

7 Zu welcher Winkelart gehören die eingezeichneten Winkel im Haus?

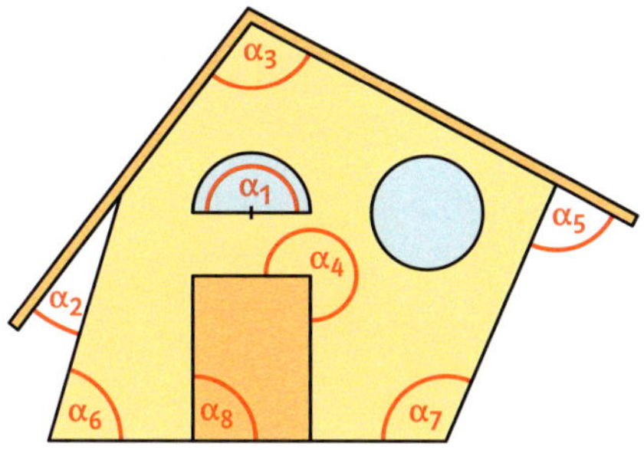

8 SP Der Kreis wurde gleichmäßig zerlegt. Bestimme die Größe des Winkels. **Erkläre**, wie du vorgegangen bist.

a)
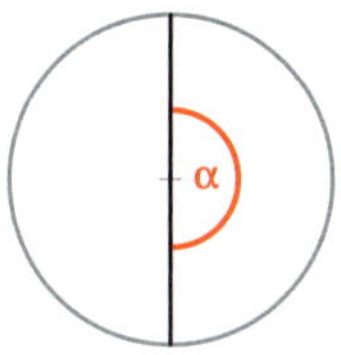

b)
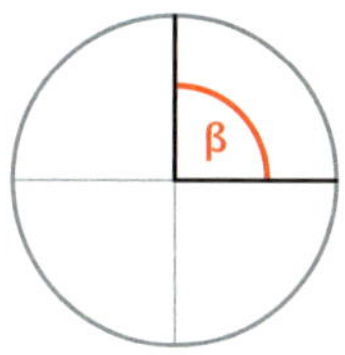

c)
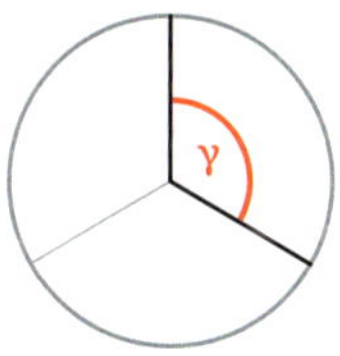

d)
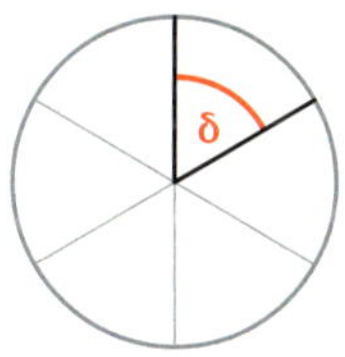

9 Bestimme die Größe der Winkel.

a)

b)

10 Auf einem Schiff kann der Kurs als Himmelsrichtung, aber auch als Winkel angegeben werden.

a) Welche Winkel gehören zu den Richtungen Ost, West, Nordost, Südwest?
b) Welche Richtungen gehören zu den Winkeln 180°; 135°; 0°; 315°?

7 Gib die Winkelart an und schätze ihre Größe.

a)
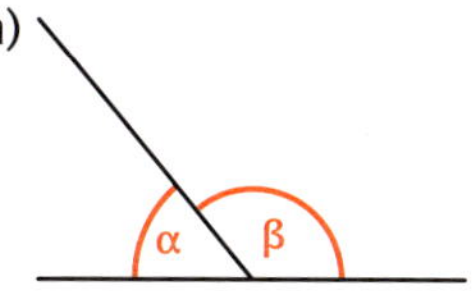

b)
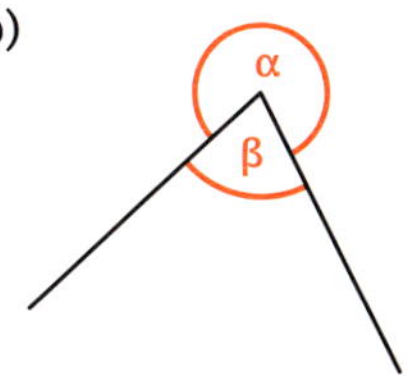

8 MK Zeichne mithilfe einer Geometriesoftware einen Winkel. Deine Partnerin oder dein Partner schätzt die Größe des Winkels. Tauscht die Rollen. Wer besser geschätzt hat, erhält einen Punkt.
Spielt mehrere Runden.

9 SP Bestimme die Größe des Winkels, der durch gleichmäßige Zerlegung des Kreises entstanden ist.
Erkläre, wie du vorgegangen bist.

a)
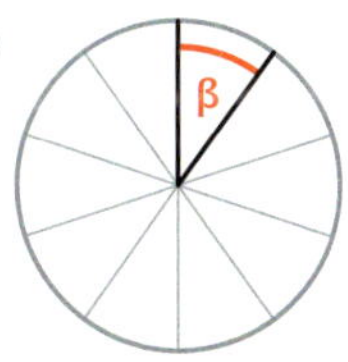

b)
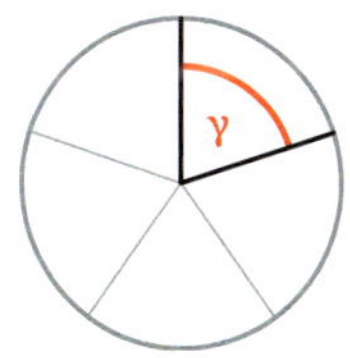

10

a) Wie viel Grad überstreicht der Minutenzeiger in diesen Zeiträumen?
15 min; 10 min; 5 min; 1 min; 40 min
b) Wie lange braucht der Minutenzeiger, um diese Winkel zu überstreichen?
180°; 30°; 120°; 300°; 150°

11 Wie groß ist das violette Winkelfeld? Gib auch die Winkelart an.

a)
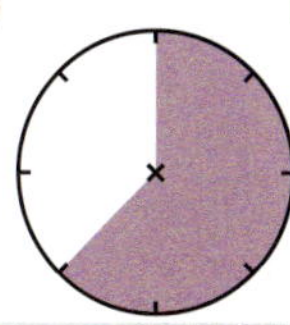

b)
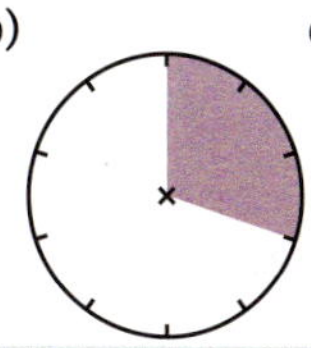

c)
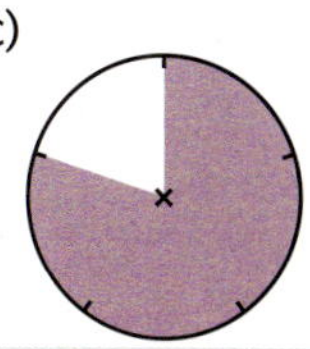

4 Winkel messen und zeichnen

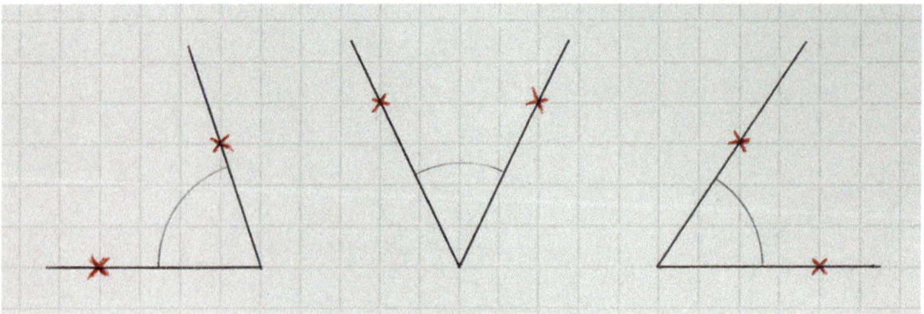

→ Übertrage die Winkel auf ein kariertes Blatt. Schneide sie aus und vergleiche ihre Größe.
→ Vergleiche mit deinem Partner oder deiner Partnerin.
→ Schätzt die Größe der Winkel.
→ Versucht mithilfe des Geodreiecks herauszufinden, wie gut ihr geschätzt habt.
→ Tauscht euch in der Klasse aus.

Mithilfe eines Geodreiecks kann man einen gegebenen Winkel messen oder einen Winkel mit vorgegebener Größe zeichnen. Dazu verwendet man die innere und äußere Skala des Geodreiecks.

Merke

Die **Größe eines Winkels** misst man mit dem Geodreieck.
Winkel mit gegebener Größe **zeichnet** man mithilfe des Geodreiecks.

Beispiele

a) **Messen von Winkeln**
Man legt das Geodreieck mit dem Nullpunkt an den Scheitel. Ein Schenkel liegt an der Kante des Geodreiecks, der andere Schenkel liegt unter dem Geodreieck.
Zum Ablesen der Winkelgröße verwendet man die Skala, die beim angelegten Schenkel mit 0° beginnt.

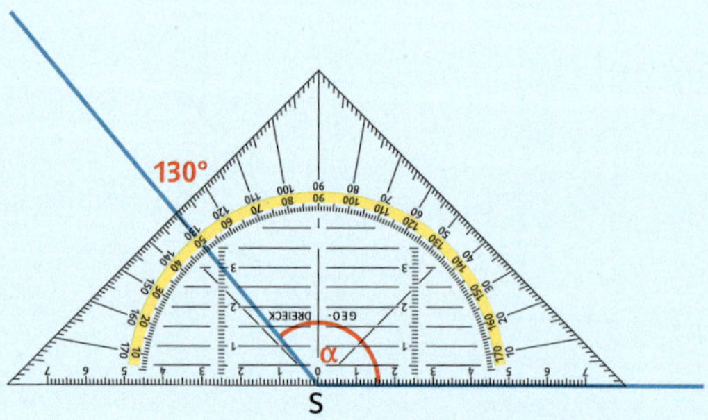

b) **Zeichnen von Winkeln**

1. Möglichkeit:

Markiere den Scheitel.

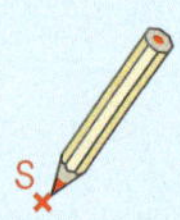

Zeichne von S ausgehend den ersten Schenkel.

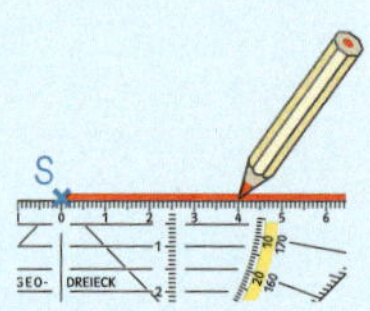

Lege das Geodreieck mit dem Nullpunkt am Scheitel an und drehe es auf 30°.

Zeichne den zweiten Schenkel.

Beschrifte den Winkel.

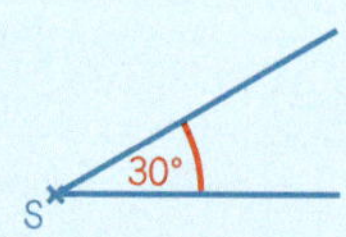

2. Möglichkeit:

Zeichne den Scheitel S und den ersten Schenkel.

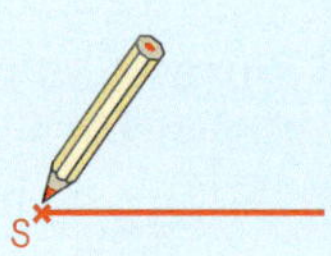

Lege das Geodreieck mit dem Nullpunkt am Scheitel an.

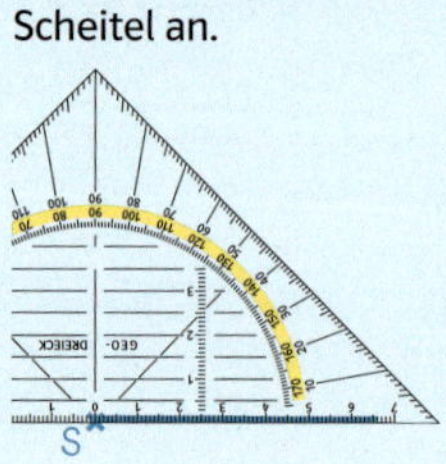

Markiere bei 30°.

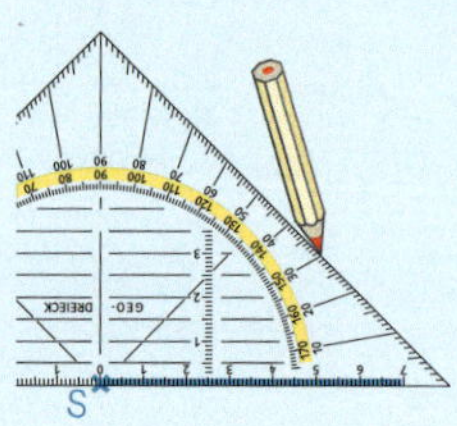

Verbinde Markierung und Scheitel zum 2. Schenkel.

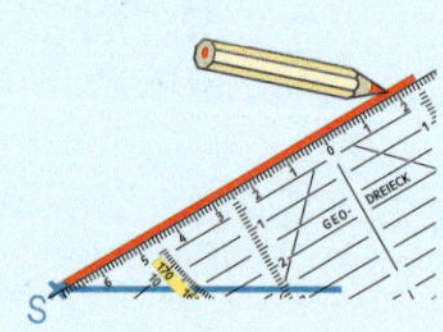

Beschrifte den Winkel.

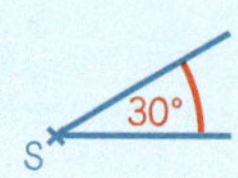

Tipp!

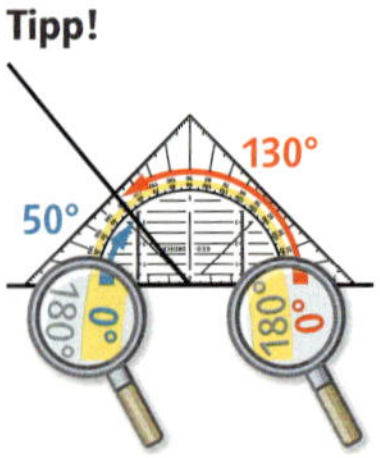

Das Geodreieck hat zwei Mess-Skalen: Die innere misst im Uhrzeigersinn, die äußere gegen den Uhrzeigersinn.

○ **1** Lies die Größe des Winkels ab. Welche Skala musst du verwenden? **Begründe.**

a)

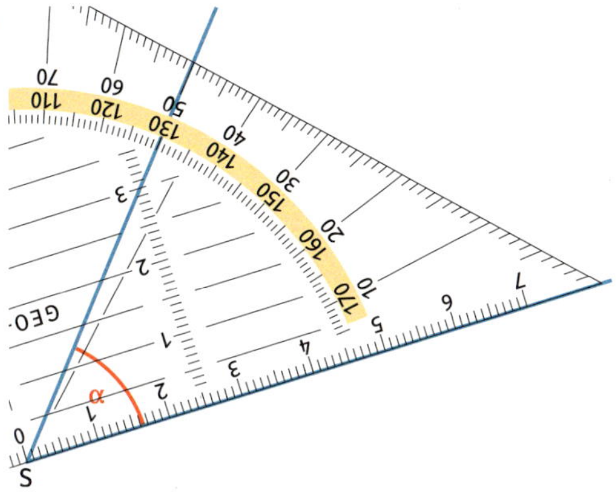

b)

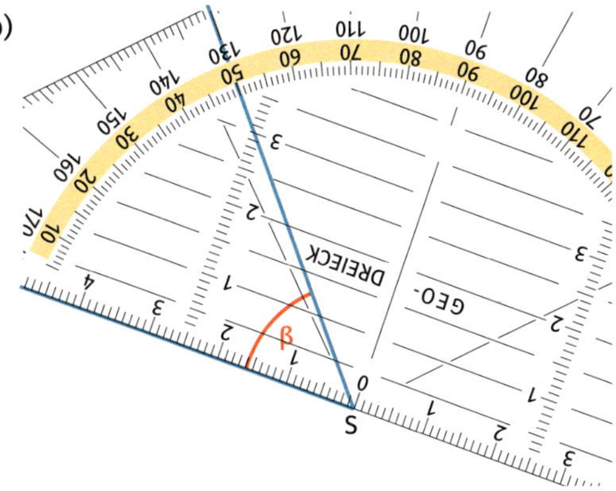

○ **2** Miss die Größe der Winkel.

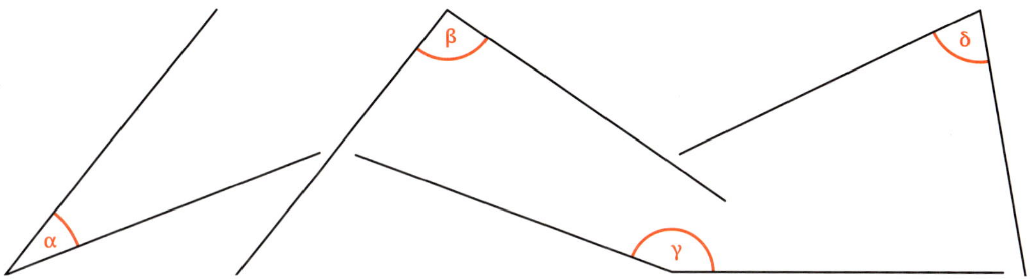

○ **3** Übertrage ins Heft und zeichne den Winkel.

a)

b)

c)

d)

Alles klar?

Fördern

A Miss die Größe der Winkel.

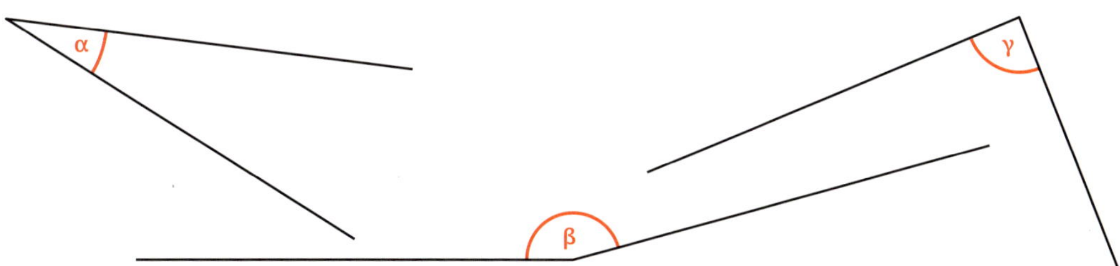

B Zeichne den Winkel mit der angegebenen Größe.

a) $\alpha = 110°$ b) $\beta = 40°$ c) $\gamma = 75°$ d) $\delta = 145°$

○ **4** Zeichne Winkel mit den angegebenen Größen ins Heft.

a) $\alpha = 20°$; $\beta = 40°$; $\gamma = 55°$; $\delta = 75°$
b) $\alpha = 120°$; $\beta = 140°$; $\gamma = 160°$; $\delta = 180°$
c) $\alpha = 105°$; $\beta = 125°$; $\gamma = 145°$; $\delta = 165°$

◒ **4** Zeichne Winkel der angegebenen Größen kreuz und quer ins Heft.

a) $\alpha = 20°$; $\beta = 55°$; $\gamma = 155°$; $\delta = 140°$; $\varepsilon = 85°$
b) $\alpha = 162°$; $\beta = 18°$; $\gamma = 127°$; $\delta = 88°$; $\varepsilon = 67°$
c) $\alpha = 107°$; $\beta = 172°$; $\gamma = 4°$; $\delta = 97°$; $\varepsilon = 43°$

→ Die Lösungen zu „Alles klar?" findest du auf Seite 231.

○**5** Miss die Größe der Winkel.

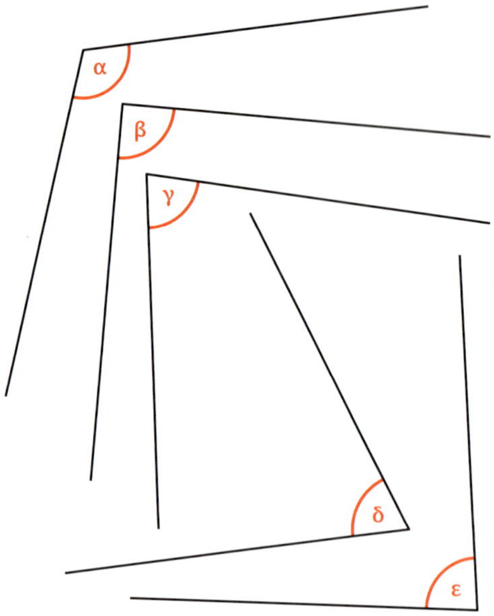

◒**6** Übertrage ins Heft und schätze die Winkelgrößen. Überprüfe durch Messen.

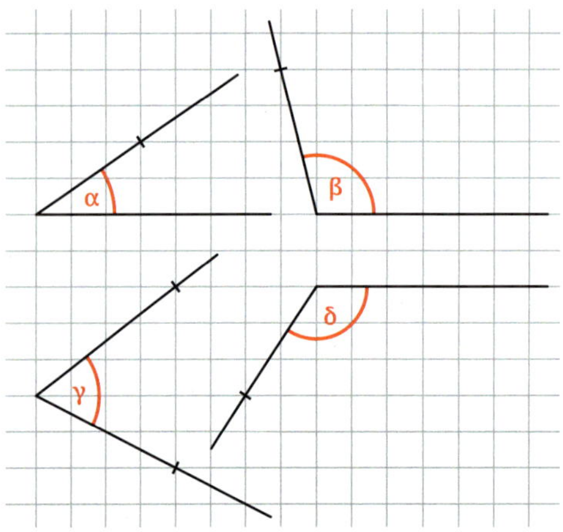

◒**7** Spannt mit Gummibändern Winkel auf einem Nagelbrett. Benennt die Winkelart und messt die Winkelgröße.

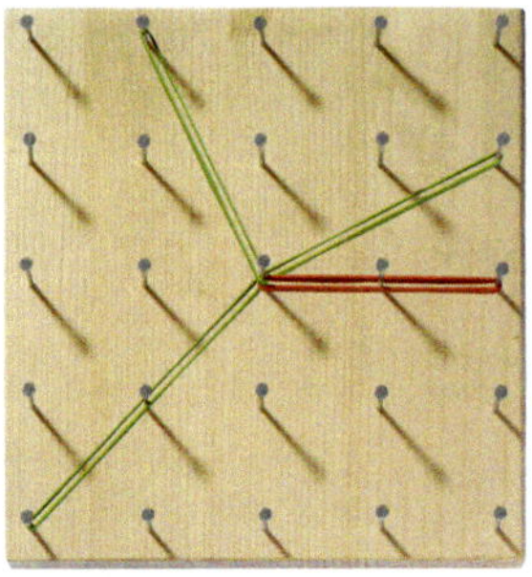

Wenn ihr die Rollen tauscht, könnt ihr die Lage des ersten Schenkels neu festlegen.

◒**5** Miss die Größe der Winkel.

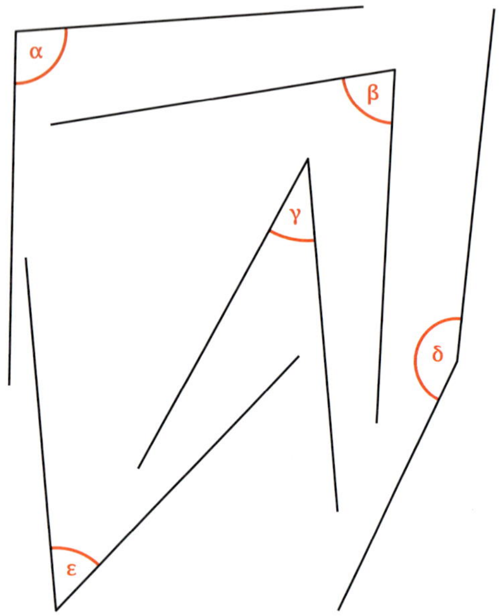

◒**6** Übertrage die Figur ins Heft und benenne die Eckpunkte. Schätze die Größe der Winkel. Miss anschließend.

a)

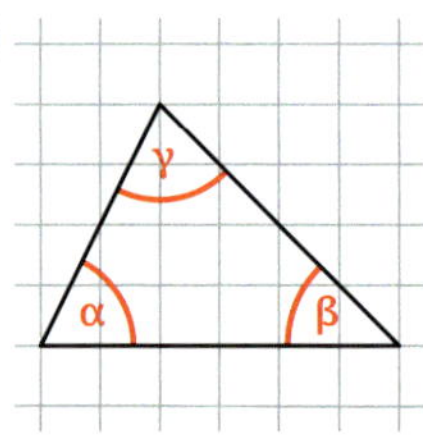

b)

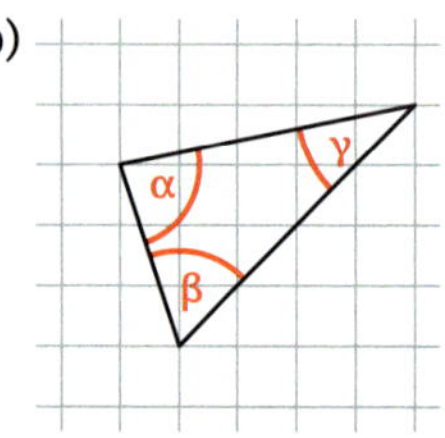

c)

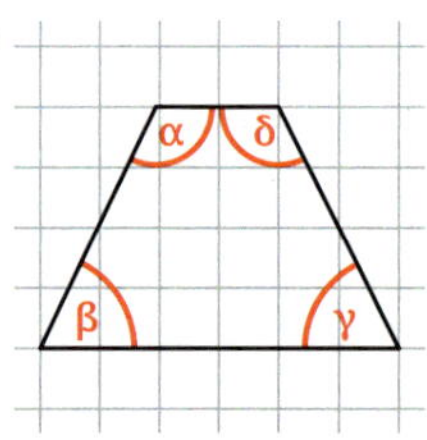

d)

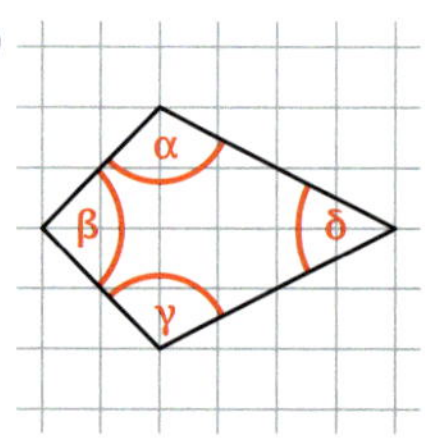

◒**7** Notiert fünf verschiedene Winkelgrößen, die der Partner oder die Partnerin nicht sieht. Zeichnet eure Winkel und tauscht dann die Blätter. Messt die Winkel und vergleicht mit den notierten Werten.

◒**8** Zeichne die Figur im Koordinatensystem. Miss die Größe der Innenwinkel. Notiere deine Maße in der Zeichnung.

a) Dreieck: A(7|9); B(14|10); C(4|13)
b) Viereck: D(0|12); E(2|0); F(9|7); G(5|7)
c) Sechseck: H(5|1); I(11|4); J(11|0); K(16|8); L(12|6); M(12|8)

8 Zeichne die Winkel in dein Heft. Gib auch jeweils die Winkelart an.

a) 76°; 43°; 27°; 88°
b) 154°; 98°; 143°; 172°
c) 36°; 107°; 5°; 162°

9 SP Tom hat Winkel gezeichnet. Beim Kontrollieren stellt die Lehrerin ohne Messen fest, dass er drei Winkel **falsch** gezeichnet hat. **Erkläre**, wie sie dabei vorgegangen ist.

$\alpha = 160°$; $\beta = 50°$; $\gamma = 80°$; $\delta = 95°$

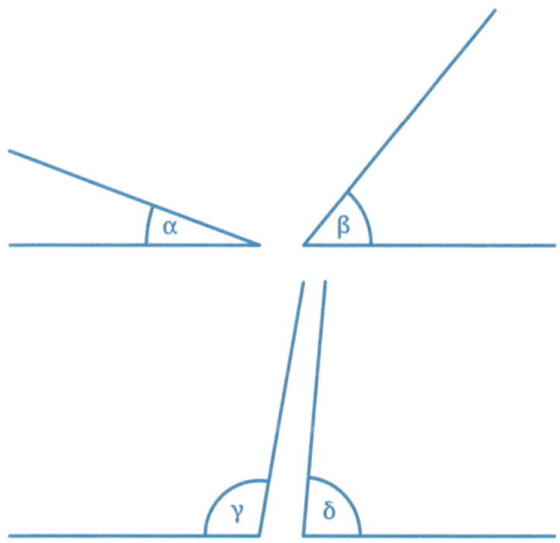

10 Welchen Winkel bildet der Speer vor dem Abwurf mit dem Boden?

11 Trage die Punkte in ein Koordinatensystem ein. Verbinde sie zu einem Dreieck oder Viereck. Schätze die Größe der Innenwinkel. Miss anschließend und vergleiche.

a) A(0|12); B(14|8); C(12|14)
b) A(0|2); B(8|0); C(3|7)
c) A(1|5); B(6|5); C(6|12); D(1|8)
d) A(8|2); B(14|2); C(10|11); D(8|8)

9 SP

a) Welcher Winkel ist größer? **Begründe**.

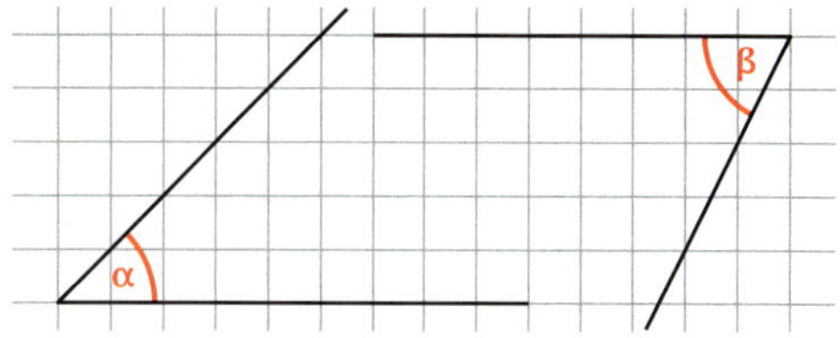

b) Übertrage die Winkel in dein Heft und miss ihre Größe. Vergleiche mit deiner Einschätzung.

10 Um anzugeben, wie steil ein Dach ist, gibt man die Dachneigung als Winkel an. Welchen Winkel würdest du messen? Fertige eine Skizze an.

11 SP Jakob und Hannes zeichnen einen Winkel von 200°.

a) **Beschreibe**, wie sie dabei vorgehen.

Jakob:

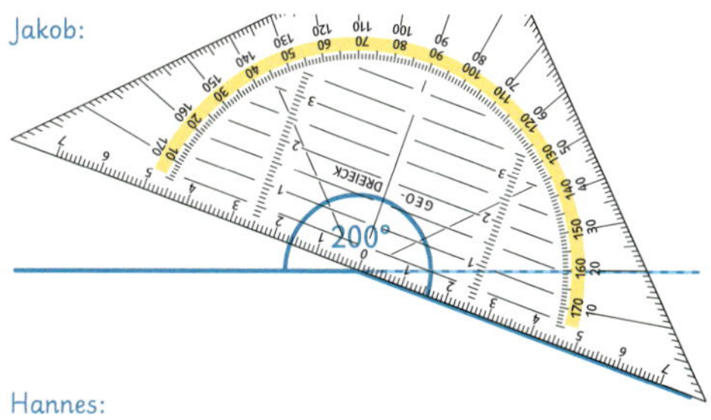

Hannes:

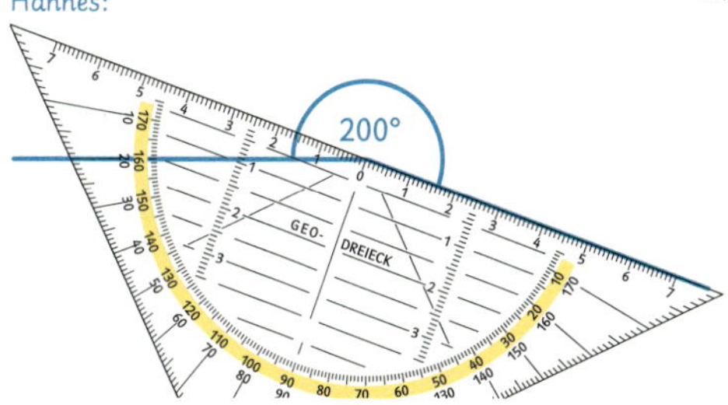

b) Für welche Arten von Winkeln sind diese Verfahren geeignet?

c) Zeichne die Winkel. Probiere dabei beide Verfahren aus.
240°; 300°; 267°; 185°; 338°; 283°

Winkel an Geradenkreuzungen

Schneiden sich zwei Geraden, entstehen vier Winkel. Gegenüberliegende Winkel nennt man Scheitelwinkel.
Scheitelwinkel sind gleich groß.

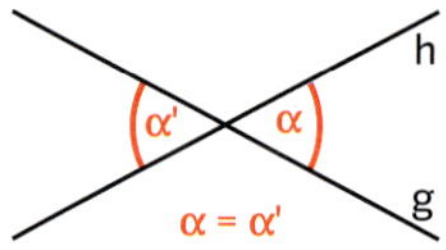

Nebeneinanderliegende Winkel nennt man Nebenwinkel.
Nebenwinkel ergänzen sich zu 180°.

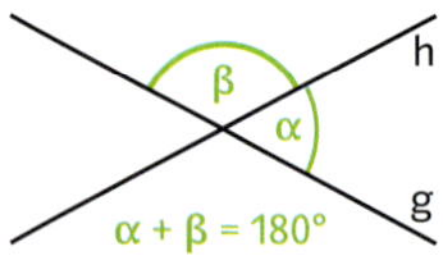

Werden zwei parallele Geraden geschnitten, so entstehen …

- die Stufenwinkel γ und γ′.
  Stufenwinkel sind gleich groß.

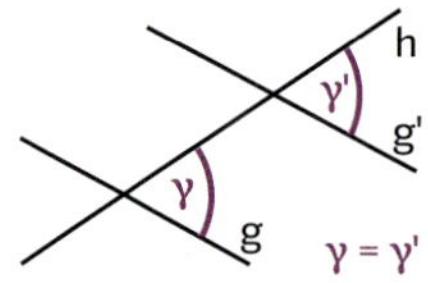

- die Wechselwinkel δ und δ′.
  Wechselwinkel sind gleich groß.

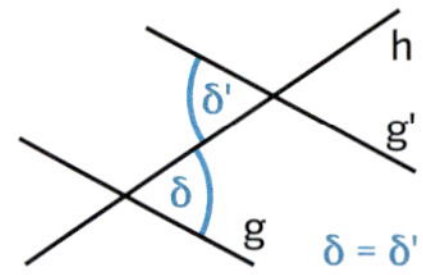

Tipp!
Einen **Wechselwinkel** erhältst du auch, wenn du den Scheitelwinkel vom zugehörigen Stufenwinkel nimmst.

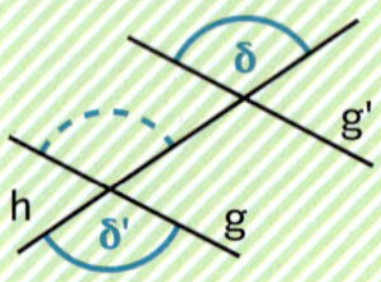

○ **1** Schreibe alle Scheitelwinkelpaare und Nebenwinkelpaare auf.

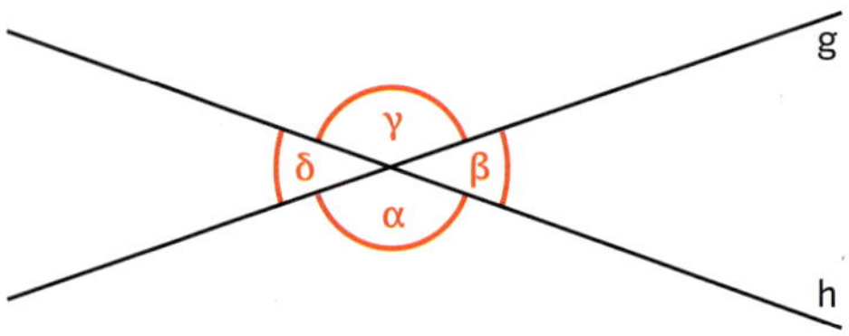

○ **2** Schreibe die vier Stufenwinkelpaare und die vier Wechselwinkelpaare auf. Die Geraden g und h sind parallel zueinander.

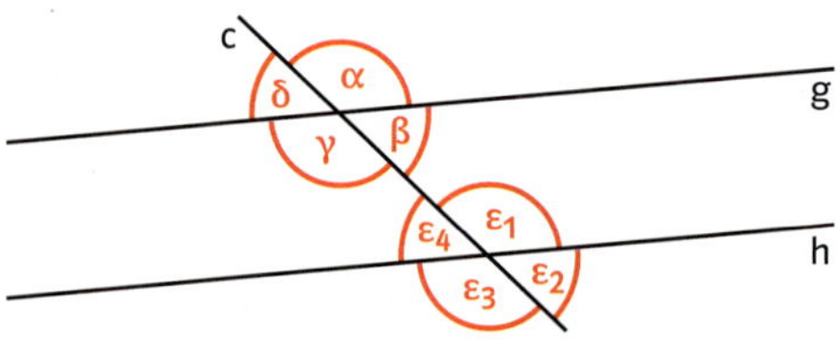

◒ **3** SP Wie groß sind die Winkel α und β? Die Geraden g und h sind parallel zueinander. **Begründe** deine Antwort.

a)

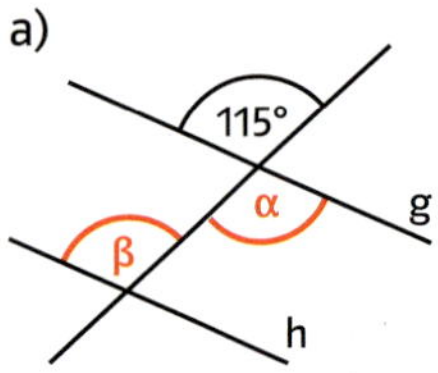

b)

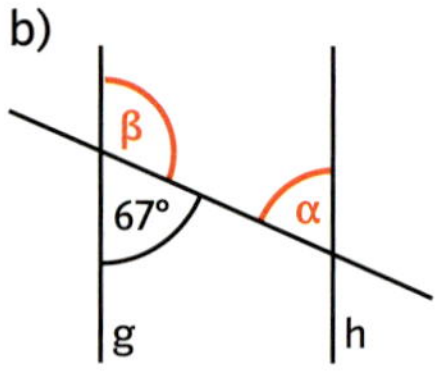

◒ **4** Welche Winkel an den Parallelen g und h sind genauso groß wie der angegebene Winkel?

a)

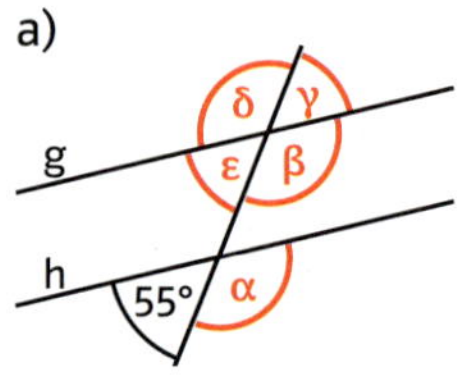

b)

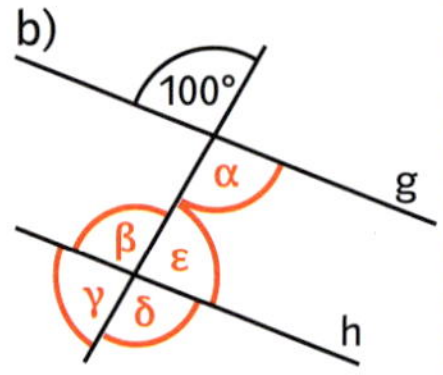

◒ **5** Bestimme die Größe der Winkel α, β und γ. Die Geraden g und h sind parallel zueinander.

a)

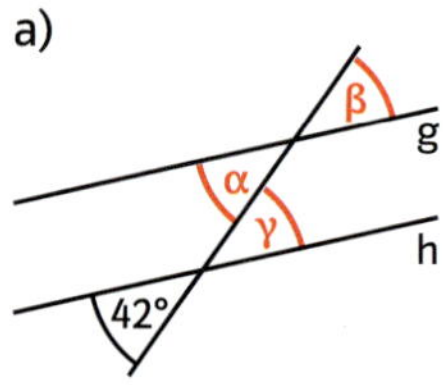

b)

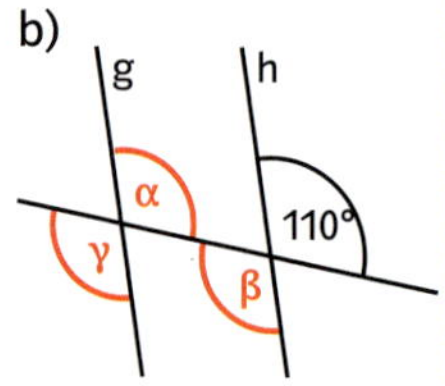

● **6** Bestimme die Größe der Winkel α, β und γ. Es gilt: g||h und i||k.

a)

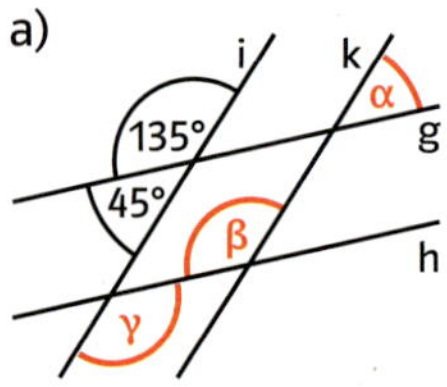

b)

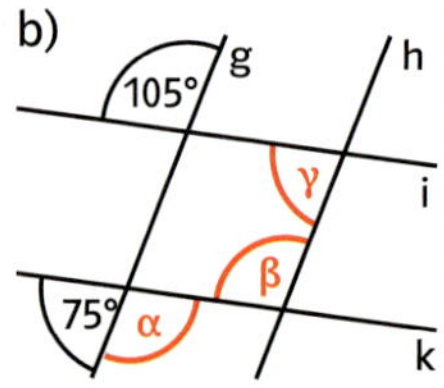

5 Dreiecke

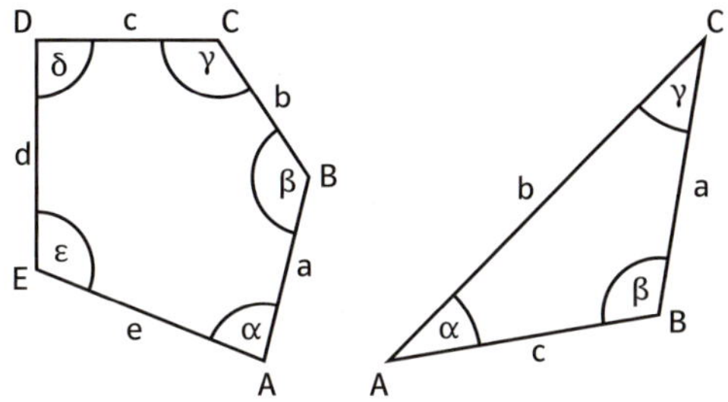

→ Vergleiche die Beschriftung der beiden Figuren. Was fällt dir auf?
→ Worin unterscheidet sich die Beschriftung des Dreiecks von der Beschriftung des Fünfecks?
→ Beschreibe, was bei der Beschriftung eines Dreiecks zu beachten ist.

Ein Dreieck ist eine geometrische Figur. Es hat drei Seiten und drei Winkel. Die Scheitel der Winkel sind die drei Eckpunkte des Dreiecks.

Tipp!
Man kann beliebige Buchstaben für die Benennung der Eckpunkte, Seiten und Winkel verwenden.

Merke

Die **Eckpunkte** eines Dreiecks werden gegen den Uhrzeigersinn in der Reihenfolge des Alphabets mit Großbuchstaben benannt.
Die **Seiten** werden mit kleinen Buchstaben benannt. Dabei liegt die Seite a dem Eckpunkt A gegenüber. Die drei **Winkel** α, β und γ werden den Eckpunkten A, B und C zugeordnet.

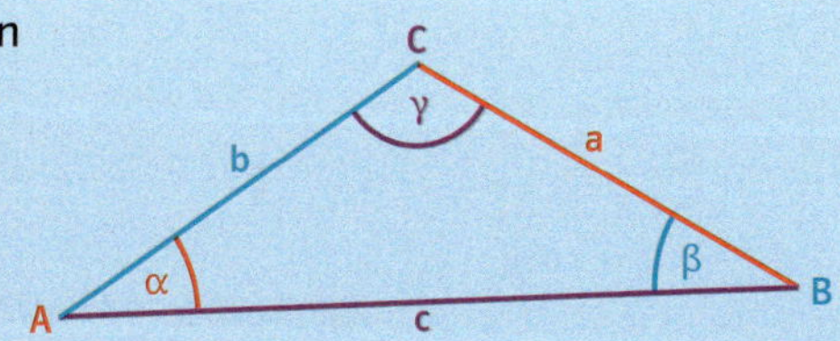

Dreiecke kann man nach ihren Winkeln einteilen und benennen.

spitzwinkliges Dreieck

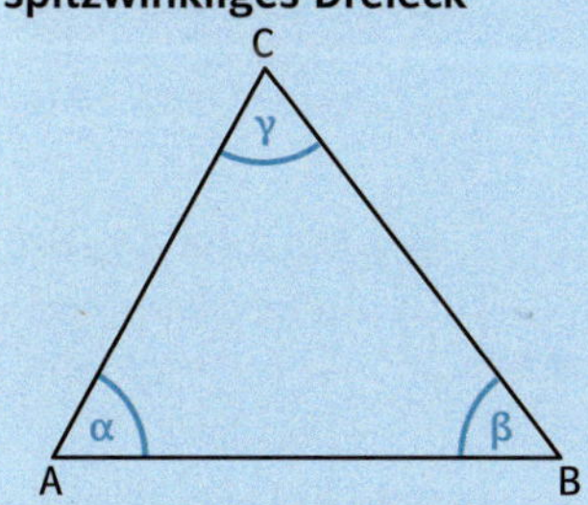

drei spitze Winkel

rechtwinkliges Dreieck

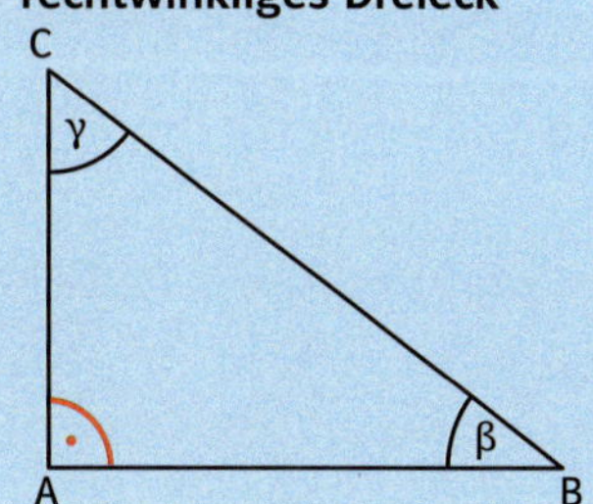

ein rechter Winkel

stumpfwinkliges Dreieck

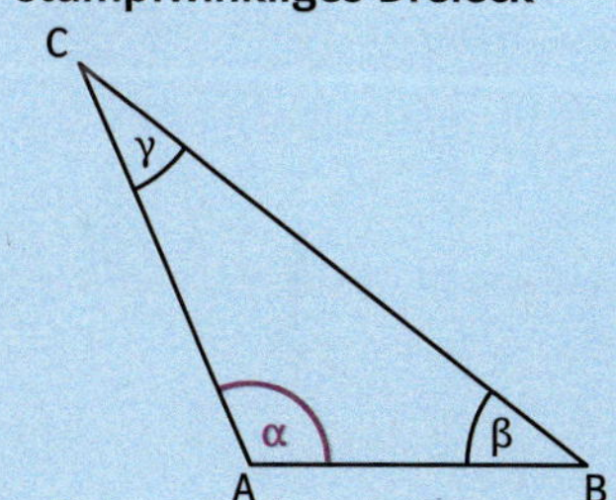

ein stumpfer Winkel

Beispiele

a) Das ist ein spitzwinkliges Dreieck, weil α, β und γ spitze Winkel sind.

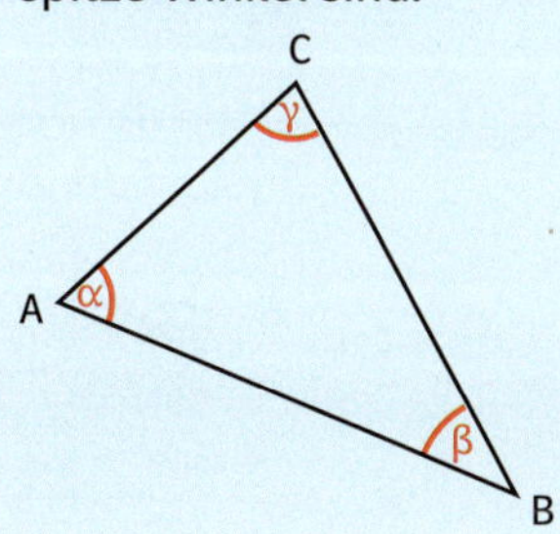

b) Das ist ein rechtwinkliges Dreieck, weil β ein rechter Winkel ist.

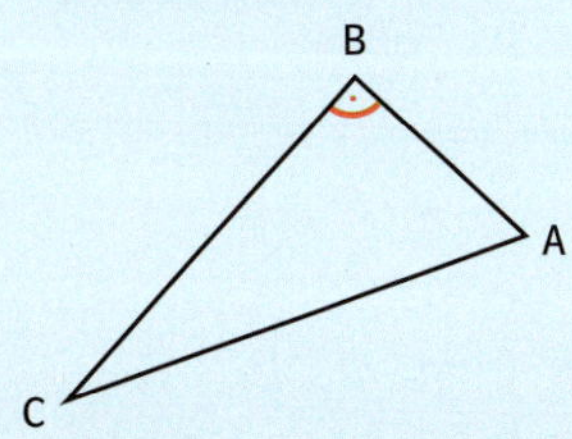

c) Das ist ein stumpfwinkliges Dreieck, weil γ ein stumpfer Winkel ist.

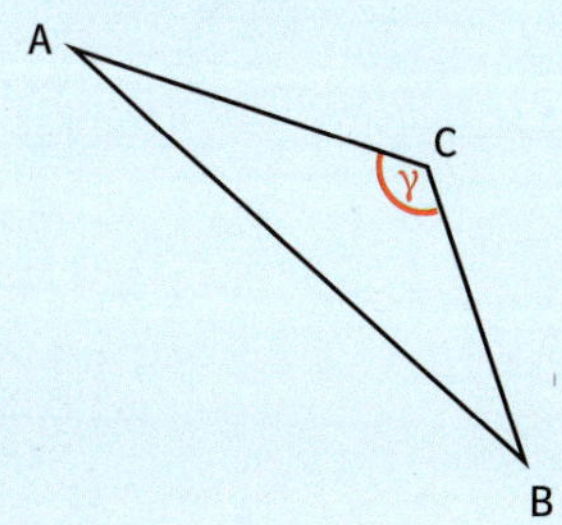

○**1** Übertrage die Dreiecke in dein Heft. Vervollständige die Beschriftung der Dreiecke.

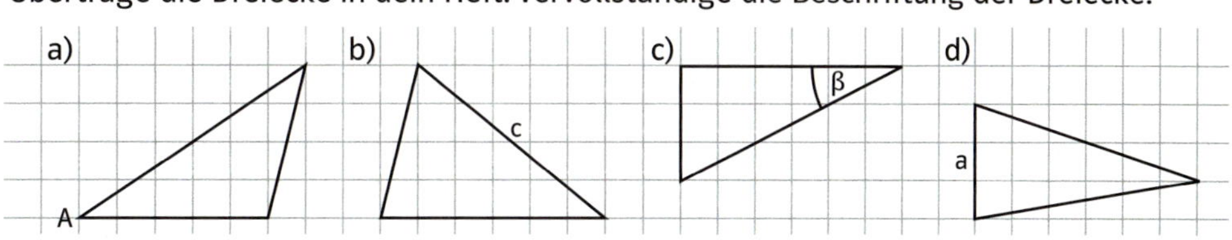

○ **2** Benenne die Dreiecke nach ihren Winkeln.

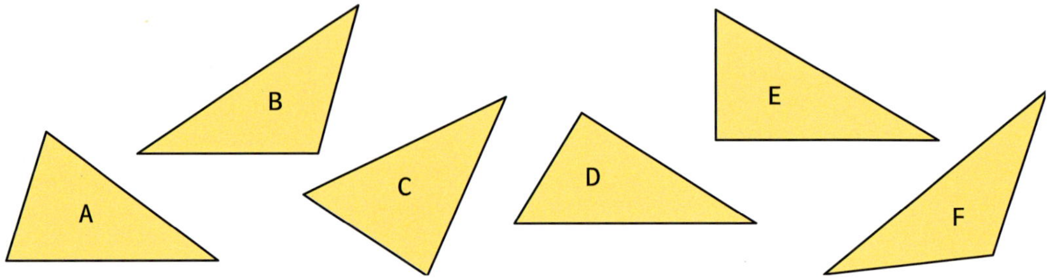

Alles klar?

Fördern

A Finde den **Fehler**. Zeichne das Dreieck richtig in dein Heft.

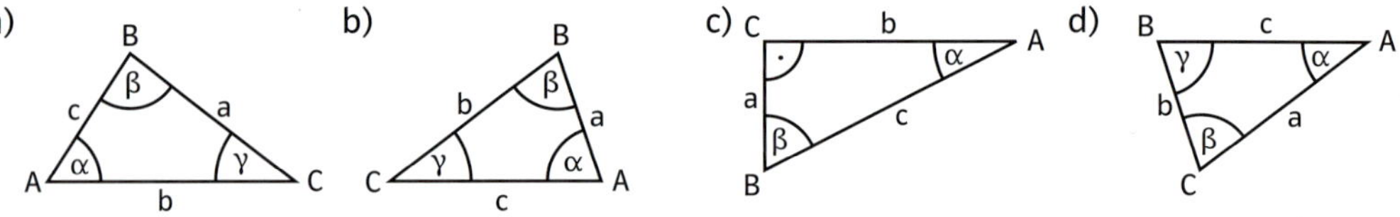

B SP Benenne die Dreiecke nach ihren Winkeln. **Begründe** wie im Beispiel.
Beispiel: Das Dreieck A ist ein rechtwinkliges Dreieck, weil es einen rechten Winkel hat.

○ **3** Miss die Größe der Winkel.

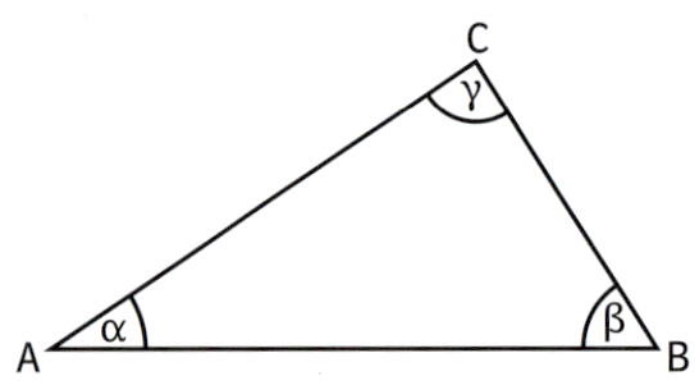

○ **4** Zeichne das Dreieck in dein Heft und miss die Größe der Winkel.

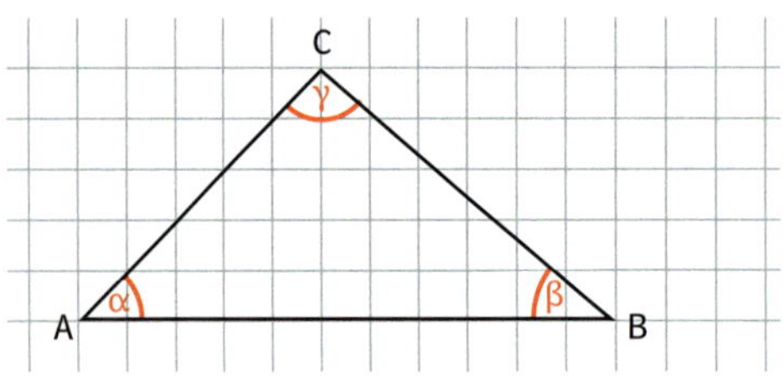

◐ **5** Ergänze die Tabelle im Heft.

	α	β	γ	Dreiecksart
	10°	70°	100°	stumpfwinklig
a)	60°	90°	30°	■
b)	75°	25°	80°	■
c)	130°	27°	23°	■

◐ **3** Zeichne das Dreieck ABC in ein Koordinatensystem. Miss die Größe der Winkel. Berechne dann die Summe der Winkel im Dreieck.

a) A(1|3); B(6|0); C(8|7)
b) A(2,5|1); B(7|3,5); C(0|5)
c) Wähle selbst drei Punkte.

◐ **4** SP Ergänze die Tabelle in deinem Heft. Zeichne dazu je ein Dreieck und miss die Größe des Winkels γ. Berechne dann die Summe der drei Winkel. Was fällt dir auf?

	α	β	γ	α + β + γ
a)	20°	30°	■	■
b)	90°	40°	■	■
c)	110°	50°	■	■
d)	60°	60°	■	■
e)	45°	100°	■	■

● **5** SP Überlegt zu zweit, wie viele spitze, rechte bzw. stumpfe Winkel ein Dreieck besitzen kann. Vergleicht eure Ergebnisse in der Klasse.

→ Die Lösungen zu „Alles klar?“ findest du auf Seite 231.

Zusammenfassung

Kreis

Jede Strecke vom **Mittelpunkt M** zu einem Punkt auf der Kreislinie heißt **Radius r**.
Der **Durchmesser d** ist doppelt so lang wie der Radius.

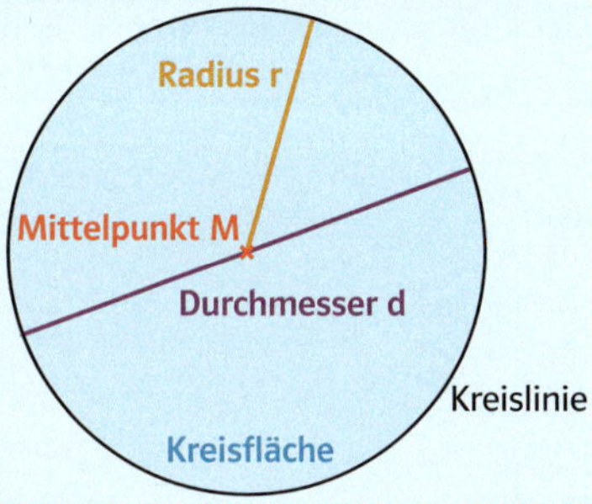

Winkel

Ein **Winkel** wird von zwei **Schenkeln** mit gemeinsamem Anfangspunkt S begrenzt.
Der Punkt **S** heißt **Scheitel**.

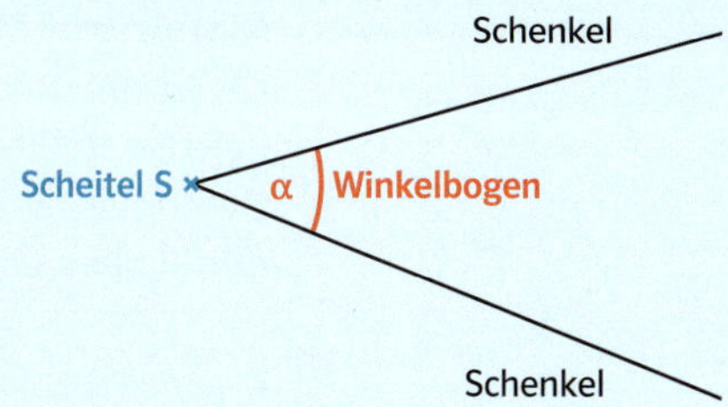

Einteilung der Winkel

Die Maßeinheit für die Größe eines Winkels heißt **Grad** (kurz: °). Winkel werden nach ihrer Größe eingeteilt.

spitzer Winkel (kleiner als 90°)	**rechter Winkel** (90°)	**stumpfer Winkel** (größer als 90° und kleiner als 180°)	**gestreckter Winkel** (180°)	**überstumpfer Winkel** (größer als 180° und kleiner als 360°)	**Vollwinkel** (360°)
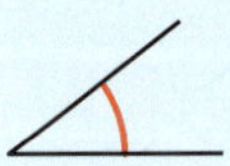		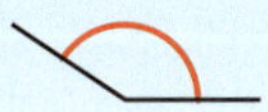	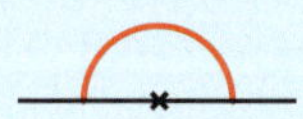	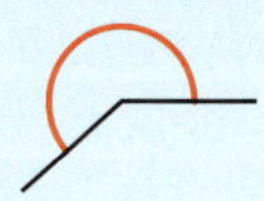	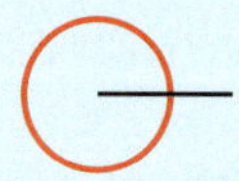

Messen und zeichnen von Winkeln

Zum **Messen eines Winkels** legt man das Geodreieck mit dem Nullpunkt an den Scheitel. Ein Schenkel liegt an der Kante des Geodreiecks, der andere Schenkel liegt unter dem Geodreieck. Zum Ablesen der Winkelgröße verwendet man die Skala, die beim angelegten Schenkel mit 0° beginnt.

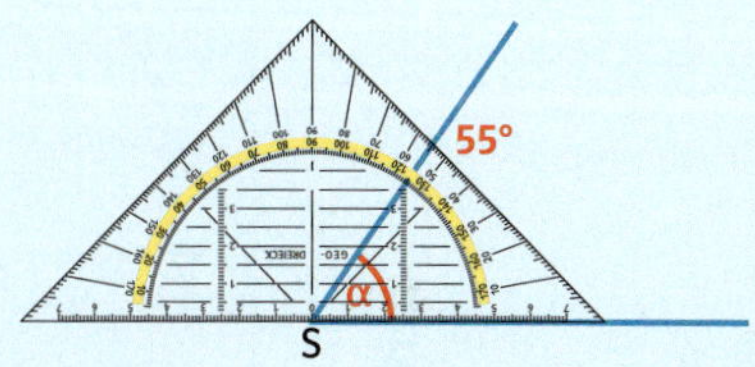

Möglichkeiten zum Zeichnen von Winkeln

Scheitel und 1. Schenkel	**2. Schenkel**				**Winkel**
	1. Möglichkeit		**2. Möglichkeit**		
Zeichne den Scheitel und den ersten Schenkel. 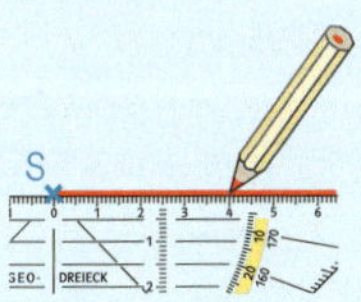	Lege das Geodreieck mit dem Nullpunkt am Scheitel an und drehe es auf 30°. 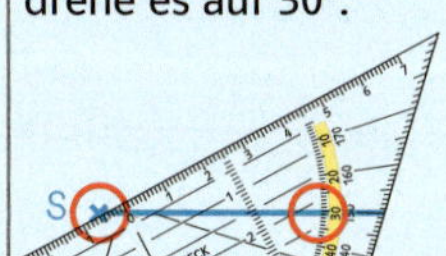	Zeichne den zweiten Schenkel. 	Markiere bei 30°. 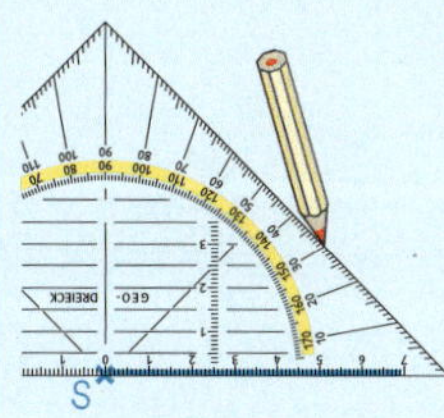	Verbinde Markierung und Scheitel zum 2. Schenkel. 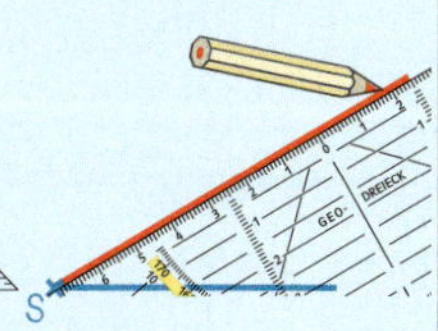	Beschrifte den Winkel. 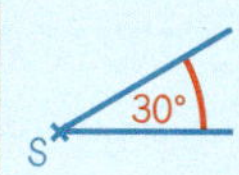

Dreiecke

Die 3 Eckpunkte benennt man gegen den Uhrzeigersinn in alphabetischer Reihenfolge mit A, B und C. Bei den Eckpunkten sind auch die Winkel α, β und γ angeordnet, jeweils gegenüber die Seiten a, b und c. Dreiecke unterscheidet man nach ihren Winkelarten.

spitzwinkliges Dreieck

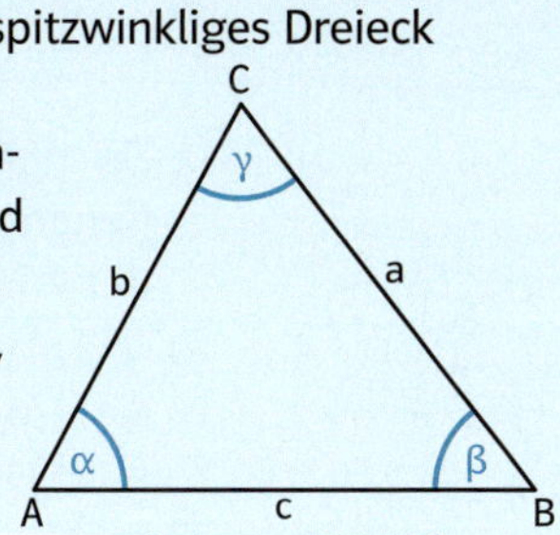

drei spitze Winkel

rechtwinkliges Dreieck

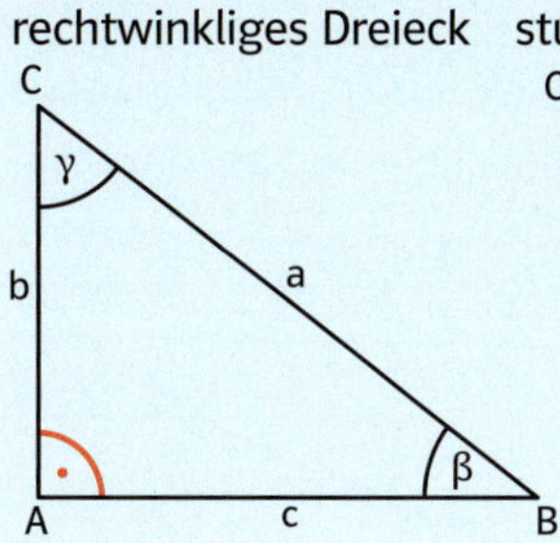

ein rechter Winkel

stumpfwinkliges Dreieck

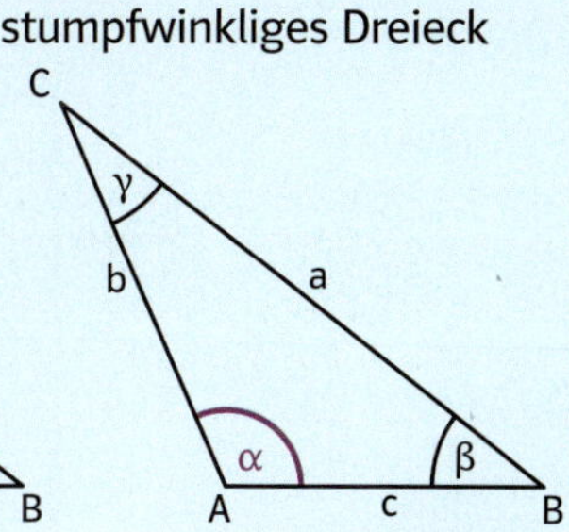

ein stumpfer Winkel

Basistraining

○ **1** Zeichne Kreise um einen gemeinsamen Mittelpunkt M mit r = 4,5 cm; r = 6 cm; r = 35 mm und r = 50 mm.
Zeichne im Kreis mit r = 35 mm den Durchmesser und im Kreis mit r = 50 mm den Radius ein.

○ **2** Ergänze die Tabelle im Heft.

	Radius r	Durchmesser d
a)	15 mm	■
b)	■	12 cm
c)	7,5 cm	■
d)	■	21 cm

○ **3** Zeichne das Kreismuster in dein Heft.

a)

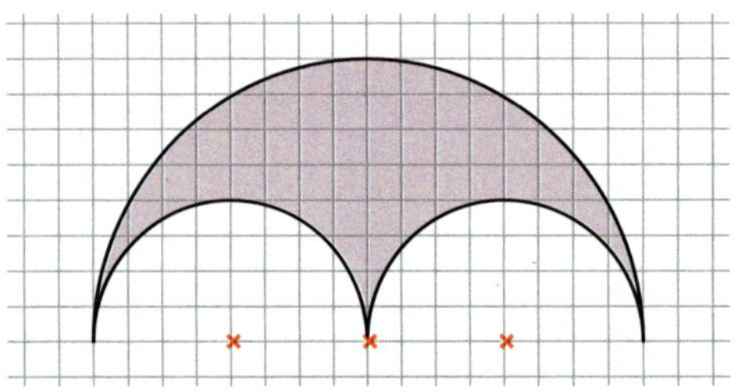

b)

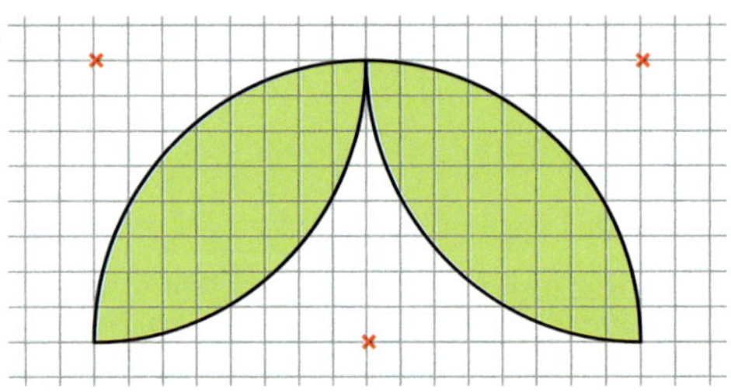

c)

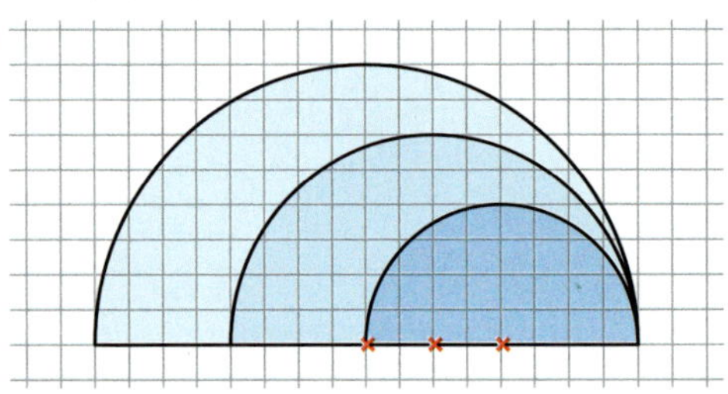

○ **4** Übertrage die Figur ins Heft. Zeichne alle Winkel ein und benenne sie.

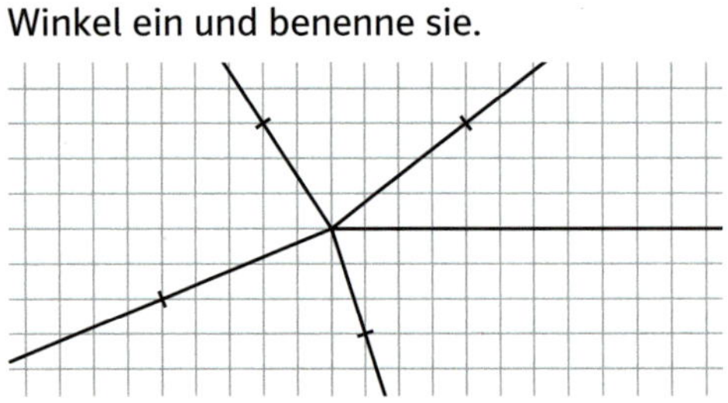

○ **5** Zeichne die Winkel. Gib jeweils die Winkelart an.

a) $\alpha = 30°$, $\beta = 90°$, $\gamma = 160°$
b) $\alpha = 105°$, $\beta = 85°$, $\gamma = 25°$
c) $\alpha = 180°$, $\beta = 145°$, $\gamma = 65°$

○ **6** Miss die Größe der Winkel.

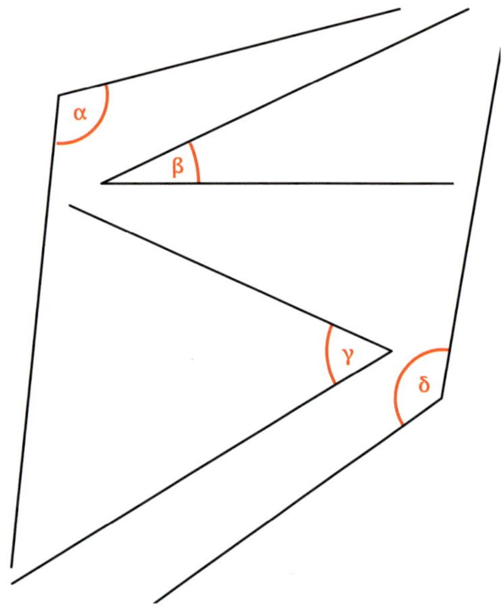

○ **7** Zeichne die Dreiecke doppelt so groß ins Heft. Miss die Winkel und ergänze die Tabelle im Heft.

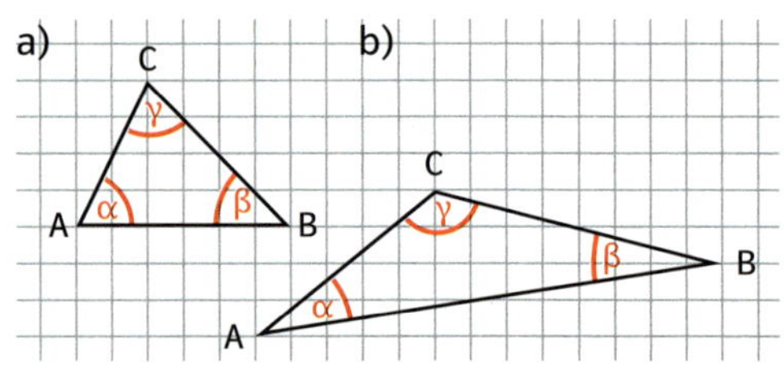

	α	β	γ	Dreiecksart
a)	■	■	■	■
b)	■	■	■	■

◒ **8** Zeichne das Dreieck ABC. Miss anschließend die Winkel. Berechne die Summe der Winkel und gib die Dreiecksart an.

a) A (1 | 1); B (8 | 1); C (2 | 10)
b) A (1 | 4); B (5 | 0); C (8 | 3)
c) A (1 | 11); B (10 | 1); C (8 | 9)
d) Wähle selbst drei Punkte für ein Dreieck.

Anwenden. Nachdenken

○ **9** Zeichne zwei Kreise mit den Radien $r = 4\,cm$ und $r = 25\,mm$. In welcher Lage zueinander können sie sich befinden?

○ **10** Das Spielfeld ist ein Kreis mit $r = 8\,cm$. Zeichnet abwechselnd Kreise mit $d = 3\,cm$ in das Feld. Kein Kreis darf einen anderen berühren oder schneiden. Wer zuerst keinen Platz mehr findet, hat verloren.

◒ **11** Zeichne ins Heft. Setze die Muster fort. Finde selbst weitere Muster.

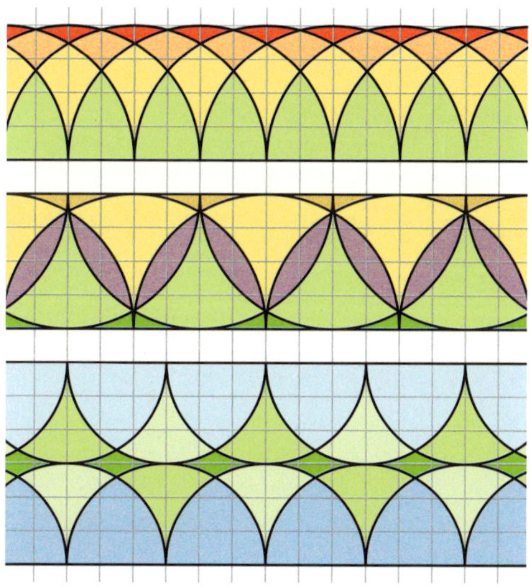

◒ **12** Drei Sender haben die Koordinaten A(4 | 3); B(6 | 10) und C(10 | 6). Ihre Reichweiten entsprechen der Reihe nach 4 K (Kästchen), 6 K und 5 K.

a) Zeichne die Sender mit ihren Empfangsgebieten.

b) Färbe mit Grün das Gebiet, in dem alle drei Sender zu empfangen sind, mit Rot das Gebiet, in dem nur C zu empfangen ist, und mit Blau das Gebiet, in dem A und C, aber nicht B zu empfangen sind.

◒ **13**

a) Durch welche Punkte verläuft der Kreis um M(4 | 6) mit dem Radius $r = 2\,cm$?

b) Durch welche Punkte verläuft der Kreis mit dem Mittelpunkt M(10 | 9), der durch den Punkt P(3 | 9) geht?

c) Wie groß ist jeweils der Durchmesser des Kreises der Teilaufgaben a) und b)?

◒ **14** Wer schätzt besser?
Gib deinem Partner eine Winkelgröße an. Zeichne dann ungefähr (ohne zu messen) die Winkelgröße, die du von deinem Partner erhältst. Wer näher an der vorgegebenen Winkelgröße liegt, erhält den Punkt. Einigt euch, auf wie viel Punkte ihr spielt.

◒ **15** Die abgebildete Pizza ist in acht gleich große Stücke geschnitten.

a) Wie groß ist der Winkel an der Spitze des Kreismittelpunkts?

b) Zeichne zwei Kreise. Zerlege einen in 9, den anderen in 12 gleich große Teile. Wie groß ist jeweils der Winkel der Stücke?

◒ **16** Übertrage die Figur ins Heft. Schätze zuerst die Größe der Winkel. Miss dann nach.

a)
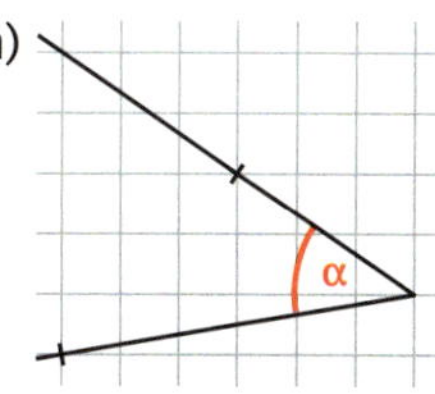

b)
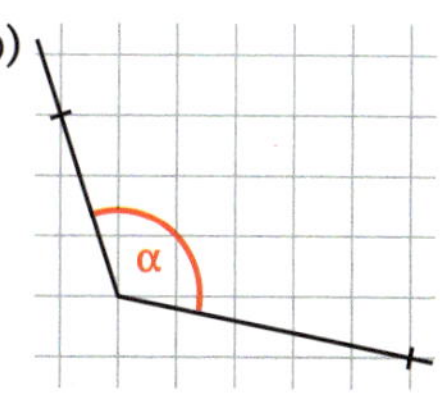

c)
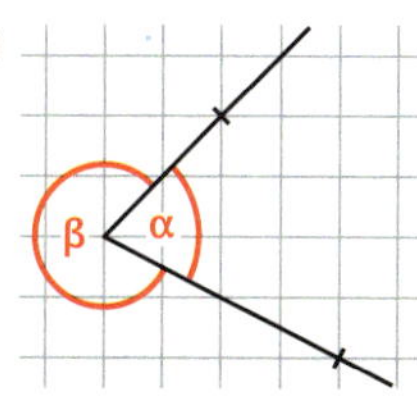

d)
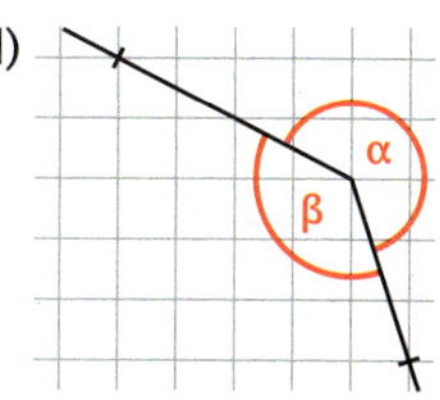

◒ **17** Übertrage die Figur ins Heft. Miss die angegebenen Winkel und nenne die Winkelarten.

a)
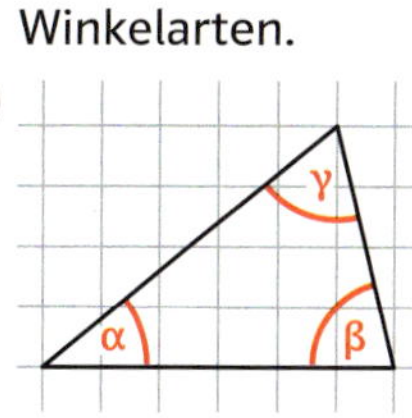

b)
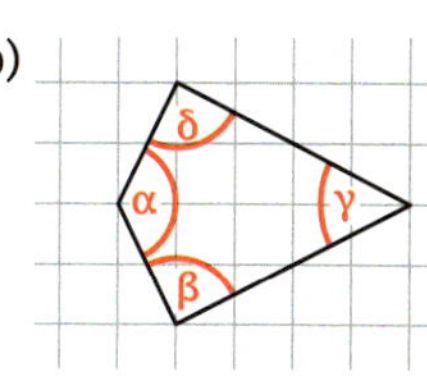

18 Zeichne die Winkel und nenne jeweils die Winkelart.

a) $\alpha = 70°$; $\beta = 25°$; $\gamma = 87°$
b) $\alpha = 130°$; $\beta = 172°$; $\gamma = 96°$
c) $\alpha = 220°$; $\beta = 315°$; $\gamma = 193°$
d) $\alpha = 153°$; $\beta = 78°$; $\gamma = 257°$

19 Berechne den Winkel α.

a)

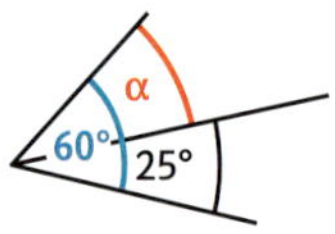

b)

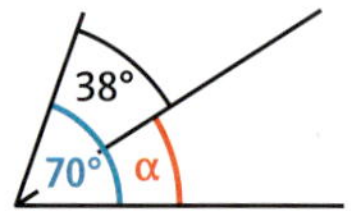

20 Berechne den Winkel α mithilfe des gestreckten Winkels.

a)

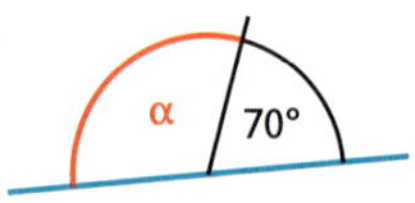

b)

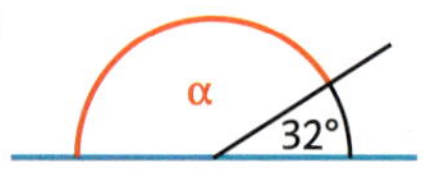

c)

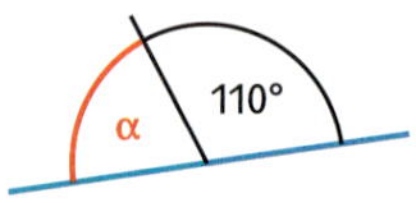

d)

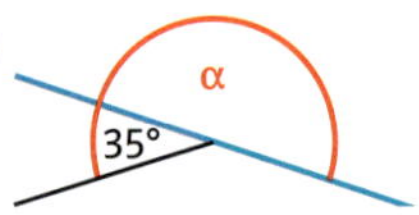

21 Eine Ballerina auf einer Spieluhr benötigt für eine volle Umdrehung 20 s. Berechne ihren Drehwinkel nach

a) 10 s. b) 1 s. c) 7 s. d) 30 s.

22 Die Baldwin Street in Neuseeland war bis 2019 laut Guinness-Buch der Rekorde die steilste Straße der Welt. Der steilste Abschnitt hat eine Steigung von 35 %.

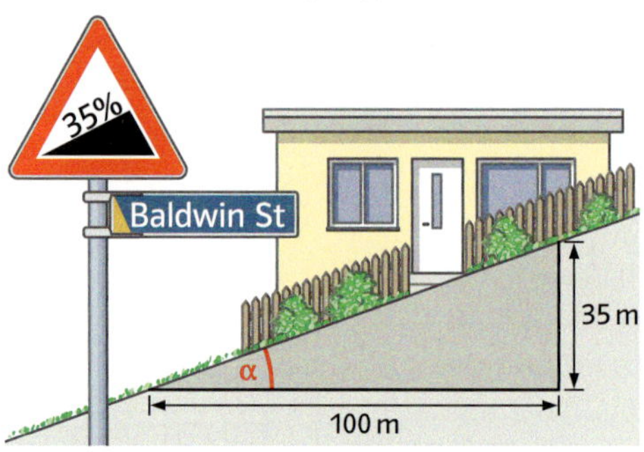

a) Wie groß ist der Steigungswinkel α? Zeichne im Maßstab 1 : 1000 und miss.
b) MK Recherchiere, wie groß die Steigung der neu ausgezeichneten steilsten Straße der Welt ist. Zeichne im Maßstab 1 : 1000 und miss den Steigungswinkel α.
c) Wie groß ist der Winkel α bei einer Steigung von 100 %?

23 Addiert man in einem Dreieck die Größe aller Winkel, erhält man 180° als Wert der Summe.
Berechne die Größe des fehlenden Winkels. Bestimme anhand der Winkel, welche Art von Dreieck vorliegt.

	a)	b)	c)	d)	e)	f)
α	60°	50°	45°	■	60°	■
β	50°	■	■	100°	60°	45°
γ	■	65°	30°	50°	■	45°

24 Aus dem Einstrahlwinkel der Sonne und der Schattenlänge kannst du die Höhe des Kirchturms bestimmen. Zeichne ins Heft.

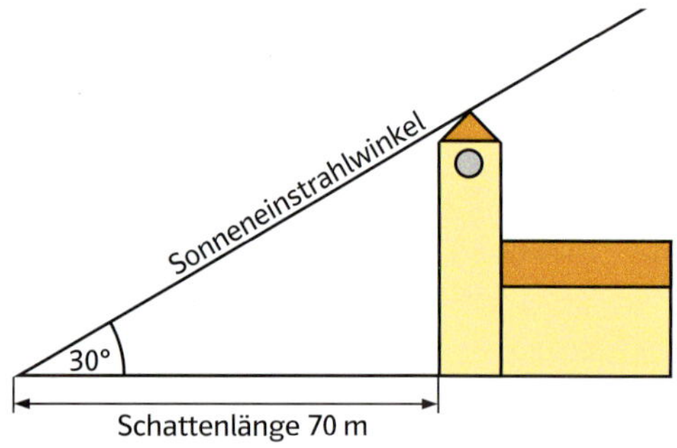

25 Durch den Öffnungswinkel α einer Taschenlampe wird ein Lichtkegel erzeugt.

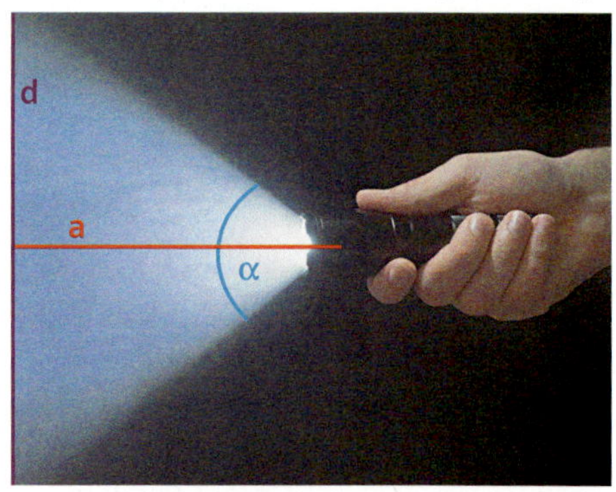

Der Durchmesser d des Lichtkegels hängt von dem Abstand a zur Lampe ab. Zeichne den beleuchteten Bereich. Wähle dazu 1 cm für 1 m.

a) $\alpha = 20°$; $a = 5\,m$
b) $\alpha = 20°$; $a = 10\,m$
c) $\alpha = 10°$; $a = 5\,m$
d) $\alpha = 45°$; $a = 7{,}5\,m$

26 Zeichne das Dreieck ABC. Hat das Dreieck gleich lange Seiten?

a) $\alpha = 40°$; $\beta = 70°$; $\gamma = 70°$
b) $\alpha = 60°$; $\beta = 60°$; $\gamma = 60°$
c) $\alpha = 22°$; $\beta = 115°$; $\gamma = 43°$

DGS. Kreis, Winkel, Dreieck

MK Mit dem Computer kannst du mit einer dynamischen Geometriesoftware (DGS) geometrische Figuren zeichnen und Messungen durchführen. Die Figuren kannst du durch Verschieben von Punkten leicht in Form und Größe verändern. Dir helfen einfache Werkzeuge, wie beispielsweise:

Finde solche Werkzeuge in deinem Programm.

1 MK Löse durch Ausprobieren.

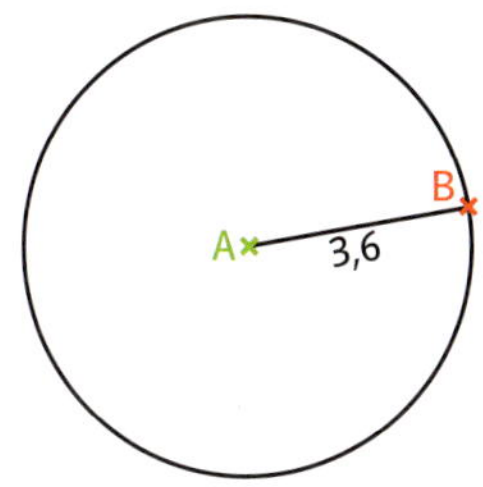

a) Setze einen Punkt A und färbe den Punkt grün.
b) Setze einen zweiten Punkt B und färbe ihn rot.
c) Zeichne um den Punkt A einen Kreis, der durch den Punkt B geht.
d) Zeichne nun mit dem Werkzeug „Strecke“ eine Strecke von A zu B. Wähle unter den Mess-Werkzeugen das Werkzeug „Abstand oder Länge“. Miss damit die Länge der Strecke $\overline{AB}$.
e) SP Bewege den Punkt B mit dem Werkzeug „Bewege“. Was fällt dir auf? **Erkläre**.

2 MK Zeichne die olympischen Ringe. Ein Bild der olympischen Flagge findest du auf Seite 12.

3 MK Winkel zeichnen.

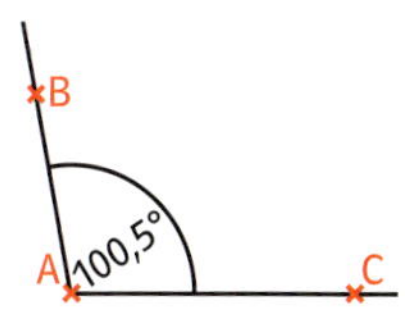

a) Zeichne zwei Halbgeraden mit demselben Anfangspunkt A. Wähle „Winkel messen“ und klicke die Punkte in der Reihenfolge C, A, B an. Bewege einen der Punkte und stelle den Winkel der Größe 100,5° ein.
b) Zeichne mindestens drei eigene weitere Winkel.

4 MK Zeichne mit dem Werkzeug „Vielecke“ ein stumpfwinkliges, ein spitzwinkliges und ein rechtwinkliges Dreieck.

5 MK SP Überprüfe die Aussage mit der DGS. **Begründe** deine Antwort mithilfe eines Beispiels oder Gegenbeispiels.
a) Ein Dreieck kann höchstens einen rechten Winkel haben.
b) Ein Dreieck kann nicht gleichzeitig einen stumpfen und einen rechten Winkel haben.
c) Es gibt kein Dreieck mit einem überstumpfen Winkel.

6 MK SP Zeichne ein Dreieck ABC und miss alle drei Winkel. Bewege einen Punkt und verändere dadurch das Dreieck. Berechne jeweils die Winkelsumme. Was fällt dir auf?

Dreieck-Nummer	α	β	γ	Winkelsumme $\alpha+\beta+\gamma$
1	75,1°	59,1°	45,8°	■
2	■	■	■	■
…	■	■	■	■

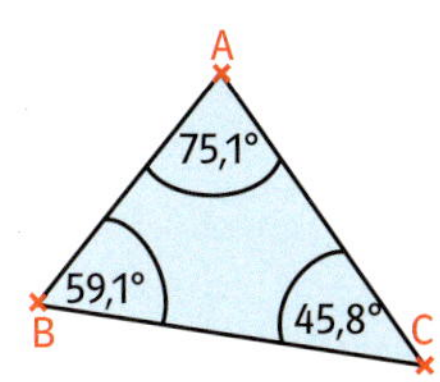

Rückspiegel

Teste dich

○ **1** Zeichne einen Kreis mit
a) r = 3 cm b) r = 38 mm
c) d = 8 cm d) d = 56 mm

○ **2** Ergänze die Lücken.
a) r = 2 cm; d = ■ cm
b) d = 3,6 cm; r = ■ cm
c) d = 78 mm; r = ■ mm

○ **3** Zeichne die Winkel und bestimme die Winkelarten.
$\alpha = 15°$; $\beta = 100°$; $\gamma = 80°$; $\delta = 155°$

○ **4** Schätze die Größe des Winkels. Übertrage den Winkel ins Heft und miss seine Größe.

a)
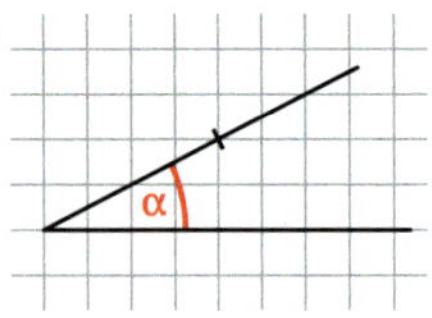

b)
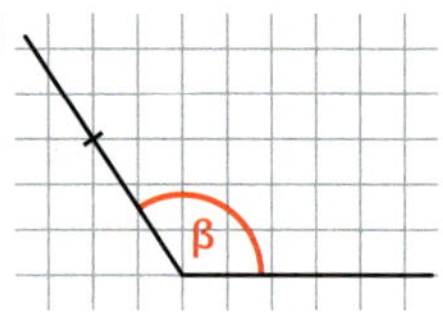

c)
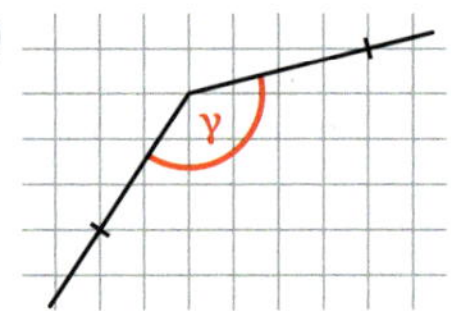

d)
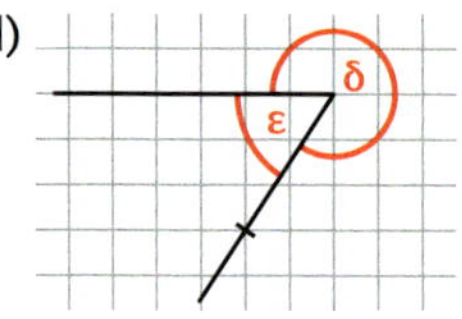

○ **5** SP Benenne die Dreiecke nach ihren Winkeln. Begründe.

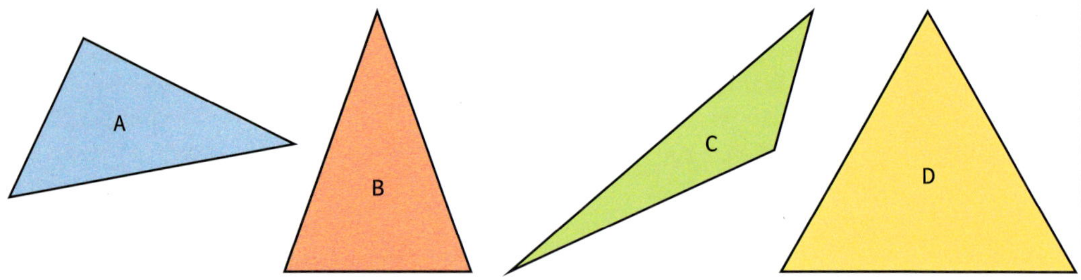

◒ **6** Zeichne den Kreis um M.
a) M(5 | 4); r = 2 cm
b) M(14 | 8); r = 3,3 cm
c) M(10 | 12); r = 25 mm
d) M(2 | 2); d = 4 cm
e) M(8,5 | 6); d = 7 cm

◒ **7** Zeichne ein vollständig beschriftetes Dreieck ABC
a) mit α ist ein stumpfer Winkel.
b) mit α ist ein rechter Winkel.
c) mit drei spitzen Winkeln.

◒ **8** Zeichne die Figur ins Heft. Zeichne weitere 30°-Winkel in den Halbkreis. Weißt du schon vorher, wie viele dieser Winkel hineinpassen?

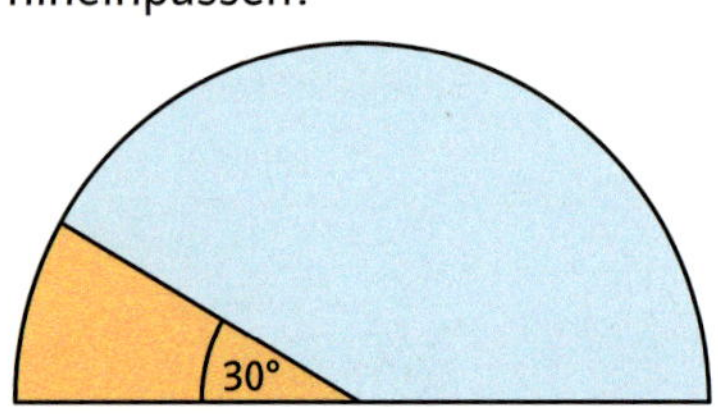

◒ **6** Zeichne den Kreis um M durch P. Gib jeweils r und d an.
a) M(12 | 10); P(7 | 10)
b) M(15 | 9); P(15 | 0)

● **7** Schätze die Größe der Winkel. Zeichne ins Heft und überprüfe deine Schätzung. Gib auch die Winkelarten an.

a)
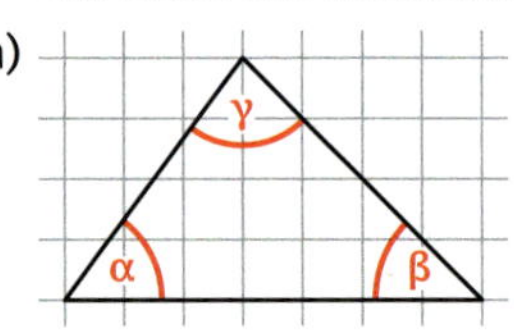

b)
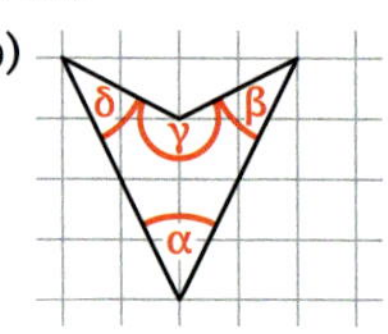

◒ **8** Zeichne die Winkel und bestimme jeweils die Winkelart.
$\alpha = 136°$; $\beta = 89°$; $\gamma = 198°$; $\delta = 322°$

● **9** Teresia will eine Pizza für sich und ihre vier Freunde gerecht aufteilen. Fertige eine Zeichnung an. Wie groß ist der Winkel eines Stücks am Kreismittelpunkt?

→ Die Lösungen findest du auf Seite 232.

Standpunkt | Teilbarkeit und Brüche

Wo stehe ich?

Ich kann …	gut	etwas	nicht gut	Lerntipp!
A Zahlen multiplizieren,	■	■	■	→ Seite 211; 212
B Zahlen dividieren,	■	■	■	→ Seite 211; 212
C Zahlen mit Rest dividieren,	■	■	■	→ Seite 213
D Brüche aus unterteilten Figuren ablesen,	■	■	■	→ Seite 209
E Brüche durch unterteilte Figuren darstellen,	■	■	■	→ Seite 210
F Zahlen am Zahlenstrahl ablesen und markieren,	■	■	■	→ Seite 207; 208
G Bruchteile von Größen in eine kleinere Einheit umwandeln.	■	■	■	→ Seite 218

Überprüfe dich selbst:

Teste dich

A Multipliziere.
a) 4 · 9 b) 12 · 5 c) 15 · 16 d) 21 · 18

B Dividiere.
a) 40 : 5 b) 84 : 6 c) 132 : 12 d) 198 : 11

C Dividiere mit Rest.
a) 45 : 8 b) 90 : 12 c) 105 : 4 d) 157 : 5

D Welcher Teil der Figur ist gefärbt?
Die Antwort findest du auf den Kärtchen.
Eines davon gilt zweimal.

a) 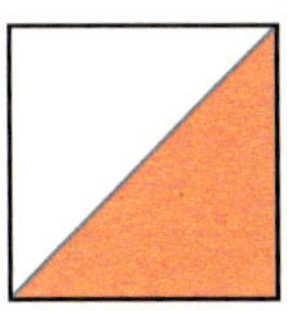
b) 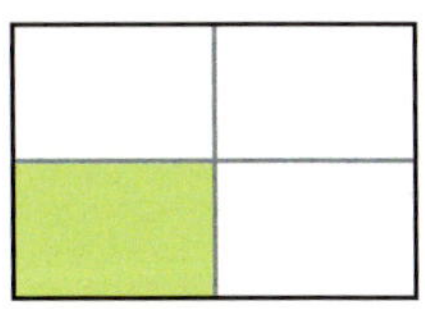
c) 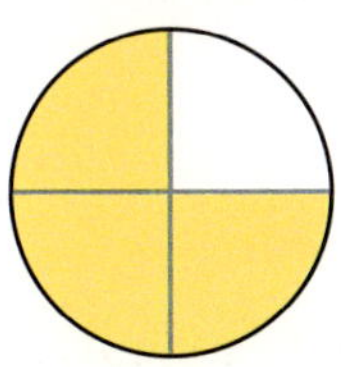
d) 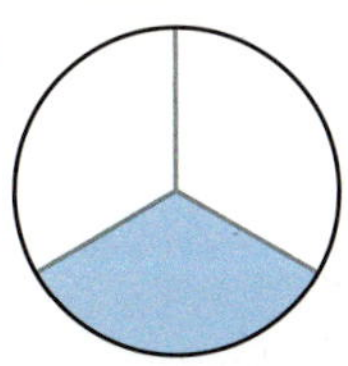
e) 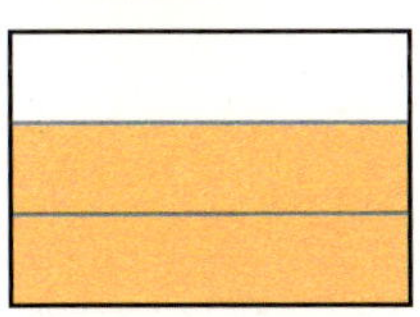
f) 

E Zeichne das abgebildete Rechteck dreimal ins Heft. Färbe davon
a) die Hälfte. b) ein Drittel. c) drei Viertel.

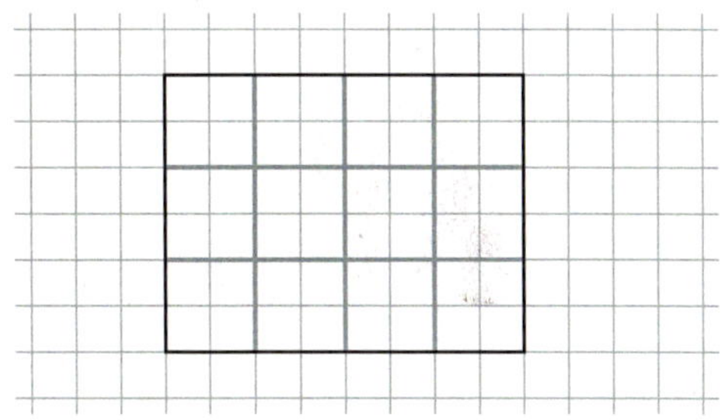

F
a) Lies die Zahlen am Zahlenstrahl ab.

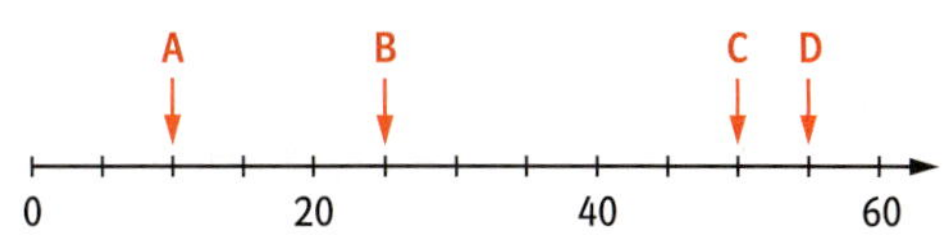

b) Zeichne einen 10 cm langen Zahlenstrahl für die Zahlen von 0 bis 100. Markiere die folgenden Zahlen durch Pfeile.
20; 60; 45; 95

G Wandle um.

a) $\frac{1}{2}$ m in dm b) $\frac{1}{2}$ m in cm
c) $\frac{1}{2}$ cm in mm d) $\frac{1}{10}$ cm in mm
e) $\frac{1}{2}$ kg in g f) $\frac{1}{4}$ kg in g
g) $\frac{1}{2}$ h in min h) $\frac{1}{2}$ Tag in h

→ Die Lösungen findest du auf Seite 233.

2 Teilbarkeit und Brüche

1 Zeichnet die zwei Rechtecke ab.
Zerschneidet sie in kleine Quadrate.
Legt diese jeweils zu einem neuen Rechteck zusammen.
Versucht, alle Möglichkeiten zu finden.

2 Der Künstler Richard Paul Lohse (1902 – 1988) hat Bilder aus quadratischen Farbfeldern konstruiert.
In jedem der drei Quadrate nehmen die verschiedenen Farben unterschiedlich große Flächen ein. Vergleicht für jedes Quadrat die Größen dieser Flächen. Augenmaß genügt!

Ich lerne,

- wie man die Teiler einer Zahl findet,
- welche Zahlen Vielfache einer gegebenen Zahl sind,
- was Primzahlen sind,
- wie man Brüche durch zerlegte Figuren darstellt,
- wie man Brüche erweitert und kürzt,
- wie man Brüche der Größe nach vergleicht,
- wie man Größen in Form von Brüchen angibt.

1 Teiler und Vielfache

Nach dem Klassenfest dürfen Svenja, Ben und Lars die übrig gebliebenen Getränke miteinander teilen, weil sie beim Verkauf mitgearbeitet haben.

→ Svenja sagt: „Gut, dass wir zu dritt sind." Sie rechnet aus, was jeder bekommt.

→ Ben sagt: „Inge und Simon haben aber auch beim Verkauf geholfen. Wie verteilen wir jetzt?"

→ Svenja meint: „Ich mache keinen Unterschied zwischen den Getränken. Wir verteilen sie gerecht."

Zu jeder Multiplikationsaufgabe gehören zwei Divisionsaufgaben mit Rest 0. Das erkennt man am Beispiel der Zahl 18.

$1 \cdot 18 = 18$	$2 \cdot 9 = 18$	$3 \cdot 6 = 18$
$18 : 1 = 18$	$18 : 2 = 9$	$18 : 3 = 6$
$18 : 18 = 1$	$18 : 9 = 2$	$18 : 6 = 3$

Die Zahl 18 kann also durch 1; 2; 3; 6; 9; 18 geteilt werden.

Tipp!
Mengen schreibt man mit geschweiften Klammern: { }

Merke

Die Zahl 10 ist durch 1; 2; 5 und 10 ohne Rest teilbar. Sie hat die **Teiler** 1; 2; 5 und 10. Teiler fasst man in einer **Teilermenge** zusammen. Sind in zwei Teilermengen verschiedener Zahlen gleiche Teiler enthalten, nennt man diese Teiler **gemeinsame Teiler** der Zahlen.

$10 : 1 = 10$　　$10 : 2 = 5$
$10 : 5 = 2$　　$10 : 10 = 1$
$\mathbf{T_{10} = \{1;\ 2;\ 5;\ 10\}}$

Die **Vielfachen** der Zahl 5 sind 5; 10; 15; 20; …; 100; …
Vielfache fasst man in der **Vielfachenmenge** zusammen: Die Punkte bedeuten, dass es noch weitere Vielfache gibt. In zwei Vielfachenmengen findet man immer **gemeinsame Vielfache**.

$\mathbf{V_5 = \{5;\ 10;\ 15;\ 20;\ 25;\ \ldots\}}$

Beispiele

a) Die Teiler von 20 findet man vorteilhaft in einer Liste. Sie enthält die Produkte aus zwei Faktoren mit dem Produktwert 20. Wenn der erste Faktor größer ist als der zweite, liefert das Produkt keine neuen Teiler. Man muss die Liste also nicht weiterführen. Die Teilermenge von 20 ist $T_{20} = \{1;\ 2;\ 4;\ 5;\ 10;\ 20\}$.

20
$1 \cdot 20$
$2 \cdot 10$
$4 \cdot 5$
~~$5 \cdot 4$~~
~~$10 \cdot 2$~~
~~$20 \cdot 1$~~

b) Die Vielfachenmenge von 6 ist $V_6 = \{6;\ 12;\ 18;\ 24;\ \ldots\}$.

c) $T_{30} = \{1;\ 2;\ 3;\ 5;\ 6;\ 10;\ 15;\ 30\}$; $T_{40} = \{1;\ 2;\ 4;\ 5;\ 8;\ 10;\ 20;\ 40\}$
Die Zahlen 1; 2; 5 und 10 sind die gemeinsamen Teiler von 30 und 40.

d) $V_6 = \{6;\ 12;\ 18;\ 24;\ 30;\ 36;\ 42;\ 48;\ 54;\ \ldots\}$; $V_9 = \{9;\ 18;\ 27;\ 36;\ 45;\ 54;\ 63;\ \ldots\}$
Die Zahlen 18; 36; 54; … sind gemeinsame Vielfache von 6 und 9.

○**1** SP **Begründe.**

a) Ist 4 ein Teiler von 12?　b) Ist 4 ein Teiler von 14?　c) Ist 6 ein Teiler von 24?
d) Ist 7 ein Teiler von 47?　e) Ist 9 ein Teiler von 58?　f) Ist 8 ein Teiler von 64?

○**2** Bestimme alle Teiler der Zahl.

a) 6　b) 12　c) 15　d) 20
e) 35　f) 63　g) 90　h) 105

○**3** Gib die ersten sechs Vielfachen der Zahl an.

a) 5　b) 8　c) 12　d) 15

Alles klar?

Fördern

A SP **Begründe.**

a) Ist 5 ein Teiler von 35? b) Ist 6 ein Teiler von 16? c) Ist 4 ein Teiler von 16?

B Bestimme die Teiler der Zahl.

a) 8 b) 22 c) 24 d) 27

C Gib die ersten sechs Vielfachen an.

a) 4 b) 9 c) 13 d) 20

○**4** Bestimme mithilfe einer Liste die Teiler der Zahl.

18
1 · 18
2 · 9
…

a) 18 b) 24 c) 30
d) 32 e) 35 f) 50

○**5** Übertrage die Tabelle ins Heft.
Wenn die Zahl in der linken Spalte ein Teiler der Zahl in der oberen Zeile ist, trage ein grünes Häkchen ein.
Andernfalls trage ein rotes Kreuz ein.

teilbar durch	12	16	20	25	36	40
2	✓	■	■	■	■	■
3	■	■	■	×	■	■
4	■	✓	■	■	■	■
6	■	■	■	■	■	■
7	■	■	■	■	■	■
8	■	■	×	■	■	■
9	■	■	■	■	■	■
10	■	■	■	■	■	■

○**6** Gib die ersten fünf Vielfachen an.

a) 6 b) 10 c) 14 d) 21 e) 25

◒**7** Gib das 10-Fache, das 11-Fache, …, das 15-Fache der Zahl an.

a) 9 b) 15 c) 18 d) 21 e) 25

◒**8** SP Hier wurden **Fehler** gemacht. Schreibe richtig ins Heft und **erkläre** den Fehler.

a) $T_9 = \{1;\ 3;\ 6;\ 9\}$
b) $T_{12} = \{1;\ 2;\ 3;\ 6;\ 12\}$
c) $V_6 = \{6;\ 12;\ 18;\ 30;\ \ldots\}$
d) $V_8 = \{8;\ 16;\ 18;\ 24;\ 30;\ \ldots\}$

◒**9**

a) Bestimmt mithilfe einer Liste alle Teiler der Zahlen 4; 9; 16; 25; 100.

9
1 · 9
3 · 3

b) SP **Beschreibt** den Unterschied zu den Listen aus Aufgabe 4.

○**4** Bestimme mithilfe einer Liste die Teiler der Zahl.
Schreibe sie auch als Teilermenge.

a) 24 b) 27 c) 28 d) 30
e) 33 f) 40 g) 45 h) 55

○**5** Gib die ersten zehn Vielfachen an.
Schreibe sie als Vielfachenmenge.

a) 7 b) 10 c) 11 d) 18 e) 30

◒**6** SP Bestimmt mithilfe einer Liste alle Teiler der Zahlen 25; 36; 49; 64; 81.
Was fällt euch an der Liste auf?
Erklärt eure Beobachtung.

◒**7** Hier fehlen einige Zahlen. Fülle die Leerstellen richtig aus.

a) $T_{■} = \{1;\ ■;\ ■;\ ■;\ 16\}$
b) $T_{■} = \{1;\ ■;\ ■;\ ■;\ 16;\ ■\}$
c) $T_{■} = \{1;\ ■;\ ■;\ 27;\ ■\}$
d) $T_{■} = \{1;\ ■;\ ■;\ ■;\ ■;\ ■;\ 12;\ ■\}$
e) $T_{■} = \{1;\ 2;\ 3;\ 5;\ ■;\ ■;\ ■;\ ■\}$

◒**8** Die Straßenbahnlinie 15 fährt alle 8 Minuten, die Buslinie 457 alle 12 Minuten und die S-Bahn-Linie S3 alle 20 Minuten. Am Rathausplatz fahren um 05:00 Uhr alle Linien gleichzeitig ab. Bis um 20:00 Uhr fahren alle im festen Takt.

a) Zu welchen Uhrzeiten fahren alle drei Verkehrsmittel gleichzeitig ab?
b) Wie oft fahren in der Zeit von 05:00 Uhr bis 20:00 Uhr die Linie 15 und die Linie 457 gleichzeitig ab?
c) Gib für die Zeit von 06:00 Uhr bis 09:00 Uhr alle Zeiten an, an denen die Straßenbahn und der Bus gleichzeitig abfahren.

◒**9**

a) Gebt gemeinsam die Teilermengen von 2; 4; 8; 16; 32 an.
b) Wie viele Teiler haben diese Zahlen?
c) Sucht eine Zahl mit zehn Teilern.

→ Die Lösungen zu „Alles klar?" findest du auf Seite 234.

10 Hier ist ein gemeinsames Vielfaches von 3 und 4 dargestellt.

a) SP **Begründet**.

b) Nennt noch vier weitere gemeinsame Vielfache von 3 und 4.

c) Nennt fünf gemeinsame Vielfache von 2 und 3 sowie von 3 und 5.

11 Eichhörnchen, Frosch und Springmaus hüpfen nebeneinander her.

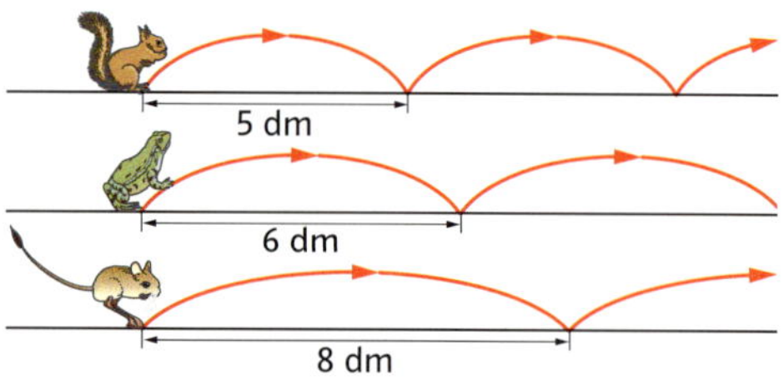

a) Nach welcher Strecke springen Eichhörnchen und Frosch wieder genau an der gleichen Stelle ab?

b) Nach welcher Strecke springen Eichhörnchen und Springmaus wieder genau an der gleichen Stelle ab?

c) Nach welcher Strecke springen alle drei Tiere wieder genau an der gleichen Stelle ab? Wie viele Sprünge macht jedes der drei Tiere bis dorthin?

12 Vier Spieler würfeln mit je zwei Würfeln. Sie multiplizieren die zwei Augenzahlen.
Wer das Produkt mit den meisten Teilern hat, bekommt einen Punkt.
Haben mehrere Spieler die höchste Zahl von Teilern, gibt es keinen Punkt.
Gewonnen hat, wer nach sechs Durchgängen die meisten Punkte hat.

10 Zeichne einen Zahlenstrahl von 0 bis 30 (Einheit 1 Kästchen). Markiere die Vielfachen von 3 und die Vielfachen von 5.

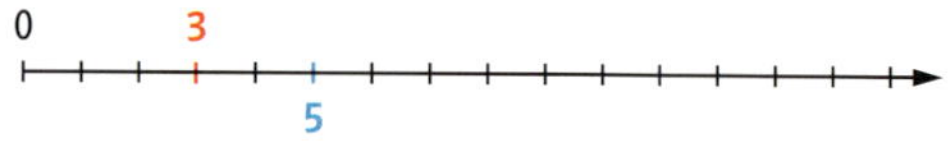

a) Bestimme die kleinste Zahl, die zugleich ein Vielfaches von 3 und 5 ist.

b) Bestimme die nächsten vier gemeinsamen Vielfachen von 3 und 5.

11 Die gemeinsamen Vielfachen zweier Zahlen kannst du mithilfe der Vielfachenmengen bestimmen.

Beispiel:
$V_4 = \{4;\ 8;\ 12;\ 16;\ 20;\ 24;\ \ldots\}$
$V_6 = \{6;\ 12;\ 18;\ 24;\ \ldots\}$

Bestimme die gemeinsamen Vielfachen von

a) 4 und 8. b) 3 und 4. c) 6 und 8.
d) 10 und 15. e) 12 und 9. f) 4 und 9.

Zu welcher Vielfachenmenge gehören die gemeinsamen Vielfachen?

12 Das Kettenblatt eines Fahrrads hat 48 Zähne, das Ritzel hat 15 Zähne. Nach wie vielen Umdrehungen des Kettenblatts und des Ritzels stehen die rot markierten Zähne wieder genau oben wie am Anfang?

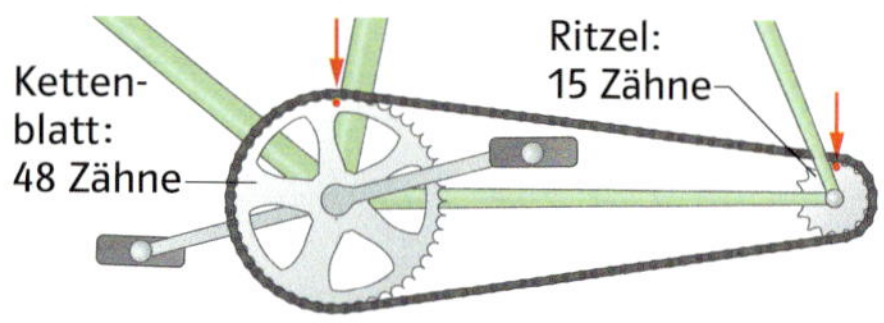

13 Zwei Spieler würfeln mit je drei Würfeln. Jeder wählt zwei Augenzahlen aus und multipliziert sie.
Wer das Produkt mit den meisten Teilern hat, bekommt einen Punkt.
Wenn die Produkte gleich viele Teiler haben, gibt es keinen Punkt.
Wer zuerst sechs Punkte hat, ist Sieger.

Tipp!
zu Aufgabe 13:
Welche Produktwerte und welche Anzahlen von Teilern können vorkommen?

2 Endziffernregeln

Die Schülerinnen und Schüler der Klasse 6c zeichnen einen langen Zahlenstrahl an die Tafel.
Silke sagt: „Von 0 aus komme ich nach vielen Fünfersprüngen zur Zahl 245."
Kyeremaa sagt: „Zur 542 kommst du so aber nicht."
→ Diskutiert, wie sie darauf gekommen sind.

Durch geschickte Zerlegung kann man prüfen, ob eine Zahl durch 5, 2 oder 4 teilbar ist.

Die Zahl 465 ist durch 5 teilbar.
Ihr Hunderter ist durch 5 teilbar, ebenso ihr Zehner und ihr Einer.
465 = 400 + 60 + 5
400 : 5 = 80
60 : 5 = 12
5 : 5 = 1 Rest 0

Die Zahl 352 ist durch 2 teilbar.
Ihr Hunderter ist durch 2 teilbar, ebenso ihr Zehner und ihr Einer.
352 = 300 + 50 + 2
300 : 2 = 150
50 : 2 = 25
2 : 2 = 1 Rest 0

Die Zahl 512 ist durch 4 teilbar. Ihr Hunderter ist durch 4 teilbar, ebenso die aus den zwei Endziffern gebildete Zahl.
512 = 500 + 12
500 : 4 = 125
12 : 4 = 3 Rest 0

Die Zahl 814 ist nicht durch 4 teilbar.
814 = 800 + 14
800 : 4 = 20
14 : 4 = 3 Rest 2

Über die Teilbarkeit durch 2 und 5 entscheidet nur der Einer, also die Endziffer.
Über die Teilbarkeit durch 4 entscheiden die zwei Endziffern.

Merke

Endziffernregeln
Eine Zahl ist nur dann
- durch **2 teilbar**, wenn sie die Endziffer **0; 2; 4; 6 oder 8** hat.
- durch **5 teilbar**, wenn sie die Endziffer **0** oder **5** hat.
- durch **10 teilbar**, wenn sie die Endziffer **0** hat.
- durch **4 teilbar**, wenn die aus den beiden Endziffern gebildete Zahl durch 4 teilbar ist oder die beiden Endziffern **00** sind.

Tipp!
Ist eine Zahl durch 4 teilbar, dann ist sie auch durch 2 teilbar.

Beispiele

a) Die Zahl 458 hat die Endziffer 8, also ist sie durch 2 teilbar, aber nicht durch 4; 5 und 10.
b) Die Zahl 6485 hat die Endziffer 5, also ist sie durch 5 teilbar, aber nicht durch 2; 4 und 10.
c) Die Zahl 450 hat die Endziffer 0, also ist sie durch 2; 5 und 10 teilbar, aber nicht durch 4.
d) Die Zahl 7532 hat die zwei Endziffern 32, also ist sie durch 4 und 2 teilbar, aber nicht durch 5 und 10.

○ 1 SP Welche Zahl ist durch 2 teilbar? Begründe.
a) 458 b) 730 c) 4591 d) 6422

○ 2 SP Welche Zahl ist durch 5 teilbar? Begründe.
a) 365 b) 759 c) 5430 d) 5552

○**3** SP Welche Zahl ist durch 10 teilbar? **Begründe.**
a) 360 b) 745 c) 1001 d) 100

○**4** SP Welche Zahl ist durch 4 teilbar? **Begründe.**
a) 516 b) 7604 c) 89 722 d) 53 164

Alles klar?

A Welche Zahlen sind teilbar durch 2, welche durch 4, welche durch 5, welche durch 10?
64 | 1002 | 9052 | 654 | 640 | 75 | 24 680 | 8005 | 4863 | 10 004

Fördern

○**5** Welche Zahl ist durch 2 teilbar, welche durch 5, welche durch 10?
a) 4642 b) 6785 c) 9000
d) 2760 e) 4785 f) 7551

○**6** Welche Zahl ist durch 4 teilbar?
312 | 418 | 520 | 654

◒**7** Ergänzt die fehlende Ziffer so, dass eine durch 4 teilbare Zahl entsteht.
a) 123 27▒ b) 45 52▒ c) 67 8▒6

◒**8** Welche Zahlen sind durch 5 teilbar?
a) Gib die nächstgrößere durch 5 teilbare Zahl an: 457; 951; 686; 7923.
b) Gib die nächstkleinere durch 5 teilbare Zahl an: 383; 796; 508; 1321.

◒**9** In den Feldern des Quadrats stehen vier Arten von Zahlen:
- **teilbar durch 10**
- **teilbar durch 2, aber nicht durch 5**
- **teilbar durch 5, aber nicht durch 2**
- **nicht teilbar durch 2 und nicht durch 5.**

Vier Felder sind schon gefärbt. Zeichne das Quadrat ab und färbe die anderen Felder mit den entsprechenden Farben.

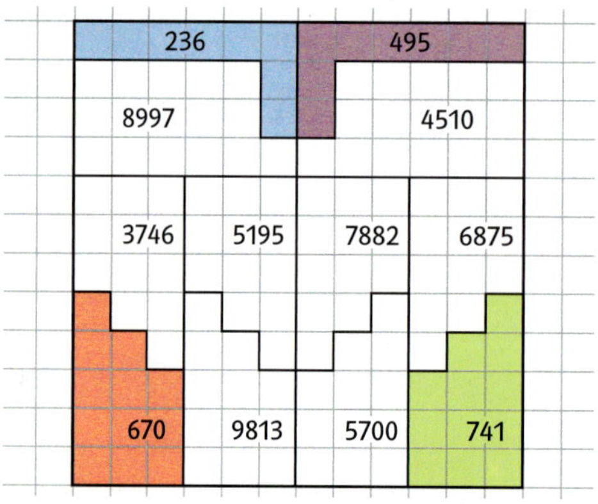

○**5** Finde die größte zweistellige Zahl, die durch 2; 5 und 10 teilbar ist.

○**6** Ergänzt die fehlende Ziffer so, dass eine durch 4 teilbare Zahl entsteht.
a) 2▒0; 2▒2; 2▒4; 2▒6; 2▒8
b) 3▒0; 3▒2; 3▒4; 3▒6; 3▒8
c) 7▒0; 7▒2; 7▒4; 7▒6; 7▒8

◒**7** SP In der Endziffernmauer stehen am Rand Einsen. In der Mitte unter zwei benachbarten Zahlen steht die Endziffer ihrer Summe.
Beispiel: 6 + 8 = 14, tragt 4 ein.
Übertragt die Mauer ins Heft und setzt sie um 3 Zeilen fort.
Beschreibt das Farbmuster.

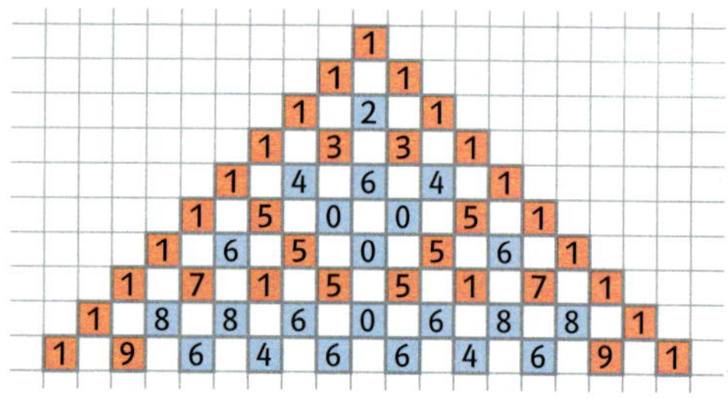

◒**8** Dividiere 2048 durch 2;
dividiere das Ergebnis durch 2;
dividiere das neue Ergebnis durch 2.
Dividiere weiter, solange das Ergebnis durch 2 teilbar ist. Welche Endziffern haben die Ergebnisse der Reihe nach?

●**9** MK SP
a) Finde mithilfe einer Tabellenkalkulation alle Zahlen zwischen 0 und 1000, die durch 25 teilbar sind. Formuliere eine entsprechende Regel.
b) Finde eine Regel für die Teilbarkeit durch 50.

→ Die Lösungen zu „Alles klar?" findest du auf Seite 234.

3 Quersummenregeln

Marc legt in der oberen Zeile der Stellenwerttafel ein blaues Plättchen in die Hunderterspalte, eins in die Zehnerspalte und sieben in die Einerspalte.

→ Er schiebt das Plättchen aus der Zehner- in die Einerspalte. Um wie viel wird seine Zahl dadurch kleiner?

→ Um wie viel wird seine neue Zahl kleiner, wenn er noch das Plättchen aus der Hunderter- in die Einerspalte schiebt?

→ Lisa legt ihre 3 Plättchen zuerst in die Einerspalte. Sie verschiebt sie auf mehrere Arten.

→ Beide überlegen, durch welche Zahl alle Zahlen aus 9 oder 3 Plättchen teilbar sind.

Die Teilbarkeit einer Zahl durch 9 lässt sich durch eine geschickte Summenzerlegung prüfen. Es ist nicht nötig, durch 9 zu dividieren.

$786 = 7 \cdot 100 + 8 \cdot 10 + 6$

$= 7 \cdot 99 + 7 + 8 \cdot 9 + 8 + 6$

$= 7 \cdot 99 + 8 \cdot 9 + (7 + 8 + 6)$

Der erste Summand $7 \cdot 99$ ist durch 9 teilbar, denn 99 ist durch 9 teilbar. Auch der zweite Summand $8 \cdot 9$ ist durch 9 teilbar. Es kommt also nur darauf an, ob die Summe $7 + 8 + 6$ durch 9 teilbar ist. Ihr Wert ist 21. 21 ist nicht durch 9 teilbar. Also ist 786 nicht durch 9 teilbar.

Durch dieselbe Zerlegung prüft man auch die Teilbarkeit durch 3:

$786 = 7 \cdot 99 + 8 \cdot 9 + (7 + 8 + 6)$

Der erste Summand $7 \cdot 99$ ist durch 3 teilbar, denn 99 ist durch 3 teilbar, weil $99 = 3 \cdot 33$ ist. Auch der zweite Summand ist durch 3 teilbar. Es kommt also nur darauf an, ob die Summe $7 + 8 + 6$ durch 3 teilbar ist. Ihr Wert ist 21. 21 ist durch 3 teilbar. Also ist 786 durch 3 teilbar.

Merke

Quersummenregeln
Addiert man die Ziffern einer Zahl, erhält man die **Quersumme**.
Eine Zahl ist nur dann
- **durch 3 teilbar**, wenn ihre Quersumme durch 3 teilbar ist.
- **durch 9 teilbar**, wenn ihre Quersumme durch 9 teilbar ist.

Tipp!
Ist eine Zahl durch 9 teilbar, dann ist sie auch durch 3 teilbar.

Beispiel

Zahl	Quersumme	teilbar durch	
		3	9
354	3 + 5 + 4 = 12	ja	nein
675	6 + 7 + 5 = 18	ja	ja
4183	4 + 1 + 8 + 3 = 16	nein	nein

○**1** SP Ist die Zahl durch 3 teilbar? Begründe.
a) 96 b) 123 c) 455 d) 1263 e) 4316 f) 7521

○**2** SP Ist die Zahl durch 9 teilbar? Begründe.
a) 252 b) 189 c) 658 d) 2241 e) 3872 f) 4896

Alles klar?

Fördern

A Welche Zahlen sind durch 3, welche durch 9 teilbar? 66 | 126 | 167 | 279 | 3111 | 7146

Tipp!
zu Aufgabe 4:
$6 = 2 \cdot 3$

○3 Ist die Zahl durch 3 teilbar? Ist sie durch 9 teilbar?
a) 456 b) 333 c) 6895 d) 4721
e) 8961 f) 5551 g) 8547 h) 12 345

○4 Nur die Ballons, an denen eine durch 9 teilbare Zahl hängt, steigen hoch. Welche bleiben unten?

◒5 Welche Geldbeträge kann man gerecht an drei Personen verteilen?

a) 63 € 15 ct b) 231 € 36 ct
c) 52 € 20 ct d) 458 € 01 ct

◒6 Füllt die Leerstellen so aus, dass eine durch 3 teilbare Zahl entsteht. Es gibt mehrere Möglichkeiten. Wie viele findet ihr?
a) 7■8 b) 63■ c) ■43 d) 680■
e) 44■4 f) ■652 g) 3■70 h) 978■

◒7 **Prüfe** auf Teilbarkeit. Einige Ergebnisse sind schon eingetragen.

teilbar durch	72	84	132	150	162	675
2	✓	■	■	■	■	■
3	■	✓	■	■	■	■
5	■	■	■	■	■	■
9	■	■	×	■	✓	■
10	■	■	×	■	■	×

◒3 SP Subtrahiert von der Zahl ihre Quersumme. **Prüft** das Ergebnis auf Teilbarkeit. Schreibt eure Beobachtung auf.
a) 4532 b) 3463 c) 9870 d) 3571

◒4
a) **Prüfe** auf Teilbarkeit.

teilbar durch	75	96	150	162	240	729
2	■	■	■	■	■	■
3	■	■	■	■	■	■
5	■	■	■	×	■	■
6	■	✓	■	■	■	■
9	■	■	■	■	■	■

b) SP Ergänze zu einer Regel:
Eine Zahl ist durch 6 teilbar, wenn sie …
c) Ist die Zahl durch 6 teilbar?
132; 141; 345; 412; 852

●5 Streicht man eine beliebige Ziffer der Zahl 9 721 368, so ist die verbleibende sechsstellige Zahl durch die gestrichene Ziffer teilbar.

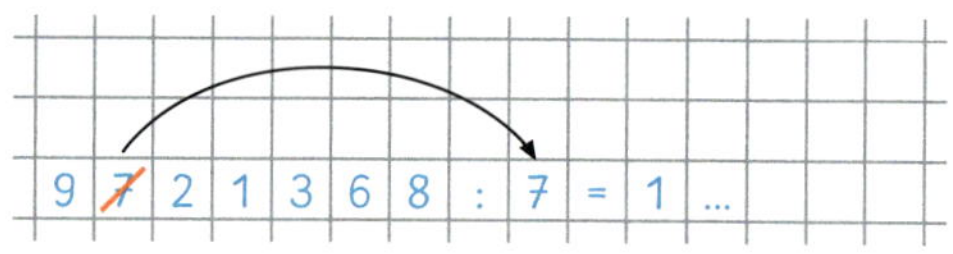

Prüfe nach. Bei dieser Zahl ersparen dir die Teilbarkeitsregeln manche Division.

●6 So prüft man, ob die Riesenzahl 899 889 999 898 998 486 durch 3 teilbar ist:
Bilde die Quersumme: 147
Davon die Quersumme: $1 + 4 + 7 = 12$
12 ist durch 3 teilbar, also auch 147, also auch die Riesenzahl.
Prüfe ebenso.
a) 978 798 659 987 946
b) 958 345 738 564 678 787

●7 SP Miriam hat mit Quersummen experimentiert.

5787 → 27 → 9
7786 → 28 → 10 → 1
996708 → 39 → 12 → 3

Besprecht, was sie herausgefunden hat.

→ Die Lösungen zu „Alles klar?" findest du auf Seite 234.

4 Primzahlen

Silja legt aus den Kärtchen mit den weißen Schafen ein Rechteck.
→ Findest du eine zweite Möglichkeit?
→ Vergleiche mit deiner Partnerin oder deinem Partner. Wie viele Möglichkeiten gibt es insgesamt?
→ Wie viele rechteckige Herden könnt ihr legen, wenn ihr das schwarze Schaf dazunehmt?

Material zum Einstieg

Die meisten Zahlen haben **mehr als zwei** Teiler. Es gibt aber besondere Zahlen mit **nur zwei** Teilern.

2	3	4	5	6	7	8	9	10	11	12
1 · 2	1 · 3	1 · 4 2 · 2	1 · 5	1 · 6 2 · 3	1 · 7	1 · 8 2 · 4	1 · 9 3 · 3	1 · 10 2 · 5	1 · 11	1 · 12 2 · 6 3 · 4

Merke

Zahlen mit genau **zwei Teilern** heißen **Primzahlen**. Sie haben nur die 1 und sich selbst als Teiler. Die Zahl 1 ist keine Primzahl, weil sie nur einen Teiler hat.

Die Zahl 30 ist keine Primzahl. Man kann sie aber in **Primfaktoren** zerlegen: $30 = 2 \cdot 3 \cdot 5$
Jede Zahl, die keine Primzahl und größer als 1 ist, hat eine **Primfaktorzerlegung**.

Beispiele

a) 2; 3; 5; 7; 11 sind die ersten fünf Primzahlen. Die Zahl 2 ist die einzige gerade Primzahl.
b) Um zu prüfen, ob die Zahl 41 eine Primzahl ist, geht man die möglichen Teiler durch:

2 ist kein Teiler, denn die Endziffer ist 1.
3 ist kein Teiler, denn die Quersumme ist 5.
4 ist kein Teiler, denn 41 ist schon durch 2 nicht teilbar.
5 ist kein Teiler, denn die Endziffer ist 1.
6 ist kein Teiler, denn 41 ist schon durch 2 nicht teilbar.

Weiter als bis zur Zahl 6 muss man nicht probieren:
Die Produkte $7 \cdot 2$; $7 \cdot 3$; …; $7 \cdot 6$ ergeben nicht 41, denn sonst wäre eine der Zahlen 2; 3; …; 6 ein Teiler. Die Produkte $7 \cdot 7$; $7 \cdot 8$; … sind alle zu groß, denn es gilt schon $7 \cdot 7 = \mathbf{49}$. Größere Zahlen als 7 sind erst recht keine Teiler. Also ist 41 eine Primzahl.

c) Die Primfaktorzerlegung von 6 besteht aus zwei Faktoren. $6 = 2 \cdot 3$
d) Die Primfaktorzerlegung von 12 findet man schrittweise. Sie hat drei Faktoren.
$12 = 2 \cdot 6$
$12 = 2 \cdot 2 \cdot 3$

○ **1** SP Welche Zahlen sind Primzahlen? **Begründe.**
13 | 21 | 31 | 37 | 39

○ **2** Schreibe die zwölf kleinsten Primzahlen der Reihe nach auf.

○ **3** Zerlege in Primfaktoren.
a) 10 b) 15 c) 4 d) 20

Alles klar?

Fördern

A SP Ist die Zahl eine Primzahl? **Begründe**.
a) 29 b) 51 c) 59

B Zerlege in Primfaktoren.
a) 15 b) 9 c) 14

4 Welche Zahl ist eine Primzahl?
a) 11; 21; 31; 41 b) 13; 23; 33; 43
c) 17; 27; 37; 47 d) 19; 29; 39; 49

5 Sina hat Zahlen in Primfaktoren zerlegt. Dabei hat sie **Fehler** gemacht. **Prüfe** nach und korrigiere.

a)	$24 = 2 \cdot 2 \cdot 2 \cdot 2 \cdot 3$
b)	$81 = 3 \cdot 3 \cdot 9$
c)	$420 = 2 \cdot 2 \cdot 3 \cdot 35$
d)	$32 = 2 \cdot 2 \cdot 2 \cdot 2 \cdot 2 \cdot 1$

6 Vor über 2000 Jahren hat der griechische Mathematiker Eratosthenes das Primzahlsieb erfunden.

a) So wird gesiebt:
Schreibt eine Liste mit den Zahlen von 1 bis 100.
- Streicht die 1.
- Umrahmt die 2, streicht die Vielfachen von 2.
- Umrahmt die 3, streicht die Vielfachen von 3.
- Umrahmt immer die nächste noch nicht gestrichene Zahl und streicht ihre Vielfachen.

Macht so weiter, bis alle Zahlen entweder umrahmt oder gestrichen sind.

~~1~~	[2]	[3]	~~4~~	[5]	~~6~~
[7]	~~8~~	~~9~~	~~10~~	11	~~12~~
13	~~14~~	~~15~~	~~16~~	17	~~18~~
19	~~20~~	~~21~~	~~22~~	23	~~24~~
~~25~~	~~26~~	~~27~~	~~28~~	29	…

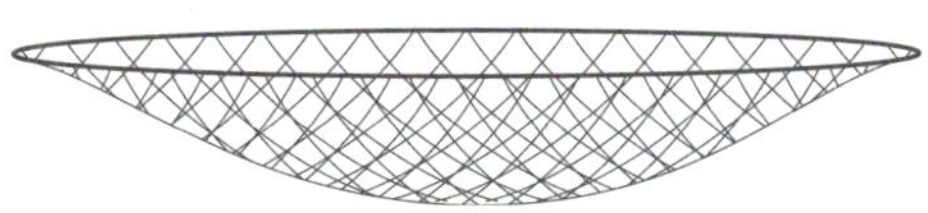

b) **Prüft** nach, ob alle umrahmten Zahlen Primzahlen sind.
c) Zwei Primzahlen mit der Differenz 2 heißen Primzahlzwillinge. Sucht Primzahlzwillinge.

Tipp!
zu Aufgabe 8 b):
Wer von 11 an aufwärts sucht, muss unnötig viel arbeiten.

4 Welche Zahl ist eine Primzahl?
a) 11; 21; 31; … 71 b) 13; 23; 33; … 73
c) 17; 27; 37; … 77 d) 19; 29; 39; … 79

5 Zerlege die Zahl in Primfaktoren.
a) 45 b) 90 c) 125 d) 100
e) 1000 f) 450 g) 210 h) 600
Mit der Blumenzwiebel behältst du beim Zerlegen den Überblick. Zeichne die Zerlegung erst auf diese Weise und schreibe sie dann als Produkt.

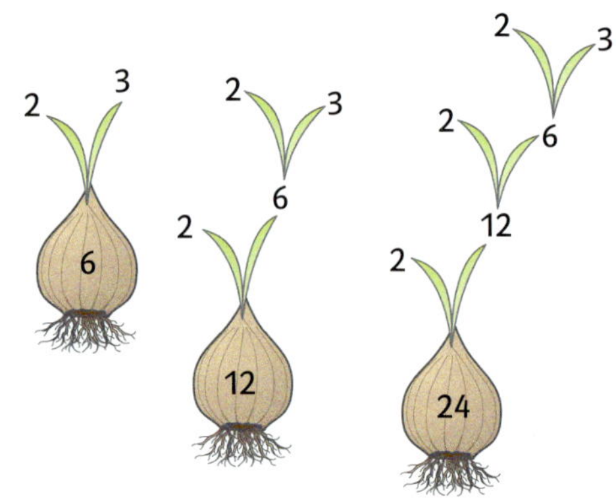

6 Bestimme die kleinste Zahl mit
a) drei b) vier
unterschiedlichen Primfaktoren.

7 SP Nenne alle Primzahlen mit der
a) Endziffer 2. b) Endziffer 5.
Begründe deine Antwort.

8 Bestimme
a) die kleinste zweistellige Primzahl.
b) die größte zweistellige Primzahl.
c) die kleinste dreistellige Primzahl.

9 SP **Begründe** mithilfe der Teilbarkeitsregeln, dass keine der folgenden Zahlen eine Primzahl ist: 458; 7265; 6741; 1 000 000.

10 Tim meint: „Die Zahl 1001 ist nicht durch 2, nicht durch 3 und nicht durch 5 teilbar. Sie ist sicher eine Primzahl."
Erkan sagt: „Das ist damit noch nicht gesagt. Ich knacke die Zahl."
Probiert gemeinsam.

→ Die Lösungen zu „Alles klar?" findest du auf Seite 234.

5 Brüche

Die Klasse 6c betrachtet ein Wandbild mit geometrischen Figuren.
→ Nora behauptet: „In den beiden Dreiecken nehmen die drei Farben gleich große Flächen ein."
→ Sie sucht mit Chris orange gefärbte Teilfiguren.
→ Die Schülerinnen und Schüler besprechen, in welche Teile die Figuren zerlegt sind.

Wird ein Ganzes in 2; 3; 4; 5; … gleich große Teile zerlegt, so ist jeder der Teile ein Halbes, ein Drittel, ein Viertel, ein Fünftel, … des Ganzen.
Man kann mehrere solche Teile auch zusammenfassen: zwei Drittel, drei Viertel, drei Fünftel, … des Ganzen.

Merke

Ein **Bruch** besteht aus Zähler, Nenner und Bruchstrich.
Der Nenner gibt an, in wie viele gleich große Teile das Ganze zerlegt wird.
Der Zähler gibt an, wie viele dieser Teile zusammengenommen werden.

$\frac{3}{4}$ — 3: Zähler; —: Bruchstrich; 4: Nenner

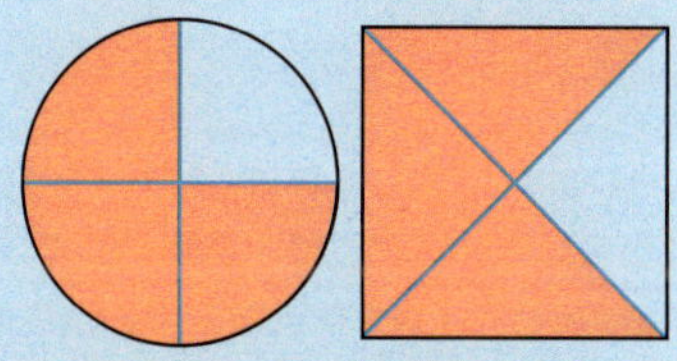

Beispiele

a)

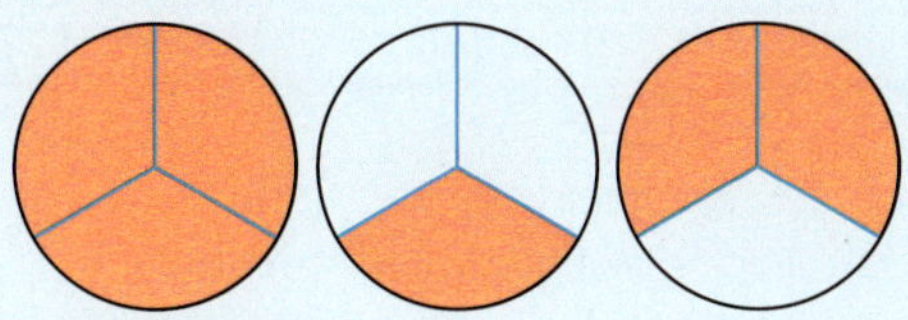

b)

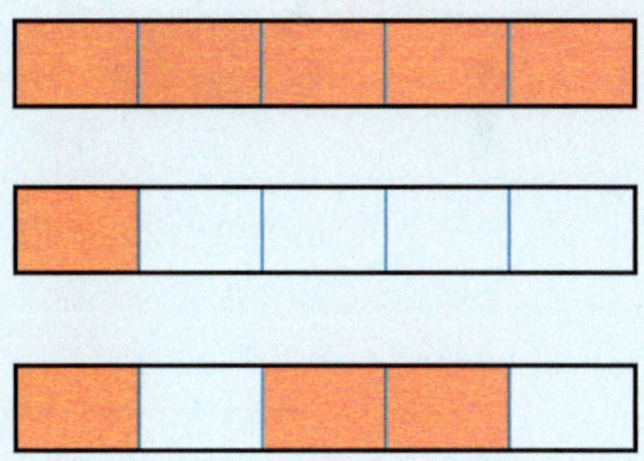

○ **1** Falte die Blätter wie im Bild. Wie viele gleich große Teilflächen entstehen jeweils?

○ **2** SP Schreibe als Bruch.
a) Zähler: 5; Nenner: 7
b) Zähler: 12; Nenner: 17
c) Nenner: 23; Zähler: 5
d) Nenner: 120; Zähler: 45

○ **3** SP Schreibe den Bruch in Worten.
a) $\frac{1}{3}$
b) $\frac{3}{5}$
c) $\frac{7}{10}$
d) $\frac{4}{12}$

○ **4** SP Schreibe mit Zähler, Nenner und Bruchstrich.

a) ein Halbes b) ein Drittel c) drei Fünftel d) vier Siebtel

○ **5** Welcher Bruchteil ist gefärbt?

a) 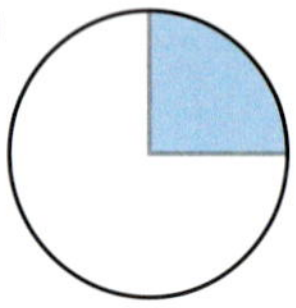
b) 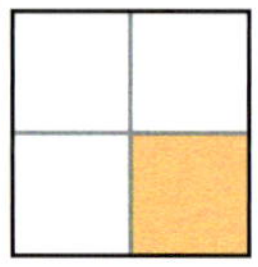
c) 
d) 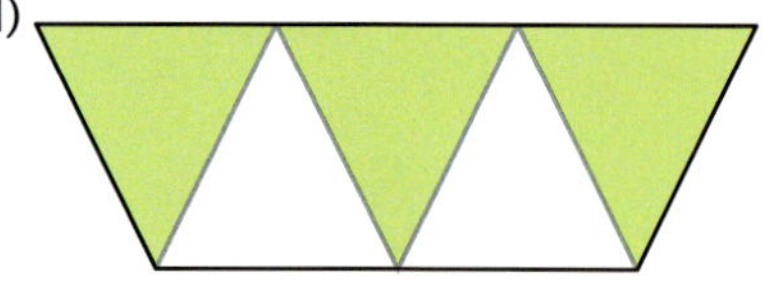

○ **6** Übertrage die Figur ins Heft und färbe den angegebenen Bruchteil.

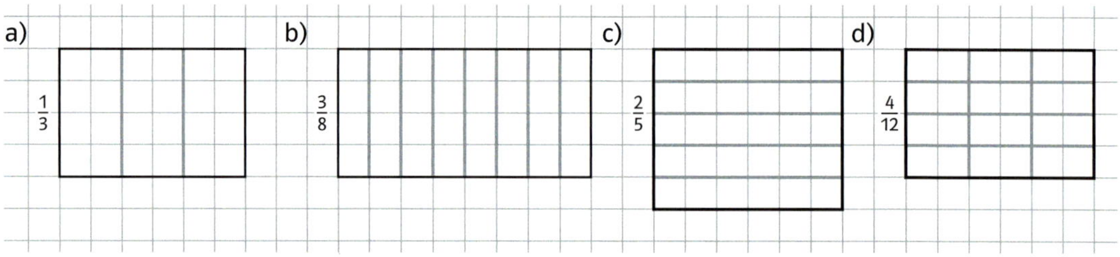

Alles klar?

Fördern

A Welcher Bruchteil ist gefärbt?

a) 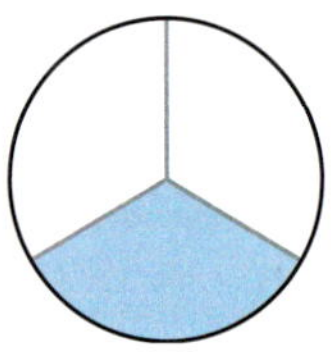
b) 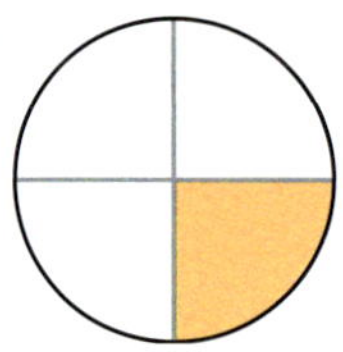
c) 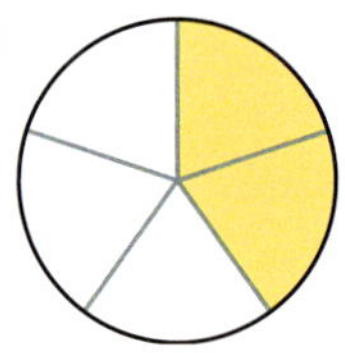
d) 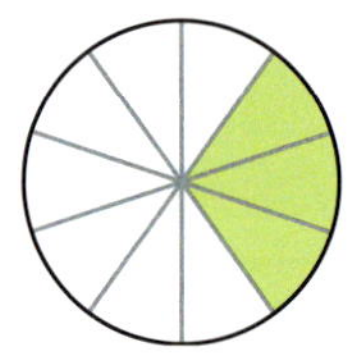

B Übertrage ins Heft und färbe den angegebenen Bruchteil.

a) $\frac{3}{5}$ 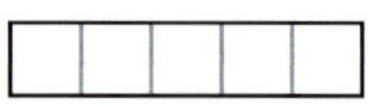
b) $\frac{5}{12}$ 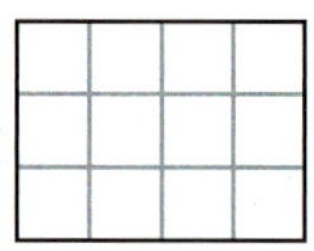
c) $\frac{11}{24}$ 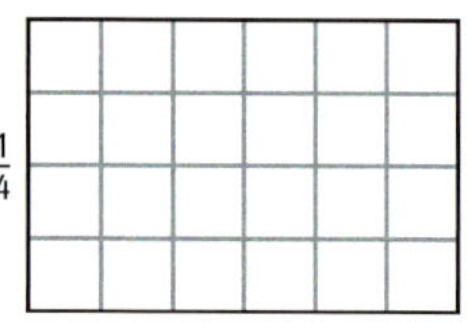

○ **7** Welcher Bruchteil ist hier dargestellt?

a) 
b) 
c) 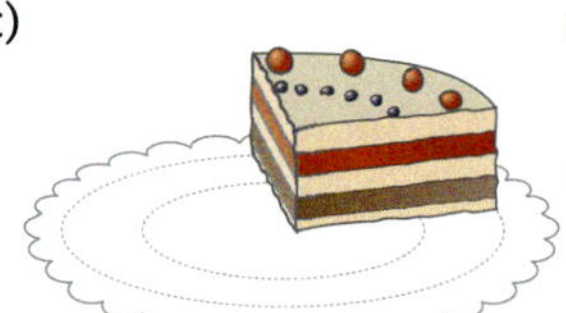
d) 

○ **7** Welcher Bruchteil ist gefärbt?

a) 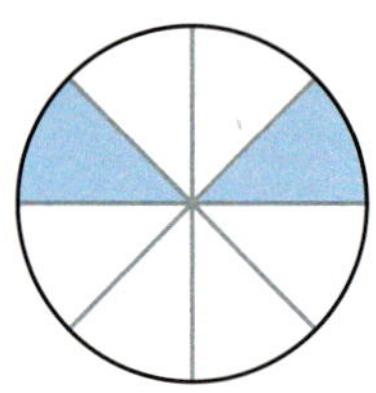
b) 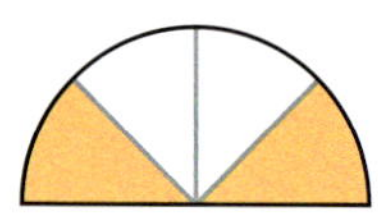
c) 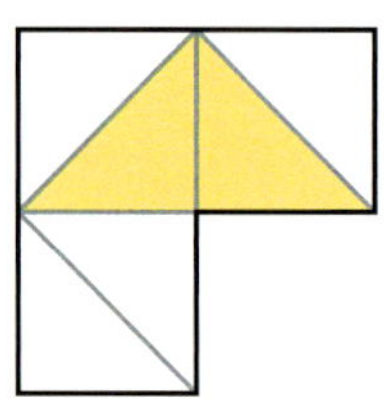
d) 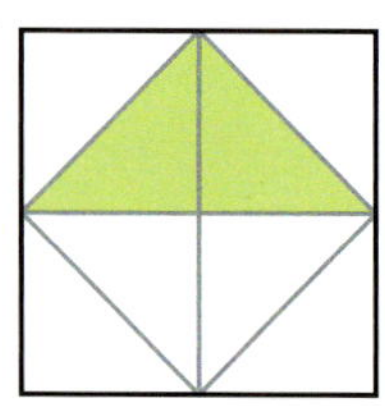

→ Die Lösungen zu „Alles klar?" findest du auf Seite 234.

○ **8** In wie viele gleich große Teile wurde die Figur zerlegt? Welcher Bruchteil ist gefärbt?

a) 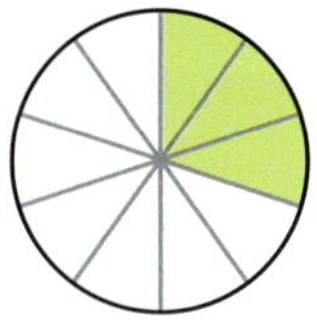

b) 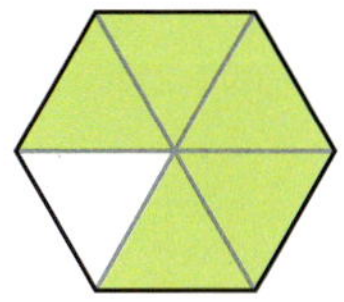

c) 

d) 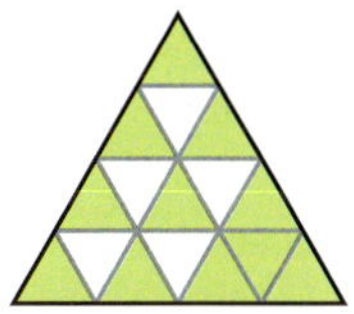

e) 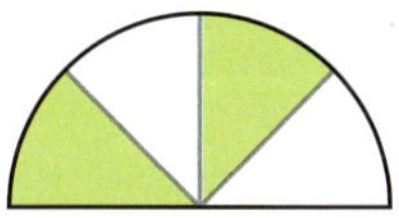

f) 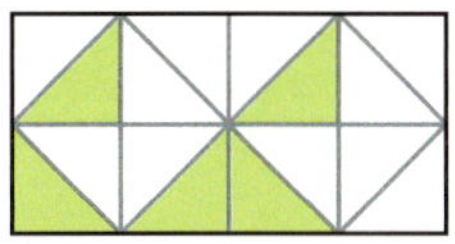

◒ **9** In welchen Figuren ist der Bruch $\frac{1}{3}$ **falsch** dargestellt?

a) 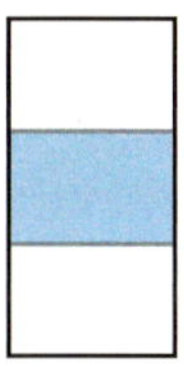

b) 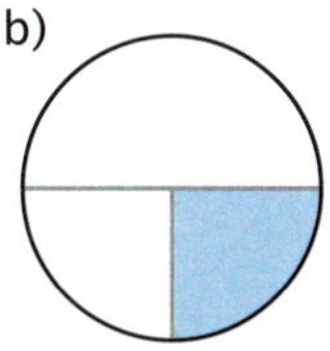

c) 

d) 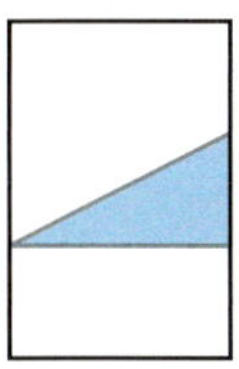

e) 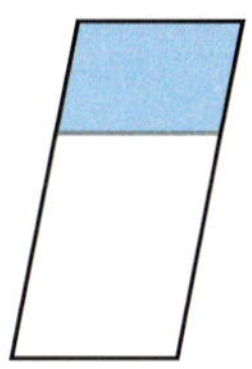

f) 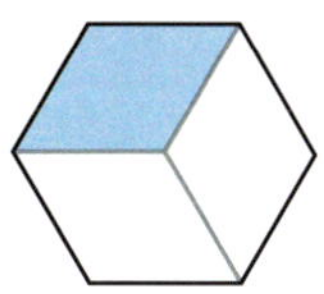

○ **10** Übertrage die Figur ins Heft und färbe den angegebenen Bruchteil.

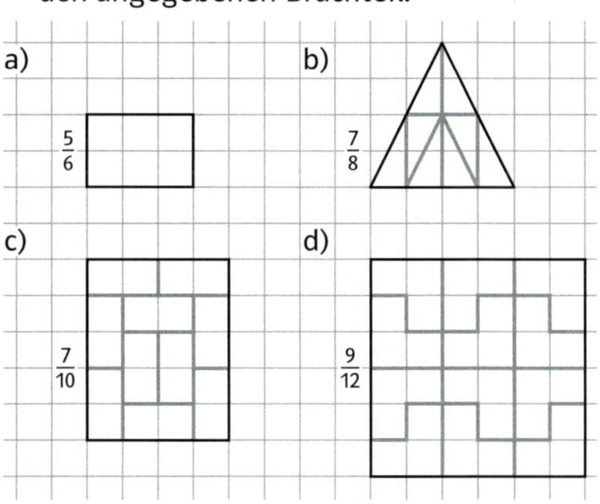

○ **8** Welcher Bruch gehört zu welcher Figur?

$\frac{3}{4}$ $\frac{3}{10}$ $\frac{3}{5}$ $\frac{3}{12}$ $\frac{3}{8}$ $\frac{3}{6}$

a) 

b) 

c) 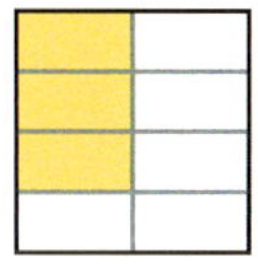

d) 

e) 

f) 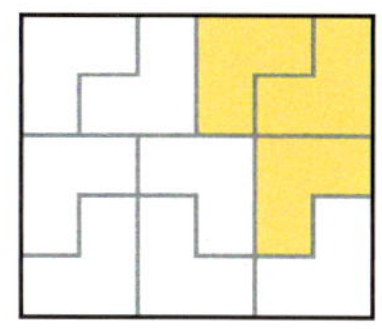

◒ **9** SP Immer drei Viertel? Suche **Fehler**. **Begründe** die Fehler.

a) 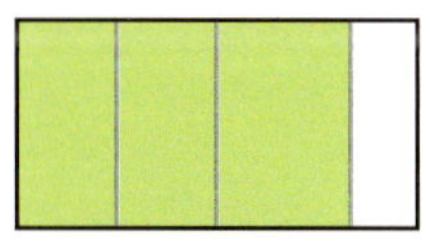

b) 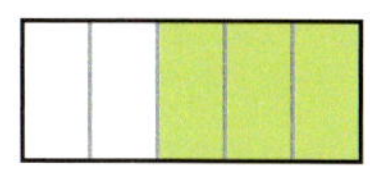

c) 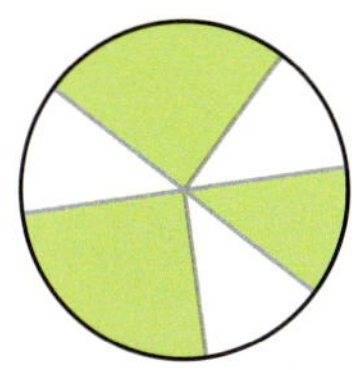

d) 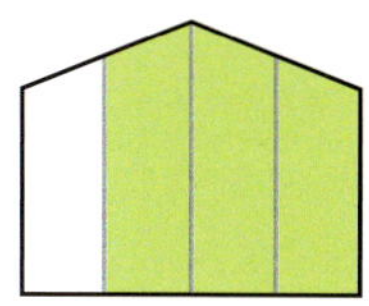

e) 

f) 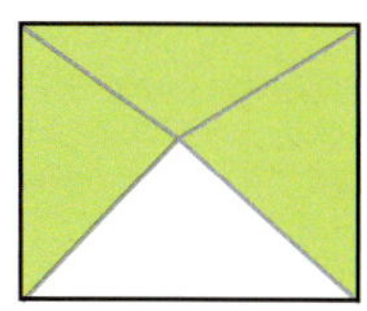

◒ **10**

a) Welcher Teil der Gesamtfläche ist orange gefärbt?

b) Färbe zwei Drittel der Restfläche blau.

c) Welcher Bruchteil der Gesamtfläche bleibt jetzt noch ungefärbt?

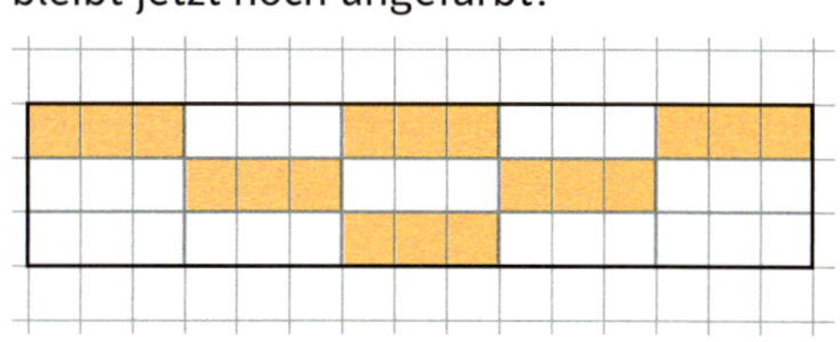

11 Wähle für die angegebenen Brüche je eine geeignete Figur. Übertrage sie ins Heft und färbe den Bruchteil.

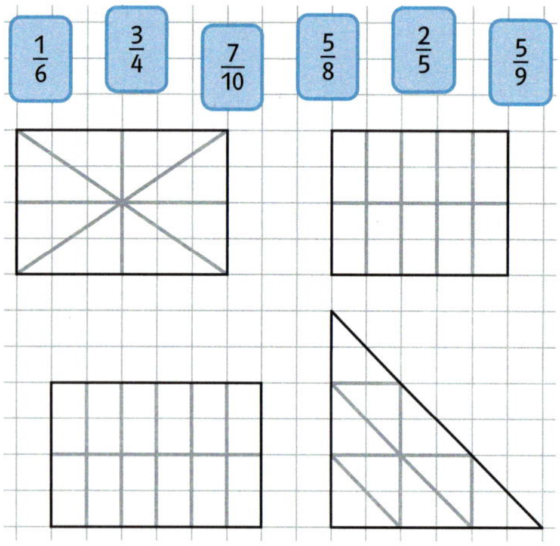

12 Welcher Bruchteil ist rot gefärbt, welcher ist nicht gefärbt?

a)

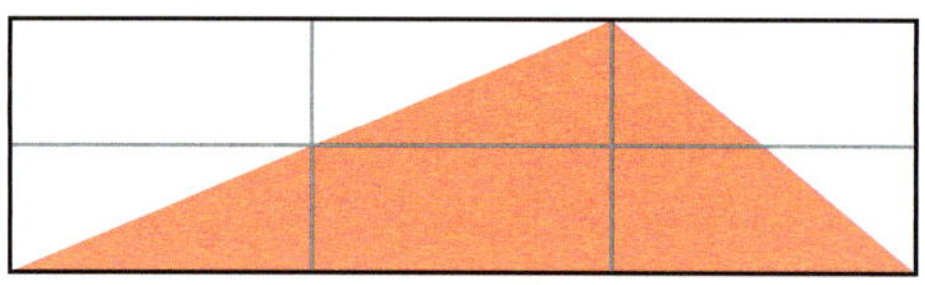

b)

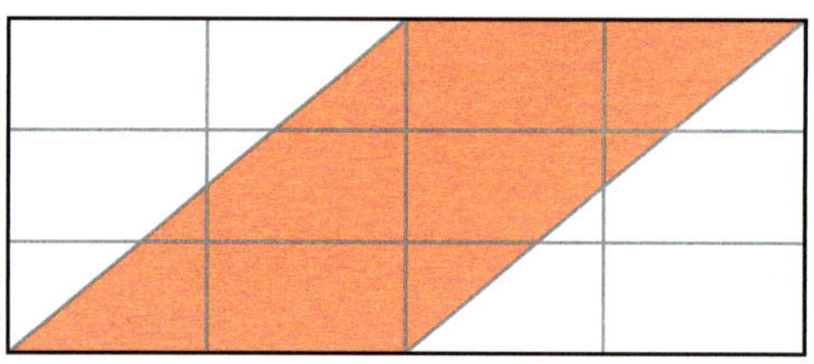

13 Zeichne ein geeignetes Rechteck und stelle die Brüche $\frac{1}{2}$; $\frac{1}{4}$ und $\frac{1}{8}$ nebeneinander dar. Welcher Bruchteil bleibt frei?

14 Übertragt die Figur ins Heft. Ergänzt den Bruchteil zu einem Ganzen. Findet ihr unterschiedliche Lösungen?

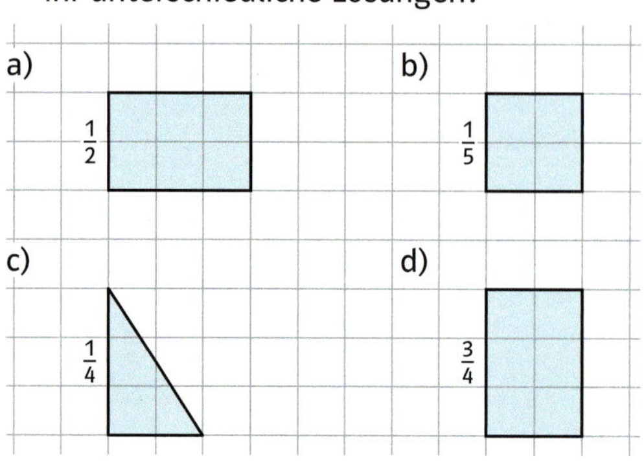

11

a) Zeichne einen Kreis mit dem Radius r = 4 cm und stelle die Brüche $\frac{1}{2}$; $\frac{1}{4}$ und $\frac{1}{8}$ in drei verschiedenen Farben dar.

b) Welchen Bruchteil macht der Rest aus?

12 Welcher Bruchteil des Rechtecks

a) ist orange gefärbt? b) ist blau gefärbt?

c) ist nicht gefärbt?

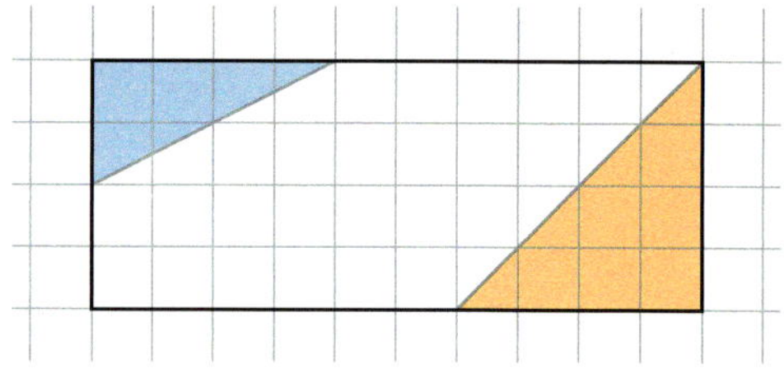

13 SP Welcher Bruchteil ist gefärbt? **Begründe**.

a)

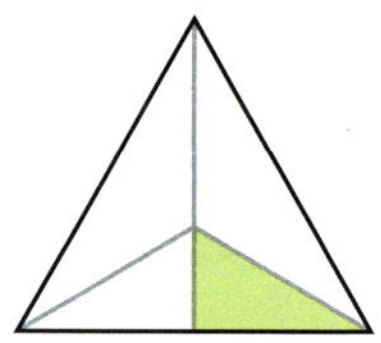

b)

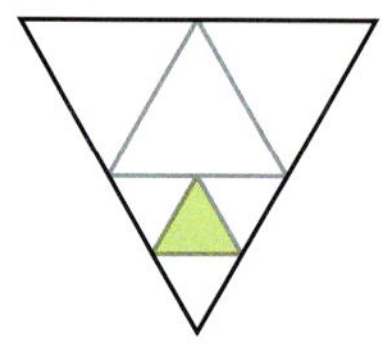

c)

d)

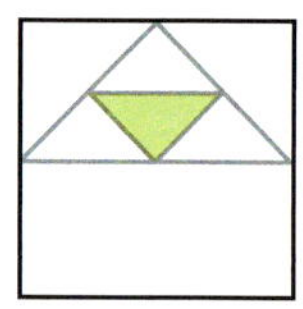

14 Um die gelbe Figur herum soll ein Rechteck gezeichnet werden, dessen Seiten auf den Linien des Quadratgitters liegen.

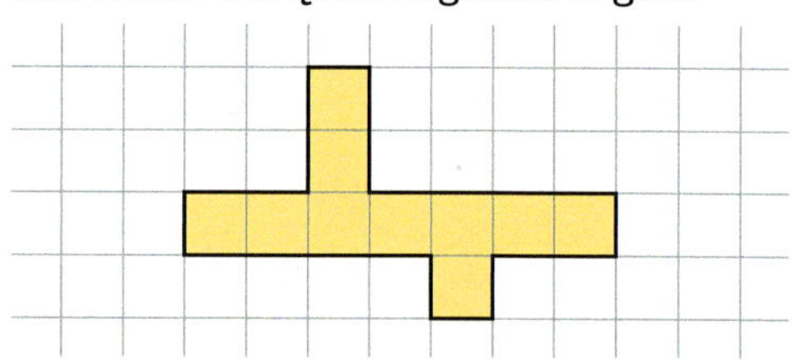

a) Zeichne das Rechteck so, dass die Figur den angegebenen Bruchteil einnimmt.
(1) $\frac{1}{4}$ (2) $\frac{1}{5}$

b) SP Überlegt gemeinsam: Kann die Figur auch die Hälfte oder ein Drittel eines solchen Rechtecks einnehmen? **Begründet** eure Antwort.

6 Brüche am Zahlenstrahl

Die Schülerinnen und Schüler der Klasse 6a haben Brüche auf Kärtchen geschrieben. Sie hängen sie an der Wäscheleine auf.

→ Paul hat bereits $\frac{1}{2}$ und $\frac{1}{4}$ aufgehängt.
→ Claudine schaut zu und findet dann den Platz für $\frac{3}{4}$.
→ Sam ist unsicher, wohin er seinen Bruch $\frac{2}{8}$ hängen soll. Er berät sich mit Paolo.
→ Marc läuft zur Tafel und weiß noch nicht, wo $\frac{1}{6}$ hingehört.
Die Kinder besprechen, wie sie die Wäscheleine günstig unterteilen können.

Am Zahlenstrahl mit Achtel-Teilung lassen sich Brüche mit den Nennern 8; 4 und 2 genau eintragen. Ihre Nenner sind Teiler von 8. Für Brüche mit anderen Nennern sind andere Teilungen günstiger.

Merke

Jeder Bruch lässt sich am Zahlenstrahl eintragen. Brüche an derselben Stelle des Zahlenstrahls haben denselben Wert. Man sagt: Sie gehören zur selben Bruchzahl.

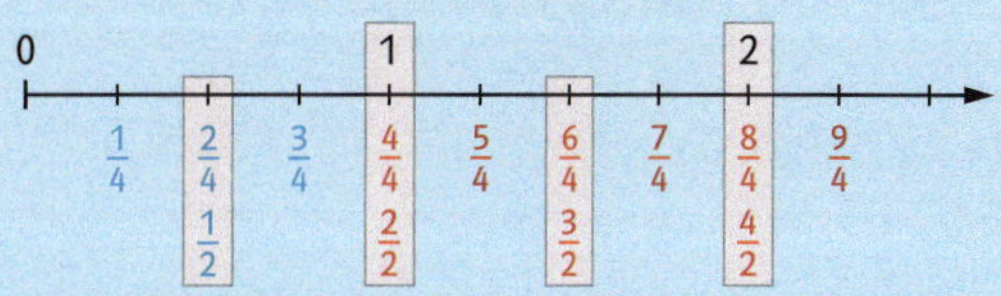

Auch rechts von der Zahl 1 liegen Brüche. Ihre Zähler sind größer oder gleich ihrer Nenner. Sie heißen **unechte Brüche**.
Die Brüche links von 1 heißen **echte Brüche**.

Beispiele

a) Am Zahlenstrahl mit Sechstel-Teilung sind die Brüche mit den Nennern 6; 3 und 2 eingetragen. Die Brüche $\frac{3}{6}$ und $\frac{1}{2}$ liegen an derselben Stelle. Auch die Brüche $\frac{2}{6}$ und $\frac{1}{3}$ liegen an derselben Stelle.

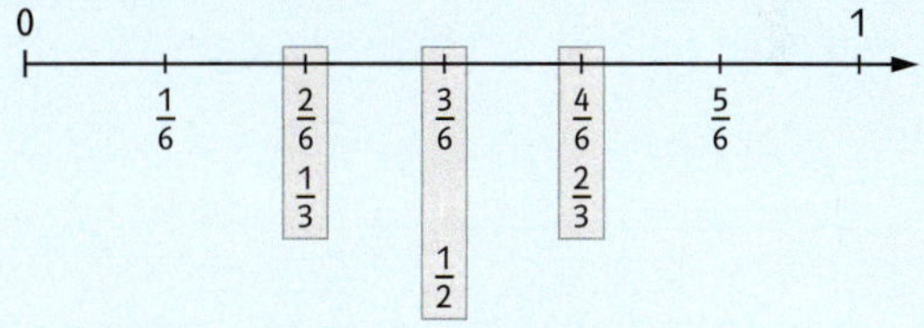

b) Der unechte Bruch $\frac{5}{3}$ liegt um $\frac{2}{3}$ rechts von 1. Man kann ihn als **gemischte Zahl** $1\frac{2}{3}$ schreiben.

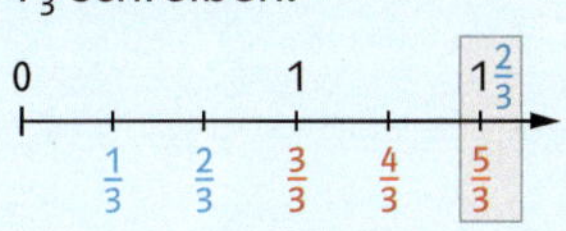

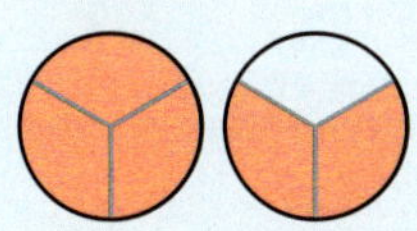

$\frac{5}{3} = 1\frac{2}{3}$ $\frac{5}{3} = \frac{3}{3} + \frac{2}{3} = 1 + \frac{2}{3} = 1\frac{2}{3}$

○ **1** Welche Brüche sind durch die Pfeile markiert?

a)

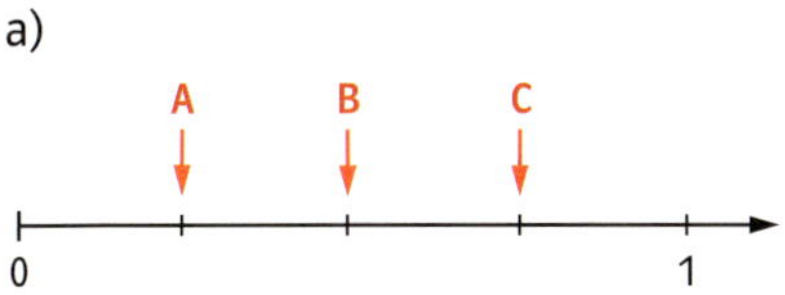

b)

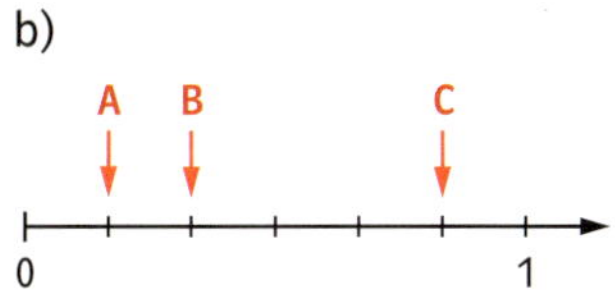

c)

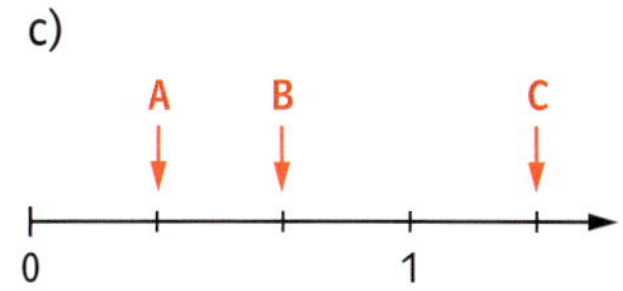

○**2** Übertrage den Zahlenstrahl in dein Heft und markiere die Brüche durch Pfeile.

a) $\frac{1}{6}$; $\frac{3}{6}$; $\frac{5}{6}$; $\frac{7}{6}$

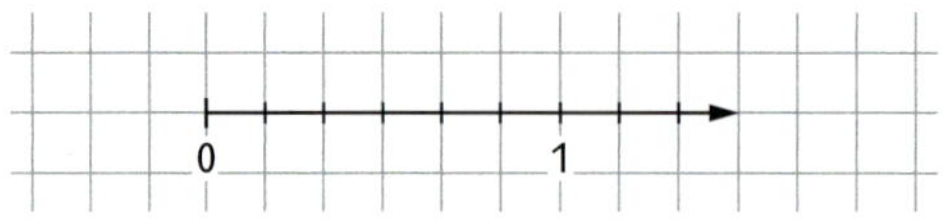

b) $\frac{1}{10}$; $\frac{4}{10}$; $\frac{7}{10}$; $\frac{10}{10}$; $\frac{11}{10}$

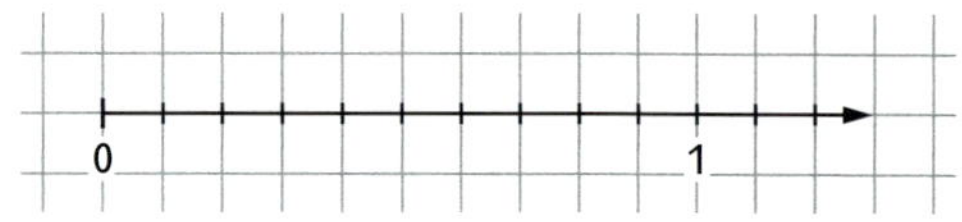

Alles klar?

Fördern

A Welche Brüche sind markiert?

a)

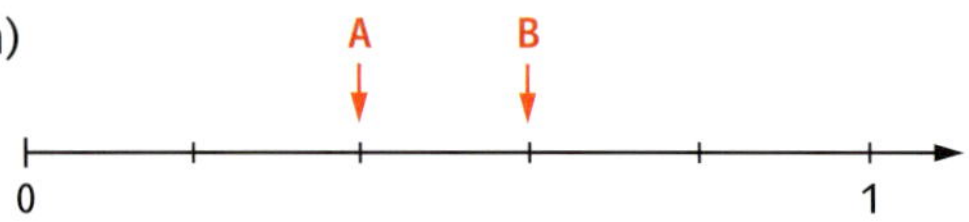

b)

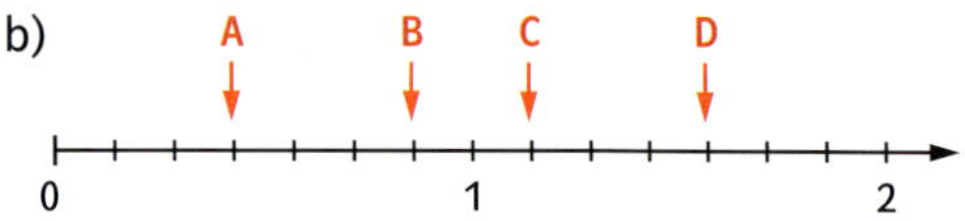

B Zeichne im Heft einen Zahlenstrahl. Der Abstand zwischen 0 und 2 soll 10 cm sein. Markiere dann die Brüche oder gemischten Zahlen $\frac{2}{10}$; $\frac{3}{10}$; $\frac{5}{10}$; $\frac{7}{10}$; $\frac{11}{10}$; $1\frac{9}{10}$.

○**3** Welche Brüche sind markiert?

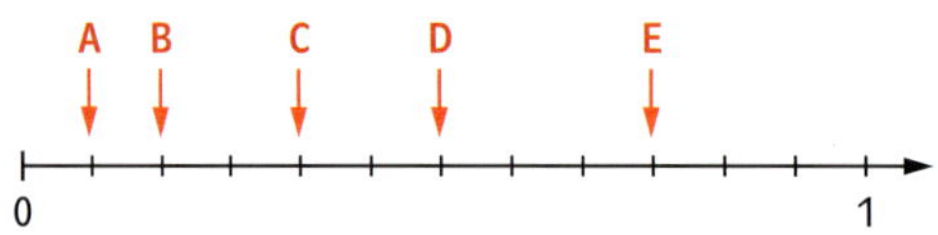

○**4** Zeichne einen Zahlenstrahl. Die **Einheit** gibt den Abstand zwischen Null und Eins an. Markiere die Brüche.

a) Einheit: 6 cm

$\frac{1}{6}$; $\frac{2}{6}$; $\frac{3}{6}$; $\frac{4}{6}$; $\frac{5}{6}$

b) Einheit: 8 cm

$\frac{1}{8}$; $\frac{3}{8}$; $\frac{5}{8}$; $\frac{1}{4}$; $\frac{3}{4}$

Tipp!
zu Aufgabe 4:
Überlege dir zunächst, welcher Abstand zwischen 0 und 1 günstig ist.

○**5** Hänge die Luftballons an einem Zahlenstrahl mit der Einheit 10 cm auf.

◒**6** Zeichne einen Zahlenstrahl von 0 bis 2 mit der Einheit 5 cm. Markiere

$\frac{2}{5}$; $\frac{4}{5}$; $\frac{6}{5}$; $\frac{8}{5}$; $\frac{9}{5}$; $\frac{1}{10}$; $\frac{9}{10}$; $\frac{13}{10}$; $\frac{17}{10}$.

◒**7**

a) Wandle in eine gemischte Zahl um.

$\frac{3}{2}$; $\frac{5}{2}$; $\frac{5}{4}$; $\frac{7}{4}$; $\frac{9}{2}$; $\frac{4}{4}$; $\frac{8}{4}$

b) Wandle in einen unechten Bruch um.

$1\frac{1}{2}$; $1\frac{1}{4}$; $2\frac{1}{2}$; $2\frac{3}{4}$; $3\frac{1}{2}$

Tipp!
Wenn der Nenner ein Teiler des Zählers ist, wird der unechte Bruch zur natürlichen Zahl:

$\frac{2}{2} = 2 : 2 = 1$

$\frac{6}{3} = 6 : 3 = 2$

○**3** Welche Brüche sind markiert?

a)

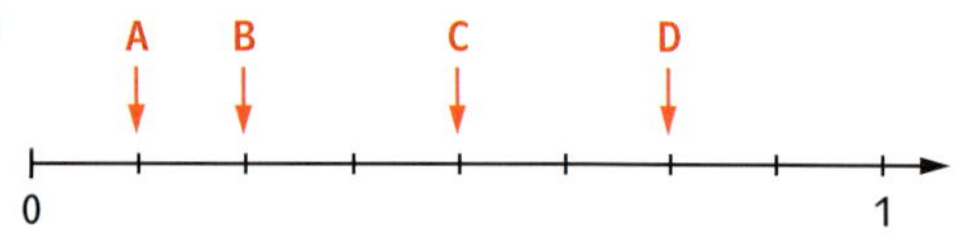

b)

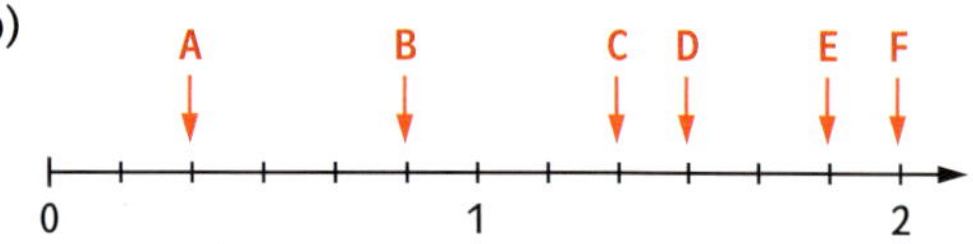

◒**4** Markiere die Brüche und die gemischten Zahlen am Zahlenstrahl.

$\frac{1}{12}$; $\frac{7}{12}$; $\frac{11}{12}$; $\frac{5}{6}$; $\frac{1}{3}$; $\frac{3}{4}$; $\frac{5}{4}$; $1\frac{1}{3}$; $1\frac{2}{3}$

◒**5** Knote die Drachen am Zahlenstrahl fest (Einheit 10 cm). Einige Knoten liegen zwischen zwei Teilstrichen.

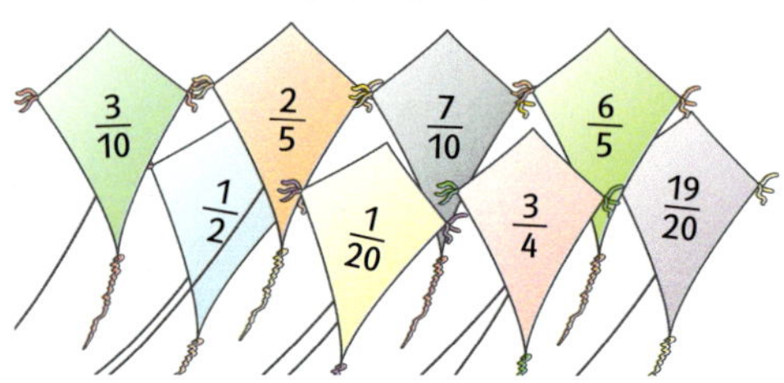

◒**6**

a) Wandle in eine gemischte Zahl um.

$\frac{5}{4}$; $\frac{8}{4}$; $\frac{9}{4}$; $\frac{11}{4}$; $\frac{7}{5}$; $\frac{11}{5}$; $\frac{15}{5}$

b) Wandle in einen unechten Bruch um.

$1\frac{3}{4}$; $2\frac{1}{2}$; $1\frac{1}{3}$; $2\frac{1}{3}$; $4\frac{1}{2}$; $5\frac{1}{4}$

→ Die Lösungen zu „Alles klar?" findest du auf Seite 234.

8 Zeichne einen Zahlenstrahl von 0 bis 1. Der Abstand zwischen 0 und 1 soll 12 cm sein.
a) Markiere alle Brüche mit dem Nenner 12.
b) Markiere alle Brüche mit dem Nenner 6.

9 Welcher Bruch liegt auf dem Zahlenstrahl links von $\frac{1}{2}$, welcher zwischen $\frac{1}{2}$ und 1?

$\frac{1}{4}$; $\frac{5}{12}$; $\frac{4}{6}$; $\frac{1}{3}$; $\frac{11}{12}$; $\frac{7}{12}$

Du kannst zeichnen oder überlegen.

10 Welche Brüche gehören zur selben Bruchzahl?

$\frac{3}{4}$ 3 $\frac{12}{16}$ $\frac{15}{5}$ $\frac{9}{3}$ 5 $\frac{10}{2}$ $\frac{15}{3}$

11 SP Hier gibt es **Fehler**. Schreibe richtig ins Heft und **erkläre**.

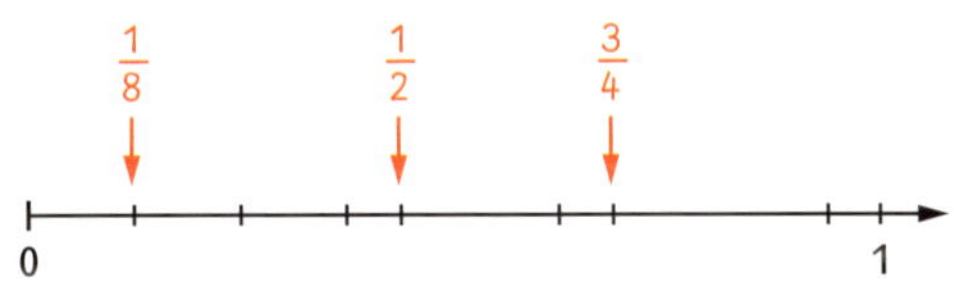

12
a) Zeichne einen Zahlenstrahl von 0 bis 1 (Einheit 10 cm) und markiere die Brüche.

$\frac{8}{10}$ $\frac{6}{10}$ $\frac{4}{5}$ $\frac{3}{5}$ $\frac{2}{5}$ $\frac{4}{10}$ $\frac{7}{10}$

b) Welche Brüche gehören an dieselbe Stelle?
c) Trage den Bruch $\frac{1}{5}$ ein. Liegt an dieser Stelle des Zahlenstrahls noch ein weiterer Bruch? Wenn ja, welcher?

13 Ein 240 cm langer Baumstamm wird zersägt. Wie lang sind die beiden Teilstücke?

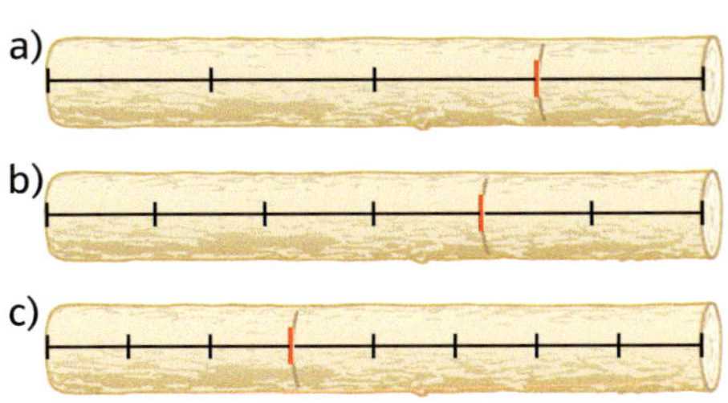

7 Markiere am Zahlenstrahl von 0 bis 1 mit Zwölftel-Teilung alle Brüche mit Nenner 12; 6; 4; 3 und 2.

8 Welcher Bruch liegt genau in der Mitte?

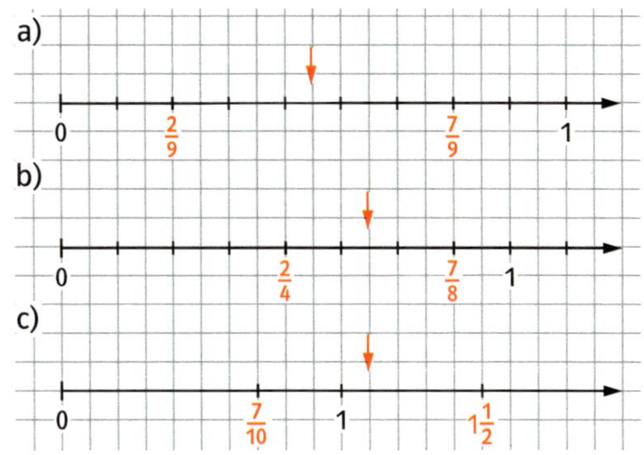

9 Welche Brüche bzw. gemischten Zahlen haben den gleichen Wert?

$3\frac{1}{2}$ $4\frac{18}{10}$ $\frac{7}{2}$ $5\frac{4}{5}$ $3\frac{14}{5}$

10 Die Bruchkärtchen sind an der Wäscheleine **falsch** aufgehängt. Hänge sie richtig auf. Dabei darfst du immer nur zwei Kärtchen gleichzeitig abnehmen und vertauschen. Wie oft musst du mindestens vertauschen?

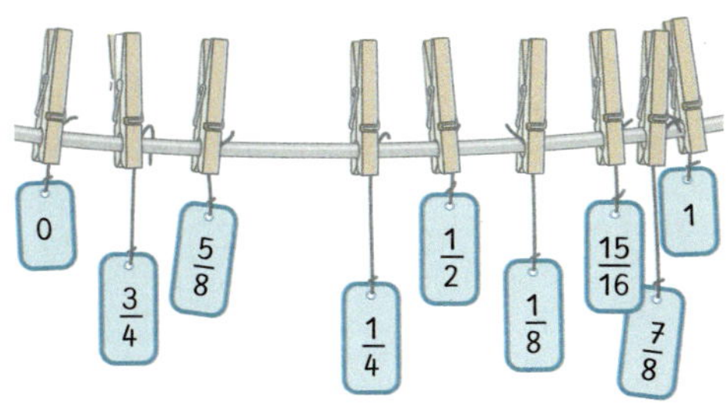

11
a) Welche Brüche sind markiert?

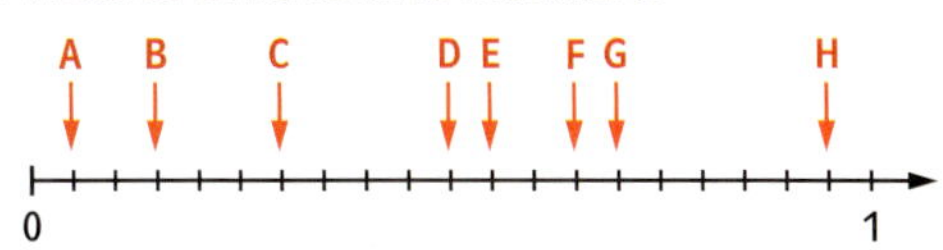

b) Manche der Brüche aus a) können auch in anderen Teilungen markiert werden. Sucht gemeinsam für jeden Bruch die Teilung mit den wenigsten Teilstrichen.

7 Erweitern und Kürzen

Falte ein DIN-A4-Blatt zweimal in der Mitte und färbe drei Viertel der Fläche.

→ Wenn du weiter faltest, erhältst du die abgebildeten Unterteilungen.

→ Benenne die gefärbte Fläche mit verschiedenen Brüchen.

→ Kannst du dir eine noch feinere Unterteilung denken?

→ Versucht gemeinsam, ein Blatt erst in drei und dann in sechs gleiche Teile zu falten. Besprecht, wie ihr vorgegangen seid.

Man kann zu jeder Unterteilung eines Ganzen eine immer feinere Aufteilung wählen. Verdoppelt, verdreifacht, … man die Anzahl der Teile, muss man auch doppelt, dreifach, … so viele Teile nehmen, damit der Bruchteil gleich bleibt. Aus dem Bruch $\frac{2}{3}$ wird so $\frac{4}{6}, \frac{6}{9}, \frac{8}{12}, \ldots$

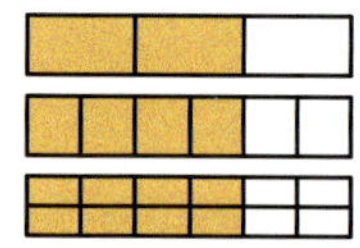

Zähler und Nenner des Bruchs $\frac{4}{12}$ enthalten gemeinsame Teiler. Durch Division des Zählers und des Nenners mit derselben Zahl erhält man weitere Brüche wie $\frac{2}{6}$ oder $\frac{1}{3}$ mit demselben Wert.

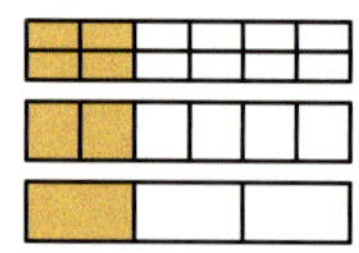

Merke

Multipliziert man den Zähler und den Nenner eines Bruchs mit derselben Zahl, ändert sich der Wert nicht. Dieser Vorgang heißt **Erweitern**.

Dividiert man den Zähler und den Nenner eines Bruchs durch dieselbe Zahl, ändert sich der Wert nicht. Dieser Vorgang heißt **Kürzen**.

Beispiele

a) Erweitern: $\frac{3}{5} \overset{4}{=} \frac{3 \cdot 4}{5 \cdot 4} = \frac{12}{20}$

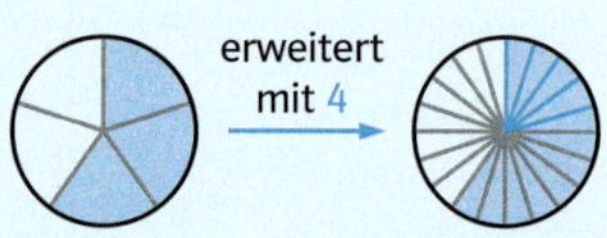

b) Kürzen: $\frac{15}{20} \underset{5}{=} \frac{15 : 5}{20 : 5} = \frac{3}{4}$

c) Kurz: $\frac{8}{12} \underset{4}{=} \frac{2}{3}$

d) Der Bruch $\frac{24}{30}$ lässt sich kürzen.

Kürzen in zwei Schritten mit 2 und 3:

$\frac{24}{30} \underset{2}{=} \frac{12}{15} \underset{3}{=} \frac{4}{5}$

Kürzen in einem Schritt mit 6:

$\frac{24}{30} \underset{6}{=} \frac{4}{5}$

Weiter lässt sich der Bruch nicht kürzen, weil es außer der Zahl 1 keinen gemeinsamen Teiler von 4 und 5 gibt. Der Bruch $\frac{4}{5}$ ist **vollständig gekürzt**.

○ **1** Je zwei der Brüche haben den gleichen Wert. Schreibe sie mit Gleichheitszeichen auf.

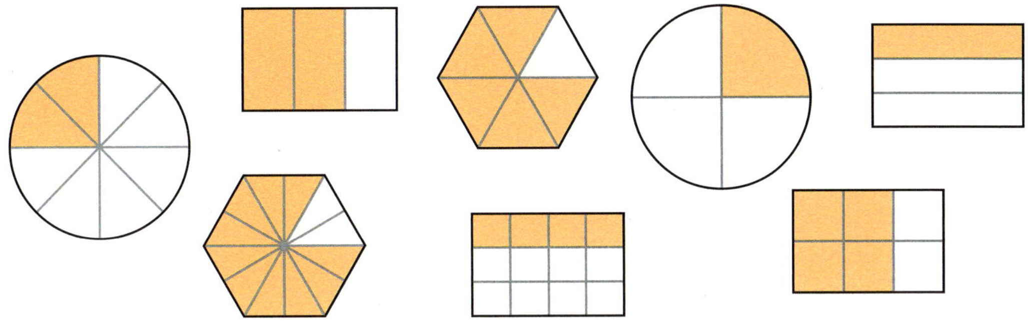

○ **2** Erweitere den Bruch mit 4.

a) $\frac{3}{4}$ b) $\frac{2}{5}$ c) $\frac{3}{5}$ d) $\frac{1}{2}$ e) $\frac{5}{6}$

○ **3** Kürze den Bruch mit 2.

a) $\frac{4}{6}$ b) $\frac{6}{8}$ c) $\frac{2}{8}$ d) $\frac{8}{10}$ e) $\frac{10}{14}$

Alles klar?

Fördern

A Gib die beiden zusammengehörigen Brüche an. Mit welcher Zahl wurde erweitert?

a)

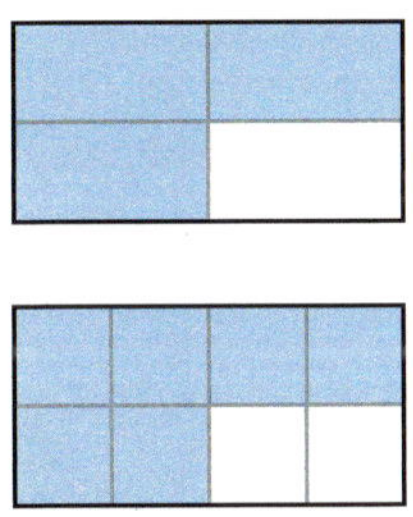

b)

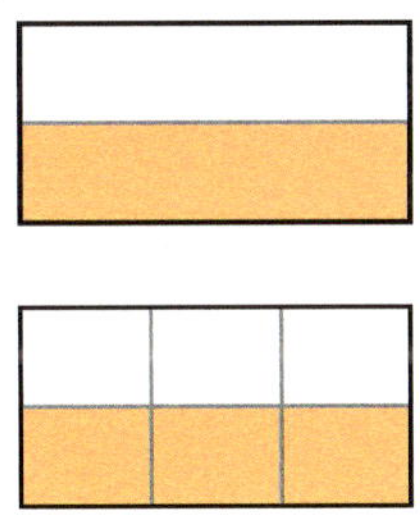

c)

B Erweitere den Bruch mit 5.

a) $\frac{2}{5}$ b) $\frac{1}{2}$ c) $\frac{4}{9}$ d) $\frac{5}{8}$

C Kürze den Bruch mit 3.

a) $\frac{6}{12}$ b) $\frac{6}{9}$ c) $\frac{9}{24}$ d) $\frac{3}{15}$

○ **4** Erweitere mit der Zahl im Stern.

a) $\frac{3}{8}$ 2 b) $\frac{4}{5}$ 3 c) $\frac{5}{6}$ 4

d) $\frac{1}{5}$ 6 e) $\frac{2}{8}$ 5 f) $\frac{3}{10}$ 8

○ **5** Kürze mit 2; 3 oder 5.

a) $\frac{8}{10}$ b) $\frac{9}{15}$ c) $\frac{10}{25}$ d) $\frac{12}{21}$

e) $\frac{2}{50}$ f) $\frac{30}{33}$ g) $\frac{15}{27}$ h) $\frac{25}{40}$

○ **6** Zeichne zwei 4 cm lange und 3 cm breite Rechtecke. Teile das erste in Drittel und das zweite in Zwölftel. Färbe so, dass $\frac{1}{3} = \frac{4}{12}$ zu sehen ist.

○ **4** Erweitere mit der Zahl im Stern.

a) $\frac{5}{8}$ 4 b) $\frac{8}{9}$ 6 c) $\frac{3}{11}$ 9

d) $\frac{4}{16}$ 7 e) $\frac{5}{12}$ 11 f) $\frac{7}{10}$ 12

○ **5** Kürze vollständig.

a) $\frac{8}{20}$ b) $\frac{8}{24}$ c) $\frac{50}{80}$ d) $\frac{15}{60}$

e) $\frac{36}{60}$ f) $\frac{7}{21}$ g) $\frac{48}{96}$ h) $\frac{63}{126}$

○ **6** Zeichne zwei gleich große Rechtecke. Teile das erste in Fünftel und das zweite in Zehntel. Färbe so, dass $\frac{2}{5} = \frac{4}{10}$ zu sehen ist.

→ Die Lösungen zu „Alles klar?" findest du auf Seite 235.

○ 7 Mit welcher Zahl wurde erweitert?

a) $\frac{3}{6} = \frac{12}{24}$ b) $\frac{5}{6} = \frac{25}{30}$ c) $\frac{9}{10} = \frac{90}{100}$

d) $\frac{5}{4} = \frac{15}{12}$ e) $\frac{7}{9} = \frac{56}{72}$ f) $\frac{11}{15} = \frac{88}{120}$

◒ 8 Mit welcher Zahl wurde gekürzt?

a) $\frac{6}{15} = \frac{2}{5}$ b) $\frac{20}{30} = \frac{2}{3}$ c) $\frac{15}{30} = \frac{3}{6}$

d) $\frac{8}{24} = \frac{2}{6}$ e) $\frac{40}{32} = \frac{5}{4}$ f) $\frac{30}{36} = \frac{10}{12}$

◒ 9 Kürze vollständig.

a) $\frac{12}{18}$ b) $\frac{16}{24}$ c) $\frac{18}{27}$ d) $\frac{20}{50}$ e) $\frac{30}{54}$

◒ 10 Ergänze den Zähler oder Nenner. Notiere die Zahl, mit der du kürzt. Du findest ein Lösungswort.

9 F | 9 E | 4 F | 8 Y

24 B | 3 N | 11 B | 3 A | 6 A

a) $\frac{15}{25} = \frac{■}{5}$ b) $\frac{27}{33} = \frac{■}{11}$ c) $\frac{8}{32} = \frac{1}{■}$

d) $\frac{24}{36} = \frac{6}{■}$ e) $\frac{18}{54} = \frac{■}{9}$ f) $\frac{27}{72} = \frac{9}{■}$

g) $\frac{24}{60} = \frac{■}{15}$ h) $\frac{14}{77} = \frac{2}{■}$ i) $\frac{54}{72} = \frac{6}{■}$

◒ 11 👥

a) Sucht gemeinsam die Paare von Brüchen mit gleichem Wert.

$\frac{10}{15}$ $\frac{10}{12}$ $\frac{4}{7}$ $\frac{7}{5}$ $\frac{3}{8}$

$\frac{14}{10}$ $\frac{5}{6}$ $\frac{8}{14}$ $\frac{2}{3}$ $\frac{6}{16}$

b) Notiert zu jedem Paar, mit welcher Zahl ihr gekürzt oder erweitert habt.

◒ 12 SP Hier wurde falsch erweitert. Schreibe richtig ins Heft und erkläre den Fehler.

a) $\frac{12}{25} = \frac{50}{75}$ b) $\frac{15}{16} = \frac{60}{61}$ c) $\frac{9}{11} = \frac{39}{44}$

◒ 7 Fülle die Lücke durch die richtige Zahl. Notiere die Zahl, mit der du erweiterst oder kürzt.

a) $\frac{12}{20} = \frac{60}{■}$ b) $\frac{45}{55} = \frac{■}{11}$ c) $\frac{15}{75} = \frac{1}{■}$

d) $\frac{7}{■} = \frac{35}{55}$ e) $\frac{■}{22} = \frac{56}{88}$ f) $\frac{■}{5} = \frac{72}{30}$

◒ 8 👥 Spielt zu zweit. Wer die gelben Kärtchen hat, beginnt und nennt den Bruch auf einem der gelben Kärtchen. Die Mitspielerin oder der Mitspieler sucht auf den grauen Kärtchen den Bruch von gleichem Wert und nennt die Kürzungs- oder Erweiterungszahl. Im nächsten Durchgang wechselt ihr die Rollen.

$\frac{14}{27}$ $\frac{13}{31}$ $\frac{24}{45}$ $\frac{15}{21}$ $\frac{16}{9}$

$\frac{12}{7}$ $\frac{12}{20}$ $\frac{44}{20}$ $\frac{66}{72}$ $\frac{35}{10}$

$\frac{11}{12}$ $\frac{7}{2}$ $\frac{6}{10}$ $\frac{39}{93}$ $\frac{11}{5}$

$\frac{72}{42}$ $\frac{42}{81}$ $\frac{60}{84}$ $\frac{80}{45}$ $\frac{8}{15}$

◒ 9 SP Hier wurde falsch gekürzt. Schreibe richtig ins Heft und erkläre den Fehler.

a) $\frac{35}{25} = \frac{3}{2}$ b) $\frac{28}{42} = \frac{7}{9}$ c) $\frac{42}{70} = \frac{7}{10}$

● 10 SP Richtig oder falsch?
Prüfe die Aussagen an Beispielen und begründe.
Stehen im Zähler und im Nenner

a) gerade Zahlen, lässt sich der Bruch kürzen.
b) verschiedene Primzahlen, lässt sich der Bruch nicht kürzen.
c) ungerade Zahlen, lässt sich der Bruch nicht kürzen.

8 Brüche vergleichen und ordnen

Die Schülerinnen und Schüler der Klasse 6b schreiben Brüche auf Kärtchen. Sie sortieren die Kärtchen in zwei Schachteln ein.

→ Joan legt $\frac{2}{3}$ und $\frac{5}{6}$ ab.

→ Aishe legt $\frac{3}{4}$ und $\frac{1}{5}$ ab.

→ Alina und Kevin interessieren sich für Brüche, bei denen die Entscheidung knapp ist. Sie entdecken, wie sie durch Verdoppeln des Zählers herausfinden können, wohin der Bruch gehört.

Tipp!
< bedeutet: ist kleiner als
> bedeutet: ist größer als

Der Bruch $\frac{4}{5}$ ist größer als der Bruch $\frac{2}{5}$, denn es werden mehr von den gleich großen Teilen genommen.

Um die Brüche $\frac{2}{3}$ und $\frac{3}{5}$ zu vergleichen, sucht man eine gemeinsame Unterteilung.
Da 15 ein gemeinsames Vielfaches von 3 und 5 ist, unterteilt man in 15-tel:

- $\frac{2}{3}$ wird mit 5 auf $\frac{10}{15}$ erweitert.
- $\frac{3}{5}$ wird mit 3 auf $\frac{9}{15}$ erweitert.

Da $\frac{10}{15} > \frac{9}{15}$ gilt, ist $\frac{2}{3} > \frac{3}{5}$.

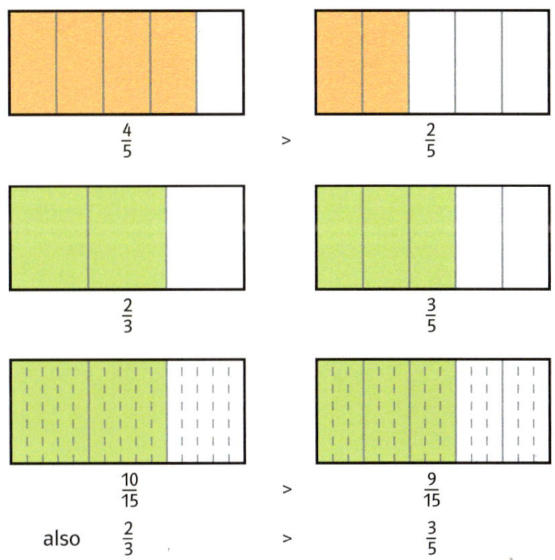

Merke

Brüche mit **gemeinsamem Nenner** heißen **gleichnamig**.
Sind zwei Brüche gleichnamig, ist der mit dem größeren Zähler der größere.

Sind zwei Brüche nicht gleichnamig, werden sie durch Erweitern gleichnamig gemacht. Anschließend werden sie verglichen.

Beispiele

a) Gleichnamige Brüche $\frac{3}{8} < \frac{5}{8}$

b) $\frac{3}{5}$ und $\frac{7}{10}$ sind nicht gleichnamig. Ein gemeinsames Vielfaches von 5 und 10 ist 10.
Gemeinsamer Nenner: 10

$\frac{3}{5}$ mit 2 erweitern	$\frac{7}{10}$ stehen lassen
$\frac{3}{5} = \frac{6}{10}$	$\frac{7}{10}$
$\frac{3}{5}$ <	$\frac{7}{10}$

c) $\frac{2}{5}$ und $\frac{3}{4}$ sind nicht gleichnamig. Ein gemeinsames Vielfaches von 4 und 5 ist 20.
Gemeinsamer Nenner: 20

$\frac{2}{5}$ mit 4 erweitern	$\frac{3}{4}$ mit 5 erweitern
$\frac{2}{5} = \frac{8}{20}$	$\frac{3}{4} = \frac{15}{20}$
$\frac{2}{5}$ <	$\frac{3}{4}$

○ **1** Vergleiche die abgebildeten Brüche. Notiere das Ergebnis mit dem Zeichen < oder >.

a)

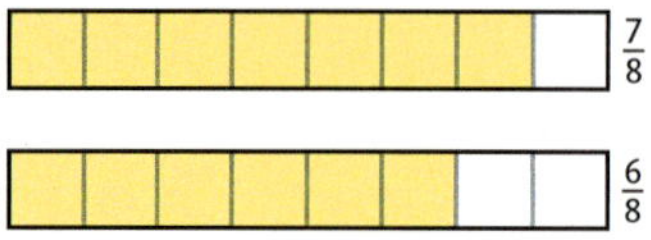

b)

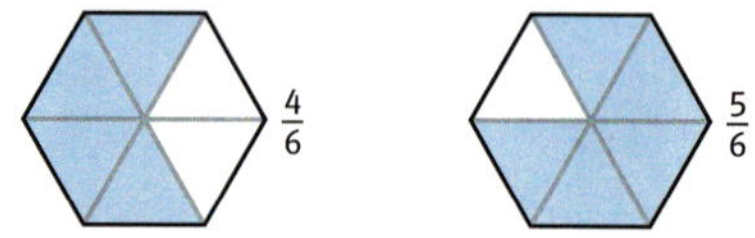

c)

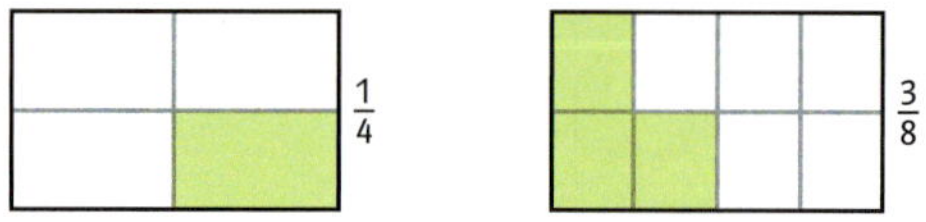

d)

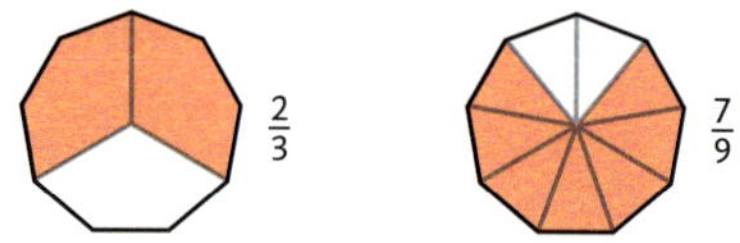

○ **2** Vergleiche die Brüche. Notiere das Ergebnis mit dem Zeichen < oder >.

a) $\frac{2}{5}$ und $\frac{4}{5}$ b) $\frac{3}{6}$ und $\frac{2}{6}$ c) $\frac{5}{7}$ und $\frac{3}{7}$ d) $\frac{1}{2}$ und $\frac{3}{10}$ e) $\frac{2}{3}$ und $\frac{5}{6}$ f) $\frac{3}{5}$ und $\frac{3}{4}$

Alles klar?

Fördern

A Übertrage das Rechteck zweimal ins Heft und färbe die angegebenen Bruchteile. Welcher der beiden Brüche ist größer?

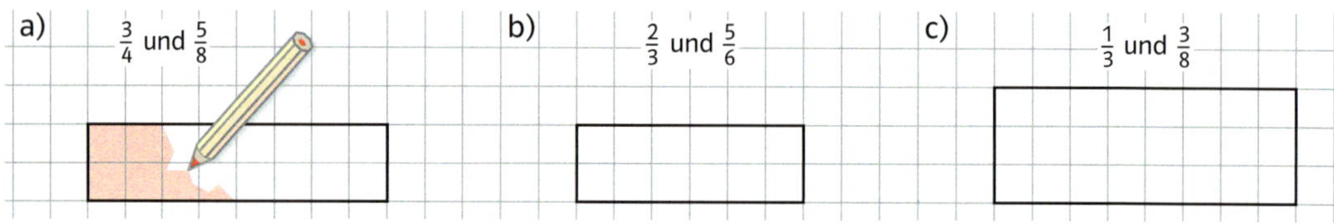

B Vergleiche die beiden Brüche. Schreibe < oder >.

a) $\frac{5}{8}$ und $\frac{7}{8}$ b) $\frac{5}{6}$ und $\frac{2}{3}$ c) $\frac{5}{8}$ und $\frac{3}{4}$ d) $\frac{2}{3}$ und $\frac{4}{5}$ e) $\frac{4}{7}$ und $\frac{4}{9}$ f) $\frac{3}{10}$ und $\frac{4}{15}$

Tipp!
Ist der größere Nenner kein Vielfaches des kleineren, multipliziert man die Nenner. Das Produkt ist ein gemeinsamer Nenner.

○ **3** Vergleiche die Brüche.

a) $\frac{5}{8}$ und $\frac{1}{2}$ b) $\frac{7}{9}$ und $\frac{2}{3}$ c) $\frac{7}{10}$ und $\frac{4}{5}$
d) $\frac{2}{3}$ und $\frac{3}{4}$ e) $\frac{1}{3}$ und $\frac{2}{5}$ f) $\frac{7}{8}$ und $\frac{2}{3}$

○ **4** Ordne die Brüche der Größe nach. Schreibe … < … < …

$\frac{1}{3}$; $\frac{1}{4}$; $\frac{3}{4}$; $\frac{4}{5}$; $\frac{2}{3}$

○ **5** Wer hat von seinem Schokoriegel den größeren Bruchteil übrig gelassen, Maja oder Tino? **Begründe**.

○ **3** Vergleiche die Brüche.

a) $\frac{13}{10}$ und $\frac{6}{5}$ b) $\frac{7}{12}$ und $\frac{4}{5}$ c) $\frac{9}{10}$ und $\frac{5}{9}$
d) $\frac{8}{5}$ und $\frac{10}{7}$ e) $\frac{4}{9}$ und $\frac{3}{5}$ f) $\frac{12}{11}$ und $\frac{9}{10}$

◒ **4** Ordne die Brüche der Größe nach. Schreibe … < … < …

$\frac{2}{5}$; $\frac{3}{5}$; $\frac{1}{2}$; $\frac{3}{4}$; $\frac{9}{10}$; $\frac{3}{10}$; $\frac{5}{8}$

◒ **5** Wer hat den größeren Bruchteil seiner Pizza verspeist, Thea oder Mats? **Begründe**.

→ Die Lösungen zu „Alles klar?" findest du auf Seite 235.

6 Ein Spieler bastelt die blauen Kärtchen, der andere die gelben.

Blaue Kärtchen: $\frac{1}{10}$, $\frac{4}{5}$, $\frac{1}{3}$, $\frac{3}{5}$, $\frac{1}{2}$

Gelbe Kärtchen: $\frac{9}{10}$, $\frac{3}{4}$, $\frac{2}{3}$, $\frac{5}{6}$, $\frac{2}{5}$

Legt die Kärtchen abwechselnd der Größe nach geordnet in eine Reihe.
Wer ein Kärtchen zwischen zwei schon gelegte Kärtchen einschieben kann, bekommt einen Punkt.

7 Am Zahlenstrahl siehst du, wie du einen Bruch zwischen $\frac{1}{5}$ und $\frac{2}{5}$ findest.

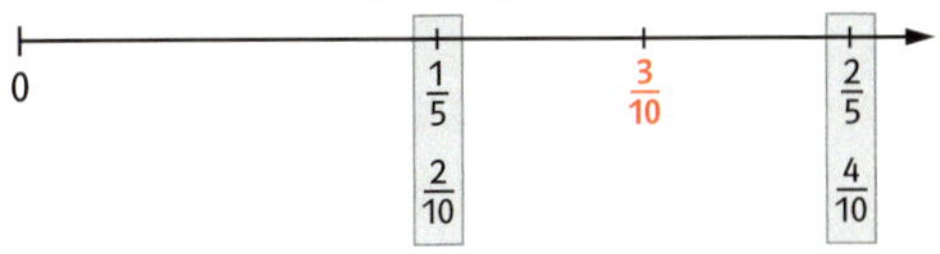

Bestimme einen Bruch zwischen

a) $\frac{1}{3}$ und $\frac{2}{3}$.
b) $\frac{1}{6}$ und $\frac{1}{2}$.
c) $\frac{1}{2}$ und $\frac{5}{6}$.
d) $\frac{3}{8}$ und $\frac{4}{8}$.
e) $\frac{4}{9}$ und $\frac{5}{9}$.
f) $\frac{5}{9}$ und $\frac{2}{3}$.

8 Haben zwei Brüche große Nenner, ist es günstig, den kleinsten gemeinsamen Nenner mithilfe von Vielfachenmengen zu suchen.

Beispiel: $\frac{5}{8}$ und $\frac{7}{12}$

$V_8 = \{8;\ 16;\ 24;\ 32;\ \ldots\}$

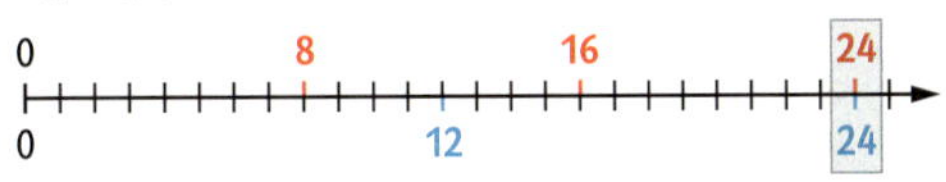

$V_{12} = \{12;\ 24;\ 36;\ \ldots\}$
Der kleinste gemeinsame Nenner ist 24.

Vergleiche die Brüche.

a) $\frac{5}{6}$ und $\frac{3}{4}$
b) $\frac{5}{8}$ und $\frac{2}{3}$
c) $\frac{5}{12}$ und $\frac{4}{9}$
d) $\frac{5}{8}$ und $\frac{3}{20}$
e) $\frac{4}{15}$ und $\frac{8}{25}$
f) $\frac{5}{16}$ und $\frac{7}{24}$
g) $\frac{3}{16}$ und $\frac{1}{5}$
h) $\frac{5}{24}$ und $\frac{7}{36}$

6 Ein Spieler schreibt zehn Brüche auf blaue Kärtchen, der andere zehn Brüche auf gelbe Kärtchen.
Legt die Kärtchen abwechselnd in die richtige Schachtel ab.
Wer unmittelbar nach seinem Partner oder seiner Partnerin ein Kärtchen in dieselbe Schachtel legen kann, bekommt einen Punkt.

Blaue Kärtchen: $\frac{2}{9}$, $\frac{4}{10}$, $\frac{5}{9}$, $\frac{4}{5}$, $\frac{7}{8}$

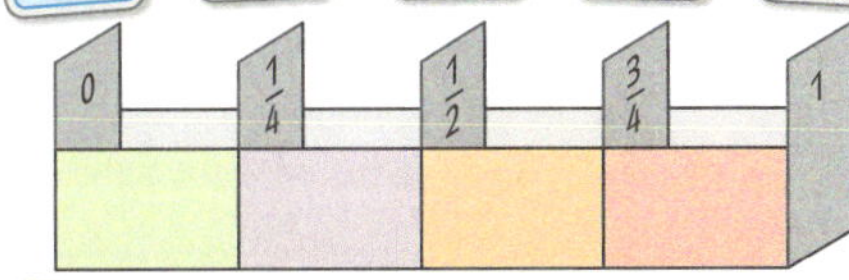

Gelbe Kärtchen: $\frac{5}{8}$, $\frac{1}{3}$, $\frac{3}{16}$, $\frac{5}{6}$, $\frac{2}{9}$

7

a) Erweitere die zwei Brüche so, dass du einen Bruch angeben kannst, der zwischen den beiden liegt:
$\frac{3}{5}$ und $\frac{4}{5}$; $\frac{5}{8}$ und $\frac{1}{2}$; $\frac{5}{12}$ und $\frac{4}{9}$.

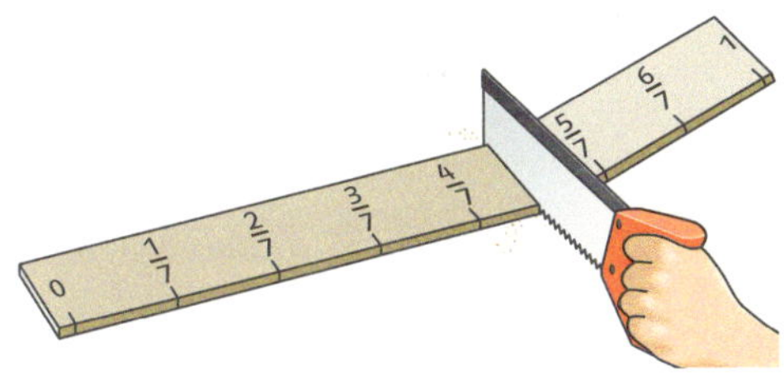

b) Sucht gemeinsam fünf Brüche zwischen $\frac{4}{9}$ und $\frac{5}{9}$.

8 Den kleinsten gemeinsamen Nenner kannst du mithilfe von Vielfachenmengen finden.

Beispiel: $\frac{5}{16}$ und $\frac{9}{40}$

$V_{16} = \{16;\ 32;\ 48;\ 64;\ 80;\ 90;\ \ldots\}$
$V_{40} = \{40;\ 80;\ 120;\ \ldots\}$
Der kleinste gemeinsame Nenner ist 80.

Vergleiche die Brüche.

a) $\frac{5}{16}$ und $\frac{9}{20}$
b) $\frac{5}{12}$ und $\frac{7}{15}$
c) $\frac{7}{12}$ und $\frac{11}{18}$
d) $\frac{5}{6}$ und $\frac{11}{15}$
e) $\frac{5}{24}$ und $\frac{7}{36}$
f) $\frac{8}{15}$ und $\frac{4}{9}$

9 Brüche und Größen

Eine Ski-Abfahrtsstrecke ist 3600 m lang und hat einen Höhenunterschied von 840 m. Die Endzeit der Siegerin war 2 min 30 s.

→ Thea meint: „Die Zwischenzeit nach $\frac{1}{4}$ der Strecke müsste $\frac{1}{4}$ der Endzeit betragen." Sie rechnet die Werte aus.

→ Das blaue Team der Klasse 6d rechnet die Zeit für die halbe Strecke aus, das rote Team die für $\frac{3}{4}$, das gelbe die für $\frac{2}{3}$ der Strecke.

→ Sammelt Gründe, warum die berechneten Werte wahrscheinlich nicht die echten Werte sind.

$\frac{3}{4}$ von 8 m = ▪

8 m —($\frac{3}{4}$)→ 6 m

8 m —(: 4)→ 2 m —(· 3)→ 6 m

Also: $\frac{3}{4}$ von 8 m = 6 m

Ist $\frac{3}{4}$ von 2 m zu berechnen, geht die Division nicht auf. Man wandelt 2 m in 20 dm um.

$\frac{3}{4}$ von 20 dm = ▪

20 dm —($\frac{3}{4}$)→ 15 dm

20 dm —(: 4)→ 5 dm —(· 3)→ 15 dm

Also: $\frac{3}{4}$ von 20 dm = 15 dm

Merke

Um einen **Bruchteil** einer beliebigen Größe (z. B. $\frac{3}{4}$ von 40 kg = ▪) zu berechnen, dividiert man die Größe durch den Nenner und multipliziert dann mit dem Zähler.

Ein **Anteil** gibt an, wie viel eine Größe an einer anderen Größe ausmacht (z. B. 3 m von 8 m = ▪).

Beispiele

a) den **Bruchteil** berechnen

$\frac{3}{4}$ von 40 kg = ▪

40 kg —($\frac{3}{4}$)→ **30 kg**

40 kg —(: 4)→ 10 kg —(· 3)→ **30 kg**

Der Bruchteil beträgt **30 kg**.

b) den **Anteil** berechnen

3 m von 8 m = ▪

8 m —($\frac{3}{8}$)→ 3 m

Der Anteil beträgt $\frac{3}{8}$.

c) das **Ganze** berechnen

$\frac{3}{4}$ von ▪ = 30 kg

40 kg ←($\frac{4}{3}$)— 30 kg

30 kg —(: 3)→ 10 kg —(· 4)→ **40 kg**

Das Ganze beträgt **40 kg**.

○ **1** Berechne den Bruchteil.

a) $\frac{1}{4}$ von 12 m
$\frac{3}{4}$ von 12 m

b) $\frac{1}{3}$ von 12 m
$\frac{2}{3}$ von 12 m

c) $\frac{1}{5}$ von 10 dm
$\frac{2}{5}$ von 10 dm

d) $\frac{1}{8}$ von 40 €
$\frac{3}{8}$ von 40 €

○ **2** Berechne den Bruchteil.

a) $\frac{2}{5}$ von 10 m b) $\frac{3}{4}$ von 100 € c) $\frac{7}{8}$ von 80 cm d) $\frac{2}{3}$ von 27 kg

○ **3** Welchen Anteil macht die erste Größe an der zweiten aus? Kürze, falls möglich.

a) 5 m von 8 m b) 2 m von 10 m
c) 5 kg von 20 kg d) 15 kg von 20 kg

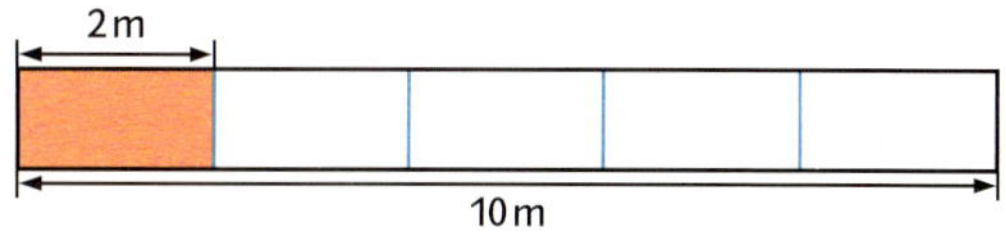

Alles klar?

Fördern

A Berechne den Bruchteil.

a) $\frac{1}{4}$ von 12 m b) $\frac{1}{8}$ von 40 m c) $\frac{3}{4}$ von 12 cm d) $\frac{2}{5}$ von 60 €

B Welchen Anteil macht die erste Größe an der zweiten aus?

a) 5 m von 12 m b) 3 m von 20 m c) 9 kg von 27 kg d) 8 h von 24 h

○ **4** Berechne den Bruchteil.

a) $\frac{3}{8}$ von 40 m b) $\frac{2}{5}$ von 120 kg
c) $\frac{3}{4}$ von 72 m d) $\frac{5}{6}$ von 24 h
e) $\frac{7}{10}$ von 30 mm f) $\frac{3}{5}$ von 35 €

○ **5** Berechne das Ganze.

a) $\frac{3}{4}$ von ▪ = 360 km
b) $\frac{2}{3}$ von ▪ = 1800 t
c) $\frac{1}{8}$ einer Strecke beträgt 45 m.

○ **6** Welchen Anteil macht die Fläche
a) Nordrhein-Westfalens an der Fläche Deutschlands ungefähr aus?
b) des größten Bundeslands an der Fläche Deutschlands ungefähr aus?

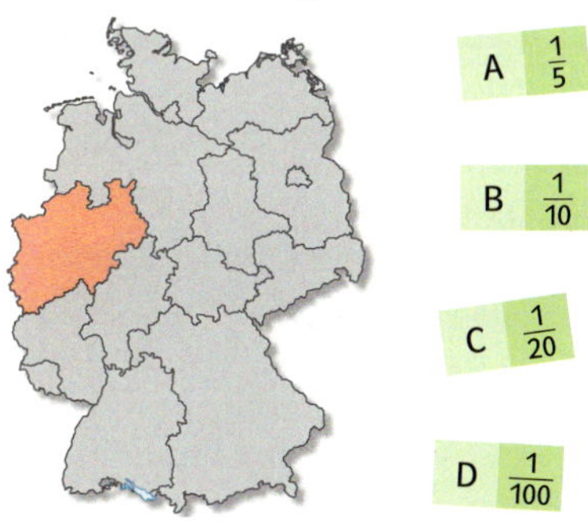

○ **7** Berechne den Anteil. Kürze, falls möglich.

a) 6 m von 12 m b) 8 m von 20 m
c) 12 € von 30 € d) 9 km von 36 km

◐ **4** Berechne den Bruchteil. Wandle, falls nötig, in eine kleinere Einheit um.

a) $\frac{5}{8}$ von 96 m b) $\frac{5}{6}$ von 33 m
c) $\frac{7}{12}$ von 30 € d) $\frac{3}{4}$ von 7 h
e) $\frac{3}{7}$ von 14 cm f) $\frac{1}{20}$ von 3 dm

◐ **5** In einem Affengehege gibt es 9 Jungtiere. Das sind $\frac{1}{8}$ aller Affen.
a) Wie viele Affen gibt es insgesamt im Gehege?
b) $\frac{1}{12}$ aller Affen ist älter als 10 Jahre. Wie viele Affen sind das?

◐ **6** Beträgt der Anteil der Wüstenfläche an der Gesamtfläche Australiens $\frac{1}{10}$; $\frac{1}{5}$; $\frac{1}{4}$ oder $\frac{1}{3}$? Schätze.

◐ **7** Berechne den Anteil. Kürze, falls möglich.

a) 25 € von 225 € b) 28 kg von 420 kg
c) 11 cm von 132 cm d) 24 km von 36 km

Tipp!
Wenn die Division nicht aufgeht, wandle in eine kleinere Einheit um.
1 km = 1000 m
1 m² = 100 dm²
1 kg = 1000 g
1 t = 1000 kg
1 h = 60 min
1 € = 100 ct

→ Die Lösungen zu „Alles klar?" findest du auf Seite 235.

8 Wandle in eine kleinere Einheit um und berechne dann den Bruchteil.

a) $\frac{1}{10}$ von 1 km
b) $\frac{1}{5}$ von 1 kg
c) $\frac{3}{10}$ von 1 m^2
d) $\frac{3}{4}$ von 5 kg
e) $\frac{1}{4}$ von 2 h
f) $\frac{1}{5}$ von 2 €
g) $\frac{7}{20}$ von 3 l
h) $\frac{5}{12}$ von 3 h

9 SP Was hättet ihr lieber:
$\frac{3}{5}$ von 4 kg Gold, $\frac{3}{4}$ von 5 kg Gold oder $\frac{4}{5}$ von 3 kg Gold?
Überlegt zuerst eine Antwort und **begründet** sie. Versucht auch, die Antwort durch eine Zeichnung zu finden. Rechnet erst am Schluss zur Kontrolle.

10 Der Schokoriegel wiegt 60 g. Schätze, wie schwer das abgebrochene Stück ist.

11 Übertrage die Tankanzeige (Radius 4 cm) ins Heft.

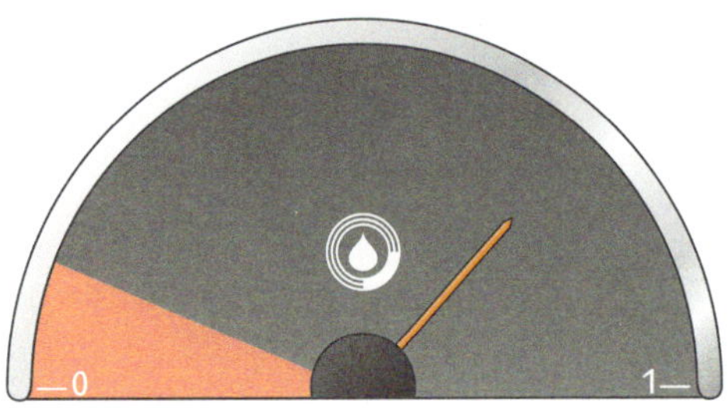

a) Trage Teilstriche für die Anteile $\frac{1}{4}$; $\frac{1}{2}$ und $\frac{3}{4}$ ein.
b) Der Öltank fasst 4500 l. Welche Ölmengen gehören zu den Teilstrichen?
c) Ab welcher Menge beginnt der rote Bereich? Wie viel Öl des ursprünglich vollen Tanks wurde dann verbraucht?

8 Wandle in eine kleinere Einheit um und berechne dann den Bruchteil.

a) $\frac{1}{8}$ von 1 km
b) $\frac{3}{5}$ von 4 kg
c) $\frac{5}{8}$ von 12 m^2
d) $\frac{1}{100}$ von 10 t
e) $\frac{3}{4}$ von 6 h
f) $\frac{3}{8}$ von 2 €

9 SP Inga hat $\frac{3}{4}$ des Preises für das rote Fahrrad gespart, Ian $\frac{4}{5}$ des Preises für das grüne. Wer muss noch mehr Geld sparen? Sucht einen geschickten Rechenweg.

10 Maja möchte mit ihrem Opa Marmelade einkochen. Auf den Gelierzucker-Packungen finden sie unterschiedliche Verhältnis-Angaben.

Das Verhältnis 2 : 1 bedeutet:
Auf 1 kg Frucht kommt $\frac{1}{2}$ kg Gelierzucker der Sorte 2 : 1.

a) Wie viel Zucker der drei Sorten 1 : 1; 2 : 1; 3 : 1 kommen auf 3 kg Frucht?
b) Maja wiegt ab: $4\frac{1}{2}$ kg entsteinte Aprikosen. Wie viel Zucker der Sorte 3 : 1 benötigt sie?

11 Frau Pohl entdeckt unterwegs eine Tankstelle mit einem günstigen Benzinpreis von 1,479 € pro Liter. Ihr Tank fasst 60 l und die Benzinuhr zeigt, dass er noch zu $\frac{2}{5}$ gefüllt ist. Frau Pohl hat 50 € bei sich. Sie überschlägt, ob sie volltanken kann.

Zusammenfassung

Teiler und Vielfache. Primzahlen

Die Zahlen 1; 2; 3; 4; 6; 12 teilen die Zahl 12 ohne Rest. Sie sind **Teiler** von 12.
Teilermenge: $T_{12} = \{1;\ 2;\ 3;\ 4;\ 6;\ 12\}$
Die **Vielfachen** der Zahl 12 sind 12; 24; 36; ….
Vielfachenmenge: $V_{12} = \{12;\ 24;\ 36;\ \dots\}$
Sind in zwei Teilermengen verschiedener Zahlen gleiche Teiler enthalten, nennt man diese Teiler **gemeinsame Teiler** der Zahlen.
Zwei Zahlen haben immer **gemeinsame Vielfache**.
Gemeinsame Teiler der beiden Zahlen 20 und 30 sind: 1; 2; 5 und 10.
Gemeinsame Vielfache der beiden Zahlen 20 und 30 sind: 60; 120; 180; 240; …

Eine Zahl mit genau zwei Teilern ist eine **Primzahl**.
7 ist eine Primzahl, denn es gilt $T_7 = \{1;\ 7\}$.
Jede Zahl, die keine Primzahl und größer als 1 ist, hat eine **Primfaktorzerlegung**: $24 = 2 \cdot 2 \cdot 2 \cdot 3$

Brüche

Der Nenner eines **Bruchs** gibt an, in wie viele gleich große Teile das Ganze geteilt ist. Der Zähler gibt an, wie viele Teile genommen werden.

Zähler	3
Bruchstrich	—
Nenner	4

Jeder Bruch lässt sich am **Zahlenstrahl** eintragen. Brüche an derselben Stelle des Zahlenstrahls haben denselben Wert.

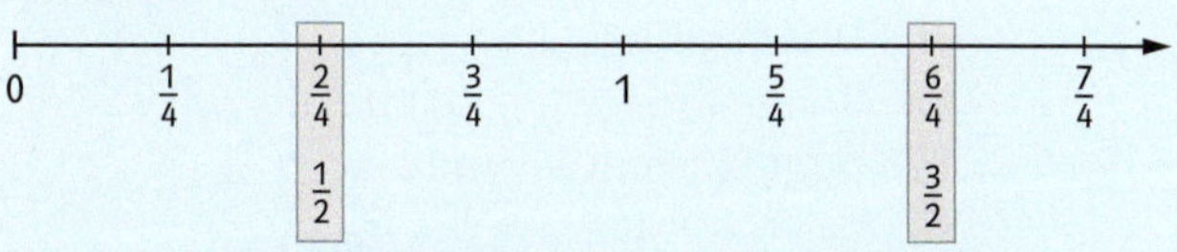

Brüche, die rechts von 1 liegen, heißen **unechte Brüche**. Man kann sie als **gemischte Zahlen** schreiben:
$\frac{5}{4} = 1\frac{1}{4}$; $\frac{3}{2} = 1\frac{1}{2}$

Erweitern und Kürzen

Erweitern
Zähler und Nenner werden mit derselben Zahl multipliziert. $\frac{3}{4} \overset{5}{=} \frac{3 \cdot 5}{4 \cdot 5} = \frac{15}{20}$

Kürzen
Zähler und Nenner werden durch dieselbe Zahl dividiert. $\frac{6}{15} \underset{3}{=} \frac{6 : 3}{15 : 3} = \frac{2}{5}$

Erweitern und Kürzen ändern den Wert des Bruchs nicht.

Teilbarkeitsregeln

Eine Zahl ist nur dann **teilbar** durch
- 2, wenn sie die **Endziffer** 0; 2; 4; 6 oder 8 hat.
- 5, wenn sie die Endziffer 0 oder 5 hat.
- 10, wenn sie die Endziffer 0 hat.
- 4, wenn die aus den beiden Endziffern gebildete Zahl durch 4 teilbar ist oder die beiden Endziffern 00 sind.

Addiert man die Ziffern einer Zahl, erhält man eine Summe. Diese nennt man **Quersumme**.
Eine Zahl ist nur dann durch 3 teilbar, wenn ihre Quersumme durch 3 teilbar ist.
Eine Zahl ist nur dann durch 9 teilbar, wenn ihre Quersumme durch 9 teilbar ist.

Brüche vergleichen und ordnen

Brüche mit gleichem Nenner heißen **gleichnamig**.
Von zwei gleichnamigen Brüchen ist derjenige mit dem größeren Zähler der größere: $\frac{3}{5} < \frac{4}{5}$

Sind zwei Brüche nicht gleichnamig, werden sie auf einen **gemeinsamen Nenner** erweitert und danach verglichen.

Beispiel: $\frac{3}{5}$ und $\frac{7}{8}$

Gemeinsamer Nenner: 40

Erweitern: $\frac{3}{5} = \frac{3 \cdot 8}{5 \cdot 8} = \frac{24}{40}$ und $\frac{7}{8} = \frac{7 \cdot 5}{8 \cdot 5} = \frac{35}{40}$

Vergleichen: $\frac{24}{40} < \frac{35}{40}$

Ergebnis: $\frac{3}{5} < \frac{7}{8}$

Brüche und Größen

Einen Bruchteil einer Größe erhält man, indem man die Größe durch den Nenner dividiert und mit dem Zähler multipliziert.

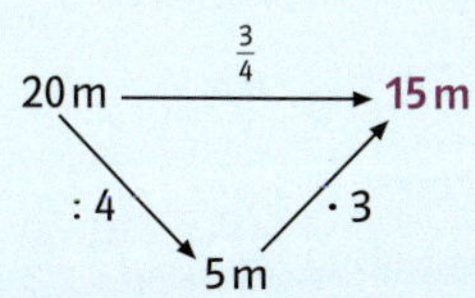

Ein Anteil gibt an, wie viel eine Größe an einer anderen Größe ausmacht.

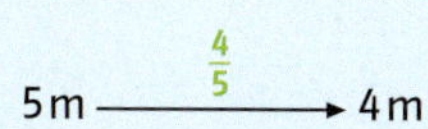

Ist der Anteil einer Größe bekannt, so kann man das Ganze der Größe berechnen.
40 kg ist $\frac{5}{6}$ des Ganzen.

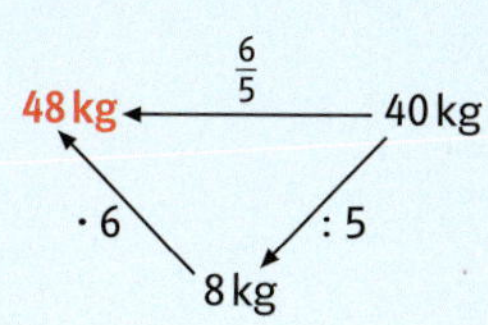

Basistraining

○ **1** Fülle die Tabelle im Heft aus.

teilbar durch	2	5	10	3	9
48	✓	■	■	■	■
52	■	■	■	×	■
60	■	✓	■	■	■
90	■	■	■	■	■
102	■	■	■	■	■
240	■	■	■	■	■
241	■	■	■	■	■
351	■	■	■	■	■
400	■	■	■	■	■
450	■	■	■	■	■
549	■	■	■	■	■
802	■	■	■	■	■
803	■	■	■	■	■
900	■	■	■	■	■

○ **2** Ist die Zahl in der ersten Spalte ein Vielfaches der Zahl in der ersten Zeile? Fülle die Tabelle im Heft aus.

Vielfaches von	2	4	5	9
45	■	■	✓	■
48	■	■	■	■
60	✓	■	■	×
75	■	■	■	■
90	■	■	■	■
120	■	■	■	■
200	■	■	■	■
300	■	■	■	■
360	■	■	■	■

○ **3**

a) Bestimme die Teiler der Zahlen.

11 15 20 24 29 37 40 50

b) SP Welche Zahlen sind Primzahlen? **Erkläre**, woran du sie erkennst.

○ **4** Bestimme die ersten fünf Vielfachen der Zahlen.

a) 9 b) 12 c) 15 d) 20 e) 21

○ **5** In der Vielfachenmenge steht eine **falsche** Zahl. Schreibe richtig ins Heft.

a) $V_8 = \{8;\ 16;\ 24;\ 36;\ 40;\ \ldots\}$

b) $V_{12} = \{12;\ 24;\ 36;\ 44;\ 60;\ \ldots\}$

c) $V_{15} = \{15;\ 30;\ 45;\ 60;\ 72;\ \ldots\}$

○ **6** Zeichne den Zahlenstrahl von 0 bis 25 ins Heft (Einheit 1 Kästchen).

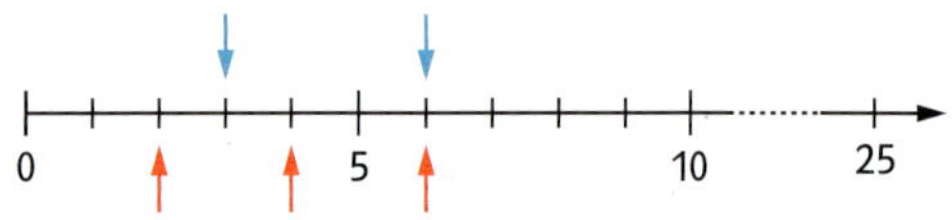

a) Markiere unten die Vielfachen von 2 rot und oben die Vielfachen von 3 blau.

b) Welche Zahlen sind zugleich Vielfache von 2 und von 3?

○ **7** Welcher Bruchteil ist gefärbt?

a)
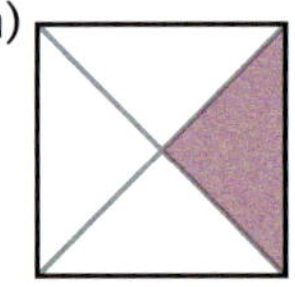

b)
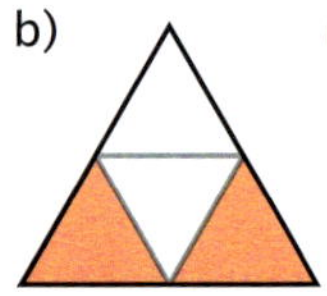

c)
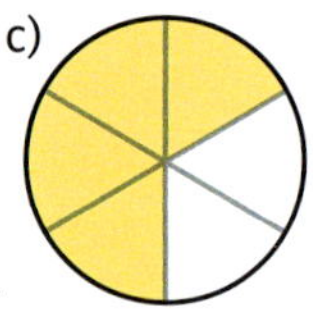

d)
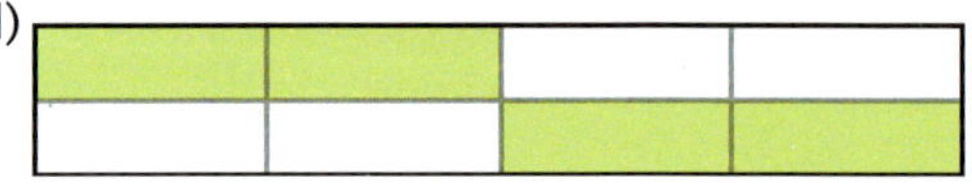

○ **8**

a) Welche Bruchteile der unterteilten Quadrate sind nicht gefärbt?

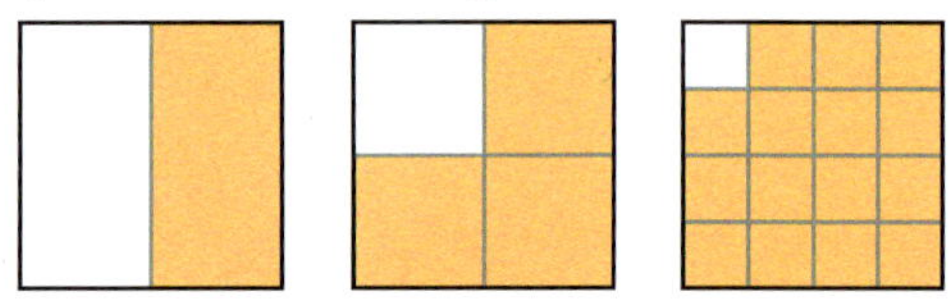

b) Überlege, wie die nächste Figur in dieser Reihe unterteilt wird und gib wieder den ungefärbten Bruchteil an.

○ **9** Welche Brüche sind markiert?

a)
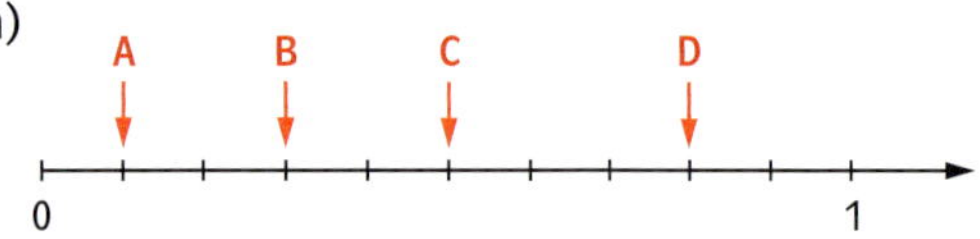

b)
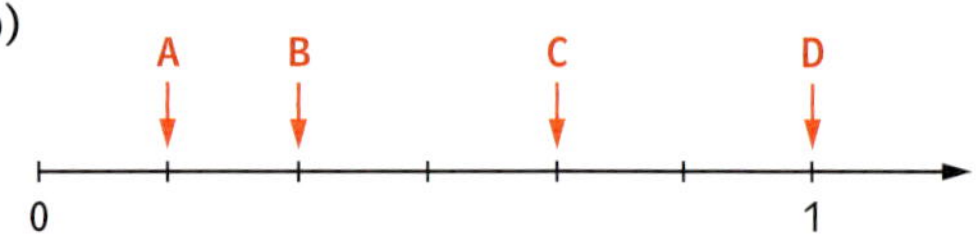

c)
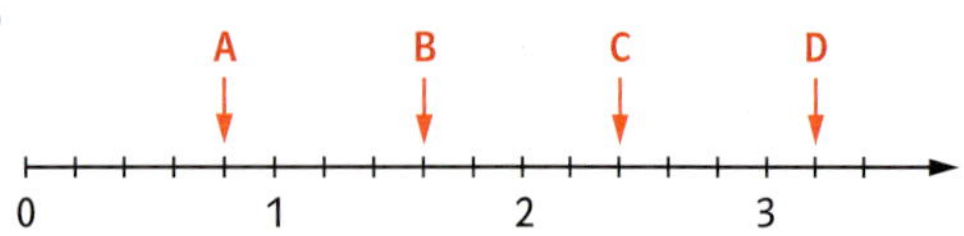

○ **10** Zeichne einen Zahlenstrahl von 0 bis 2 (Einheit 10 Kästchen).
Markiere die folgenden Zahlen:

$\frac{1}{2}$; $\frac{1}{4}$; $\frac{3}{4}$; $\frac{7}{4}$; $\frac{1}{10}$; $\frac{7}{10}$; $1\frac{3}{10}$; $\frac{2}{5}$; $\frac{3}{5}$; $\frac{6}{5}$; $1\frac{11}{20}$

○ **11** Zeichne einen Zahlenstrahl von 0 bis 1 (Einheit 12 cm).
Markiere die folgenden Brüche:

$\frac{1}{12}$; $\frac{5}{12}$; $\frac{7}{12}$; $\frac{11}{12}$; $\frac{1}{4}$; $\frac{1}{3}$; $\frac{2}{3}$; $\frac{5}{6}$

○ **12** Schreibe den unechten Bruch als gemischte Zahl.

a) $\frac{3}{2}$ b) $\frac{5}{2}$ c) $\frac{5}{4}$ d) $\frac{7}{2}$

○ **13** Erweitere mit der Zahl im Stern.

a) $\frac{1}{4}$ ★ 2 b) $\frac{3}{4}$ ★ 2 c) $\frac{1}{2}$ ★ 3
d) $\frac{2}{5}$ ★ 4 e) $\frac{4}{5}$ ★ 3 f) $\frac{1}{8}$ ★ 4
g) $\frac{5}{8}$ ★ 3 h) $\frac{1}{6}$ ★ 5 i) $\frac{5}{6}$ ★ 10

○ **14** Kürze mit der Zahl im Stern.

a) $\frac{4}{8}$ ★ 2 b) $\frac{4}{8}$ ★ 4 c) $\frac{2}{4}$ ★ 2
d) $\frac{3}{6}$ ★ 3 e) $\frac{6}{8}$ ★ 2 f) $\frac{8}{12}$ ★ 4
g) $\frac{9}{12}$ ★ 3 h) $\frac{12}{15}$ ★ 3 i) $\frac{12}{18}$ ★ 6

◒ **15** Zeichne die Bruchbude ins Heft.
Alle Brüche in der Bruchbude sollen den gleichen Wert haben.
Ergänze die fehlenden Zahlen.

a) Dach: $\frac{1}{2}$

$\frac{2}{\square}$	$\frac{3}{\square}$
$\frac{\square}{8}$	$\frac{\square}{10}$

b) Dach: $\frac{3}{4}$

$\frac{\square}{\square}$	$\frac{9}{\square}$
$\frac{\square}{16}$	$\frac{\square}{32}$

c) Dach: $\frac{5}{9}$

$\frac{30}{\square}$	$\frac{\square}{108}$
$\frac{85}{\square}$	$\frac{\square}{\square}$

d) Dach: $\frac{9}{7}$

$\frac{18}{\square}$	$\frac{\square}{\square}$
$\frac{\square}{\square}$	$\frac{\square}{35}$

◒ **16** Kürze vollständig.

a) $\frac{4}{20}$ b) $\frac{8}{16}$ c) $\frac{12}{24}$
d) $\frac{12}{36}$ e) $\frac{8}{20}$ f) $\frac{25}{75}$
g) $\frac{10}{90}$ h) $\frac{12}{30}$ i) $\frac{24}{128}$
j) $\frac{56}{280}$ k) $\frac{168}{216}$ l) $\frac{234}{351}$

○ **17** Vergleiche die Brüche. Setze eins der Zeichen <, > oder = ein.

a) $\frac{1}{4}$ ■ $\frac{3}{4}$ b) $\frac{5}{6}$ ■ $\frac{1}{6}$
c) $\frac{1}{6}$ ■ $\frac{5}{12}$ d) $\frac{3}{5}$ ■ $\frac{6}{10}$
e) $\frac{3}{4}$ ■ $\frac{5}{6}$ f) $\frac{4}{5}$ ■ $\frac{3}{4}$
g) $\frac{1}{2}$ ■ $\frac{29}{58}$ h) $\frac{8}{28}$ ■ $\frac{6}{7}$

○ **18** Wandle in einen unechten Bruch bzw. in eine gemischte Zahl um.

a) $1\frac{3}{4}$ b) $3\frac{4}{11}$ c) $5\frac{17}{20}$
d) $\frac{18}{15}$ e) $\frac{34}{9}$ f) $\frac{47}{10}$

○ **19** Berechne den Bruchteil.

a) $\frac{1}{2}$ von 8 m b) $\frac{1}{4}$ von 12 m
c) $\frac{3}{4}$ von 12 m d) $\frac{1}{8}$ von 16 m
e) $\frac{3}{8}$ von 24 kg f) $\frac{5}{8}$ von 32 kg
g) $\frac{2}{5}$ von 25 t h) $\frac{4}{7}$ von 28 t

○ **20** Berechne den Anteil. Kürze danach den Bruch vollständig.

a) 4 m von 8 m b) 3 m von 12 m
c) 16 kg von 48 kg d) 50 g von 250 g
e) 4 h von 12 h f) 6 h von 15 h
g) 9 € von 24 € h) 12 € von 18 €

◒ **21** Wandle in eine kleinere Einheit um und berechne dann den Bruchteil.

a) $\frac{1}{10}$ von 1 m b) $\frac{1}{10}$ von 2 m
c) $\frac{7}{10}$ von 1 kg d) $\frac{1}{4}$ von 3 kg
e) $\frac{1}{4}$ von 1 h f) $\frac{1}{6}$ von 2 h
g) $\frac{1}{5}$ von 1 km h) $\frac{1}{8}$ von 2 km

Anwenden. Nachdenken

22
a) Bestimme die Teilermengen T_3; T_9; T_{27}. Was fällt dir auf?
b) Bestimme die Teilermengen T_{81} und T_{243}. Denke an die Teilbarkeitsregeln.

23 Bestimme die Teilermenge der Zahl 120. Zerlege die Zahl in Primfaktoren.

24
a) Welche Teilbarkeitsregeln helfen dir, die Teiler der Zahl 210 zu finden?
b) Zerlege die Zahl anschließend in Primfaktoren.

25 SP Laura behauptet:
„Ist eine Zahl durch 4 teilbar, dann ist sie auch durch 2 teilbar."
Claudio sagt: „Ist eine Zahl **nicht** durch 2 teilbar, dann ist sie auch **nicht** durch 4 teilbar."
a) Sucht gemeinsam nach einer Begründung für diese Aussagen.
b) Überlegt euch zwei solche Sätze für die Zahlen 9 und 3.
c) Überlegt euch zwei solche Sätze für die Zahlen 2 und 6.

26
a) Nach welchen Regeln sind die farbigen Punkte in die Tabelle eingetragen?

0	1	2	3	4	5	6	7	8	9
x	x			● blau		● blau ● rot		● blau	● rot
10	11	12	13	14	15	16	17	18	19
● blau		● blau ● rot		● blau	● rot	● blau		● blau ● rot	
● gelb				● grün	● gelb				
20	21	22	23	24	25	26	27	28	29
● blau	● rot	● blau		● blau ● rot		● blau	● rot	● blau	
● gelb	● grün				● gelb			● grün	
30	31	32	33	34	35	36	37	38	39
● blau ● rot		● blau	● rot	● blau		...	...	...	...
● gelb					● gelb ● grün				

b) SP Übertragt die Tabelle ins Heft und setzt sie bis 100 fort. Tragt die farbigen Punkte nach den Regeln ein, die ihr gemeinsam gefunden habt.
c) Welche Zahlen bekommen keinen farbigen Punkt?

27 Wie viele Karten muss ein Spiel mindestens haben, damit die Karten gleichmäßig an 3, an 4, an 5 und auch an 6 Personen verteilt werden können?

28 Vergleiche die Zahlen. Setze eins der Zeichen <, > oder = ein.
Oft ist es leichter, als du denkst.

a) $3\frac{7}{10}$ ■ $2\frac{9}{10}$
b) $\frac{8}{7}$ ■ $1\frac{1}{7}$
c) $4\frac{3}{7}$ ■ $4\frac{2}{5}$
d) $\frac{19}{6}$ ■ $2\frac{7}{6}$
e) $1\frac{4}{9}$ ■ $\frac{4}{3}$
f) $\frac{28}{5}$ ■ $\frac{37}{6}$
g) $\frac{4}{13}$ ■ $\frac{4}{9}$
h) $\frac{7}{10}$ ■ $\frac{7}{12}$
i) $1\frac{4}{15}$ ■ $\frac{19}{15}$
j) $2\frac{7}{8}$ ■ $3\frac{2}{7}$

29 Ordne die drei Brüche in aufsteigender Größe.
a) $\frac{5}{8}$ $\frac{7}{8}$ $\frac{7}{12}$
b) $\frac{8}{15}$ $\frac{4}{5}$ $\frac{2}{3}$
c) $\frac{5}{6}$ $\frac{11}{12}$ $\frac{3}{4}$
d) $\frac{3}{4}$ $\frac{5}{6}$ $\frac{4}{5}$

30 Mit welcher Zahl wurde erweitert bzw. gekürzt? Ergänze den fehlenden Wert.
a) $\frac{3}{8} = \frac{27}{■}$
b) $\frac{5}{17} = \frac{■}{51}$
c) $\frac{■}{12} = \frac{21}{36}$
d) $\frac{21}{33} = \frac{7}{■}$
e) $\frac{48}{72} = \frac{■}{6}$
f) $\frac{■}{36} = \frac{1}{2}$

31 Mit Brüchen kann man auch **Verhältnisse** angeben.

Beispiel: Von den 5 Kindern der Technik-AG sind 3 Mädchen und 2 Jungen.
Verhältnis: 3 : 2
zugehörige Anteile als Brüche:

Mädchen: $\frac{3}{5}$; Jungen: $\frac{2}{5}$

Gib die beschriebenen Anteile jeweils als Bruch und als Verhältnis an.
a) Von 5 Kugeln sind 4 Kugeln blau und 1 Kugel gelb.
b) Von 8 Kindern sind 5 Mädchen und 3 Jungen.
c) Von den 7 Flaschen auf dem Tisch enthalten 3 Flaschen Apfelsaft und 4 Flaschen enthalten Wasser.

32 Vergleiche die zwei Brüche. Kürze zuerst.

a) $\frac{10}{15}$ und $\frac{14}{18}$
b) $\frac{18}{24}$ und $\frac{35}{40}$
c) $\frac{40}{50}$ und $\frac{45}{60}$
d) $\frac{42}{60}$ und $\frac{20}{24}$
e) $\frac{6}{12}$ und $\frac{10}{60}$
f) $\frac{16}{28}$ und $\frac{35}{49}$

33

a) Eine Apfelschorle mischt man aus Wasser und Apfelsaft im Verhältnis von 2 : 1. Wie viele Liter braucht man jeweils um 6 Liter Apfelschorle zu mischen?
b) Milchschokolade besteht zur Hälfte aus Zucker. Die beiden anderen Zutaten Kakao und Milchpulver stehen im Verhältnis 3 : 2. Berechne die Mengen in 100 g Milchschokolade.

34 Die Landfläche von Afrika macht $\frac{1}{5}$ der gesamten Landoberfläche der Erde aus. Das sind 30 Millionen km². Wie groß ist die gesamte Landoberfläche der Erde in km²?

35 Wie viel ist noch übrig?

a) Drei Viertel von 6 kg Kartoffeln sind verbraucht.
b) Die Hälfte von $3\frac{1}{2}$ kg Äpfeln ist verfault.
c) Ein Viertel des Taschengelds von 30 € ist verplempert.
d) Ein Viertel von $1\frac{1}{2}$ t Kirschen ist von der Ladefläche des Lkw gerutscht.
e) Ein Drittel der zwei Stunden Wartezeit am Flughafen ist zum Glück schon vorbei.

36 In der Gartenordnung eines Kleingartenvereins ist festgelegt, dass die Rasenfläche eines Grundstücks nicht größer sein darf als $\frac{1}{3}$ der Grundstücksfläche. Herr Meining möchte in seinem 270 m² großen Garten eine 120 m² große Rasenfläche anlegen. Darf er das?

37 Weil der Fahrradsattel etwas nach hinten versetzt ist, trägt das Hinterrad $\frac{11}{16}$ des Gewichts, das Vorderrad $\frac{5}{16}$.
Eine Schülerin wiegt 44 kg. Ihr Fahrrad ist 12 kg schwer. Welche Gewichte lasten auf Vorder- und Hinterrad?

38 SP Erstellt gemeinsam ein Säulendiagramm für die Anzahl der Teiler der Zahlen 1; 2; 3; 4; …; 30.

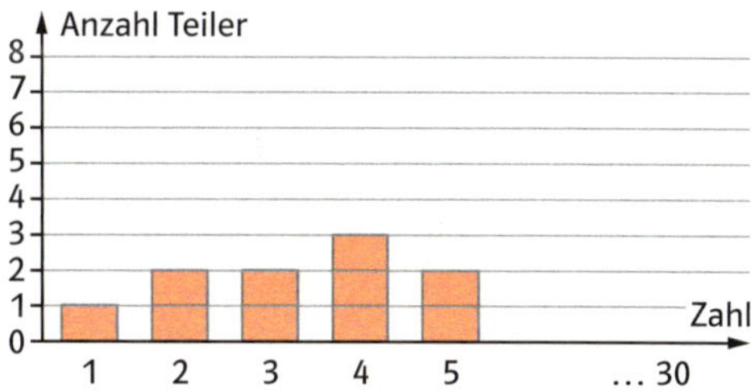

Legt für dieses Diagramm die Heftseite quer. **Beschreibt**, was euch auffällt.

39 Natascha backt Müsliriegel.

Stelle die Anteile der Zutaten in einem Streifendiagramm dar.

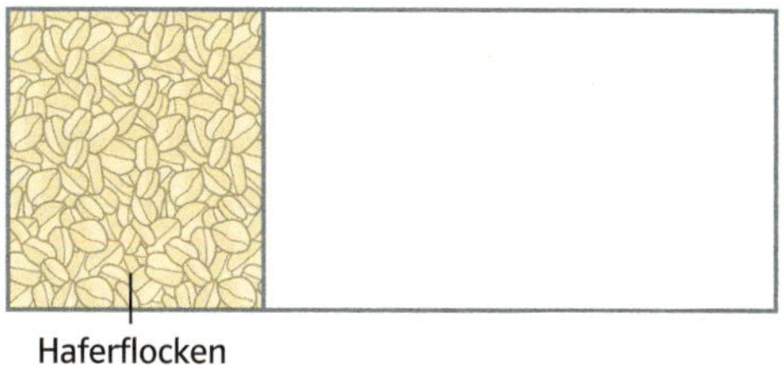

Rückspiegel

Teste dich

○ **1** SP Ist die Aussage richtig oder falsch? Begründe.

a) 3 ist ein Teiler von 123.
b) 2 ist ein Teiler von 101.
c) 5 ist ein Teiler von 795.
d) 70 ist ein Vielfaches von 5.
e) 120 ist ein Vielfaches von 8.
f) 258 ist ein Vielfaches von 3.

○ **2** Welcher Bruchteil ist gefärbt?

a) 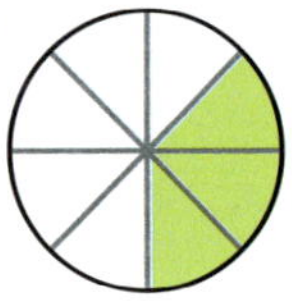

b) 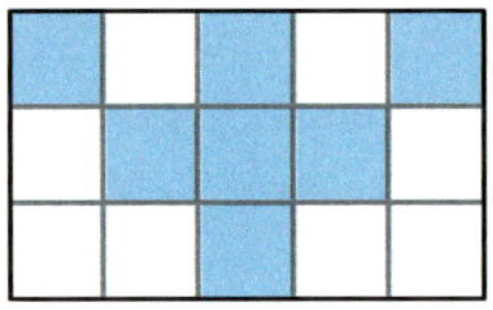

c) 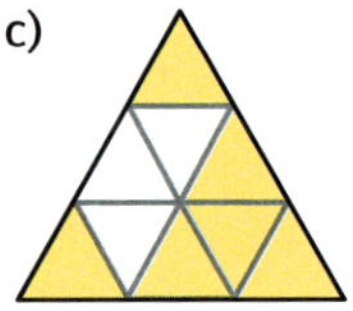

d) 

○ **3** Berechne den Bruchteil.

a) $\frac{1}{4}$ von 12 m
b) $\frac{2}{5}$ von 10 kg
c) $\frac{3}{8}$ von 24 €
d) $\frac{3}{10}$ von 20 dm

○ **4** Welche Zahlen sind durch 3 teilbar?
75; 333; 368; 4530; 3413; 14 385

○ **5** Wandle um in

a) eine gemischte Zahl. $\frac{3}{2}$; $\frac{5}{2}$; $\frac{4}{3}$; $\frac{5}{3}$; $\frac{9}{8}$

b) einen unechten Bruch. $2\frac{1}{2}$; $3\frac{1}{2}$; $1\frac{1}{4}$; $1\frac{3}{4}$

○ **6** Kürze die Brüche durch die Zahl im Stern.

a) $\frac{6}{9}$ ☆ 3
b) $\frac{18}{24}$ ☆ 6
c) $\frac{45}{75}$ ☆ 15

◒ **7** Vergleiche die Brüche.

a) $\frac{5}{8}$ und $\frac{7}{16}$
b) $\frac{3}{10}$ und $\frac{4}{15}$

◒ **8** Berechne den Bruchteil. Wandle dazu in eine kleinere Einheit um.

a) $\frac{3}{4}$ von 2 m
b) $\frac{4}{5}$ von 8 kg

◒ **9** Auf Alinas Geburtstagsparty werden 600 Gummibärchen verlost. Jean gewinnt $\frac{1}{3}$, Sandro $\frac{1}{4}$, Kemal $\frac{1}{5}$, Claudine $\frac{1}{6}$. Den Rest behält Alina. Berechne, wie viele Gummibärchen die Kinder bekommen.

◒ **4** Welche Zahlen sind sowohl durch 3 als auch durch 5 teilbar?
45; 99; 255; 4800; 72 615

◒ **5** Wandle um in

a) eine gemischte Zahl. $\frac{9}{5}$; $\frac{7}{2}$; $\frac{5}{3}$; $\frac{11}{8}$

b) einen unechten Bruch. $2\frac{3}{4}$; $6\frac{1}{2}$; $4\frac{1}{4}$; $3\frac{3}{4}$

◒ **6** Kürze die Brüche vollständig.

a) $\frac{15}{45}$
b) $\frac{18}{24}$
c) $\frac{36}{42}$

◒ **7** Ordne die Brüche.

a) $\frac{8}{15}$; $\frac{7}{45}$ und $\frac{5}{9}$
b) $\frac{9}{20}$; $\frac{21}{50}$ und $\frac{10}{25}$
c) $\frac{7}{8}$; $\frac{17}{20}$ und $\frac{4}{5}$
d) $\frac{4}{15}$; $\frac{1}{4}$ und $\frac{2}{5}$

● **8** In 1 kg Teig für Brownies gehören 250 g Zucker, 200 g Schokolade, 150 g Butter, 200 g Mehl, 50 g Kakao, 100 g Nüsse und 1 Ei (50 g).
Welche Anteile machen die einzelnen Zutaten aus? Kürze vollständig.

● **9** In der Schülerzeitung steht, dass $\frac{5}{8}$ der letzten Jahrgangsstufe 10 eine Ausbildung begonnen haben. Jonas recherchiert, dass dies 70 Jugendliche waren.
Wie viele Schülerinnen und Schüler hatte diese Jahrgangsstufe insgesamt?

→ Die Lösungen findest du auf Seite 235.

Standpunkt | Rechnen mit Brüchen

Wo stehe ich?

	Ich kann …	gut	etwas	nicht gut	Lerntipp!
A	die Fachbegriffe den Grundrechenarten zuordnen,				→ Seite 213
B	die Rechenregeln „Punkt vor Strich“ und „Klammer zuerst“ anwenden,				→ Seite 214
C	Teiler- und Vielfachenmengen bestimmen,				→ Seite 34
D	Brüche aus unterteilten Figuren ablesen,				→ Seite 209
E	Brüche durch unterteilte Figuren darstellen,				→ Seite 210
F	Brüche kürzen,				→ Seite 50
G	unechte Brüche in gemischte Zahlen umwandeln,				→ Seite 47
H	Brüche auf einen gemeinsamen Nenner erweitern,				→ Seite 50; 53
I	Bruchteile berechnen.				→ Seite 56

Teste dich

Überprüfe dich selbst:

A Je drei Kärtchen gehören zu einer Grundrechenart. Notiere.

Summe | $7 \cdot 8$ | Quotient | subtrahieren | dividieren | $26 - 8$ | $63 : 9$ | addieren | Produkt | Differenz | multiplizieren | $56 + 7$

B Berechne.

a) $(9 + 18) : 9$ b) $32 - 3 \cdot 8$
c) $7 \cdot (15 + 5)$ d) $6 \cdot 9 - 7 \cdot 5$
e) $(57 - 9) : (25 - 19)$ f) $35 : (12 - 5)$

C Bestimme die Teiler- beziehungsweise Vielfachenmenge.

a) T_{15} b) T_{24} c) T_{50}
d) V_8 e) V_{12} f) V_{15}

D Welcher Bruchteil ist gefärbt?

a)
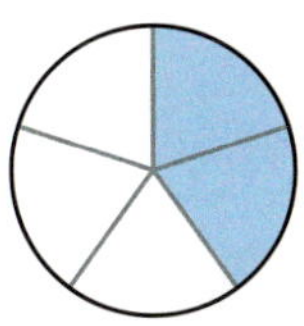

b)
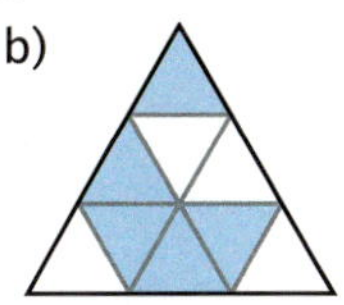

c)
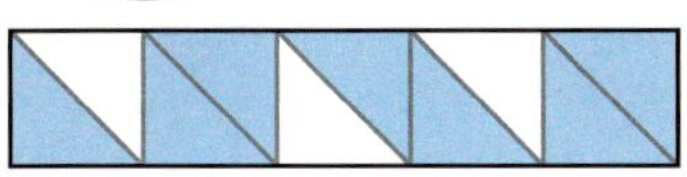

E Stelle den Bruch in einem geeigneten Rechteck dar.

a) $\frac{1}{4}$ b) $\frac{3}{5}$ c) $\frac{4}{7}$ d) $\frac{7}{12}$

F Kürze den Bruch vollständig.

a) $\frac{4}{6}$ b) $\frac{2}{8}$ c) $\frac{3}{9}$
d) $\frac{6}{15}$ e) $\frac{12}{20}$ f) $\frac{20}{25}$

G Verwandle in eine gemischte Zahl.

a) $\frac{7}{4}$ b) $\frac{5}{2}$ c) $\frac{8}{3}$ d) $\frac{17}{15}$

H Erweitere die beiden Brüche auf einen gemeinsamen Nenner.

a) $\frac{1}{2}$ und $\frac{1}{6}$ b) $\frac{1}{8}$ und $\frac{3}{4}$
c) $\frac{3}{4}$ und $\frac{1}{3}$ d) $\frac{1}{6}$ und $\frac{4}{9}$

I Berechne den Bruchteil.

a) $\frac{1}{2}$ von 1 km b) $\frac{3}{5}$ von 1 km
c) $\frac{1}{4}$ von 1 h d) $\frac{2}{3}$ von 1 h
e) $\frac{1}{6}$ von 18 kg f) $\frac{4}{9}$ von 18 kg

→ Die Lösungen findest du auf Seite 236.

3 Rechnen mit Brüchen

1 Im Baukasten gibt es die abgebildeten Kreisteile. Legt aus verschiedenen Kreisteilen ein Ganzes. Wie viele Möglichkeiten findet ihr?

2 Bestimmt die Lösungen der unten abgebildeten Aufgaben mithilfe der Kreisausschnitte.

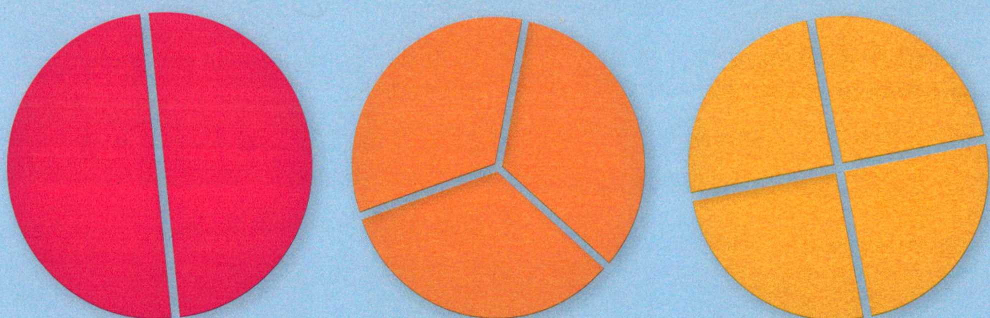

Material zu den Aufgaben 1, 2 und 3

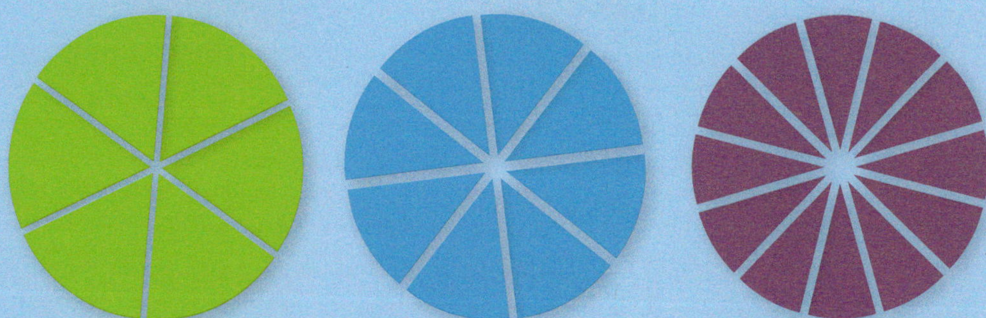

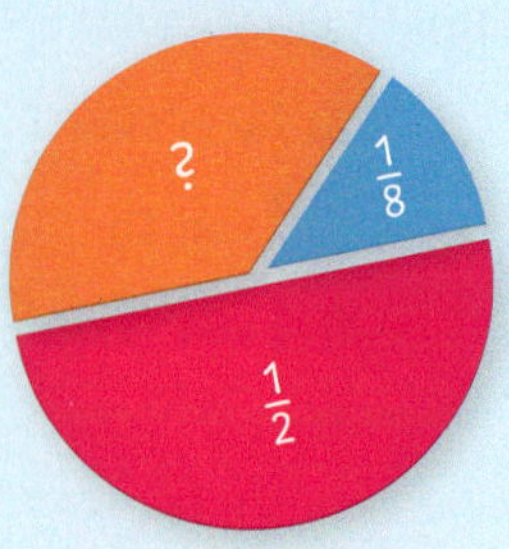

$\frac{1}{12} \cdot 4$

$\frac{1}{4} + \frac{1}{2} = ?$

$\frac{1}{4} - \frac{1}{8}$

$\frac{1}{4} : 2$

$\frac{1}{6} + \frac{1}{6}$

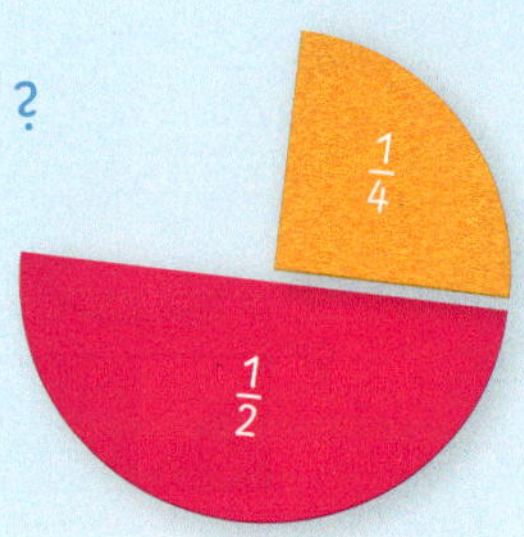

3 **Stellt euch gegenseitig eigene Aufgaben, die ihr mit den Kreisausschnitten lösen könnt.**

Ich lerne,

- wie man Brüche addiert und subtrahiert,
- wie man Brüche vervielfacht und teilt,
- wie man die Rechenregeln bei Rechenausdrücken mit Brüchen anwendet.

$\frac{1}{2} - \frac{1}{4} = ?$

1 Gleichnamige Brüche addieren und subtrahieren

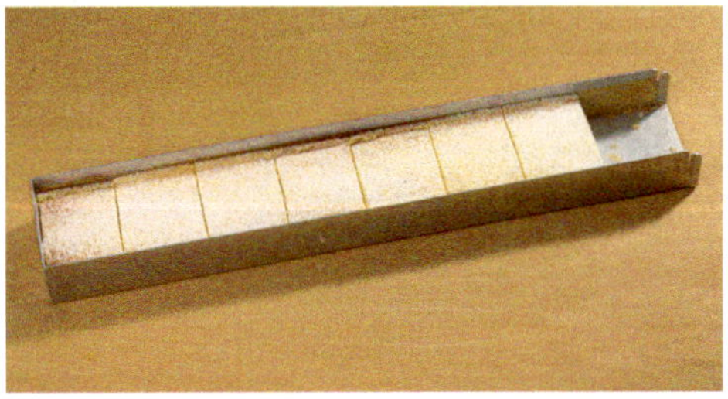

Thea geht zum Bäcker.
→ Welcher Bruchteil des Kuchens ist noch da?
→ Thea kauft drei Stücke des Kuchens. Überlegt zu zweit, welcher Bruchteil des gesamten Kuchens übrig ist.
→ Stellt euer Ergebnis mithilfe eines Rechtecks dar.

Tipp!
Haben Brüche den gleichen Nenner, nennt man sie **gleichnamig**.

Das Addieren und Subtrahieren von gleichnamigen Brüchen lässt sich am Rechteck veranschaulichen.

Addition: $\frac{3}{5} + \frac{1}{5} = \frac{4}{5}$

Subtraktion: $\frac{4}{5} - \frac{1}{5} = \frac{3}{5}$

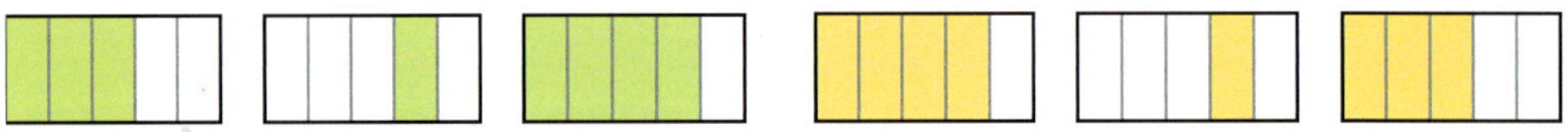

Der Nenner der Brüche bleibt gleich, nur die Zähler werden addiert oder subtrahiert.

Merke

Gleichnamige Brüche werden **addiert**, indem man ihre Zähler addiert und den gemeinsamen Nenner beibehält.

Gleichnamige Brüche werden **subtrahiert**, indem man ihre Zähler subtrahiert und den gemeinsamen Nenner beibehält.

Beispiele

a) $\frac{4}{7} + \frac{2}{7} = \frac{6}{7}$ b) $\frac{5}{9} + \frac{8}{9} = \frac{13}{9} = 1\frac{4}{9}$ c) $\frac{7}{11} - \frac{3}{11} = \frac{4}{11}$ d) $\frac{7}{8} - \frac{3}{8} = \frac{4}{8} = \frac{1}{2}$

○ **1** Stelle das Ergebnis in einem Rechteck dar. Notiere die Aufgabe und berechne.

a) $\frac{\square}{\square} + \frac{\square}{\square}$

b) $\frac{\square}{\square} + \frac{\square}{\square}$

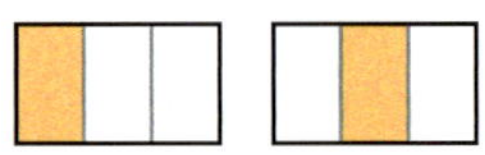

c) $\frac{\square}{\square} - \frac{\square}{\square}$

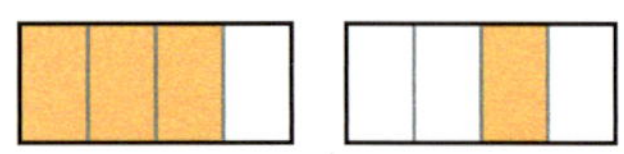

○ **2** Notiere die Aufgabe und berechne.

a) 1 Viertel + 2 Viertel b) 2 Fünftel + 3 Fünftel c) 5 Achtel + 2 Achtel
d) 7 Neuntel − 5 Neuntel e) 5 Sechstel − 4 Sechstel f) 6 Siebtel − 4 Siebtel

Alles klar?

Fördern

A Ordne die passende Additionsaufgabe zu. Berechne.

a)

b)

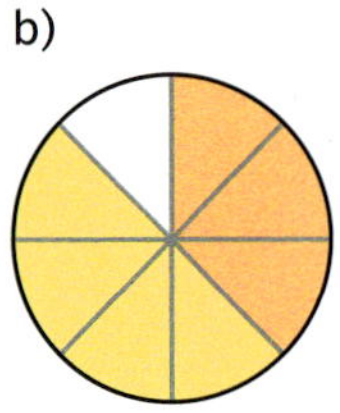

c)

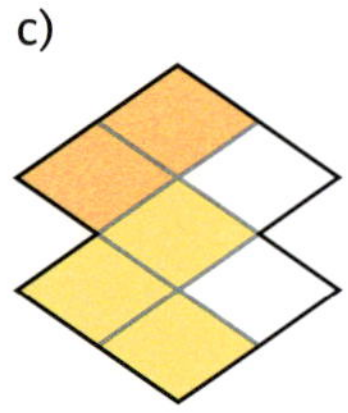

d)

$\frac{2}{7} + \frac{3}{7}$ $\frac{3}{10} + \frac{7}{10}$ $\frac{2}{6} + \frac{3}{6}$ $\frac{5}{12} + \frac{7}{12}$ $\frac{3}{8} + \frac{4}{8}$

B Berechne.

a) $\frac{3}{9} + \frac{1}{9}$ b) $\frac{2}{10} + \frac{7}{10}$ c) $\frac{9}{14} - \frac{4}{14}$ d) $\frac{13}{15} - \frac{6}{15}$

→ Die Lösungen zu „Alles klar?“ findest du auf Seite 236.

Tipp!
$\frac{2}{2} = 1$
$\frac{3}{3} = 1$
$\frac{9}{9} = 1$

3 Rechne im Kopf.

a) $\frac{1}{7} + \frac{4}{7}$ b) $\frac{3}{9} + \frac{5}{9}$ c) $\frac{7}{11} + \frac{2}{11}$
d) $\frac{4}{5} - \frac{2}{5}$ e) $\frac{11}{13} - \frac{6}{13}$ f) $\frac{2}{10} + \frac{7}{10}$

4 Berechne.

a) $\frac{5}{12} + \frac{1}{12} + \frac{5}{12}$ b) $\frac{7}{13} + \frac{2}{13} + \frac{4}{13}$
c) $\frac{5}{8} - \frac{3}{8} + \frac{1}{8}$ d) $\frac{17}{18} - \frac{5}{18} - \frac{7}{18}$

5 Fülle die Lücken.

a) $\frac{3}{7} + \frac{\square}{7} = \frac{5}{7}$ b) $\frac{\square}{15} - \frac{4}{15} = \frac{7}{15}$
c) $\frac{4}{11} + \frac{2}{\square} = \frac{6}{11}$ d) $\frac{3}{\square} + \frac{5}{11} = \frac{8}{11}$
e) $\frac{5}{\square} + \frac{2}{13} = \frac{\square}{13}$ f) $\frac{\square}{17} - \frac{9}{17} = \frac{5}{\square}$

6 Stellt euch gegenseitig Additions- und Subtraktionsaufgaben mit gleichnamigen Brüchen. Ihr dürft auch Lücken verwenden, wie in Aufgabe 5.

7 Berechne und finde das Lösungswort. Kürze, wenn möglich.

a) $\frac{5}{8} + \frac{1}{8}$ b) $\frac{5}{9} - \frac{2}{9}$ c) $\frac{8}{15} + \frac{4}{15}$
d) $\frac{5}{7} + \frac{6}{7}$ e) $\frac{2}{3} + \frac{1}{3}$ f) $\frac{7}{10} - \frac{3}{10}$
g) $\frac{5}{6} + \frac{5}{6}$ h) $\frac{7}{12} - \frac{1}{12}$ i) $\frac{11}{8} + \frac{5}{8}$

8 Wo landen die nächsten 3 Sprünge?

a)

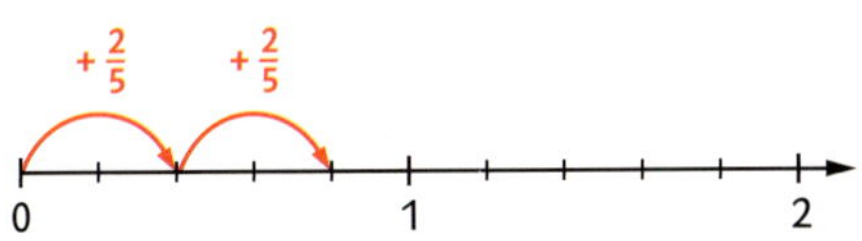

b)

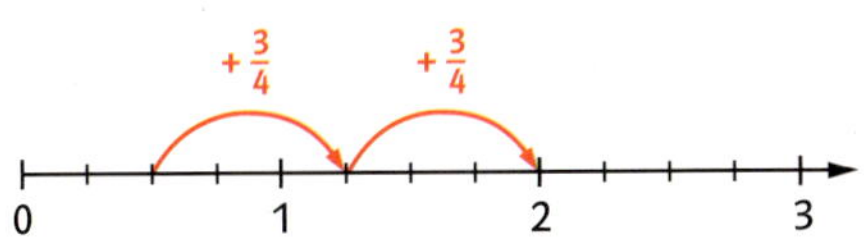

3 Berechne. Kürze, wenn möglich, und suche das Lösungswort.

a) $\frac{7}{12} - \frac{5}{12}$ b) $\frac{3}{14} + \frac{9}{14}$ c) $\frac{5}{8} + \frac{1}{8}$
d) $\frac{17}{20} - \frac{9}{20}$ e) $\frac{3}{4} + \frac{3}{4}$ f) $\frac{5}{3} + \frac{4}{3}$
g) $\frac{7}{10} + \frac{11}{10}$ h) $\frac{15}{7} - \frac{1}{7}$ i) $\frac{7}{16} + \frac{13}{16}$

$\frac{2}{5}$ U | $\frac{3}{4}$ A | $\frac{5}{4}$ E | $\frac{1}{6}$ B | 3 E | $\frac{6}{7}$ L | $\frac{9}{5}$ I | $\frac{3}{2}$ M | 2 S

4 Fülle die Lücken.

a) $\frac{\square}{12} + \frac{4}{12} = \frac{11}{12}$ b) $\frac{8}{29} + \frac{\square}{29} = \frac{23}{29}$
c) $\frac{\square}{19} - \frac{5}{\square} = \frac{7}{19}$ d) $\frac{6}{11} - \frac{\square}{\square} = \frac{1}{11}$
e) $\frac{3}{5} + \frac{\square}{5} = 1\frac{2}{5}$ f) $1\frac{3}{10} - \frac{\square}{10} = \frac{7}{10}$

5 Je drei Aufgaben haben dieselbe Lösung.

$\frac{7}{12} + \frac{5}{12} - \frac{9}{12}$ A | $\frac{11}{6} - \frac{7}{6}$ B | $\frac{7}{20} + \frac{15}{20} - \frac{17}{20}$ C | $\frac{11}{20} + \frac{13}{20} - \frac{9}{20}$ D | $\frac{11}{8} - \frac{5}{8}$ F | $\frac{5}{16} + \frac{3}{16}$ E | $\frac{25}{16} - \frac{13}{16}$ G | $\frac{7}{24} + \frac{5}{24}$ I | $\frac{9}{20} - \frac{3}{20} + \frac{4}{20}$ H | $\frac{6}{15} + \frac{4}{15}$ J | $\frac{9}{16} - \frac{5}{16}$ L | $\frac{13}{18} - \frac{8}{18} + \frac{7}{18}$ K

6 Wo landen die nächsten drei Sprünge?

a)

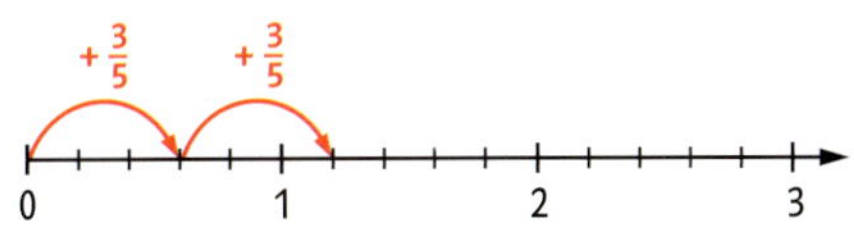

b)

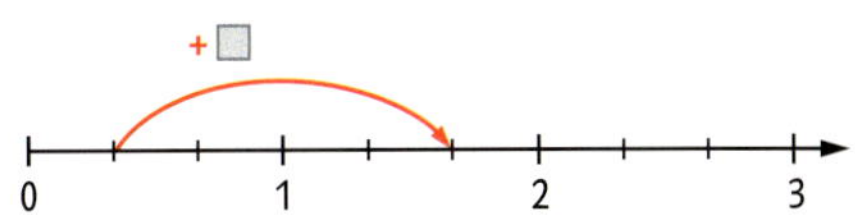

c)

7 Gib das Ergebnis in Stunden und in Minuten an.

a) $\frac{3}{4}$h + $\frac{3}{4}$h b) $\frac{5}{4}$h − $\frac{3}{4}$h
c) $1\frac{1}{2}$h + $\frac{1}{2}$h d) $3\frac{1}{4}$h − $1\frac{3}{4}$h
e) $1\frac{1}{6}$h + $2\frac{4}{6}$h f) $2\frac{1}{6}$h − $\frac{5}{6}$h

2 Ungleichnamige Brüche addieren und subtrahieren

Bei Violas Geburtstagsfeier bleiben $\frac{1}{4}$ des Kirschkuchens und 7 Stücke des Kekskuchens übrig. Viola setzt die Reste zusammen auf ein Blech.

→ Welcher Bruchteil des Blechs ist belegt?

→ Besprecht zu zweit, ob vom Kirschkuchen oder vom Kekskuchen mehr übrig ist. Gebt die beiden Kuchenreste jeweils als Bruchteil des gesamten Blechs an.

Sind die Nenner der Brüche nicht gleich, kann man die Addition und Subtraktion nicht direkt lösen. Man muss zuerst eine gemeinsame Unterteilung finden.

Addition　　　　Subtraktion

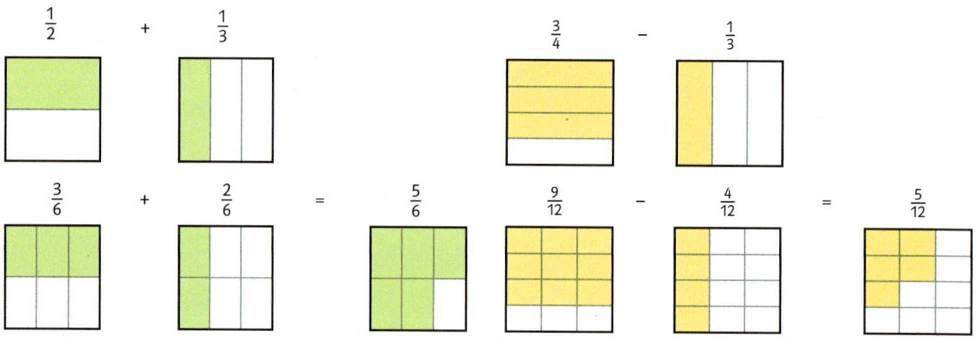

Merke

Ungleichnamige Brüche werden **addiert** oder **subtrahiert**, indem man
- die Brüche gleichnamig macht, also auf einen gemeinsamen Nenner erweitert oder kürzt.
- die Zähler addiert oder subtrahiert. Der gemeinsame Nenner bleibt erhalten.

Beispiele

a) Ein Nenner ist ein Vielfaches des anderen Nenners.

$\frac{1}{9} + \frac{2}{3} = \frac{1}{9} + \frac{2 \cdot 3}{3 \cdot 3} = \frac{1}{9} + \frac{6}{9} = \frac{7}{9}$

b) Der größere Nenner ist kein Vielfaches des kleineren Nenners.

$\frac{3}{4} - \frac{2}{5} = \frac{3 \cdot 5}{4 \cdot 5} - \frac{2 \cdot 4}{5 \cdot 4} = \frac{15}{20} - \frac{8}{20} = \frac{7}{20}$

c) Bei großen Nennern lohnt es sich, nach gemeinsamen Vielfachen zu suchen.

$\frac{5}{16} + \frac{7}{12}$　　$V_{16} = \{16;\ 32;\ 48;\ \ldots\}$ und $V_{12} = \{12;\ 24;\ 36;\ 48;\ \ldots\}$

$= \frac{5 \cdot 3}{16 \cdot 3} + \frac{7 \cdot 4}{12 \cdot 4} = \frac{15}{48} + \frac{28}{48} = \frac{43}{48}$

○**1** Stelle das Ergebnis in einem Rechteck dar. Notiere die Rechnung.

a)

b)

c)

d)

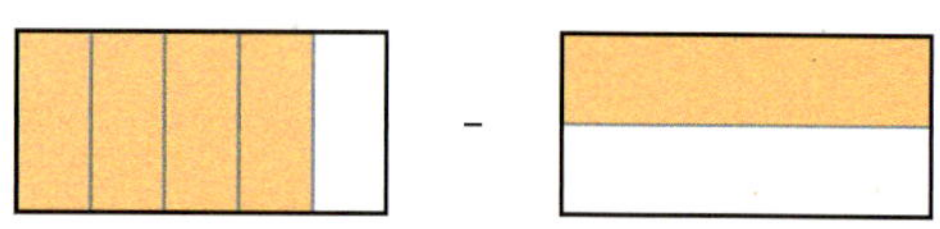

○ **2** Zeichne die Rechtecke ins Heft. Färbe die entsprechenden Bruchteile und löse.

a) $\frac{1}{2} + \frac{2}{5}$

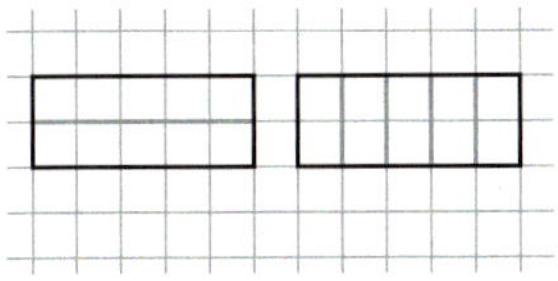

b) $\frac{1}{2} - \frac{1}{3}$

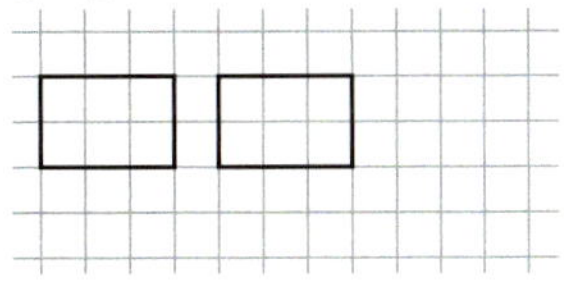

c) $\frac{3}{4} - \frac{2}{3}$

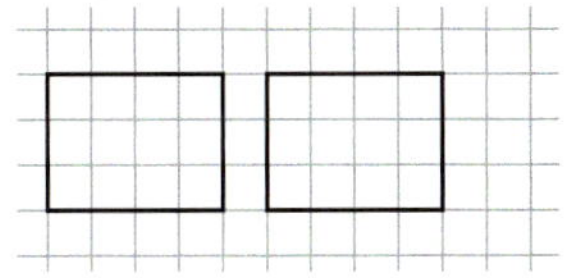

○ **3** Berechne. Mache die Brüche dafür zuerst gleichnamig.

a) $\frac{1}{2} + \frac{3}{8}$ b) $\frac{7}{15} - \frac{1}{3}$ c) $\frac{2}{7} + \frac{1}{2}$ d) $\frac{3}{4} - \frac{2}{5}$ e) $\frac{1}{6} + \frac{5}{8}$ f) $\frac{3}{4} - \frac{1}{6}$

Alles klar?

Fördern

A Löse mithilfe von Rechtecken.

a) $\frac{1}{2} + \frac{1}{8}$ b) $\frac{2}{5} + \frac{1}{2}$ c) $\frac{2}{3} - \frac{1}{6}$ d) $\frac{3}{4} - \frac{1}{2}$

B Berechne. Mache die Brüche dafür zuerst gleichnamig.

a) $\frac{2}{5} + \frac{3}{10}$ b) $\frac{1}{4} + \frac{2}{3}$ c) $\frac{7}{8} - \frac{5}{16}$ d) $\frac{5}{6} - \frac{3}{4}$

○ **4** Addiere oder subtrahiere.

a) $\frac{1}{2} + \frac{1}{4}$ b) $\frac{1}{5} + \frac{1}{10}$ c) $\frac{1}{3} + \frac{1}{9}$

d) $\frac{1}{4} - \frac{1}{8}$ e) $\frac{1}{2} - \frac{1}{8}$ f) $\frac{1}{3} - \frac{1}{6}$

○ **5** Addiere oder subtrahiere.

a) $\frac{1}{2} + \frac{1}{3}$ b) $\frac{1}{4} + \frac{1}{5}$ c) $\frac{1}{8} + \frac{1}{3}$

d) $\frac{1}{2} - \frac{1}{5}$ e) $\frac{1}{3} - \frac{1}{5}$ f) $\frac{1}{5} - \frac{1}{6}$

○ **6** Berechne.

a) $\frac{3}{8} + \frac{1}{2}$ b) $\frac{2}{3} + \frac{1}{7}$ c) $\frac{2}{9} + \frac{2}{3}$

d) $\frac{2}{5} - \frac{3}{10}$ e) $\frac{2}{3} - \frac{3}{5}$ f) $\frac{4}{5} - \frac{5}{8}$

◐ **7** Jeder würfelt mit vier Würfeln. Bildet aus den Augenzahlen zwei Brüche und addiert oder subtrahiert sie. Es gewinnt der,
a) der das größere Ergebnis hat.
b) der das kleinere Ergebnis hat.

Beispiel:

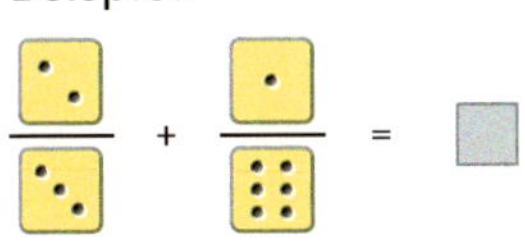

$\frac{2}{3} + \frac{1}{6} = \frac{4}{6} + \frac{1}{6} = \frac{5}{6}$

◐ **4** Faltet ein Blatt so, dass nach dem Auffalten acht gleiche Teile entstehen. Markiert $\frac{1}{4}$ und $\frac{3}{8}$ der Fläche.

a) Welchen Bruchteil der Fläche nehmen die zwei gefärbten Flächen zusammen ein?
b) Um welchen Bruchteil der ganzen Fläche ist $\frac{3}{8}$ größer als $\frac{1}{4}$?
c) Vergleicht nun ebenso $\frac{1}{3}$ und $\frac{4}{9}$.

◐ **5** Berechne. Kürze vollständig.

a) $\frac{1}{3} + \frac{1}{6}$ b) $\frac{1}{2} - \frac{1}{6}$ c) $\frac{2}{5} + \frac{1}{10}$

d) $\frac{1}{3} - \frac{1}{5}$ e) $\frac{3}{8} + \frac{1}{3}$ f) $\frac{3}{7} + \frac{1}{4}$

g) $\frac{3}{8} + \frac{1}{6}$ h) $\frac{5}{6} - \frac{1}{10}$ i) $\frac{8}{12} - \frac{2}{9}$

→ Die Lösungen zu „Alles klar?" findest du auf Seite 236.

8 Stelle die Summen und Differenzen im 12er-Streifen dar und berechne. Wenn möglich, kürze das Ergebnis.

Beispiel:

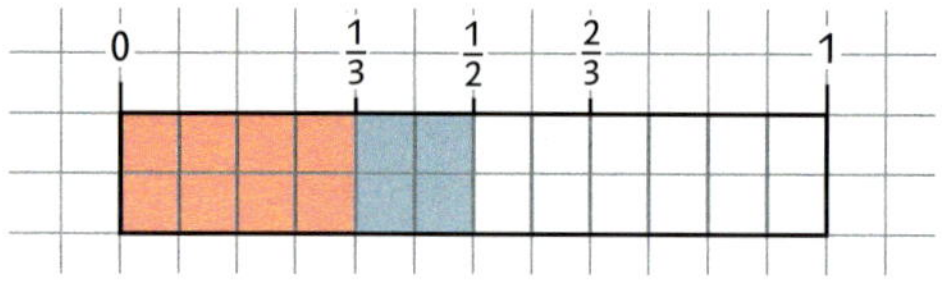

$\frac{1}{3} + \frac{1}{6} = \frac{4}{12} + \frac{2}{12} = \frac{6}{12} = \frac{1}{2}$

a) $\frac{1}{12} + \frac{1}{2}$ b) $\frac{2}{3} + \frac{1}{4}$ c) $\frac{3}{4} + \frac{1}{6}$

d) $\frac{2}{3} - \frac{7}{12}$ e) $\frac{5}{6} - \frac{1}{4}$ f) $\frac{3}{4} - \frac{5}{12}$

9 Wohin fliegen die Ballons?

a) $\frac{2}{3} + \frac{4}{5}$ b) $\frac{7}{12} - \frac{1}{4}$ c) $\frac{5}{18} - \frac{1}{9}$

d) $\frac{17}{10} - \frac{8}{15}$ e) $\frac{11}{18} - \frac{7}{36}$ f) $\frac{7}{12} + \frac{3}{4}$

g) $\frac{3}{20} + \frac{31}{60}$ h) $\frac{5}{12} - \frac{7}{36}$ i) $\frac{5}{9} + \frac{7}{12}$

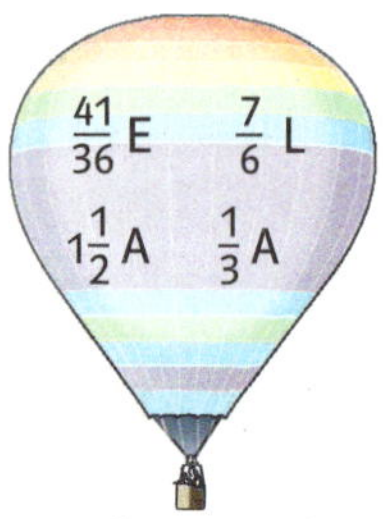

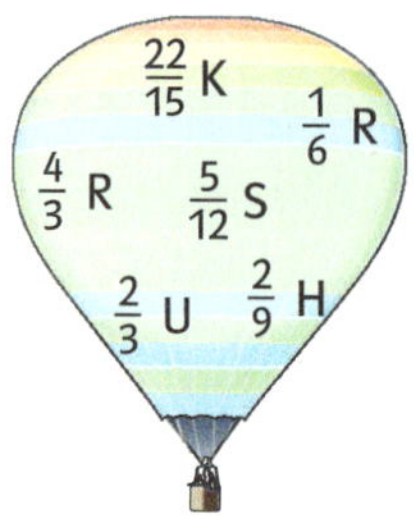

10 Berechne. Trage das Ergebnis vollständig gekürzt und wenn möglich als gemischte Zahl ein.

+	$\frac{1}{4}$	$\frac{2}{3}$	$\frac{2}{5}$	$\frac{5}{8}$	$\frac{5}{6}$
$\frac{1}{2}$	■	■	■	■	■
$\frac{4}{9}$	■	■	■	■	■
$\frac{7}{10}$	■	■	■	■	■

11 SP Findest du den **Fehler**? **Erkläre**, was falsch gemacht wurde.

a) $\frac{1}{4} + \frac{2}{3} = \frac{3}{7}$ b) $\frac{7}{8} - \frac{3}{4} = \frac{4}{4} = 1$

c) $\frac{2}{3} - \frac{1}{4} = \frac{1}{12}$ d) $\frac{4}{5} + \frac{1}{3} = \frac{5}{15} = \frac{1}{3}$

6 Suche einen gemeinsamen Nenner mithilfe der Vielfachenmengen.

a) $\frac{1}{9} + \frac{1}{12}$ b) $\frac{1}{15} + \frac{1}{25}$ c) $\frac{1}{16} - \frac{1}{24}$

7 Richtige Lösungen ergeben den Namen der Stadt.

a) $\frac{3}{4} + \frac{11}{12}$ b) $\frac{7}{12} - \frac{13}{36}$ c) $\frac{5}{6} + \frac{7}{24}$

d) $\frac{13}{20} - \frac{6}{15}$ e) $\frac{8}{5} - \frac{7}{12}$ f) $\frac{17}{20} - \frac{4}{15}$

$\frac{2}{9}$ A $\frac{7}{12}$ L $\frac{1}{4}$ S

$\frac{3}{4}$ M $1\frac{1}{8}$ S $1\frac{1}{60}$ E $1\frac{2}{3}$ K

8 Subtrahiere den kleineren vom größeren Bruch.

a) $\frac{2}{3}; \frac{3}{4}$ b) $\frac{1}{2}; \frac{3}{5}$ c) $\frac{7}{9}; \frac{11}{15}$

d) $\frac{3}{7}; \frac{2}{5}$ e) $\frac{17}{20}; \frac{3}{4}$ f) $\frac{11}{20}; \frac{7}{12}$

9 Berechne. Kontrolliere mithilfe der Lösungen: $2; \frac{19}{8}; \frac{9}{8}; \frac{7}{4}; \frac{5}{4}; \frac{3}{2}$.

a) $\frac{1}{2} + \frac{3}{8} + \frac{1}{4}$ b) $\frac{2}{3} + \frac{5}{24} + \frac{3}{8}$

c) $\frac{6}{7} + \frac{9}{14} + \frac{1}{2}$ d) $\frac{7}{12} + \frac{1}{6} + \frac{3}{4}$

e) $\frac{4}{5} + \frac{7}{10} + \frac{1}{4}$ f) $\frac{2}{3} + \frac{1}{4} + \frac{5}{8} + \frac{5}{6}$

10 Ergänze.

Beispiel:

$\frac{1}{3} + ■ = \frac{5}{6}$ $\frac{2}{6} + \mathbf{\frac{3}{6}} = \frac{5}{6}$

$\frac{1}{3} + \mathbf{\frac{1}{2}} = \frac{5}{6}$

a) $\frac{1}{12} + ■ = \frac{5}{6}$ b) $■ + \frac{5}{12} = \frac{3}{4}$

c) $\frac{8}{10} - ■ = \frac{11}{15}$ d) $■ - \frac{2}{15} = \frac{2}{3}$

e) $\frac{5}{12} + \frac{1}{■} = \frac{2}{3}$ f) $\frac{■}{15} - \frac{7}{60} = \frac{3}{20}$

11 Berechne. Nach oben wird addiert.

a)

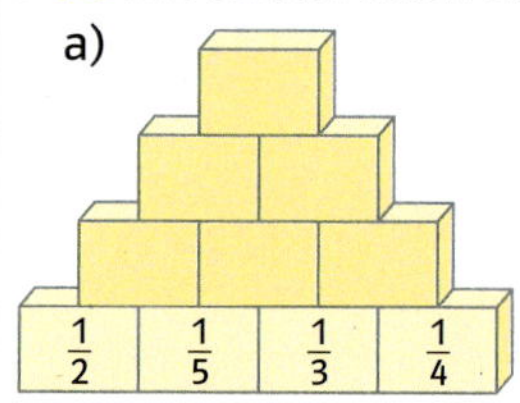

b)

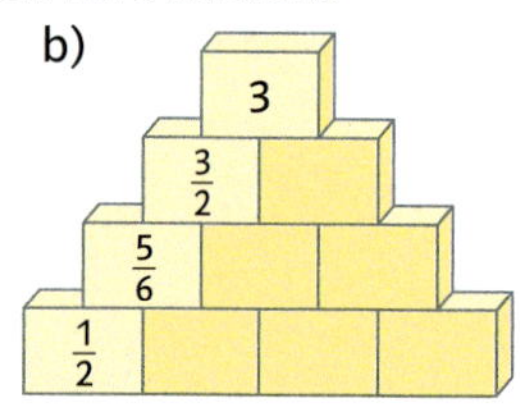

12 Je drei Aufgaben haben dieselbe Lösung. Ordne zu.

$\frac{2}{3} - \frac{1}{5}$ A	$\frac{3}{4} + \frac{1}{40}$ B	$\frac{1}{2} + \frac{1}{3}$ C
$\frac{1}{6} + \frac{3}{10}$ D	$\frac{3}{4} + \frac{1}{12}$ E	$\frac{4}{3} - \frac{1}{2}$ F
$\frac{23}{20} - \frac{3}{8}$ G	$\frac{17}{18} - \frac{4}{9}$ H	$\frac{3}{5} - \frac{1}{10}$ I
$\frac{3}{8} + \frac{2}{5}$ J	$\frac{1}{3} + \frac{1}{6}$ K	$\frac{2}{15} + \frac{1}{3}$ L

13 Fülle die Lücken im Rechennetz.

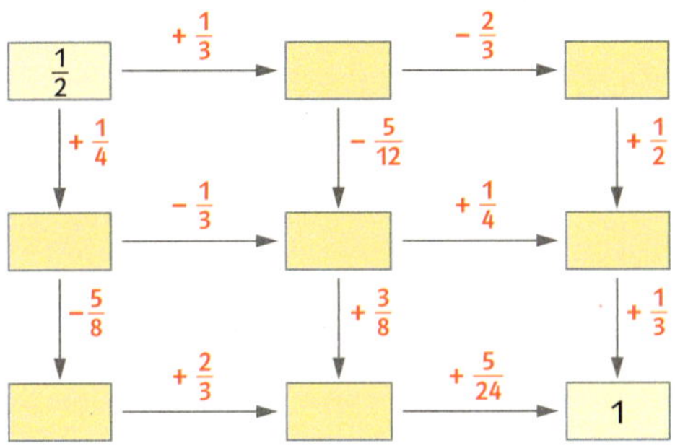

14 Ordne die Aufgabe dem richtigen Kärtchen zu. Musst du immer rechnen?

$< \frac{1}{2}$ $> \frac{1}{2}$ $= \frac{1}{2}$

a) $\frac{4}{5} - \frac{1}{2}$ b) $\frac{3}{8} + \frac{1}{8}$ c) $\frac{5}{7} + \frac{2}{14}$
d) $\frac{2}{3} + \frac{1}{20}$ e) $\frac{1}{2} - \frac{1}{9}$ f) $\frac{11}{12} - \frac{5}{12}$

15 Tobias kauft auf dem Markt ein.

$\frac{1}{2}$ kg Lauch
$\frac{3}{4}$ kg Möhren
$\frac{2}{5}$ kg Hackfleisch

Wie schwer ist sein Einkauf?

16 Bei der Klassensprecherwahl erhält Arne $\frac{2}{5}$, Paula $\frac{1}{4}$ der Stimmen und Sven die restlichen Stimmen.
a) Stelle das Ergebnis der Klassensprecherwahl in einem 10 cm langen Streifendiagramm dar.
b) Wie groß ist Svens Anteil?
c) Wie viele Kinder haben wohl abgestimmt?

12 Ergänze das Zauberquadrat. In jeder Zeile, Spalte und Diagonale ist die Summe gleich.

a)

■	■	$\frac{2}{15}$
■	$\frac{1}{3}$	■
$\frac{8}{15}$	$\frac{1}{15}$	■

b)

■	■	$\frac{1}{4}$
$\frac{1}{3}$	$\frac{1}{2}$	$\frac{2}{3}$
■	■	■

13 MK Laut einer Umfrage nutzen $\frac{3}{5}$ der Jugendlichen das Internet täglich, $\frac{1}{4}$ nutzt es wöchentlich und die restlichen Jugendlichen sind seltener im Internet. Welcher Bruchteil ist das?

14 Ein Lkw hat ein zulässiges Gesamtgewicht von $7\frac{1}{2}$ t. Er wiegt leer $3\frac{3}{5}$ t. Wie viel Tonnen können zugeladen werden?

15 SP
a) Berechne. Setze um drei Summen fort.
$\frac{2}{3} + \frac{3}{2}$; $\frac{3}{4} + \frac{4}{3}$; $\frac{4}{5} + \frac{5}{4}$; …
Erkennst du eine Regel? **Beschreibe.**
b) Carsten meint: „Addiert man mehrmals denselben Bruch, so ergibt sich irgendwann eine natürliche Zahl." Hat er recht? **Begründe.**

16 SP Entscheide ohne zu rechnen, ob du > oder < einsetzen musst. **Begründe.**

$\frac{7}{18} + \frac{2}{5}$ ■ 1 $\frac{25}{12} - \frac{10}{11}$ ■ 1
$\frac{1}{17} + \frac{16}{15}$ ■ 1 $\frac{20}{11} - \frac{13}{12}$ ■ 1

17 Jan spart für ein neues Mountainbike. Die Hälfte des Kaufpreises hat er schon. Von seinen Eltern erhält er 50 €. Jetzt fehlt ihm nur noch $\frac{1}{3}$ des Kaufpreises. Wie teuer ist das Rad?

3 Brüche vervielfachen

Die Klasse 6c plant beim Schulfest Getränke zu verkaufen. Beim Einkaufen überlegen die Schülerinnen und Schüler, welche Apfelsaftschorle günstiger ist.

→ Was meinst du?
→ Vergleiche mit deinem Nachbarn.
→ Besprecht in der Klasse, welche Gründe es für eine Entscheidung noch geben könnte.

Das **Vervielfachen** von Brüchen kann man veranschaulichen.

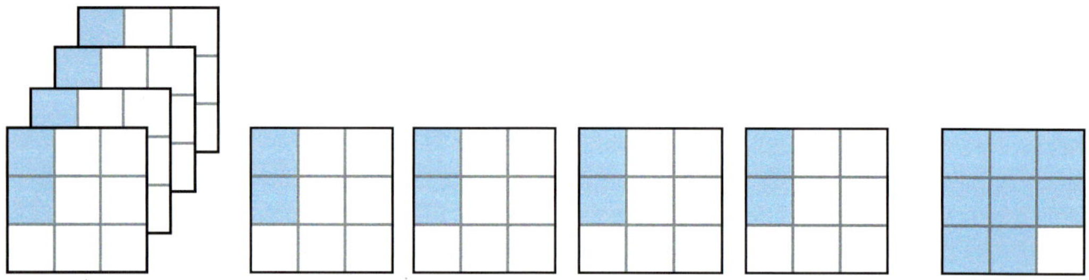

$4 \cdot \frac{2}{9} = \frac{2}{9} + \frac{2}{9} + \frac{2}{9} + \frac{2}{9} = \frac{8}{9}$

kurz: $4 \cdot \frac{2}{9} = \frac{4 \cdot 2}{9} = \frac{8}{9}$

Merke

Ein **Bruch** wird mit einer **natürlichen Zahl multipliziert**, indem man den Zähler mit der Zahl multipliziert und den Nenner beibehält.

Beispiele

a) $3 \cdot \frac{2}{7} = \frac{3 \cdot 2}{7} = \frac{6}{7}$

b) $\frac{3}{5} \cdot 6 = \frac{3 \cdot 6}{5} = \frac{18}{5} = 3\frac{3}{5}$

c) Wenn man vor dem Ausrechnen kürzt, wird die Rechnung einfacher.

$9 \cdot \frac{5}{6} = \frac{9 \cdot 5}{6} \underset{3}{=} \frac{3 \cdot 5}{2} = \frac{15}{2} = 7\frac{1}{2}$

○ **1** Notiere die Aufgabe und berechne.

a)

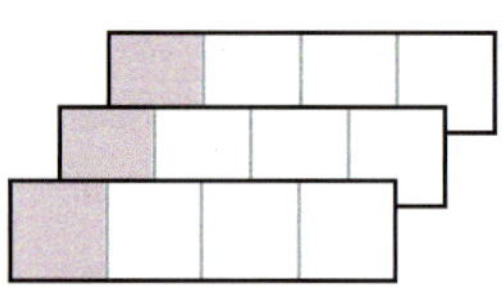

b)

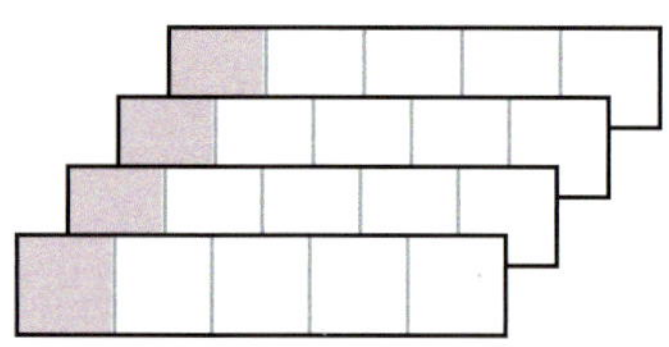

c)

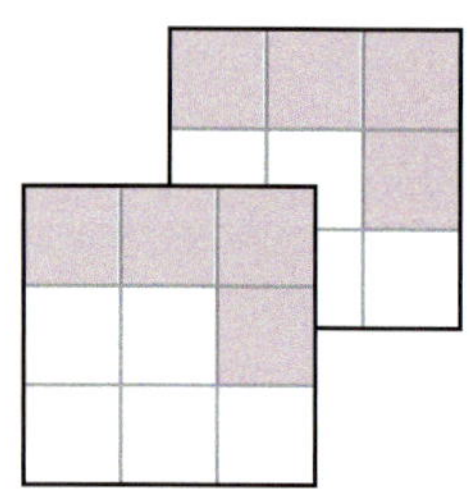

○ **2** Löse im Kopf.

a) dreimal ein Fünftel
b) zweimal drei Achtel
c) fünfmal zwei Elftel

○ **3** Vervielfache.

a) $5 \cdot \frac{1}{9}$
b) $3 \cdot \frac{2}{7}$
c) $4 \cdot \frac{3}{13}$
d) $\frac{4}{15} \cdot 2$
e) $\frac{3}{25} \cdot 7$
f) $\frac{3}{19} \cdot 6$

Alles klar?

Fördern

A Stelle das Ergebnis zeichnerisch dar. Notiere die zugehörige Multiplikationsaufgabe.

a)

b)

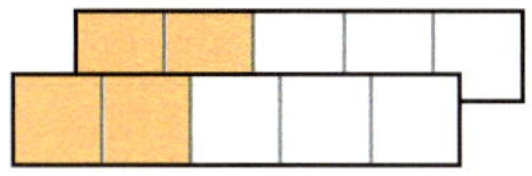

c)

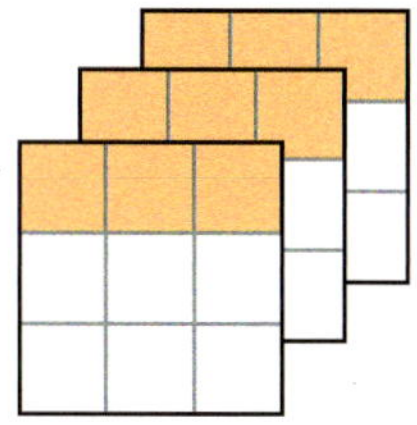

B Ordne die richtige Lösung zu. Ein Kärtchen bleibt übrig.

a) $4 \cdot \frac{1}{7}$ b) $3 \cdot \frac{3}{10}$ c) $\frac{2}{11} \cdot 5$ d) $\frac{2}{9} \cdot 4$

$\frac{10}{11}$ $\frac{9}{10}$ $\frac{4}{7}$ $\frac{8}{9}$ $\frac{7}{8}$

○ **4** Berechne.

a) $2 \cdot \frac{1}{3}$ b) $4 \cdot \frac{1}{7}$ c) $5 \cdot \frac{3}{19}$

d) $\frac{4}{29} \cdot 6$ e) $\frac{2}{13} \cdot 3$ f) $\frac{2}{17} \cdot 7$

○ **5** Kürze, wenn möglich. Wie heißt das Lösungswort?

a) $2 \cdot \frac{2}{3}$ b) $3 \cdot \frac{1}{6}$ c) $8 \cdot \frac{1}{10}$

d) $\frac{4}{15} \cdot 6$ e) $\frac{3}{8} \cdot 10$ f) $\frac{2}{7} \cdot 14$

g) $8 \cdot \frac{1}{4}$ h) $7 \cdot \frac{1}{5}$ i) $4 \cdot \frac{5}{12}$

$\frac{5}{3}$ N | $\frac{1}{2}$ A | $\frac{8}{5}$ L | 2 E | $\frac{4}{5}$ L

$\frac{4}{3}$ H | 4 W | $\frac{15}{4}$ O | $\frac{9}{5}$ I | $\frac{7}{5}$ E

◒ **6** Fülle die Lücken.

a) $\frac{■}{7} \cdot 2 = \frac{6}{7}$ b) $\frac{3}{10} \cdot ■ = \frac{9}{10}$

c) $3 \cdot \frac{3}{■} = \frac{9}{20}$ d) $\frac{■}{■} \cdot 4 = \frac{4}{13}$

e) $\frac{4}{15} \cdot ■ = \frac{4}{15}$ f) $7 \cdot \frac{2}{■} = 2$

g) $\frac{■}{4} \cdot 2 = \frac{1}{2}$ h) $\frac{3}{8} \cdot 2 = \frac{■}{4}$

◒ **7** Setze die Zahlen 2; 3; 9 so ein, dass
a) das Ergebnis so groß wie möglich ist.
b) das Ergebnis so klein wie möglich ist.

$$\frac{■}{■} \cdot ■ = ?$$

◒ **8** Schall legt in einer Sekunde etwa $\frac{1}{3}$ km zurück. Wie viel km sind es in
a) 3 s? b) 15 s? c) 1 min?

◒ **4** Wenn möglich, kürze und gib das Ergebnis als gemischte Zahl an.

a) $5 \cdot \frac{3}{10}$ b) $4 \cdot \frac{1}{6}$ c) $7 \cdot \frac{5}{14}$

d) $\frac{7}{15} \cdot 9$ e) $\frac{2}{3} \cdot 6$ f) $\frac{3}{8} \cdot 12$

g) $8 \cdot \frac{4}{7}$ h) $11 \cdot \frac{3}{5}$ i) $6 \cdot \frac{11}{18}$

◒ **5** Fülle die Lücken.

a) $\frac{■}{15} \cdot 4 = \frac{8}{15}$ b) $\frac{1}{■} \cdot 7 = \frac{7}{11}$

c) $■ \cdot \frac{3}{19} = \frac{15}{■}$ d) $\frac{■}{■} \cdot 3 = \frac{12}{13}$

e) $\frac{2}{9} \cdot ■ = \frac{2}{3}$ f) $4 \cdot \frac{■}{8} = 1\frac{1}{2}$

◒ **6** Wie viele richtige Aufgaben findest du?

$\frac{1}{8}$ $\frac{2}{9}$ $\frac{1}{6}$ $\frac{2}{5}$ $\frac{1}{3}$ $\frac{1}{9}$ $\frac{3}{11}$ $\frac{2}{11}$

$\cdot 4$ $\cdot 3$

$= 1\frac{3}{5}$ $= \frac{1}{3}$ $= \frac{1}{2}$ $= \frac{3}{8}$ $= 1\frac{1}{3}$ $= \frac{8}{11}$ $= \frac{2}{3}$ $= \frac{9}{11}$ $= \frac{8}{9}$

● **7** Löse die Rätsel. Schreibe je einen Antwortsatz.
a) Vervielfache $\frac{3}{5}$ so, dass das Produkt eine natürliche Zahl ist.
b) Wie oft ist der Bruch $\frac{5}{6}$ in der 5 enthalten?
c) Welche Vielfachen von $\frac{3}{11}$ liegen zwischen 2 und 3?
d) Wie oft passt $\frac{1}{2}$ in die 7?
e) Wie oft passt $\frac{2}{3}$ in die 8?
f) Wie oft passt $\frac{1}{16}$ in $\frac{5}{8}$?

→ Die Lösungen zu „Alles klar?" findest du auf Seite 236.

Brüche multiplizieren

Man multipliziert Bruch mit Bruch, indem man Zähler mit Zähler und Nenner mit Nenner multipliziert.

Beispiele:

$\frac{2}{3} \cdot \frac{4}{5} = \frac{2 \cdot 4}{3 \cdot 5} = \frac{8}{15}$

$\frac{2}{5} \cdot \frac{3}{4} = \frac{2 \cdot 3}{5 \cdot 4} = \frac{6}{20} \underset{2}{=} \frac{3}{10}$

$\frac{2}{5} \cdot \frac{3}{4} = \frac{2 \cdot 3}{5 \cdot 4} \underset{2}{=} \frac{3}{5 \cdot 2} = \frac{3}{10}$

○ **1** Rechne im Kopf.

a) $\frac{1}{2} \cdot \frac{1}{5}$ b) $\frac{1}{3} \cdot \frac{1}{4}$ c) $\frac{2}{9} \cdot \frac{1}{3}$

d) $\frac{1}{4} \cdot \frac{3}{5}$ e) $\frac{3}{7} \cdot \frac{4}{5}$ f) $\frac{3}{4} \cdot \frac{5}{8}$

g) $\frac{6}{5} \cdot \frac{3}{7}$ h) $\frac{7}{9} \cdot \frac{5}{6}$ i) $\frac{5}{7} \cdot \frac{5}{12}$

◒ **2** Wenn möglich, kürze das Ergebnis.

a) $\frac{2}{3} \cdot \frac{1}{2}$ b) $\frac{3}{4} \cdot \frac{5}{6}$ c) $\frac{3}{8} \cdot \frac{2}{7}$

d) $\frac{3}{4} \cdot \frac{7}{15}$ e) $7 \cdot \frac{5}{14}$ f) $\frac{4}{5} \cdot \frac{8}{9}$

g) $\frac{3}{8} \cdot 6$ h) $\frac{9}{14} \cdot \frac{7}{6}$ i) $\frac{7}{8} \cdot \frac{16}{21}$

◒ **3** Kürze vor dem Ausrechnen. Finde das Lösungswort.

Beispiel:

$\frac{3}{4} \cdot \frac{8}{15} = \frac{\overset{1}{\cancel{3}} \cdot \overset{2}{\cancel{8}}}{\underset{1}{\cancel{4}} \cdot \underset{5}{\cancel{15}}} = \frac{1 \cdot 2}{1 \cdot 5} = \frac{2}{5}$

a) $\frac{5}{7} \cdot \frac{7}{20}$ b) $8 \cdot \frac{1}{4}$ c) $\frac{3}{8} \cdot \frac{4}{9}$

d) $\frac{2}{15} \cdot 9$ e) $\frac{12}{11} \cdot \frac{5}{4}$ f) $\frac{8}{15} \cdot \frac{3}{4}$

g) $\frac{10}{3} \cdot \frac{6}{5}$ h) $\frac{9}{20} \cdot \frac{15}{21}$ i) $\frac{25}{14} \cdot \frac{28}{20}$

$2\frac{1}{2}$ V | $\frac{3}{8}$ F | $1\frac{1}{5}$ I | $\frac{1}{4}$ I

$\frac{2}{5}$ I | 2 N | $\frac{1}{6}$ F | $1\frac{4}{11}$ N

$\frac{9}{28}$ I | $\frac{1}{2}$ I | 4 T

◒ **4** Schreibe ab und fülle die Lücken.

a) $\frac{1}{3} \cdot \frac{2}{\blacksquare} = \frac{2}{15}$ b) $\frac{\blacksquare}{7} \cdot \frac{3}{4} = \frac{15}{28}$

c) $\frac{5}{6} \cdot \blacksquare = \frac{5}{2}$ d) $7 \cdot \frac{2}{\blacksquare} = 2$

e) $\frac{5}{3} \cdot \frac{\blacksquare}{7} = 0$ f) $\frac{3}{\blacksquare} \cdot \frac{7}{8} = \frac{\blacksquare}{88}$

◒ **5** SP Wie musst du den Bruch auswählen, damit das Produkt 1 wird? **Beschreibe**.

a) $\frac{5}{13} \cdot \blacksquare = 1$ b) $\frac{31}{53} \cdot \blacksquare = 1$ c) $9 \cdot \blacksquare = 1$

◒ **6** SP Suche den **Fehler**. **Erkläre**.

a) $\frac{4}{9} \cdot \frac{2}{9} = \frac{8}{9}$ b) $\frac{2}{3} \cdot 4 = \frac{8}{12}$

c) $\frac{2}{7} \cdot \frac{5}{6} = \frac{10}{13}$ d) $\frac{3}{7} \cdot \frac{2}{7} = \frac{6}{7}$

◒ **7** Kürze Zwischenergebnisse.

a)

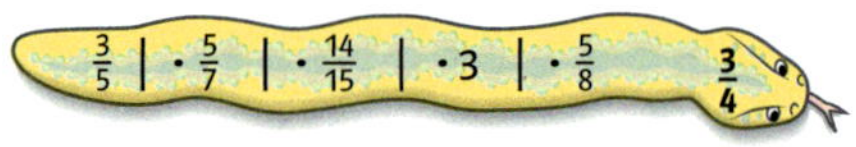

b)

◒ **8** Vervollständige die Aufgabe im Heft.

a) $\frac{\blacksquare}{5} \cdot \frac{1}{2} = \frac{3}{10}$ b) $\frac{2}{3} \cdot \frac{4}{\blacksquare} = \frac{8}{21}$

c) $7 \cdot \frac{\blacksquare}{\blacksquare} = \frac{14}{5}$ d) $\blacksquare \cdot \frac{7}{8} = 0$

● **9** Aufgepasst: Hier wurde gekürzt.

a) $\frac{1}{2} \cdot \frac{4}{\blacksquare} = \frac{2}{5}$ b) $\frac{2}{3} \cdot \frac{5}{\blacksquare} = \frac{5}{9}$

c) $\frac{3}{\blacksquare} \cdot \frac{8}{9} = \frac{2}{3}$ d) $\frac{\blacksquare}{\blacksquare} \cdot 4 = \frac{6}{5}$

● **10** SP Multipliziert jeweils drei Brüche, sodass das Ergebnis 1 ist. **Erklärt** euer Vorgehen.

$\frac{8}{5}$ | $\frac{5}{6}$ | $\frac{1}{4}$ | $\frac{2}{3}$ | $\frac{2}{3}$ | $\frac{9}{5}$

$\frac{8}{3}$ | $\frac{9}{4}$ | $\frac{3}{4}$ | $\frac{5}{6}$ | $\frac{2}{3}$ | $\frac{3}{2}$

4 Brüche teilen

Von der Geburtstagsparty sind die abgebildeten Reste übrig geblieben. Tony und Lars wollen die Reste gleichmäßig unter sich aufteilen.
→ Welche Bruchteile des Ganzen sind noch übrig?
→ Überlegt zu zweit, welchen Bruchteil jeder erhält.
→ Lena klingelt an der Tür. Überlegt in der Klasse, ob sie die Reste auch zu dritt aufteilen können.

Ein Bruch lässt sich durch jede natürliche Zahl **teilen**.
Ist der Zähler ein Vielfaches der natürlichen Zahl, wird er durch die Zahl geteilt.

$\frac{8}{9} : 4 \quad = \quad \frac{8 : 4}{9} \quad = \quad \frac{2}{9}$

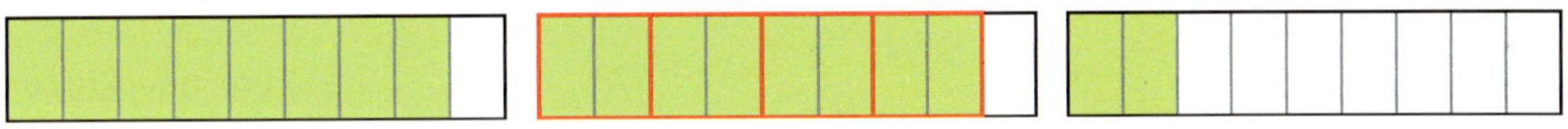

Ist der Zähler kein Vielfaches der natürlichen Zahl, so muss zuerst erweitert werden.

$\frac{5}{6} : 2 \quad = \quad \frac{5 \cdot 2}{6 \cdot 2} : 2 \quad = \quad \frac{10 : 2}{12} \quad = \quad \frac{5}{12}$

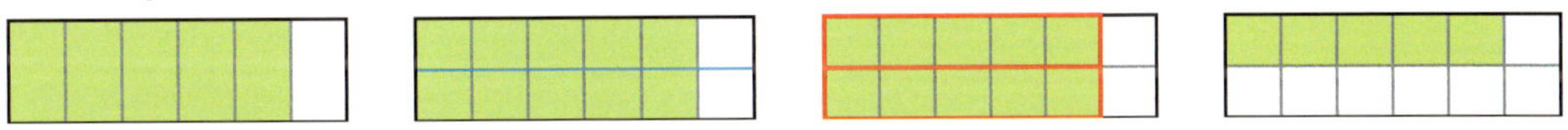

Man sieht, dass man auch den Nenner mit der natürlichen Zahl multiplizieren kann.

$\frac{5}{6} : 2 = \frac{5}{6 \cdot 2} = \frac{5}{12}$

Merke

Brüche werden durch eine **natürliche Zahl dividiert**, indem man den Zähler durch die Zahl dividiert oder den Nenner mit der Zahl multipliziert.

Beispiele

a) $\frac{8}{11} : 4 = \frac{8 : 4}{11} = \frac{2}{11}$

b) $\frac{3}{5} : 6 = \frac{3}{5 \cdot 6} = \frac{3}{30} \underset{3}{=} \frac{1}{10}$

c) Wenn man vor dem Ausrechnen kürzt, wird die Rechnung einfacher.

$\frac{8}{11} : 12 = \frac{8}{11 \cdot 12} \underset{4}{=} \frac{2}{11 \cdot 3} = \frac{2}{33}$

○**1** Berechne.

a) $\frac{4}{5}$ geteilt durch 2
b) $\frac{8}{15}$ geteilt durch 4
c) $\frac{6}{7}$ geteilt durch 3
d) $\frac{1}{3}$ geteilt durch 4
e) $\frac{2}{5}$ geteilt durch 3
f) $\frac{3}{4}$ geteilt durch 5

○**2** Dividiere den dargestellten Bruch durch 4. Notiere die passende Divisionsaufgabe und stelle das Ergebnis zeichnerisch dar.

a)
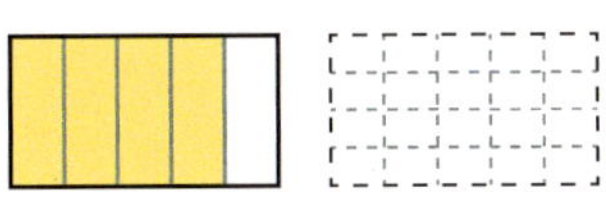

b)
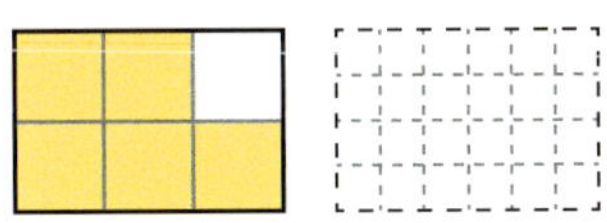

c)
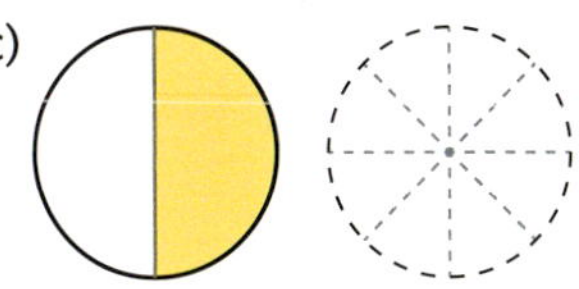

3 Divdiere.

a) $\frac{2}{3} : 2$ b) $\frac{8}{9} : 4$ c) $\frac{9}{10} : 3$ d) $\frac{1}{2} : 7$ e) $\frac{3}{8} : 5$ f) $\frac{5}{7} : 6$

Alles klar?

Fördern

A Löse die Aufgabe zeichnerisch. Notiere die zugehörige Divisionsaufgabe.

a) $\frac{\square}{\square} : 2$

b) $\frac{\square}{\square} : 3$

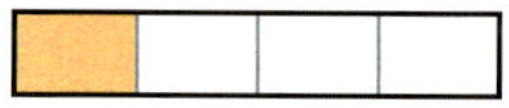

c) $\frac{\square}{\square} : 4$

B Ordne die richtige Lösung zu. Ein Kärtchen bleibt übrig.

a) $\frac{5}{12} : 5$ b) $\frac{8}{5} : 4$ c) $\frac{6}{7} : 2$
d) $\frac{3}{4} : 5$ e) $\frac{12}{13} : 8$ f) $\frac{5}{8} : 15$

$\frac{3}{20}$ $\frac{1}{12}$ $\frac{5}{24}$ $\frac{3}{7}$ $\frac{1}{24}$ $\frac{2}{5}$ $\frac{3}{26}$

4 Berechne.

a) $\frac{6}{7} : 3$ b) $\frac{4}{5} : 2$ c) $\frac{10}{9} : 5$
d) $\frac{16}{9} : 4$ e) $\frac{18}{11} : 6$ f) $\frac{14}{17} : 7$
g) $\frac{15}{16} : 5$ h) $\frac{18}{17} : 6$ i) $\frac{16}{25} : 8$

5 Wie heißt das Lösungswort?

a) $\frac{4}{5} : 8$ b) $\frac{3}{7} : 6$ c) $\frac{5}{8} : 10$
d) $\frac{4}{11} : 6$ e) $\frac{7}{3} : 14$ f) $\frac{3}{4} : 12$
g) $\frac{6}{7} : 9$ h) $\frac{25}{8} : 15$ i) $\frac{14}{15} : 21$

$\frac{2}{45}$ N | $\frac{1}{16}$ I | $\frac{1}{14}$ R | $\frac{1}{10}$ T | $\frac{2}{33}$ A
$\frac{1}{16}$ H | $\frac{1}{6}$ T | $\frac{5}{24}$ O | $\frac{2}{21}$ L | $\frac{5}{8}$ E

6 Fülle die Lücken aus.

a) $\frac{\square}{9} : 2 = \frac{4}{9}$ b) $\frac{12}{\square} : 4 = \frac{3}{13}$
c) $\frac{5}{6} : \square = \frac{1}{6}$ d) $\frac{2}{3} : \square = \frac{2}{9}$
e) $\frac{\square}{16} : 5 = \frac{1}{16}$ f) $\frac{2}{\square} : 3 = \frac{2}{21}$

7 SP Jan hat viele **Fehler** gemacht. **Erkläre**, was er falsch gemacht hat.

a) $\frac{1}{4} : 2 = \frac{1}{2}$ b) $\frac{2}{5} : 6 = \frac{3}{5}$
c) $\frac{3}{7} : 5 = \frac{15}{7}$ d) $\frac{4}{5} : 8 = \frac{4}{10}$

4 Berechne. Kürze vor dem Ausrechnen.

a) $\frac{6}{7} : 4$ b) $\frac{4}{15} : 6$ c) $\frac{14}{11} : 21$
d) $\frac{5}{2} : 10$ e) $\frac{21}{25} : 6$ f) $\frac{8}{11} : 12$
g) $\frac{15}{8} : 20$ h) $\frac{16}{19} : 24$ i) $\frac{21}{4} : 30$

5 Fülle die Lücken aus.

a) $\frac{\square}{15} : 4 = \frac{2}{15}$ b) $\frac{8}{9} : \square = \frac{2}{9}$
c) $\frac{3}{4} : \square = \frac{3}{8}$ d) $\frac{\square}{5} : 9 = \frac{2}{15}$
e) $\frac{\square}{7} : 6 = \frac{5}{21}$ f) $\frac{8}{\square} : 12 = \frac{2}{27}$

6 SP Teile $\frac{24}{40}$ durch 2; 4 und 8.

Kürze $\frac{24}{40}$ mit 2; 4 und 8.

Vergleiche und **erkläre** den Unterschied zwischen Kürzen und Teilen.

7 Setze die Zahlen 2; 3; 9 so ein, dass
a) das Ergebnis so groß wie möglich ist.
b) das Ergebnis so klein wie möglich ist.

$\frac{\square}{\square} : \square = ?$

8 SP Von einem Kuchen sind $\frac{3}{5}$ gegessen. Den Rest teilen sich drei Kinder gerecht auf. Nadja meint: „Dann bekommt jeder $\frac{1}{5}$ des ganzen Kuchens." Paula sagt: „Jeder erhält $\frac{1}{5}$ durch drei, und dann das Doppelte, weil es ja 2 Stücke sind."
Wer hat recht? **Erklärt**.

→ Die Lösungen zu „Alles klar?" findest du auf Seite 237.

5 Rechenvorteile. Rechengesetze

Um Wildschäden zu vermeiden, wird ein Waldstück eingezäunt. Das Grundstück ist rechteckig mit einer Länge von $\frac{3}{4}$ km und einer Breite von $\frac{1}{2}$ km.

Klaus rechnet: $\frac{1}{2} + \frac{3}{4} + \frac{1}{2} + \frac{3}{4}$

Kerstin rechnet: $2 \cdot \frac{1}{2} + 2 \cdot \frac{3}{4}$

Jamie rechnet: $\frac{1}{2} + \frac{3}{4} \cdot 2$

Ugur rechnet: $2 \cdot \left(\frac{1}{2} + \frac{3}{4}\right)$

Lina rechnet: $\left(\frac{1}{2} + \frac{1}{2}\right) + \left(\frac{3}{4} + \frac{3}{4}\right)$

→ Rechne nach. Haben alle die Zaunlänge richtig berechnet?

Kommen in einem Rechenausdruck Punkt- und Strichrechnungen vor, muss man beim Berechnen auf die Reihenfolge achten. Auch für das Rechnen mit Brüchen gelten die Regeln „Klammer zuerst" und „Punktrechnung (· und :) vor Strichrechnung (+ und −)".
Beim Addieren von mehreren Brüchen ist es oft sinnvoll, die Reihenfolge der Summanden zu vertauschen. Durch Klammern kann man auch die Summanden zusammenfassen, die man einfacher addieren kann.

Merke

Reihenfolge beim Berechnen von Rechenausdrücken:
- Klammer zuerst berechnen.
- Punktrechnung kommt vor Strichrechnung.

Rechengesetze:
- **Vertauschungsgesetz (Kommutativgesetz)**
  In Summen darf man die Summanden vertauschen. $\frac{3}{5} + \frac{1}{3} + \frac{2}{5} = \frac{3}{5} + \frac{2}{5} + \frac{1}{3}$
- **Verbindungsgesetz (Assoziativgesetz)**
  In Summen dürfen Klammern beliebig gesetzt werden. $\frac{1}{2} + \frac{3}{4} + \frac{3}{4} = \frac{1}{2} + \left(\frac{3}{4} + \frac{3}{4}\right)$

Beispiele

a) Klammer zuerst

$3 \cdot \left(\frac{7}{9} - \frac{5}{9}\right)$
$= 3 \cdot \frac{2}{9}$
$= \frac{6}{9}$
$= \frac{2}{3}$

b) Punkt- vor Strichrechnung

$\frac{5}{12} + \frac{1}{4} \cdot 2$
$= \frac{5}{12} + \frac{2}{4}$
$= \frac{5}{12} + \frac{6}{12}$
$= \frac{11}{12}$

c) Das Anwenden der Gesetze bringt Vorteile.

$\frac{2}{3} + \frac{1}{8} + \frac{5}{6} + \frac{3}{8}$
$= \left(\frac{2}{3} + \frac{5}{6}\right) + \left(\frac{1}{8} + \frac{3}{8}\right)$
$= \frac{9}{6} + \frac{4}{8}$
$= \frac{3}{2} + \frac{1}{2} = \frac{4}{2} = 2$

○ **1** Rechne. Beachte die Klammer.

a) $3 \cdot \left(\frac{1}{9} + \frac{3}{9}\right)$ b) $\left(\frac{9}{20} - \frac{7}{20}\right) : 6$ c) $\left(\frac{1}{6} + \frac{2}{3}\right) \cdot 2$ d) $\frac{7}{10} - \left(\frac{3}{5} - \frac{1}{4}\right)$

○ **2** Rechne. Beachte Punkt- vor Strichrechnung.

a) $12 + \frac{3}{4} \cdot 3$ b) $7 \cdot \frac{2}{9} + \frac{4}{9}$ c) $\frac{3}{10} \cdot 4 - \frac{2}{5}$ d) $\frac{5}{8} - \frac{1}{4} : 2$

3 Rechne geschickt. Verwende die Rechengesetze.

a) $\frac{1}{4}+\frac{2}{5}+\frac{3}{4}$ b) $\frac{5}{6}+\frac{2}{3}+\frac{1}{6}$ c) $\frac{1}{3}+\frac{2}{9}+\frac{4}{9}$ d) $\frac{1}{4}+\frac{5}{12}+\frac{3}{4}+\frac{7}{12}$

Alles klar?

Fördern

A Berechne. Die Lösungen befinden sich auf den Kärtchen.

a) $\frac{3}{11}+\frac{2}{7}+\frac{8}{11}+\frac{5}{7}$ b) $\frac{8}{9}-\left(\frac{1}{3}+\frac{1}{6}\right)$ c) $\left(\frac{4}{9}-\frac{3}{9}\right)\cdot 7$ d) $\frac{4}{5}-\frac{3}{20}\cdot 5$

e) $\frac{1}{2}+\frac{3}{4}:3$ f) $4\cdot\left(\frac{1}{3}+\frac{1}{4}\right)$

$2\frac{1}{3}$ | $\frac{1}{20}$ | 2 | $\frac{7}{9}$ | $\frac{7}{18}$ | $\frac{3}{4}$

Tipp!

Summe $\frac{1}{3}+\frac{3}{4}$

Differenz $\frac{5}{12}-\frac{3}{8}$

Produkt $\frac{4}{9}\cdot 3$

Quotient $\frac{5}{6}:15$

4 Beachte die Klammer.

a) $3\cdot\left(\frac{4}{5}-\frac{3}{5}\right)$ b) $\left(1-\frac{3}{4}\right)+2$

c) $\left(\frac{1}{4}+\frac{1}{2}\right):4$ d) $1-\left(\frac{1}{3}+\frac{1}{6}\right)$

5 Beachte Punkt- vor Strichrechnung.

a) $3+\frac{1}{3}\cdot 6$ b) $25-9\cdot\frac{1}{2}$

c) $\frac{6}{7}:2+1$ d) $\frac{2}{5}\cdot 3-\frac{7}{15}$

6 Setze Klammern vorteilhafter. Berechne.

a) $\left(\frac{1}{3}+\frac{5}{11}\right)+\frac{6}{11}$ b) $\frac{4}{7}+\left(\frac{3}{7}+\frac{5}{13}\right)$

c) $\frac{3}{10}+\left(\frac{5}{10}+\frac{3}{2}\right)$ d) $\left(\frac{5}{6}+\frac{5}{14}\right)+\frac{2}{14}$

7 Verwende die Rechengesetze.

a) $\frac{4}{15}+\frac{1}{3}+\frac{1}{15}$ b) $\frac{1}{2}+\frac{2}{3}+\frac{4}{3}$

c) $\frac{1}{2}+\frac{1}{18}+\frac{3}{4}+\frac{1}{36}$ d) $\frac{1}{9}+\frac{3}{15}+\frac{5}{18}+\frac{29}{30}$

8 Richtige Lösungen ergeben ein Lösungswort.

a) $\left(\frac{1}{2}+\frac{3}{4}\right)\cdot 2$ b) $\left(\frac{2}{3}-\frac{2}{5}\right)\cdot 3$

c) $\frac{2}{5}+\frac{3}{8}\cdot 2$ d) $\left(\frac{7}{4}-1\right):3$

e) $\left(\frac{7}{8}-\frac{1}{8}\right)\cdot 4$ f) $5\cdot\left(\frac{1}{5}+\frac{8}{15}\right)$

3 E | $\frac{1}{4}$ L | $\frac{4}{5}$ O | $\frac{11}{3}$ N | $\frac{23}{20}$ L | $\frac{2}{3}$ A | $\frac{5}{2}$ P

9 SP Notiere den Rechenausdruck und berechne.

a) Bilde das Produkt aus $\frac{3}{4}$ und 2. Subtrahiere vom Produkt $\frac{1}{2}$.

b) Berechne den Quotienten aus $\frac{12}{13}$ und 6. Vermehre dann den Quotienten um $\frac{4}{13}$.

c) Bilde die Summe aus $\frac{3}{10}$ und $\frac{1}{5}$. Multipliziere dann die Summe mit 8.

d) Erfinde eigene Aufgaben.

4 Beachte die Reihenfolge beim Berechnen.

a) $\frac{3}{8}\cdot 4+\frac{5}{6}$ b) $1-\frac{2}{3}:5$

c) $\left(\frac{7}{10}-\frac{3}{5}\right)\cdot 8$ d) $\frac{2}{5}\cdot 5:4+\frac{3}{4}$

e) $\left(\frac{7}{3}-\frac{8}{15}\right):9$ f) $\frac{2}{3}-\frac{1}{2}:6+\frac{5}{6}$

g) $\frac{3}{7}\cdot 2-\frac{1}{7}:2$ h) $\left(\frac{2}{15}+\frac{4}{5}\right):\left(\frac{4}{3}+\frac{6}{9}\right)$

5 SP Notiere den Rechenausdruck und berechne.

a) Verdreifache die Summe aus $\frac{5}{8}$ und $\frac{3}{4}$.

b) Subtrahiere $\frac{4}{15}$ vom Produkt aus $\frac{1}{5}$ und 5.

c) Dividiere die Differenz aus $\frac{2}{3}$ und $\frac{1}{4}$ durch 5.

d) Addiere das Produkt aus $\frac{2}{15}$ und 3 zum Quotienten aus $\frac{4}{5}$ und 2.

6 Studentin Janina arbeitet in den Ferien. Sie hat mehrfach Überstunden gemacht: $\frac{3}{4}$ h; $1\frac{1}{4}$ h; $\frac{1}{2}$ h; 1 h und $\frac{3}{4}$ h.

a) Berechne die Überstunden. Schreibe dazu einen Rechenausdruck auf.

b) Pro Überstunde erhält sie 14 €.

7 Berechne.

a) $\frac{1}{2}-\left(\frac{3}{7}+\frac{1}{21}-\frac{1}{8}\cdot 2\right)$ b) $\left(\frac{5}{6}+\frac{3}{4}\cdot 5\right)-\frac{3}{4}:6$

c) $2-\left(\frac{11}{3}-9\cdot\frac{5}{18}+\frac{22}{15}:11\right)$

d) $3\frac{1}{2}-\left(1\frac{2}{5}+\frac{7}{10}\right):\left(4\frac{2}{6}-\frac{2}{3}\cdot 5\right)$

→ Die Lösungen zu „Alles klar?" findest du auf Seite 237.

Zusammenfassung

Gleichnamige Brüche addieren und subtrahieren

Gleichnamige Brüche werden addiert oder subtrahiert, indem man ihre Zähler addiert oder subtrahiert und den gemeinsamen Nenner beibehält.

$$\frac{2}{7} + \frac{4}{7} = \frac{2+4}{7} = \frac{6}{7}$$

Ungleichnamige Brüche addieren und subtrahieren

Ungleichnamige Brüche werden addiert oder subtrahiert, indem man
- beide Brüche gleichnamig macht, also auf einen gemeinsamen Nenner erweitert oder kürzt.
- die beiden Zähler addiert oder subtrahiert. Der gemeinsame Nenner bleibt erhalten.

$$\frac{3}{5} + \frac{1}{3} = \frac{3 \cdot 3}{5 \cdot 3} + \frac{1 \cdot 5}{3 \cdot 5} = \frac{9}{15} + \frac{5}{15} = \frac{14}{15}$$

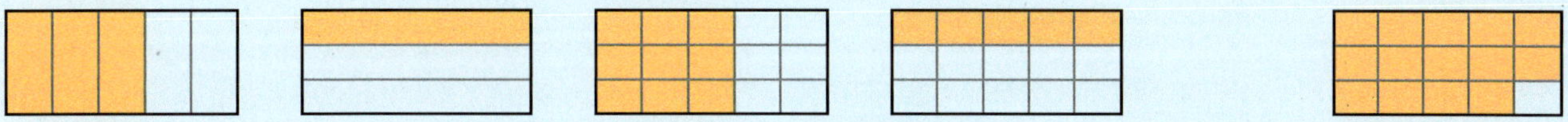

Brüche vervielfachen

Man multipliziert einen Bruch mit einer natürlichen Zahl, indem man den Zähler mit der Zahl multipliziert und den Nenner beibehält.

$$3 \cdot \frac{1}{4} = \frac{3 \cdot 1}{4} = \frac{3}{4}$$

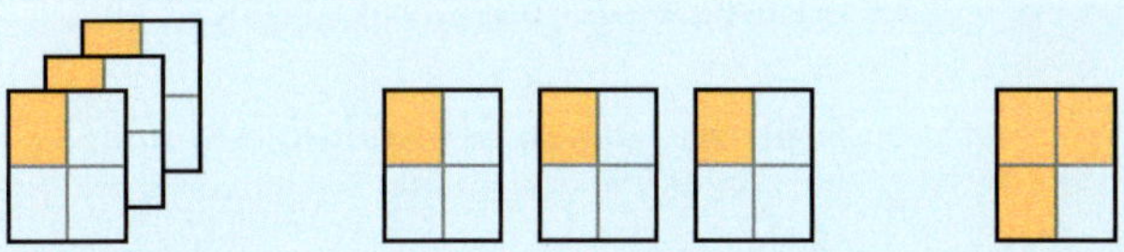

Brüche teilen

Man dividiert einen Bruch durch eine natürliche Zahl, indem man den Nenner mit der Zahl multipliziert.

$$\frac{3}{4} : 2 = \frac{3}{4 \cdot 2} = \frac{3}{8}$$

Rechenregeln für das Rechnen mit Brüchen

Reihenfolge beim Berechnen von Rechenausdrücken:
- Klammern zuerst berechnen.
- Punktrechnung kommt vor Strichrechnung.

$$\frac{7}{8} - \left(\frac{1}{8} + \frac{2}{8}\right) \cdot 2 \quad \text{Klammer zuerst}$$
$$= \frac{7}{8} - \frac{3}{8} \cdot 2 \quad \text{Punkt vor Strich}$$
$$= \frac{7}{8} - \frac{6}{8}$$
$$= \frac{1}{8}$$

Rechengesetze

Vertauschungsgesetz (Kommutativgesetz)

In Summen darf man die Summanden vertauschen.

$$\frac{1}{7} + \frac{3}{4} + \frac{5}{7} = \frac{1}{7} + \frac{5}{7} + \frac{3}{4}$$

Verbindungsgesetz (Assoziativgesetz)

In Summen dürfen Klammern beliebig gesetzt werden.

$$\frac{2}{3} + \frac{1}{6} + \frac{5}{6} = \frac{2}{3} + \left(\frac{1}{6} + \frac{5}{6}\right)$$

Basistraining

1 Berechne.

a) $\frac{1}{3} + \frac{1}{3}$ b) $\frac{1}{5} + \frac{2}{5}$ c) $\frac{2}{9} + \frac{5}{9}$

d) $\frac{5}{7} - \frac{2}{7}$ e) $\frac{10}{11} - \frac{8}{11}$ f) $\frac{7}{15} - \frac{6}{15}$

2 Berechne. Kürze, wenn möglich.

a) $\frac{3}{4} + \frac{1}{4}$ b) $\frac{3}{8} + \frac{1}{8}$ c) $\frac{7}{10} + \frac{1}{10}$

d) $\frac{5}{18} + \frac{1}{18} + \frac{6}{18}$ e) $\frac{14}{15} - \frac{4}{15} - \frac{8}{15}$ f) $\frac{8}{9} - \frac{7}{9} + \frac{5}{9}$

3 Stelle das Ergebnis in einem Rechteck dar. Notiere die Aufgabe.

a)

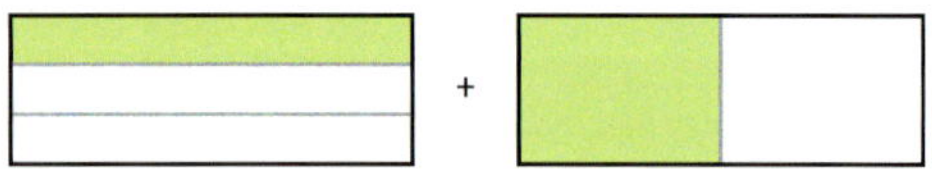

b)

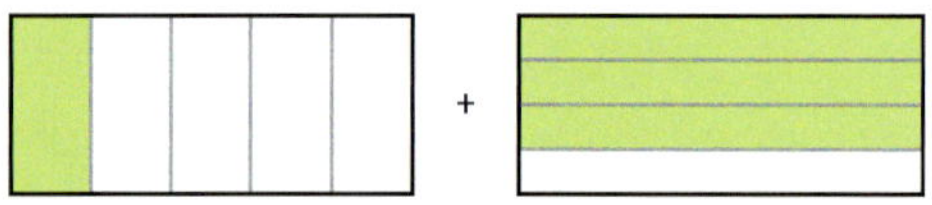

c)

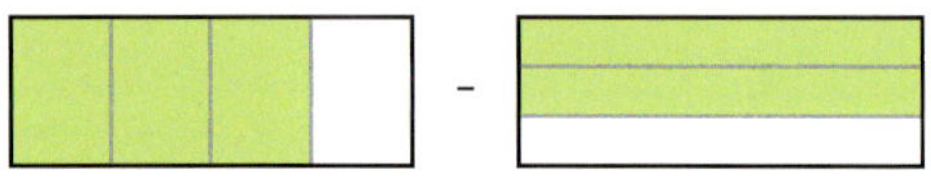

4 Richtige Lösungen ergeben ein Lösungswort.

a) $\frac{9}{20} + \frac{7}{20}$ b) $\frac{11}{12} - \frac{7}{12}$ c) $\frac{7}{15} + \frac{8}{15}$

d) $\frac{1}{4} + \frac{1}{8}$ e) $\frac{7}{10} - \frac{1}{5}$ f) $\frac{5}{6} + \frac{5}{12}$

g) $\frac{2}{3} - \frac{1}{4}$ h) $\frac{1}{2} + \frac{2}{3}$ i) $\frac{4}{5} - \frac{3}{4}$

j) $\frac{1}{6} + \frac{5}{9}$ k) $\frac{3}{5} + \frac{11}{15}$ l) $\frac{5}{6} + \frac{2}{3}$

$\frac{13}{18}$ O $\frac{5}{12}$ N $\frac{1}{2}$ L $1\frac{1}{2}$ Y

$\frac{1}{4}$ S $\frac{3}{8}$ T $\frac{4}{5}$ S 1 E $1\frac{1}{3}$ N

$\frac{1}{3}$ H $1\frac{1}{6}$ D $\frac{1}{20}$ P $1\frac{1}{4}$ A

5 Subtrahiere. Kürze, wenn möglich.

−	$\frac{1}{4}$	$\frac{1}{3}$	$\frac{2}{5}$	$\frac{3}{10}$	$\frac{3}{8}$
$\frac{1}{2}$	■	■	■	■	■
$\frac{2}{3}$	■	■	■	■	■
$\frac{3}{4}$	■	■	■	■	■

6

a) Die Summe der Zahlen einer Etage steht im Dach des Bruchhauses. Fülle die Lücken im Heft.

b) Erstellt eigene Bruchhäuser. Tauscht untereinander aus und berechnet sie.

7 Fülle die Lücken der Additionsmauer.

a)

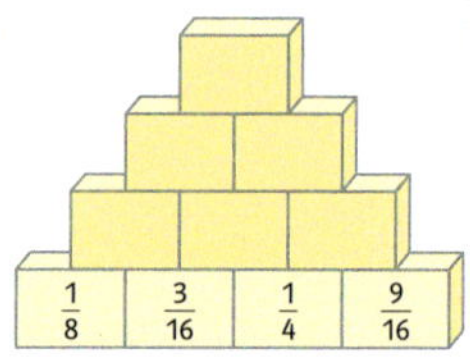

b)

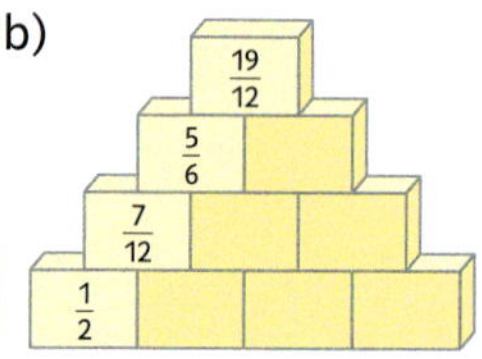

8 Notiere die Rechnung und löse.

a)

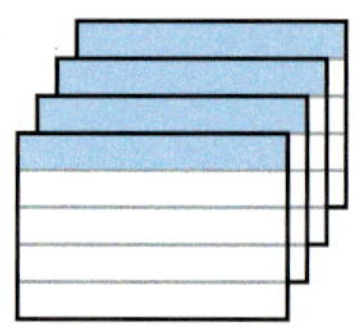

b)

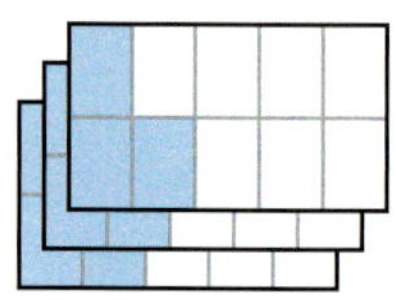

c)

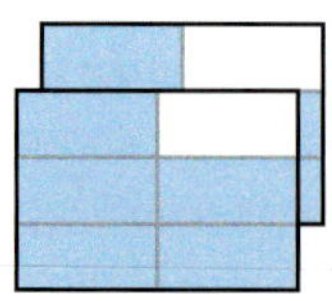

d)

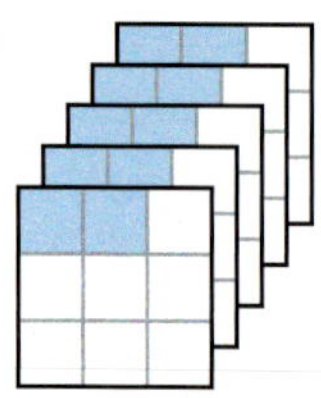

9 Multipliziere.

a) $3 \cdot \frac{2}{7}$ b) $7 \cdot \frac{1}{10}$ c) $4 \cdot \frac{2}{15}$

d) $\frac{2}{9} \cdot 4$ e) $\frac{5}{17} \cdot 3$ f) $\frac{4}{21} \cdot 5$

○**10** Dividiere.

a) $\frac{3}{4} : 4$ b) $\frac{9}{11} : 3$ c) $\frac{12}{19} : 6$
d) $\frac{1}{2} : 5$ e) $\frac{3}{8} : 2$ f) $\frac{3}{5} : 8$

○**11** Rechne. Die Lösungen befinden sich auf den Sternen.

a) $\frac{8}{9} : 4$ b) $\frac{1}{2} \cdot 4$ c) $\frac{4}{9} : 8$
d) $\frac{3}{5} \cdot 2$ e) $9 \cdot \frac{1}{3}$ f) $\frac{7}{12} \cdot 4$
g) $\frac{5}{8} \cdot 12$ h) $6 \cdot \frac{4}{15}$ i) $\frac{6}{7} : 8$

$\frac{3}{28}$ $2\frac{1}{3}$ $7\frac{1}{2}$ $\frac{2}{9}$ $1\frac{3}{5}$ $1\frac{1}{5}$ 2 $\frac{1}{18}$ 3

○**12** Setze Klammern vorteilhaft. Berechne dann.

a) $\frac{4}{9} + \frac{5}{9} + \frac{3}{7}$ b) $\frac{3}{16} + \frac{5}{8} + \frac{5}{8}$
c) $\frac{2}{7} + \frac{4}{7} + \frac{3}{4} + \frac{1}{4}$ d) $\frac{2}{5} + \frac{2}{3} + \frac{2}{3} + \frac{2}{3}$

Tipp!
Summe
$\frac{4}{7} + \frac{7}{12}$
Differenz
$\frac{5}{9} - \frac{1}{3}$
Produkt
$\frac{3}{10} \cdot 3$
Quotient
$\frac{10}{4} : 5$

○**13** Vertausche vor dem Berechnen.

a) $\frac{3}{14} + \frac{1}{2} + \frac{4}{14}$
b) $\frac{7}{10} + \frac{3}{4} + \frac{9}{10}$

○**14** Verwende die Rechengesetze.

a) $\frac{3}{8} + \frac{1}{6} + \frac{1}{8}$ b) $\frac{2}{21} + \frac{2}{7} + \frac{4}{7}$
c) $\frac{1}{4} + \frac{1}{9} + \frac{1}{2} + \frac{1}{3}$ d) $\frac{2}{7} + \frac{7}{15} + \frac{24}{45} + \frac{3}{14}$

○**15** Beachte Punkt- vor Strichrechnung.

a) $\frac{4}{5} + \frac{7}{10} \cdot 3$ b) $\frac{24}{25} : 8 + \frac{2}{25}$
c) $6 \cdot \frac{1}{3} - \frac{3}{6}$ d) $\frac{1}{2} \cdot 5 - \frac{1}{2} : 2$

○**16** Achte auf die Rechenregeln.

a) $\frac{1}{6} \cdot 4 + \frac{2}{3}$ b) $\frac{1}{6} + \frac{2}{3} \cdot 4$
c) $\left(\frac{1}{6} + \frac{2}{3}\right) \cdot 4$ d) $\frac{1}{6} \cdot 4 + \frac{1}{6} \cdot 4$
e) $\frac{3}{10} - \frac{1}{5} : 2$ f) $\frac{11}{2} : 11 + 2 \cdot \frac{3}{4}$

○**17** Kürze vollständig und finde das Lösungswort.

a) $\frac{1}{6} + \frac{13}{18}$ b) $\frac{1}{4} + \frac{1}{12}$ c) $\frac{5}{12} + \frac{3}{8}$
d) $\frac{2}{3} - \frac{7}{15}$ e) $\frac{11}{21} - \frac{1}{6}$ f) $\frac{13}{20} - \frac{17}{30}$
g) $\frac{3}{18} \cdot 7$ h) $\frac{1}{27} \cdot 18$ i) $\frac{2}{9} \cdot 6$
j) $\frac{3}{8} : 9$ k) $\frac{10}{14} : 5$ l) $\frac{81}{100} : 9$

$\frac{5}{14}$ H | $\frac{1}{5}$ H | $\frac{1}{24}$ H | $\frac{2}{3}$ N
$\frac{1}{4}$ N | $\frac{9}{100}$ N | $\frac{1}{7}$ E | $\frac{8}{9}$ E | $\frac{19}{24}$ C
$\frac{4}{3}$ C | $\frac{7}{6}$ R | $\frac{1}{12}$ Ö | $\frac{1}{3}$ I

○**18** SP Notiere den Rechenausdruck. Berechne.

a) Addiere $\frac{2}{9}$ und $\frac{1}{6}$.
b) Bilde den Quotienten aus $\frac{6}{11}$ und 3.
c) Berechne die Differenz aus $\frac{7}{8}$ und $\frac{3}{4}$.
d) Bilde die Summe von $\frac{1}{15}$ und $\frac{3}{5}$.
Multipliziere dann mit 3.

○**19** Setze die passende Zahl ein.

a) $\frac{2}{7} \cdot ■ = \frac{4}{7}$ b) $■ \cdot \frac{3}{16} = \frac{3}{4}$
c) $■ + \frac{1}{12} = \frac{1}{4}$ d) $\frac{5}{6} + ■ = \frac{3}{2}$
e) $\frac{3}{5} \cdot ■ = 3$ f) $■ \cdot \frac{5}{36} = \frac{5}{6}$
g) $\frac{4}{9} : ■ = \frac{1}{9}$ h) $■ : 3 = \frac{2}{13}$

◒**20** Setze das passende Rechenzeichen ein.

a) $\frac{5}{8}$ ■ $\frac{1}{4} = \frac{7}{8}$ b) $\frac{8}{9}$ ■ $\frac{2}{3} = \frac{2}{9}$
c) $\frac{2}{3}$ ■ $4 = \frac{1}{6}$ d) $\frac{3}{4}$ ■ $2 = \frac{3}{2}$
e) $\frac{5}{9}$ ■ $\frac{7}{18} = \frac{1}{6}$ f) $\frac{5}{8}$ ■ $15 = \frac{1}{24}$
g) $\frac{3}{4}$ ■ $\frac{1}{6} = \frac{11}{12}$ h) $\frac{21}{25}$ ■ $7 = \frac{3}{25}$

Anwenden. Nachdenken

21 Je drei Kärtchen haben dieselbe Lösung.

- A: $\frac{7}{12} + \frac{5}{12} - \frac{9}{12}$
- B: $\frac{11}{6} - \frac{7}{6}$
- C: $\frac{7}{20} + \frac{15}{20} - \frac{17}{20}$
- D: $\frac{11}{20} + \frac{13}{20} - \frac{9}{20}$
- E: $\frac{5}{16} + \frac{3}{16}$
- F: $\frac{11}{8} - \frac{5}{8}$
- G: $\frac{25}{16} - \frac{13}{16}$
- H: $\frac{9}{20} - \frac{3}{20} + \frac{4}{20}$
- I: $\frac{7}{24} + \frac{5}{24}$
- J: $\frac{6}{15} + \frac{4}{15}$
- K: $\frac{13}{18} - \frac{8}{18} + \frac{7}{18}$
- L: $\frac{9}{16} - \frac{5}{16}$

22 Auf welchen Brüchen am Zahlenstrahl landen die nächsten 3 Sprünge?

a)

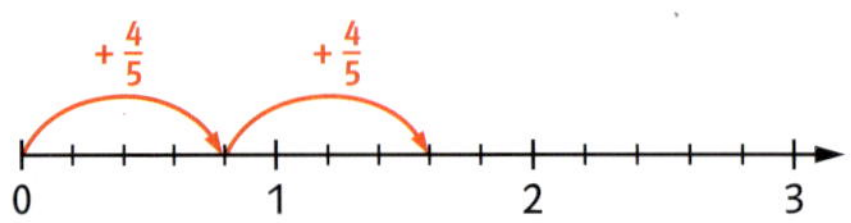

b)

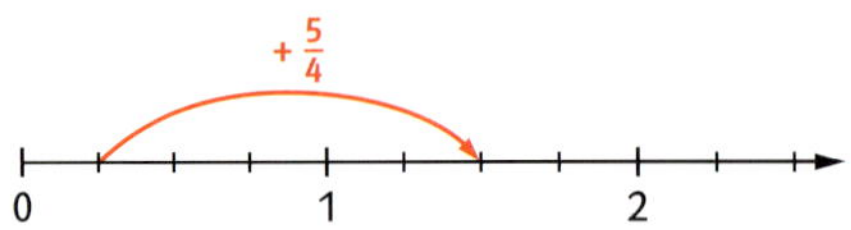

c)

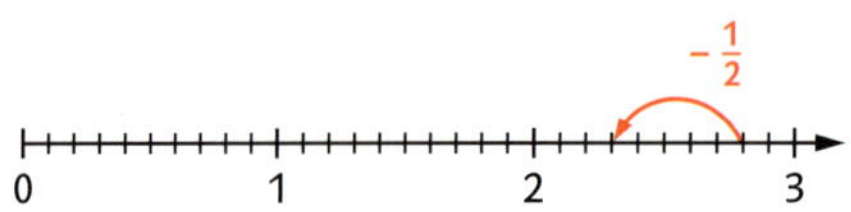

23 Welche Kärtchen gehören zusammen?

Beispiel: $\frac{1}{3}$ | $:3$ | $=\frac{1}{9}$

Wie viele richtige Aufgaben findest du?

$\frac{5}{4}$, $\frac{4}{9}$, $:3$, $=\frac{1}{4}$, $=\frac{1}{6}$, $\frac{6}{8}$, $\frac{1}{3}$, $=\frac{2}{7}$, $=\frac{2}{9}$, $:4$, $\frac{6}{7}$, $\frac{8}{7}$, $=\frac{1}{8}$, $=\frac{5}{12}$, $\frac{1}{2}$, $:5$, $=\frac{3}{14}$, $=\frac{1}{9}$

24 Berechne und vergleiche.

a) $\frac{1}{3} \cdot 3$ und $\frac{1}{3}$ erweitert mit 3.

b) $\frac{3}{4} \cdot 5$ und $\frac{3}{4}$ erweitert mit 5.

25 Berechne und vergleiche.

a) $\left(\frac{1}{3} + \frac{1}{2}\right) \cdot 6$ und $\frac{1}{3} \cdot 6 + \frac{1}{2} \cdot 6$

b) $\left(\frac{5}{9} + \frac{1}{12}\right) \cdot 3$ und $\frac{5}{9} \cdot 3 + \frac{1}{12} \cdot 3$

c) $\left(\frac{1}{3} - \frac{1}{4}\right) \cdot 12$ und $\frac{1}{3} \cdot 12 - \frac{1}{4} \cdot 12$

26 Berechne und vergleiche.

a) $\left(\frac{4}{3} + \frac{2}{9}\right) : 2$ und $\frac{4}{3} : 2 + \frac{2}{9} : 2$

b) $\left(\frac{3}{4} + \frac{9}{16}\right) : 3$ und $\frac{3}{4} : 3 + \frac{9}{16} : 3$

c) $\left(\frac{8}{11} - \frac{1}{2}\right) : 4$ und $\frac{8}{11} : 4 - \frac{1}{2} : 4$

27 Wenn du vorteilhaft rechnest, findest du die Lösung im Kopf. Die Lösungen findest du auf den Sternen.

a) $\frac{1}{4} + \frac{2}{5} + \frac{3}{4}$

b) $\frac{2}{3} + \frac{3}{8} + \frac{1}{3} + \frac{13}{8}$

c) $4 \cdot \left(3 - \frac{1}{4}\right)$

d) $\left(\frac{5}{6} + \frac{1}{3}\right) \cdot 6$

e) $\left(\frac{1}{3} + \frac{2}{9} - \frac{1}{6}\right) \cdot 0$

f) $\frac{3}{7} \cdot 5 + \frac{4}{7} \cdot 5$

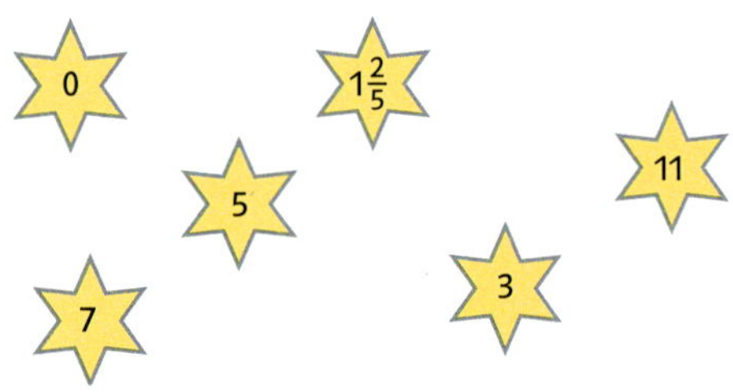

28 Setze die Zahlen 5; 3; 8 so ein, dass
a) das Ergebnis so groß wie möglich ist.
b) das Ergebnis so klein wie möglich ist.

(1) $\frac{\square}{\square} \cdot \square =$ (2) $\frac{\square}{\square} : \square =$

29 Bilde mit den Brüchen und Rechenzeichen Aufgaben nach dem angegebenen Muster.

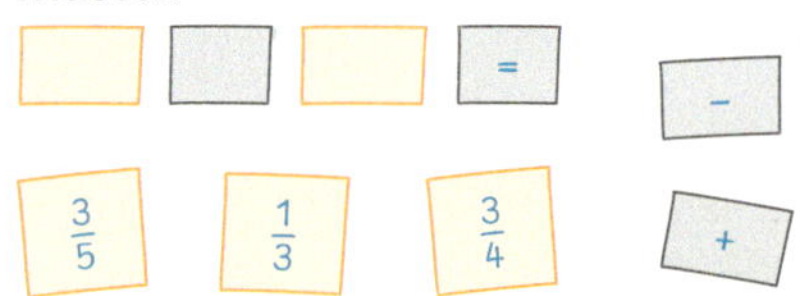

Suche zu jeder Rechenart die Aufgabe mit dem kleinsten und die mit dem größten Ergebnis.

30 Ein Wolfsgehege im Tierpark wird eingezäunt. Das rechteckige Grundstück ist $\frac{1}{2}$ km lang und $\frac{1}{4}$ km breit. Wie lang wird der Zaun?

31 SP Löse durch Probieren oder Überlegen.

a) Vervielfache die Brüche so, dass eine natürliche Zahl entsteht.

$\frac{1}{3}$; $\frac{1}{4}$; $\frac{2}{5}$; $\frac{3}{8}$

Erkläre, welche Eigenschaft die Zahl haben muss, mit der du vervielfachst.

b) Welche Vielfachen von $\frac{3}{7}$ liegen zwischen 3 und 4? **Beschreibe**, wie du vorgegangen bist.

32 Lars hat noch eine $\frac{3}{4}$ Tafel Schokolade. Seine Schwester Nele fragt: „Teilen wir den Rest?"

a) Welchen Anteil der Schokolade möchte Nele haben?

b) Wie viele Stückchen sind das?

33 Auf einem Bauernhof leben insgesamt 100 Tiere. Es sind 45 Kühe, 36 Schweine, 10 Pferde sowie Hunde und Katzen. Es gibt doppelt so viele Katzen wie Hunde.

a) Stelle die Verteilung der Tiere in einem Hunderterfeld dar.

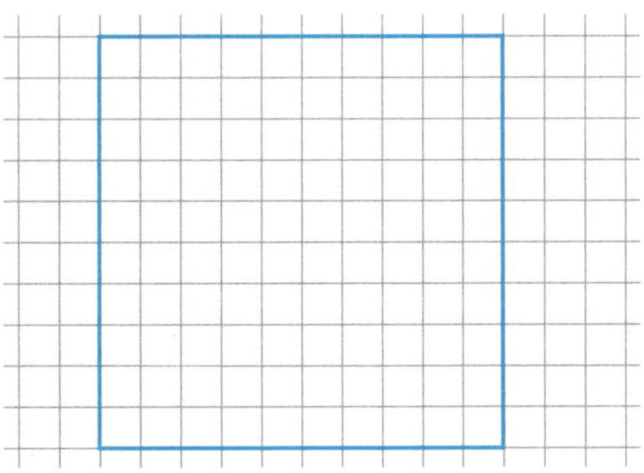

b) Gib die Anteile der Tiere als vollständig gekürzte Brüche an.

34 Eine Flasche enthält $\frac{7}{10}$ l Saft. Anna trinkt $\frac{1}{4}$ l davon. Wie viel Saft ist noch in der Flasche?

35 Eine Kopflaus in 15-facher Vergrößerung ist etwa $4\frac{1}{2}$ cm lang. Gib ihre Originalgröße in cm und in mm an.

36 In der Tabelle siehst du, wie viel Futter die Zootiere täglich benötigen.

Elefant	$\frac{3}{20}$ t	Heu
Giraffe	$\frac{1}{25}$ t	Heu, Früchte
Delfin	$\frac{1}{100}$ t	Fisch

Gib die Futtermenge der einzelnen Tiere für eine Woche in t und in kg an.

37 Familie Thiem fährt mit dem Auto in den Urlaub. Nach der Hälfte der Strecke machen sie 20 min Pause. Nach einem weiteren Drittel der Gesamtstrecke müssen sie tanken. Danach legen sie die restlichen 140 km ohne Unterbrechung zurück. Wie weit ist der Urlaubsort entfernt?

38 Ein Robbenbecken wird nach der Reinigung wieder gefüllt. Nach 4 Stunden ist es zu $\frac{3}{5}$ voll. War es nach 3 Stunden mehr oder weniger als halb voll?

39 SP Notiere den Rechenausdruck und berechne.

a) Bilde die Summe aus dem Produkt von $\frac{3}{4}$ und 5 und dem Quotienten aus $\frac{1}{6}$ und 2.

b) Multipliziere die Summe aus $\frac{1}{7}$ und $\frac{5}{14}$ mit der Differenz aus $\frac{5}{2}$ und $\frac{1}{2}$.

Rückspiegel

Teste dich

○ **1** Addiere oder subtrahiere.

a) $\frac{1}{7}+\frac{3}{7}$ b) $\frac{4}{5}-\frac{3}{5}$ c) $\frac{1}{10}+\frac{1}{5}$ d) $\frac{3}{8}-\frac{1}{6}$ e) $\frac{4}{7}+\frac{2}{5}$ f) $\frac{5}{9}+\frac{1}{6}$

○ **2** Vervielfache oder teile.

a) $\frac{1}{6}\cdot 5$ b) $\frac{1}{3}\cdot 2$ c) $\frac{3}{25}\cdot 7$ d) $\frac{1}{5}:4$ e) $\frac{3}{4}:3$ f) $\frac{4}{5}:2$

○ **3** Achte auf die Reihenfolge beim Rechnen. Die Lösungen findest du auf den Kärtchen.

a) $\frac{7}{12}-3\cdot\frac{1}{6}$ b) $\frac{3}{4}:\left(\frac{3}{2}+\frac{1}{2}\right)$ c) $\left(\frac{5}{10}-\frac{2}{5}\right)\cdot 2$

Kärtchen: $\frac{1}{5}$ $\frac{3}{4}$ $\frac{3}{8}$ $\frac{1}{12}$

○ **4** Berechne. Kürze vollständig.

a) $\frac{1}{7}\cdot 3$ b) $\frac{2}{9}\cdot 4$ c) $\frac{5}{8}\cdot 6$

d) $\frac{10}{13}:5$ e) $\frac{3}{4}:2$ f) $\frac{8}{9}:12$

◐ **5** Ergänze die Lücken.

a) $\frac{■}{9}-\frac{2}{9}=\frac{5}{9}$ b) $\frac{■}{8}\cdot 3=\frac{6}{8}$

c) $\frac{1}{3}+\frac{■}{12}=\frac{11}{12}$ d) $\frac{5}{■}:2=\frac{5}{14}$

◐ **6** SP Notiere den Rechenausdruck und berechne.

a) Bilde die Summe aus $\frac{1}{3}$ und $\frac{2}{5}$. Dividiere sie durch 2.

b) Multipliziere die Differenz aus $\frac{5}{6}$ und $\frac{1}{12}$ mit 4.

◐ **7** Wähle die Brüche so für die Lücken, dass ein möglichst großes Ergebnis entsteht.

a) (■ + ■) · 3

b) ■ · 3 − ■

Kärtchen: $\frac{1}{2}$ $\frac{1}{4}$ $\frac{1}{3}$

◐ **8** Das Bowle-Rezept ist für fünf Geburtstagsgäste gedacht. Welche Mengen sind für 10 Gäste nötig?

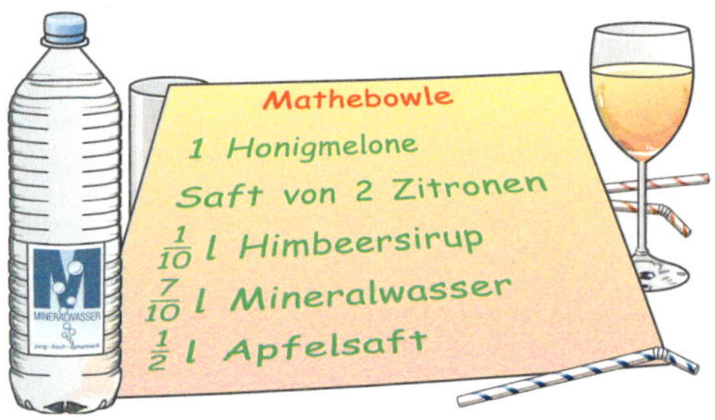

◐ **4** Berechne. Kürze vollständig.

a) $\frac{7}{12}\cdot 3$ b) $5\cdot\frac{13}{20}$ c) $\frac{6}{5}:3$

d) $\frac{8}{27}\cdot 9$ e) $\frac{12}{25}:4$ f) $\frac{5}{2}-\frac{2}{5}$

g) $\frac{4}{3}\cdot 9$ h) $\frac{8}{15}+\frac{7}{12}$ i) $\frac{15}{32}\cdot 8$

◐ **5** Ergänze die Lücken.

a) $\frac{1}{6}\cdot ■=\frac{3}{2}$ b) $\frac{■}{■}:4=\frac{3}{20}$

c) $■+\frac{7}{12}=\frac{9}{4}$ d) $\frac{8}{9}-■=\frac{3}{4}$

◐ **6** SP Notiere den Rechenausdruck und berechne.

a) Addiere zum Quotienten aus $\frac{2}{5}$ und 4 die Summe aus $\frac{2}{15}$ und $\frac{1}{30}$.

b) Dividiere die Differenz aus $\frac{19}{20}$ und $\frac{1}{5}$ durch das Produkt aus $\frac{1}{2}$ und 6.

● **7** Ein Viertel der Schülerinnen und Schülern einer Schule kommen mit dem Bus, $\frac{3}{10}$ kommen mit der Bahn, $\frac{1}{5}$ kommt mit dem Fahrrad und die restlichen 240 Schülerinnen und Schüler gehen zu Fuß.
Wie viele Bus-, Bahn- und Fahrradfahrer gibt es jeweils an der Schule?

→ Die Lösungen findest du auf Seite 237.

Standpunkt | Quader und Würfel

Wo stehe ich?

Ich kann ...	gut	etwas	nicht gut	Lerntipp!
A Rechtecke und Quadrate zeichnen,	■	■	■	→ Seite 220
B Längen- und Flächeneinheiten in benachbarte Einheiten umwandeln,	■	■	■	→ Seite 215, 216
C Umfang und Flächeninhalt von Quadrat und Rechteck bestimmen,	■	■	■	→ Seite 215, 216, 225
D Körper benennen,	■	■	■	→ Seite 223
E Würfel und Quader beschreiben,	■	■	■	→ Seite 223
F Netze von Würfeln und Quadern erkennen,	■	■	■	→ Seite 224
G Würfel in einem Würfelgebäude zählen.	■	■	■	→ Seite 225

Überprüfe dich selbst:

Teste dich

A Zeichne ein Rechteck und ein Quadrat mit den angegebenen Seitenlängen.

a) Rechteck: 2 cm und 3 cm

b) Quadrat: 5 cm

B Wandle um

a) in die nächstkleinere Einheit.
2 cm; 3,5 m; 0,7 dm; 3 cm^2; 1,1 m^2; 0,8 cm^2

b) in die nächstgrößere Einheit.
30 mm; 6500 dm; 12 000 m; 400 mm^2; 580 000 dm^2; 300 cm^2

C Berechne Umfang und Flächeninhalt

a) eines 4,5 m breiten und 12,0 m langen Rechtecks.

b) eines Quadrats mit der Seitenlänge 9 cm.

D Ordne jedem Körper seinen geometrischen Namen zu.

Würfel | Zylinder | Kugel | Quader

E Ergänze die Tabelle.

		Würfel	Quader
Anzahl	Ecken	■	■
	Kanten	■	■
	Flächen	■	■
Flächenform		■	■

F Welches Netz gehört zu einem Würfel, welches zu einem Quader? Begründe.

(1)

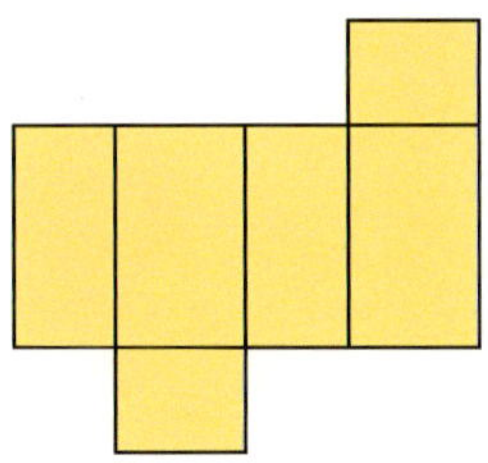

(2)

G Aus wie vielen Würfeln besteht das Würfelgebäude?

→ Die Lösungen findest du auf Seite 237.

4 Quader und Würfel

1 Ein Holzpuzzle besteht aus 13 Teilen. Die pinken Teile kann man in drei, die anderen in vier kleine Würfel zerlegen. Aus allen Teilen kann man ein großes Quadrat legen. Schneide die Teile in der Draufsicht aus und lege weitere Quadrate.

2 Aus den Puzzleteilen kann man den abgebildeten Würfel bauen. Wurden alle Teile verwendet? Mussten auch pinke Teile benutzt werden?

Material
zu Aufgabe 1

3 Schneidet aus Karton Quadrate mit 21 cm Seitenlänge aus. Faltet die Quadrate zu Schachteln: Zeichnet dazu an den Ecken kleine Quadrate ein und knickt diese über die Diagonale nach innen. Vergleicht die Schachteln in der Klasse: In welche passt am meisten hinein?

Ich lerne,

- woran man Quader und Würfel erkennt,
- wie man Körper in der Ebene durch Körpernetze darstellen kann,
- wie man einen Quader und einen Würfel in verschiedenen Lagen zeichnet,
- wie man den Oberflächeninhalt von Quadern und Würfeln bestimmt,
- mit welchen Maßeinheiten Rauminhalte gemessen werden,
- Volumeneinheiten umzuwandeln,
- wie man den Rauminhalt von Quadern und Würfeln berechnet.

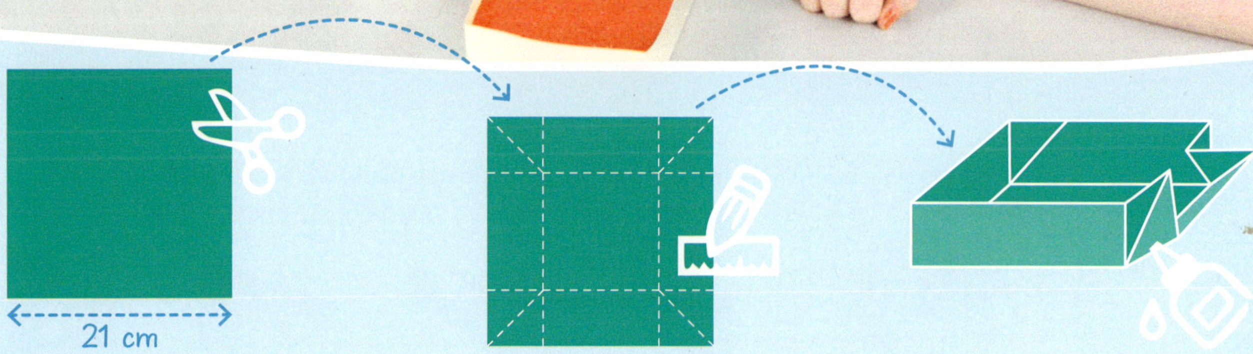

1 Quader und Würfel

Verpackungen gibt es in einer unübersehbaren Fülle. Viele haben die Formen geometrischer Körper.

→ Nenne Verpackungen, die dieselbe Form haben.

→ Finde mit deiner Partnerin oder deinem Partner Unterschiede und Gemeinsamkeiten der Verpackungen heraus.

→ Sucht im Klassenzimmer nach Würfeln und Quadern.

Körper werden von **Flächen** begrenzt. Stoßen zwei Flächen zusammen, entstehen **Kanten**. Stoßen Kanten zusammen, entstehen **Eckpunkte**.

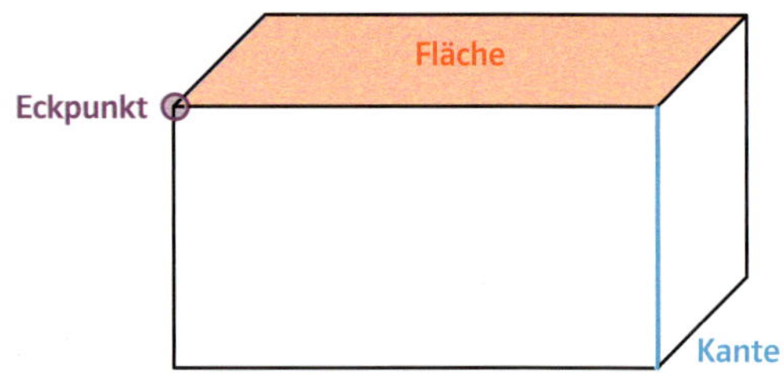

Merke

Ein **Quader** hat sechs rechteckige Flächen. Je zwei gegenüberliegende Rechtecke sind **deckungsgleich**.

Ein **Würfel** hat sechs quadratische, **deckungsgleiche** Flächen.

Tipp!
Flächen sind deckungsgleich, wenn sie die gleiche Form und Größe haben.

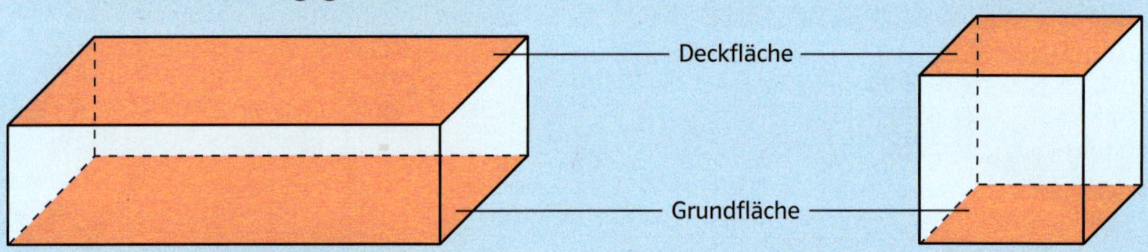

Beispiele

a) Eine Streichholzschachtel hat die Form eines Quaders.

b) Ein Spielwürfel hat sechs Flächen, auf denen die Augenzahlen 1 bis 6 stehen.

○ **1** SP Wo siehst du Würfel, wo Quader? **Begründe** deine Wahl und benenne alle Körper.

a) 

b) 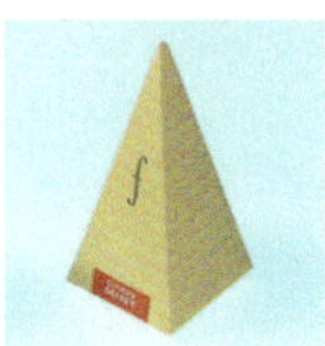

c) 

d) 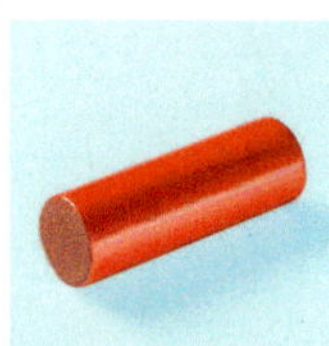

e) 

○ **2** Baue zusammen mit deiner Partnerin oder deinem Partner aus Schaschlikspießen oder Zahnstochern und Knetmasse das Kantenmodell eines Quaders.
a) Wie viele zugeschnittene Schaschlikspieße oder Zahnstocher benötigt ihr dafür?
b) Haben alle Schaschlikspieße oder Zahnstocher die gleiche Länge?
c) Wie viele Knetkugeln müsst ihr formen?

Alles klar?

Fördern

A
a) Baue aus Schaschlikspießen oder Zahnstochern und Knetmasse das Kantenmodell eines Würfels.
b) Vergleiche die Anzahl der Ecken und Kanten von Würfel und Quader.
c) Warum ist das Kantenmodell eines Würfels leichter herzustellen als das Kantenmodell eines Quaders?

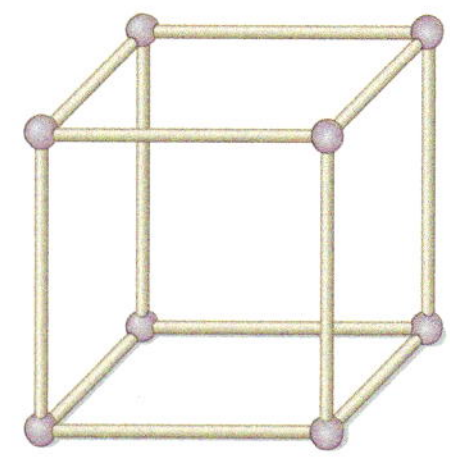

○ **3** Wie viele kleine Würfel brauchst du, um dieses Würfelgebäude zu errichten?
a)

b)

○ **4** Ein Käfer krabbelt auf den Kanten eines Würfels.

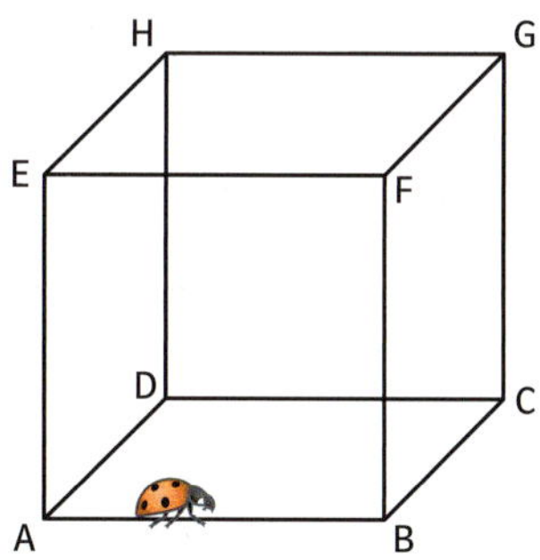

Er krabbelt von A nach rechts, nach oben, nach hinten, nach links, nach vorne, nach unten. Wo kommt er an?

◒ **5** Aus kleinen Würfeln werden große Würfel zusammengesetzt.
a) Reichen acht kleine Würfel, um einen großen Würfel herzustellen? Prüfe.
b) Für die Grundkante eines größeren Würfels werden drei kleine Würfel aneinander gelegt. Wie viele kleine Würfel werden für diesen großen Würfel benötigt?

◒ **3** Ein Käfer krabbelt auf den Kanten eines Quaders entlang. Er will von A nach G krabbeln und geht keine Kante zweimal.

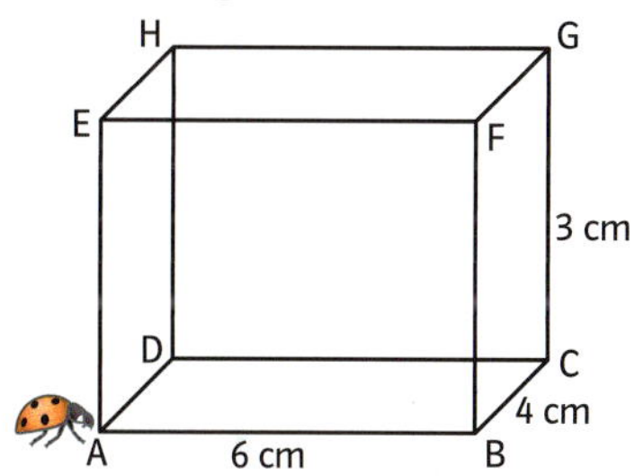

a) Finde 3 Wege.
b) Welches ist der längste Weg?
c) Welches ist der kürzeste Weg?

◒ **4** Leonie besitzt kleine Würfel mit einer Kantenlänge von 2 cm.
a) Wie viele dieser Würfel braucht sie, um einen Würfel mit 4 cm Kantenlänge zusammenzusetzen?
b) Reichen ihr 30 kleine Würfel, um einen Würfel mit 6 cm Kantenlänge zu bauen?

◒ **5** Aus einem großen Würfel wird ein Quader entnommen. Aus wie vielen Würfeln bestehen die beiden Körper?

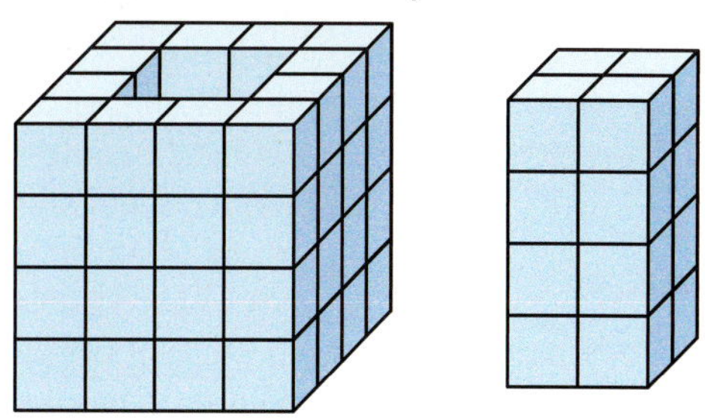

→ Die Lösungen zu „Alles klar?“ findest du auf Seite 238.

○**6** Welche Kanten liegen parallel zueinander?

Beispiel: a ∥ h

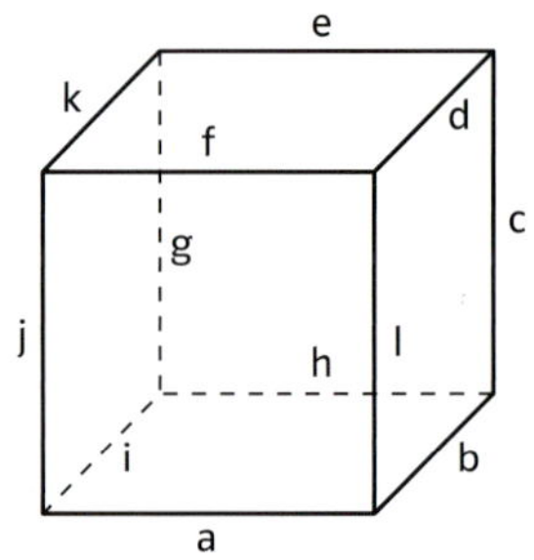

◒**7** Wie viele Würfel benötigt man mindestens, um das abgebildete Würfelgebäude zu einem Quader zu ergänzen?

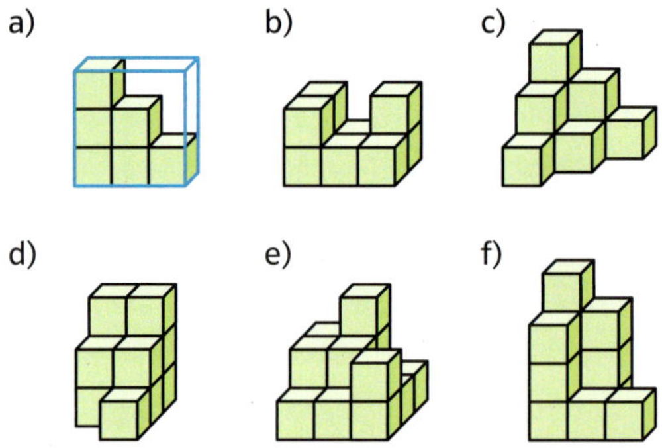

◒**8** Im Kantenmodell eines Würfels sollen je zwei Eckpunkte schräg durch den Würfel hindurch mit Fäden verbunden werden.

a) Wie viele solcher Fäden kannst du spannen?
b) Was fällt dir auf?

◒**9** Welche Behauptung ist richtig, welche falsch?

a) Jede Kante verbindet zwei Ecken. Ein Würfel hat 12 Kanten, also hat er 24 Ecken.
b) Beim Quader stoßen an jeder Ecke immer drei Kanten zusammen. Da er 8 Ecken hat, hat er auch 24 Kanten.
c) Ein Würfel hat 24 Kanten: 4 oben, 4 unten, 4 vorne, 4 hinten, 4 links, 4 rechts.

◒**6**

a) Notiere alle Kanten, die gleich lang sind.

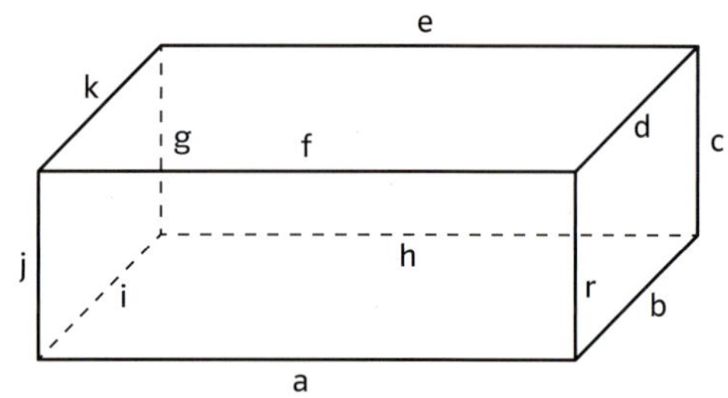

b) Welche Kanten liegen parallel zueinander?
c) Welche Kanten stehen senkrecht zueinander?

◒**7** Das Würfelgebäude soll zu einem Quader ergänzt werden.
Lukas zählt die Würfel, die auf jedem Würfelstapel fehlen.
Sina überlegt anders. Sie berechnet die Zahl der Würfel, die benötigt werden, um den Quader zu erstellen. Danach zählt sie die vorhandenen Würfel und bildet die Differenz der beiden Zahlen.
Löst nach beiden Verfahren und bestimmt die fehlenden Würfel.

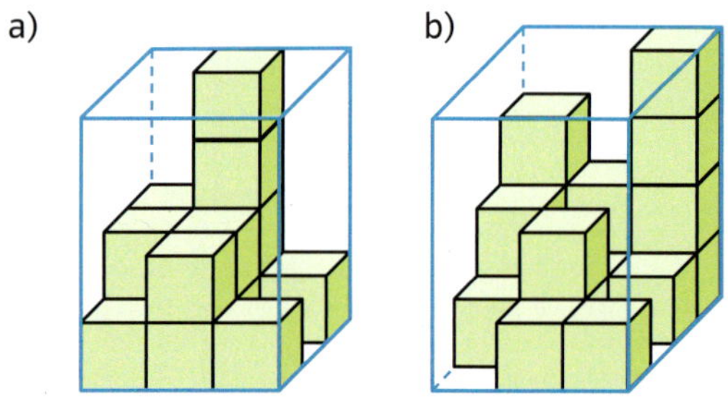

●**8** Derselbe Buchstabenwürfel ist in drei Lagen zu sehen. Welcher Buchstabe liegt dem „E“, welcher dem „S“ gegenüber?

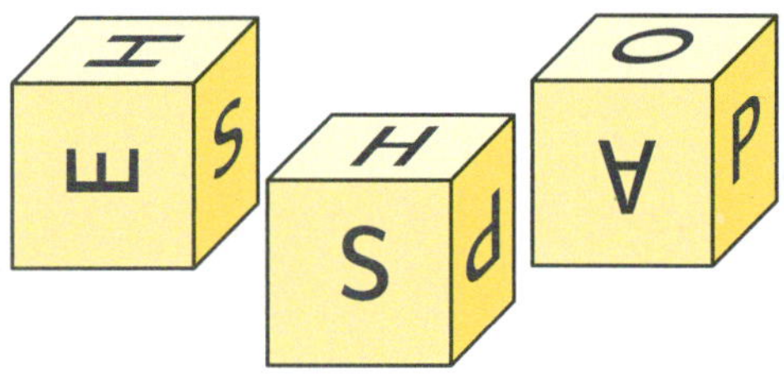

◒**9** SP Jan sagt: „Jeder Würfel ist ein Quader.“ Jessica behauptet: „Jeder Quader ist ein Würfel.“ Haben beide recht? **Begründe**.

2 Netze von Quadern und Würfeln

Anna möchte das Netz einer Verpackung zeichnen. Sie schneidet die Verpackung an den Kanten auseinander und schneidet die Laschen ab. Anschließend zeichnet sie den Umriss der ausgebreiteten Verpackung auf einen Bogen Papier und zeichnet die Knickkanten nach.

→ Schneide eine Verpackung an den Kanten so auf, wie im Bild dargestellt.
→ Wie viele Kanten musst du aufschneiden?
→ Vergleicht eure Netzzeichnungen.

Es gibt verschiedene Möglichkeiten, das Netz eines Quaders und das Netz eines Würfels zu zeichnen.
Diese Netze geben die Oberfläche des Körpers wieder.

Merke Wird die Oberfläche eines geometrischen Körpers aufgeschnitten und in der Ebene ausgebreitet, so erhält man das **Netz** des Körpers.

Beispiele

a) Ein Würfelnetz besteht aus sechs deckungsgleichen Quadraten.

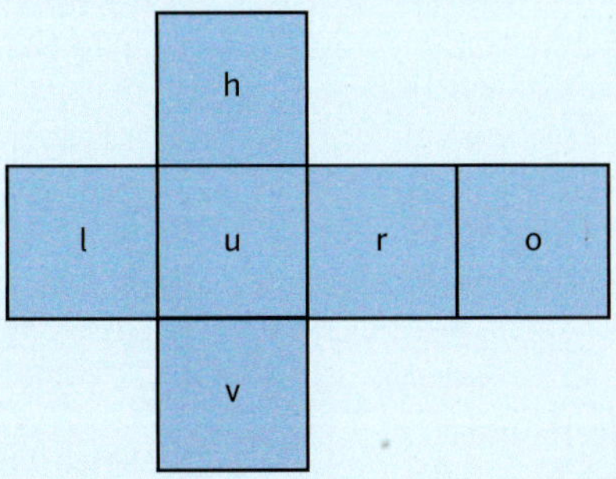

b) Ein Quadernetz besteht aus sechs Rechtecken. Je zwei davon sind deckungsgleich.

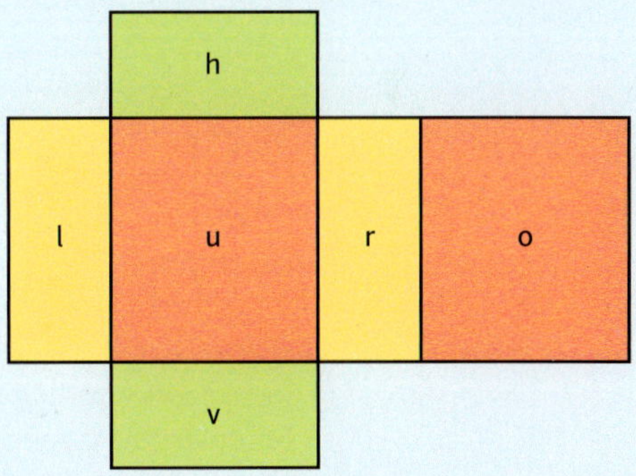

Wenn man sich eine Fläche als Grundfläche (**u**nten) vorstellt, ist festgelegt, welche Fläche nach dem Zusammenfalten **l**inks, **r**echts, **v**orne, **h**inten, **o**ben liegt.

○**1** Zeichne das Würfelnetz auf ein Blatt. Falte es zu einem Würfel (Kantenlänge: 4 cm).

a)

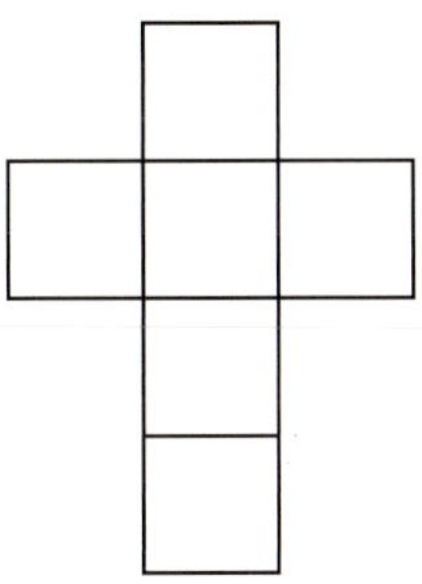

b)

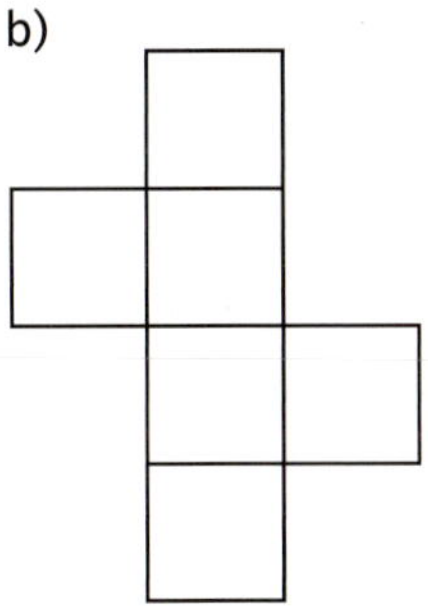

○**2** Ergänze im Heft zu einem Quadernetz.

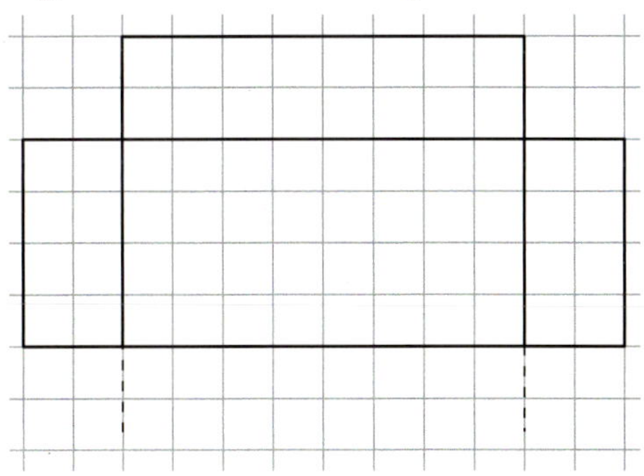

○ **3**

a) Welche Figur ist ein Würfelnetz, welche ein Quadernetz, welche keins von beiden? **Begründe**.
b) Zeichne die Netze in vierfacher Größe ab. Schneide sie aus und falte sie zu einem Körper.

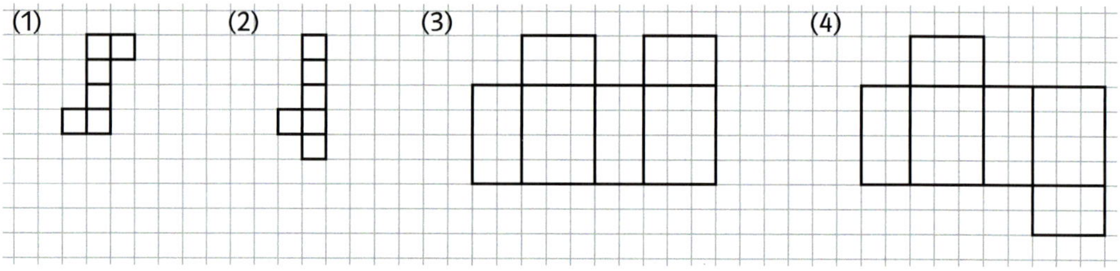

Alles klar?

Fördern

A Welche Figur ist kein Würfelnetz?

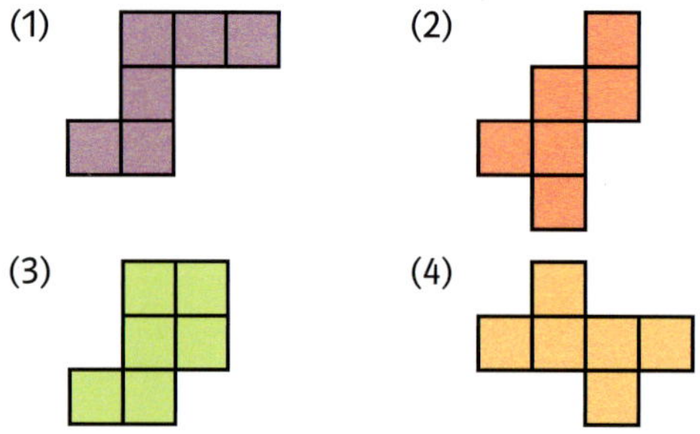

B Eine Fläche fehlt. Vervollständige im Heft zu einem Quadernetz.

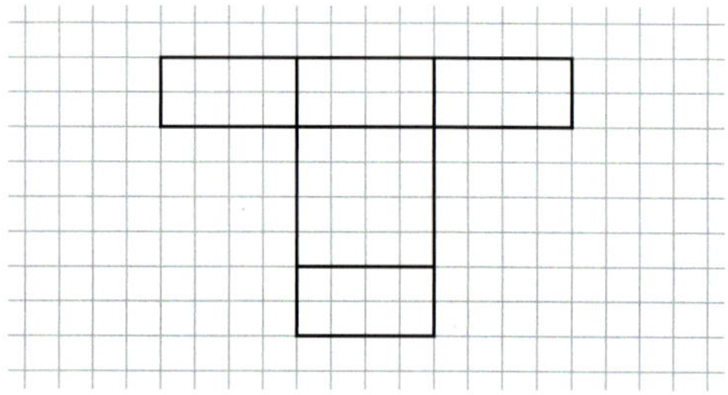

Tipp!
zu Aufgabe 4
1 K = 1 Kästchen

○ **4** Vervollständige im Heft zu einem Würfelnetz. Es gibt mehrere Möglichkeiten.

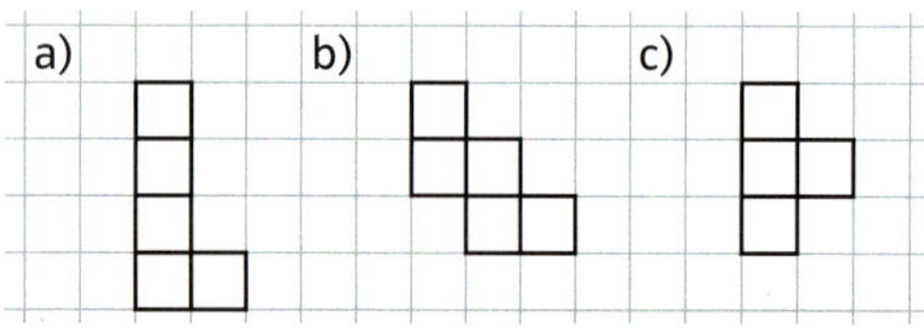

○ **5** Gegenüberliegende Seiten eines Spielwürfels haben die Augensumme 7. Übertragt das Würfelnetz in euer Heft und ergänzt die fehlenden Augenzahlen. Vergleicht eure Ergebnisse und prüft diese anhand eines Spielwürfels.

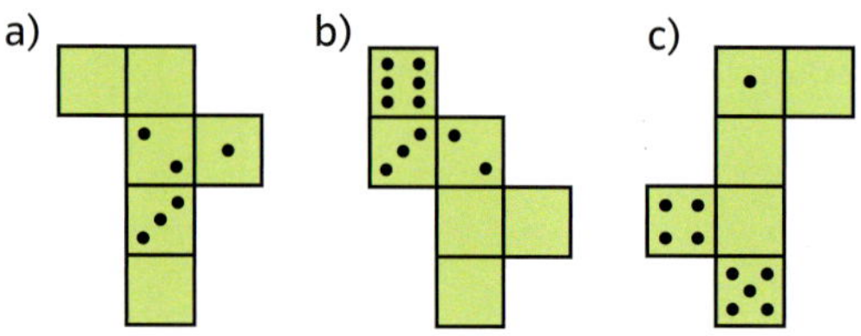

◒ **6** SP Rita behauptet: „Um ein Quadernetz zeichnen zu können, muss man wissen, welche Fläche die Grundfläche des Quaders ist.“ Hat Rita recht? **Begründe**.

◒ **4** Übertrage die Figur in dein Heft und ergänze sie zu einem Quadernetz.

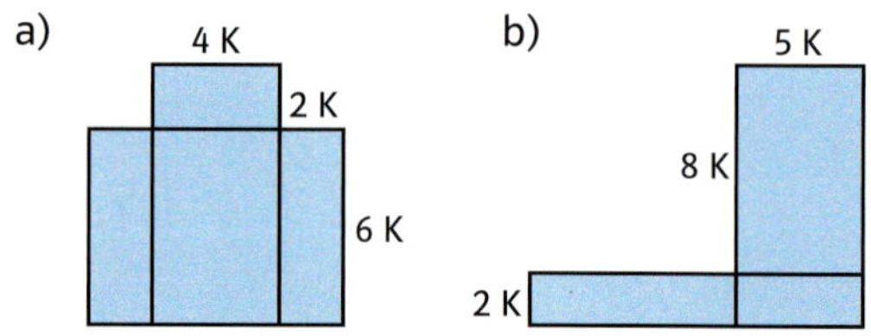

◒ **5** SP Welche Figur stellt kein Quadernetz dar? **Begründe**.

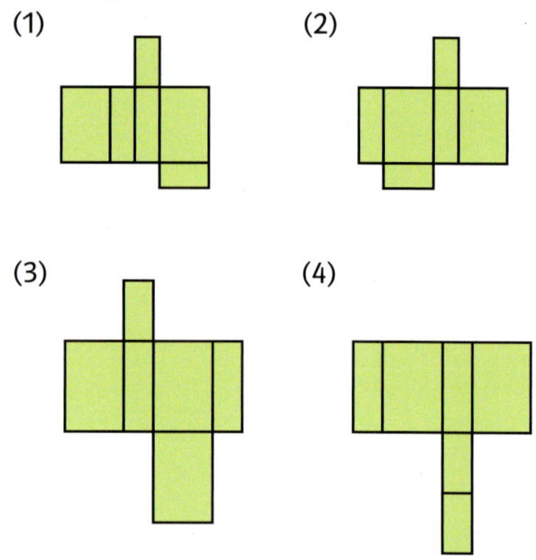

→ Die Lösungen zu „Alles klar?“ findest du auf Seite 238.

7 Bei welchen Netzen handelt es sich um Quadernetze und welche sind keine Quadernetze?

(1)

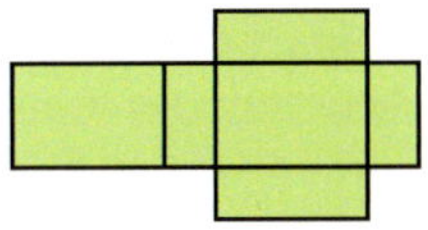

(2)

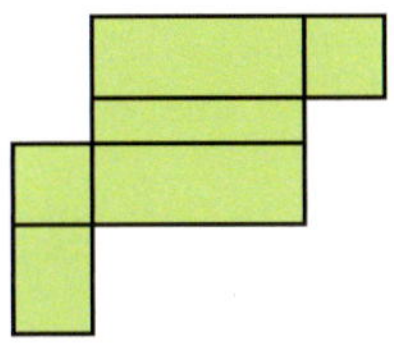

(3)

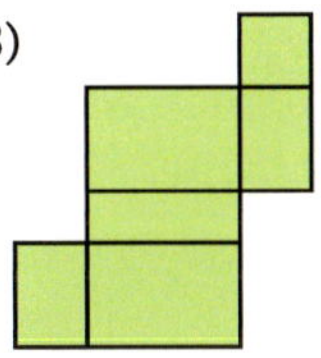

8 Übertrage das Netz in dein Heft. Die Grundfläche des Würfels ist rot markiert. Färbe gegenüberliegende Flächen in der gleichen Farbe.

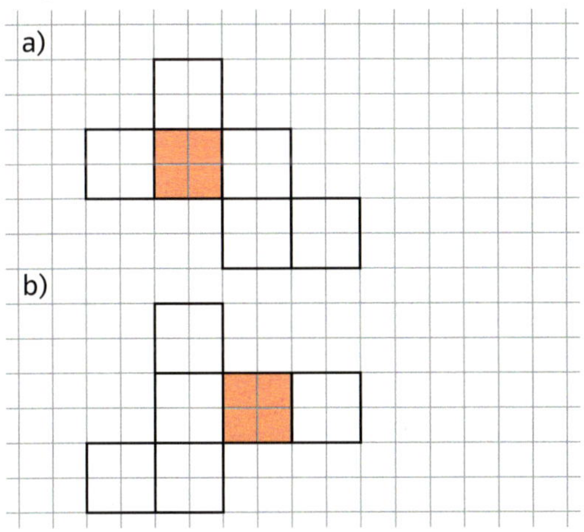

9 Ein Würfel wird mit einer Ecke in Farbe getaucht. Übertrage die Netze ins Heft und ergänze in den Würfelnetzen entsprechend die fehlenden Farbecken.

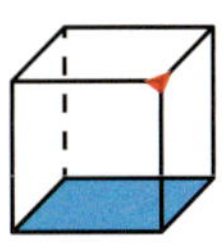

(1)

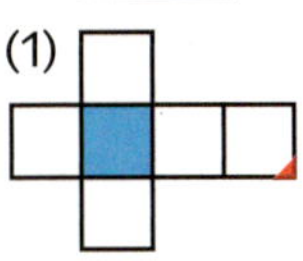

(2)

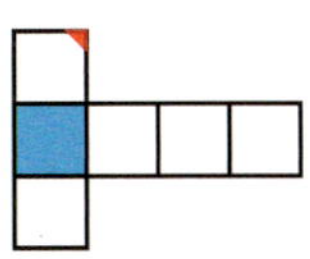

(3)

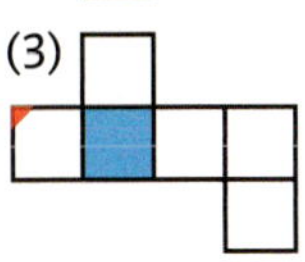

(4)

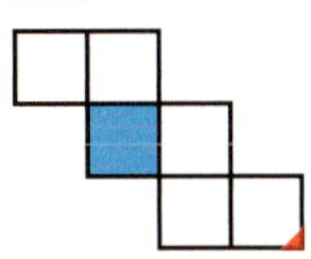

6 Welches Netz passt zu welchem Quader? Ordne zu.

A B C

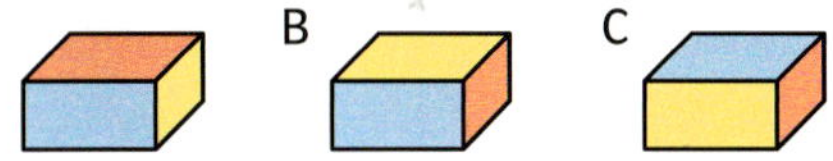

(1) (2) (3)

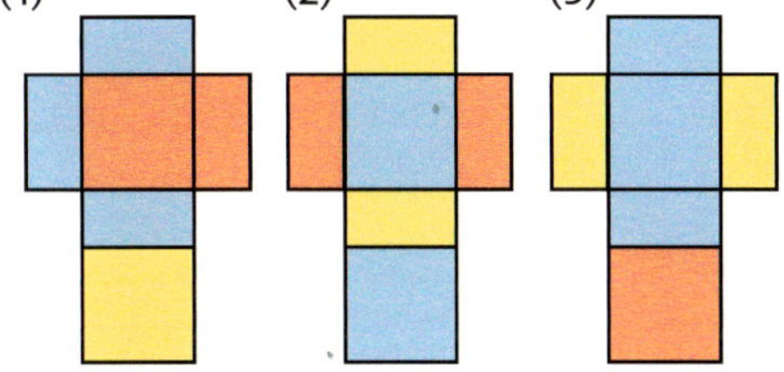

7 Die Grundfläche des Würfels ist mit „u" bezeichnet. Zeichne das Würfelnetz und trage v; h; l; r; o ein.

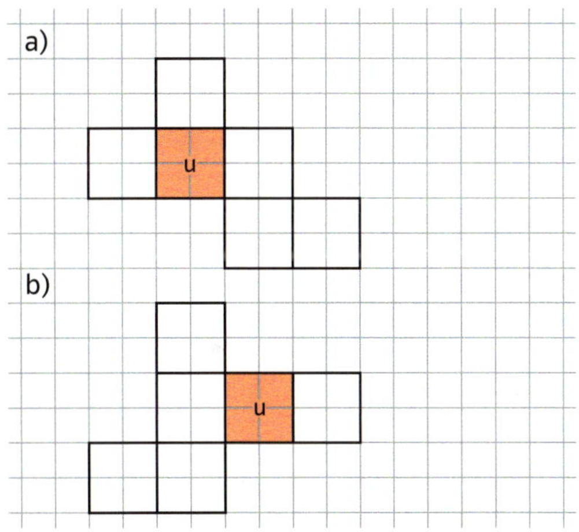

8 Zeichne das Netz ins Heft. Übertrage die Buchstaben der Würfelecken an die Eckpunkte des Netzes.

a)

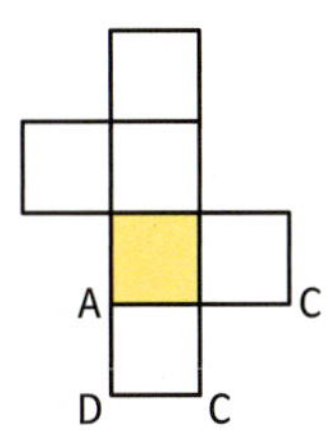

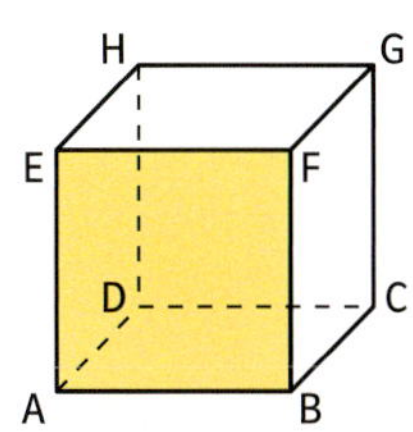

b)

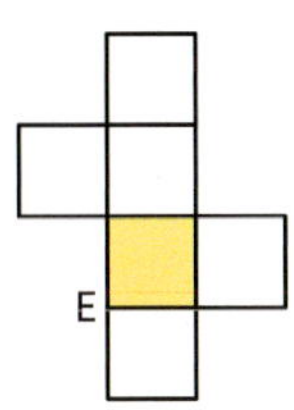

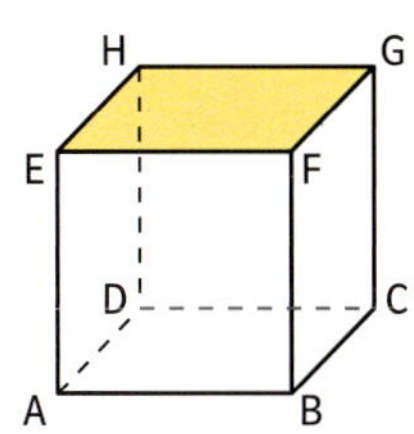

3 Schrägbilder

In der Foto-AG wurden Aufnahmen von würfelförmigen Sitzhockern gemacht.
→ Von welcher Position aus wurden die Fotos gemacht?
→ Skizziere das Kantenmodell eines Würfels aus verschiedenen Positionen heraus.
→ Vergleicht eure Skizzen miteinander.
→ Fertigt selbst solche Fotos an.

Mithilfe eines **Schrägbilds** können wir uns einen Körper besser vorstellen.
Im Schrägbild erscheint der Körper räumlich.

Merke **Schrägbilder** werden nach bestimmten Regeln gezeichnet:
1. Zeichne die Kanten der Vorderfläche mit den angegebenen Maßen.
2. Nach hinten verlaufende Kanten werden schräg nach rechts oben im Winkel von 45° und mit halber Länge gezeichnet.
3. Nicht sichtbare Kanten werden gestrichelt gezeichnet.
4. Zeichne die hintere Fläche mit den angegebenen Maßen.

Beispiel So zeichnet man einen Quader mit den Maßen 2 cm; 4 cm und 3 cm:

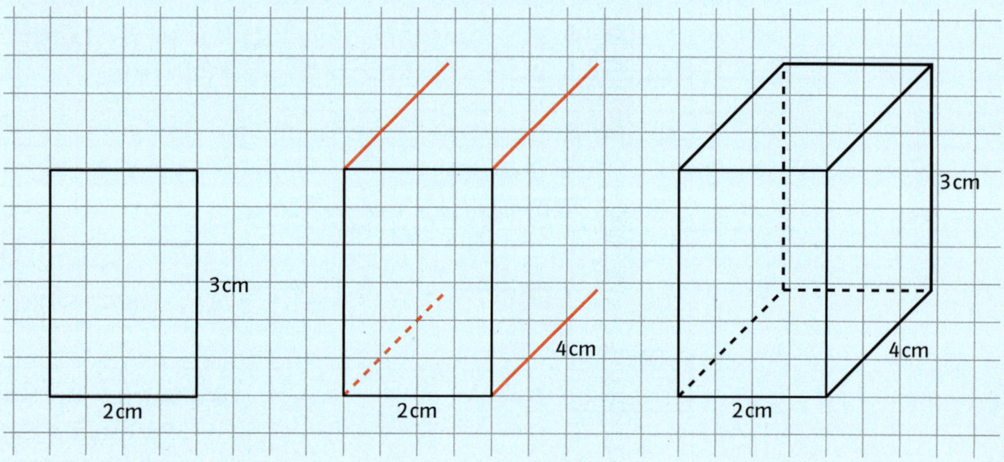

Tipp!

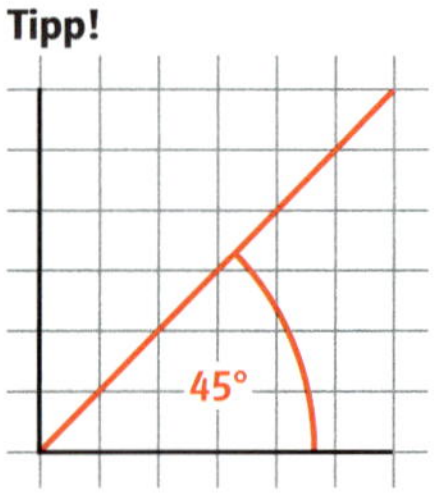

○ **1** Ergänze im Heft zum Schrägbild eines Quaders.

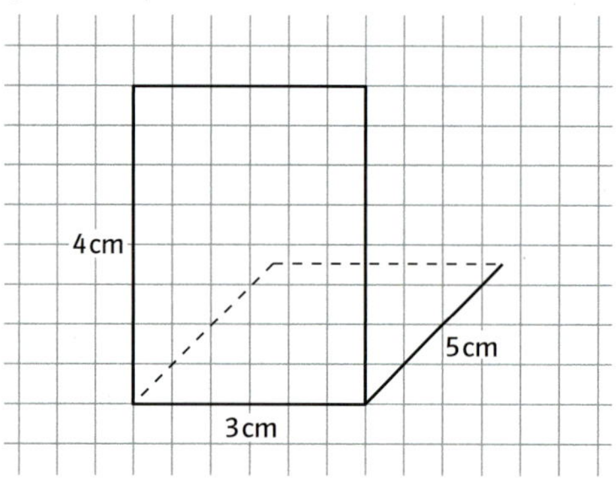

○ **2** Zeichne das Schrägbild des Würfels mit der Kantenlänge
a) 5 cm.
b) 6 cm.
c) 7 cm.

○ **3** Die Kantenlängen eines Quaders sind gegeben. Zeichne das Schrägbild des Quaders in dein Heft.
a) 8 cm; 4 cm; 2 cm
b) 9 cm; 6 cm; 3 cm
c) 7 cm; 6 cm; 5 cm

Alles klar?

Fördern

A Ergänze im Heft zum Schrägbild eines Würfels.

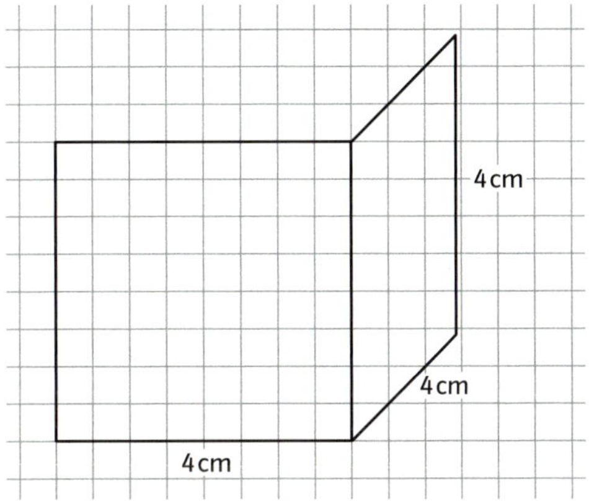

B Zeichne das Schrägbild des Würfels mit der Kantenlänge 3 cm.

C Entnimm dem Schrägbild die Maße des Quaders. Welche Kantenlängen hat der Quader in Wirklichkeit?

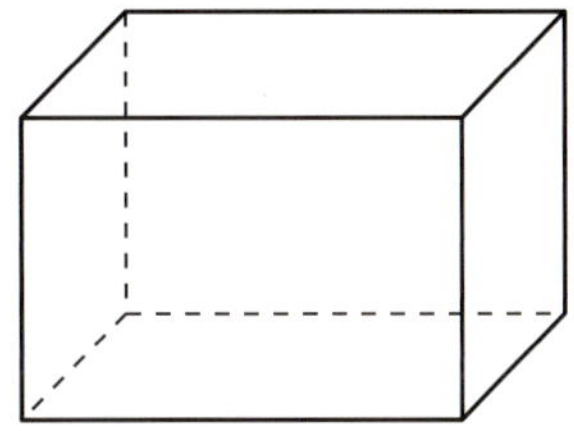

○ **4** Ergänze im Heft zum Schrägbild eines Quaders.

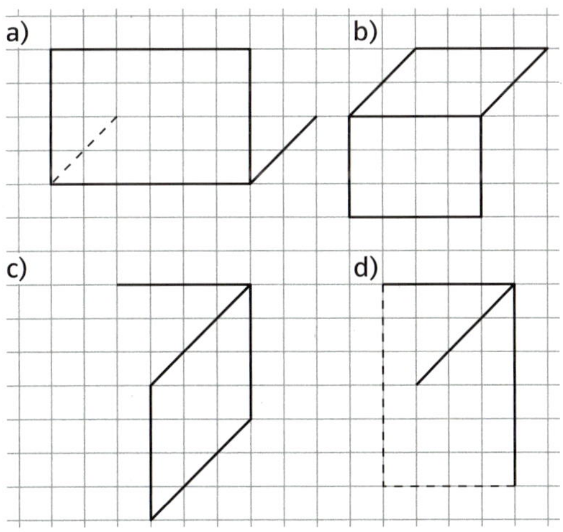

◒ **5** SP Im Schrägbild jedes Würfels ist ein Fehler. **Beschreibe** die **Fehler**.

a)
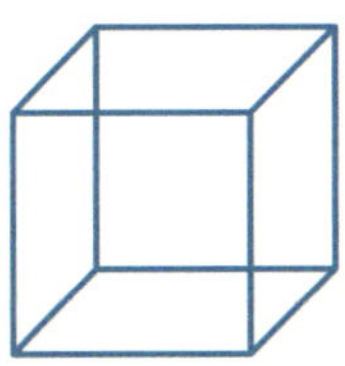

b)
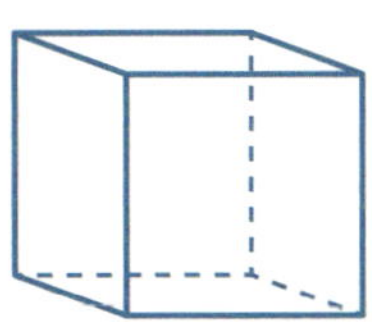

c)
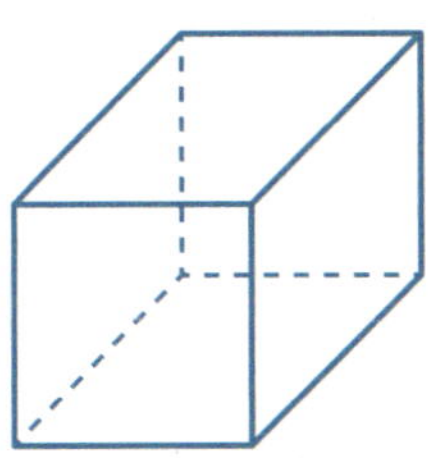

d)
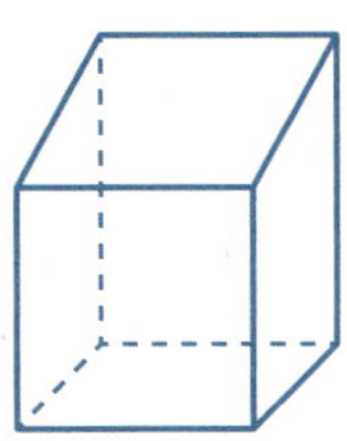

◒ **4** Ein Würfel mit der Kantenlänge 6 cm soll in kleinere Würfel mit der Kantenlänge 3 cm zerlegt werden. Zeichne das Schrägbild des großen Würfels. Zeichne in dieses Schrägbild die kleineren Würfel ein. Wähle dafür eine andere Farbe.

◒ **5** Der Quader hat die Kantenlängen 5 cm; 3 cm und 3 cm. Drei Flächen sind gefärbt.

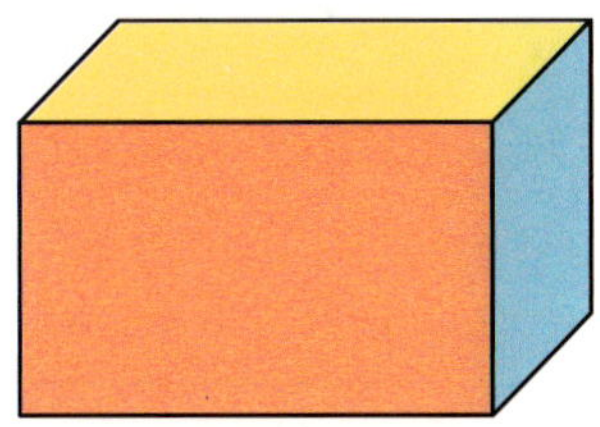

a) Zeichne drei Schrägbilder des Quaders. Die vordere Fläche soll jeweils eine andere Farbe haben.
b) Färbe die benachbarten Flächen.

● **6** Aus Würfeln kannst du Buchstaben legen.

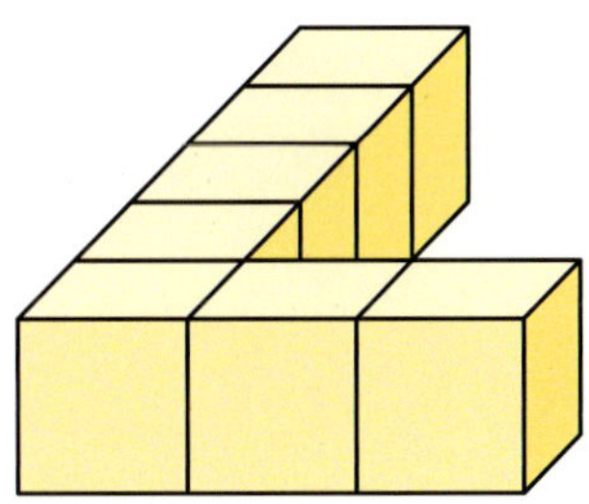

a) Zeichne T und E im Schrägbild.
b) Zeichne auch andere Buchstaben so.

→ Die Lösungen zu „Alles klar?" findest du auf Seite 238.

6 Aus Würfeln kannst du Buchstaben stellen oder legen.

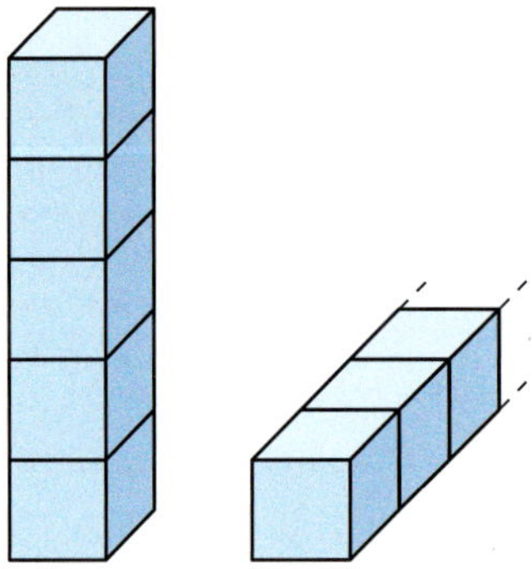

a) Zeichne den Buchstaben I stehend und liegend im Schrägbild in dein Heft.
b) Zeichne auch andere Buchstaben so.

Tipp!
zu Aufgabe 7:
Hier ist Messen erlaubt!

7 SP Elias behauptet, dass drei unterschiedliche Quader abgebildet sind.
Hat Elias recht? **Begründe**.

Tipp!
Körper können auch in einem Punktpapier räumlich dargestellt werden.

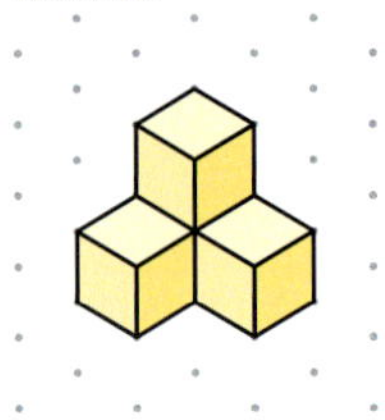

8 Eine Streichholzschachtel hat die Maße 1 cm, 4 cm und 5 cm.

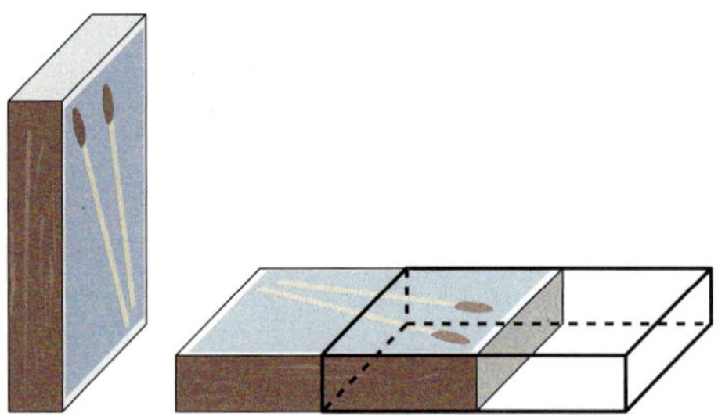

a) Zeichnet das Schrägbild der Schachtel in den zwei angegebenen Lagen.
b) Findet ihr noch eine weitere Möglichkeit? Zeichnet und vergleicht die Schrägbilder.

7 Zeichne ein Koordinatensystem.
a) Die Punkte A(3|2); B(7|2); C(10|5) und G(10|10) sind Eckpunkte eines Quaders.
b) Verbinde die Punkte A; B; C und G der Reihe nach.
c) Ergänze die Zeichnung zum Schrägbild eines Quaders.
d) Gib die Koordinaten aller Eckpunkte des Quaders an.

8 Entnimm dem Quadernetz die Maße für die Kantenlängen des Quaders.

(1) (2)

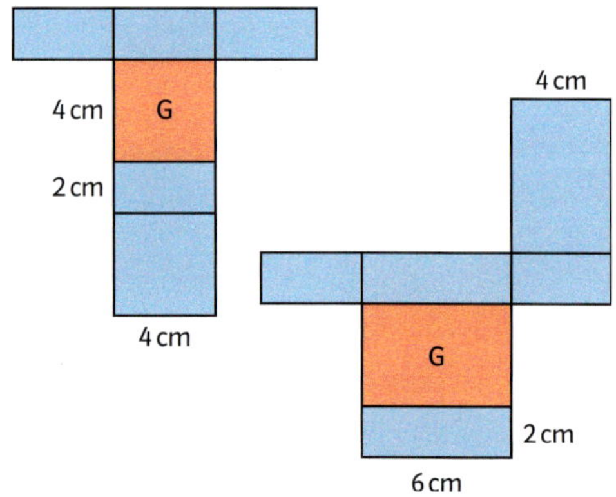

a) **Skizziere** das Schrägbild des Quaders mit der Grundfläche G.
b) Zeichne das Schrägbild des Quaders.

9 Hier sind zwei Würfelgebäude auf einem Punktpapier dargestellt. Welche Schrägbilder stellen dasselbe Würfelgebäude dar?

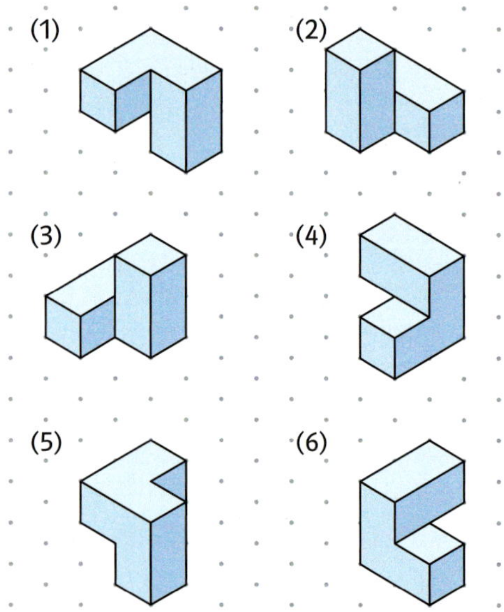

4 Oberflächeninhalt des Quaders

Marie möchte aus einem Holzkästchen ein schönes Schmuckkästchen machen. Dazu schneidet sie aus Buntpapier Rechtecke aus und beklebt damit die Oberfläche.

→ Überlege, wie viele Rechtecke sie ausschneiden muss. Welche Maße haben diese Rechtecke?

→ Berechnet zu zweit den Flächeninhalt der einzelnen Rechtecke.

→ Wie viel dm^2 Papier benötigt Marie für das Kästchen insgesamt?

Zu jedem Quader gehört ein Netz, das sich aus sechs Rechtecken zusammensetzt. Jeweils zwei gegenüberliegende Flächen sind deckungsgleich.

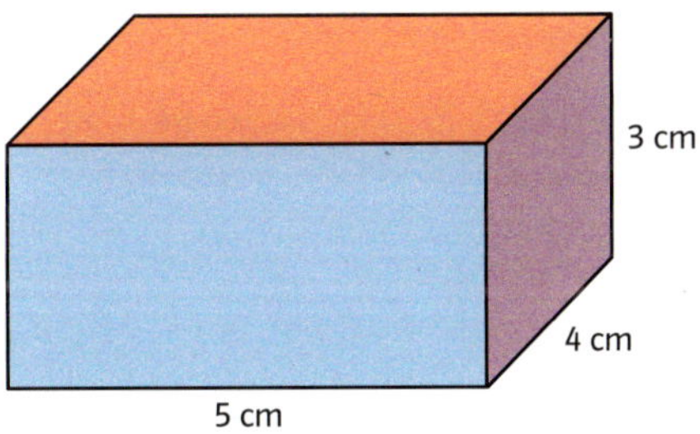

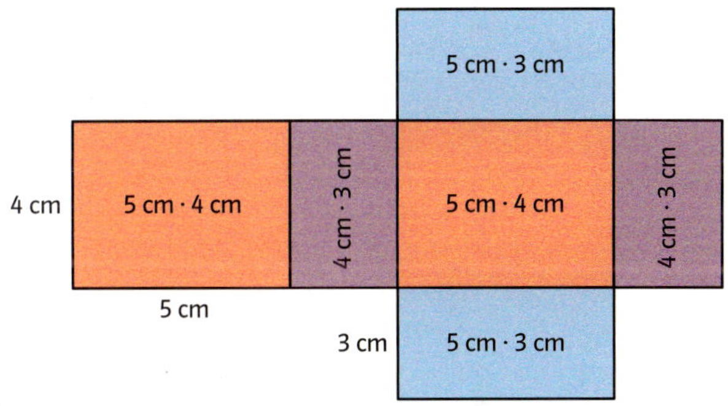

Merke

Möchte man den **Oberflächeninhalt O** eines Quaders berechnen, addiert man die Flächeninhalte der sechs Rechtecke.
Den Oberflächeninhalt O eines Quaders berechnet man durch:
O = 2 · Länge · Breite + 2 · Länge · Höhe + 2 · Breite · Höhe oder
O = 2 · (Länge · Breite + Länge · Höhe + Breite · Höhe)

Beispiele

a) Die Kanten des Quaders sind: Länge = 5 cm; Breite = 4 cm und Höhe = 3 cm.
Setzt man die Werte in die Formel für den Oberflächeninhalt O ein, so gilt:
O = 2 · 5 cm · 4 cm + 2 · 5 cm · 3 cm + 2 · 4 cm · 3 cm
O = 40 cm^2 + 30 cm^2 + 24 cm^2
O = 94 cm^2

b) Der Würfel ist ein besonderer Quader: Er besteht aus sechs gleich großen Quadraten.
Ein Würfel hat den Oberflächeninhalt O = 6 · Kantenlänge · Kantenlänge.
Für einen Würfel mit der Kantenlänge 8 cm gilt:
O = 6 · 8 cm · 8 cm
O = 6 · 64 cm^2
O = 384 cm^2

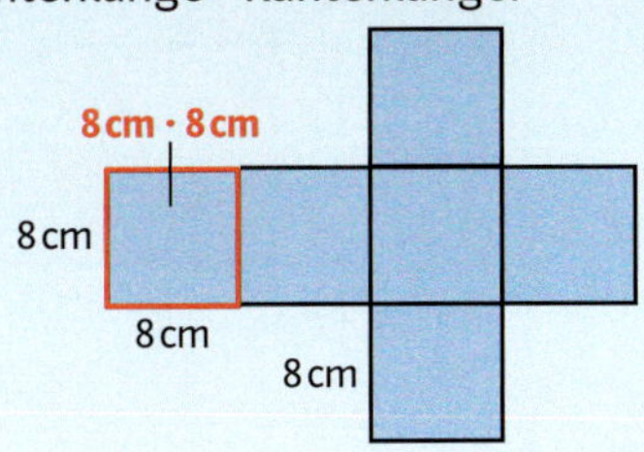

○ **1** Zeichne zuerst das Netz des Quaders und beschrifte die Rechteckseiten.
Berechne dann den Oberflächeninhalt des Quaders.

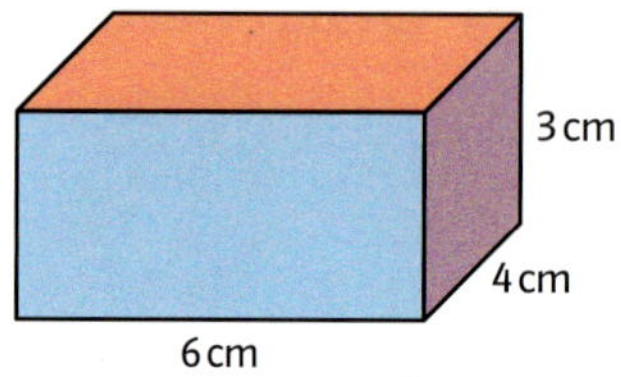

○ **2** Berechne den Oberflächeninhalt eines Würfels mit der Kantenlänge 3,5 cm.

Alles klar?

Fördern

A Wie groß ist der Oberflächeninhalt eines Quaders mit den Kantenlängen 10 cm; 12 cm und 15 cm?

B Berechne den Oberflächeninhalt eines Würfels, dessen Quadrate eine Seitenlänge von 7 cm haben.

○ **3** Zeichne zuerst das Netz in dein Heft und berechne dann den Oberflächeninhalt.

a)

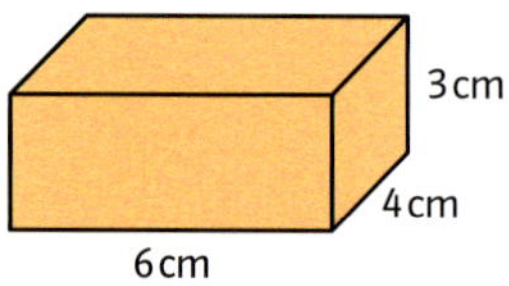

b)

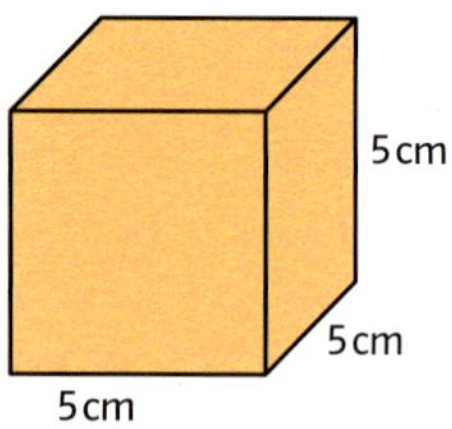

◒ **4** Berechne den Oberflächeninhalt des Quaders.

	Länge	Breite	Höhe
a)	5 cm	6 cm	7 cm
b)	6 cm	7 cm	8 cm
c)	8 dm	5 dm	0,6 m

◒ **5** Berechne den Oberflächeninhalt des Quaders mit dem vorgegebenen Netz.

a)

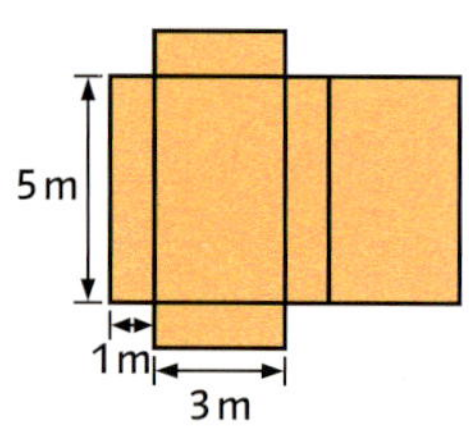

b)

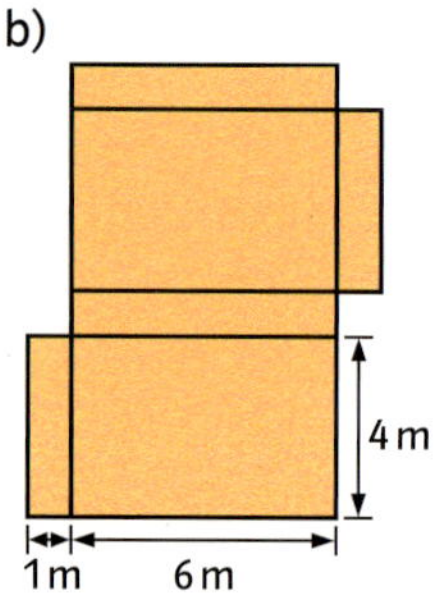

◒ **3** Berechne den Oberflächeninhalt des Quaders. Achte auf die Maßeinheiten.

	Länge	Breite	Höhe
a)	550 mm	6,2 dm	70 cm
b)	4,2 cm	36 mm	1 dm
c)	60 cm	75 cm	2 m
d)	50 dm	11 m	180 dm

◒ **4** Manuel möchte eine Holzkiste von allen Seiten bemalen. Auf der Farbdose steht: „Ausreichend für 1 m^2 Fläche."

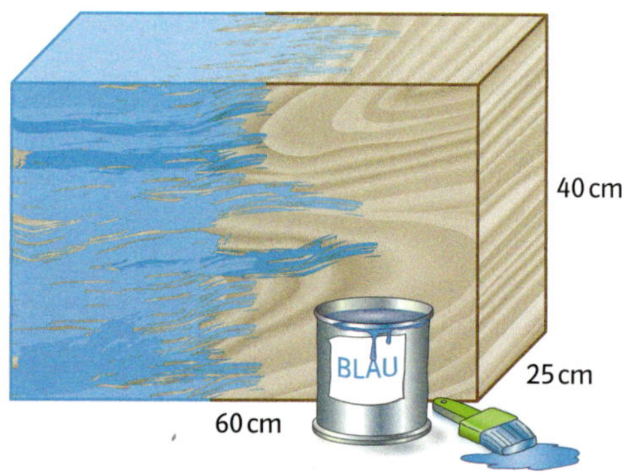

Reicht der Inhalt der Dose?

● **5** Kennt man den Oberflächeninhalt eines Würfels, kann man seine Kantenlänge berechnen.

a) SP Der Oberflächeninhalt eines Würfels beträgt 600 cm^2. Wie lang ist die Kante des Würfels?
Beschreibe, wie du gerechnet hast.

b) Kannst du auf diese Weise die Kantenlänge eines Würfels mit dem Oberflächeninhalt 2400 cm^2 berechnen?

→ Die Lösungen zu „Alles klar?" findest du auf Seite 238.

5 Rauminhalte vergleichen

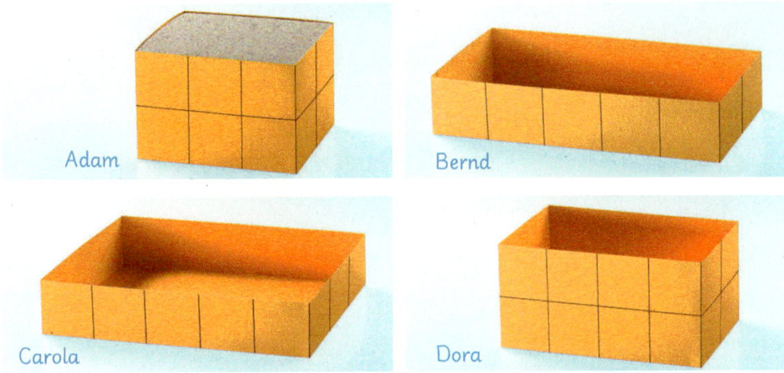

Adam hat seine Kiste mit Sand gefüllt.

→ Passt der Sand in jede der anderen Kisten?

→ Dora sagt: „Verglichen mit Adams Kiste passt in meine Kiste mehr als das Doppelte." Hat sie recht?

→ Passt in die Kisten von Bernd und Carola mehr oder weniger Sand als in Adams Kiste?

Körper, die aus gleichen Teilkörpern bestehen, kann man miteinander vergleichen.
Als Vergleichsgröße eignen sich Würfel besonders gut.
Der **Rauminhalt** eines Körpers heißt auch **Volumen**.

Merke Zwei Körper, die aus gleich vielen, gleich großen Teilkörpern bestehen, haben das gleiche **Volumen**.

Beispiel Alle drei Körper bestehen aus vier gleich großen Quadern. Sie haben also den gleichen Rauminhalt.

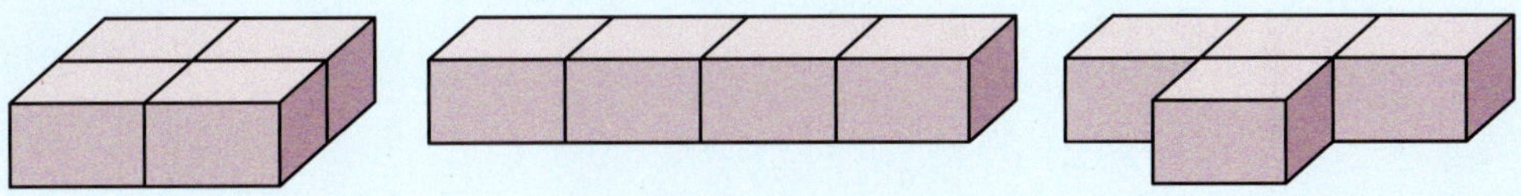

○ **1** Aus wie vielen Würfeln besteht der Körper?

a) 

b) 

c) 

○ **2** Ordne die drei Körper nach der Größe ihres Volumens.

(1) 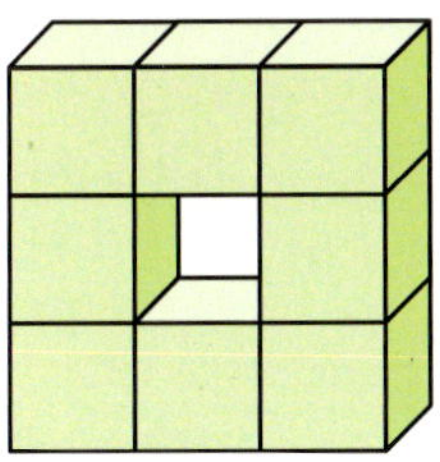

(2) 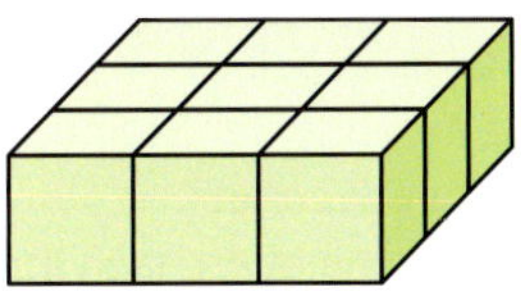

(3) 

Alles klar?

Fördern

A Welcher Körper hat das größere Volumen?

(1)

(2)

B Vergleiche die Rauminhalte der drei Kisten. Was stellst du fest?

(1)

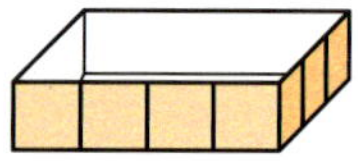

(2)

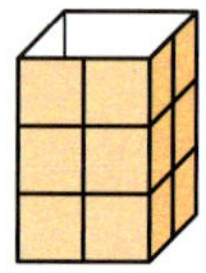

(3)

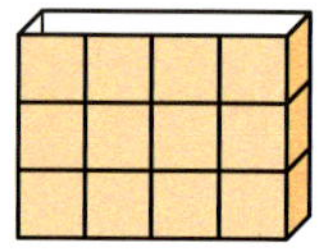

○**3** Aus Würfeln kann man Mauern bauen.

(1)

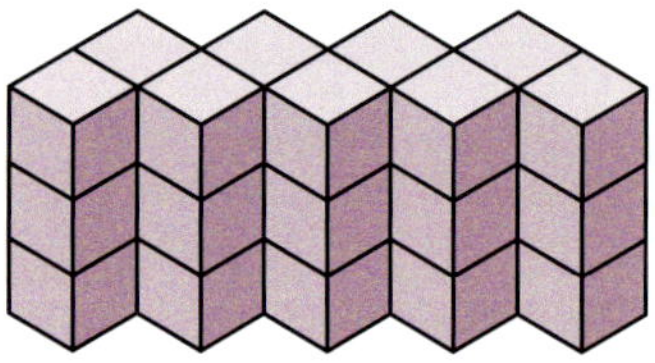

(2)

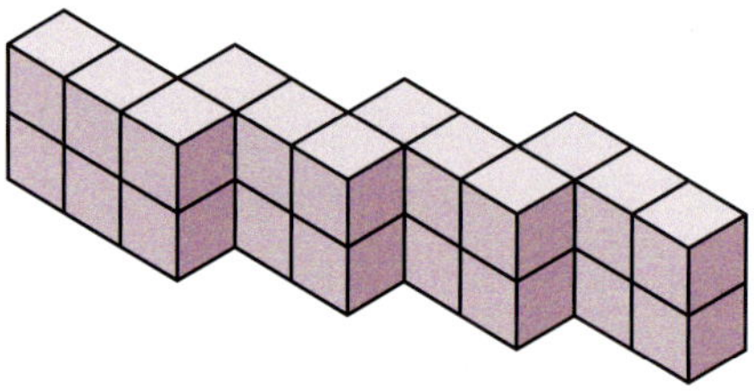

(3)

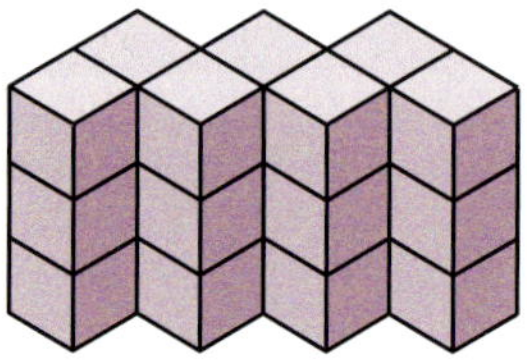

a) Welche Mauer besteht aus den wenigsten, welche aus den meisten Steinen?
b) Wie viele Steine braucht man jeweils, um die Mauer zu bauen?

○**4** Elfi hat aus 4er- und 8er-Steinen ihren Namen gebaut.

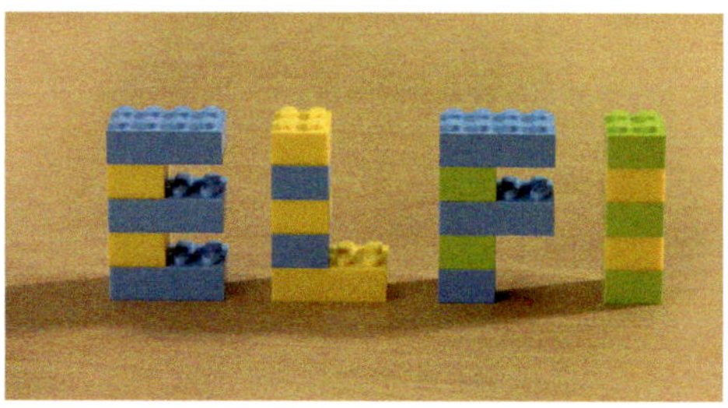

a) Wie viele 4er- und 8er-Steine hat sie insgesamt verwendet?
b) Ordne die Buchstaben nach ihrem Rauminhalt.

◒**3** Wie viele kleine Würfel passen noch in den großen roten Würfel?

a)

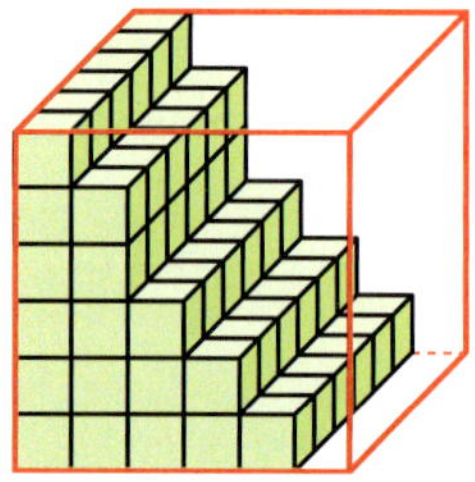

b)

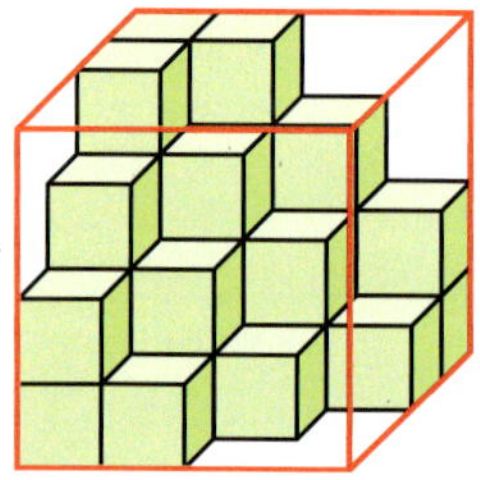

◒**4** Ist der Würfel halb gefüllt?
Wenn nicht, ist die Füllung größer oder kleiner als die Hälfte?

a)

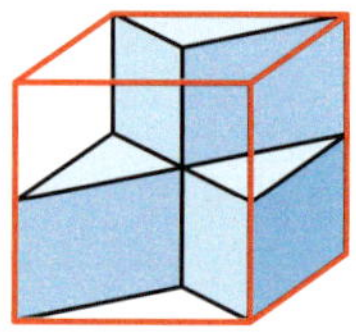

b)

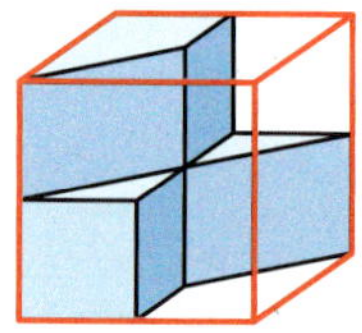

c)

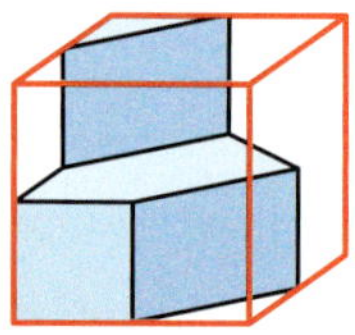

d)

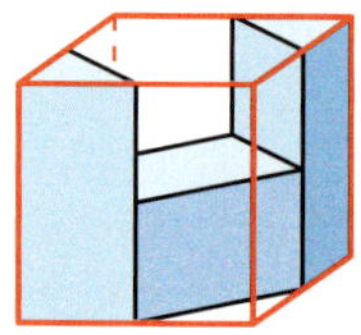

●**5** SP Aus wie vielen Würfeln bestehen die Würfelkörper?
Setze die Reihe um zwei weitere fort.
Erkennst du eine Regel? **Beschreibe**.

a)

b)

→ Die Lösungen zu „Alles klar?“ findest du auf Seite 238.

6 Volumeneinheiten

Pedro und Nina verpacken Pralinenschachteln in Kartons. Die Pralinenschachteln haben unterschiedliche Maße: Pedros Schachteln sind Würfel mit 10 cm Kantenlänge. In Ninas Schachteln sind gleich viele Pralinen, es sind aber Quader mit den Maßen 5 cm; 10 cm und 20 cm.
Die Kartons sind 50 cm lang; 50 cm breit und 10 cm hoch.

→ Pedro sagt: „Bei mir passen 25 Schachteln in einen Karton." Überprüfe Pedros Behauptung.
→ Überlegt zu zweit, wie viele Schachteln Nina in einem Karton verpacken kann.

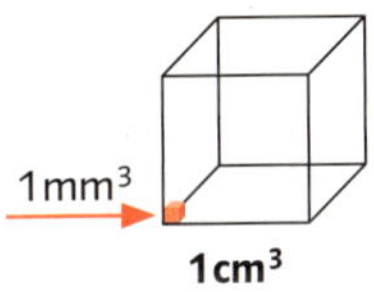

Wie für die Flächen gibt es auch für das Volumen spezielle Maßeinheiten.
Zum Messen von Rauminhalten verwendet man Volumeneinheiten:
Ein Würfel mit der **Kantenlänge 1 cm** hat das Volumen **1 Kubikzentimeter** (**$1\,cm^3$**).
1000 Kubikzentimeter kann man zu einem Würfel mit dem Volumen **1 Kubikdezimeter** (**$1\,dm^3$**) zusammensetzen.

Merke

Für **Volumen** gibt es folgende **Einheiten**:

Kubikmeter	**m^3**	$1\,m^3 = 1000\,dm^3$
Kubikdezimeter	**dm^3**	$1\,dm^3 = 1000\,cm^3$
Kubikzentimeter	**cm^3**	$1\,cm^3 = 1000\,mm^3$
Kubikmillimeter	**mm^3**	

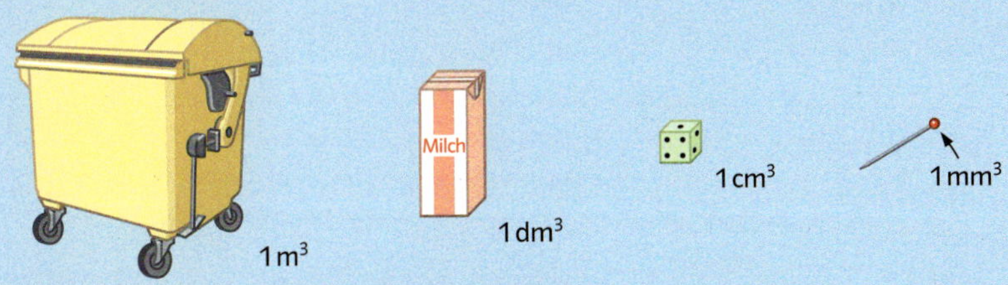

Die **Umwandlungszahl** für Volumeneinheiten ist **1000**.

Bei Flüssigkeiten verwendet man häufig die Maßeinheiten **Liter** oder Milliliter.
$1\,l = 1\,dm^3$ $1\,ml = 1\,cm^3$ $1\,l = 1000\,ml$

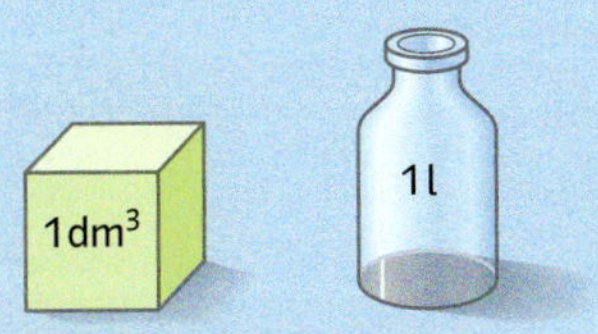

Beispiel

Beim Umwandeln in andere Raumeinheiten ist eine Stellenwerttafel sehr hilfreich.

m^3	**dm^3**			**cm^3**			**mm^3**			
1	**100**	**10**	**1**	**100**	**10**	**1**	**100**	**10**	**1**	
9	0	0	0							$9000\,dm^3 = 9\,m^3$
			4	5	0	0				$4500\,cm^3 = 4\,dm^3\ 500\,cm^3 = 4{,}5\,dm^3$
		5	6	7	8	0				$56\,780\,cm^3 = 56\,dm^3\ 780\,cm^3 = 56{,}78\,dm^3$
						3	4	8	1	$3481\,mm^3 = 3\,cm^3\ 481\,mm^3 = 3{,}481\,cm^3$

Beim Umwandeln in die benachbarte Einheit wird das Komma immer um drei Stellen verschoben.

○**1** Wandle um.

a) $7\,m^3$ = ■ dm^3 b) $4\,dm^3$ = ■ cm^3 c) $18\,cm^3$ = ■ mm^3 d) 12 l = ■ ml
e) $9000\,mm^3$ = ■ cm^3 f) $64\,000\,cm^3$ = ■ dm^3 g) $450\,000\,dm^3$ = ■ m^3 h) 31 000 ml = ■ l

○**2** Gib Beispiele für Gegenstände, deren Volumen man sinnvoll mit den Maßeinheiten Kubikmeter, Kubikdezimeter, Kubikzentimeter und Kubikmillimeter misst.

Alles klar?

Fördern

A In welcher Maßeinheit würdest du das Volumen angeben?

a) 
b) 
c) 
d) 

B Verwandle in die angegebene Maßeinheit.

a) $24\,000\,dm^3$ in m^3 b) $5000\,cm^3$ in dm^3 c) $4\,cm^3$ in mm^3 d) 3 l in ml

○**3** Schätze das Volumen

a) eines Schuhkartons (in dm^3).
b) eines Trinkglases (in ml).
c) einer großen Konservendose (in ml).

○**4** Wandle um in

a) cm^3: $2000\,mm^3$; $25\,dm^3$; $2\,m^3$
b) dm^3: $13\,m^3$; $5000\,cm^3$; $1\,m^3\,500\,dm^3$
c) m^3: $7000\,dm^3$; 12 000 l

◒**5** Korrigiere die **Fehler** im Heft.

a) $3\,m^3 = 3000\,cm^3$
b) $48\,cm^3 = 480\,mm^3$
c) $7{,}1\,cm^3 = 7\,cm^3\,1\,mm^3$
d) $8600\,cm^3 = 86\,dm^3$

◒**6** Ordne der Größe nach.

$33\,mm^3$ | $2\,m^3$ | 8 l | $15\,dm^3$ | $19\,cm^3$

◒**7** Schreibe in der größeren und in der kleineren Einheit.

a) $75\,m^3\,200\,dm^3$ b) $8\,m^3\,888\,dm^3$
c) $35\,cm^3\,25\,mm^3$ d) $4\,dm^3\,99\,cm^3$

◒**8** Berechne. Wandle das Ergebnis in die nächstgrößere Einheit um.

a) $300\,cm^3 + 400\,cm^3 + 300\,cm^3$
b) $3500\,dm^3 - 2300\,dm^3$ c) $400\,ml \cdot 20$

◒**3** Verbessere die Angabe, damit du dir die Größe besser vorstellen kannst.

a) Judith kauft $1000\,cm^3$ Milch.
b) Max füllt sein Aquarium mit 35 000 ml Wasser.
c) Familie Maier braucht täglich etwa $\frac{1}{4}\,m^3$ Wasser.
d) Beim Schulfest der Alfred-Nobel-Schule werden $0{,}72\,m^3$ Getränke verkauft.

◒**4** Setze für den Platzhalter das Zeichen >, < oder = ein.

a) $3\,m^3\,500\,dm^3$ ■ $3500\,dm^3$
b) $3\,dm^3\,50\,cm^3$ ■ $3500\,cm^3$
c) $3\,cm^3\,5\,mm^3$ ■ $350\,mm^3$
d) $3\,m^3\,5000\,cm^3$ ■ $3005\,dm^3$

◒**5** Lea hat beim Umwandeln **Fehler** gemacht.

$250\,cm^3$ Wasser sind 2,5 l.

$\frac{1}{8}$ l Schorle passt in ein 0,1-l-Glas.

◒**6** Wie viel fehlt noch bis zu 1 l?

a) 0,3 l b) 499 ml
c) $120\,cm^3$ d) $0{,}675\,dm^3$

◒**7** Berechne und gib das Ergebnis in der kleineren Einheit an.

a) $1200\,mm^3 + 980\,cm^3\,450\,mm^3$
b) $35\,mm^3 + 5\,cm^3 - 900\,mm^3$
c) $570\,dm^3 - 250\,cm^3$
d) $45\,cm^3\,300\,mm^3 \cdot 5$

→ Die Lösungen zu „Alles klar?" findest du auf Seite 238.

7 Volumen des Quaders

Martina füllt Sand in einen Plexiglaswürfel mit einer Kantenlänge von 10 cm. Mike befüllt kleinere Würfel mit 5 cm Kantenlänge. Er behauptet: „Deinen großen Würfel kann man mit vier kleinen Würfeln komplett füllen." Martina erwidert: „Da braucht man mindestens zehn kleine Würfel."
→ Was sagst du dazu?

Um das Volumen eines Quaders zu bestimmen, wird er in gleich hohe Schichten, jede Schicht in gleich große Balken und jeder Balken in gleich große Würfel zerlegt.
Man multipliziert dann das Volumen einer Schicht mit der Anzahl der Schichten.

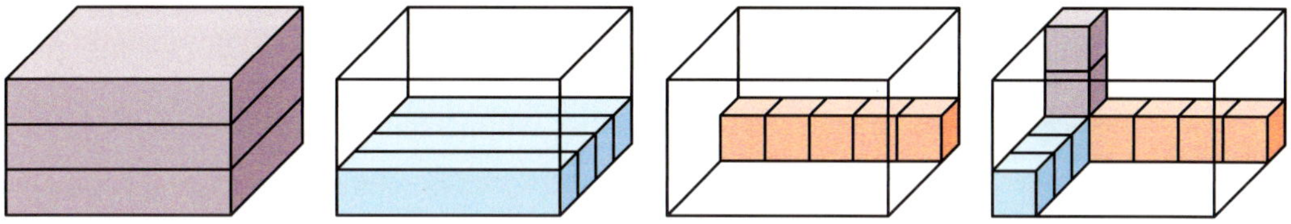

Merke

Für das **Volumen V** eines Quaders gilt:

Volumen V = Länge · Breite · Höhe

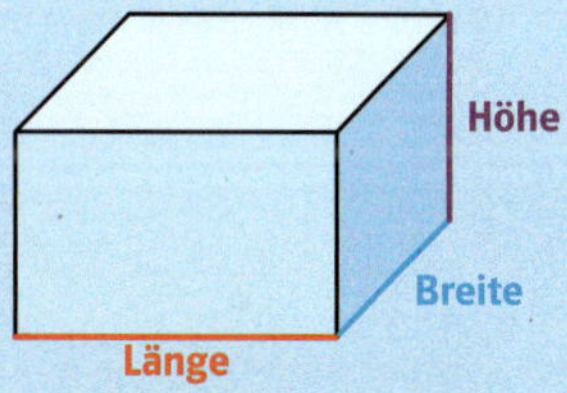

Beispiele

a) Volumen V des Quaders mit den Kantenlängen
12 cm; 10 cm und 8 cm:
V = Länge · Breite · Höhe
V = 12 cm · 10 cm · 8 cm
$V = 960\ cm^3$

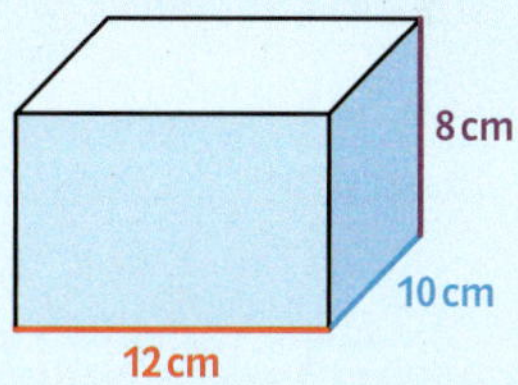

b) Der Würfel ist ein besonderer Quader. Alle Kanten sind gleich lang. Ein Würfel hat das Volumen V = Kantenlänge · Kantenlänge · Kantenlänge oder $V = \text{Kantenlänge}^3$.

Für einen Würfel mit der Kantenlänge 8 cm gilt:
V = 8 cm · 8 cm · 8 cm oder $V = (8\ cm)^3$
$V = 512\ cm^3$

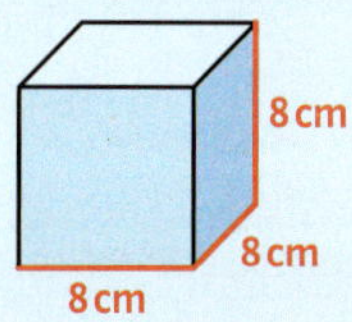

○1 Bestimme das Volumen. Ein kleiner Würfel hat eine Kantenlänge von 1 cm.

a)

b)

c)

d)

○ **2** Berechne das Volumen des Quaders.

a)

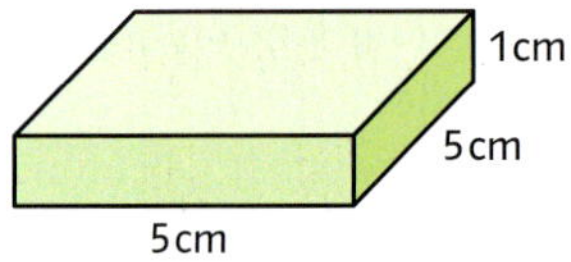

b)

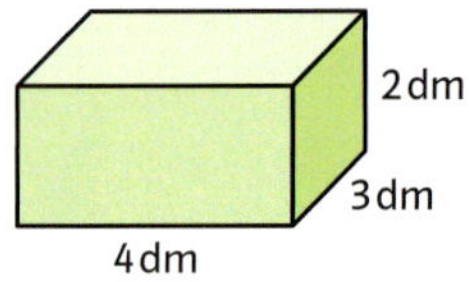

c)

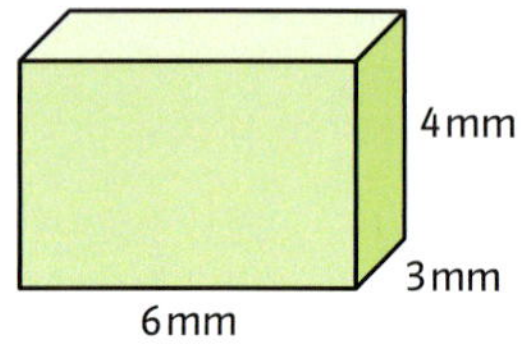

○ **3** Berechne das Volumen der beiden Würfel und vergleiche: Wie verändert sich das Volumen, wenn man die Kantenlänge verdoppelt?

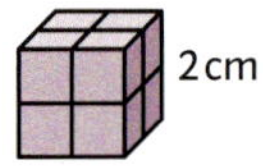

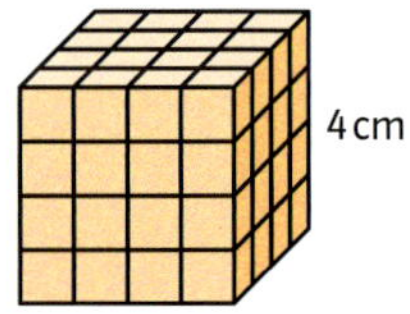

Alles klar?

Fördern

A Welcher Quader hat das größere Volumen?
(1) Kantenlängen 4 cm; 6 cm und 9 cm
(2) Kantenlängen 4 cm; 5 cm und 10 cm

B Berechne das Volumen eines Würfels mit der Kantenlänge 6 cm.

○ **4** Berechne das Volumen des
a) Quaders. b) Würfels.

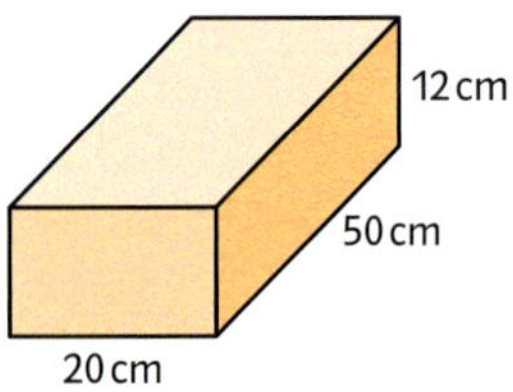

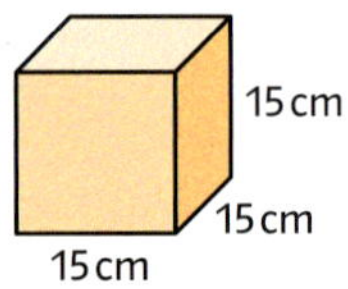

○ **5** Berechne das Volumen des Quaders.

	a)	b)	c)	d)
Länge	3 cm	4 dm	3 m	4 cm
Breite	2 cm	25 dm	3 m	3 cm
Höhe	8 cm	8 dm	12 m	1,6 dm

◒ **6** Familie Perz baut ein Einfamilienhaus. Für den Keller wird eine quaderförmige Baugrube ausgehoben:
- Länge: 12,0 m
- Breite: 8,0 m
- Tiefe: 3,0 m

Wie viel m^3 Erde werden abtransportiert?

◒ **4** Übertrage die Tabelle und ergänze die fehlenden Werte für einen Quader.

	a)	b)	c)
Länge	5 cm	■	3 dm
Breite	6 cm	1 m	■
Höhe	10 cm	4 m	4 dm
Volumen	■	$32\,m^3$	$24\,dm^3$

◒ **5** Ein Aquarium ist 40 cm lang, 25 cm breit und 30 cm hoch.

a) Wie viel Liter Wasser fasst das Aquarium?
b) Das Aquarium wird mit 20 l gefüllt. Wie hoch steht das Wasser?
c) Wie hoch müsste das Aquarium sein, damit es 40 l fassen kann?

● **6** Ein Schwimmbecken ist 50 m lang, 13 m breit und 2 m tief.
a) Wie viele Kubikmeter Wasser fasst es?
b) Gib das Volumen auch in Liter an. Wie lange kommt eine Person mit dieser Wassermenge aus, wenn täglich 130 l verbraucht werden?

→ Die Lösungen zu „Alles klar?" findest du auf Seite 239.

Quader in der Architektur

Würfel und Quader sind in der modernen Architektur nicht mehr wegzudenken.

○ **1** Ein Einfamilienhaus hat die Form eines Quaders, der aus gleich großen Würfeln besteht. Die Kanten eines Würfels sind 3 m lang.

a) Aus wie vielen Würfeln besteht das Haus?

b) Bei Häusern nennt man den Rauminhalt „umbauter Raum“. Wie groß ist der umbaute Raum des Quaderhauses?

c) Berechne den Oberflächeninhalt des Hauses (ohne Grundfläche).

◒ **2** Das Ausstellungsgebäude einer Möbelfirma wurde vom Architekten in Form eines durchsichtigen Würfels geplant. Eine Etage ist 3 m hoch.

a) Berechne das Volumen des Würfels.

b) Welchen Flächeninhalt haben die vier Seitenwände und das Dach zusammen?

c) Das Sicherheitsglas ist 8 cm dick. 1 dm^3 Glas wiegt etwa $2\frac{1}{2}$ kg. Wie schwer ist eine Außenwand des Glasgebäudes?

In der Stuttgarter Innenstadt findet man zwei interessante würfelförmige Gebäude.

● **3** Am Kleinen Schlossplatz prägt der 26 m hohe „Kubus“ das Stadtbild. In diesem Gebäude ist das Kunstmuseum untergebracht. Kubus kommt aus dem Lateinischen und bedeutet Würfel.

a) Berechne das ungefähre Volumen des annähernd würfelförmigen Glasgebäudes.

b) Wie groß ist die gesamte Glasfläche einschließlich des Dachs?

● **4** 👥 Am 24. Oktober 2011 wurde die neue Stuttgarter Stadtbibliothek am Mailänder Platz eröffnet. Der Neubau kostete knapp 80 Mio. € und hat ungefähr die Form eines Würfels.

a) Zählt die Anzahl der Stockwerke und schätzt die Höhe des Gebäudes. Berechnet dann das ungefähre Volumen.

b) Offiziell wird ein Brutto-Rauminhalt von 98 249 m^3 angegeben. Wie könnte es zu diesem hohen Wert kommen?

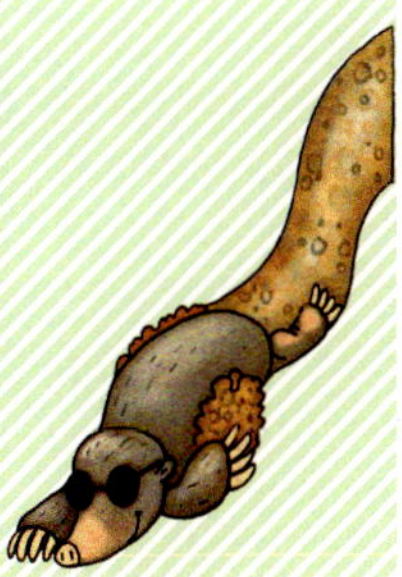

Zusammengesetzte Körper

Viele **zusammengesetzte Körper** bestehen aus Quadern und Würfeln. Die Zerlegungslinien sind nicht immer sichtbar.
Das **Volumen V eines zusammengesetzten Körpers** wird berechnet, indem man das Volumen der Teilkörper addiert.
Den **Oberflächeninhalt O eines zusammengesetzten Körpers** wird berechnet, indem man die äußeren Teilflächen addiert.

a) Der Körper kann in zwei Quader geteilt werden.

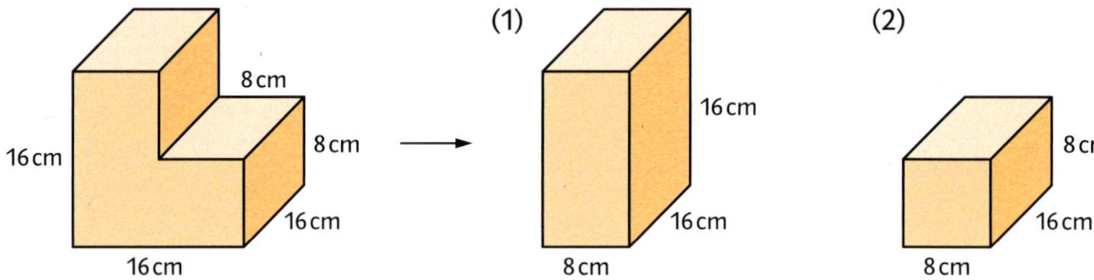

Volumen der Teilkörper:
Quader (1): $V = 8\,cm \cdot 16\,cm \cdot 16\,cm = 2048\,cm^3$
Quader (2): $V = 8\,cm \cdot 16\,cm \cdot 8\,cm = 1024\,cm^3$
Gesamtvolumen: $V = 2048\,cm^3 + 1024\,cm^3$
$V = 3072\,cm^3$
Das Volumen beträgt $3072\,cm^3$.

b) Die Oberfläche des Würfelgebäudes besteht aus insgesamt 22 Quadraten. Ein Quadrat hat einen Flächeninhalt von $3\,cm \cdot 3\,cm = 9\,cm^2$. Insgesamt beträgt der Oberflächeninhalt $O = 22 \cdot 9\,cm^2 = 198\,cm^2$.

○**1** Berechne das Volumen des Körpers.

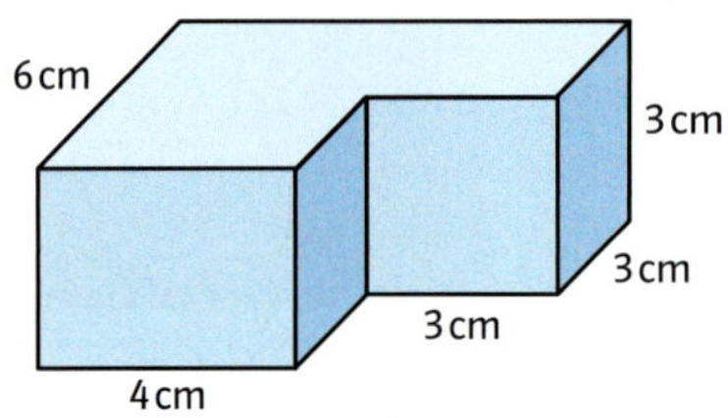

○**2** Berechne den Oberflächeninhalt des Würfelgebäudes.

◒**3** Aus einem großen Holzwürfel (Kantenlänge: 12 cm) wurde ein kleiner Würfel herausgesägt. Die Kanten des kleinen Würfels sind 6 cm lang.

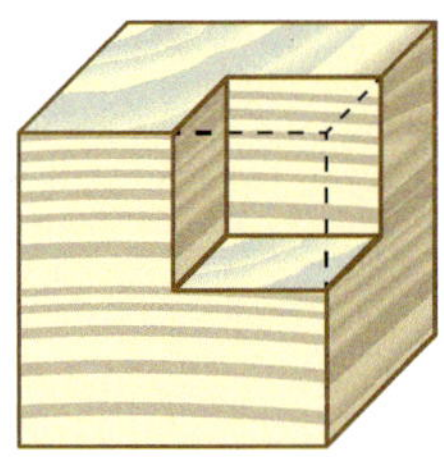

a) Berechne das Volumen des Körpers.
b) Den Oberflächeninhalt kannst du ganz leicht berechnen. Suche mit deinem Partner oder deiner Partnerin eine Lösung.

Zusammenfassung

Würfel
Der **Würfel** hat sechs quadratische, deckungsgleiche Flächen.

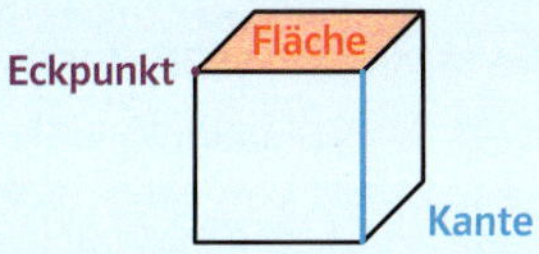

Quader
Der **Quader** hat sechs rechteckige Flächen. Je zwei gegenüberliegende Rechtecke sind deckungsgleich.

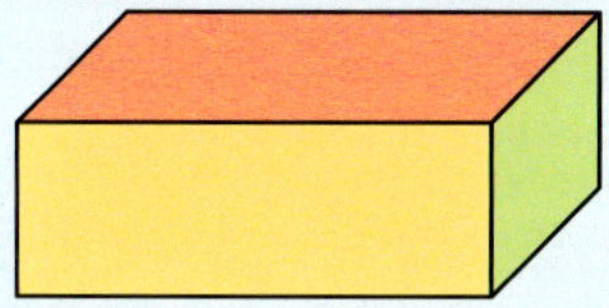

Würfel- und Quadernetz
Ein Netz, aus dem sich ein Würfel bzw. ein Quader falten lässt, heißt **Würfel-** bzw. **Quadernetz**.

Ein Würfelnetz besteht aus sechs deckungsgleichen Quadraten.

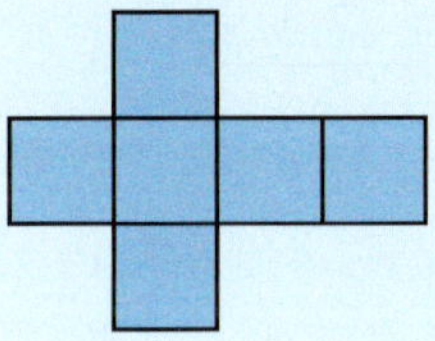

Ein Quadernetz besteht aus sechs Rechtecken. Je zwei davon sind deckungsgleich.

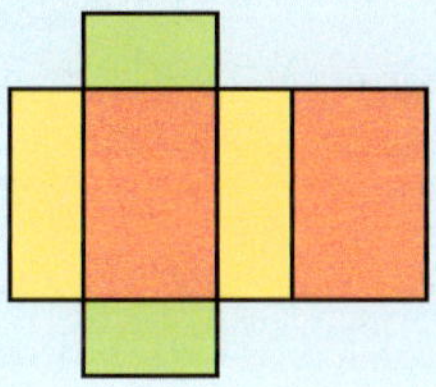

Schrägbild
Im **Schrägbild** werden nach hinten verlaufende Kanten schräg nach rechts oben im Winkel von 45° und auf die Hälfte verkürzt gezeichnet.

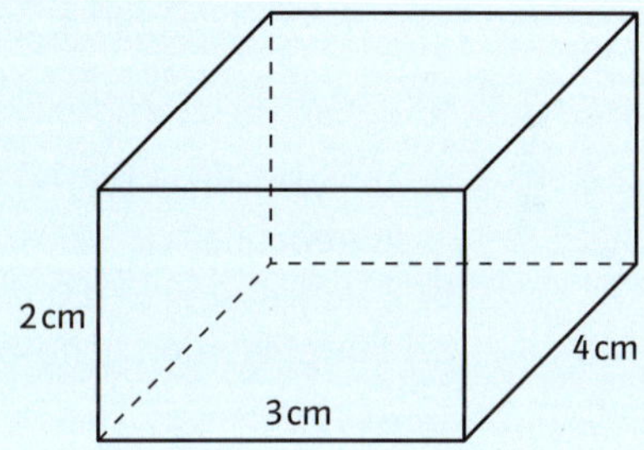

Oberflächeninhalt des Quaders
Möchte man den Oberflächeninhalt O eines Quaders berechnen, addiert man die Flächeninhalte der sechs Rechtecke.
Für den Oberflächeninhalt O eines Quaders gilt:

O = 2 · Länge · Breite + 2 · Länge · Höhe + 2 · Breite · Höhe

O = 2 · (Länge · Breite + Länge · Höhe + Breite · Höhe)

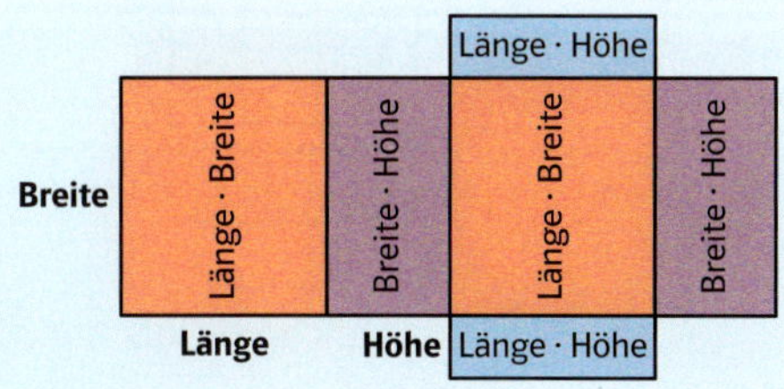

Rauminhalte vergleichen
Zwei Körper, die aus gleich vielen, gleich großen Teilkörpern bestehen, haben denselben Rauminhalt.
Man sagt statt **Rauminhalt** auch **Volumen**.

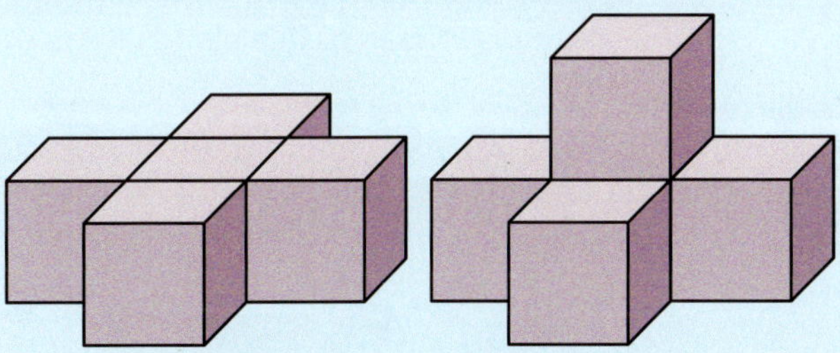

Volumeneinheiten
Rauminhalte können durch Würfel beschrieben werden. Ein Würfel mit der Kantenlänge 1 dm hat den Rauminhalt 1 dm^3. Die **Umwandlungszahl** für **Volumeneinheiten** ist **1000**.

1 m^3 = 1000 dm^3

1 dm^3 = 1000 cm^3

1 cm^3 = 1000 mm^3

Für Flüssigkeiten verwendet man häufig **Liter** oder Milliliter.

1 l = 1 dm^3 1 ml = 1 cm^3

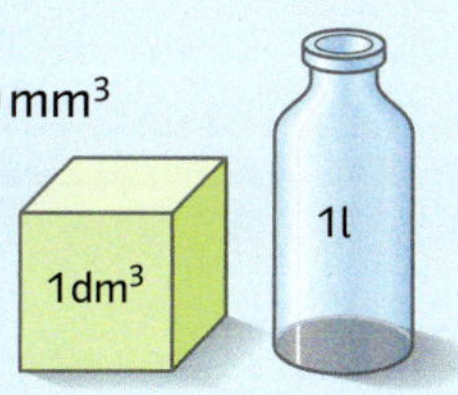

Volumen des Quaders
Für das **Volumen V** eines Quaders gilt:

V = Länge · Breite · Höhe

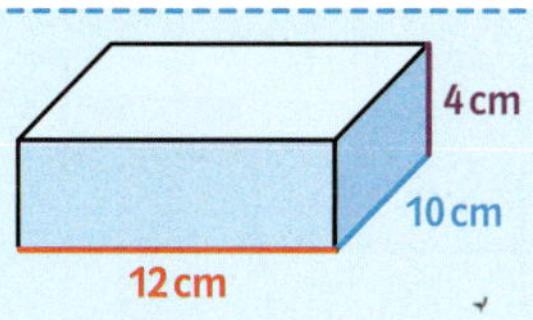

Basistraining

○ **1** Welche Körper sind Quader oder Würfel? Wo siehst du Zylinder, Pyramiden, Kegel und Kugeln?

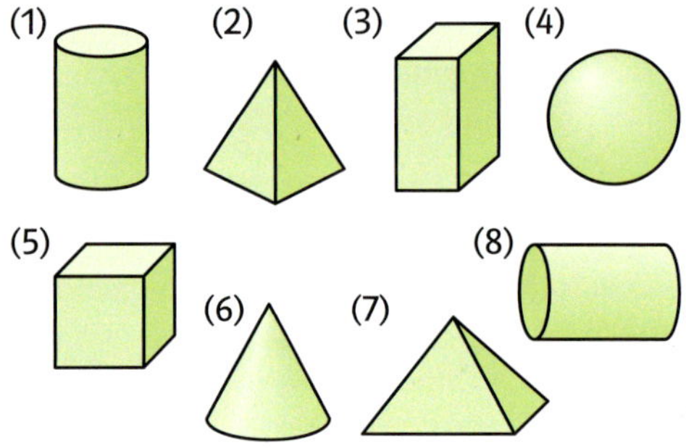

○ **2**
a) Aus wie vielen Würfeln besteht das Würfelgebäude?
b) Ergänze zu einem Quader. Wie viele Würfel werden benötigt?

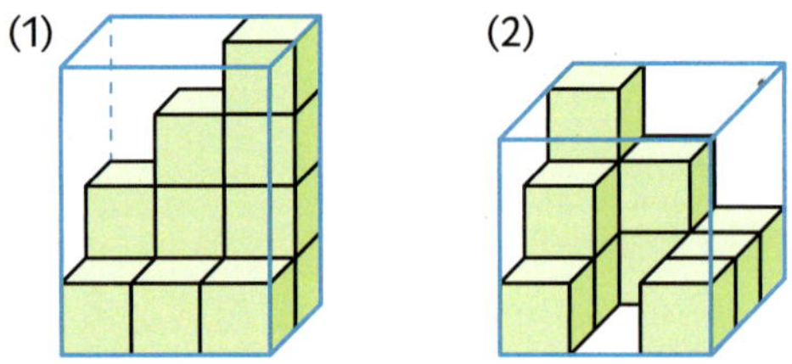

○ **3** Aus welchem Netz kann man einen Würfel falten?

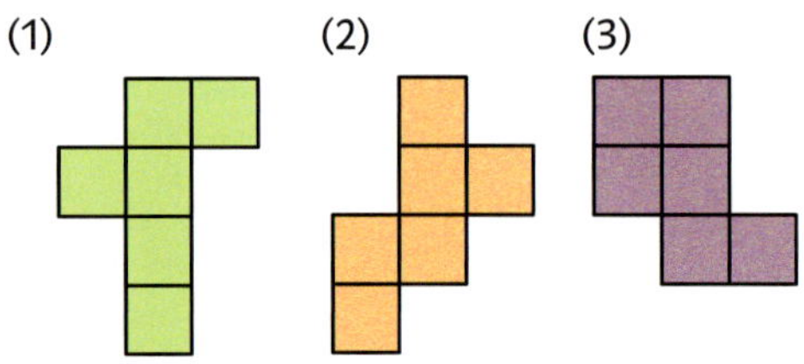

○ **4** SP Gegenüberliegende Flächen haben die gleiche Farbe. Welches Netz gehört zu welchem Würfel? **Begründe**.

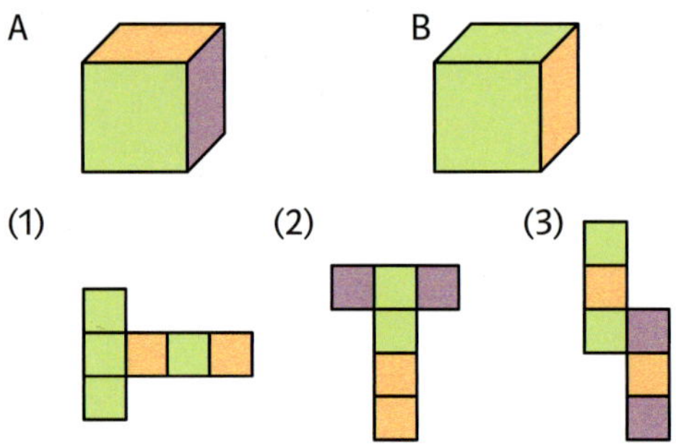

○ **5** SP **Prüfe** die Aussage: „Ein Quader und ein Würfel haben gleich viele Kanten und gleich viele Ecken."

○ **6** Ergänze zum Schrägbild eines
a) Würfels. b) Quaders.

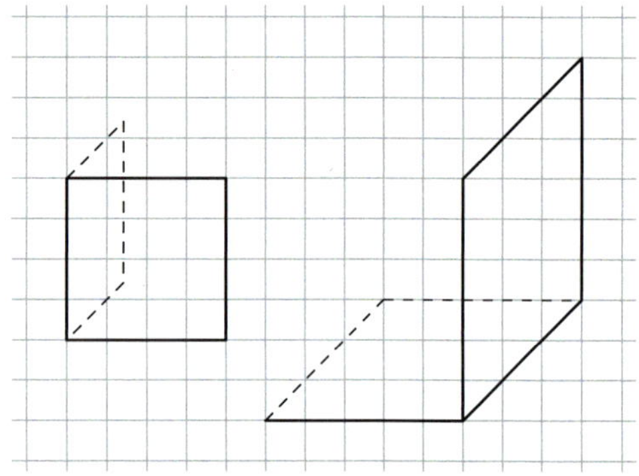

◒ **7**
a) Aus welchen Körpern besteht das Haus?
b) SP Sind die Fußböden von Erd- und Dachgeschoss gleich groß? **Begründe**.

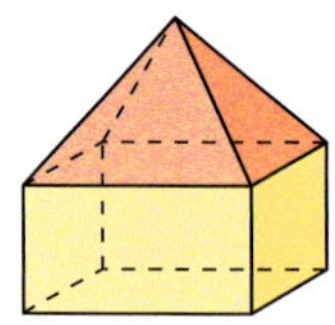

○ **8** Zeichne das Schrägbild des Quaders auf weißem Papier.
a) 6 cm; 4 cm und 2 cm
b) 8 cm; 5 cm und 4 cm
c) 7 cm; 7 cm und 7 cm
d) SP Welcher dieser Körper ist ein Würfel? **Begründe**.

○ **9** MK SP Fertigt ein Poster zum Thema Quader und Würfel an. Stellt dabei euer gesamtes Wissen zu den beiden Körpern dar.

○**10** Wandle in die nächstgrößere Einheit um.
a) $2000\,mm^3$ b) $5000\,cm^3$
c) $15\,000\,dm^3$ d) $23\,000\,mm^3$

○**11** Wandle in die nächstkleinere Einheit um.
a) $4\,m^3$ b) $15\,dm^3$
c) $90\,cm^3$ d) $35\,m^3$

○**12** Schreibe mit Komma.
a) $3\,m^3\ 124\,dm^3$ b) $5\,dm^3\ 461\,cm^3$
c) $48\,cm^3\ 239\,mm^3$ d) $4\,m^3\ \ 87\,dm^3$

○**13** Schreibe ohne Komma.
a) $5{,}672\,m^3$ b) $14{,}987\,cm^3$
c) $3{,}560\,cm^3$ d) $86{,}4\,dm^3$

○**14** Wandle in die angegebene Einheit um.
a) $13\,m^3\ 246\,dm^3 = ▪\ m^3$
b) $25\,m^3\ 37\,dm^3 = ▪\ dm^3$

○**15** Berechne.
a) $1000\,dm^3 - 125\,dm^3$
b) $100\,m^3 + 900\,m^3$
c) $325\,cm^3 \cdot 10$

○**16** Berechne. Achte auf die unterschiedlichen Maßeinheiten.
a) $2\,dm^3 + 5000\,cm^3$
b) $3\,m^3 - 450\,dm^3$
c) $870\,m^3 + 3000\,dm^3$

○**17** Ordne der Größe nach.
$5\,dm^3$ $8\,cm^3$ $2\,m^3$ $9\,mm^3$ $3\,l$

○**18** Berechne das Volumen und den Oberflächeninhalt des Quaders.

	a)	b)	c)
Länge	20 cm	3 dm	5 dm
Breite	5 cm	5 cm	20 cm
Höhe	24 cm	52 cm	2,5 m

○**19** Berechne das Volumen und den Oberflächeninhalt des Würfels.

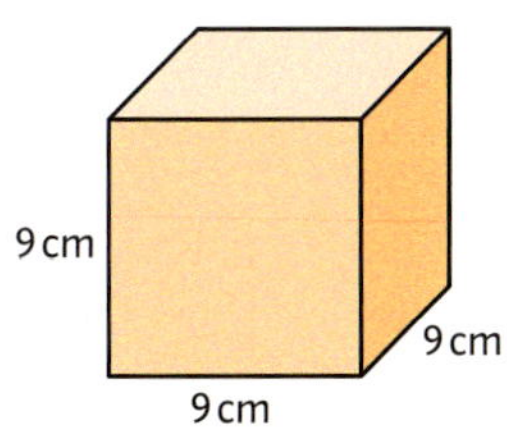

○**20** Berechne das Volumen und den Oberflächeninhalt der Quader. Was fällt dir auf?

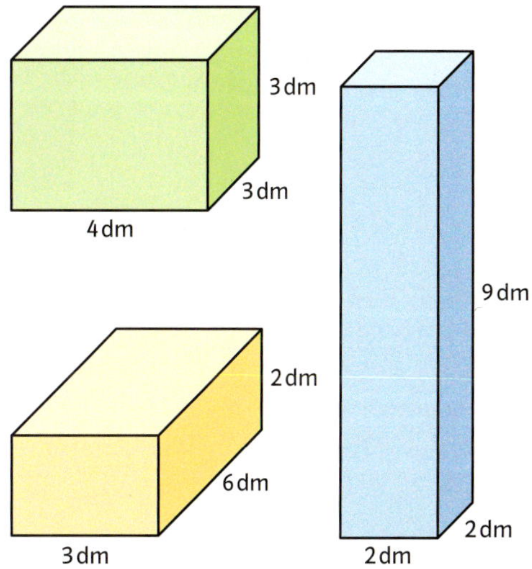

○**21** Pietro hat für sein Zimmer einen neuen Kleiderschrank bekommen.
Der Schrank ist 11 dm breit, 18 dm hoch und 6 dm tief.
Berechne das Volumen des Schranks.

○**22** Auf dem Flachdach einer Garage mit einer Fläche von $25\,m^2$ liegt 2 dm hoch Schnee. Wie viel m^3 Schnee muss der Besitzer wegschaufeln?

○**23** Für ein Haus im Neubaugebiet wird die Grube für den Keller ausgehoben.
Die Baugrube ist 12 m lang, 8 m breit und 3 m tief.

Die Erde soll von einem Lastwagen weggefahren werden. Er kann etwa $20\,m^3$ transportieren. Der Baggerführer schätzt, dass der Lkw mindestens 10-mal fahren muss. Rechne nach.

Anwenden. Nachdenken

24

a) Aus wie vielen kleinen Würfeln ist der große Würfel zusammengesetzt?
b) Der große Würfel wird blau angestrichen. Wie viele Teilwürfel haben danach eine, zwei oder drei blaue Flächen?
c) SP Bleiben Würfel nach dem Streichen ungefärbt? **Begründe** deine Antwort.

25

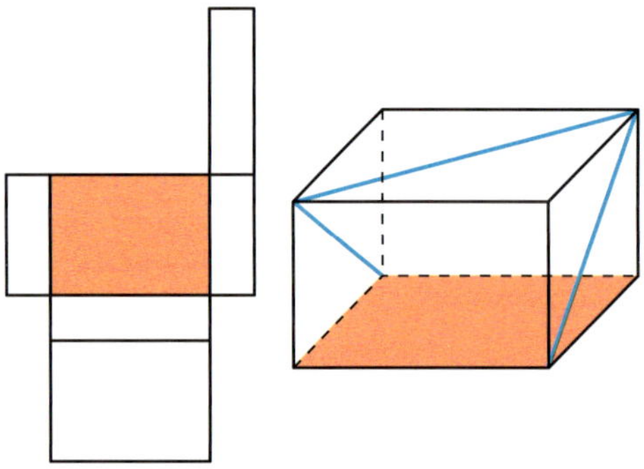

a) Skizziere das Quadernetz mit selbst gewählten Maßen. Die gefärbte Fläche ist die Grundfläche. Trage die blauen Diagonalen der drei Quaderflächen ein.
b) Der Quader wird zweimal nach vorne gekippt. Seine Deckfläche wird damit zur Grundfläche. Skizziere wieder das Quadernetz und trage die Diagonalen ein.

26 Welche Würfelgebäude stimmen überein?

(1)

(2)

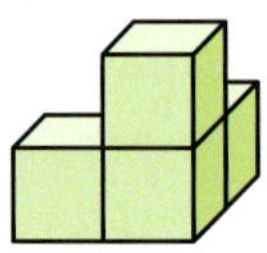

(3)

(4)

(5)

(6)

27 Zeichne ein Koordinatensystem.
a) Die Punkte A(1|1); B(6|1); C(7,5|2,5); E(1|4); F(6|4) und G(7,5|5,5) sind Eckpunkte eines Quaders. Trage sie ins Koordinatensystem ein.
b) Ergänze die Zeichnung zum Schrägbild eines Quaders.
c) Gib die Koordinaten der Eckpunkte D und H an.

28 Einige Kanten des Quaders sind rot. Zeichne das Netz, das man erhält, wenn man den Quader an den roten Linien aufschneidet.

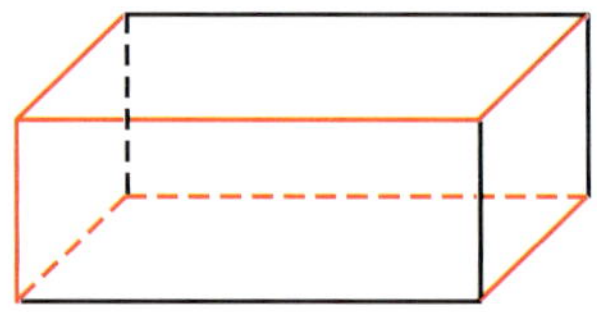

29 Übertrage die Tabelle ins Heft und berechne die fehlenden Größen des Würfels.

	a)	b)	c)	d)
Kantenlänge	15 cm	■	■	■
Seitenfläche	■	25 dm^2	■	■
Oberflächeninhalt	■	■	2400 m^2	■
Volumen	■	■	■	1000 dm^3

30 Im Schulbauernhof soll der Stall einen 20 cm hohen Betonboden erhalten. Der Stall ist 20 m lang und 12 m breit.

Der Transporter kann 8 m^3 Beton transportieren.
Wie oft muss der Transporter fahren?

31 MK Am Montagmorgen berichtet der Moderator im Radio:

In der Nacht von Sonntag auf Montag brachten heftige Gewitter gewaltige Regenmassen. Teilweise fielen mehr als 40 l pro Quadratmeter.

a) Wie hoch würde das Wasser stehen, wenn es nicht abfließen könnte?
b) In tropischen Ländern fallen manchmal mehr als 150 l Wasser pro Quadratmeter. Wie hoch würde das Wasser dann stehen?

32 Wenn du Kochsalz in Wasser auflöst und das Wasser wieder verdunsten lässt, bilden sich Kristalle in Würfelform. Im Erlebnisbergwerk Merkers kann man sehr große Kristalle sehen. Sie sind über viele Jahre gewachsen. Einer der Kristalle hat eine Kantenlänge von 80 cm. 1 cm^3 Salz wiegt etwa 2 g.
a) Wie schwer wäre dieser Kristall?
b) In einer Packung Kochsalz für die Küche sind etwa 250 g. Wie viele Packungen könnte man aus diesem Kristall gewinnen, wenn man ihn zu Salz zermahlen würde?

33 Mit einem Messzylinder kann man das Volumen beliebig geformter Körper bestimmen. Erklärt euch gegenseitig, wie man bei der Messung vorgeht, und gebt das Volumen des Steins in cm^3 an.

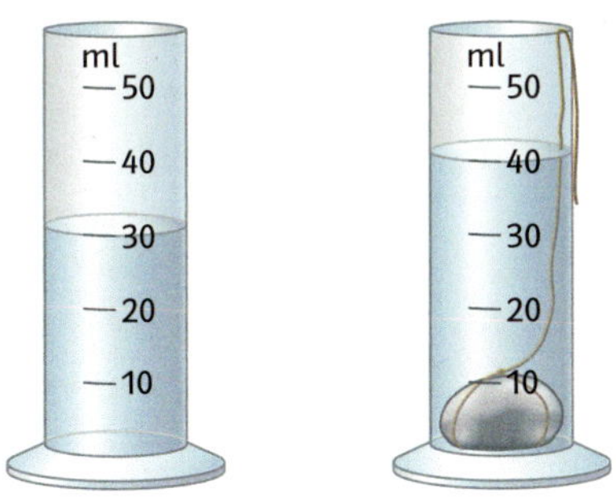

34 Zum guten Lernen gehört gute Luft. Eine Person verbraucht in der Stunde etwa 30 m^3 Luft.
a) Miss die notwendigen Längen im Klassenzimmer und berechne das Raumvolumen.
b) Nach welcher Zeit wäre die Luft in eurem Klassenzimmer von eurer Klasse komplett verbraucht?

35 In eine quaderförmige Plastikbox sollen genau 48 l hineinpassen.
a) Welche Abmessungen könnte sie haben? Finde vier Möglichkeiten.
b) In welchem Fall wird für die Herstellung am wenigsten Material benötigt?

36 Ein Umzugskarton ist 50 cm lang, 35 cm breit und 40 cm hoch.

a) Wie groß ist der Rauminhalt des Kartons?
b) Wie viel Pappe wird für acht Umzugskartons verbraucht, wenn man zur Oberfläche nochmals ein Zehntel des Materials dazu rechnen muss?

37 In der Gemeinde Wasserfelden wird ein neues Schwimmbecken für Schwimmer und Nichtschwimmer gebaut. Skizze:

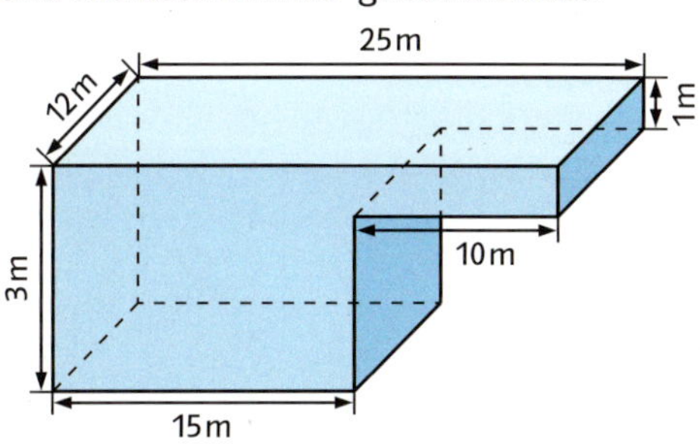

a) Wie viel m^3 Wasser fasst das Becken insgesamt?
b) Wie viel m^2 Fliesen werden für das Becken benötigt?

Rückspiegel

Teste dich

○ **1** Vervollständige das Würfelnetz im Heft und ergänze die fehlenden Augenzahlen. Es gibt mehrere Möglichkeiten.

a)

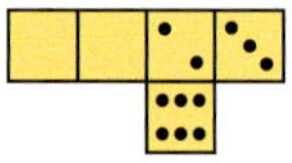

b)

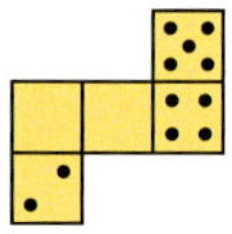

c)

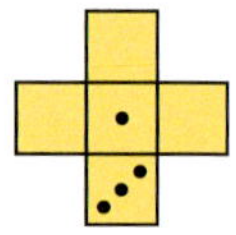

○ **2** Ein Quader hat die Kantenlängen 6 cm, 4 cm und 3 cm.
a) Zeichne ein Quadernetz. Prüfe vorher, ob das Quadernetz auf dein DIN-A4-Blatt passt.
b) Zeichne den Quader im Schrägbild in zwei verschiedenen Lagen.

○ **3** Wandle das Volumen um.
a) $5\,cm^3 = \blacksquare\,mm^3$
b) $18\,dm^3 = \blacksquare\,cm^3$
c) $45\,000\,cm^3 = \blacksquare\,dm^3$
d) $34\,m^3 = \blacksquare\,dm^3$
e) $68\,000\,mm^3 = \blacksquare\,cm^3$
f) $55\,cm^3 = \blacksquare\,mm^3$

○ **4** Schreibe mit Komma.
a) $3\,dm^3\ 541\,cm^3$
b) $50\,m^3\ 866\,dm^3$
c) $5\,m^3\ 50\,dm^3$
d) $35\,cm^3\ 3\,mm^3$

○ **5** Berechne und gib das Ergebnis in einer sinnvollen Einheit an.
a) $250\,cm^3 + 1250\,cm^3$
b) $2\,m^3 - 1400\,dm^3$
c) $100 \cdot 12\,dm^3$
d) $4300\,cm^3 : 100$

○ **6** Berechne Volumen und Oberflächeninhalt des Quaders.

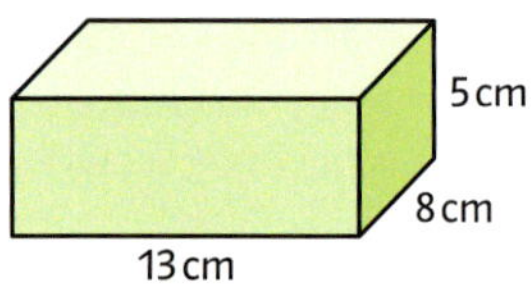

◒ **7** Im Kinderzimmer von Paul steht ein kleines Aquarium.

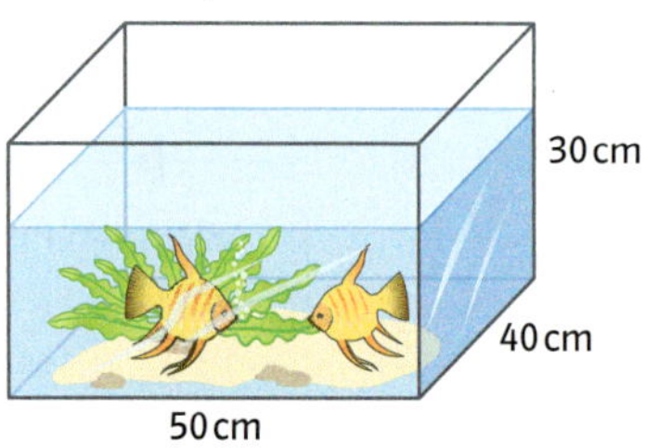

Paul möchte es bis 5 cm unter den Rand mit Wasser füllen. Wie viel Liter sind das?

◒ **4** Schreibe ohne Komma.
a) $4{,}123\,dm^3$
b) $8{,}23\,cm^3$
c) $12{,}82\,m^3$
d) 3,5 l

◒ **5** Berechne. Gib das Ergebnis in der größeren Einheit an.
a) $3\,dm^3\ 450\,cm^3 + 5\,dm^3\ 650\,cm^3$
b) $4\,m^3\ 500\,dm^3 - 2\,m^3\ 495\,dm^3$
c) $20 \cdot 3\,cm^3\ 50\,mm^3$
d) $35\,dm^3\ 700\,cm^3 : 7$

◒ **6** Ein Quader ist 130 mm lang, 25 cm breit und 0,8 dm hoch. Berechne Volumen und Oberflächeninhalt des Quaders.

◒ **7** Marlene hat für ihren Gecko ein quaderförmiges Terrarium. Es ist 50 cm lang und 40 cm hoch. Das Volumen beträgt $60\,dm^3$.

Der Deckel ist zerbrochen und muss ersetzt werden.
Berechne die Maße der Glasscheibe.

→ Die Lösungen findest du auf Seite 239.

Standpunkt | Dezimalzahlen

Wo stehe ich?

Ich kann …	gut	etwas	nicht gut	Lerntipp!
A Kommazahlen, die im Alltag vorkommen, lesen und verstehen,	■	■	■	→ Seite 218
B Zahlen aus einer Stellenwerttafel ablesen und in diese eintragen,	■	■	■	→ Seite 207
C Größen vergleichen,	■	■	■	→ Seite 208
D Größen ordnen,	■	■	■	→ Seite 208
E Zahlen und Größen runden,	■	■	■	→ Seite 209
F natürliche Zahlen und Brüche am Zahlenstrahl ablesen,	■	■	■	→ Seite 207; 47
G unechte Brüche in gemischte Zahlen umwandeln.	■	■	■	→ Seite 47

Überprüfe dich selbst:

Teste dich

A Ordne die Sätze den Größen zu.

In der Flasche ist ein dreiviertel Liter.

Die Schokolade kostet 79 ct.

Ein Buch kostet 7 € und 90 ct.

7,90 € | 3,4 l | 0,79 € | 7,09 € | 0,75 l

B

a) Lies die Zahlen aus der Stellenwerttafel ab.

ZT	T	H	Z	E
3	1	7	2	9
1	5	3	0	2
	8	0	9	0
2	0	0	3	7

b) Erstelle eine Stellenwerttafel und trage die Zahlen ein.
5379; 17 044; 59 505; 34 760

C Vergleiche die Größen.
Setze < oder > ein.

a) 4556 kg ■ 4565 kg
b) 350 m ■ 305 m
c) 21,56 € ■ 12,65 €
d) 7802 g ■ 7820 g

D Ordne der Größe nach. Beginne mit dem kleinsten Wert.

a) 2154 g; 5124 g; 4154 g; 5241 g; 4145 g
b) 2,59 €; 5,92 €; 0,56 €; 2,56 €

E Runde

a) auf Hunderter: 3423; 156; 1255; 21 055.
b) auf volle Euro:

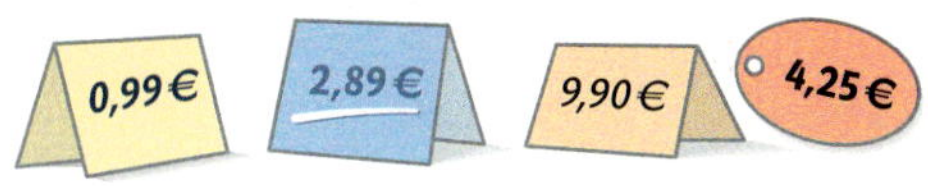

F Lies vom Zahlenstrahl ab.

a) Notiere die markierten Zahlen.

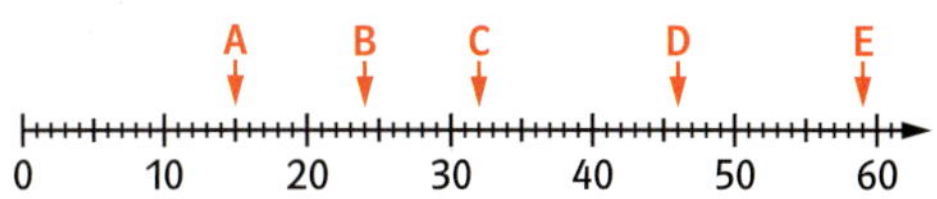

b) Welcher Bruch gehört zu welchem Buchstaben?

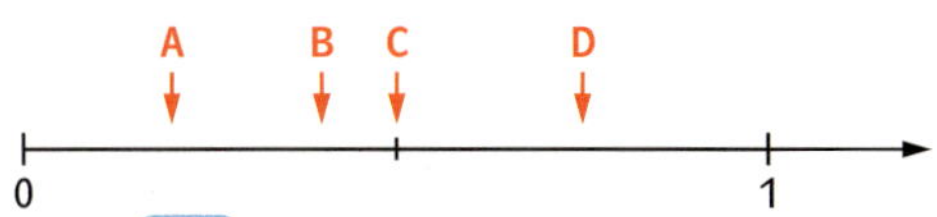

$\frac{1}{2}$ $\frac{1}{5}$ $\frac{3}{4}$ $\frac{2}{5}$

G Wandel in gemischte Zahlen um.

a) $\frac{5}{3}$ b) $\frac{8}{5}$ c) $\frac{11}{7}$

d) $\frac{10}{9}$ e) $\frac{15}{8}$ f) $\frac{4}{2}$

→ Die Lösungen findest du auf Seite 240.

5 Dezimalzahlen

1 Bei Formel 1-Rennen findet man bei den Zeiten hinter dem Komma viele Ziffern. Warum ist das so?

2 Was bedeuten die Zeitangaben auf der Ergebnisübersicht zum Deutschland Grand Prix?

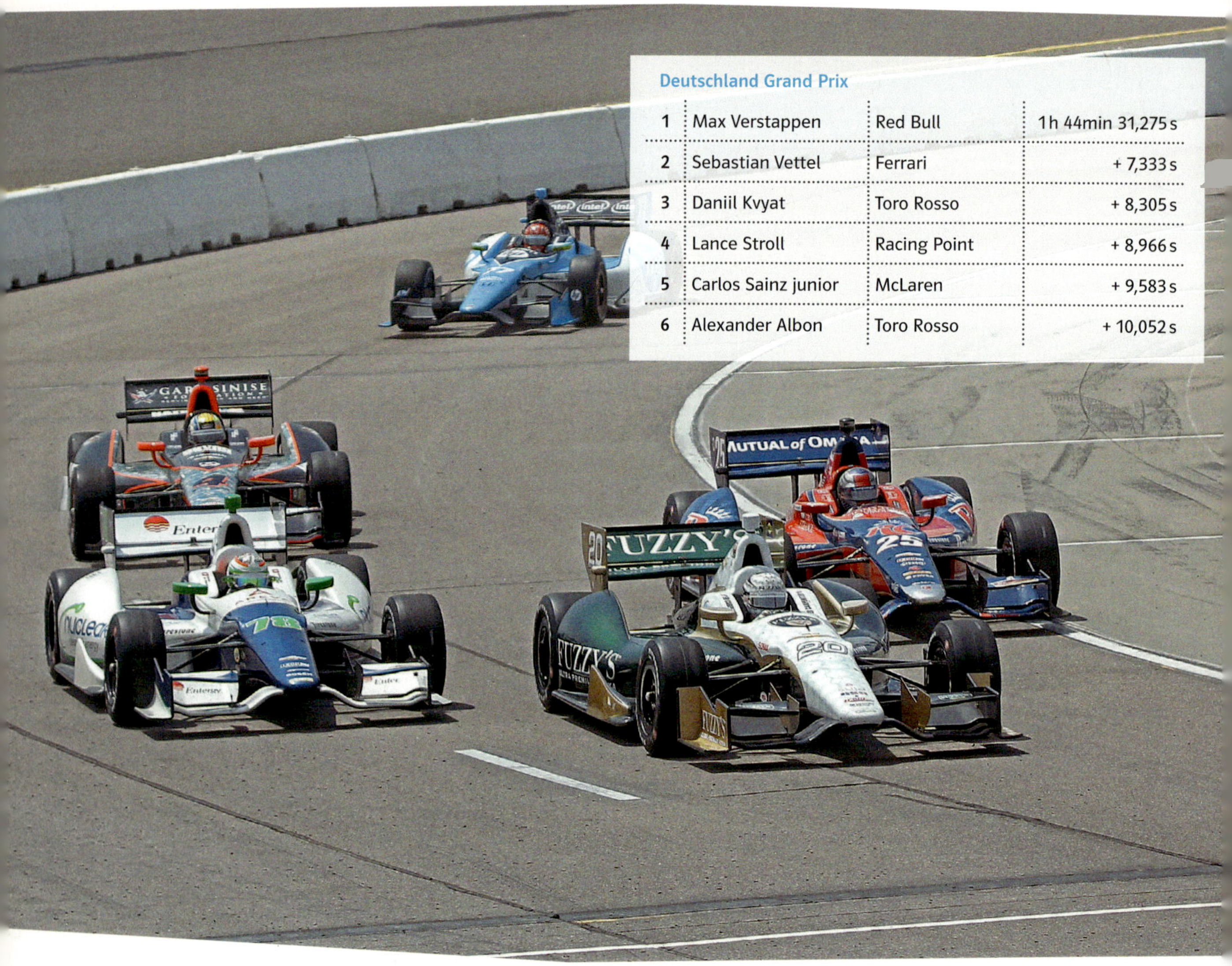

Deutschland Grand Prix

1	Max Verstappen	Red Bull	1h 44min 31,275 s
2	Sebastian Vettel	Ferrari	+ 7,333 s
3	Daniil Kvyat	Toro Rosso	+ 8,305 s
4	Lance Stroll	Racing Point	+ 8,966 s
5	Carlos Sainz junior	McLaren	+ 9,583 s
6	Alexander Albon	Toro Rosso	+ 10,052 s

3 Welche Angaben kannst du vom Display ablesen? Was bedeuten die Zahlen?

Ich lerne,

- die Dezimalschreibweise kennen,
- wie man Dezimalzahlen vergleicht,
- wie man Dezimalzahlen rundet,
- wie Dezimalzahlen, Brüche und Prozentangaben zusammenhängen.

1 Dezimalschreibweise

Beim Sportfest erreicht Maike folgende Ergebnisse:
Weitsprung: 2,89 m; 3,24 m; 3,07 m
Weitwurf: 18 m; 21,5 m; 23,5 m
→ Gib ihren weitesten Sprung und ihren weitesten Wurf an.
→ Erklärt euch gegenseitig, welche Bedeutung die Ziffern nach dem Komma haben.

Zwischen zwei natürlichen Zahlen liegen immer noch weitere Zahlen. Brüche mit einer Stufenzahl (10; 100; 1000; …) im Nenner, kann man als Kommazahlen schreiben. Kommazahlen werden auch **Dezimalzahlen** genannt.

Merke
Bei der **Dezimalschreibweise** stehen vor dem Komma Ganze.
Hinter dem Komma stehen Zehntel, Hundertstel, Tausendstel, …
Die Ziffern hinter dem Komma heißen **Dezimalen** oder **Nachkommastellen**.

Beispiel
Man liest „null Komma vier acht" für die Zahl 0,48. Die Ziffern hinter dem Komma werden einzeln gelesen.

Dezimalzahl	**Ganze**		**Dezimale**			**Sprechweise**
	Zehner Z	**Einer E**	**Zehntel z**	**Hundertstel h**	**Tausendstel t**	
0,483		0	4	8	3	null Komma vier acht drei
12,59	1	2	5	9		zwölf Komma fünf neun

○ **1** SP Schreibe in der Dezimalschreibweise.
a) null Komma fünf b) null Komma zwei acht c) zwei Komma drei vier

○ **2** Zeichne eine erweiterte Stellenwerttafel in dein Heft. Trage die Dezimalzahlen ein.
a) 0,45 b) 1,5 c) 9,671 d) 10,01 e) 3,009

Alles klar?
Fördern

A SP Übertrage die erweiterte Stellenwerttafel in dein Heft und ergänze sie.

Dezimal-zahl	Ganze		Dezimale			Sprechweise
	Z	E	z	h	t	
0,89						■
■		3	5	0	1	■
10,003						■
■						zwei Komma null eins neun

○ **3** SP Schreibe in der Sprechweise auf.
a) 3,72 b) 9,83 c) 8,02 d) 5,201

◐ **3** SP Schreibe in der Sprechweise auf.
a) 0,91 b) 0,901 c) 0,091 d) 0,910

→ Die Lösungen zu „Alles klar?" findest du auf Seite 240.

2 Umwandeln von Brüchen in Dezimalzahlen

Larena benötigt für ein Mixgetränk $\frac{1}{2}$ l Orangensaft. Auf dem Messbecher gibt es verschiedene Skalen.

→ Lies im Bild an beiden Skalen die Orangensaftmenge ab und notiere sie.

→ Die Angaben $\frac{1}{4}$ l und $\frac{3}{4}$ l liegen zwischen zwei angegebenen Dezimalzahlen. Notiert diese.

→ Für das Mixgetränk füllt sie noch 0,1 l Kokosmilch hinzu. Welche Menge ist jetzt im Messbecher? Gebt euer Ergebnis als Dezimalzahl und als Bruch an.

Merke

Brüche kann man in **Dezimalzahlen umwandeln.** Es gibt verschiedene Möglichkeiten:
- Brüche mit dem Nenner 10; 100; 1000; … kann man direkt als Dezimalzahl schreiben.
- Bestimmte Brüche kann man durch Erweitern oder Kürzen in Dezimalzahlen umwandeln.
- Brüche lassen sich auch in Dezimalzahlen umwandeln, indem man den Zähler durch den Nenner dividiert.

Beispiele

a) Brüche mit dem Nenner 10; 100; …

$\frac{3}{10} = 0{,}3$ $\frac{19}{100} = 0{,}19$ $\frac{123}{1000} = 0{,}123$

b) Umwandeln durch Erweitern oder Kürzen

$\frac{1}{2} \overset{5}{=} \frac{5}{10} = 0{,}5$ $\frac{1}{4} \overset{25}{=} \frac{25}{100} = 0{,}25$ $\frac{9}{30} \underset{3}{=} \frac{3}{10} = 0{,}3$

c) Umwandeln durch Division von Zähler durch Nenner

						E,	z	h	t				E,	z	h	t
$\frac{5}{8}$	=	5	:	8	=	5,	0	0	0	:	8	=	0,	6	2	5
					–	0										
						5	0									
					–	4	8									
							2	0								
						–	1	6								
								4	0							
							–	4	0							
									0							

5 E : 8 = 0 E Rest 5 E

5 Einer sind 50 Zehntel — 50 z : 8 = 6 z Rest 2 z

2 Zehntel sind 20 Hundertstel — 20 h : 8 = 2 h Rest 4 h

4 Hundertstel sind 40 Tausendstel — 40 t : 8 = 5 t

Wenn beim Dividieren das Komma überschritten wird, muss man im Ergebnis das Komma setzen.

Tipp!
Den Bruchstrich kannst du durch ein Divisionszeichen ersetzen und umgekehrt.
$\frac{2}{5} = 2 : 5$

○ **1** Schreibe als Dezimalzahl.

a) $\frac{1}{10}$ b) $\frac{5}{10}$ c) $\frac{8}{10}$ d) $\frac{13}{100}$ e) $\frac{29}{100}$

f) $\frac{7}{100}$ g) $\frac{117}{1000}$ h) $\frac{483}{1000}$ i) $\frac{39}{1000}$ j) $\frac{203}{1000}$

○ **2** Schreibe als Dezimalzahl, achte auf die Nullen.

a) $\frac{9}{10}$ b) $\frac{9}{100}$ c) $\frac{9}{1000}$ d) $\frac{3}{10}$ e) $\frac{3}{100}$

f) $\frac{3}{1000}$ g) $\frac{2}{1000}$ h) $\frac{20}{1000}$ i) $\frac{200}{1000}$ j) $\frac{2000}{2000}$

○ **3** Erweitere und schreibe als Dezimalzahl.

a) $\frac{1}{2}$; $\frac{1}{5}$; $\frac{3}{5}$ b) $\frac{3}{4}$; $\frac{23}{50}$; $\frac{11}{25}$ c) $\frac{313}{500}$; $\frac{30}{250}$; $\frac{7}{200}$

○ **4** Wandle durch Division in eine Dezimalzahl um.

a) $\frac{1}{4}$ b) $\frac{3}{4}$ c) $\frac{1}{8}$ d) $\frac{3}{8}$ e) $\frac{3}{6}$ f) $\frac{7}{8}$

Alles klar?

Fördern

A Wandle den Bruch in eine Dezimalzahl um.

a) $\frac{7}{10}$ b) $\frac{23}{100}$ c) $\frac{789}{1000}$ d) $\frac{493}{1000}$ e) $\frac{90}{1000}$ f) $\frac{8}{1000}$

B Wandle in eine Dezimalzahl um, achte auf die Nullen.

a) $\frac{4}{10}$ b) $\frac{4}{100}$ c) $\frac{40}{100}$ d) $\frac{4}{1000}$ e) $\frac{40}{1000}$ f) $\frac{400}{1000}$

C Wandle in eine Dezimalzahl um.

a) $\frac{2}{5}$ b) $\frac{3}{25}$ c) $\frac{5}{8}$ d) $\frac{4}{16}$ e) $\frac{9}{18}$ f) $\frac{6}{30}$

○ **5** Wandle den Bruch in eine Dezimalzahl um.

a) $\frac{2}{10}$; $\frac{9}{100}$ b) $\frac{12}{1000}$; $\frac{38}{100}$

c) $\frac{83}{100}$; $\frac{83}{1000}$ d) $\frac{91}{100}$; $\frac{91}{1000}$

○ **6** Ordne jedem Bruch eine Dezimalzahl zu.

$\frac{1}{4}$ $\frac{1}{2}$ $\frac{3}{4}$ $\frac{1}{5}$ $\frac{3}{10}$

0,2 0,25 0,3 0,5 0,75

○ **7** Schreibe die Angaben im Rezept als Dezimalzahlen.

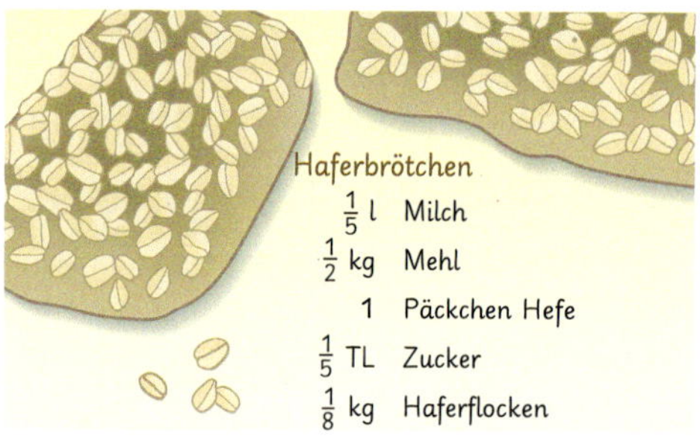

○ **8** Erweitere und schreibe als Dezimalzahl.

a) $\frac{2}{5}$; $\frac{4}{5}$; $\frac{1}{4}$ b) $\frac{6}{50}$; $\frac{7}{25}$; $\frac{123}{500}$

◒ **5** Wandle den Bruch in eine Dezimalzahl um.

a) $\frac{125}{1000}$ b) $\frac{246}{1000}$ c) $\frac{34}{1000}$ d) $\frac{340}{100}$

◒ **6** Wandle um, nachdem du erweitert oder gekürzt hast.

a) $\frac{2}{5}$; $\frac{10}{20}$; $\frac{4}{25}$; $\frac{9}{50}$; $\frac{30}{200}$

b) $\frac{36}{60}$; $\frac{75}{300}$; $\frac{4}{125}$; $\frac{4}{200}$; $\frac{33}{330}$

c) $\frac{9}{12}$; $\frac{16}{80}$; $\frac{21}{70}$; $\frac{21}{28}$; $\frac{3}{75}$

◒ **7** Schreibe als Dezimalzahlen.

◒ **8** Wandle in eine Dezimalzahl um.

a) $1\frac{1}{2}$; $2\frac{1}{10}$ b) $3\frac{1}{5}$; $4\frac{10}{50}$

c) $9\frac{1}{4}$; $7\frac{3}{4}$ d) $5\frac{7}{10}$; $3\frac{2}{5}$

◒ **9** SP **Erkläre**, wie du umwandelst.

a) $\frac{3}{8}$; $\frac{7}{8}$; $\frac{11}{8}$ b) $\frac{3}{25}$; $\frac{30}{25}$; $\frac{33}{25}$

Tipp!

$\frac{1}{100} = 0,01$

$\frac{1}{10} = 0,1$

$\frac{1}{8} = 0,125$

$\frac{1}{5} = 0,2$

$\frac{1}{4} = 0,25$

$\frac{1}{2} = 0,5$

$\frac{3}{4} = 0,75$

→ Die Lösungen zu „Alles klar?" findest du auf Seite 240.

9 Kürze zuerst und wandle dann in eine Dezimalzahl um.

a) $\frac{3}{30}$; $\frac{6}{60}$; $\frac{7}{70}$; $\frac{14}{70}$

b) $\frac{104}{200}$; $\frac{36}{300}$; $\frac{48}{400}$; $\frac{450}{900}$

10 Welche Kartenpaare gehören zusammen?

1,3 | 1,25 | $1\frac{3}{5}$ | $1\frac{1}{2}$ | $1\frac{1}{4}$ | $1\frac{3}{10}$ | 1,5 | 1,6

11 Wandle um.

Beispiel:

$3\frac{7}{10} = 3 + \frac{7}{10} = 3 + 0{,}7 = 3{,}7$

a) $4\frac{3}{10}$; $2\frac{1}{2}$; $5\frac{1}{5}$

b) $2\frac{1}{4}$; $3\frac{3}{4}$; $3\frac{19}{100}$

12 Wandle den unechten Bruch durch Division in eine Dezimalzahl um.

a) $\frac{8}{5}$ b) $\frac{20}{16}$ c) $\frac{35}{10}$

d) $\frac{30}{12}$ e) $\frac{9}{4}$ f) $\frac{21}{4}$

13 Ersetze die Brüche durch Dezimalzahlen und schreibe die Sätze ab.

a) Ein DIN-A4-Blatt ist $\frac{1}{10}$ mm dick.

b) Das Blech eines Autos ist $\frac{8}{10}$ mm dick.

c) Ein Haar ist $\frac{6}{100}$ mm dick.

d) Blattgold ist $\frac{2}{10\,000}$ mm dick.

e) Alufolie ist $\frac{15}{1000}$ mm dick.

Tipp!
zu Aufgabe 12:
1 l = 1000 ml
1 kg = 1000 g

10 Wandle in eine Dezimalzahl um.

a) $\frac{7}{8}$ b) $\frac{11}{55}$ c) $\frac{9}{16}$

11 SP Wandle in eine Dezimalzahl um. Was fällt dir auf?

a) $\frac{1}{4}$; $\frac{2}{4}$; $\frac{3}{4}$; $\frac{4}{4}$

b) $\frac{1}{5}$; $\frac{2}{5}$; $\frac{3}{5}$; $\frac{4}{5}$; $\frac{5}{5}$

c) $\frac{1}{8}$; $\frac{2}{8}$; $\frac{3}{8}$; …; $\frac{8}{8}$

12

a) Schreibe in der Dezimalschreibweise und in Milliliter.

$\frac{1}{8}$ l; $\frac{3}{8}$ l; $2\frac{3}{4}$ l; $\frac{1}{5}$ l; $\frac{5}{4}$ l; $\frac{3}{2}$ l

b) Schreibe in der Dezimalschreibweise und in Gramm.

$\frac{1}{10}$ kg; $1\frac{1}{4}$ kg; $\frac{3}{4}$ kg; $\frac{5}{2}$ kg

13 Vervollständige den Bruch.

a) $\frac{\blacksquare}{5} = 0{,}8$ b) $\frac{12}{\blacksquare} = 0{,}24$

c) $\frac{3}{\blacksquare} = 0{,}15$ d) $\frac{\blacksquare}{20} = 0{,}3$

14 Schreibe Brüche als Dezimalzahlen.

a) Ein menschliches Haar ist zwischen $\frac{5}{100}$ und $\frac{8}{100}$ mm dick.

b) Die Haut einer Seifenblase ist $\frac{6}{1\,000\,000}$ mm dick.

c) Ein Öltropfen bildet auf dem Wasser eine $\frac{3}{10\,000\,000}$ mm dicke Ölschicht.

d) Eine CD ist $\frac{12}{10}$ mm dick. Die CD hat bis zu 3 000 000 000 Vertiefungen, die etwa $\frac{6}{10\,000}$ mm breit, $\frac{7}{10\,000}$ mm tief und $\frac{1}{1000}$ mm bis $\frac{3}{1000}$ mm lang sind.

3 Dezimalzahlen vergleichen und ordnen

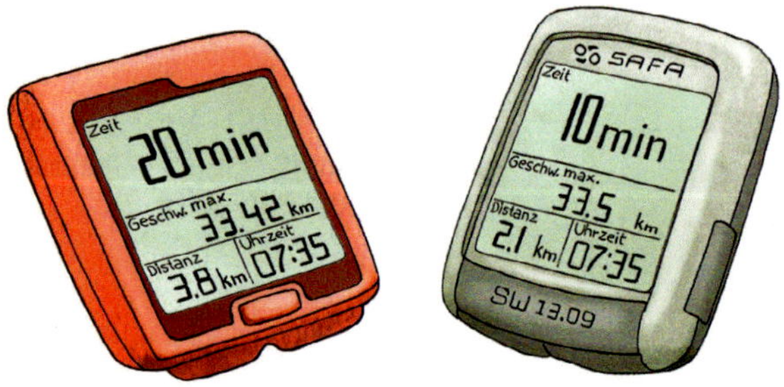

Marvin Tobias

Tobias und Marvin vergleichen ihre Fahrradcomputer nach der Fahrt zur Schule.
→ Welche Informationen kannst du dem Display entnehmen?
→ Wer ist insgesamt schneller gefahren? Überlege zusammen mit deinem Partner oder deiner Partnerin.
→ Marvin behauptet, die größere Höchstgeschwindigkeit erreicht zu haben, da 42 größer als 5 ist.
Was meint ihr? Diskutiert in der Klasse.

Wenn man Dezimalzahlen vergleicht, untersucht man die Stellenwerte. Auch mit der Darstellung auf dem Zahlenstrahl kann man herausfinden, welche Zahl größer ist.

Merke

Um **Dezimalzahlen** zu **vergleichen**, untersucht man die Stellenwerte von links nach rechts. Die erste Stelle mit unterschiedlichen Ziffern entscheidet.
Auf dem Zahlenstrahl liegt die kleinere Zahl links von der größeren Zahl.

Beispiele

a) 3,45
3,54 ← Zehntel verschieden

3,45 < 3,54

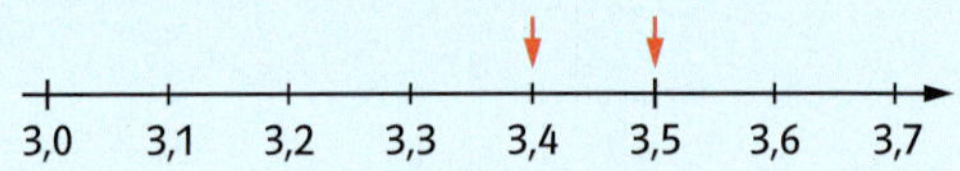

b) 12,304
12,41
Zehntel verschieden
12,304 < 12,41

c) 2,00
2,05
Hundertstel verschieden
2,00 < 2,05

d) 0,624
0,622
Tausendstel verschieden
0,622 < 0,624

Tipp!
Nullen dürfen bei Dezimalzahlen am Ende weggelassen werden.
2,0 = 2
0,50 = 0,5

○ **1** Betrachte den Zahlenstrahl.

a) Lies die Zahlen ab und schreibe sie der Größe nach auf.

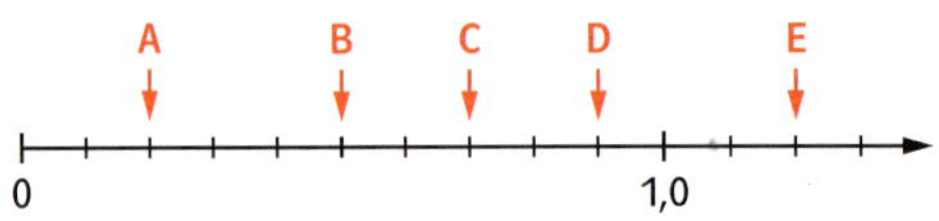

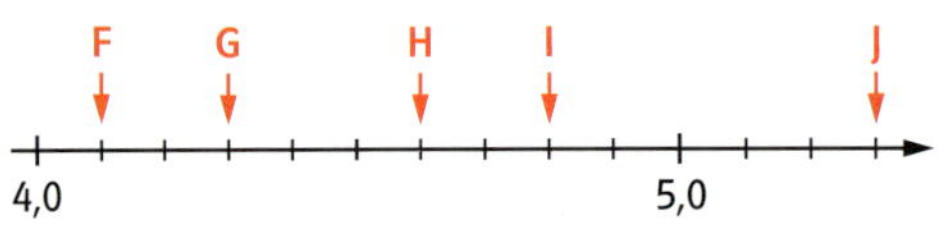

b) Ordne die Zahlen den Buchstaben zu.

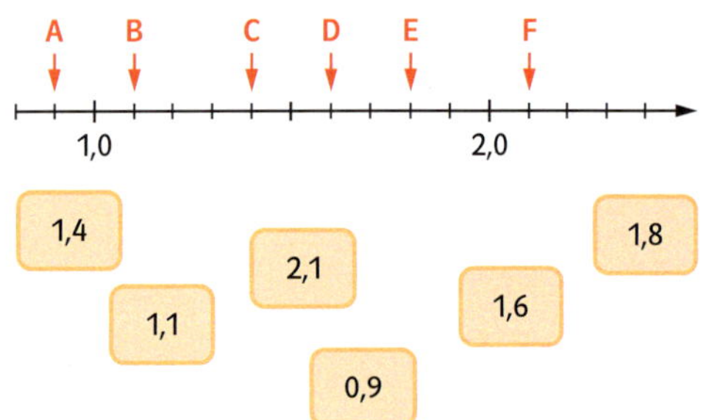

○ **2** Vergleiche und setze das Zeichen <, > oder =.

a) 0,2 ■ 0,4
2,3 ■ 2,2
0,04 ■ 0,07
3 ■ 3,00
12,6 ■ 12,5
9,07 ■ 9,04

b) 0,65 ■ 0,69
1,341 ■ 1,297
26,750 ■ 25,75
331,31 ■ 3313,1
12,0 ■ 12,000
321,7 ■ 32,179

c) 17,05 ■ 17,1
0,7 ■ 0,65
2,341 ■ 2,2762
95,04 ■ 95,4
0,003 ■ 0,030
8,01 ■ 8,005

Alles klar?

Fördern

A Sortiere die Zahlen der Größe nach. Beginne mit der kleinsten Zahl.

a)	b)	c)	d)
5,52	33,12	0,687	1,110
5,25	32,13	0,786	1,011
0,25	33,21	0,678	1,010
5,02	31,32	0,768	1,101

B Ordne die Zahlen den Buchstaben zu. Ein Buchstabe bleibt übrig. Wie heißt die fehlende Zahl?

2,1 | 3,7 | 1,6 | 3,8 | 1,4

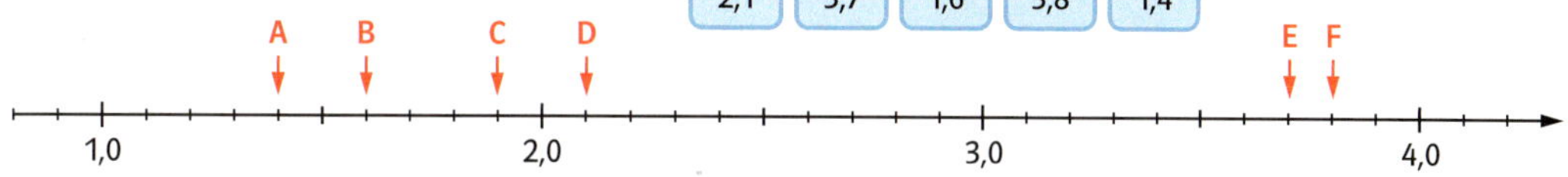

○3 Sortiere die Obsttüten nach dem Gewicht.

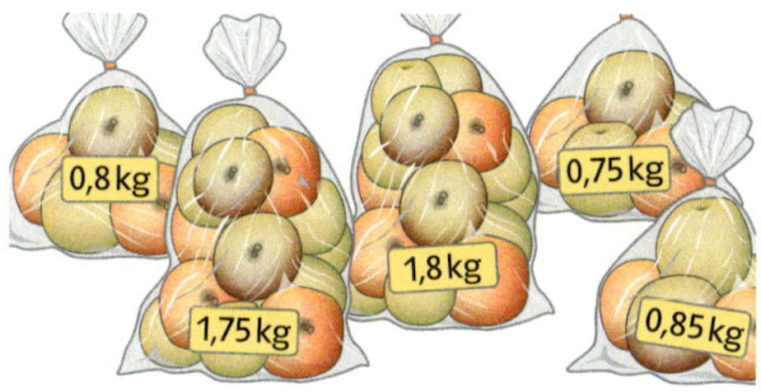

○4 Wie heißen die markierten Zahlen?

a)

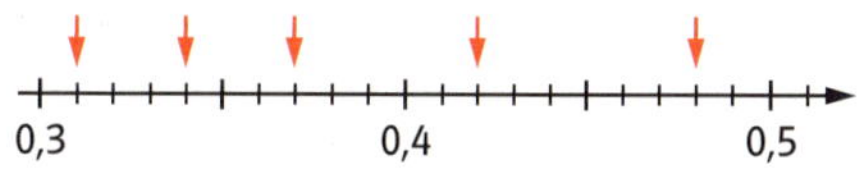

b)

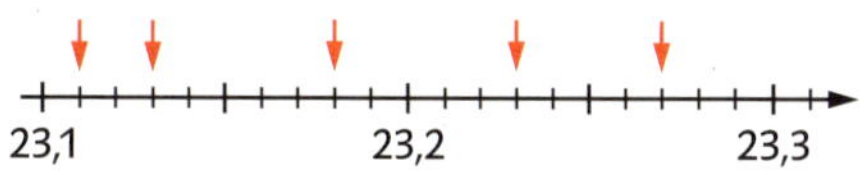

c)

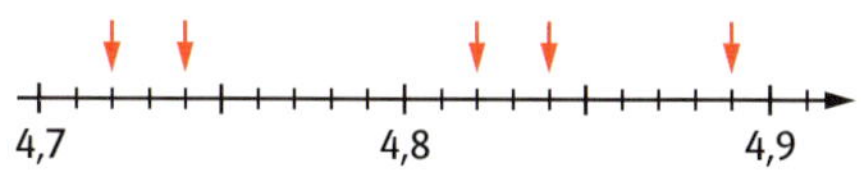

d)

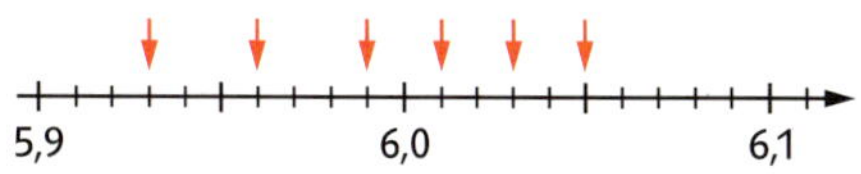

◒5 Übertrage den Zahlenstrahl in dein Heft und beschrifte ihn vollständig. Markiere dann die drei Zahlen.

a)

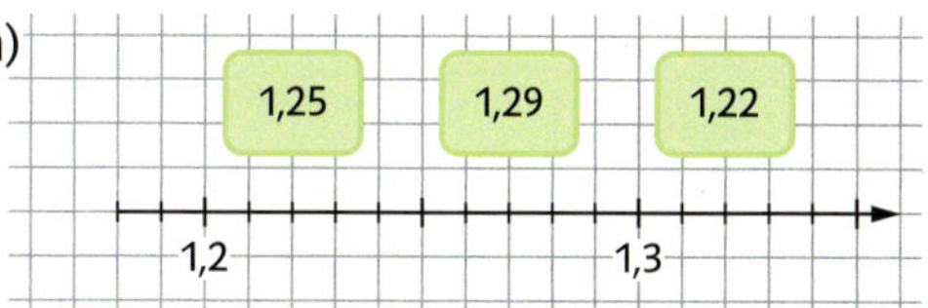

b)

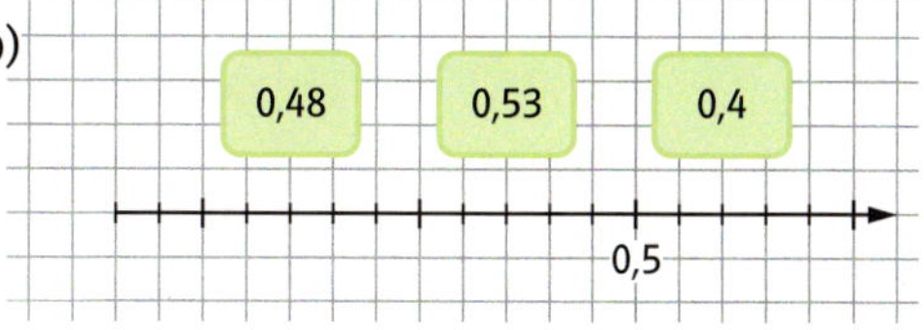

○3 Ordne die Dezimalzahlen der Größe nach. Beginne mit der kleinsten Zahl.

a) 7,84; 4,87; 8,74; 4,78; 8,47; 7,48
b) 459,8; 45,98; 49,58; 458,9; 495,8
c) 8,0981; 8,0109; 8,0819; 8,0918
d) 0,09; 0,0901; 0,0899; 0,098; 0,091

◒4 Zeichne einen geeigneten Zahlenstrahl und trage die Werte ein.

a) 1,01; 0,95; 1,10; 1,05; 0,98
b) 0,762; 0,758; 0,76; 0,769; 0,753
c) 4,1; 4,111; 4,094; 4,104; 4,099

◒5 Gib zwei Zahlen an, die zwischen

a) 3,2 und 3,4 liegen.
b) 0,4 und 0,45 liegen.
c) 11,01 und 11,02 liegen.

◒6

a) Bilde aus den Ziffern und dem Komma nacheinander verschiedene Zahlen. Notiere diese Zahlen.

3 | 7 | 8 | ,

b) Zeichne für die zwei kleinsten Zahlen einen geeigneten Zahlenstrahl und markiere die Zahlen.

◒7 Welche Ziffern kannst du für die Lücken ■ und ▲ einsetzen? Nenne mindestens drei Möglichkeiten.

a) 11,5■ < 11,6 < 11,▲5
b) 0,7■6 < 0,756 < 0,75▲
c) 6,■7 < 6,66 < 6,6▲
d) 51,■12 < 51,213 < 51,21▲
e) 2,4■2 < 2,432 < 2,▲32

→ Die Lösungen zu „Alles klar?" findest du auf Seite 240.

6 Gewürfelt wird mit zwei Würfeln. Aus den Augenzahlen legt ihr Dezimalzahlen, die mit 0,… beginnen. Wer die kleinere Zahl hat, erhält einen Punkt.

Beispiel:

Mögliche Zahlen: 0,16 oder 0,61

7 Welche Ziffern kannst du für die Lücken einsetzen? Gib immer zwei verschiedene Möglichkeiten an.

a) 2,5 < 2,5■ b) 0,85 < 0,■8
c) 1,235 > 1,■32 d) 0,11 > 0,1■▲
e) 25,■31 < 25,5106

8 Bilde aus den Kärtchen und dem Komma verschiedene Zahlen.

3 | 7 | 8 | 0 | ,

a) Bilde die kleinstmögliche Zahl.
b) Bilde die größtmögliche Zahl.
c) Übertrage die Tabelle ins Heft. Finde möglichst viele weitere Zahlen und trage sie in die Tabelle ein.

> 1	< 0,8	zwischen 0,8 und 1
■	■	■

9 MK Bei den Olympischen Spielen 2014 gab es im Abfahrtslauf der Damen folgende Ergebnisse:

Platz	Land	Sportler	Zeit (min)
1	SUI	Dominique Gisin	1:41,57
	SLO	Tina Maze	1:41,57
3	SUI	Lara Gut	1:41,67
4	ITA	Daniela Merighetti	1:41,84
5	SUI	Fabienne Suter	1:41,94

a) Wie groß war der Unterschied zwischen Platz 1 und Platz 5?
b) SP Warum gibt es keinen zweiten Platz? Wie hätte man vielleicht eine alleinige Siegerin ermitteln können?

8 Findet die Zahl, die genau in der Mitte der beiden Zahlen steht.

a) 1; 6 b) 0,5; 2,2
c) 0,33; 0,34 d) 3,12; 7,4

9 Der Zahlenstrahl wird jedes Mal verfeinert.

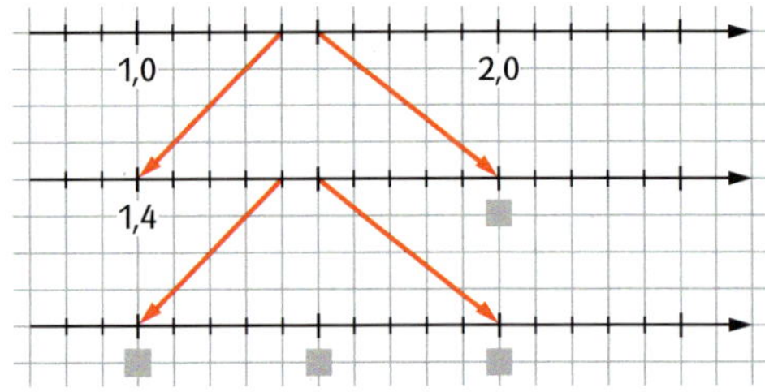

a) Zeichne die Zahlenstrahle ab und ergänze die Beschriftung.
b) Wie lange müsstest du den dritten Zahlenstrahl zeichnen, wenn du auf ihm Zahlen von 1,0 bis 2,0 darstellen möchtest?

10 MK Bei den Viererbob-Wettkämpfen bei den Olympischen Spielen 2014 hatten die Teams vier Läufe.

Platz	Land	Laufzeiten (s)	gesamt (s)
1	RUS	54,82; 55,37; 55,02; 55,39	220,60
2	LAT	55,10; 55,13; 55,15; 55,31	220,69
3	USA	54,89; 55,47; 55,30; 55,33	220,99

a) Welches Team hatte die schnellste Einzelfahrt, welches die langsamste?
b) Welches Team hatte den größten Unterschied in den vier Einzelfahrten?
c) Die vier Laufzeiten eines Viererbobs werden addiert. Gib den Unterschied der Gesamtzeiten zwischen Russland und der USA an.
d) Bei den Olympischen Spielen 2018 wurde im Viererbob der Herren keine Bronzemedaille verliehen. Recherchiere im Internet, wie das passieren konnte.

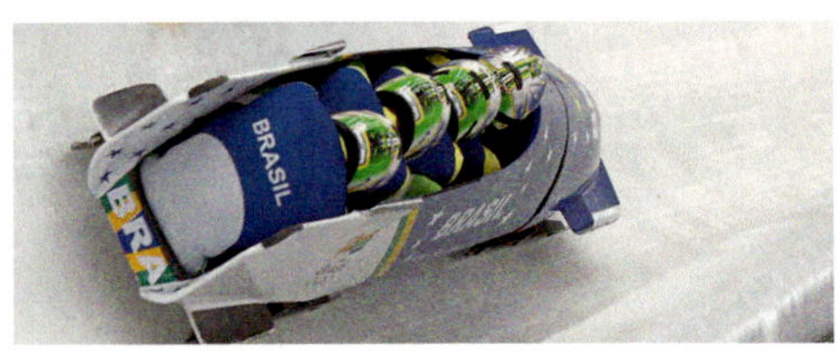

4 Dezimalzahlen runden

Lisa möchte Fleisch für ein Gulasch einkaufen.

> Zutaten für Gulasch:
> 500 g Fleisch
> 1 Zwiebel
> 25 g Tomatenmark
> 2 Paprika
> 4 mittelgroße Kartoffeln
> Salz

Sie findet im Kühlregal Fleischpackungen mit unterschiedlichen Mengen.
→ Kennst du andere Lebensmittel, bei denen die Gewichtsangaben mit Dezimalzahlen angegeben werden?
→ Welche Packung soll Lisa nehmen? Tauscht euch in der Klasse aus.

Auf abgewogenen Lebensmitteln findet man oft Dezimalzahlen. Je nach Situation werden die Dezimalzahlen dabei mit unterschiedlich vielen Nachkommastellen beziehungsweise Dezimalen angegeben.

Merke

Beim **Runden** von **Dezimalzahlen** gelten dieselben Regeln wie für das Runden von natürlichen Zahlen.

Folgt auf die Rundungsstelle eine **0**; **1**; **2**; **3** oder **4**, bleibt die Rundungsstelle unverändert.
Es wird **abgerundet**.

Folgt auf die Rundungsstelle eine **5**; **6**; **7**; **8** oder **9**, wird die Rundungsstelle um 1 erhöht.
Es wird **aufgerundet**.

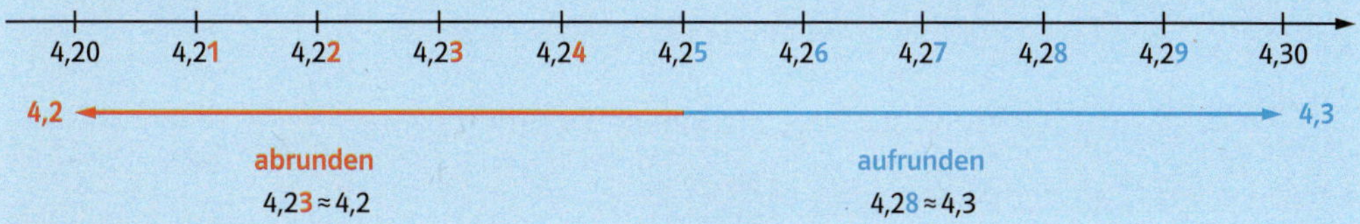

Beispiele

a) 3,463
Runden auf Ganze: 3,463 ≈ 3
Runden auf Zehntel: 3,463 ≈ 3,5
Runden auf Hundertstel: 3,463 ≈ 3,46

b) 0,485
Runden auf Ganze: 0,485 ≈ 0
Runden auf Zehntel: 0,485 ≈ 0,5
Runden auf Hundertstel: 0,485 ≈ 0,49

○**1** Runde
a) auf ganze Euro. 2,98 €; 1,08 €; 4,78 €; 9,89 €; 9,38 €; 12,65 €; 1,50 €
b) auf ganze cm. 32,4 cm; 9,8 cm; 10,5 cm; 99,5 cm; 100,3 cm; 0,99 cm; 3,59 cm

○**2** Übertrage die Zahlen in dein Heft, markiere die Rundungsstelle und runde

a) auf Ganze.	b) auf Zehntel.	c) auf Hundertstel.	d) auf Tausendstel.
2,3	1,32	4,372	5,9473
5,65	8,47	8,0867	0,288 59
0,9	6,651	0,1095	10,027 02
12,52	17,105	21,225	15,5555
151,115	9,938	0,0099	6,545 45

Alles klar?

Fördern

A Ordne die gerundeten Eurowerte (grau) den genauen Werten (gelb) zu.

`7,05 €` `3 €` `0,49 €` `3 €` `3,49 €` `7 €` `7,95 €` `8 €` `2,50 €` `0 €`

B Übertrage die Tabelle in dein Heft und fülle sie vollständig aus.

	Zahl	gerundet		
		auf Zehntel	auf Hundertstel	auf Tausendstel
a)	1,4363	■	■	■
b)	3,5675	■	■	■

○ **3** Runde
a) auf Ganze.
3,6; 5,47; 0,85; 1,95; 0,98; 10,50
b) auf Zehntel.
0,4266; 12,4901; 31,7555; 1,234 567
c) auf Hundertstel.
0,005; 9,909; 4,785 55; 57,5555

○ **4** Runde auf Ganze.
a) 1,1 mm; 55,9 mm; 12,5 cm
b) 32,4 dm; 1,8 m; 1,250 km
c) 14,2 l; 3,09 l; 325,95 ml
d) 25,52 cm^2; 19,50 cm^2; 202,0565 cm^2
e) 1,728 kg; 3,902 kg; 2,793 kg
f) 93,03 g; 7,039 g; 24,099 g

○ **5** MK Einwohnerzahlen von Großstädten werden oft in Millionen mit einer Dezimalen angegeben.
a) Vervollständige die Tabelle im Heft.

Stadt	Einwohner	gerundet
Berlin	3 460 725	■
Hamburg	1 786 448	1,8 Mio.
München	1 353 186	■
Köln	1 007 119	■
Stuttgart	606 588	■

b) Recherchiere die aktuellen Einwohnerzahlen.

◒ **6** SP Welche Angabe ist deiner Meinung nach am sinnvollsten? Begründe.
a) Hannah ist 3,42 m weit gesprungen.
`3 m` `3,4 m` `3,42 m`
b) Eine Fahrradtour über 5 Tage hatte eine Gesamtlänge von 126,589 km.
`130 km` `127 km` `126,6 km`

○ **3** Runde auf die angegebene Stelle.
a) 0,006 555 (auf Tausendstel)
b) 1,534 353 265 (auf Zehntel)
c) 1,999 95 (auf Ganze)
d) 0,999 999 (auf Hundertstel)

◒ **4** Runde
a) 13,9 mm auf cm.
b) 120 590 g auf kg.
c) 900 kg auf t.
d) 32,875 cm^2 auf mm^2.

◒ **5** MK Gib die Einwohnerzahlen der Bundesländer in Millionen mit einer Dezimalen an.

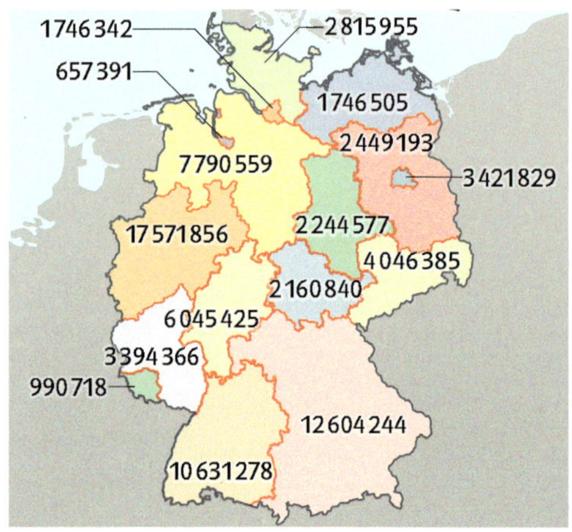

◒ **6** SP Welche Angaben darf man runden, bei welchen ist dies wenig sinnvoll? Begründet eure Antworten.
- Zug – Abfahrt: 11:55 Uhr
- Um ein Zimmer neu zu tapezieren, benötigt man 5,1 Rollen Tapete.
- Für einen Ausflug plant Familie Schmidt Kosten von 134,25 € ein.
- 100-m-Weltrekord: 9,58 s

→ Die Lösungen zu „Alles klar?“ findest du auf Seite 240.

5 Umwandeln von Dezimalzahlen in Brüche

Debby möchte zum Geburtstag ihrer besten Freundin Muffins backen. Hierzu benötigt sie unter anderem 0,25 kg Butter.
→ Ihre Mutter sagt, dass im Kühlschrank noch $\frac{1}{4}$ kg Butter ist. Hilft das Debby weiter?

Dezimalzahlen kann man als Brüche mit Stufenzahlen (10; 100; 1000; …) im Nenner schreiben. Die Ziffern hinter dem Komma entsprechen dann Zehntel, Hundertstel, Tausendstel, …

Merke

Bei der **Dezimalschreibweise** stehen vor dem Komma Ganze.
Hinter dem Komma stehen Zehntel, Hundertstel, Tausendstel, …
Mithilfe einer erweiterten Stellenwerttafel wird der Zusammenhang deutlich.

Dezimalzahl	Ganze		Dezimale			Bruch
	Zehner Z	Einer E	Zehntel z	Hundertstel h	Tausendstel t	
0,25		0	2	5	0	$\frac{25}{100}$
0,48		0	4	8	0	$\frac{48}{100}$
0,618		0	6	1	8	$\frac{618}{1000}$
0,3		0	3	0	0	$\frac{3}{10}$

Manche Brüche kann man auch noch kürzen.

Beispiele

a) $0{,}25 = \frac{25}{100} \underset{25}{=} \frac{1}{4}$

b) $0{,}125 = \frac{125}{1000} \underset{125}{=} \frac{1}{8}$

○ **1** Schreibe die Dezimalzahl mithilfe einer Stellenwerttafel als Bruch.
a) 0,47 b) 0,19 c) 0,83 d) 0,99 e) 0,11

○ **2** Schreibe die Dezimalzahl als Bruch, kürze den Bruch anschließend.
a) 0,5 b) 0,30 c) 0,65 d) 0,75 e) 0,375

Alles klar?

Fördern

A Übertrage die erweiterte Stellenwerttafel in dein Heft und fülle sie vollständig aus.

Dezimalzahl	Ganze		Dezimale			Bruch	gekürzter Bruch
	Z	E	z	h	t		
0,85						■	■
■		0	5	5		■	■
■						■	$\frac{1}{2}$
■		0	6	2	5	■	■
■						$\frac{70}{100}$	■

→ Die Lösungen zu „Alles klar?“ findest du auf Seite 241.

Tipp!
So viele Nachkommastellen wie die Dezimalzahl hat, so viele Nullen hat deine Stufenzahl im Bruch.
$0{,}123 = \frac{123}{1000}$

○ **3** Schreibe als Bruch.
a) 0,11 b) 0,101
c) 0,110 d) 0,011

○ **4** SP Schreibe als Dezimalzahl und anschließend als Bruch.
a) null Komma drei
b) null Komma null drei
c) null Komma null null drei
d) null Komma drei null drei
e) null Komma null drei drei
f) null Komma drei drei drei

○ **5** SP Es muss nicht immer eine Null vor dem Komma stehen. Schreibe als Bruch.

Beispiel: zwei Komma neun = $2{,}9 = \frac{29}{10}$

a) drei Komma sieben
b) vier Komma null drei
c) sechs Komma neun
d) zwei Komma null eins

○ **6** Ordne richtig zu.

$\frac{2}{1000}$ m | $\frac{25}{100}$ m | 0,002 m | 0,02 m
$\frac{2}{10}$ m | $\frac{2}{100}$ m | 0,25 m | 0,025 m
$\frac{25}{1000}$ m | $\frac{25}{10}$ m | 2,5 m | 0,2 m

◒ **7** Schreibe die Dezimalzahl zuerst als Summe der Bruchteile.

Beispiel: $1{,}78 = 1 + \frac{7}{10} + \frac{8}{100} = 1\frac{78}{100}$

a) 2,3 b) 1,2
c) 0,85 d) 4,21

◒ **8** Schreibe als Bruch und kürze.
a) 0,4 b) 0,80
c) 0,16 d) 0,45

◒ **9** SP Schreibe als Bruch und als Dezimalzahl.
a) drei Zehntel Euro
b) zwei Hundertstel Hektar
c) fünfzehn Tausendstel Kilometer
d) siebenunddreißig Hundertstel Euro
e) dreizehn Tausendstel Kilogramm

◒ **3** Schreibe als Bruch und kürze.
a) 0,12 b) 0,20
c) 0,35 d) 0,6

◒ **4** SP Schreibe als Dezimalzahl und anschließend als Bruch, kürze wenn möglich.
a) null Komma zwei
b) null Komma null zwei
c) null Komma null null zwei
d) null Komma null zwei null
e) null Komma zwei null zwei
f) null Komma null zwei zwei

◒ **5** Es muss nicht immer eine Null vor dem Komma stehen. Schreibe als Bruch.
a) 3,9 b) 2,5 c) 4,72
d) 9,21 e) 1,125 f) 7,375

◒ **6** Schreibe die Dezimalzahl als Summe der Bruchteile.
a) 2,53 b) 0,75
c) 8,02 d) 5,617
e) 1,125 f) 7,375

◒ **7** Schreibe als Bruch und in der nächstkleineren Einheit.

Beispiel: $0{,}95\,€ = \frac{95}{100}\,€ = 95\,ct$

a)	b)	c)
0,3 cm	0,81 €	0,07 ha
0,1 dm	0,72 a	0,650 km
0,17 €	0,99 m^2	0,067 kg
0,04 cm^2	0,11 €	0,990 t

◒ **8** Welche Kärtchen gehören zusammen?

$3\,m + \frac{3}{100}\,m$ | $30\,m + \frac{3}{100}\,m$ | 30,03 m
$3\,m + \frac{3}{10}\,m$ | 3,003 m | $3\,m + \frac{3}{1000}\,m$
3,3 m | 3,03 m

◒ **9** Schreibe in der nächstgrößeren Einheit und als Bruch oder als gemischte Zahl.

Beispiel: $4062\,g = 4{,}062\,kg = 4\frac{62}{1000}\,kg$

a)	b)	c)
9 cm	402 ct	223 kg
25 ct	918 a	72 cm
91 cm^2	829 mg	821 cm^2
675 kg	78 dm^2	619 m

Periodische Dezimalzahlen

Teilt man den Zähler eines Bruchs durch seinen Nenner, wiederholt sich manchmal derselbe Rest. Es entsteht eine **periodische Dezimalzahl**.
Die sich wiederholende Ziffer oder Zifferngruppe heißt Periode. Sie wird mit einem darüber liegenden Strich gekennzeichnet.

Beispiel:

$1 : 3 = 0{,}33\ldots = 0{,}\overline{3}$

```
 1 : 3 = 0,33...
-0
 10
 -9
  10
  -9
   10
   ⋮
```

Der Rest 1 wiederholt sich, also wiederholt sich auch die Dezimale 3.

$5 : 11 = 0{,}4545\ldots = 0{,}\overline{45}$

```
 5 : 11 = 0,4545...
-0
 50
-44
  60
 -55
   50
   ⋮
```

Die Reste 5 und 6 wiederholen sich, also wiederholen sich auch die Dezimalen 4 und 5.

Tipp!
Sprechweise von periodischen Dezimalzahlen:
$0{,}\overline{3}$ „null Komma Periode 3"
$0{,}\overline{45}$ „null Komma Periode vier fünf"
$0{,}1\overline{6}$ „null Komma eins Periode sechs"

1 Wandle in periodische Dezimalzahlen um. Durch Nachdenken kannst du viel Zeit sparen.
a) $\frac{2}{3}$; $\frac{4}{6}$; $\frac{5}{33}$; $\frac{10}{33}$
b) $\frac{1}{9}$; $\frac{2}{9}$; $\frac{3}{9}$; $\frac{4}{9}$; $\frac{5}{9}$
c) $\frac{1}{11}$; $\frac{2}{11}$; $\frac{3}{11}$; $\frac{4}{11}$; $\frac{5}{11}$

2 Wandle in Dezimalzahlen um. Bei diesen Zahlen beginnt die Periode nicht sofort nach dem Komma.

Beispiel: $\frac{1}{6} = 1 : 6 = 0{,}1\overline{6}$

a) $\frac{5}{6}$; $\frac{4}{15}$; $\frac{7}{30}$; $\frac{11}{18}$
b) $\frac{5}{12}$; $\frac{1}{24}$; $\frac{5}{24}$; $\frac{7}{36}$

3 Welche Partner gehören zusammen?

$0{,}\overline{6}$ | $\frac{7}{9}$ | $\frac{3}{5}$ | $\frac{2}{3}$ | $0{,}\overline{63}$ | $\frac{13}{20}$ | $0{,}\overline{7}$ | $0{,}65$ | $0{,}6$ | $\frac{7}{11}$

4 Ordne nach der Größe.

$0{,}8\overline{3}$ | $0{,}5$ | $0{,}8$ | $0{,}\overline{05}$ | $0{,}\overline{54}$ | $0{,}\overline{83}$ | $0{,}84$ | $0{,}\overline{5}$

5 Runde
a) auf eine Nachkommastelle.
$0{,}1\overline{6}$; $0{,}\overline{8}$; $1{,}2\overline{3}$; $0{,}208\overline{3}$; $0{,}6\overline{2}$
b) auf zwei Dezimalen.
$0{,}1\overline{6}$; $0{,}\overline{8}$; $1{,}2\overline{3}$; $0{,}208\overline{3}$; $0{,}6\overline{2}$

Tipp!
Stammbrüche sind Brüche, deren Zähler 1 ist.

6 Welcher Bruch hat in der Dezimalzahlschreibweise die kürzeste Periode?
$\frac{1}{7}$; $\frac{9}{11}$; $\frac{5}{13}$

7 SP Claus behauptet: „Immer wenn bei einem echten Bruch eine Primzahl im Nenner steht, ist die zugehörige Dezimalzahl periodisch."
Ilona hat ein Gegenbeispiel.

8 Für genaue Berechnungen ist es manchmal sinnvoll, periodische Dezimalzahlen in Brüche zu verwandeln.

$0{,}\overline{3} = \frac{1}{3}$ $0{,}1\overline{6} = \frac{1}{6}$ $0{,}\overline{1} = \frac{1}{9}$

Wandle die Dezimalzahlen mithilfe dieser Angaben in Brüche oder in gemischte Zahlen um.
a) $0{,}\overline{6}$; $1{,}\overline{3}$; $2{,}1\overline{6}$
b) $0{,}\overline{2}$; $0{,}\overline{4}$; $0{,}\overline{5}$

9 SP Diese Stammbrüche sollen in Dezimalzahlen umgewandelt werden.
$\frac{1}{2}$; $\frac{1}{3}$; $\frac{1}{4}$; $\frac{1}{5}$; $\frac{1}{6}$; $\frac{1}{7}$; $\frac{1}{8}$; $\frac{1}{9}$; $\frac{1}{10}$; $\frac{1}{11}$; $\frac{1}{12}$; $\frac{1}{13}$
a) Stellt zunächst Vermutungen an, wann es eine periodische Dezimalzahl gibt und wann nicht. Begründet.
b) Überprüft eure Vermutung durch Umwandeln der Brüche.
c) Findet ihr eine Erklärung, wann es periodische Dezimalzahlen gibt? Überprüft weitere Stammbrüche.

6 Dezimalzahlen, Brüche und Prozentangaben

Fruchtaufstriche werden nach unterschiedlichen Rezepten hergestellt.

→ Vergleiche beim nächsten Einkauf verschiedene Fruchtaufstriche. Welche Angaben zum Fruchtanteil findest du?

→ Was bedeuten die Prozentangaben auf den abgebildeten Gläsern?

→ Oma kocht nach dem Rezept „Hälfte Früchte und Hälfte Zucker". Überlegt, wie hoch der Fruchtanteil in Prozent ist.

→ Findet Beispiele aus dem Alltag, bei denen Prozentangaben vorkommen.

Um im Alltag unterschiedliche Anteile besser vergleichen zu können, werden sie häufig in Prozent angegeben.
Prozentangaben sind Brüche mit dem Nenner 100, z. B. $\frac{2}{100}$; $\frac{14}{100}$; $\frac{19}{100}$. So bedeutet $\frac{2}{100}$ so viel wie 2 von Hundert oder 2 Prozent, geschrieben 2 %.

Merke

Brüche mit dem Nenner 100 kann man in **Prozent** schreiben.

$\mathbf{\frac{1}{100} = 1\,\%}$

Beispiele

a) Umwandeln von Brüchen in Prozentangaben

$\frac{15}{100} = 15\,\%$ $\qquad \frac{7}{100} = 7\,\%$ $\qquad \frac{1}{4} \overset{25}{=} \frac{25}{100} = 25\,\%$

b) Umwandeln von Prozentangaben in Brüche

$19\,\% = \frac{19}{100}$ $\qquad 3\,\% = \frac{3}{100}$ $\qquad 80\,\% = \frac{80}{100} \underset{20}{=} \frac{4}{5}$

c) Umwandeln von Dezimalzahlen in Brüche und Prozentangaben

$0{,}45 = \frac{45}{100} = 45\,\%$ $\qquad 0{,}8 = \frac{8}{10} \overset{10}{=} \frac{80}{100} = 80\,\%$ $\qquad 0{,}09 = \frac{9}{100} = 9\,\%$

Tipp!
Das solltest du auswendig wissen:
$\frac{1}{100} = 1\%$
$\frac{1}{10} = 10\%$
$\frac{1}{5} = 20\%$
$\frac{1}{4} = 25\%$
$\frac{1}{2} = 50\%$
$\frac{3}{4} = 75\%$

○ **1** Schreibe als Bruch, als Dezimalzahl und als Prozentangabe.

a) 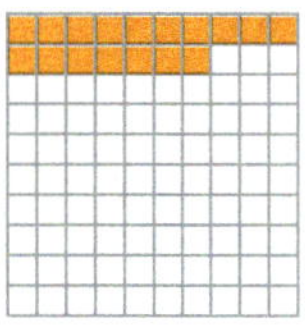
b) 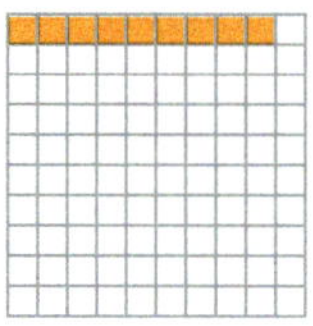
c) 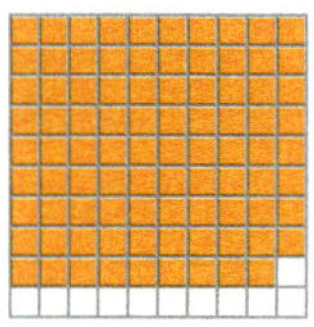
d) 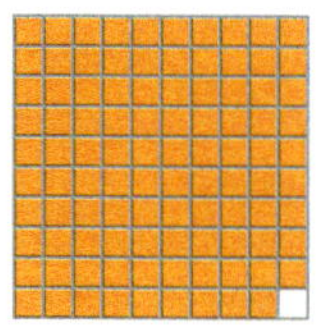

○ **2** Wandle um in Prozent.

a) $\frac{5}{100}$; $\frac{11}{100}$; $\frac{25}{100}$; $\frac{33}{100}$; $\frac{29}{100}$; $\frac{89}{100}$

b) $\frac{50}{100}$; $\frac{90}{100}$; $\frac{20}{100}$; $\frac{80}{100}$; $\frac{30}{100}$; $\frac{100}{100}$

c) $\frac{1}{10}$; $\frac{3}{10}$; $\frac{7}{10}$; $\frac{5}{10}$; $\frac{8}{10}$; $\frac{2}{10}$

d) $\frac{1}{4}$; $\frac{3}{4}$; $\frac{4}{5}$; $\frac{2}{5}$; $\frac{9}{20}$; $\frac{26}{50}$; $\frac{17}{25}$

○ **3** Schreibe als Bruch.

a) 1 %; 3 %; 20 %; 25 %

b) 50 %; 83 %; 99 %; 100 %

c) 7 %; 17 %; 89 %; 28 %

d) 35 %; 2 %; 30 %; 200 %

○ **4** Wandle um

a) in eine Dezimalzahl.
11%; 10%; 9%; 1%; 75%; 99%

b) in Prozent.
0,12; 0,10; 0,08; 0,45; 0,75; 0,98; 1,00

Alles klar?

Fördern

A Welche Puzzlesteine passen zusammen?

○ **5** Gib die Anteile als Bruch, in Prozent und als Dezimalzahl an.

a)
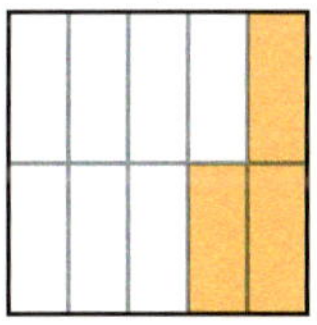
b)
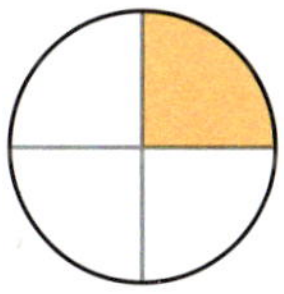
c)
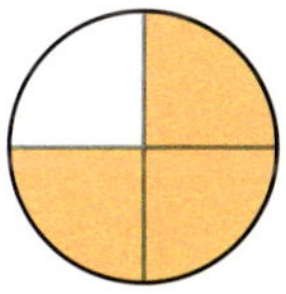

○ **6** Ergänze die Lücken im Heft.

	Prozent	Hundertstelbruch	gekürzter Bruch	Dezimalzahl
a)	20%	■	■	■
b)	■	■	$\frac{1}{4}$	■
c)	■	■	■	0,12
d)	90%	■	■	■
e)	■	■	$\frac{2}{5}$	■
f)	■	■	■	0,75
g)	■	$\frac{19}{100}$	■	■
h)	30%	■	■	■

○ **7** Wie viel Prozent sind die Hälfte; ein Zehntel; ein Viertel; ein Fünftel; fünf Hundertstel?

◒ **8** SP Zeichne einen Streifen, der 10 cm lang und 1 cm breit ist.
Färbe die Hälfte der Streifenlänge rot, $\frac{1}{4}$ grün und 25% gelb. **Begründe**, weshalb nun der ganze Streifen farbig ist.

◒ **5** Gib die Anteile als Bruch, in Prozent und als Dezimalzahl an.

a)

b)
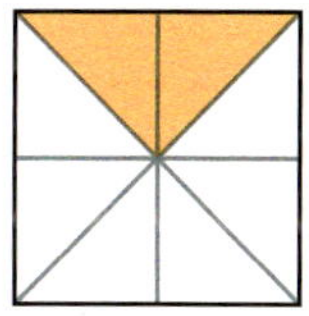
c)

d)

◒ **6** Ergänze die Tabelle im Heft.

	a)	b)	c)	d)	e)
Prozent	31%	■	■	25%	■
Bruch	$\frac{31}{100}$	$\frac{49}{100}$	■	■	■
Dezimalzahl	0,31	■	0,97	■	1,00

◒ **7** Zeichne auf kariertes Papier ein Quadrat mit 5 cm Seitenlänge.

a) Wie viele Kästchen sind eingerahmt?

b) Färbe 20% der Kästchen rot, 50% gelb, 25% grün. Wie viel Prozent sind noch ungefärbt?

c) SP Zeichnet vier weitere Quadrate mit 5 cm Seitenlänge und färbt auf unterschiedliche Weise 25%.
Vergleicht eure Ergebnisse.

→ Die Lösungen zu „Alles klar?" findest du auf Seite 241.

○ **9** Eine Befragung von 100 Jugendlichen nach ihrer bevorzugten Modefarbe ergab folgende Antworten:

schwarz	40
weiß	25
blau	23
rot	5
sonstige	7

Gib die Anteile der einzelnen Farben in Prozent an.

○ **10** Übertrage die Figur ins Heft und färbe den angegebenen Anteil.

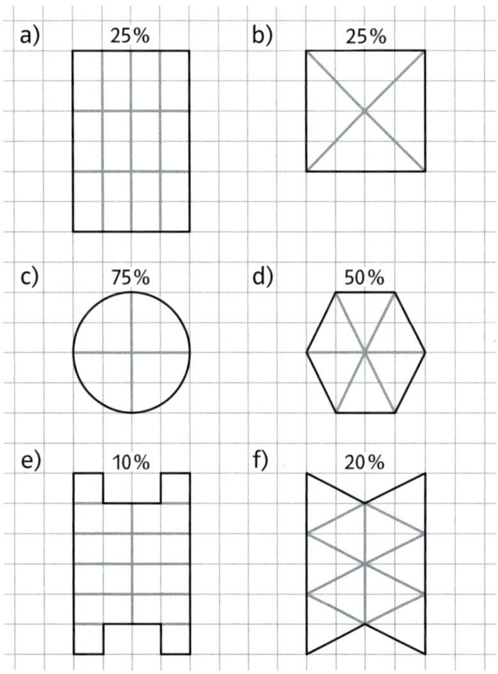

◒ **11** Ordne zu. Ein Bruch bleibt übrig.

5 % $\frac{9}{10}$ 80 % $\frac{3}{20}$ $\frac{2}{5}$ 25 % $\frac{3}{4}$

75 % $\frac{4}{5}$ 90 % $\frac{1}{4}$ 15 % $\frac{1}{20}$

◒ **12** Was ist mehr:

a) $\frac{1}{5}$ oder 5 %?

b) $\frac{1}{20}$ oder 20 %?

c) Jeder Vierte oder 4 %?

◒ **8** Wie viel Prozent der Bonbons sind

a) grün? b) gelb? c) blau? d) rot?

◒ **9** Welcher der beiden Anteile ist größer? Gib in Prozent an und vergleiche.

Beispiel:
3 von 10 = $\frac{3}{10}$ = $\frac{30}{100}$ = 30 %

a) 2 von 5 | 9 von 20

b) 3 von 4 | 37 von 50

c) 86 von 200 | 22 von 50

d) 100 von 400 | 90 von 300

◒ **10** Befrage 20 deiner Mitschüler und Mitschülerinnen nach ihrer Lieblingsfarbe und notiere die Antworten.

a) Gib die Anteile der einzelnen Farben als Bruch und in Prozent an.

b) Stelle die Anteile grafisch dar.

◒ **11** MK SP Diese vier Quartettkarten passen zusammen.

a) Stellt 7 weitere Quartette her.

b) Erkundigt euch nach den Spielregeln von Quartett und spielt das Spiel.

● **12** Was ist mehr:

a) Jeder Dritte oder 30 %?

b) Jeder Sechste oder 60 %?

Zusammenfassung

Dezimalschreibweise

Bei der **Dezimalschreibweise** stehen vor dem Komma Ganze.
Hinter dem Komma stehen an der ersten Stelle Zehntel, an der zweiten Stelle Hundertstel, an der dritten Stelle Tausendstel, … Die Stellen hinter dem Komma heißen **Dezimalen** oder **Nachkommastellen**.

Dezimalzahl	E,	z	h	t	Summe der Bruchteile/Bruch
3,682	3,	6	8	2	$3 + \frac{6}{10} + \frac{8}{100} + \frac{2}{1000} = \frac{3682}{1000}$

Man liest: „drei Komma sechs acht zwei“

Dezimalzahlen vergleichen und ordnen

Um Dezimalzahlen der Größe nach zu ordnen oder zu vergleichen, untersucht man die Stellenwerte von links nach rechts. Die erste Stelle mit unterschiedlichen Ziffern entscheidet.

3,406	1,21	0,734
3,51	1,27	0,732
Zehntel verschieden	Hundertstel verschieden	Tausendstel verschieden
3,406 < 3,51	1,21 < 1,27	0,732 < 0,734

Dezimalzahlen runden

Beim Runden von Dezimalzahlen gelten dieselben Regeln wie für das Runden von natürlichen Zahlen.

Folgt auf die **Rundungsstelle** eine **0**; **1**; **2**; **3** oder **4**, bleibt die Rundungsstelle unverändert.
Es wird **abgerundet**.

Folgt auf die **Rundungsstelle** eine **5**; **6**; **7**; **8** oder **9**, wird die Rundungsstelle um 1 erhöht.
Es wird **aufgerundet**.

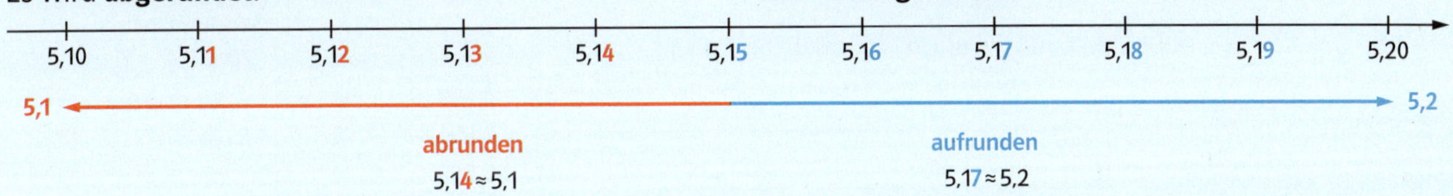

Umwandeln von Brüchen in Dezimalzahlen

Brüche mit dem Nenner 10; 100; 1000; … kann man direkt als Dezimalzahl schreiben.

$\frac{7}{10} = 0{,}7$ $\frac{25}{100} = 0{,}25$ $\frac{549}{100} = 5{,}49$

Bestimmte Brüche kann man durch Erweitern oder Kürzen in Dezimalzahlen umwandeln.

$\frac{1}{5} \overset{2}{=} \frac{2}{10} = 0{,}2$ $\frac{3}{4} \overset{25}{=} \frac{75}{100} = 0{,}75$ $\frac{18}{5} \overset{2}{=} \frac{36}{10} = 3{,}6$ $\frac{6}{30} \underset{3}{=} \frac{2}{10} = 0{,}2$

Brüche lassen sich auch in Dezimalzahlen umwandeln, indem man den Zähler durch den Nenner dividiert.

		E,	z	h	t		E,	z	h	t
$\frac{1}{8}$ = 1 : 8 =		1,	0	0	0	: 8 =	0,	1	2	5
	−	0								
		1	0							
		−	8							
			2	0						
		−	1	6						
				4	0					
			−	4	0					
					0					

1 E : 8 = 0 E Rest 1 E
10 z : 8 = 1 z Rest 2 z
20 h : 8 = 2 h Rest 4 h
40 t : 8 = 5 t

Dezimalzahlen, Brüche und Prozentangaben

Brüche mit dem Nenner 100 kann man in Prozent schreiben. $\mathbf{\frac{1}{100} = 1\,\%}$

$0{,}01 = \frac{1}{100} = 1\,\%$ $\frac{1}{4} = \frac{25}{100} = 25\,\% = 0{,}25$ $5\,\% = \frac{5}{100} = 0{,}05$

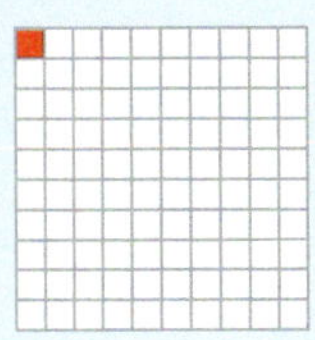

Basistraining

○**1** Sortiere die Dezimalzahlen in die Säckchen ein.

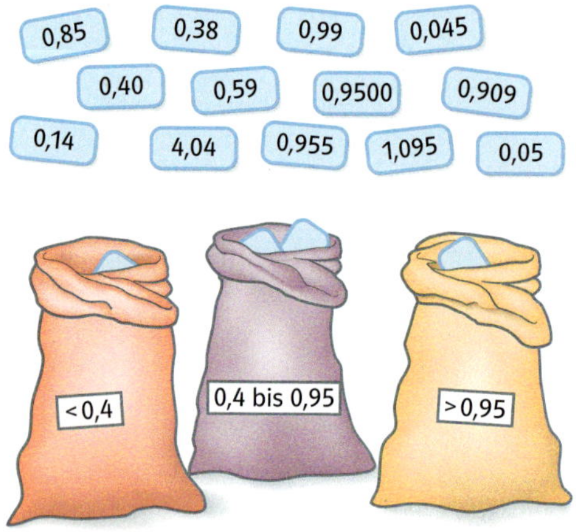

○**2** Übertrage ins Heft und ergänze.

	Dezimalzahl	Bruch	gekürzter Bruch
a)	■	$\frac{6}{10}$	■
b)	■	$\frac{6}{100}$	■
c)	0,4	■	■
d)	■	$\frac{15}{100}$	■
e)	■	$\frac{234}{1000}$	■

○**3** Vergleiche die Zahlen. Setze =, < oder > ein.

a) 0,707 ■ 0,770 b) 0,3400 ■ 0,340
c) 2,02 ■ 2,019 d) 12,1212 ■ 12,2121
e) 0,003 ■ 0,0003 f) 0,1905 ■ 0,191

○**4** SP Es muss nicht immer eine Null vor dem Komma stehen. Schreibe als Bruch.
Beispiel: zwei Komma drei = 2,3 = $\frac{23}{10}$

a) eins Komma sechs
b) drei Komma null vier
c) neun Komma zwei
d) fünf Komma null acht

○**5** Schreibe als Dezimalzahl und in einer kleineren Einheit ohne Komma.

Beispiel: $\frac{15}{1000}$ kg = 0,015 kg = 15 g

a) $\frac{6}{10}$ cm b) $\frac{9}{10}$ dm c) $\frac{7}{100}$ m
d) $\frac{150}{1000}$ km e) $\frac{25}{1000}$ t f) $\frac{608}{1000}$ kg

○**6** Betrachte den Zahlenstrahl.

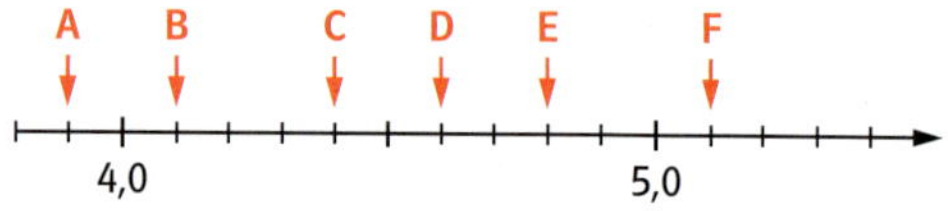

a) Lies die markierten Zahlen ab.
b) Schreibe eine Dezimalzahl auf, die zwischen D und E liegt.
c) Finde eine Zahl mit vier Dezimalen, die zwischen A und B liegt.

○**7** Runde

a) auf ganze Meter.
5,4 m; 0,7 m; 1,5 m; 2,45 m; 5,55 m
b) auf ganze Kilogramm.
0,9 kg; 1,095 kg; 0,500 kg; 99,48 kg

○**8** Vervollständige die Tabelle.

	Zahl	gerundet auf		
		Ganze	Zehntel	Hundertstel
a)	2,539	■	■	■
b)	0,851	■	■	■
c)	5,555	■	■	■
d)	4,595	■	■	■
e)	9,899	■	■	■

○**9** Schreibe als Bruch und in der nächstkleineren Einheit.

Beispiel: 0,24 € = $\frac{24}{100}$ € = 24 ct

a) 0,3 cm b) 0,07 € c) 0,05 km²
0,7 dm 0,28 ha 0,937 km
0,53 € 0,62 m² 0,035 t
0,04 cm² 0,88 € 0,46 kg

○**10** Schreibe in der größeren Einheit.

a) 4 km 500 m b) 19 m 5 cm
3 kg 70 g 30 km 20 m
60 € 2 ct 73 m² 8 dm²

○**11** Schreibe in der nächstgrößeren Einheit und als Bruch.

Beispiel: 4067 g = 4,067 kg = $4\frac{67}{1000}$ kg

a) 5 cm b) 300 kg c) 9230 kg
40 ct 208 ct 45 mm
94 m² 793 ha 714 dm²
2376 g 6 cm² 570 m

○ **12** Welche Zahlen sind markiert?
Gib als Bruch und als Dezimalzahl an.

a)

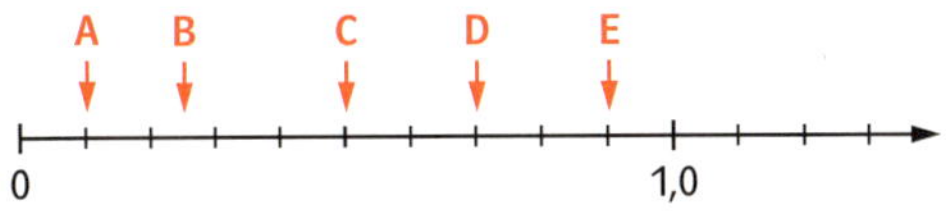

b)

○ **13** Wandle die Dezimalzahlen in Brüche um. Kürze, wenn möglich.

a) 0,25; 0,9; 0,29; 0,5; 0,75

b) 0,001; 0,01; 0,1; 0,200; 0,450

○ **14** Wandle die Brüche in Dezimalzahlen um und ordne sie der Größe nach.

a) $\frac{1}{10}$; $\frac{17}{100}$; $\frac{13}{10}$; $\frac{19}{100}$; $\frac{913}{1000}$

b) $\frac{1}{2}$; $\frac{1}{5}$; $\frac{1}{4}$; $\frac{17}{10}$; $\frac{3}{4}$; $\frac{7}{2}$; $\frac{5}{2}$; $\frac{30}{10}$

○ **15** Schreibe die gemischten Zahlen als Dezimalzahlen.

a) $5\frac{5}{10}$; $4\frac{50}{100}$; $2\frac{500}{1000}$; $3\frac{1}{2}$

b) $6\frac{1}{5}$; $7\frac{2}{5}$; $8\frac{3}{5}$; $9\frac{4}{5}$; $10\frac{1}{4}$

○ **16** Suche Paare gleicher Zahlen.

$\frac{1}{5}$ =
$\frac{4}{50}$ =
1,3
0,32
$\frac{21}{20}$ =
$\frac{13}{10}$ =
0,3
0,08
$\frac{13}{100}$ =
$1\frac{1}{4}$ =
1,05
0,13
$\frac{8}{25}$ =
$\frac{18}{60}$ =
1,25
0,2

○ **17** Wandle um in Prozent.

a) $\frac{23}{100}$; $\frac{95}{100}$; $\frac{6}{100}$; $\frac{100}{100}$; $\frac{1}{100}$

b) $\frac{2}{50}$; $\frac{1}{2}$; $\frac{4}{10}$; $\frac{1}{4}$; $\frac{2}{5}$

○ **18** Wandle um

a) in eine Dezimalzahl.
21 %; 49 %; 3 %; 99 %; 100 %

b) in Prozent.
0,23; 0,47; 0,05; 0,97; 1,00

○ **19** Übertrage die Tabelle ins Heft und fülle die Lücken aus.

	Prozent	Hundertstelbruch	gekürzter Bruch	Dezimalzahl
a)	■	$\frac{35}{100}$	■	■
b)	■	■	■	0,72
c)	30 %	■	■	■
d)	■	■	$\frac{1}{4}$	■
e)	■	■	■	0,12
f)	■	■	■	0,75
g)	■	■	$\frac{7}{25}$	■

○ **20** Gib den Anteil in Prozent an.

a)

b)

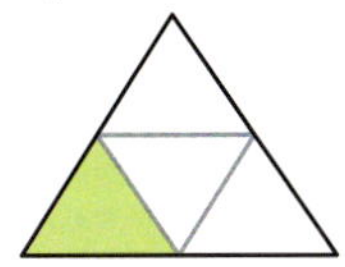

○ **21** SP Von 24 Erstklässlern können 13 Kinder schwimmen. Die Klassenlehrerin meint: „Das sind mehr als 50 %."
Hat sie recht? **Begründe**.

○ **22** Bei einem Geburtstagsfest gibt es drei verschiedene Kuchen. Jeder Kuchen wird in 12 gleich große Stücke aufgeteilt.

Vom Apfelkuchen bleiben sechs Stücke, von der Sahnetorte drei Stücke und von dem Erdbeerkuchen bleibt $\frac{1}{4}$ übrig.

a) Welcher Anteil wurde von jedem Kuchen verzehrt? Notiere deine Ergebnisse in Bruch-, Dezimal- und Prozentschreibweise.

b) Gib die jeweiligen Kuchenreste als Bruch, als Dezimalzahl und in Prozent an.

c) SP Wie kannst du prüfen, ob deine Ergebnisse von a) und b) stimmen?

Anwenden. Nachdenken

23 Lies die Etiketten.

a) Wandle die Größen in eine größere Einheit um, sodass die Angaben in Dezimalschreibweise stehen.
b) SP Welche Angabe ist sinnvoller? **Begründe**.

24 Schreibe in der größten Einheit mit Komma.

Beispiel: 2 kg 500 g = 2,5 kg

a) 1 m 20 cm
b) 1 m 1 dm 1 mm
c) 2 km 200 m 200 cm
d) 3 m^2 30 dm^2 30 cm^2

25 Bei Vereinsmeisterschaften im Schwimmen gab es die folgenden Ergebnisse:

Ron:	2:43,56 min	Paul:	2:52,24 min
Ben:	2:41,6 min	Till:	3:02,15 min
Jason:	2:49,81 min	Jakob:	2:43,65 min
Uli:	2:43,95 min	Louis:	2:41,06 min
Ali:	2:42,00 min	Steve:	2:47,31 min

a) Sortiere die Ergebnisse nach der Zeit.
b) Wie groß war der Unterschied zwischen dem Sieger und dem Letztplatzierten?

26 Welche Zahl wurde gerundet? Gib jeweils mindestens fünf Möglichkeiten an.
a) ■,■ ≈ 10 b) ■,■■ ≈ 4,6 c) ■,■■■ ≈ 2

27 Louis geht einkaufen. Er hat 20 € im Geldbeutel. Er ist sich nicht sicher, ob das Geld reicht und überlegt sich, die Geldbeträge zu runden.

a) Reicht das Geld für den Einkauf, wenn Louis die Beträge auf volle Euro rundet?
b) Welche Strategie würdest du Louis empfehlen, um beim Einkaufen an der Kasse keine böse Überraschung zu erleben?

28 Anna behauptet: „Wenn ich eine Zahl mit zwei Dezimalen zuerst auf Zehntel und dann auf Ganze runde, erhalte ich das gleiche, wie wenn ich sofort auf Ganze runde." Finde ein Gegenbeispiel.

29 Ben und Emma möchten wissen, wie viele Dezimalzahlen es zwischen 1 und 2 gibt.

a) Wie viele Dezimalzahlen mit zwei Dezimalen gibt es zwischen 1 und 2?
b) Wie viele Dezimalzahlen mit drei Dezimalen gibt es zwischen 1 und 1,5?
c) SP Emma behauptet: „Zwischen 1 und 2 gibt es unendlich viele Dezimalzahlen." **Beurteilt** Emmas Behauptung.

30 Die 10-Cent-, 20-Cent- und 50-Cent-Münzen sind Legierungen aus den Metallen Kupfer (89 %), Aluminium (5 %), Zink (5 %) und Zinn (1 %).
Gib die Anteile als Bruch und als Dezimalzahl an.

31 MK Zu welchem Anteil ist der Akku dieses Handys geladen?
Gib dein Ergebnis als Bruch, als Dezimalzahl und in Prozent an.

a) b) c) d) e)

32 Auf einer Weide stehen zwei Schimmel (weiß) und sechs Rappen (schwarz).
Wie viel Prozent der Pferde sind weiß, wie viel Prozent sind schwarz?

33 SP Das Quadrat besteht aus sechs Teilen. Gebt die Anteile in Prozent an.

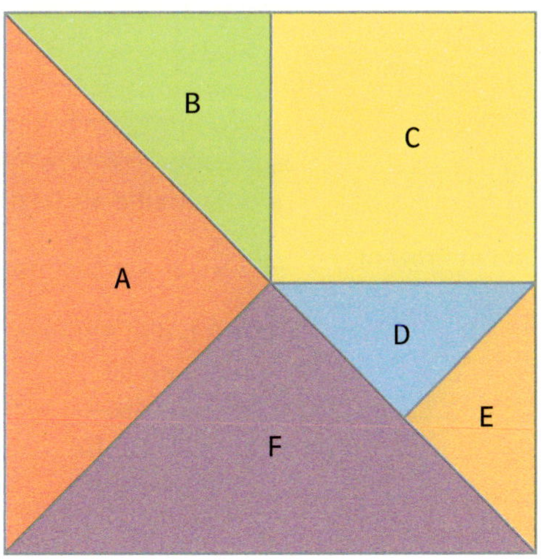

34 Aus der Packung wurde schon für 8 Waschgänge Pulver entnommen.

Wie viel Prozent des Waschpulvers sind verbraucht? Wie viel Prozent sind noch übrig?

35 Der Preis für Superbenzin E 10 setzt sich aus drei Einzelposten zusammen:
26 % machen den Produktpreis aus, 69 % entfallen auf Steuern und 5 % sind Kosten für Vertrieb, Transport, Gewinn, …
Stelle die Preiszusammensetzung in einem Streifendiagramm dar.

36 MK Überprüfe, ob die Aussagen richtig oder falsch sind.

Konsumausgaben privater Haushalte

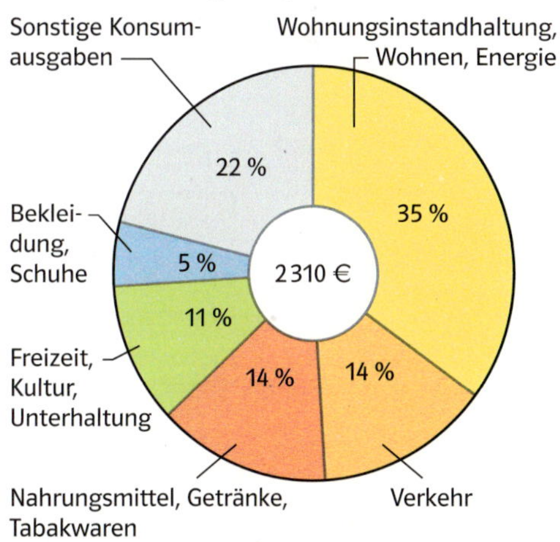

a) Mehr als $\frac{1}{3}$ wird für Wohnen, Energie, Wohnungsinstandhaltung ausgegeben.
b) Die Ausgaben für Bekleidung und Schuhe machen nur $\frac{1}{20}$ aus.
c) Die Ausgaben für Nahrungsmittel, Getränke, Tabakwaren sind genau so hoch wie die Ausgaben für Verkehr. Es sind jeweils etwa $\frac{1}{7}$ der Gesamtausgaben.
d) Werden alle Prozentangaben addiert, gibt es zusammen 100 %.

Rückspiegel

Teste dich

○**1** Ordne die Zahlen der Größe nach. Beginne mit der kleinsten Zahl.
3,030; 0,330; 0,303; 33,03; 0,033; 0,333; 30,03; 30,33

○**2** Welche Zahlen sind gleich groß? Schreibe die zusammengehörigen Zahlen auf.

$\frac{9}{10}$ | $\frac{1}{20}$ | 0,75 | 0,05 | $\frac{3}{4}$ | 0,9 | $\frac{5}{100}$ | $\frac{75}{100}$ | 0,005 | $\frac{5}{1000}$

○**3** Runde auf
a) Zehntel.
3,61; 1,49; 4,099; 2,901
b) Hundertstel.
0,363; 5,155; 0,005; 2,5049
c) Tausendstel.
0,3635; 5,1505; 2,500 51

○**4** Fülle die Lücken.
a) $0{,}01 = \frac{1}{100} = ■\,\%$ b) $0{,}50 = \frac{■}{100} = 50\,\%$ c) $1{,}00 = \frac{100}{100} = ■\,\%$ d) $0{,}65 = \frac{■}{■} = 65\,\%$

○**5** Schreibe in der Dezimalschreibweise.
a) $\frac{5}{10}$ m b) $\frac{7}{10}$ dm c) $\frac{17}{100}$ €
d) $\frac{21}{100}$ m e) $\frac{150}{1000}$ kg f) $\frac{3}{1000}$ km

◒**6** Notiere drei Zahlen, die zwischen 5,4 und 5,6 liegen.

◒**7**
a) Welcher Anteil ist gefärbt? Gib das Ergebnis als Bruch, als Dezimalzahl und in Prozent an.

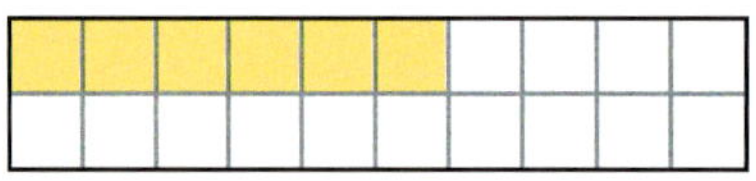

b) Übertrage die Figur und färbe 20 %.

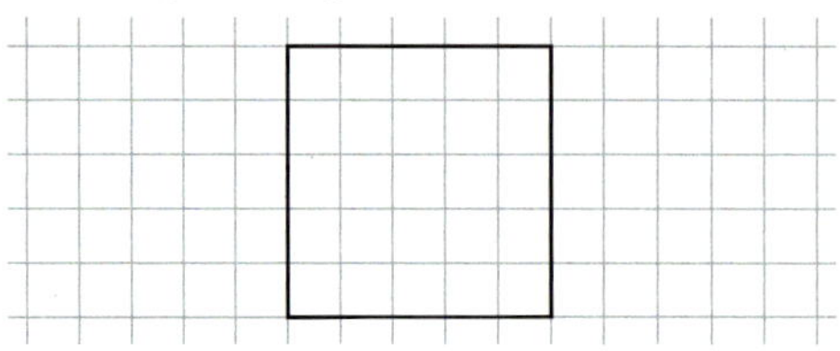

◒**8** Schreibe als Dezimalzahl und in Prozent.
$\frac{1}{4}$; $\frac{9}{10}$; $\frac{5}{20}$; $\frac{13}{50}$; $\frac{100}{100}$

◒**9** Welcher Anteil ist größer:
a) 4 von 5 oder 17 von 20?
b) 13 von 50 oder 25 %?
c) Die Hälfte oder 40 %?

◒**5** Schreibe als Bruch.
a) 0,3 m b) 0,9 dm c) 0,37 €
d) 0,126 t e) 0,252 kg f) 0,060 km

◒**6** Notiere drei Zahlen, die zwischen 2,42 und 2,44 liegen.

◒**7**
a) Welcher Anteil ist gefärbt? Gib das Ergebnis als Bruch, als Dezimalzahl und in Prozent an.

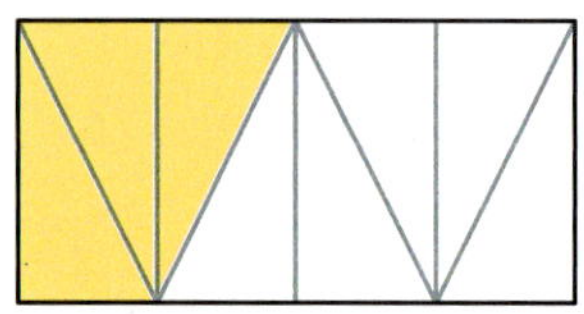

b) Übertrage die Figur und färbe 25 %.

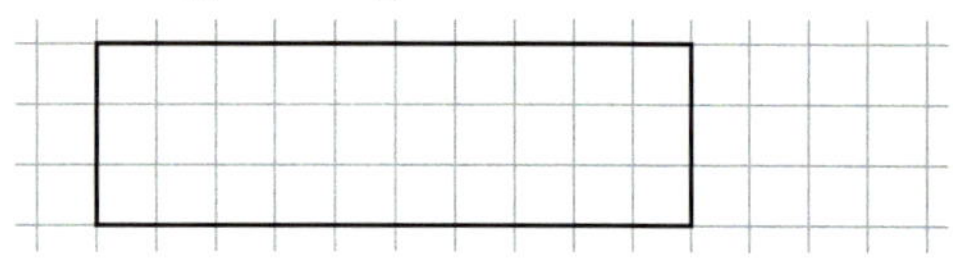

●**8** Schreibe als Dezimalzahl und in Prozent.
$\frac{3}{4}$; $\frac{1}{8}$; $\frac{10}{40}$; $\frac{51}{250}$; $\frac{1}{16}$

●**9** Gib den Anteil in Prozent an.
a) 19 von 50
b) 3 von 150
c) jeder Fünfte
d) jeder Achte

→ Die Lösungen findest du auf Seite 241.

Standpunkt | Rechnen mit Dezimalzahlen

Wo stehe ich?

Ich kann …		gut	etwas	nicht gut	Lerntipp!
A	im Kopf addieren und subtrahieren,	■	■	■	→ Seite 210
B	schriftlich addieren und subtrahieren,	■	■	■	→ Seite 211
C	schriftlich multiplizieren,	■	■	■	→ Seite 212
D	schriftlich dividieren,	■	■	■	→ Seite 212
E	natürliche Zahlen mit Stufenzahlen multiplizieren,	■	■	■	→ Seite 213
F	natürliche Zahlen durch Stufenzahlen dividieren,	■	■	■	→ Seite 213
G	Rechenvorteile nutzen,	■	■	■	→ Seite 214
H	die Regel „Punkt vor Strich“ anwenden,	■	■	■	→ Seite 214
I	Sachaufgaben lösen.	■	■	■	→ Seite 219

Überprüfe dich selbst:

Teste dich

A Addiere oder subtrahiere.

a) 22 + 37 b) 68 + 15
c) 87 − 34 d) 112 − 95
e) 134 + 245 f) 478 − 389

B Addiere oder subtrahiere schriftlich.

a)

	3	4	7
+		8	6

b)

	2	4	1
−	1	6	5

C Multipliziere schriftlich.

a) 28 · 9 b) 68 · 43
c) 127 · 69 d) 308 · 369

D Dividiere schriftlich.

a) 198 : 6 b) 623 : 7
c) 3696 : 8 d) 7668 : 9

E Multipliziere mit der Stufenzahl.

a) 24 · 100 b) 407 · 10
c) 12 · 1000 d) 760 · 1000

F Dividiere durch die Stufenzahl.

a) 780 : 10 b) 2500 : 10
c) 4100 : 100 d) 76 000 : 1000

G Rechne vorteilhaft.

a) 47 + 36 + 53 + 24
b) 133 + 211 + 67 + 89
c) 278 − 69 − 31 − 47 − 53
d) 12 · 43 + 12 · 57

H Achte auf die Regel „Punkt vor Strich“.

a) 25 + 25 · 2
b) 12 · 5 − 3 · 15
c) 16 − 48 : 8 + 7 · 4

I 25 Schülerinnen und Schüler der Klasse 6a besuchen ein Auto-Museum. Dabei entstehen folgende Kosten:

Bahnfahrt insgesamt	50,00 €
Eintritt insgesamt	175,00 €

Wie hoch sind die Kosten pro Schülerin oder Schüler?

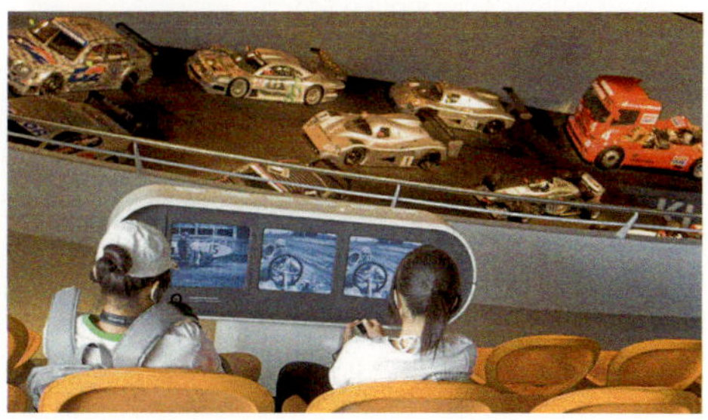

→ Die Lösungen findest du auf Seite 241.

6 Rechnen mit Dezimalzahlen

1 Die SV der Max-Born-Schule veranstaltet für die Klassen 5 bis 7 eine Olympiade. Dabei werden unterschiedliche Wettbewerbe durchgeführt.
Beschreibt die hier abgebildeten Spiele und mögliche Regeln. Fallen euch weitere Spiele für eine Zimmerolympiade ein?

2 Beim Wattepusten wird die Watte an die Tischkante gelegt und so weit wie möglich weggepustet. Die Tabelle zeigt die Ergebnisse eines Wettbewerbs. Wer hat den Wettbewerb gewonnen, wenn
- der weiteste Versuch zählt,
- die beiden weitesten Versuche zählen,
- alle drei Versuche zählen?

Wattepusten-Wettbewerb

	1. Versuch	2. Versuch	3. Versuch
Laura	1,78 m	0,89 m	1,15 m
Lukas	2,15 m	0,75 m	2,36 m
Mia	1,57 m	1,74 m	1,98 m
Paul	0,99 m	1,89 m	1,56 m
Jana	1,57 m	1,92 m	0,69 m
Liam	2,45 m	0,61 m	2,02 m

Ich lerne,

- wie man Dezimalzahlen addiert und subtrahiert,
- wie man Dezimalzahlen mit Stufenzahlen multipliziert und durch Stufenzahlen dividiert,
- wie man Dezimalzahlen multipliziert und dividiert,
- welche Reihenfolge der Rechenarten beim Berechnen von Rechenausdrücken beachtet werden muss,
- welche Bedeutung Klammern in Rechenausdrücken haben.

3 Die Tabelle zeigt die Ergebnisse eines Fliegerweitwurf-Wettbewerbs, bei dem jedes Kind vier Versuche hatte. Nele und Piero schlagen vor, den kürzesten und den weitesten Versuch nicht zu werten.

Fliegerweitwurf-Wettbewerb

	1. Versuch	2. Versuch	3. Versuch	4. Versuch
Milan	4,12 m	0,67 m	3,75 m	3,99 m
Leonie	3,45 m	1,10 m	1,63 m	3,58 m
Emil	2,77 m	2,49 m	2,53 m	2,62 m
Selina	2,23 m	0,98 m	1,26 m	2,47 m
Elena	3,89 m	3,46 m	2,88 m	4,51 m
Max	4,04 m	2,14 m	1,78 m	3,67 m

1 Dezimalzahlen addieren und subtrahieren

Die Wertungen des Schultanzturniers:
Schlechteste Wertung: 0 Punkte
Beste Wertung: 5,0 Punkte

Bei einem Schultanzturnier erreichen vier Paare folgende Wertungen.

Paar	Tanz 1	Tanz 2	Tanz 3
Pia und Paul	3,0	4,5	4,0
Tina und Tom	3,5	3,0	5,0
Ana und Axel	4,5	2,5	3,5
Jela und Jorgo	3,5	4,5	4,0

→ Welches Paar liegt nach dem ersten Tanz in Führung?
→ Prüft, welches Paar nach dem zweiten Tanz in Führung liegt. Welches Paar hat am Ende gewonnen?
→ Überlegt gemeinsam, wie Pia und Paul den Wettbewerb hätten gewinnen können.

Beim Addieren bzw. Subtrahieren von Dezimalzahlen werden gleiche Stellenwerte addiert bzw. subtrahiert. Hundertstel mit Hundertstel, Zehntel mit Zehntel, Einer mit Einer, Zehner mit Zehner.
Ferner muss man darauf achten, dass die Zahlen stellengerecht untereinander stehen und Überträge notiert werden.

15,73 + 8,64

	Z	E,	z	h
	1	5,	7	3
+		8,	6	4
	1	1		
	2	4,	3	7

57,92 − 39,5

	Z	E,	z	h
	5	7,	9	2
−	3	9,	5	0
	1			
	1	8,	4	2

Merke

Einfache Additionen und Subtraktionen kann man im Kopf rechnen.
Beim **schriftlichen Addieren und Subtrahieren** schreibt man die Dezimalzahlen so untereinander, dass **Komma unter Komma** steht. Dann beginnt man von rechts stellengerecht zu addieren bzw. zu subtrahieren.
Wenn die Anzahl der Nachkommastellen verschieden ist, kann man **Nullen** ergänzen.

Beispiele

a) Kopfrechnen:
3,6 + 4,7
= 3,6 + 4 + 0,7
= 7,6 + 0,7
= 8,3

b)

	0,	7	0	0
+	1,	0	4	0
+	0,	0	6	3
		1		
	1,	8	0	3

Nullen ergänzen

c)

	1	2,	3	0	9
−		5,	8	3	7
	1	1	1		
		6,	4	7	2

d) Eine Überschlagsrechnung hilft, Fehler zu vermeiden.
Aufgabe: 89,7 + 25,34
Überschlag: 90 + 25 = 115

		8	9,	7	0
+		2	5,	3	4
		1	1		
	1	1	5,	0	4

○ **1** Addiere oder subtrahiere im Kopf.

a) 0,6 + 0,3
b) 1,2 + 2,4
c) 7,2 + 5,7
d) 12,1 + 0,6
e) 3,8 − 1,5
f) 7,6 − 5,4
g) 8,5 − 2,5
h) 13,2 − 3,5

○ **2** Berechne schriftlich.

a)

	3,	4	2
+	5,	3	5

b)

	9,	8	7
−	6,	2	3

c)

		7,	9	6
+	1	2,	8	2

d)

	2	0,	5	9
−	1	7,	8	1

Alles klar?

Fördern

A Rechne im Kopf.

a) 1,5 + 2,3 b) 0,8 + 4,1 c) 5,4 − 3,2 d) 6,7 − 5,3

B Rechne schriftlich.

a)

	1,	3	7
+	3,	5	9

b)

	2,	2	5
+	4,	6	7

c)

	5,	7	2
−	2,	6	7

d)

	9,	8	1
−	7,	6	3

○ **3** Addiere oder subtrahiere im Kopf.

a) 3,2 + 4,6 b) 7,2 + 2,7
c) 8,2 + 6,3 d) 10,6 + 9,5
e) 8,7 − 5,5 f) 12,5 − 8,2
g) 15,9 − 7,6 h) 22,2 − 5,5

○ **4** Achte auf die Überträge.

a)

	3,	7
+	5,	6

b)

		9,	5
+	1	2,	8

c)

	8,	1
−	3,	7

d)

	2	4,	7
+	1	9,	9

e)

	3	1,	0	7
+	2	4,	8	9

f)

	0,	6	9	3
−	0,	2	0	7

○ **5** Schreibe stellengerecht untereinander und berechne.

a) 2,35 + 4,57 b) 17,25 + 2,45
c) 6,48 − 1,33 d) 9,07 − 5,89
e) 0,927 + 3,048 f) 0,873 − 0,738

○ **6** Berechne schriftlich. Die Ergebnisse stehen auf den Kärtchen. Mache zuerst einen Überschlag.

a) 9,8 + 20,5 b) 3,15 + 5,73
c) 17,09 − 5,98 d) 8,769 − 5,436
e) 2,907 + 7,083 f) 21,719 − 19,057

3,333 9,99 2,662 8,88 30,3 11,11

○ **3** Addiere oder subtrahiere.

a) 0,55 + 0,25 b) 1,21 + 0,35
c) 3,47 + 2,84 d) 5,09 + 9,27
e) 3,84 − 2,77 f) 7,75 − 5,45
g) 8,23 − 0,66 h) 5,35 − 1,92

◒ **4** Addiere oder subtrahiere. Ergänze zunächst die fehlenden Nullen.

a)

	5,	3	6
+	7,	4	

b)

	9,	8	
+	0,	4	2

c)

	1,	6	0	2
+	0,	9		

d)

	0,	9	9	
−	0,	9	0	9

e)

	1	7,	8		
−	1	1,	2	0	3

f)

	7			
−	0,	7	7	7

◒ **5** Schreibe stellengerecht untereinander und berechne.

a) 0,7 + 2,05 b) 6,3 − 1,75
c) 6,039 + 0,7 d) 0,069 + 4
e) 2,8 − 0,828 f) 12 − 0,525

◒ **6** Für welche Zahl steht das Kästchen? Die Kärtchen zeigen die Lösung.

a) 4,2 + ■ = 8,6 b) ■ + 0,5 = 1,2
c) 3,93 + ■ = 4,12 d) 4,95 − ■ = 2,75
e) ■ − 5,6 = 1,75 f) ■ − 0,02 = 0,02

7,35 0,04 0,7 0,19 4,4 2,20

→ Die Lösungen zu „Alles klar?" findest du auf Seite 242.

7 Zwei nebeneinander liegende Zahlen werden addiert.

a) 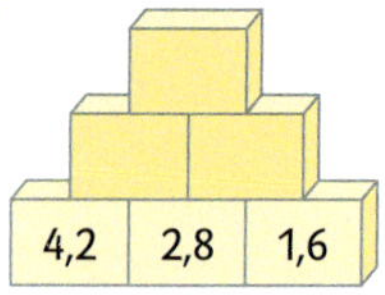

b) 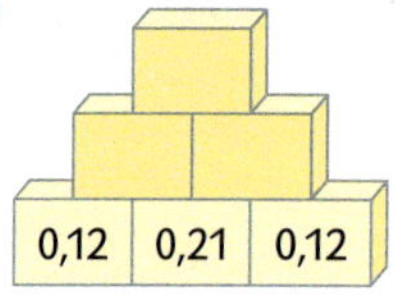

8 Fülle die Lücke.

a) 4,2 + ■ = 7,6
b) ■ + 0,7 = 1,3
c) 6,8 − ■ = 3,9
d) ■ − 0,5 = 2,2
e) 3,25 + ■ = 4,75
f) 5,01 + ■ = 5,1
g) ■ − 5,45 = 4,54
h) 3,5 − ■ = 2,25

9 Addiere die Zahlen zweier Kärtchen so, dass die Zahl 1 entsteht.

Beispiel: 0,48 + 0,52 = 1

0,62 | 0,525 | 0,297 | 0,095 | 0,48 | 0,52 | 0,703 | 0,475 | 0,38 | 0,048 | 0,905 | 0,952

10 Nutze Rechenvorteile.
Beispiel:
0,64 + 1,85 + **0,36**
= **0,64** + **0,36** + 1,85
= **1** + 1,85 = 2,85

a) 2,4 + 5,7 + 7,6
b) 0,28 + 3,6 + 0,72 + 0,4
c) 3,2 + 5,7 + 2,8 + 4,5 + 1,3
d) 0,97 + 0,18 + 2,45 + 0,03 + 1,82
e) 0,02 + 1,473 + 1,5 + 0,98 + 0,527

11 Bei jeder Aufgabe fehlt mindestens ein Komma. Schreibe richtig in dein Heft.

a)	5	4	+	4,	3	=	5	8	3		
b)	2	2	5	+	1	0	8	=	3,	3	3
c)	8	7	4	−	6,	7	=	8	0,	7	
d)	1,	0	4	+	1	4	=	2	4	4	

12 Schreibe untereinander und addiere. Ergänze fehlende Nullen.

a) 3,6 + 8,07 + 6,3 + 7,08
b) 1,23 + 12,3 + 123
c) 2 + 2,2 + 2,22 + 2,222
d) 6,54 + 56,4 + 465 + 0,546
e) 99,09 + 9,099 + 0,9 + 0,09

7 Schreibe untereinander und berechne.

a) 9,87 + 4,08 + 5,26
b) 78,9 + 34,5 + 32,18
c) 10,04 − 4,23 − 3,76 − 2,02
d) 25,85 − 3,876 − 1,4 − 0,6111
e) 0,762 − 0,4 − 0,13 − 0,0025

8 Zwei nebeneinander liegende Zahlen werden addiert. Das Ergebnis im obersten Stein ist eine ganze Zahl.

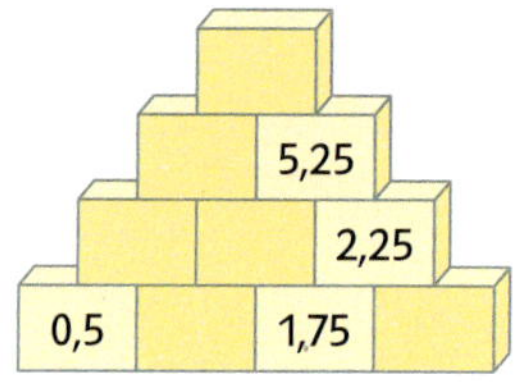

9 Das Ergebnis ist immer 10.

a) 2,65 + ■ = 10
b) 5,4 + 1,3 + ■ = 10
c) 3,07 + ■ + 6,31 = 10
d) 7,2 − ■ + 4,8 = 10
e) 4,62 + ■ − 0,578 = 10

10 Bei jeder Aufgabe fehlt ein Komma. Setze das Komma im Heft an die richtige Stelle.

a) 15,4 − 4,3 − 2,3 = 88
b) 1,1 + 11,1 + 1111 + 0,1 = 123,4
c) 100 − 54,9 − 43,44 = 166
d) 989 − 89,8 − 0,987 = 898 213

11 Überschlage zunächst und ordne die Lösungen zu. Rechne dann genau. Wie heißt das Lösungswort?

a) 3,4 + 0,5 + 2,9
b) 7,3 − 5,9 + 12,8
c) 13,43 − 6,72 + 3,89
d) 5,85 − 0,83 + 7,38
e) 20,05 − 0,57 − 11,98
f) 17,07 + 8,16 − 16,73

14,2 C | 12,4 I | 6,8 S | 8,5 F | 10,6 H | 7,5 F

12 Addiere die Zahlen von drei Kärtchen, sodass du eine ganze Zahl erhältst.

1,026 | 0,55 | 1,2 | 0,32 | 1,38 | 1,15 | 0,63 | 0,816 | 0,05 | 0,47 | 2,158 | 0,25

13 SP Hier hat sich ein **Fehler** eingeschlichen. **Erkläre** den Fehler und korrigiere.

a)

	6,	7	8
–	1,	2	3
	1	1	
	8,	0	1

b)

	8,	4	7
–		0,	3
	8,	4	4

14 Setze jede der Ziffern 1; 4; 5; 6; 8 und 9 einmal ein,

a) sodass das Ergebnis möglichst groß ist.
b) sodass das Ergebnis möglichst klein ist.
c) sodass das Ergebnis 15,99 heißt.
d) sodass das Ergebnis möglichst nahe an der Zahl 10 liegt.

$$\begin{array}{r} \square,\square\square \\ +\ \square,\square\square \\ \hline ? \end{array}$$

15 Chiara geht einkaufen. Erst an der Kasse überlegt sie, ob 20 € reichen.

16 Chris, Enes und Linus machen eine Radtour. Dabei notieren sie nach jeder Etappe den Kilometerstand.

Start am Montagmorgen	823,4 km
Montagabend	870,2 km
Dienstagabend	923,1 km
Mittwochabend	981,8 km

a) Was bedeutet die Nachkommaziffer?
b) Gib die einzelnen Tageskilometer an. Welche Etappe war die längste?
c) Wie viele Kilometer müssen sie noch fahren, bis sie 1000 km erreicht haben?

13 SP Hier hat sich ein **Fehler** eingeschlichen. **Erkläre** den Fehler und korrigiere.

a)

	9	8,	7	6
+	1,	2	3	4
	1	1	1	
1	1,	1	1	0

b)

	1,	8	2
–	0,	9	5
	0,	9	7

14 Setze jede der Ziffern 0; 2; 5; 6; 7 und 9 einmal ein,

a) sodass das Ergebnis möglichst klein ist.
b) sodass das Ergebnis möglichst groß ist.
c) sodass das Ergebnis 2,94 heißt.
d) sodass das Ergebnis möglichst nahe an der Zahl 1 liegt.

$$\begin{array}{r} \square,\square\square \\ -\ \square,\square\square \\ \hline ? \end{array}$$

15 MK Die Tabelle zeigt die Ergebnisse im olympischen Herrenslalom 2014. Beide Laufzeiten wurden addiert.

Name	1. Lauf	2. Lauf
Fritz Dopfer	48,46 s	54,26 s
Stefano Gross	47,45 s	55,27 s
Marcel Hirscher	47,98 s	54,14 s
Henrik Kristoffersen	48,49 s	54,18 s
Markus Larsson	48,04 s	55,56 s
Mario Matt	46,70 s	55,14 s
Adam Zampa	49,34 s	53,94 s

a) Wer gewann Gold? An welche Läufer gingen Silber und Bronze?
b) Bei welchem Läufer war der Zeitunterschied zwischen dem ersten und dem zweiten Lauf am größten?
c) Felix Neureuther hatte im ersten Lauf eine Zeit von 47,57 s. Er schied im zweiten Durchgang aus. Welche Zeit hätte er erreichen müssen, um die Goldmedaille zu gewinnen?

2 Multiplizieren und Dividieren mit Stufenzahlen

Nele und Fabian wollen wissen, wie schwer und wie dick ein DIN-A4-Blatt ist. Dazu messen sie einen Stapel mit 1000 Blättern, der ca. 10 cm hoch und ungefähr 5 kg schwer ist.

→ Wie dick ist ein DIN-A4-Blatt?
→ Besprecht zu zweit, wie schwer ein Blatt ist.
→ Unterhaltet euch in der Klasse, wie dick ein Blatt Karton ist, wenn ein Stapel aus 1000 Kartonblättern 20 cm hoch ist.

Tipp!
Stufenzahlen heißen auch **Zehnerpotenzen**.
$10^1 = 10$
$10^2 = 100$
$10^3 = 1000$
⋮

10; 100; 1000… sind Stufenzahlen. Multipliziert oder dividiert man eine Dezimalzahl mit bzw. durch eine Stufenzahl, bleibt die Ziffernfolge erhalten. Die Stellenwerte der Ziffern ändern sich und das Komma steht an einer anderen Position.

Eine Multiplikation mit **100** bedeutet:
Das Komma steht **2 Stellen** weiter **rechts**.

0,458 · 100 = 45,8

Eine Division durch **10** bedeutet:
Das Komma steht **1 Stelle** weiter **links**.

54,3 : 10 = 5,43

Merke

Multipliziert man eine Dezimalzahl mit einer **Stufenzahl** (10; 100; …), steht das Komma so viele Stellen weiter rechts, wie die Stufenzahl Nullen hat.

Dividiert man eine Dezimalzahl durch eine **Stufenzahl** (10; 100; …), steht das Komma so viele Stellen weiter links, wie die Stufenzahl Nullen hat.

Beispiele

a) 0,425 · 10 = 4,25
0,425 · 100 = 42,5
0,425 · 1000 = 425

b) 1968,4 : 10 = 196,84
1968,4 : 100 = 19,684
1968,4 : 1000 = 1,9684

Ergänze Nullen, wenn nötig.

c) 2,8 · 10 = 28
2,8 · 100 = 2,80 · 100 = 280
2,8 · 1000 = 2,800 · 1000 = 2800

d) 2,5 : 10 = 0,25
2,5 : 100 = 0,025
2,5 : 1000 = 0,0025

Tipp!
Die Stellenwerte der Ziffern ändern sich:

T	H	Z	E,	z
			2,	8
		2	8	
	2	8	0	
2	8	0	0	

○1

a) Multipliziere die Dezimalzahl jeweils mit 10; 100 und 1000.
1,234 6,789 0,4567 24,68 1,35 85,2

b) SP Beschreibe, wie sich die Position des Kommas verändert.

○2

a) Dividiere die Dezimalzahl jeweils durch 10; 100 und 1000.
2586,2 7896,1 5678,9 987,6 30,35 9,05

b) SP Beschreibe, wie sich die Position des Kommas verändert.

Alles klar?

Fördern

A Multipliziere.

a) 3,25 · 10   b) 5,678 · 100   c) 0,543 · 100   d) 1,87 · 1000

B Dividiere.

a) 34,56 : 10   b) 345,6 : 10   c) 345,6 : 100   d) 345,6 : 1000

○ **3** Übertrage die Tabelle ins Heft und fülle sie aus.

	·	10	100	1000	10 000
a)	1,56	■	■	■	■
b)	42,75	■	■	■	■
c)	0,84	■	■	■	■

○ **4** Übertrage die Tabelle ins Heft und fülle sie aus.

	:	10	100	1000	10 000
a)	2569,7	■	■	■	■
b)	963,1	■	■	■	■
c)	■	■	75,31	■	■
d)	■	■	■	1,234	■

◐ **5** SP Mit welcher Zahl wurde multipliziert bzw. dividiert? Begründe.

a) 7,82 —■→ 78,2   b) 2,64 —■→ 264
c) 16,8 —■→ 1,68   d) 65,4 —■→ 0,654
e) 121 —■→ 0,121   f) 0,045 —■→ 45

◐ **6** Berechne. Muss man jedes Zwischenergebnis bestimmen?

a) 0,2579 · 10 · 10 · 10
b) 0,09876 · 10 · 100 · 10
c) ((4,32 · 10) : 100) · 1000

◐ **7** Viele Produkte gibt es häufig nur in Großpackungen. Berechne den Einzelpreis. Runde sinnvoll.

○ **3** Ersetze die Kästchen.

a) ■ ←:10— 5,2 —·10→ ■
b) ■ ←:100— 45,3 —·100→ ■
c) ■ ←:100— 4,32 —·100→ ■
d) ■ ←:1000— 0,948 —·1000→ ■

◐ **4** Die Angaben des Drehzahlmessers im Auto müssen vertausendfacht werden.

a) Wie viele Umdrehungen pro Minute zeigt der Drehzahlmesser?
b) Bei wie vielen Umdrehungen pro Minute beginnt der kritische Bereich ungefähr?

● **5** Die Tabelle zeigt die Maße von 1- und 2-Euro-Münzen.

Münze	Dicke	Gewicht
	2,33 mm	7,5 g
	2,2 mm	8,5 g

a) Wie hoch und wie schwer ist ein Stapel mit jeweils 10 Münzen?
b) MK SP Leyla fragt sich, wie hoch und wie schwer ein Stapel von 1-Euro-Münzen im Wert von 1 Million Euro ist. Vergleiche mit dem derzeit höchsten Gebäude der Welt und mit dem Gewicht eines Elefantenbullen. Recherchiere die Größen im Internet.
c) Serdar überlegt, wie hoch und wie schwer ein aus 200-Euro-Scheinen aufgetürmter Stapel im Wert von 1 Million Euro ist. (Gewicht = 1,07 g; Dicke = 0,1 mm)

→ Die Lösungen zu „Alles klar?“ findest du auf Seite 242.

3 Dezimalzahlen multiplizieren

Lauras Oma hat zu Hause 100 Schweizer Franken (CHF), 200 US-Dollar ($) und 100 DM aufbewahrt.
In der Zeitung findet Laura folgende Wechselkurse:
1 CHF = 0,96 €
1 $ = 0,92 €
→ Rechne die Fremdwährungen in Euro um.
→ 1 DM sind ungefähr 0,51 € wert.
Besprecht zu zweit, wie viel Euro man für 100 DM ungefähr bekommt.
→ Erkundigt euch nach den aktuellen Wechselkursen von Fremdwährungen.

Im Kopf multipliziert man Dezimalzahlen zunächst ohne Komma.

7 · 3 = 21

0,7 · 3 = 2,1 7 · 0,3 = 2,1
0,07 · 3 = 0,21 7 · 0,03 = 0,21

0,7 · 0,3 = 0,21

Der Wert des Produkts der Dezimalzahlen 0,7 · 0,3 = 0,21 hat die gleiche Ziffernfolge wie der Wert des Produkts 7 · 3 = 21.
Das Ergebnis 0,21 hat genau so viele Nachkommastellen (Dezimalen) wie die beiden Faktoren zusammen.

Merke

Dezimalzahlen werden zunächst ohne Berücksichtigung des Kommas **multipliziert**. Das Komma setzt man so, dass das Ergebnis gleich viele Stellen nach dem Komma hat wie die beiden Faktoren zusammen.

5,36 · 2,7 = 14,472
2 Dezimalen **1 Dezimale** **3 Dezimalen**

Beispiele

a)

	2,	5	·	1	7
			2	5	
+			1	7	5
			1		
			4	2,	5

b)

	0,	4	·	0,	5
			0	0	
+				2	0
			0,	2	0

c)

	0,	4	·	0,	0	5
			0	0	0	
+				0	0	
+					2	0
			0,	0	2	0

d) Mit einer Überschlagsrechnung kann man das Ergebnis überprüfen.
17,8 · 3,2 wird mit 18 · 3 = 54 überschlagen. Das genaue Ergebnis ist 56,96.

○ **1** Multipliziere zunächst ohne auf das Komma zu achten. Zähle dann alle Nachkommastellen ab und setze das Komma.

Beispiel: 0,8 · 2 = ▪ 8 · 2 = 16 Also ist 0,8 · 2 = 1,6

a) 2,4 · 2 b) 0,8 · 6 c) 0,4 · 0,7 d) 0,5 · 0,03
e) 3 · 0,9 f) 0,2 · 12 g) 1,1 · 0,9 h) 0,04 · 0,7

○ **2** Multipliziere schriftlich.
a) 3,6 · 8 b) 6,4 · 3 c) 4,8 · 24 d) 7,8 · 13
e) 9,4 · 1,5 f) 5,7 · 4,2 g) 24,8 · 1,2 h) 3,51 · 0,6

Alles klar?

Fördern

A Berechne im Kopf.

a) 1,2 · 3 b) 0,08 · 4 c) 0,4 · 0,6 d) 1,5 · 0,3

B Multipliziere.

a) 0,9 · 5 b) 1,4 · 4 c) 2,5 · 0,5 d) 4,2 · 0,3

○ **3** Berechne im Kopf.

a) 3 · 25
0,3 · 25
0,03 · 25
0,003 · 25

b) 4 · 12
4 · 1,2
4 · 0,12
4 · 0,012

c) 7 · 8
0,7 · 8
0,7 · 0,8
0,07 · 0,08

d) 2,5 · 5
2,5 · 0,5
0,25 · 0,5
0,25 · 0,05

○ **4** Die Lösungsbuchstaben ergeben eine Weltstadt.

a) 3,2 · 8 b) 6,7 · 15
c) 0,89 · 9 d) 4,75 · 5
e) 0,32 · 0,4 f) 0,6 · 0,74
g) 0,15 · 0,02 h) 1,84 · 0,07

100,5 H | 44,4 M | 0,444 H | 23,75 N | 0,1288 I | 8,01 A | 0,003 A | 102,5 E | 2,56 T | 0,128 G | 25,6 S

○ **5** Überprüfe dein Ergebnis mithilfe des Überschlags.

a) 12,9 · 9,2 b) 2,93 · 5,2
c) 1,3 · 19,7 d) 6,84 · 10,1
e) 4,967 · 10,4 f) 97,2 · 0,086
g) 193,4 · 1,982 h) 9,9 · 0,099

○ **6** Das Produkt 24 · 18 ist 432. Löse damit:

a) 2,4 · 18 b) 24 · 1,8
c) 2,4 · 1,8 d) 0,24 · 18
e) 24 · 0,18 f) 2,4 · 0,18
g) 0,24 · 1,8 h) 0,24 · 0,18

○ **3** Berechne.

a) 0,7 · 5 0,7 · 0,5 0,7 · 0,05
b) 1,6 · 3 1,6 · 0,3 0,16 · 0,3
c) 0,75 · 7 0,75 · 0,7 0,75 · 0,07
d) 0,09 · 3 0,09 · 0,3 0,09 · 0,03
e) 0,2 · 0,2 0,02 · 0,02 0,002 · 0,002

○ **4** Multipliziere schriftlich. Achte auch auf die Überträge.

a) 2,4 · 1,6 b) 1,3 · 4,5
c) 2,7 · 1,8 d) 3,4 · 5,6
e) 1,25 · 3,6 f) 3,28 · 6,3
g) 14,6 · 4,52 h) 24,8 · 0,052

◒ **5** Setze bei den rot gefärbten Zahlen das Komma an die richtige Stelle. Ergänze Nullen, falls es notwendig ist.

1. Faktor	2. Faktor	Wert des Produkts
45,6	7,8	35 568
0,123	34,5	42 435
8,3	25	20,75
70,4	56	394,24
76	0,48	0,3648
897	789	0,070 773 3

◒ **6** Paul hat bei den Ergebnissen das Komma vergessen. Rechne nach und schreibe richtig ins Heft.

a) 0,42 · 0,03 = 126
b) 0,098 · 0,108 = 10 584
c) 0,125 · 0,8 = 1
d) 23,01 · 1,23 = 283 023

◒ **7** Finde das Lösungswort.

a) 525 · 0,25
b) 43,8 · 11,5
c) 66,6 · 6,6
d) 0,54 · 305
e) 37,5 · 6,2
f) 120 · 0,84

439,56 P | 100,8 D | 232,5 R | 503,7 E | 131,25 G | 164,7 A

→ Die Lösungen zu „Alles klar?" findest du auf Seite 242.

7 Multipliziere die Zahlen nebeneinander liegender Steine. Die Zahl im obersten Stein dient deiner Kontrolle.

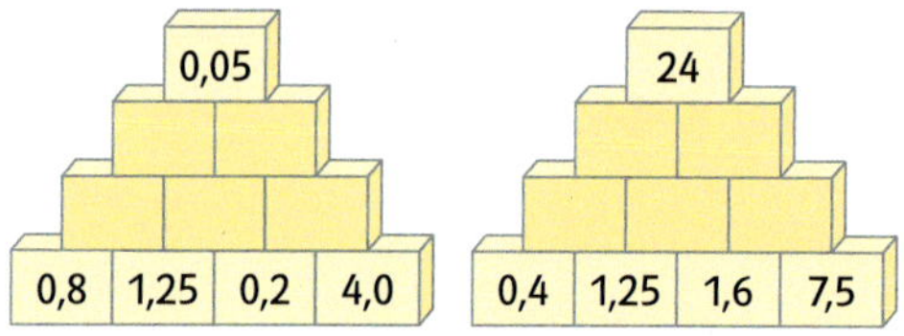

8 Berechne. Achte auf die Nullen.

a) 0,003 · 20 b) 0,07 · 500
c) 0,006 · 1200 d) 3600 · 0,004
e) 8000 · 0,0007 f) 0,002 · 3500
g) 1000 · 0,003 h) 450 · 0,02

9 Welche Aufgabe hat ein Ergebnis größer 10? Überschlage. Rechne dann.

a) 3,2 · 4,2 b) 0,16 · 12,4
c) 200 · 0,045 d) 25,4 · 0,48
e) 65,4 · 0,18 f) 0,012 · 800
g) 1,25 · 0,8 h) 0,6 · 12,0

10 Welche Aufgaben haben dasselbe Ergebnis?

8,75 · 1,2 8,75 · 120 0,875 · 12
0,875 · 0,12 875 · 0,12 0,875 · 1200
87,5 · 0,12 87,5 · 1,2

11 SP Korrigiere die **Fehler**. **Erkläre**, wie sie vermutlich zustande gekommen sind.

a) 80 · 0,3 = 2,4
b) 0,1 · 0,1 = 0,2
c) 4 · 0,08 = 4,08
d) 2,7 · 3 = 6,21
e) 0,6 · 10,8 = 64,8
f) 4,3 · 3,2 = 12,6

12 SP Findet so viele Lösungen wie möglich für die Aufgabe ▪ · ▪ = 1.

0,125 0,2 0,25 0,8 0,05
0,4 25 8 4 2
0,04 1,25 2,5 5

8 Multipliziere. Achte auf die Nullen im Ergebnis.

a) 0,02 · 0,4 b) 0,45 · 0,07
c) 0,05 · 0,03 d) 0,09 · 0,025
e) 0,008 · 0,007 f) 0,017 · 0,0011

9 Verschiebt man bei einem Faktor das Komma nach links und beim anderen das Komma um genauso viele Stellen nach rechts, bleibt das Ergebnis gleich. Nutze dies, um einen guten Überschlag zu erhalten.

Beispiel:

$628{,}2 \cdot 0{,}218 = 62{,}82 \cdot 2{,}18$
$\approx 63 \cdot 2$
$= 126$

a) 97,2 · 0,52 b) 986,2 · 0,031
c) 471,8 · 0,092 d) 150,5 · 0,121
e) 2560 · 0,202 f) 101,1 · 0,088

10 Ein Produkt kann auch mehr als zwei Faktoren haben. Berechne.

a) 1,2 · 0,5 · 2,5 b) 2,4 · 0,2 · 1,5
c) 0,1 · 0,2 · 0,3 d) 1,2 · 3,4 · 5,6
e) 1,1 · 1,2 · 1,3 f) 0,1 · 0,02 · 0,003
g) 2,5 · 0,04 · 0,16 h) 2,5 · 0,25 · 0,025

11 SP Setzt jede Ziffer einmal ein.

a) Welches Produkt hat den größten Wert? **Begründet**.
b) Welches Produkt hat den kleinsten Wert? **Begründet**.
c) Bildet das Produkt mit dem Wert 1,55.
d) Findet Produktwerte, die an der letzten Stelle die Ziffer 3 haben.
e) **Prüft**, ob es einen Produktwert gibt, der an der letzten Stelle die Ziffer 2 hat.

Ausländische Maße umrechnen

Tipp!
Auf dieser Seite hilft dir ein Taschenrechner.

In Großbritannien und in den USA werden Längen, Rauminhalte oder Gewichte mit anderen Maßen gemessen. Für Längen werden folgende Umrechnungen verwendet:
1 mile (mi) = 1609,3 m   1 yard (yd) = 91,44 cm   1 foot (ft) = 30,48 cm

1 Das Fußballspiel wurde im 19. Jahrhundert in England entwickelt.
Rechne die englischen Maße um.
Höhe des Tores: 8 feet
Breite des Tores: 8 yards
Breite des Torraumes: 20 yards
Entfernung Elfmeterpunkt: 12 yards
Entfernung Freistoß-Mauer: 10 yards

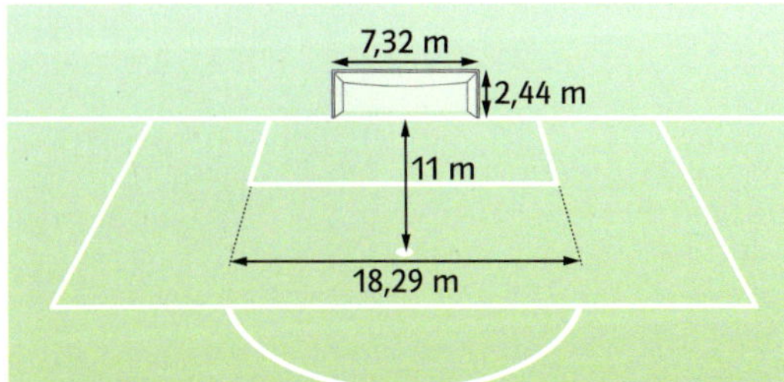

2 In der NBA (USA) hat das Basketballfeld andere Maße als beim Weltverband FIBA (internationale Maße). Vergleiche die Werte.

	NBA	FIBA
Länge	94 feet	28 m
Breite	50 feet	15 m
Korbhöhe	10 feet	3,05 m
Freiwurflinie	23,75 feet	6,75 m

Tipp!
mph bedeutet miles per hour (Meilen pro Stunde).

3 SP Der Airbus 380 und die Boeing 777 gehören zu den größten Passagiermaschinen der Welt. Vergleicht die Daten der beiden Maschinen.

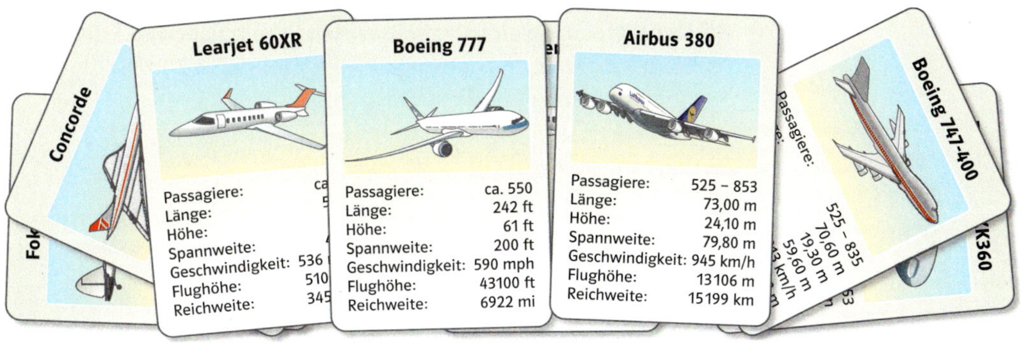

4 MK SP Am 23. Juli 1983 entgingen Besatzung und Passagiere des Air Canada Flugs 143 von Montreal nach Edmonton nur knapp einer Katastrophe. Eine Notlandung verhinderte Schlimmeres. Beim Umrechnen der Treibstoffmenge von Volumen in Gewicht wurde fälschlicherweise der Umrechnungsfaktor 1,77 Pfund pro Liter verwendet. Korrekt wären 0,803 kg pro Liter gewesen. Im Tank waren 12 589 Liter.

a) **Erkundigt** euch im Internet.
b) Berechnet die getankte Treibstoffmenge in Pfund (lb) und in kg und vergleicht die Werte.

4 Dezimalzahlen dividieren

Die Klassen 6a und 6b möchten die Marathonstrecke (ca. 42,195 km) laufen. Dazu laufen alle 28 Schülerinnen und Schüler der Klasse 6a gleich lange Teilstrecken. Die Klasse 6b hat eine andere Idee. Sie beschließt, die Marathonstrecke in 0,5 km-Abschnitte zu zerlegen.

→ Wie lange ist ungefähr eine Teilstrecke für die Kinder der 6a? Schätze.

→ Überlegt zu zweit, wie häufig die Schüler und Schülerinnen der 6b die 0,5 km lange Strecke ungefähr laufen müssen.

Tipp!
Dividend Divisor
561 : 3 = 187
Quotient
Wert des Quotienten

Ist der Divisor eine natürliche Zahl, rechnet man so:

	E	z	h				E	z	h
	5,	6	1	:	3	=	1,	8	7
−	3								
	2	6							
−	2	4							
		2	1						
	−	2	1						
			0						

Beim Überschreiten des Kommas in der Rechnung setzt man im Ergebnis das Komma.

Im Ergebnis trennt das Komma wiederum die Einer und die Zehntel.

Ist der Divisor eine Dezimalzahl, verschiebt man das Komma beim Dividenden und beim Divisor so lange in dieselbe Richtung, bis der Divisor eine natürliche Zahl ist.

1,248 : 0,08 = 12,48 : 0,8 = 124,8 : 8 = 15,6

Da sowohl der Dividend als auch der Divisor bei jedem Schritt verzehnfacht werden, ändert sich das Ergebnis nicht.
Somit gilt: 1,248 : 0,08 = 15,6

Merke

Bei der **Division zweier Dezimalzahlen** wird das Komma der beiden Zahlen so weit nach rechts verschoben, bis der Divisor eine natürliche Zahl ist.

· 10 (2,24 : 0,4 → 22,4 : 4) · 10

Da 22,4 : 4 = 5,6 ist, gilt: 2,24 : 0,4 = 5,6

Beispiele

a) Der Divisor ist eine natürliche Zahl.

31,8 : 6 = 5,3
−30
18 ← Komma setzen
−18
0

b) Beide Zahlen sind Kommazahlen.

11,76 : 1,2 = ■
117,6 : 12 = 9,8
−108
96
−96
0

c) 0,8 : 5 = 0,16
−0
08
−5
30 ← Hier muss man eine Null ergänzen
−30
0

d) Hat der Divisor mehr Nachkommastellen als der Dividend, muss man Nullen ergänzen.

13,5 : 0,15 = ■
1350 : 15 = 90
135
00
−00
0

e) Ein Überschlag vermeidet Fehler.
3,264 : 0,12 = 326,4 : 12 Überschlag: 300 : 10 ≈ 30
Das genaue Ergebnis von 3,264 : 0,12 ist 27,2. Es passt somit zum Überschlag.

○**1** Dividiere im Kopf.
a) 8,8 : 2 b) 4,5 : 5 c) 3,6 : 3 d) 2,8 : 4

○**2** Dividiere schriftlich.
a) 26,1 : 3 b) 10,8 : 4 c) 40,8 : 6 d) 39,2 : 7

Alles klar?

Fördern

A Berechne im Kopf.
a) 2,4 : 2 b) 3,3 : 3 c) 2,5 : 5 d) 1,6 : 4

B Rechne schriftlich.
a) 18,6 : 2 b) 14,4 : 3 c) 44,5 : 5 d) 51,2 : 8

○**3** Dividiere im Kopf.
a) 12,8 : 2 b) 9,6 : 3
c) 20,8 : 4 d) 12,6 : 6
e) 24,8 : 8 f) 9,9 : 9

○**4** Berechne. Wie heißt das Lösungswort?
a) 3,8 : 0,2 b) 2,7 : 0,3
c) 12,5 : 0,5 d) 10,4 : 0,4
e) 13,6 : 0,8 f) 11,2: 0,7
g) 7,2 : 0,6 h) 12,6 : 0,9

○**5** Rechne mit den Stufenzahlen im Kopf.
a) 125 : 10 b) 36 : 10
12,5 : 10 36 : 100
1,25 : 10 36 : 1000
125 : 100 360 : 100
12,5 : 100 360 : 1000

○**6** Berechne.
a) 9,6 : 0,8 b) 13,75 : 0,5
c) 3,84 : 0,3 d) 9,36 : 0,4
e) 7,194 : 1,1 f) 9,468 : 1,2
g) 1,404 : 0,06 h) 67,77 : 0,09

◒**7** Das Ergebnis von 182 : 7 ist 26.
Löse damit.
a) 18,2 : 7 b) 1,82 : 7
c) 0,182 : 7 d) 182 : 0,7
e) 18,2 : 0,7 f) 1,82 : 0,07

○**3** Dividiere im Kopf.
a) 4,26 : 2 b) 6,36 : 3
c) 0,12 : 6 d) 0,75 : 5
e) 0,18 : 9 f) 6,3 : 7
g) 7,2 : 9 h) 8,4 : 12

○**4** Berechne.
a) 10,4 : 0,2 b) 23,36 : 0,4
c) 24,3 : 0,9 d) 47,55 : 0,05
e) 45,78 : 0,07 f) 12,8 : 0,08

◒**5** Durch 5 und durch 50 kann man auch im Kopf teilen. Verdopple den Dividenden und dividiere dann durch 10 bzw. 100.
a) 17,5 : 5 b) 37,2 : 5
c) 48,6 : 5 d) 85,4 : 5
e) 71 : 50 f) 242 : 50
g) 62,3 : 50 h) 8,44 : 50

◒**6** SP Lena behauptet, die vier Aussagen seien richtig. Hat Lena recht?

: 0,5 ergibt dasselbe wie · 2
: 0,25 ergibt dasselbe wie · 4
: 0,2 ergibt dasselbe wie · 5
: 0,1 ergibt dasselbe wie · 10

Prüfe nach und **erkläre**.
a) 6,5 : 0,5 6,5 · 2
b) 2,4 : 0,25 2,4 · 4
c) 1,8 : 0,2 1,8 · 5
d) 3,7 : 0,1 3,7 · 10

◒**7** Berechne.
a) 1,7968 : 4 b) 0,1524 : 6
c) 0,756 : 7 d) 0,8984 : 8
e) 1,407 : 3 f) 2,1105 : 9
g) 2,706 : 11 h) 0,1908 : 12

→ Die Lösungen zu „Alles klar?“ findest du auf Seite 242.

8 Berechne. Die Ballons fliegen auf eine bekannte Insel.

a) 7,3 : 2 b) 17,6 : 5
c) 11,8 : 4 d) 35,04 : 6
e) 10,36 : 7 f) 73,12 : 8
g) 22,05 : 9 h) 76,2 : 12

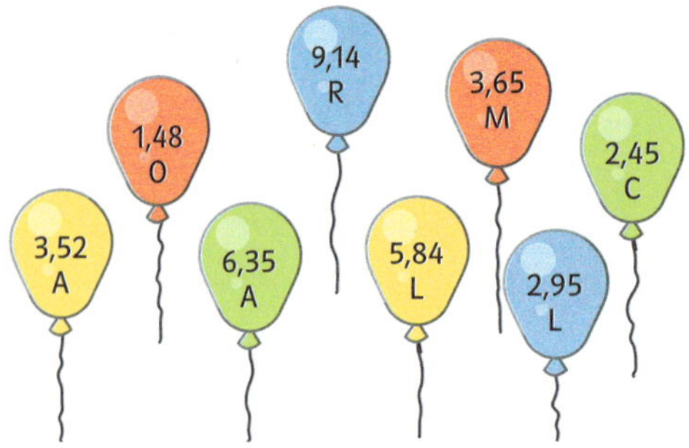

9 Die Lücke steht für eine natürliche Zahl. Schätze zuerst und überprüfe danach durch Rechnen.

a) 9,1 : ▢ = 1,3 b) 24,3 : ▢ = 2,7
c) 12,84 : ▢ = 3,21 d) 8,28 : ▢ = 1,38
e) 19,32 : ▢ = 2,76 f) 8,46 : ▢ = 0,94
g) 17,58 : ▢ = 5,86 h) 29,16 : ▢ = 3,24
i) 50,4 : ▢ = 8,4 j) 52,2 : ▢ = 17,4

10 Nebeneinander liegende Steine werden multipliziert. Fülle die Zahlenmauer.

a)

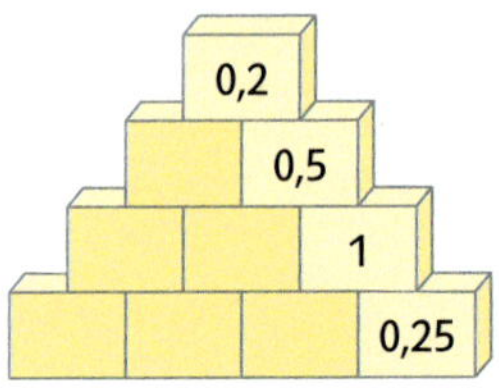

b)

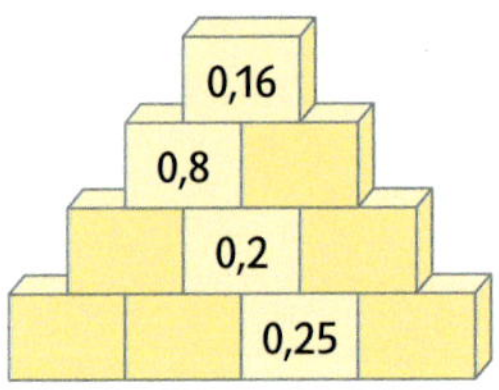

11 Hier hat sich ein **Fehler** eingeschlichen. Korrigiere.

a) 0,5 : 5 = 0,01
b) 0,21 : 7 = 0,3
c) 6,06 : 6 = 1,1
d) 8,4 : 12 = 0,07
e) 0,99 : 9 = 0,9
f) 0,75 : 5 = 1,5

8 Welches Ergebnis gehört zu welcher Aufgabe? Überschlage zunächst.

a) 4,284 : 0,12 b) 5,334 : 2,1
c) 10,428 : 1,2 d) 39,42 : 0,09
e) 114,18 : 2,2 f) 14,085 : 1,5

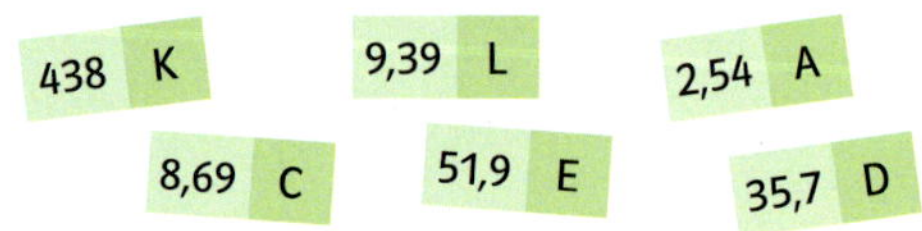

9 Welche Zahl muss in die Lücke?

a) ▢ : 7 = 2,36 b) ▢ : 11 = 0,25
c) ▢ : 9 = 2,48 d) 44,1 : ▢ = 6,3
e) 27,15 : ▢ = 5,43 f) 2,568 : ▢ = 0,321
g) ▢ : 3 = 6,58 h) 68,11 : ▢ = 9,73
i) 52,32 : ▢ = 4,36 j) ▢ : 15 = 8,1

10 Setze bei den rot gefärbten Zahlen das Komma an die richtige Stelle. Ergänze Nullen, falls es notwendig ist.

Dividend		Divisor	Wert des Quotienten
12,4	:	4	31
39,5	:	5	79
25,48	:	26	9,8
0,5472	:	12	4,56
21276	:	3,6	59,1
53125	:	62,5	85
73926	:	66,6	1,11

11 Hier hat sich ein **Fehler** eingeschlichen. Korrigiere.

a) 0,48 : 0,06 = 0,8
b) 0,144 : 0,12 = 12
c) 5,6 : 0,8 = 7
d) 3 : 0,6 = 0,2
e) 12,4 : 0,02 = 6,2
f) 0,4 : 0,08 = 0,5

12 ▢,▢▢ : 0,▢ = ?

Setze die Ziffern 1; 2; 4 und 5 je einmal in die Kästchen ein, sodass das Ergebnis

a) möglichst groß ist.
b) möglichst klein ist.
c) 12,8 ist.
d) zwischen 5 und 10 liegt.
e) zehnmal größer ist als der Dividend.

12 Welche Aufgaben haben dasselbe Ergebnis?

0,8 : 0,25 | 0,08 : 0,25 | 0,08 : 0,025 | 0,08 : 2,5 | 0,8 : 25 | 80 : 25 | 8 : 0,25 | 8,0 : 2,5 | 0,8 : 2,5

13 Auf einer Packung Frischkäse sind folgende Angaben aufgedruckt:

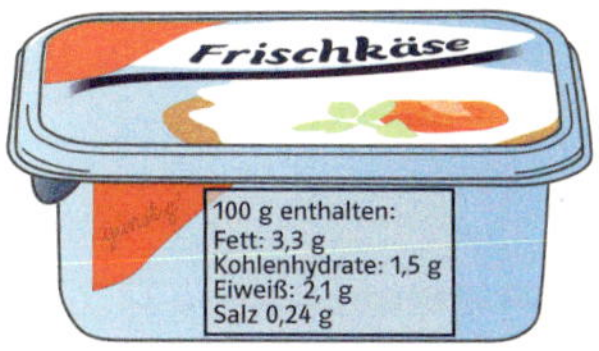

Berechne die Mengen für 250 g Frischkäse.

Tipp!
1 Yard = 0,9144 m

1 Foot = 30,48 cm

1 mile = 1,609 km

14 Die Abmessungen des Tennisfelds wurden ursprünglich in Yards festgelegt. Rechne die Maße in Yard um.

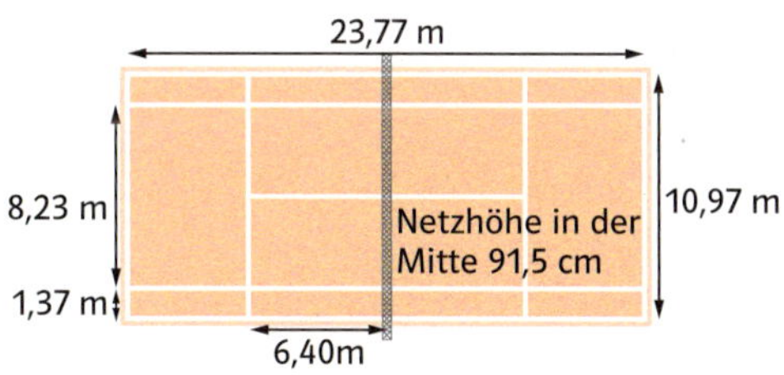

15 In den grün gefärbten Feldern steht das Produkt der beiden benachbarten gelben Felder.

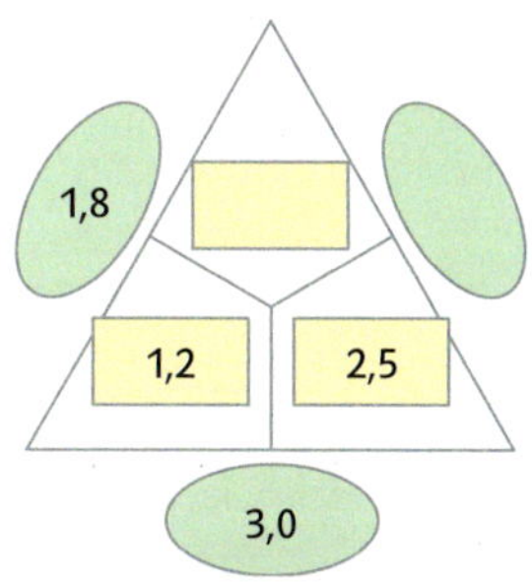

a) Fülle die restlichen Felder aus.
b) Wie groß ist das Produkt der Zahlen aller gelb gefärbten Felder?
c) Berechne das Produkt der Zahlen der drei grün gefärbten Felder.
d) Dividiere den Produktwert aller grünen Felder durch den Produktwert aller gelben Felder. Was stellst du fest?

Tipp!
mph bedeutet miles per hour (Meilen pro Stunde).

13 Findet so viele Lösungen wie möglich für die Aufgabe ■ : ■ = 0,25.

2,4 | 0,48 | 0,01 | 9,6 | 7,0 | 1,6 | 1,75 | 6,4 | 0,04 | 0,12

14 Frau Köhler betrachtet zwei Tankbelege:

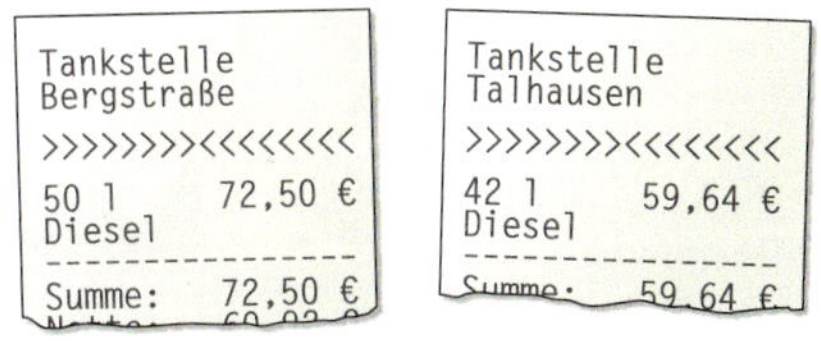

An welcher Tankstelle konnte sie günstiger tanken?

15 Familie Bauer fährt im Urlaub von Toronto (Kanada) nach Chicago (USA).
In Toronto entdecken sie folgende Entfernungsangabe auf einem Schild.

a) In den USA wird in Meilen gemessen. Welche Angabe findest du in Chicago für den Weg nach Toronto?

b) Von Chicago fliegt Familie Bauer nach Frankfurt zurück. Im Flugzeug wird eine Entfernung von 4328 Meilen, eine Flughöhe von 38 000 ft und eine Geschwindigkeit von 532 mph angezeigt.

Überprüfe die Angaben des Displays.

5 Verbinden der Rechenarten

Betül und Luisa kaufen beim Bäcker ein. Sie nehmen 5 Brezeln und 5 Croissants. Luisa rechnet fleißig im Kopf, während Betül einen 10-Euro-Schein hinlegt und zu Luisa sagt: „Das reicht."

→ Überlege mit deiner Partnerin oder deinem Partner, weshalb Betül so schnell wusste, dass 10 Euro reichen.

→ Unterhaltet euch in der Klasse, ob man jeweils drei Stück aller angebotenen Backwaren für 18 Euro bekommt.

Man berechnet einen einfachen Rechenausdruck von links nach rechts. Kommen in einem Rechenausdruck verschiedene Rechenarten und Klammern vor, muss man auf die Reihenfolge der Rechenschritte achten. Dazu werden die bekannten Regeln verwendet.

Merke

Reihenfolge beim Berechnen von Rechenausdrücken:
- Was in Klammern steht, wird zuerst berechnet.
- Innere Klammer vor äußerer Klammer.
- Punktrechnung kommt vor Strichrechnung.
- Abschließend von links nach rechts rechnen.

Beispiele

a) Punktrechnung vor Strichrechnung

$4{,}8 + 2{,}5 \cdot 3$	Punkt vor Strich
$= 4{,}8 + 7{,}5$	von links nach rechts rechnen
$= 12{,}3$	

b) Klammer zuerst

$3{,}6 : (9{,}5 - 7{,}7)$	Klammer zuerst
$= 3{,}6 : 1{,}8$	von links nach rechts rechnen
$= 2$	

c) Auch in der Klammer gelten die Vorrangregeln.

$5{,}4 + (4{,}2 - 7{,}2 : 3) \cdot 2$	Punkt vor Strich in der Klammer
$= 5{,}4 + (4{,}2 - 2{,}4) \cdot 2$	Klammer zuerst
$= 5{,}4 + 1{,}8 \cdot 2$	Punkt vor Strich
$= 5{,}4 + 3{,}6$	von links nach rechts rechnen
$= 9{,}0$	

d) Stehen in der Klammer nochmals Klammern, wird die innere Klammer zuerst berechnet.

$(11{,}7 - 1{,}5 \cdot (3{,}25 + 2{,}45)) : 0{,}3$	innere Klammer zuerst
$= (11{,}7 - 1{,}5 \cdot 5{,}70) : 0{,}3$	Punkt vor Strich in der Klammer
$= (11{,}7 - 8{,}55) : 0{,}3$	Klammer zuerst
$= 3{,}15 : 0{,}3$	von links nach rechts rechnen
$= 10{,}5$	

○ **1** Achte auf Punkt vor Strich. Berechne.

a) $1{,}2 \cdot 3 + 4$ b) $5 \cdot 2{,}4 - 8$ c) $1{,}5 + 0{,}25 \cdot 4$ d) $6{,}5 - 2 \cdot 3{,}2$

○ **2** Berechne zuerst, was in Klammern steht.

a) $3{,}3 - (1{,}5 + 1{,}2)$ b) $0{,}5 - (0{,}9 - 0{,}6)$ c) $5 \cdot (6{,}4 - 5{,}8)$ d) $(2{,}7 + 1{,}8) : 3$

Alles klar?

Fördern

A Berechne.

a) $4 \cdot 1{,}1 + 2{,}2$ b) $0{,}6 : 0{,}2 - 0{,}8$ c) $5{,}7 - 1{,}8 \cdot 3$ d) $3{,}3 + 5{,}5 : 5$

B Berechne.

a) $3{,}5 - (2{,}5 + 0{,}5)$ b) $6{,}5 - (4{,}2 - 2{,}7)$ c) $(7{,}4 - 5{,}8) \cdot 2{,}5$ d) $(9{,}9 - 3{,}3) : 0{,}6$

3 Rechne im Kopf.

a) $5{,}0 + 0{,}5 - 1{,}5 - 2{,}5$
b) $3{,}8 - 0{,}8 + 2{,}7 - 0{,}7$
c) $8{,}8 - 4{,}8 + 3{,}5 + 1{,}5$
d) $9{,}0 + 0{,}9 + 3{,}7 - 0{,}9 - 3{,}7$

4 Achte auf Punkt vor Strich. Die Kärtchen ergeben das Lösungswort.

a) $5 + 3 \cdot 1{,}1$ b) $1{,}6 \cdot 2{,}5 + 3{,}6$
c) $10 - 4 \cdot 2{,}2$ d) $1{,}5 - 4{,}2 : 3$
e) $1{,}5 \cdot 3{,}2 - 3{,}6 : 0{,}9$
f) $7{,}2 + 7{,}5 \cdot 0{,}6 - 9{,}8$

7,6 E | 5,2 S | 1,2 L | 1,9 N | 8,3 D | 0,8 I | 0,1 F

5 Berechne.

a) $23{,}5 - (17{,}6 - 11{,}8)$
b) $13{,}7 - (36{,}4 - 29{,}7) + 9{,}2$
c) $(13{,}25 + 6{,}45) - (7{,}05 - 5{,}95)$
d) $(34{,}07 - 26{,}84 - 5{,}19) - 1{,}04$

6 Achte auf die Klammern.

a) $(2{,}6 + 4{,}2) \cdot 1{,}8$ b) $8{,}4 \cdot (9{,}7 - 7{,}6)$
c) $2{,}4 \cdot (7{,}2 + 3{,}7)$ d) $(6{,}3 - 5{,}7) : 0{,}24$
e) $9{,}6 \cdot (3{,}7 - 2{,}5) - 1{,}52$
f) $(8{,}4 - 4{,}8) \cdot (6{,}3 - 3{,}6)$

7 Nutze Rechenvorteile.
Beispiel:
$12{,}8 + 0{,}95 - 0{,}85 - 2{,}8$
$= 12{,}8 - 2{,}8 + 0{,}95 - 0{,}85$
$= 10{,}0 + 0{,}1 = 10{,}1$

a) $7{,}1 + 4{,}8 + 2{,}9 + 1{,}2$
b) $4{,}3 + 8{,}1 - 1{,}3 + 5{,}6 + 1{,}9$
c) $3{,}25 + 11{,}53 - 1{,}75 - 3{,}53$
d) $0{,}945 + 1{,}054 + 0{,}146 + 0{,}055$

3 Berechne.

a) $0{,}55 + 0{,}45 + 1{,}25$
b) $1{,}75 - 0{,}25 + 0{,}42 - 0{,}32$
c) $4{,}25 + (3{,}16 - 1{,}16) + 0{,}75$
d) $(12{,}34 - 5{,}67) - (2{,}12 + 3{,}05)$

4 Achte auf Punkt vor Strich.

a) $3{,}6 - 0{,}5 \cdot 4{,}8$
b) $3{,}4 + 4{,}8 \cdot 2{,}5 - 6{,}7$
c) $1{,}75 : 0{,}05 - 2{,}25 \cdot 4{,}4$
d) $22{,}6 - 3{,}8 : 0{,}2 + 2{,}5 \cdot 1{,}8$

5 Berechne. Das Lösungswort stammt aus dem Sport.

a) $(26{,}3 - 13{,}9) \cdot 3{,}5$
b) $1{,}8 \cdot (0{,}9 + 3{,}6)$
c) $(12{,}6 - 7{,}8) : 0{,}4$
d) $(8{,}4 - 4{,}8) \cdot (6{,}2 - 1{,}7)$
e) $18{,}5 - (6{,}8 + 12{,}7) : 1{,}5$
f) $(25{,}8 - 17{,}4) : (7{,}3 - 6{,}5)$

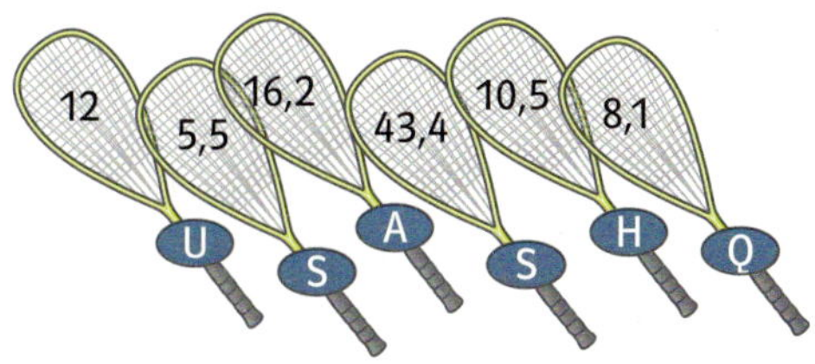

6 Anton rechnet folgendermaßen:
$0{,}9 \cdot 1{,}27 + 0{,}9 \cdot 0{,}73$
$= 0{,}9 \cdot (1{,}27 + 0{,}73)$
$= 0{,}9 \cdot 2 = 1{,}8$

a) Warum ist es vorteilhaft, so zu rechnen wie Anton? **Begründe**.
b) Berechne genauso wie Anton:
- $5{,}85 \cdot 12 + 4{,}15 \cdot 12$
- $1{,}25 \cdot 2{,}46 + 1{,}25 \cdot 2{,}54$

7 Hier fehlen Klammern. Ergänze.

a) $3{,}2 + 4{,}6 \cdot 2{,}5 = 19{,}5$
b) $4{,}5 \cdot 10{,}8 - 3{,}2 = 34{,}2$
c) $0{,}5 + 2{,}4 \cdot 4{,}3 + 0{,}7 = 12{,}5$
d) $2{,}5 \cdot 4{,}2 - 2{,}4 - 1{,}8 = 2{,}7$

→ Die Lösungen zu „Alles klar?“ findest du auf Seite 243.

8 Hier fehlt ein Komma. Ergänze.
a) 52 + 3,6 · 12 = 48,4
b) 24 − 15 · 9 = 10,5
c) 11 · 2,2 + 33 = 27,5
d) 0,7 · 32 − 35 · 4,8 = 5,6

9 Setze zwei Rechenzeichen so, dass das Ergebnis stimmt.
2,5 ▪ 0,4 ▪ 0,5 = 2,7
2,5 ▪ 0,4 ▪ 0,5 = 1,5
2,5 ▪ 0,4 ▪ 0,5 = 1,7
2,5 ▪ 0,4 ▪ 0,5 = 5,75

10 Die Klammer steht **falsch**. Setze sie so, dass das Ergebnis stimmt.

a)	3,	2	+	(0,	8	·	7,	5)	=	3	0			
b)	7,	4	−	(5,	8	·	4,	5)	=	7,	2			
c)	4,	5	+	2	·	(2,	4	+	4,	4)	=	2	0	
d)	1	2,	8	+	(2,	8	+	1,	4)	:	5	=	3,	4

11 Für das Erlebnisbad DORADO gelten die folgenden Eintrittspreise.

EINTRITTSPREISE

Einzelkarten	
Erwachsene	12,50 €
Kinder	8,50 €
Familie	40,00 €
Zehnerkarten	
Erwachsene	85,00 €
Kinder	42,50 €

a) SP Familie Schreiber geht mit ihren drei Kindern ins DORADO. Welche Eintrittskarte sollen sie wählen? **Begründe**.
b) Die Klasse 6c geht mit 25 Schülern ins Bad. Wähle den günstigsten Tarif. Wie viele Euro kann jede Schülerin und jeder Schüler im besten Fall sparen?

8 Klammern über Klammern. Berechne.
a) (9,8 · (7,6 − 5,4) − 3,2) − 1,0
b) 9,8 · (7,6 − (5,4 − 3,2) − 1,0)
c) (9,8 − 7,6) · (5,4 − 3,2) − 1,0
d) 9,8 + 7,6 · (5,4 − (3,2 − 1,0))

9 Vier Zahlen, drei Rechenzeichen und eine Klammer.

+ − · ( ) 0,8 0,5 1,5 2,4

Schreibe einen Rechenausdruck so, dass
a) das Ergebnis möglichst groß ist.
b) das Ergebnis möglichst klein ist.
c) das Ergebnis zwischen 1 und 2 liegt.

10 Finn kauft beim Bäcker 4 Brezeln zu 0,85 €, 4 Laugenbrötchen zu 0,50 € und 4 Quarktaschen zu 1,15 €.
Stelle zwei verschiedene Rechenausdrücke auf und berechne.

11 Ein Kino bietet 540 Plätze an.

1. Rang	320 Plätze	11,50 €
2. Rang	140 Plätze	8,50 €
3. Rang	80 Plätze	6,50 €

a) Am Samstagabend sind im 1. Rang 267 Plätze, im 2. Rang 85 Plätze und im 3. Rang drei Viertel der Plätze belegt. Berechne die Einnahmen.
b) Wie viel Euro mehr nimmt der Betreiber des Kinos ein, wenn der Film ausverkauft ist?

12 Leandro beobachtet bei der Fahrt in den Urlaub das Display im Auto seiner Eltern. Bei der Abfahrt zeigt es 0 km an. Nach 300 km machen sie eine Pause. Es wird ein Verbrauch von 8,0 l pro 100 km angezeigt. Nach weiteren 200 km zeigt das Display einen Verbrauch von 8,5 l pro 100 km an. Wie hoch war der Durchschnittsverbrauch pro 100 km nach der Pause?

Zusammenfassung

Dezimalzahlen addieren und subtrahieren

Einfache Additionen und Subtraktionen kann man **im Kopf rechnen.**

3,2 + 6,4
= 3,2 + 6 + 0,4
= 9,2 + 0,4
= 9,6

7,3 − 5,8
= 7,3 − 5 − 0,8
= 2,3 − 0,3 − 0,5
= 2,0 − 0,5
= 1,5

Beim **schriftlichen Addieren** bzw. **Subtrahieren** schreibt man die Dezimalzahlen so untereinander, dass **Komma unter Komma** steht.
Beginne von rechts. Achte auf mögliche Überträge.

	1	2	3,	4	5
+		9	8,	7	6
	1	1	1	1	
	2	2	2,	2	1

Nullen ergänzen

	5	4	3,	7	8
−		4	7,	9	0
	1	1	1		
	4	9	5,	8	8

Multiplizieren und Dividieren mit Stufenzahlen

Beim **Multiplizieren** von Dezimalzahlen mit Stufenzahlen steht das **Komma** um so viele Stellen weiter **rechts**, wie die Stufenzahl Nullen hat.

0,678 · 100 = 67,8

Beim **Dividieren** steht das **Komma** entsprechend weiter **links**.

753,1 : 100 = 7,531

Dezimalzahlen dividieren

Dividieren durch eine natürliche Zahl

	1	5,	8		:	4	=			
	1	5,	8	0	:	4	=	3,	9	5
−	1	2								
		3	8							
	−	3	6							
			2	0						
		−	2	0						
				0						

Manchmal muss man Nullen ergänzen.

Beim Überschreiten des Kommas setzt man im Ergebnis das Komma.

Dividieren durch eine Dezimalzahl

Bei der Division zweier Dezimalzahlen wird das Komma der beiden Zahlen so weit nach rechts verschoben, bis der Divisor eine natürliche Zahl ist.

0,	4	0	8	:	0,	1	2			
	4	0,	8	:		1	2	=	3,	4
−	3	6								
		4	8							
	−	4	8							
			0							

Dezimalzahlen multiplizieren

Dezimalzahlen werden zunächst ohne Berücksichtigung des Kommas multipliziert. Dann setzt man das Komma so, dass das Ergebnis gleich viele Stellen nach dem Komma hat, wie die beiden Faktoren zusammen.

5,3	·	8,45	=	44,785
1 Dezimale		2 Dezimalen		3 Dezimalen

1,	2	4	·	0,	6
		0	0	0	
+			7	4	4
		0,	7	4	4

Verbinden der Rechenarten

Für Rechenausdrücke mit Dezimalzahlen gelten die gleichen Regeln wie für Rechenausdrücke mit natürlichen Zahlen.

Punkt vor Strich

22,5 − 3,5 · 1,9
= 22,5 − 6,65
= 15,85

Klammer zuerst

12,8 − (4,5 + 2,7)
= 12,8 − 7,2
= 5,6

Innere Klammer vor äußerer Klammer

27,1 − (6,4 : (1,85 − 1,6) + 0,2)
= 27,1 − (6,4 : 0,25 + 0,2)
= 27,1 − (25,6 + 0,2)
= 27,1 − 25,8
= 1,3

Basistraining

○**1** Addiere bzw. subtrahiere im Kopf.

a) 1,5 + 2,1
2,4 + 3,6
6,3 + 1,4
8,4 + 2,1

b) 5,6 − 4,2
6,8 − 3,5
9,7 − 4,2
10,5 − 3,3

○**2** Addiere bzw. subtrahiere schriftlich.

a)
  7,5
+ 8,3

b)
   4,7
+ 13,1

c)
  9,8
− 6,3

d)
  12,6
− 8,2

e)
   6,36
+ 23,52

f)
  35,78
− 23,47

○**3** Achte auf die Überträge.

a)
   8,5
+ 17,6

b)
   9,7
+ 26,9

c)
  6,2
− 3,5

d)
  14,1
− 9,7

○**4** Schreibe untereinander und rechne.

a) 5,6 + 2,7 + 7,3
b) 11,2 + 7,6 + 14,1
c) 4,25 + 6,48 + 5,02
d) 19,47 + 24,08 + 17,52

○**5** Ergänze vor dem Addieren bzw. Subtrahieren die fehlenden Nullen.

a)
  4,5
+ 2,45

b)
  9,867
+ 8,9

c)
  4,6
+ 3,512

d)
  9,84
− 1,3

e)
  7,65
− 3,4

f)
  4,2
− 3,978

○**6** Multipliziere bzw. dividiere im Kopf.

a) 2,5 · 3
1,2 · 6
4 · 2,4
0,5 · 9
3 · 0,25

b) 1,6 : 4
4,2 : 6
3,5 : 7
9,6 : 8
7,2 : 9

○**7** Multipliziere bzw. dividiere mit den Stufenzahlen.

a) 4,5 · 10
2,84 · 100
0,52 · 100
1,825 · 1000

b) 12,3 : 10
54,6 : 10
987 : 100
24,8 : 100

○**8** Setze die passende Stufenzahl ein.

a) 4,28 —(· ■)→ 42,8
b) 0,524 —(· ■)→ 52,4
c) 4,85 —(: ■)→ 0,485
d) 24,6 —(: ■)→ 0,246

○**9** Welches Ergebnis passt zu welcher Aufgabe? Überschlage bevor du rechnest.

2,2 · 3,8 A
22 · 3,8 B
0,22 · 3,8 C
0,22 · 0,38 D

83,6 1
0,0836 2
8,36 3
0,836 4

○**10** Setze [+] oder [−] richtig ein.

a) 0,7 ■ 2,5 = 3,2
b) 6,9 ■ 1,7 = 5,2
c) 7,75 ■ 2,25 = 5,5
d) 7,40 ■ 1,75 = 9,15
e) 0,8 ■ 0,65 = 0,15
f) 0,42 ■ 0,26 = 0,68

○**11** Wie heißt die fehlende Zahl?

a) 7,2 + ■ = 9,1
b) ■ − 0,7 = 9,5
c) ■ + 1,25 = 3,75
d) 0,4 − ■ = 0,18
e) 2,5 · ■ = 7,5
f) 4 · ■ = 2,4
g) 4,8 : ■ = 2,4
h) ■ : 3 = 1,2

○**12** Setze die Reihe fort. Musst du jede Aufgabe schriftlich rechnen?

a) 50,4 : 2 = 25,2
50,4 : 4 = 12,6
50,4 : 8 = ■
50,4 : 16 = ■
50,4 : 32 = ■
50,4 : 64 = ■

b) 50,4 : 3 = 16,8
50,4 : 6 = 8,4
50,4 : 12 = ■
50,4 : 24 = ■
50,4 : 48 = ■
50,4 : 96 = ■

○**13** Nebeneinander liegende Werte werden addiert. Vervollständige.

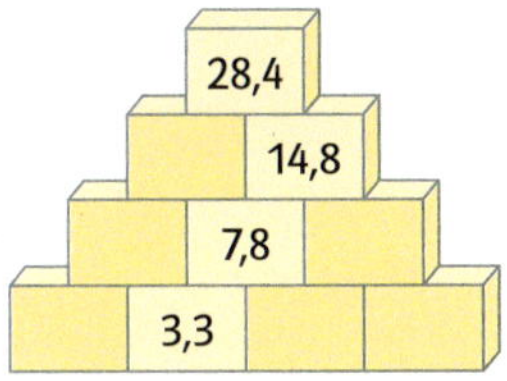

○**14** Multipliziere schriftlich.

a) 2,6 · 8 b) 9,2 · 9
c) 5,6 · 2,8 d) 7,4 · 4,2
e) 1,8 · 0,72 f) 0,45 · 0,9

○**15** Das Produkt 26 · 16 beträgt 416.
Löse die Aufgaben ohne zu rechnen.

a) 2,6 · 16 b) 26 · 1,6
c) 2,6 · 1,6 d) 0,26 · 16
e) 0,26 · 1,6 f) 0,26 · 0,16

○**16** Dividiere schriftlich.

a) 12,8 : 2 b) 6,48 : 4
c) 7,56 : 0,3 d) 21,4 : 0,8
e) 3,252 : 0,6 f) 2,478 : 0,07

○**17** Nutze Rechenvorteile.

Beispiel:
6,4 + 5,7 + 3,6
= (6,4 + 3,6) + 5,7
= 10 + 5,7
= 15,7

a) 1,5 + 3,2 + 2,5
b) 3,3 + 0,9 + 1,7 + 1,1
c) 4,6 + 3,8 + 2,4 + 1,7 + 2,2
d) 1,25 + 0,86 + 1,53 + 0,75 + 2,14

○**18** Denk daran: Punktrechnung geht vor Strichrechnung.

a) 2,5 − 4,8 : 2 b) 0,5 + 0,5 · 5
c) 0,9 · 2 + 0,4 · 3 d) 0,2 + 2 · 1,5 − 2,9
e) 2,2 + 7,7 : 7 f) 2,8 : 7 − 1,8 : 6

○**19** Berechne zuerst, was in Klammern steht.

a) 6,4 − (12,5 − 8,7)
b) 5,5 − (3,4 + 1,9)
c) 0,5 : (0,25 − 0,15)
d) (7,7 − 4,9) : 0,2
e) 1,5 · (10,42 + 3,58)
f) (8,73 − 4,23) · 0,2

○**20** Berechne.

a) 5,9 − (12,5 − 9,8)
b) 7,2 − (5,7 − 1,6 − 2,4)
c) 0,5 · (4 + 0,2) − 1,8
d) 0,95 − (0,8 − 0,45) : 7

○**21** Setze eine Klammer, sodass das Ergebnis stimmt.

a) 10,4 − 5,5 + 1,7 = 3,2
b) 8,8 − 4,4 : 2 = 2,2
c) 7 · 0,3 + 0,4 = 4,9
d) 3 · 5 − 2,5 + 1 = 8,5

○**22** Setze bei der rot gefärbten Zahl das Komma an die richtige Stelle.

a) 0,47 + 1,88 = **235** b) 5,28 − 3,45 = **183**
c) 4,8 · 3,2 = **1536** d) 4,68 : 0,9 = **52**

◒**23** Achte auf die Nachkommastellen.

a) Berechne schriftlich. Du kannst dir viele Rechnungen ersparen.
- 123,123 · 452,234
- 12,3123 · 4522,34
- 1,23 123 · 45 223,4
- 0,123 123 · 452 234

b) Jan sagt, dass er nur einmal gerechnet hat und dann direkt das Ergebnis für alle weiteren Aufgaben hatte. **Erkläre.**

◒**24** Ein erwachsener Mensch verliert pro Tag ungefähr 2,5 l Wasser durch Ausscheidungen. Davon sollten 1,5 l durch Getränke ausgeglichen werden. Der Rest wird über die Nahrung aufgenommen.

a) SP Wie viel Liter Wasser sollte der Mensch pro Woche zu sich nehmen? Vergleiche mit einem Kasten Mineralwasser (12-mal 0,7 l).
b) Berechne den jährlichen Wasserverlust.

Anwenden. Nachdenken

25 Im Dach steht die Summe der beiden nebeneinander liegenden Zahlen. Ergänze im Heft.

1	
0,75	
	0,16
0,09	

5,55	
	2,304
4,082	
	0,507

26 Setze für die Lücke die richtige Zahl ein.

a) 0,9 + 0,08 + 0,007 = ■
b) 1 + 0,2 + 0,03 + ■ = 1,234
c) 0,1 + ■ + 0,003 + 0,0004 = 0,1234
d) 3 + ■ + 0,05 + 0,006 = 3,456
e) 1,2121 = 1 + 0,2 + ■ + 0,002 + ■

27 Berechne. Gibt es gleiche Ergebnisse?

a) 0,2 + 0,04 b) 0,2 − 0,04
c) 0,2 · 0,04 d) 0,2 : 0,04
e) 0,4 − 0,02 f) 0,04 + 0,2
g) 0,04 · 0,2 h) 0,04 : 0,2

28 Setze die korrekten Rechenzeichen in die Lücken ein.

· + : −

a) 6,4 ■ 5,0 = 1,4
b) 3,5 ■ 2,8 ■ 0,5 = 6,8
c) 4,8 ■ 3 − 0,9 = 0,7
d) 2,5 ■ 4 = 9,9 ■ 0,1

29 Setze die richtigen Ziffern ein.

a)

	1,	2	1	2
+	■,	■	■	■
	3,	1	1	1

b)

	8,	■	■	2
+	■,	7	3	■
1	5,	4	2	9

c)

	■,	7	0	4
−	0,	■	0	■
	4,	2	■	7

d)

	2	0,	0	■	■
−		■,	5	7	3
	1	0,	■	3	5

30 Setze die richtige Zahl ein.

a) $\frac{1}{2}$ + ■ = 0,75 b) $\frac{1}{2}$ − ■ = 0,2
c) $\frac{1}{10}$ + 0,75 = ■ d) $\frac{3}{4}$ − 0,35 = ■
e) $\frac{1}{4}$ + ■ = 0,55 f) ■ − $\frac{1}{4}$ = 0,45
g) ■ + $\frac{1}{4}$ = 0,32 h) ■ − $\frac{3}{5}$ = 0,01

31 Würfelt mit drei Würfeln zweimal.

Setzt die Augenzahlen des ersten Wurfs in die obere Zeile, die Augenzahlen des zweiten Wurfs in die untere Zeile.

  ■, ■ ■
+ ■, ■ ■
?

a) Wessen Ergebnis liegt näher an der Zahl 10?
b) Ersetzt das Pluszeichen durch ein Minuszeichen und versucht, möglichst nahe an die Zahl 1 zu kommen.

32 Bildet mit den vier Kärtchen zwei verschiedene Dezimalzahlen.

4 , 2 1

Beispiel: 41,2 und 4,12

Bildet mit den beiden Zahlen
a) eine möglichst große Summe.
b) eine möglichst kleine Summe.
c) eine möglichst große Differenz.
d) ein Produkt, das nahe an 10 liegt.
e) einen Quotienten, der kleiner ist als 1.

33 Einige Ziffern sind verwischt. Bestimme diese Ziffern.

2 ■ 3, 6 : 6 = ■ 5, ■
− 2 4
  3 ■
− 3 0
    3 6
  − 3 6
      0

34 Pauline legt mit den Kärtchen verschiedene Zahlen mit jeweils zwei Nachkommastellen.

3 | 1 | , | 2

a) Wie viele verschiedene Kommazahlen dieser Art kann Pauline mit den vier Kärtchen legen?
b) Addiere alle möglichen Zahlen und teile die Summe durch die Anzahl der Zahlen. Man erhält eine besondere Zahl.
c) Ersetze die Ziffern 3; 2 und 1 durch die Ziffern 9; 7 und 5 und rechne wie in b). Was fällt dir auf?

35 Setze die Reihen fort.
a) Wie heißen die beiden Summanden in der letzten Zeile?

0,4 + 0,6 = 1
0,44 + 0,66 = 1,1
0,444 + 0,666 = 1,11
0,4444 + 0,6666 = 1,111
⋮
■ + ■ = 1,1111111

b) SP Wie heißen der Minuend und der Subtrahend in der letzten Zeile? **Erkläre**, ohne alle Aufgaben zu rechnen.

0,7 − 0,5 = 0,2
0,77 − 0,55 = 0,22
0,777 − 0,555 = 0,222
0,7777 − 0,5555 = 0,2222
⋮
■ − ■ = 0,22222222

36
a) SP Berechne. Was stellst du fest?

Beispiel: $3{,}6 \cdot 10^3$
$= 3{,}6 \cdot 10 \cdot 10 \cdot 10$
$= 3{,}6 \cdot 1000 = 3600$

$1{,}5 \cdot 10$	$0{,}6 \cdot 10$
$1{,}5 \cdot 10^2$	$0{,}6 \cdot 10^2$
$1{,}5 \cdot 10^3$	$0{,}6 \cdot 10^3$
$1{,}5 \cdot 10^4$	$0{,}6 \cdot 10^4$
$1{,}5 \cdot 10^5$	$0{,}6 \cdot 10^5$

b) Trage deine Ergebnisse in eine Stellenwerttafel ein. Was stellst du fest?
(1) Multipliziere 0,123 nacheinander mit 10; 100; 1000; 10 000.
(2) Dividiere 6789 nacheinander durch 10; 100; 1000; 10 000.

37 Nebeneinanderliegende Werte werden addiert.
a) Berechne den Wert im obersten Stein.

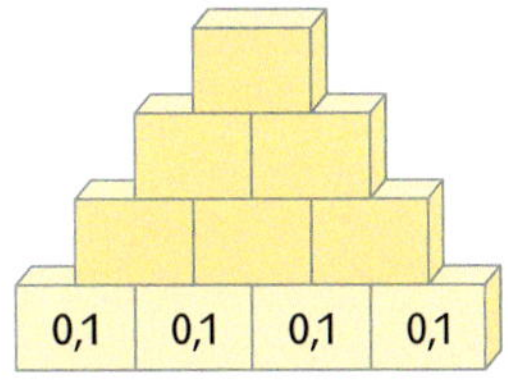

b) In der untersten Ebene steht in jedem Stein die Zahl 0,1.
Im obersten Stein steht der Wert 6,4.

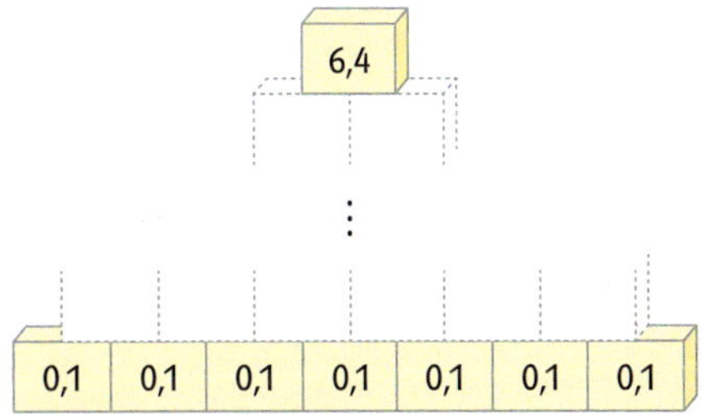

Aus wie vielen Ebenen besteht die Zahlenmauer? Vervollständige die Zahlenmauer in deinem Heft.

38 Hier hat sich ein **Fehler** eingeschlichen. Korrigiere.

a)	0,	3	5	+	0,	4	=	0,	3	9
b)	1,	2	5	−	0,	3	=	1,	2	2
c)	0,	7	·	1	1,	1	=	7	7,	7
d)	0,	4	2	:	0,	7	=	6		

39
a) **Prüfe** die Rechenausdrücke.

$0{,}1 \cdot 9 + 0{,}2 = 1{,}1$
$1{,}2 \cdot 9 + 0{,}3 = 11{,}1$
$12{,}3 \cdot 9 + 0{,}4 = 111{,}1$
$123{,}4 \cdot 9 + 0{,}5 = 1111{,}1$

b) SP Erkennst du die Gesetzmäßigkeit? **Beschreibe** sie.
c) Bestimme den Wert des Rechenausdrucks ohne zu rechnen.
$12345{,}6 \cdot 9 + 0{,}7 =$ ■
Rechne anschließend nach.

40 Für welche Zahl steht das Kästchen?

a) 3,2 + ■ = 9,5
b) 1,05 − ■ = 0,65
c) ■ + 0,47 = 0,85
d) ■ − 1,23 = 1,43
e) ■ · 1,5 = 3,6
f) ■ : 0,8 = 12
g) 1,8 · ■ = 0,9
h) 9,72 : ■ = 0,9

41 SP

a) Setze die Aufgabenreihe fort.
$0{,}5 \cdot 1{,}5 = 0{,}75$
$1{,}5 \cdot 2{,}5 = 3{,}75$
$2{,}5 \cdot 3{,}5 =$ ■
$3{,}5 \cdot 4{,}5 =$ ■
$4{,}5 \cdot 5{,}5 =$ ■

b) Was fällt dir auf?

c) Kannst du das Ergebnis des Produkts $9{,}5 \cdot 10{,}5$ angeben, ohne zu multiplizieren?

42 Setze zwei der zur Auswahl stehenden Rechenzeichen richtig ein.

+ − ·

a) 3,2 ■ 0,8 ■ 2,5 = 1,5
b) 5 ■ 1,5 ■ 2 = 8
c) 14,3 ■ 0,8 ■ 13,9 = 1,2
d) 1,4 ■ 2 ■ 0,5 = 2,3
e) 5 ■ 0,6 ■ 8 = 0,2

43 Eine nicht ganz einfache Zahlenmauer zum Addieren. Versuche, die drei fehlenden Zahlen zu bestimmen.

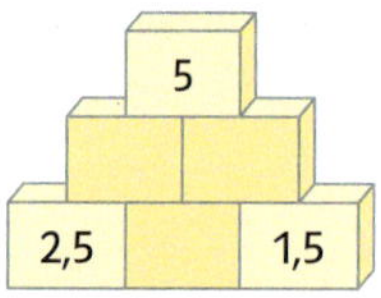

44 Klammern über Klammern. Hier ist Konzentration gefordert.

a) $2{,}5 \cdot (5{,}5 + 14{,}5)$
b) $(4{,}9 + 3{,}1) \cdot (1{,}2 - 0{,}7)$
c) $(12{,}8 + 2{,}6 + 1{,}4) : 5 - 0{,}36$
d) $2 \cdot (1{,}45 + 3{,}62) - (12{,}2 - 8{,}7)$
e) $(31{,}8 - (7{,}5 : 0{,}5 - 1{,}2)) : 1{,}8$
f) $3{,}2 - ((0{,}35 + 5{,}12 : 0{,}8) \cdot 0{,}2 + 1{,}85)$

45 SP Sieht komplizierter aus als es ist.
$((3{,}52 + 8{,}77 - 5{,}09) \cdot 4{,}15 - 0{,}5) \cdot 0$
Erkläre.

46 SP Can berechnet das Produkt $6{,}4 \cdot 1{,}5$ und erhält als Ergebnis 9,6.
Elena behauptet: „Das Ergebnis ist falsch. Es muss zwei Nachkommastellen haben, da beide Faktoren je eine Nachkommastelle haben."
Was meinst du?

47 MK Die Tabelle zeigt die Weltrekordentwicklung über 100 m der Männer.

Jahr	Name	Zeit in s
1960	Hary, Armin	10,0
1968	Hines, Jim	9,95
1991	Lewis, Carl	9,86
1996	Bailey, Donovan	9,84
1999	Green, Maurice	9,79
2007	Powell, Asafa	9,74
2009	Bolt, Usain	9,58

a) Um wie viel lief Usain Bolt schneller als Carl Lewis?

b) Armin Hary wurde bei den olympischen Spielen 1960 in Rom mit einer Zeit von 10,0 Sekunden gestoppt. Berechne den Unterschied zu Usain Bolts Weltrekord.

c) SP Der Weltrekord der 4 × 100 m-Staffel steht bei 36,84 Sekunden (2014). Vergleiche die Zeit mit dem Weltrekord von Usain Bolt über 100 m. Erkläre.

d) SP Der 103-jährige Hidekichi Miyazaki aus Tokio hält mit 29,83 Sekunden den Weltrekord im 100-Meter-Lauf in der Altersklasse der über Hundertjährigen. Vergleiche.

48 SP Christian Hottas lief am 5. Mai 2013 seinen 2000. Marathon (42,195 km). Vergleiche seine Gesamtstrecke mit dem Erdumfang am Äquator (ca. 40 000 km).

Preisvorteile beim Einkaufen

Beim Einkaufen wird häufig mit Sonderangeboten oder Preisnachlässen geworben. Dadurch soll die Neugier der Kunden geweckt werden. Aber Vorsicht: Nicht jedes Angebot taugt wirklich zum Sparen. Deshalb solltet ihr bei allen Angeboten stets nachrechnen und abwägen.

1 SP Herr Frey vergleicht die Preise für Limonade. Er möchte 6 Liter einkaufen. Welche Flaschengröße würdest du ihm empfehlen?

0,3 l	0,75 l	0,5 l	1,5 l
0,60 €	1,05 €	0,85 €	1,80 €

2 Verschiedene Speiseöle werden in unterschiedlichen Flaschengrößen angeboten.

a) Weshalb verwendet man in Werbungen oftmals die Ziffer 9 am Ende des Euro-Betrags?

b) Ermittle zunächst den Preis einer Vergleichsmenge. Sortiere dann die Liste neu.

Sorte	Menge	Preis
Kürbiskernöl	0,25 l	11,96 €
Erdnussöl	0,5 l	8,99 €
Leinöl	0,4 l	8,78 €
Sonnenblumenöl	1 l	6,99 €
Olivenöl	0,7 l	6,79 €
Walnussöl	0,1 l	2,19 €

3 Die Grafik zeigt eine beliebte Werbeidee.

a) Der Medienfachmarkt Jupiter wirbt mit dem Angebot: „nimm 3! bezahle 2!“ Dank des Angebots zahlt Luisa für 3 DVDs 13,98 €. Was kosten die 3 DVDs normalerweise? Wie viel Euro spart Luisa?

b) Im Elektrofachmarkt Merkur werden vier Hörbücher zum Preis von drei angeboten. Frau Armbruster zahlt 35,88 €. Um wie viel Euro hat sich der Preis eines Hörbuchs dadurch verbilligt?

4 SP Paula interessiert sich für ein Tablet. Es kostet 699,00 €. Da sie nicht so viel Geld hat, denkt sie über einen Ratenkauf nach. Was sollte Paula bedenken, bevor sie sich entscheidet?

5 Der Modemarkt TOPPDRESS wirbt mit einem Treuebonus. Dabei erhält der Kunde für eine bestimmte Kaufsumme einen Preisnachlass (Rabatt).

a) Frau Hoffmann kauft ein Paar Schuhe zu 149,90 €, einen Blazer zu 289,90 € und ein Paar Handschuhe zu 39,95 €. Wie viel Euro spart sie durch den Treuebonus?

b) Sie überlegt, noch einen Schal mitzunehmen. Zwei gefallen ihr besonders gut. Ein roter für 29,95 € und ein karierter für 49,95 €. Was rätst du ihr?

Rückspiegel

Teste dich

○ **1** Addiere oder subtrahiere.
a) 12,3 + 4,5 b) 7,9 − 5,6 c) 3,57 + 5,42 d) 14,89 − 6,73

○ **2** Berechne.

a)

	2,	5	8
+	7,	6	9

b)

	1	3,	2	4
−		8,	7	6

c)

	0,	8	
+	3,	4	7

d)

	2,	0	3
−	0,	9	

○ **3** Rechne im Kopf.
a) 2,3 · 3 b) 5,2 · 5 c) 8,4 : 4 d) 7,2 : 6

○ **4** Rechne mit Stufenzahlen.
a) 3,57 · 10 b) 0,182 · 100 c) 25,8 : 10 d) 1,59 : 100

○ **5** Berechne schriftlich.
a) 7,29 + 6,43 + 8,75
b) 23,45 + 5,63 − 12,91

○ **6** Berechne schriftlich.
a) 7,8 · 9,4 b) 53,6 : 0,8

◒ **7** Achte auf die Klammern.
a) 78,4 − (23,7 + 19,5)
b) 45,78 : (7,35 − 6,65)
c) 5,2 · (4,1 + 0,9)

◒ **8** Ersetze das Kästchen durch das Rechenzeichen + oder −.
a) 3,8 + 2,4 ■ 1,8 = 4,4
b) 0,5 · 2,4 ■ 4,2 − 2,6 = 2,8

◒ **9** ■,■ · ■ = ?
Setze die Ziffern 7; 3 und 2 je einmal in die Kästchen ein, sodass
a) ein möglichst großer Wert entsteht.
b) das Produkt den Wert 8,1 hat.

◒ **10** Natalie unternimmt eine Schiffsreise nach England und Norwegen. Sie braucht 2500 norwegische Kronen (NOK) und 150 britische Pfund (GBP). Im Internet findet sie den aktuellen Wechselkurs:
1 GBP = 1,3718 €
1 NOK = 0,1145 €
Wie viel Euro muss Natalie insgesamt umtauschen?

◒ **5** Berechne.
2,8 + 3,74 + 0,9 + 11

◒ **6** Berechne schriftlich.
a) 0,76 · 1,07 b) 11,712 : 1,2

◒ **7** Berechne.
14,97 − 7,08 : 0,8 − 3,2 · 1,6

◒ **8** Achte auf die Klammern.
(4,6 − (0,42 + 1,38) : 0,5 + 0,2) · 1,2

◒ **9** Wo steckt der **Fehler**? Korrigiere.

a)

0,	7	2	:	0,	8	=	9
	7	2	:		8	=	9

b)

3,	4	·	1,	0	8
		3	4		
	2	7	2		
0,	3	0	6		

● **10** Hier fehlt eine Klammer. Setze sie.
0,5 + 1,7 · 4 − 2,8 = 6

● **11** Weltweit kommen pro Sekunde durchschnittlich 4,2 Kinder auf die Welt. Wie viele Kinder sind das pro Jahr?

→ Die Lösungen findest du auf Seite 243.

Standpunkt | Daten darstellen und auswerten

Ich kann …	gut	etwas	nicht gut	Lerntipp!
A aus Diagrammen Daten ablesen und Informationen entnehmen,	■	■	■	→ Seite 227
B Säulen-, Balken- und Streifendiagramme zeichnen,	■	■	■	→ Seite 228
C Kreise zeichnen,	■	■	■	→ Seite 10; 221
D zu einer Datensammlung eine Strichliste und eine Häufigkeitstabelle erstellen,	■	■	■	→ Seite 229
E die Rechenregeln „Punkt vor Strich“ und „Klammer zuerst“ anwenden,	■	■	■	→ Seite 214
F Brüche in Dezimalzahlen umwandeln,	■	■	■	→ Seite 119
G Brüche und Dezimalzahlen als Prozentangabe schreiben.	■	■	■	→ Seite 130

Überprüfe dich selbst:

Teste dich

A Betrachte das Säulendiagramm.

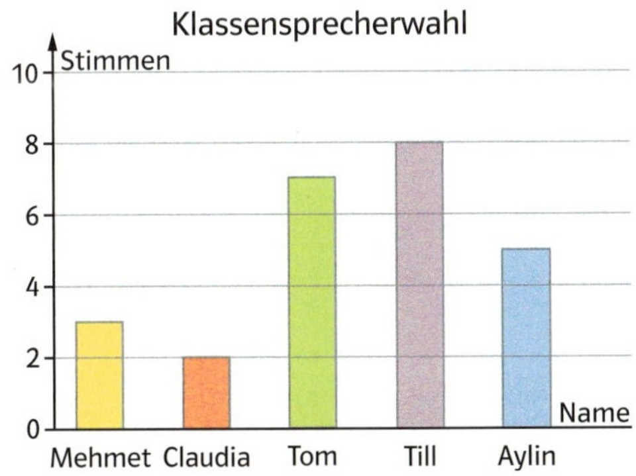

a) Wie viele Mitschüler und Mitschülerinnen haben Till gewählt?
b) Wie viele Kinder hat die Klasse?

B Zeichne zu der Häufigkeitstabelle
a) ein Säulendiagramm und ein Balkendiagramm.

T-Shirt-Größe	XS	S	M	L
Anzahl	6	6	5	3

b) ein Streifendiagramm.

Lieblingsbeschäftigung	Sport	Musik hören	Handyspiele	Lesen
Anzahl	8	16	5	6

C Zeichne drei Kreise mit gleichem Mittelpunkt und den Durchmessern 3 cm; 4 cm und 7 cm.

D Auf den Kärtchen stehen Lieblingsfarben.

Übertrage die Tabelle in dein Heft und fülle sie aus.

Lieblingsfarbe	rot	■	■
Strichliste	■	■	■
Häufigkeitstabelle	■	■	■

E Berechne.
a) $7 + 8 \cdot 3$
b) $9 - 4 \cdot 2 - 1$
c) $(6 + 10) : (7 - 3)$
d) $12 - (11 - 3 \cdot 2) + 2$

F Wandle die Brüche in Dezimalzahlen um.
a) $\frac{3}{4}$
b) $\frac{3}{10}$
c) $2\frac{2}{5}$
d) $\frac{3}{8}$

G Gib in Prozent an.
a) $\frac{45}{100}$
b) 0,92
c) 0,05
d) $\frac{4}{25}$

→ Die Lösungen findest du auf Seite 244.

7 Daten darstellen und auswerten

1 An welchen Ort würdet ihr gerne in den Sommerferien reisen?

2 Vergleicht die Daten für die Berge und das Meer. Beschreibt das Wetter, das die Urlauber im August erwartet.

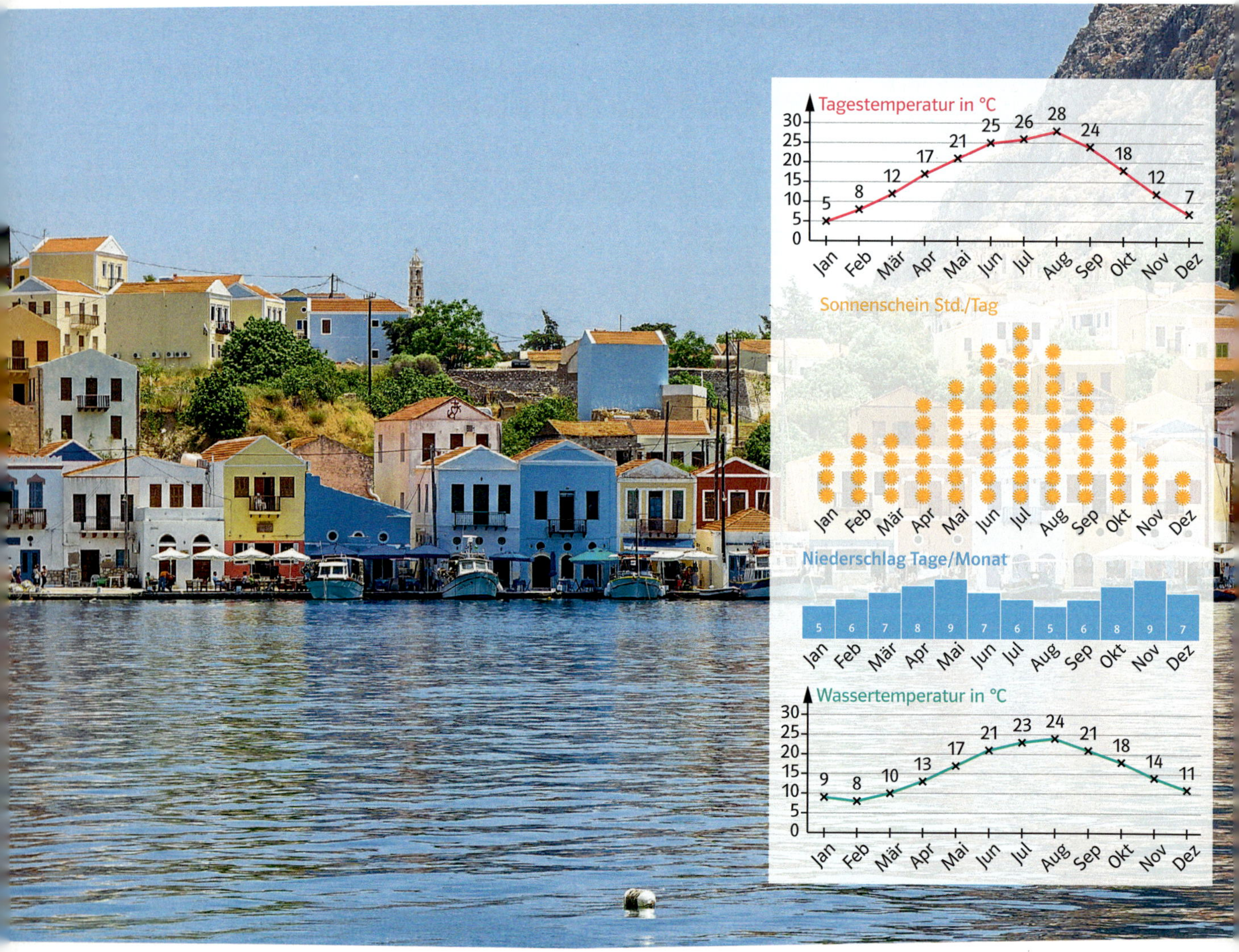

3 Vermutet, wie solche Temperaturwerte für euren Wohnort aussehen würden. Diskutiert und skizziert dazu Diagramme.

Ich lerne,

- wie man Diagramme genau liest und auswertet,
- wie man ein Kreisdiagramm zeichnet,
- wie man das arithmetische Mittel berechnet,
- wie man eine Rangliste erstellt und den Median bestimmt,
- wie man absolute und relative Häufigkeiten angibt.

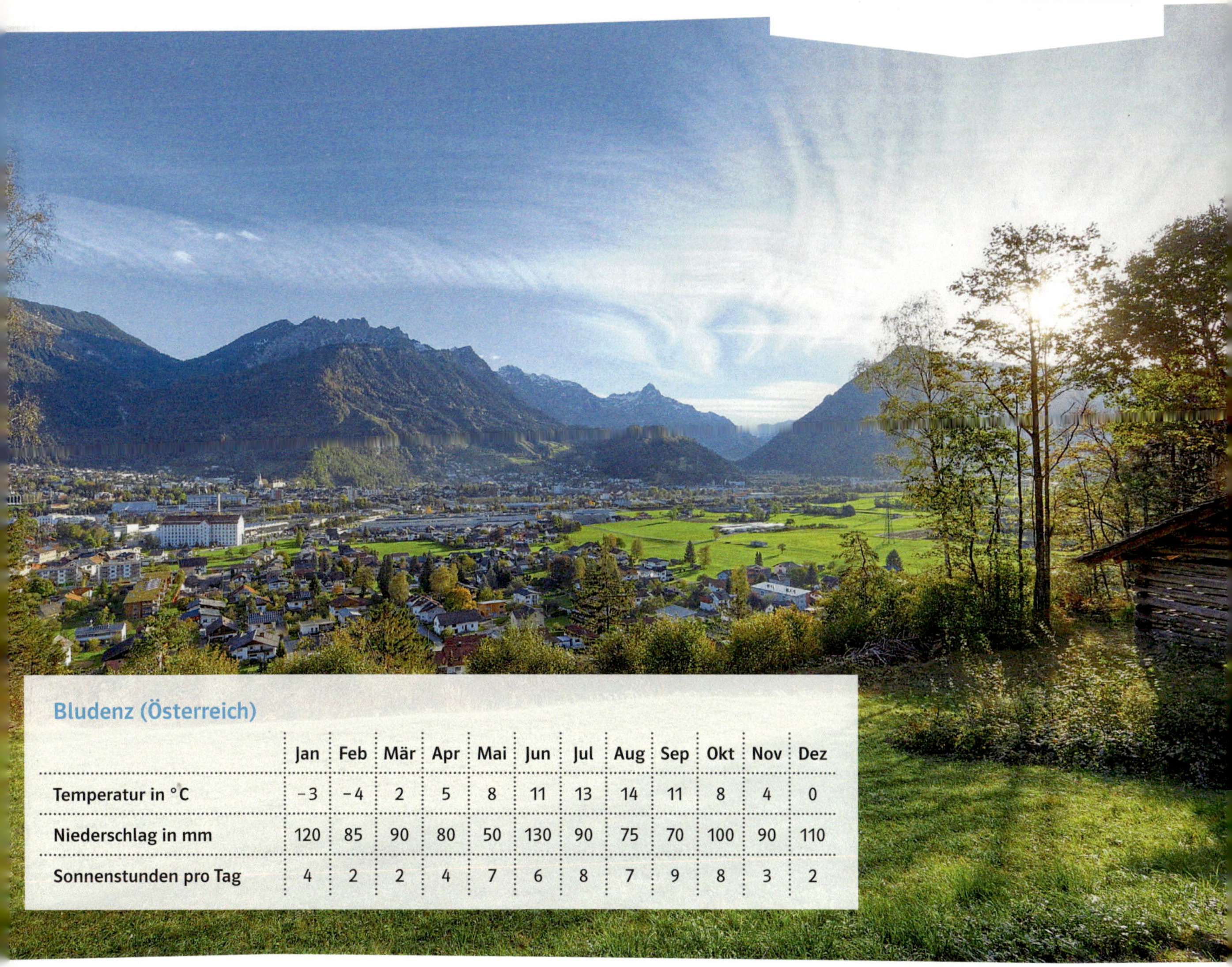

Bludenz (Österreich)

	Jan	Feb	Mär	Apr	Mai	Jun	Jul	Aug	Sep	Okt	Nov	Dez
Temperatur in °C	−3	−4	2	5	8	11	13	14	11	8	4	0
Niederschlag in mm	120	85	90	80	50	130	90	75	70	100	90	110
Sonnenstunden pro Tag	4	2	2	4	7	6	8	7	9	8	3	2

1 Diagramme und Häufigkeitstabellen

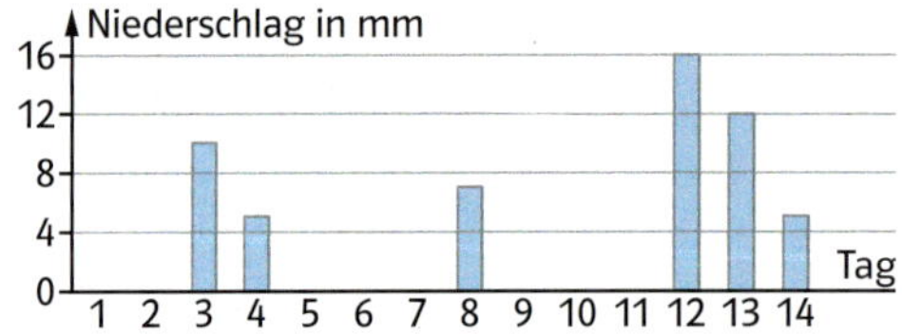

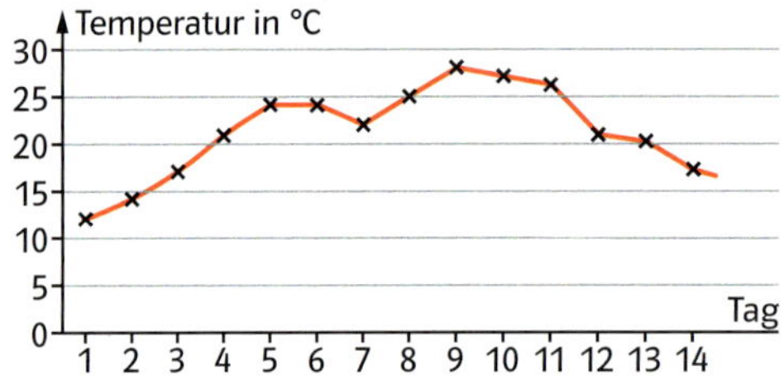

An der Hannah-Arendt-Schule gibt es eine Wetterstation. Im Juni lesen die Schülerinnen und Schüler jeden Tag um 12:00 Uhr die Daten ab und erstellen am Ende des Monats Diagramme.

→ Wie hoch war die Temperatur am 14. Juni? Wie viel Niederschlag gab es?

→ Arbeitet zu zweit. Gebt den wärmsten und den kältesten Tag an. Gebt die Tage mit dem wenigsten und dem höchsten Niederschlag an.

→ Versucht selbst, eine Woche lang solche Daten zu sammeln und Diagramme zu erstellen.

Daten werden oft in Diagrammen dargestellt. Dadurch können wichtige Informationen veranschaulicht werden.

Merke Um Informationen aus **Diagrammen** zu entnehmen, achtet man auf die Überschrift und die Beschriftung der Achsen. Aus einem Diagramm kannst du eine **Häufigkeitstabelle** erstellen und umgekehrt.

Beispiel Jugendliche wurden gefragt, wie oft sie im letzten Monat das Kino besuchten.

Diagramm ⟷ **Häufigkeitstabelle**

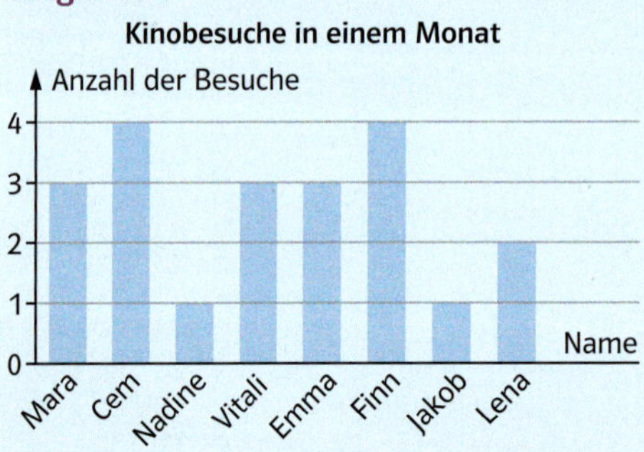

Name	Anzahl der Besuche
Mara	3
Cem	4
Nadine	1
Vitali	3
Emma	3
Finn	4
Jakob	1
Lena	2

○ **1**

a) SP Beschreibe in einem Satz, worüber das Diagramm informiert.

b) Lies aus dem Diagramm die Angaben ab und übertrage sie in eine Häufigkeitstabelle.

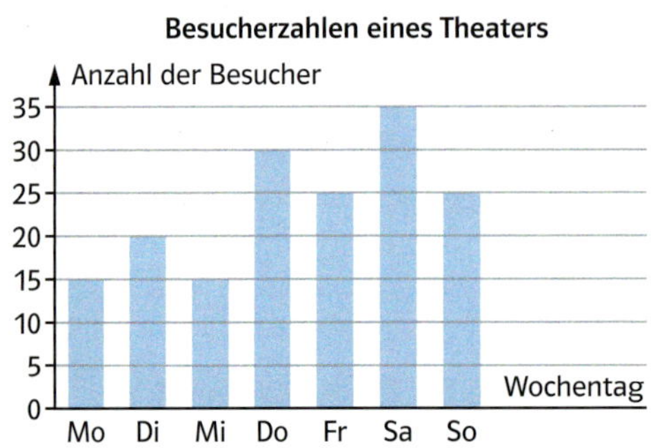

○ **2** Die Häufigkeitstabelle zeigt die Tageseinnahmen eines Blumenhändlers. Erstelle das zugehörige Säulendiagramm.

Wochentag	Einnahmen in €
Montag	300
Dienstag	150
Mittwoch	375
Donnerstag	600
Freitag	675
Samstag	825

Alles klar?

Fördern

A An einem Glücksrad wird 77-mal gedreht.

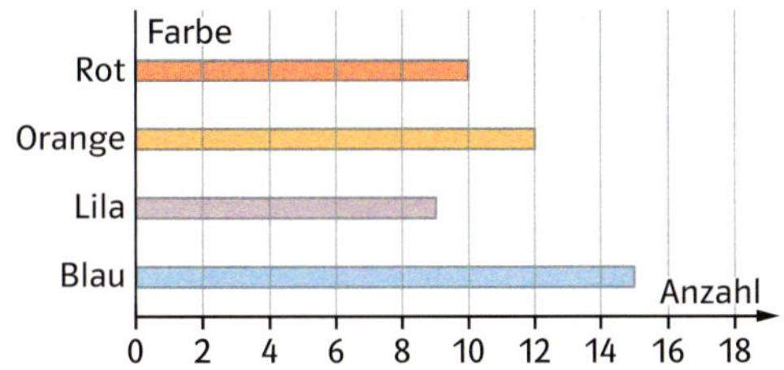

Farbe	Anzahl
Rot	10
Orange	■
Gelb	16
Lila	■
Grün	15
Blau	■

a) Übertrage die Häufigkeitstabelle und das Diagramm in dein Heft und vervollständige sie.
b) Gib die Farbe mit den meisten und den wenigsten Treffern an.

○ **3** Mario und Sabine haben zu einer Umfrage Säulendiagramme erstellt.

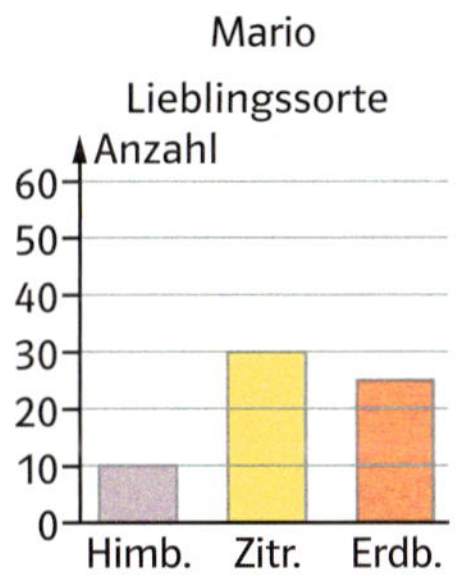

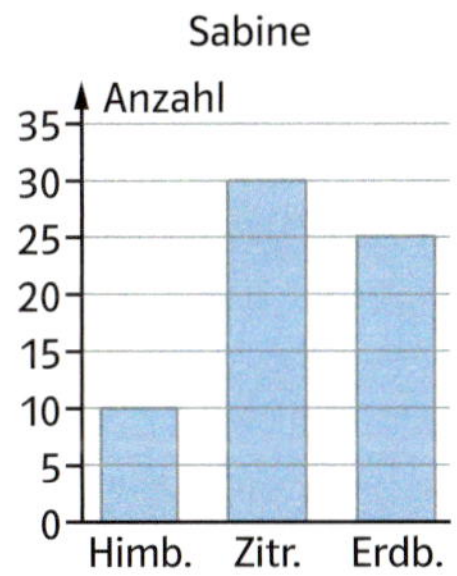

a) Erstelle eine Häufigkeitstabelle zu der Umfrage.
b) Was hat Mario gut gemacht, was Sabine?

◒ **4** Robin soll zu einem Diagramm eine Häufigkeitstabelle erstellen. Leider ist ihm ein **Fehler** unterlaufen.

In 500 g Kleidungsstoff sind enthalten …

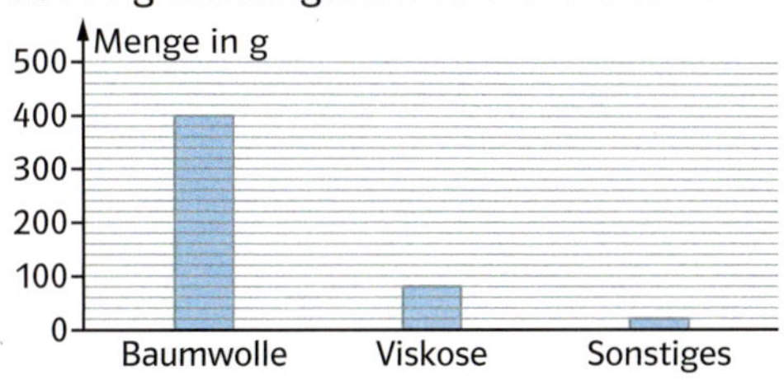

Baumwolle	Viskose	Sonstiges
400	100	20

a) Korrigiere die Häufigkeitstabelle in deinem Heft.
b) SP **Beschreibe** den Fehler von Robin.
c) Zeichne ein 10 cm langes Streifendiagramm.

◒ **3** Die zwei Diagramme zeigen das Ergebnis einer Umfrage über beliebte Ausflugsziele.

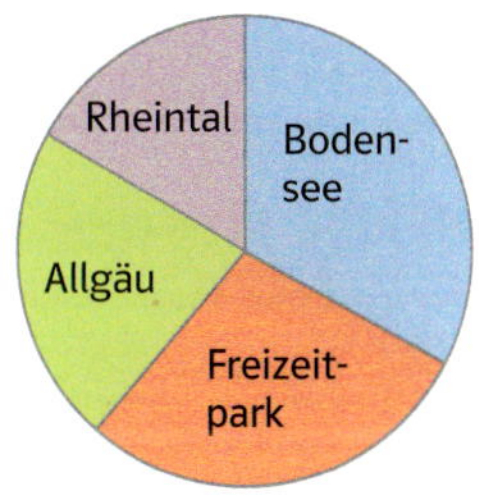

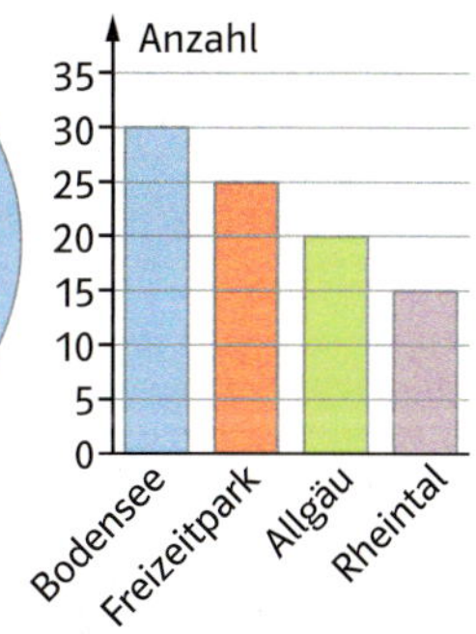

a) Welches ist das beliebteste, welches das am wenigsten genannte Ausflugsziel?
b) Erstelle eine Häufigkeitstabelle.
c) SP Welches Diagramm hast du bei der Beantwortung der Teilaufgaben a) und b) benutzt? **Begründe** deine Antwort.

◒ **4** Die Tabelle zeigt die Zusammensetzung von 200 g Nuss-Creme.

Zucker	Fett	Nüsse	Magermilch
120 g	50 g	25 g	5 g

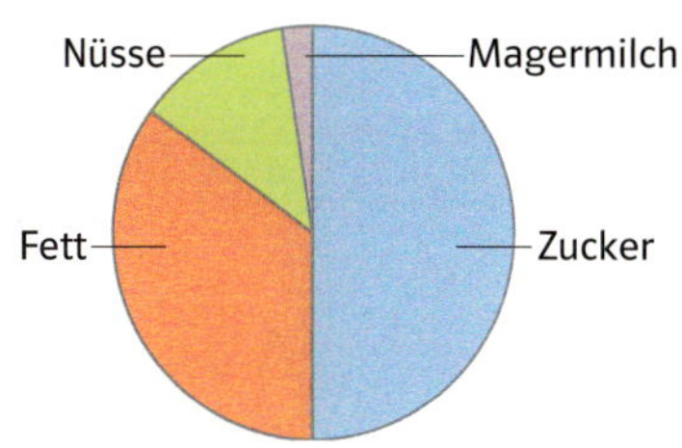

a) Gib die Werte an, die im Kreisdiagramm **falsch** dargestellt sind.
b) Stelle die Zusammensetzung in einem Streifendiagramm dar. Wähle eine geeignete Gesamtlänge für den Streifen.

→ Die Lösungen zu „Alles klar?“ findest du auf Seite 244.

2 Kreisdiagramme zeichnen

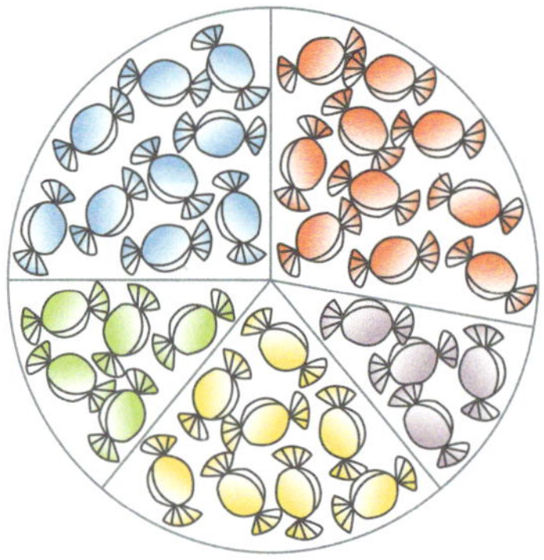

Eine Tüte Bonbons enthält fünf verschiedene Farben. Meltem zählt nach und erstellt ein Kreisdiagramm.

Farbe	Rot	Blau	Grün	Gelb	Lila
Anzahl	10	9	5	8	4

→ Welche beiden Bonbonfarben machen zusammen mehr als die Hälfte aller Bonbons aus?

→ Diskutiert, welche Vorteile die Darstellung im Kreisdiagramm hat.

Man stellt eine Verteilung im Kreisdiagramm dar, wenn man Anteile verdeutlichen möchte. So sieht man zum Beispiel bei Wahlergebnissen in einem Kreisdiagramm auf einen Blick, ob ein Kandidat mehr als die Hälfte der Stimmen oder die meisten Stimmen bekommen hat.

Merke In einem **Kreisdiagramm** stellt man die entsprechenden Anteile einer Verteilung dar. Dazu bestimmt man für jeden Wert die entsprechende Winkelgröße.

Beispiel Zur Wahl einer Vereinsvorsitzenden kann man folgende Tabelle erstellen:

Kandidat	Frau Grün	Herr Blau	Herr Schwarz	Frau Rot	gesamt
Stimmen	71	15	9	85	180
Winkelgröße	142°	30°	18°	170°	360°

1. Gesamtzahl der Stimmen berechnen:
   $71 + 15 + 9 + 85 = 180$
2. Winkelgröße für eine Stimme berechnen:
   $360° : 180 = 2°$
3. Winkelgröße für 71 Stimmen berechnen:
   $71 \cdot 2° = 142°$
4. Berechne genauso die anderen Werte.
5. Zeichne einen Kreis. Kennzeichne den Radius.
6. Zeichne die Kreisabschnitte nacheinander, beginne mit dem größten Abschnitt.

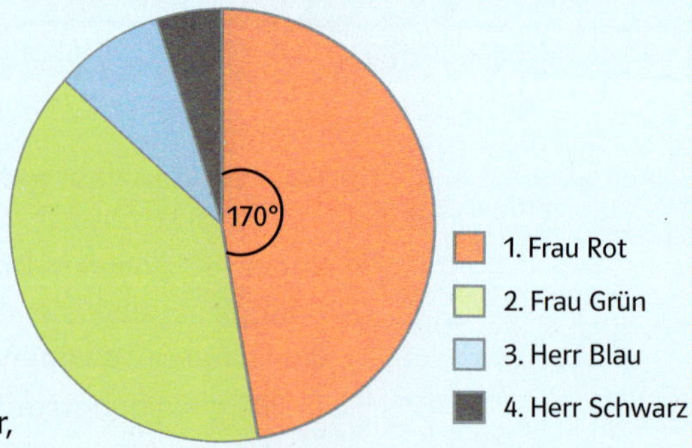

○ **1** Bestimme die Gesamtzahl und berechne die zugehörigen Winkelgrößen.
a) A: 80; B: 90; C: 150; D: 40 b) A: 15; B: 12; C: 18 c) A: 22; B: 37; C: 13; D: 18

○ **2** Bestimme die Größe des fehlenden Winkels und zeichne ein Kreisdiagramm.
a) A: 180°; B: 90°; C: 45°; D: ▪ b) A: 120°; B: 90°; C: 60°; D: 60°; E: ▪

Alles klar?

Fördern

A Bestimme die zugehörigen Winkelgrößen.
a) A: 60; B: 40; C: 30; D: 50 b) A: 55; B: 45; C: 20 c) A: 15; B: 27; C: 18; D: 12

B Zeichne ein Kreisdiagramm.
a) X: 180°; Y: 90°; Z: 90° b) P: 180°; R: 90°; S: 60°; T: 30°

→ Die Lösungen zu „Alles klar?" findest du auf Seite 245.

○ **3** Beim Schulfest wurden Getränke in Bechern verkauft. Stelle die verkauften Getränkesorten in einem Kreisdiagramm dar.

Getränk	Limonade	Saft	Kaffee	Kakao	Eistee
Anzahl der Becher	250	110	200	80	80

○ **4** Jeder Deutsche nascht etwa 36 kg Süßigkeiten im Jahr:
- 6 kg Eis
- 11 kg Schokolade
- 10 kg Kuchen und Gebäck
- 5 kg Knabbergebäck
- 4 kg kakaohaltige Lebensmittel

Zeichne ein passendes Kreisdiagramm mit einem Radius von 4 cm.

◒ **5** Kinder und Jugendliche verbringen täglich:
- neun Stunden im Liegen
- neun Stunden im Sitzen
- vier Stunden im Stehen
- zwei Stunden in Bewegung

a) Stelle die Werte in einem Kreisdiagramm dar.

b) SP **Vergleiche** die Werte mit deinem eigenen Bewegungsverhalten in der Woche und am Wochenende. Unter welchen Bedingungen ändert sich dein Verhalten in den Ferien?

c) **Begründe**, warum sich Jugendliche oft nicht genug bewegen.

d) MK Informiere dich, wie viel du dich am Tag bewegen solltest. Diskutiert eure Ergebnisse in der Klasse. Bewegt ihr euch genug oder was könnt ihr tun, um euch mehr zu bewegen?

◒ **3** Schülerinnen und Schüler werden gefragt, wie sie zur Schule kommen:
- $\frac{1}{2}$ Bus / Bahn
- $\frac{1}{3}$ Fahrrad
- $\frac{1}{6}$ Sonstiges

Stelle das Ergebnis in einem Kreisdiagramm dar.

◒ **4** Jeweils 100 Jungen und Mädchen des 6. Jahrgangs wurden gefragt, wie häufig sie einen Bild-Messenger nutzen:

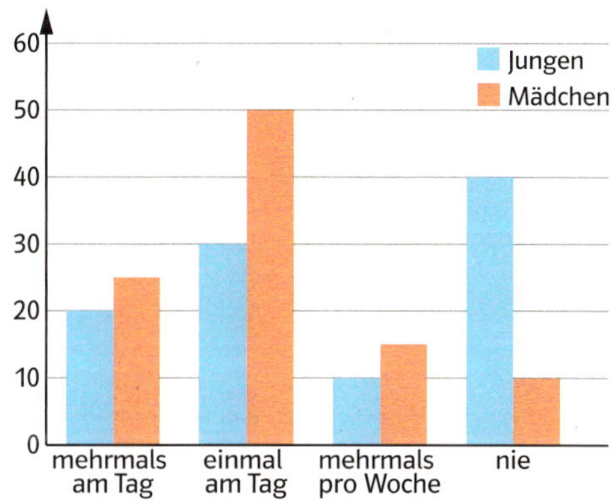

a) Zeichne mithilfe des Säulendiagramms drei Kreisdiagramme: Jeweils eins für die Jungen und Mädchen und eins für alle Kinder zusammen.

b) SP **Vergleiche** die Darstellung der Kreisdiagramme und des Säulendiagramms. Formuliere Schlussfolgerungen. Vergleicht zu zweit eure Ergebnisse.

c) Umfragen helfen, das Verhalten zu bestimmen. **Prüfe** dazu die Aussagen:

A „Jungen und Mädchen benutzen den Messenger gleich häufig."

B „Mädchen benutzen den Messenger intensiver als die Jungen."

C „Mädchen interessieren sich nicht so sehr für die Bilder anderer."

D „Jungen sind nicht besonders am Bild-Messenger interessiert."

d) Findet weitere Zusammenhänge und vergleicht die Ergebnisse mit den Zahlen aus eurer Klasse.

Diagramme mit Tabellenkalkulation erstellen

MK Mit einem Tabellenkalkulationsprogramm kannst du schnell Diagramme erstellen.

- Als erstes benötigst du die Daten für das Diagramm. Erstelle dazu eine Tabelle und markiere die Werte der Tabelle.
- Klicke auf die Registerkarte „Einfügen“ und suche die Kategorie „Diagramme“. Wähle einen Diagramm-Typ aus. Die markierten Werte werden dann automatisch als Diagramm dargestellt.
- Mit einem Rechtsklick auf die verschiedenen Stellen des Diagramms kannst du alle Layout-Einstellungen des Diagramms ändern.

	A	B	C	D
1	**Essen 6a**			
2	Fleischmenü	Fischmenü	Vegetarisch	
3	15	7	3	

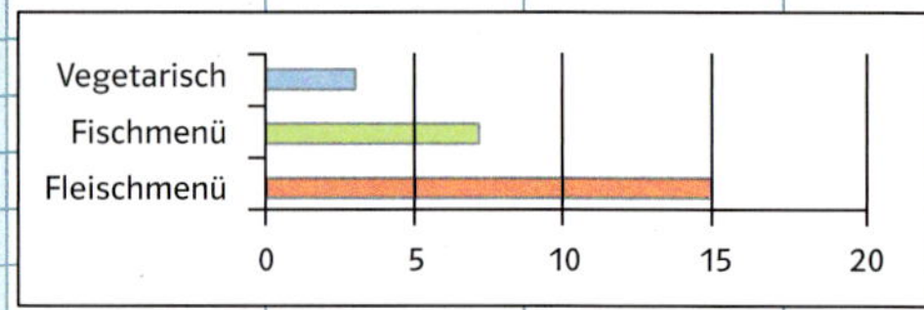

○**1** MK 💻
a) Erstelle selbst das oben abgebildete Diagramm mithilfe einer Tabellenkalkulation. Probiere dabei verschiedene Diagrammtypen aus.
b) In der Klasse 6b wird zwölfmal das Fleischmenü, achtmal das Fischmenü und siebenmal das vegetarische Menü bestellt. Ändere die Daten in der Tabelle ab. Was stellst du fest?

◒**2** MK 💻 Erstelle ein Kreisdiagramm mit den folgenden Daten. Färbe die Kreisteile entsprechend der Lieblingsfarben der Kinder. Füge die Datenbeschriftung hinzu.

	A	B	C	D	E
1	**Lieblingsfarbe von Kindern**				
2	Rot	Blau	Grün	Gelb	Sonstige
3	28 %	33 %	20 %	13 %	6 %

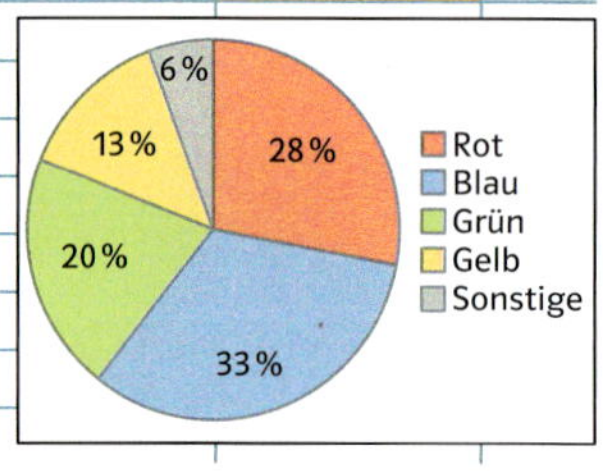

◒**3** MK 💻 Es wurde eine Umfrage zum bevorzugten Verkehrsmittel durchgeführt. Stelle das Ergebnis in einem Kreisdiagramm dar.

50 % Pkw	10 % Fahrrad
30 % Bahn / Bus	10 % Sonstiges

◒**4** MK Bei einem Gesangs-Wettbewerb qualifizieren sich zwei Schüler und zwei Schülerinnen für die Endrunde. In der Endrunde können alle Schülerinnen und Schüler ihre Stimme abgeben. Lisa möchte das Ergebnis für die Schülerzeitung darstellen.

Hannah:	22,2 %
Lina:	28 %
Felix:	27 %
Paul:	22,8 %

a) 💻 Erstelle verschiedene Diagramme aus den Daten.
b) SP Welche Diagramme sind geeignet, welche nicht. **Begründe**.

●**5** MK 💻 👥 Erstellt das Streifendiagramm mit einem Tabellenkalkulationsprogramm.

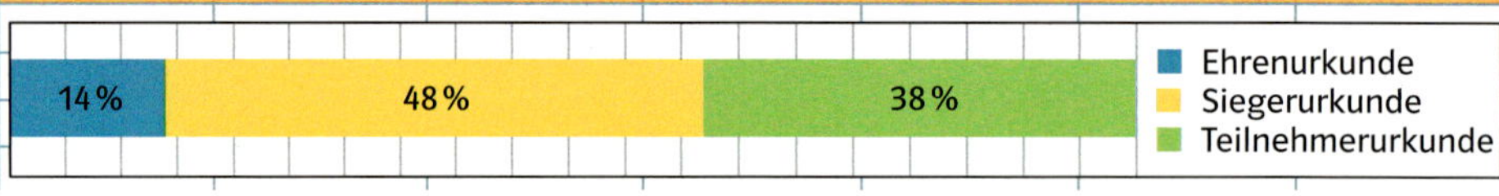

3 Arithmetisches Mittel

Beim Spendenlauf sind von einer Klasse sechs Schüler und Schülerinnen angetreten.

→ Wer von ihnen ist am kleinsten und wer ist am größten?

→ Carla sagt: „Die mittlere Körpergröße beträgt 142 cm."
Jelena meint: „Die durchschnittliche Größe der Teilnehmer beträgt 142 cm."
Erkläre, was damit gemeint sein könnte. Überlege zusammen mit deiner Partnerin oder deinem Partner.

Bei Datensammlungen wird häufig das **arithmetische Mittel** angegeben. Das arithmetische Mittel wird oft als Durchschnitt bezeichnet.

Merke

Das **arithmetische Mittel** wird folgendermaßen berechnet:
Man addiert alle Werte und dividiert die Summe durch die Anzahl der Werte.

Beispiele

a) Werte: 8; 2; 5; 1; 7; 2; 3   Anzahl der Werte: 7
Arithmetisches Mittel: $(8 + 2 + 5 + 1 + 7 + 2 + 3) : 7 = 28 : 7 = 4$
Das arithmetische Mittel ist 4.

b) Jeder Schüler und jede Schülerin hatte beim Basketballtraining 10 Freiwürfe. Ihre Ergebnisse sind:

Paul 4 | Mert 6 | Kira 3 | Lisa 7

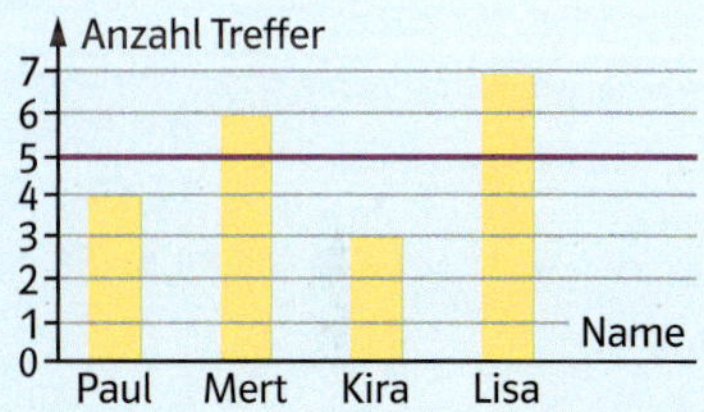

Arithmetisches Mittel: $(4 + 6 + 3 + 7) : 4 = 20 : 4 = 5$
Der durchschnittliche Erfolg beträgt 5 Treffer.

○ **1** Berechne das arithmetische Mittel.
a) 7; 2; 3; 8   b) 41; 0; 23; 17; 75; 3   c) 28; 3; 6; 3; 23,2; 32; 3,5

○ **2** Ben notiert sich eine Woche lang, wie viel Zeit er für die Mathe-Hausaufgaben benötigt. Berechne, wie lange er im Durchschnitt für die Hausaufgaben braucht.

Tag	Montag	Dienstag	Mittwoch	Donnerstag	Freitag
Zeit in min	15	25	10	0	20

Alles klar?

Fördern

A Berechne das arithmetische Mittel.
a) 3; 9; 11; 24; 31; 42; 55   b) 1,5; 4; 8,5; 14; 21; 23

B Berechne von den Weitwurfergebnissen das arithmetische Mittel.

Mara: 26,5 m | Jan: 30,5 m | Till: 24,6 m | Tom: 33,4 m | Enzo: 30,2 m | Ali: 40,2 m

→ Die Lösungen zu „Alles klar?" findest du auf Seite 245.

○**3** Bestimme das arithmetische Mittel.
a) 15 s; 10 s; 32 s; 12 s; 42 s; 21 s
b) 1,5 m; 2,0 m; 15,0 m; 10,5 m; 1,0 m
c) 3,0 kg; 1,5 kg; 3,0 kg; 3,0 kg; 4,5 kg
d) 12,00 €; 0,00 €; 6,00 €; 2,40 €

◒**4** Rainer hat an verschiedenen Tagen die Temperatur gemessen.

Wochentag	Mo	Di	Mi	Do	Fr	Sa	So
Temperatur in °C	5	3	7	15	18	15	14

a) An welchem Tag war es am wärmsten?
b) Berechne die durchschnittliche Temperatur.

◒**5** Das arithmetische Mittel ist 12. Ergänze die fehlende Zahl.
a) 12; ■; 8; 10; 15
b) 4,5; 16; ■; 20; 14

◒**6** Das Säulendiagramm gibt die Besucherzahlen in einem Tiergehege für eine Woche an.

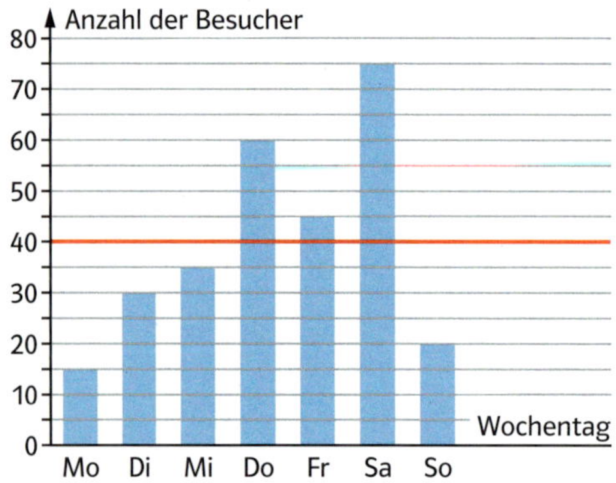

a) Lies die Daten aus dem Säulendiagramm ab und übertrage sie in eine Häufigkeitstabelle.
b) Berechne, wie viele Besucher im Durchschnitt in dieser Woche in das Tiergehege kamen.
c) **Überprüfe**, ob das arithmetische Mittel korrekt in das Diagramm eingetragen ist.

◒**3** Bestimme das arithmetische Mittel.
a) 15 s; 35 s; 32 s; 12 s; 0 s; 44 s
b) 15,0 m; 15,0 m; 8,5 m; 2,0 m; 2,0 m
c) 0,1 kg; 250,0 kg; 2,0 kg; 0,5 kg

◒**4** An verschiedenen Tagen wurde immer um 14:00 Uhr die Temperatur gemessen.

Datum	02.07.	03.07.	04.07.	05.07.
Temperatur in °C	24	28	30	32

Datum	06.07.	07.07.	08.07.	09.07.
Temperatur in °C	27	29	28	22

a) Berechne das arithmetische Mittel für den gesamten Zeitraum.
b) Berechne das arithmetische Mittel zwischen dem 04.07. und dem 08.07.

◒**5** Die Klassen 6c und 6d haben die gleiche Arbeit geschrieben:

Klasse 6c	Note	1	2	3	4	5	6
	Anzahl	7	3	6	6	3	5

Klasse 6d	Note	1	2	3	4	5	6
	Anzahl	4	5	9	8	5	2

a) Bestimme für jede Klasse das arithmetische Mittel.
b) Vergleicht die Ergebnisse, welche Klasse war besser?

●**6** Anni und Leo haben eine Radtour am Rhein gemacht. Das Diagramm zeigt die gefahrenen Kilometer pro Tag.

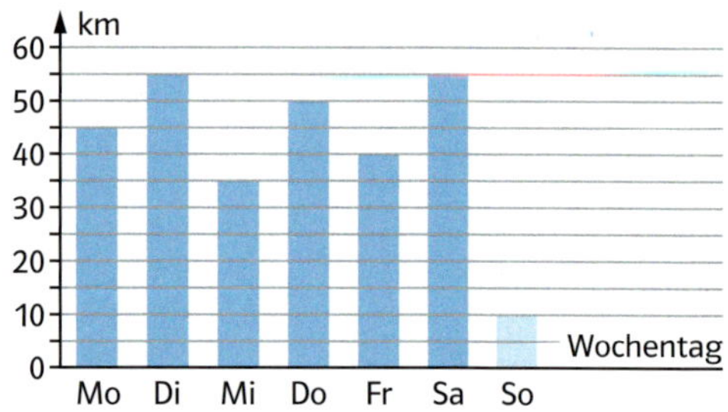

a) Berechne, wie viele Kilometer sie in den ersten sechs Tagen durchschnittlich gefahren sind.
b) Am Sonntag sind sie 10 km gefahren. Berechne erneut das arithmetische Mittel und vergleiche.
c) SP Anni zeigt ihren Freundinnen das Diagramm ohne den Sonntag. **Begründe**, was sie damit bezwecken möchte.

4 Median

Zwei Sportgruppen vergleichen die Schuhgrößen ihrer Mitglieder:
Handball AG: 36; 42; 39; 32; 32; 35; 41; 34; 40
Fußball AG: 46; 32; 34; 40; 41; 39; 34; 34; 37; 33; 39

→ Ordne die Schuhgrößen jeweils der Größe nach und bestimme den Wert in der Mitte.
→ Diskutiert die Bedeutung des Wertes in der Mitte.
→ Untersucht beide Listen auf Besonderheiten.

Um eine Datensammlung auszuwerten oder mit einer anderen Datensammlung vergleichen zu können, wird häufig der **Median** ermittelt. Dazu müssen die Daten geordnet werden. Manchmal macht das arithmetische Mittel keinen Sinn.

Merke

Eine **Urliste** gibt die Daten zunächst ungeordnet an. In einer **Rangliste** dagegen sind die Werte von klein nach groß geordnet.
Bei ungerader Anzahl von Werten nimmt man den Wert in der Mitte einer Rangliste als **Median** oder **Zentralwert**.
Bei gerader Anzahl von Werten liegen zwei Werte in der Mitte. Man nimmt das arithmetische Mittel dieser beiden Werte als Median.

Beispiele

a) Urliste: 12 | 2 | 10 | 100 | 16 | 25 | 24
Rangliste: 2; 10; 12; **16**; 24; 25; 100
↑ **Median**

b) Urliste: 17 °C | 16 °C | 14 °C | 20 °C | 15 °C | 23 °C
Rangliste: 14 °C; 15 °C; 16 °C; 17 °C; 20 °C; 23 °C
Median: (16 °C + 17 °C) : 2 = 16,5 °C

○ **1** Bestimme den Median.
a) 1; 5; 7; 8; 9
b) 5; 9; 10; 12; 13; 15
c) 1; 12; 45; 50; 100
d) 1,8; 3,2; 4,2; 4,8; 5,9; 9,2

○ **2** Erstelle erst aus der Urliste eine Rangliste. Bestimme dann den Median.
a) 17; 31; 12; 15; 28
b) 21; 37; 13; 42; 36; 32; 19
c) 211; 432; 612; 218
d) 7,4; 3,8; 12,6; 2,3; 6,6

Alles klar?

Fördern

A Bestimme den Median.
a) 1; 3; 7; 9; 11
b) 11; 91; 17; 37; 26; 14
c) 1,8; 4,6; 1,1; 0,2; 4; 1,1; 2,1
d) Mara: 26,5 m | Aishe: 25,1 m | Marcel: 33,6 m | Ali: 40,2 m | Jan: 30,5 m | Till: 24,6 m | Enzo: 30,2 m

→ Die Lösungen zu „Alles klar?“ findest du auf Seite 245.

3 Erstelle eine Rangliste und bestimme den Median.
a) 3; 1; 91; 52; 17
b) 23; 7; 9; 61; 42; 26
c) 7,8; 8,6; 6,8; 9,1; 8,1

4 Erstelle eine Rangliste und bestimme den Median.
a) 3,45 €; 7,11 €; 4,75 €; 0,86 €; 1,37 €
b) 1,32 m; 0,00 m; 1,22 m; 1,6 m; 1,73 m
c) 32 s; 15 s; 7 s; 21 s; 45 s; 62 s

5 Der Median soll 5 sein. Ergänze die fehlenden Zahlen der Rangliste. Es kann mehrere Möglichkeiten geben.
a) 1; 2; 4; ■; 6; 7; 8
b) 3; ■; 5; ■; 8; 10
c) 1; 3; ■; ■; ■; 18; 19

6 In einer Rangliste heißt der kleinste Wert **Minimum** und der größte Wert **Maximum.** Bestimme diese beiden Werte und gib den Median an.
a) 4; 8; 2; 8; 6
b) 19; 45; 93; 47; 22; 77
c) 11,4; 4,3; 7,9; 25,8; 12,9
d) 58,92; 87,87; 12,45; 69,38; 45,22; 17,99

7 Notiert von allen in der Klasse die Anzahl der Haustiere. Vergleicht den Median und das arithmetische Mittel
a) von allen Mädchen.
b) von allen Jungen.
c) von allen aus der Klasse.
d) von allen aus der Klasse und der Lehrkraft.

Tipp!
zu Aufgabe 7:
Einen auffällig großen oder kleinen Wert in einer Rangliste nennt man **Ausreißer**.

8 Bestimme jeweils für die Listen A bis C das arithmetische Mittel und den Median. Nenne deine Beobachtung.

Liste A	13	15	17	25	27	29	31
Liste B	13	15	17	25	27	29	64
Liste C	1	5	7	25	37	49	64

3 Erstelle eine Rangliste und bestimme den Median.
a) 433; 281; 814; 562; 111
b) 4723; 2714; 7491; 7771; 2345; 2336
c) 4,2; 1,6; 12,2; 9,31; 5,32; 7,1; 5

4 Messt die Körpergröße von allen aus der Klasse. Vergleicht den Median und das arithmetische Mittel
a) von allen Mädchen.
b) von allen Jungen.
c) von allen aus der Klasse.
d) von allen aus der Klasse und der Lehrkraft.

5 Der Median soll 7 sein. Ergänze die fehlenden Zahlen der Rangliste.
a) 2; 5; ■; 12; 22
b) 2; 3; ■; ■; 9; 11
c) 42; 31; ■; ■; ■; ■; 1; 0

6 SP Der Median einer Rangliste ist 42.
a) Finde jeweils Gegenbeispiele.
- In der Liste sind alle Werte 42.
- Es gibt gleich viele größere und kleinere Werte als 42.
- Addiert man 5 Werte, ist die Summe 210.

b) Formuliert weitere Aussagen. **Prüft** gemeinsam in der Klasse, welche eurer Aussagen richtig sind.

7 Punktzahlen zweier Sport-Teams:

Team A: Steffi 86, Martin 38, Josefine 12, Mara 15, Marion 26

Team B: Jenny 55, Emre 46, Gamal 62, Melissa 56, Max 5, Klara 48, Mesut 50

a) Berechne den Median und das arithmetische Mittel.
b) Streiche jeweils den Ausreißer und berechne erneut Median und arithmetisches Mittel. Vergleiche die neuen Werte mit denen aus Teilaufgabe a).
c) SP Matthias behauptet: „Das arithmetische Mittel von Team A täuscht über eine schlechte Teamleistung hinweg." **Beschreibe**, was Matthias meint.

5 Absolute und relative Häufigkeit

Jenny, Clara und Leni üben Freiwürfe für ein Basketballspiel. Sie halten ihre Versuche in einer Tabelle fest.

Name	Jenny	Clara	Leni
Würfe	15	20	12
Treffer	6	9	6

→ Wer ist deiner Meinung nach die beste Werferin?

→ Clara und Leni behaupten beide, die Beste zu sein. Besprecht zu zweit, wie sie wohl argumentieren.

→ Übt selbst im Sportunterricht Freiwürfe und zählt eure Versuche und Treffer.

In statistischen Erhebungen kommen bestimmte Ereignisse mit verschiedenen Häufigkeiten vor. Die Schülerinnen und Schüler haben zum Beispiel unterschiedlich oft beim Freiwurf getroffen. Um diese Häufigkeiten besser vergleichen zu können, bestimmt man den Anteil dieser Ereignisse an der Gesamtzahl aller Ereignisse.

Merke

Die Anzahl, mit der ein bestimmtes Ereignis eintritt, heißt **absolute Häufigkeit**.
Der **Anteil** dieses Ereignisses an der Gesamtzahl aller Ereignisse heißt **relative Häufigkeit**.

$$\text{relative Häufigkeit} = \frac{\text{absolute Häufigkeit}}{\text{Gesamtzahl}}$$

Beispiel

Vitali und Marco sind in ihren Fußballmannschaften die Elfmeterschützen.
Vitali hat von 12 Elfmetern 8 verwandelt. Marco traf bei 8 Versuchen 6-mal.

Name	absolute Häufigkeit	Gesamtzahl	relative Häufigkeit
Vitali	8	12	$\frac{8}{12} = \frac{2}{3} \approx 0{,}67 = 67\,\%$
Marco	6	8	$\frac{6}{8} = \frac{3}{4} = 0{,}75 = 75\,\%$

Gemessen an der absoluten Häufigkeit war Vitali mit 8 Treffern der erfolgreichere Schütze. Im relativen Vergleich war Marco besser. Er verwandelte 75 % seiner Elfer.

Tipp!
Relative Häufigkeiten kann man als **Bruch**, als **Dezimalzahl** oder in **Prozent** angeben.

○ **1** Annette und Felicitas haben gewürfelt. Vervollständige die Tabelle.

Name	absolute Häufigkeit: „6"	Gesamtzahl	relative Häufigkeit
Annette	10	50	■
Felicitas	8	40	■

○ **2** Benenne die absolute Häufigkeit und berechne die relative Häufigkeit.

a) Marina hat 12 von 20 Aufgaben richtig gelöst.

b) Ron trifft bei einem Wurfspiel bei 30 Versuchen 24-mal ins Ziel.

○ **3** Auf dem Bild siehst du 20 Gummibärchen.

a) Gib die absoluten Häufigkeiten der verschiedenen Farben an.

b) Welche relative Häufigkeit haben die gelben Gummibärchen?

Alles klar?

Fördern

A Claus ist Klassensprecher der 6a und Achim ist Klassensprecher der 6b. Wer hatte das bessere Wahlergebnis? Ermittle dazu die relative Häufigkeit.

Klasse	erhaltene Stimmen	gültige Stimmen
6a	14	20
6b	18	25

B Berechne die relative Häufigkeit.
a) 16 von 25 Losen waren Nieten.
b) 8 von 10 Aufgaben waren richtig.

○ **4** Drei Schülerinnen werten ihre Arbeit an einer Lerntheke aus.

Name	richtiges Ergebnis	Anzahl der Aufgaben
Jana	18	24
Tamara	14	20
Michelle	20	25

Welche Schülerin hatte das beste Ergebnis? Vergleiche die relativen Häufigkeiten.

○ **5** Die Schülerinnen und Schüler der Klasse 6b haben ihr Lieblingsfach genannt.

Fach	D	M	Sp	E
Anzahl	𝍸 II	𝍸 𝍸	𝍸	III

Berechne die relativen Häufigkeiten für die vier Fächer.

◒ **6** Eine Spielzeugfabrik stellt Puppen her. Bei der Produktion kommt es zu fehlerhaften Produkten.

Tag	fehlerfreie Puppen	Puppen mit Fehlern
Mo	80	10
Di	92	12
Mi	88	12
Do	96	13
Fr	78	9

a) Wie viele Puppen wurden insgesamt produziert?
b) An welchem Wochentag war der Anteil der fehlerhaften Puppen am höchsten? An welchem am kleinsten?

◒ **4** Die Schülerinnen und Schüler der Klassen 6a und 6b haben ihr Lieblingsfach genannt.

Fach	D	M	Sp	E
6a	𝍸 I	𝍸 IIII	IIII	I
6b	𝍸 II	𝍸 𝍸	𝍸	III

a) Berechne die relativen Häufigkeiten für jede Klasse getrennt.
b) Sind die Fächer in den beiden Klassen gleich beliebt? Vergleicht die relativen Häufigkeiten.

◒ **5** Vor einer Kommunalwahl wurde eine Umfrage unter 800 Bürgern durchgeführt.

Name	Meier	Müller	Schmitz	Jansen
Stimmen	380	240	100	80

a) Mit welcher relativen Häufigkeit wurden die einzelnen Kandidaten favorisiert?
b) Vergleiche die relativen Häufigkeiten der Umfrage mit dem Wahlergebnis.

Wahlergebnis

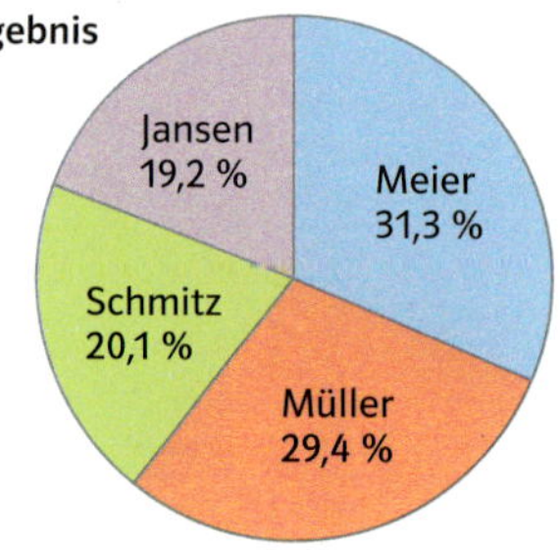

● **6** SP Peter verwandelte in der letzten Saison mit einer relativen Häufigkeit von ca. 78 % seine 9 geschossenen Elfmeter. Alexander traf bei seinen fünf Elfmetern viermal. Wen sollte der Trainer für die nächste Saison zum Elfmeterschützen machen?
Diskutiere mit deinem Partner oder deiner Partnerin.

→ Die Lösungen zu „Alles klar?" findest du auf Seite 245.

Daten mit einer Tabellenkalkulation auswerten

MK Mit einem Programm für Tabellenkalkulation lassen sich Daten schnell auswerten. Trage die Daten zunächst waagerecht oder senkrecht in eine Spalte bzw. Zeile ein. Das **arithmetische Mittel** erhält man mithilfe der **Formel** MITTELWERT.

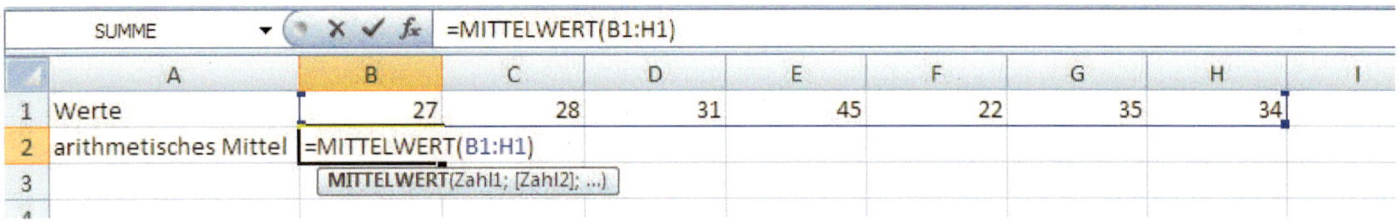

○**1** MK Ermittle mithilfe eines Tabellenkalkulationsprogramms das arithmetische Mittel zu folgender Datenliste der erreichten Punktzahlen der Klasse 6b.

a) Jungen beim Weitwurf:
497; 323; 372; 190; 437; 283; 362; 334; 209; 422; 275

b) Mädchen beim 50-m-Lauf:
452; 314; 243; 127; 588; 438; 209; 355; 426; 294; 103; 187; 139

Tipp!
Finde in deinem Programm das Symbol für das Einstellen der Nachkommastellen.

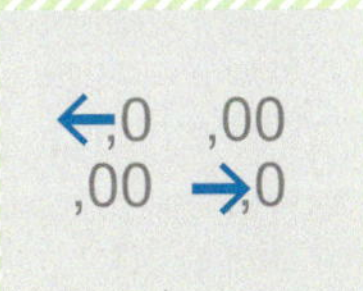

◒**2** MK Bei einer beruflichen Ausbildung erhaltet ihr eine Vergütung, die jedes Jahr etwas erhöht wird. Informiert euch im Internet über verschiedene Ausbildungsberufe.

a) Vergleicht die Höhe der Ausbildungsvergütungen mithilfe eines Tabellenkalkulationsprogramms. Erstellt dazu ein Datenblatt und wertet die unterschiedlichen Ausbildungsvergütungen aus. Wird im Internet nur eine Spannweite statt eines Betrags angegeben, nehmt jeweils das arithmetische Mittel. Wird also zum Beispiel eine Vergütung im ersten Ausbildungsjahr von 780 € bis 850 € genannt, ist das arithmetische Mittel 815 €.

b) Informiert euch über mögliche Abzüge wie beispielsweise Sozialabgaben und Steuern sowie mögliche Zuschussmöglichkeiten.

c) Erstellt mit euren recherchierten Informationen und Auswertungen ein Plakat für die Schule.

◒**3**

a) Schätze zuerst das Ergebnis für die relative Häufigkeit.

b) MK Ermittle mithilfe eines Tabellenkalkulationsprogramms die relative Häufigkeit. Runde auf 2 Stellen nach dem Komma. Vergleiche mit deiner Schätzung aus Teilaufgabe a).

absolute Häufigkeit	Gesamtzahl	relative Häufigkeit	
		geschätzt	Tabellenkalkulation
16	27	■	■
5	31	■	■
12	403	■	■
18	520	■	■
42	1260	■	■

●**4** MK Eine Basketball-Mannschaft führt über die Trefferquote bei Freiwürfen eine Statistik.

a) Berechne die Quote der anderen vier Spieler.

b) Berechne die Quote aller fünf Spieler zusammen.

c) Ali möchte seine Quote auf 80 % erhöhen. Wie viele Versuche braucht er dazu mindestens noch?

Name	Versuche	Treffer	Quote
Ali	25	19	76 %
Ben	32	28	■
Tim	17	15	■
Uli	21	19	■
Ken	29	22	■

Zusammenfassung

Diagramme und Häufigkeitstabellen

Um Informationen aus Diagrammen zu entnehmen, achtet man auf die Überschrift und die Beschriftung der Achsen. Aus einem Diagramm kannst du eine Häufigkeitstabelle erstellen und umgekehrt.

Säulendiagramm

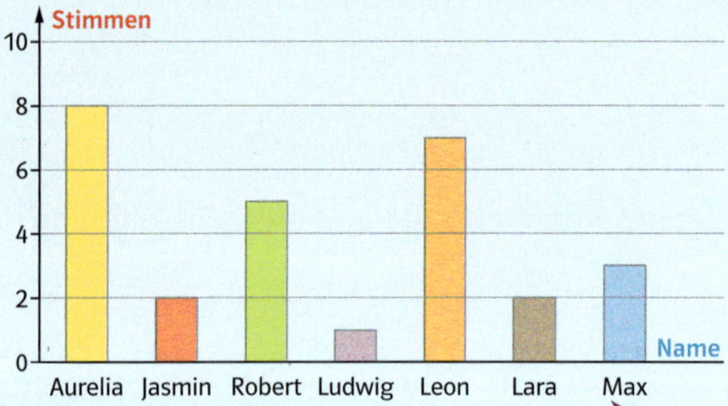

Balkendiagramm

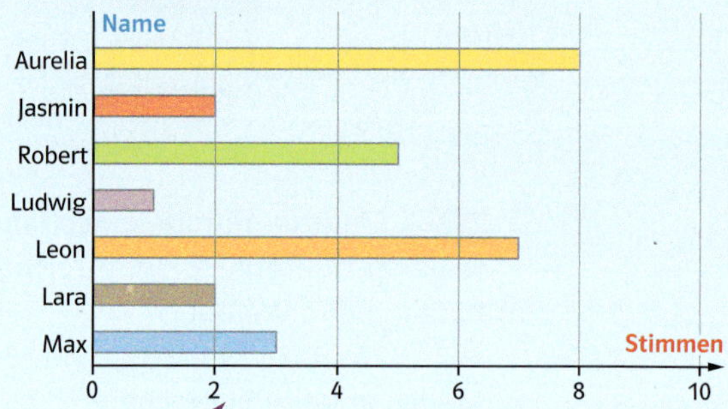

Häufigkeitstabelle

Name	Aurelia	Jasmin	Robert	Ludwig	Leon	Lara	Max
Stimmen	8	2	5	1	7	2	3

Kreisdiagramme zeichnen

In einem Kreisdiagramm kann man den **Anteil** einer Größe an der Gesamtzahl deutlich erkennen.

In der Klasse 6c sind 24 Kinder:

Anzahl Geschwister	Anzahl Kinder
0	4
1	15
2	3
3	2

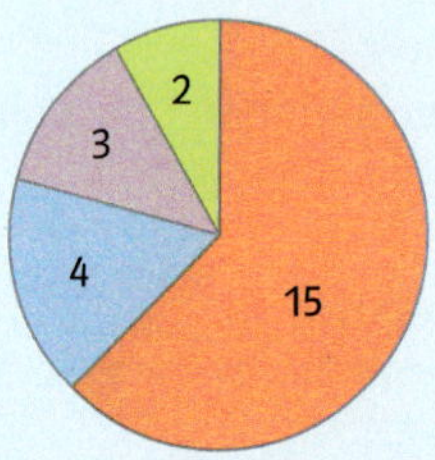

Urliste und Rangliste

Eine **Urliste** gibt die Daten ungeordnet an. In einer **Rangliste** sind die Werte von klein nach groß geordnet.

Urliste: 9; 2; 45; 11; 3; 22

Rangliste: 2; 3; 9; 11; 22; 45

Median

In einer Rangliste ist, bei einer ungeraden Anzahl von Werten, der Wert in der Mitte der Median.

Bei einer geraden Anzahl von Werten in einer Rangliste nimmt man das arithmetische Mittel aus den beiden mittleren Werten als Median.

Rangliste	8; 9; 17; 22; 27	17; 37; 45; 47; 73; 76
Median	17	(45 + 47) : 2 = 46

Arithmetisches Mittel

Das arithmetische Mittel wird so berechnet:
Man addiert alle Werte und dividiert die Summe durch die Anzahl der Werte.

Werte: 8; 2; 5; 1; 7; 2; 3 Anzahl der Werte: 7

arithmetisches Mittel:

(8 + 2 + 5 + 1 + 7 + 2 + 3) : 7 = 28 : 7 = 4

Das arithmetische Mittel ist 4.

Absolute Häufigkeit

Die Anzahl, mit der bestimmte Ereignisse eintreten, heißt absolute Häufigkeit.

Leon erhielt 7 Stimmen.

Relative Häufigkeit

Der **Anteil** dieser Ereignisse an der Gesamtzahl heißt relative Häufigkeit.

$$\text{relative Häufigkeit} = \frac{\text{absolute Häufigkeit}}{\text{Gesamtzahl}}$$

Leon erhielt 7 von 28 Stimmen, das entspricht 25 %.

$\frac{7}{28} = \frac{1}{4} = 0{,}25 = 25\,\%$

Basistraining

○ **1** Jugendliche wurden nach ihren bevorzugten Sportarten gefragt.

Sportart	Skateboard	Fußball	Schwimmen	Handball
Anzahl	5	14	4	7

a) Was war die beliebteste Sportart, welche wurde am wenigsten genannt?
b) Zeichne ein Säulendiagramm.

○ **2** In einer Zeitung ist ein Diagramm zu den beliebtesten Urlaubszielen abgedruckt.

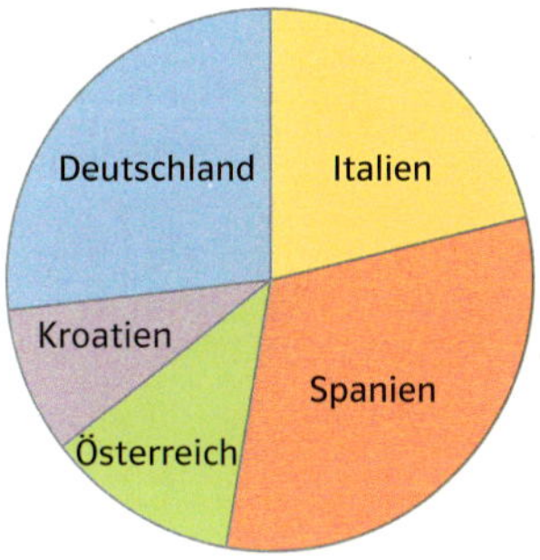

Sortiere die Länder nach ihrer Beliebtheit.

○ **3** Gib den Median an.
a) 66; 71; 80; 110; 134; 178
b) 1012; 458; 313; 677; 1103
c) 5,25; 7,5; 1,25; 4,5; 6,0; 8,35
d) 17; 17; 17; 17; 17; 8654
e) 65; 64; 63; 62; 62; 61; 60
f) 0,45; 0,8; 0,11; 0,321; 0,777
g) 5; 98; 0; 100; 853; 4321; 78

○ **4** Schlagballergebnisse der Klasse 6:

Mädchen
17 m; 21 m; 14 m; 31 m; 15 m; 23 m; 22 m; 26 m; 26 m; 25 m

Jungen
27 m; 24 m; 17 m; 20 m; 19 m; 35 m; 21 m; 23 m; 21 m

a) Berechne jeweils das arithmetische Mittel für die Jungen und für die Mädchen.
b) Berechne das arithmetische Mittel von Jungen und Mädchen zusammen und vergleiche mit Teilaufgabe a).
c) Erstelle eine gemeinsame Rangliste. Bestimme den Median. Hat ihn ein Mädchen oder ein Junge geworfen?

○ **5** Eine Umfrage unter Jugendlichen zum Taschengeld ergab folgende Antworten:

15 €	20 €	20 €	20 €	15 €
12 €	15 €	30 €	10 €	16 €
12 €	15 €	10 €	15 €	30 €

a) Erstelle eine Häufigkeitstabelle.
b) Bestimme das arithmetische Mittel.
c) Erstelle eine Rangliste.
d) Bestimme den Median.

○ **6** Achmet hat mit einem Farbwürfel folgende Ergebnisse erzielt:

Farbe	Rot	Blau	Lila	Grün	Gelb	Orange
Anzahl	12	17	9	19	18	15

a) Bestimme das arithmetische Mittel und den Median.
b) Zeichne ein Kreisdiagramm.
c) Zeichne ein Säulendiagramm.

○ **7** Bestimme die relative Häufigkeit.
a) Sechs von acht Würfen gingen ins Ziel.
b) Einer von fünf Elfmetern wurde verschossen.
c) Zwei von fünf Losen waren Nieten.
d) 10 von 25 Kindern sind Mädchen.
e) Erfindet weitere Aufgaben. Stellt sie euch gegenseitig.

○ **8** Vier Freunde zielen auf die Mitte der Dartscheibe und notieren ihre Ergebnisse.

Name	Versuche	Treffer
Robin	28	7
Jakob	21	6
Sam	24	6
Aaron	28	8

a) Bestimme die relativen Häufigkeiten.
b) Gib den Spieler mit der höchsten absoluten und den Spieler mit der höchsten relativen Häufigkeit an.

Anwenden. Nachdenken

9 Ein Urlaubsort in der Schweiz wirbt mit seinen Wetterangaben.

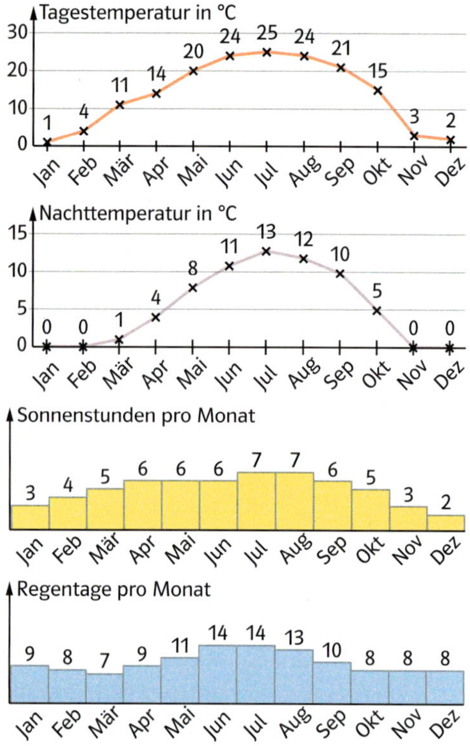

a) In welchem Monat ist der Temperaturunterschied zwischen Tag und Nacht am größten?
b) Berechne das arithmetische Mittel für die Tagestemperaturen, die Nachttemperaturen, die Sonnenstunden und die Regentage.

10 Florian möchte im Zeugnis die Note 2 in Mathematik. Vier von fünf Klassenarbeiten hat er schon geschrieben.

1. KA	2. KA	3. KA	4. KA	5. KA
3	1	4	3	■

Welche Note braucht er in der fünften Klassenarbeit, um auf einen schriftlichen Schnitt von 2,4 zu kommen?

11 Karin hat notiert, wie lange sie jeden Tag ihr Tablet benutzt.

Mo	Di	Mi	Do	Fr	Sa	So
1,5 h	2 h	45 min	2 h	$2\frac{1}{4}$ h	$3\frac{1}{2}$ h	2 h

Berechne Karins durchschnittliche Tablet-Zeit pro Tag.

12 Bilde aus den Ziffernkarten mehrstellige Zahlen, sodass das arithmetische Mittel kleiner als 80 ist.

3 1 2 5 7 8 9

13 Schreibe eine Liste aus neun verschiedenen Zahlen, bei denen das arithmetische Mittel 7 ist.
Die Zahl 7 darf dabei nicht vorkommen.

14 Das Diagramm zeigt die Wassertemperaturen der Ostsee zwischen April und Oktober.

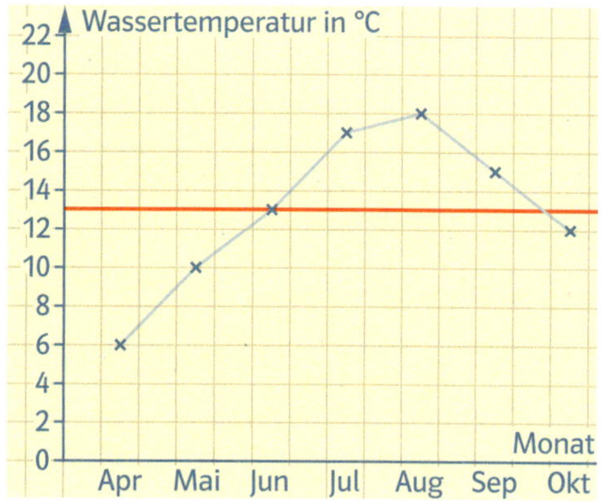

Überprüfe, ob das arithmetische Mittel richtig eingetragen ist.

15 Ballwurfergebnisse der Klasse 6:

10 Mädchen
durchschnittliche Weite: 23,6 m

14 Jungen
durchschnittliche Weite: 28,4 m

Herr Schmidt meint, dass im Durchschnitt 26 m weit geworfen wurde. **Überprüfe** die Behauptung.

16 72 36 46 17 29

a) Berechne das arithmetische Mittel.
b) Wie ändert sich das arithmetische Mittel, wenn man
- den Wert des arithmetischen Mittels aus Teilaufgabe a) zweimal hinzufügt?
- alle Zahlen verdreifacht?
- von jeder Zahl 5 subtrahiert?

c) Das arithmetische Mittel soll sich um 5 erhöhen. Füge dafür zwei Zahlen hinzu. Gib 3 Möglichkeiten an.

17

a) Bevor du das arithmetische Mittel berechnest, schätze zunächst.
(1) 5; 5; 5; 5; 15; 15; 15; 15
(2) 20; 20; 35; 50; 50
(3) 10; 7; 9; 11; 8
(4) 5; 10; 15; 0; 10 000
(5) 7; 9; 17; 19; 27; 29

b) Finde Muster, bei denen man das arithmetische Mittel einfach berechnen kann.

18 Findet heraus, mit welcher relativen Häufigkeit die „6“ gewürfelt wird. Übertragt die Tabelle ins Heft. Führt den Versuch durch und notiert immer nach zehn Würfen das Zwischenergebnis.
Was stellt ihr fest?

Zwischenergebnis	Anzahl „6“	relative Häufigkeit
nach 10	■	■
nach 20	■	■
...	■	■
nach 100	■	■

19 Beim Blutspenden wurde eine Strichliste über die Blutgruppen der Spender geführt.

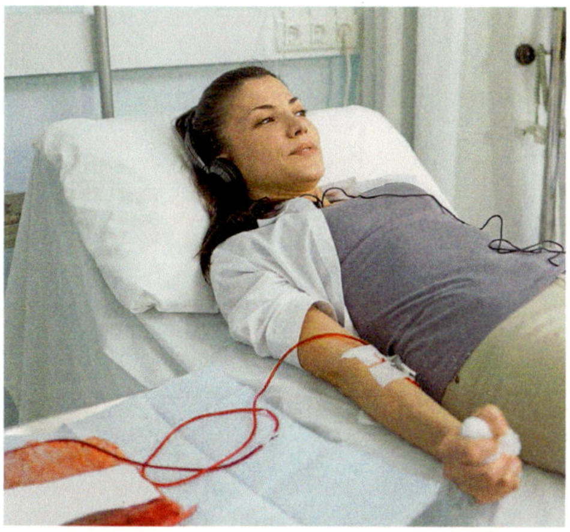

Blutgruppe	A	B	AB	0
Anzahl	𝍸 𝍸 I	𝍸 II	III	𝍸 𝍸 𝍸 IIII

a) Berechne für jede Blutgruppe die relative Häufigkeit.

b) SP Wieso macht es keinen Sinn, das arithmetische Mittel und den Median zu berechnen? **Begründe**.

c) Erstelle ein Kreisdiagramm.

20 In einer Porzellanfabrik werden die hergestellten Waren nach sorgfältiger Prüfung in drei Qualitätsstufen eingeordnet.

Qualität	Schüsseln	Teller	Tassen
1. Wahl	32	232	162
2. Wahl	116	448	336
3. Wahl	34	64	90

a) Mit welcher relativen Häufigkeit ist ein Teller 1. Wahl, 2. Wahl oder 3. Wahl?

b) Es werden jeweils 1000 Schüsseln, Teller und Tassen hergestellt. Wie viele Teile gehören jeweils zur Qualitätsstufe „1. Wahl“?

21 Bei einem Sportwettbewerb treten zwei Teams gegeneinander im Zielwerfen an. Die Tabelle zeigt die jeweils erreichten Punktzahlen der Team-Mitglieder.

Team A	20	25	25	25	26	26	28	30	31
Team B	20	20	23	25	25	26	30	31	45

a) Jana behauptet: „In beiden Gruppen hat die Hälfte der Schülerinnen und Schüler höchstens 26 Punkte erreicht.“
Hat sie recht?

b) Leon hat 25 Punkte für seine Mannschaft erspielt und steht auf der Rangliste in der Mitte. Welcher Mannschaft gehört er an?

c) SP Thomas behauptet: „Das Team mit dem größeren arithmetischen Mittel hat gewonnen.“ **Beurteile**, ob er recht hat.

22

Bei fünf aufeinanderfolgenden Zahlen sind der Median und das arithmetische Mittel immer gleich.

a) **Überprüfe** die Behauptung an mindestens vier Beispielen.

b) Welches Ergebnis hat man bei sieben aufeinanderfolgenden Zahlen?

c) **Prüfe** die Behauptung für fünf aufeinanderfolgende gerade (ungerade) Zahlen.

d) Stelle eigene Behauptungen für solche Zahlenfolgen auf. Überprüfe an Beispielen.

Rückspiegel

Teste dich

○ **1** Betrachte das Klimadiagramm.

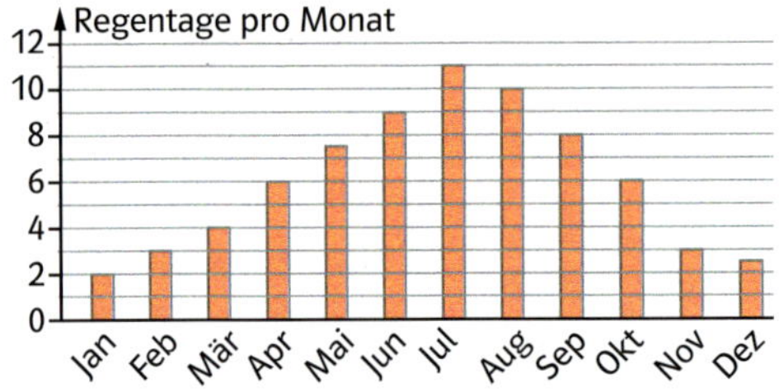

Bestimme die durchschnittliche Anzahl an Regentagen für das gesamte Jahr.

○ **2** In der Liste wurde für die Klasse 6b erfasst, wie weit jede Schülerin und jeder Schüler von der Schule entfernt wohnt.

Silke	2,8 km	Sascha	7,1 km	David	13,1 km
Anna	3,6 km	Jens	4,7 km	Marco	9,8 km
Peter	4,1 km	Sonja	6,5 km	Nelli	0,7 km
Olga	4,2 km	Nina	11,7 km	Sven	0,3 km
Stefan	7,6 km	Alina	13,2 km	Sabrina	0,8 km
Björn	0,2 km	Ismail	1,5 km	Petra	1,6 km
Anke	2,9 km	Dirk	5,8 km	Abdul	7,0 km

Fertige eine Rangliste an und bestimme den Median.

○ **3** Die Lieblingsfarben von 40 Jugendlichen wurden ermittelt:

$\frac{1}{2}$ Gelb

$\frac{1}{4}$ Rot

$\frac{1}{8}$ Blau

$\frac{1}{8}$ Grün

a) Berechne die absoluten Häufigkeiten der Farben.

b) Stelle die Ergebnisse in einem Kreisdiagramm dar.

◐ **4** Jochen und Adriana sind auf einer fünftägigen Fahrradtour. Sie schreiben sich ihre Tagesstrecken auf.

Di	Mi	Do	Fr	Sa
43 km	52 km	46 km	63 km	57 km

a) Bestimme das arithmetische Mittel und den Median. Worüber geben die Werte Auskunft?

b) Wie viel müssten sie am sechsten Tag zurücklegen, damit der Durchschnitt auf 60 km steigen würde?

◐ **5** Bei einer Tombola haben Frank und seine Eltern Lose gekauft.

Frank:	5 Lose	2 Gewinne
Mutter:	10 Lose	3 Gewinne
Vater:	8 Lose	3 Gewinne

Berechne die relativen Häufigkeiten.

◐ **3** Die Lieblingsfarben von 90 Jugendlichen wurden ermittelt:

45 Blau
25 Rot
15 Grün
5 Lila

a) Bestimme die relativen Häufigkeiten der Farben.

b) Zeichne ein Kreisdiagramm zu dieser Umfrage.

◐ **4** Franzi und Benni sind während einer fünftägigen Fahrradtour insgesamt 293 km gefahren.

Di	Mi	Do	Fr	Sa
32 km	48 km	▪	▪	▪

Wie viele Kilometer müssen sie im Durchschnitt an den letzten drei Tagen fahren, um die Tour in fünf Tagen zu schaffen?

● **5** Das Diagramm zeigt die Zahl von Unfallopfern und die Zahl der verunglückten Fahrradfahrer. In welcher Stadt leben Fahrradfahrer relativ gefährlich?

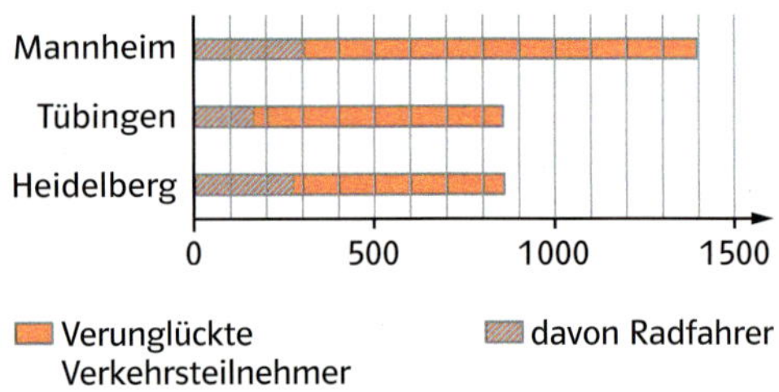

→ Die Lösungen findest du auf Seite 245.

Standpunkt | Ganze Zahlen

Ich kann …	gut	etwas	nicht gut	Lerntipp!
A Zahlen auf einem Zahlenstrahl ablesen,	■	■	■	→ Seite 207; 122
B Zahlen auf einem Zahlenstrahl eintragen,	■	■	■	→ Seite 208
C Zahlen nach ihrer Größe vergleichen,	■	■	■	→ Seite 208; 53; 122
D Zahlen nach ihrer Größe ordnen,	■	■	■	→ Seite 208; 53; 122
E Zahlen im Kopf addieren,	■	■	■	→ Seite 210; 68; 142
F Zahlen im Kopf subtrahieren.	■	■	■	→ Seite 210; 68; 142

Überprüfe dich selbst:

Teste dich

A Auf welche Zahlen zeigen die Pfeile?

a)

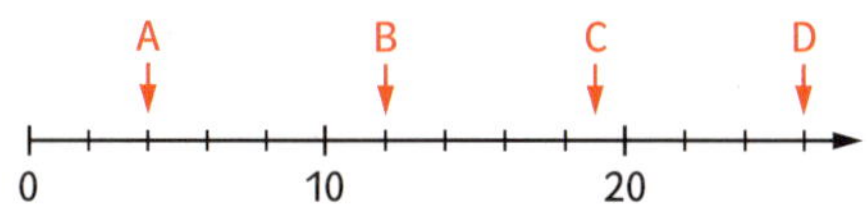

b)

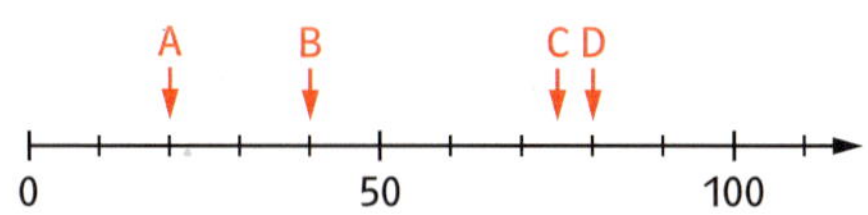

c)

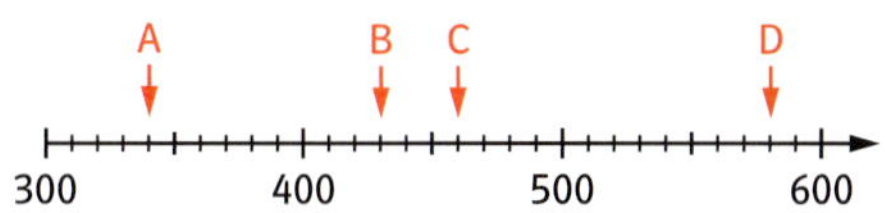

d)

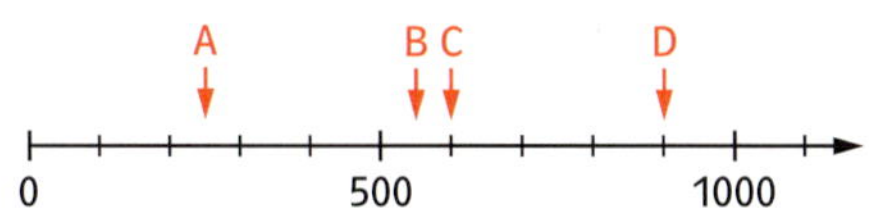

B Zeichne einen geeigneten Ausschnitt des Zahlenstrahls und trage die Zahlen ein.

a) 8; 5; 3; 9
b) 18; 29; 23; 32; 26
c) 54; 0; 85; 104; 65; 20
d) 211; 243; 234; 222; 199

C Vergleiche die Zahlen. Setze das Zeichen < oder > richtig ein. Schreibe ins Heft.

a) 844 ■ 847 b) 372 ■ 327
c) 1942 ■ 1924 d) 4578 ■ 4672
e) 1981 ■ 2001 f) 6543 ■ 34 560

D Ordne die Zahlen nach ihrer Größe. Beginne mit der kleinsten Zahl. Verwende das Zeichen <.

a) 45; 83; 19; 6; 42
b) 263; 632; 326; 362; 236
c) 19; 67; 344; 12; 9; 7
d) 317; 37; 3; 73; 17; 371; 71; 7

E Berechne im Kopf.

a) 45 + 38 b) 87 + 53
c) 156 + 73 d) 315 + 513
e) 488 + 222 f) 321 + 789

F Rechne im Kopf.

a) 68 − 43 b) 178 − 62
c) 134 − 29 d) 161 − 79
e) 412 − 355 f) 753 − 159

→ Die Lösungen findest du auf Seite 246.

8 Ganze Zahlen

1 Betrachte die Grafik und beschreibe, wie die Riesending-Schachthöhle verläuft.

2 In welcher Tiefe ließen sich die Höhlenforscher in der Riesending-Schachthöhle fotografieren? Begründe deine Entscheidung. Tauscht euch in der Klasse aus. Ordnet die Fotos nach ihrer Tiefe.

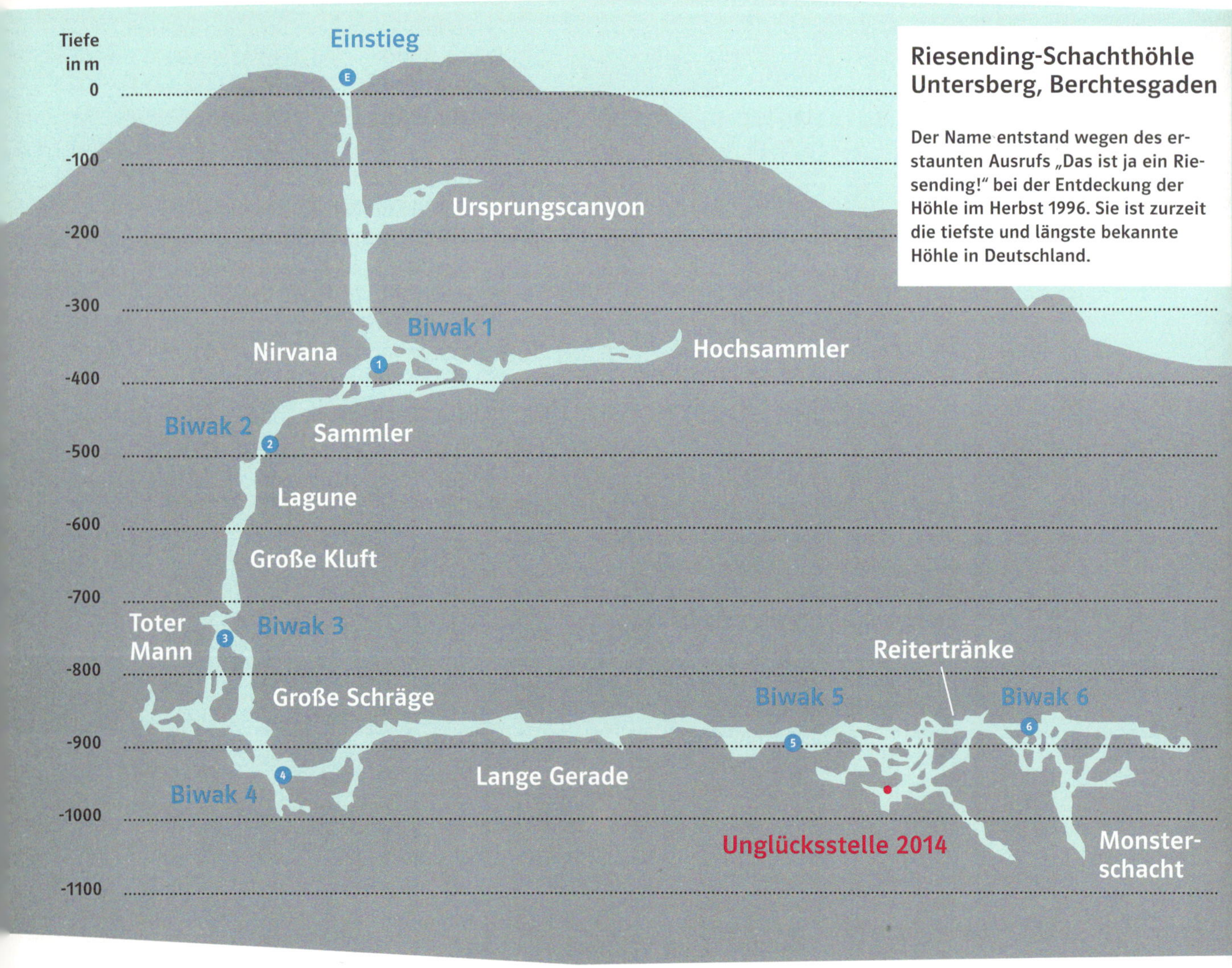

Riesending-Schachthöhle Untersberg, Berchtesgaden

Der Name entstand wegen des erstaunten Ausrufs „Das ist ja ein Riesending!" bei der Entdeckung der Höhle im Herbst 1996. Sie ist zurzeit die tiefste und längste bekannte Höhle in Deutschland.

Ich lerne,

- was ganze Zahlen sind,
- wo uns ganze Zahlen im Alltag begegnen,
- wie man ganze Zahlen auf der Zahlengeraden abliest und einträgt,
- wie man ganze Zahlen vergleicht und ordnet.

3 2014 verunglückte der Höhlenforscher Westhauser in der Riesending-Schachthöhle. Lest die unten stehenden Informationen und berichtet in der Klasse über die Rettungsaktion.

Einstieg

Sammler

Ursprungscanyon

Reitertränke

Hohner Tageblatt vom 20.06.2014

07.06.2014
Drei Höhlenforscher steigen in die Riesending-Schachthöhle ein.

08.06.2014
Johann Westhauser wird in rund 950m Tiefe von einem herabfallenden Steinbrocken am Kopf getroffen und schwer verletzt. Einer der Höhlenforscher bleibt bei dem Verletzten, der andere begibt sich zum Höhleneinstieg zurück, um Hilfe zu holen.

11.06.2014
Ein Arzt erreicht die Unglücksstelle, untersucht und versorgt den Verletzten.

12.06.2014
Westhauser ist transportfähig, muss aber vor einem Transport besondere Medikamente erhalten, die im Laufe des Tages ankommen. Er wird für den Transport per Trage an die Oberfläche bereit gemacht.

19.06.2014
Geschafft! Das Rettungsteam erreicht den Ausgang der Riesenschachthöhle. Von dort wird Johann Westhauser

1 Ganze Zahlen

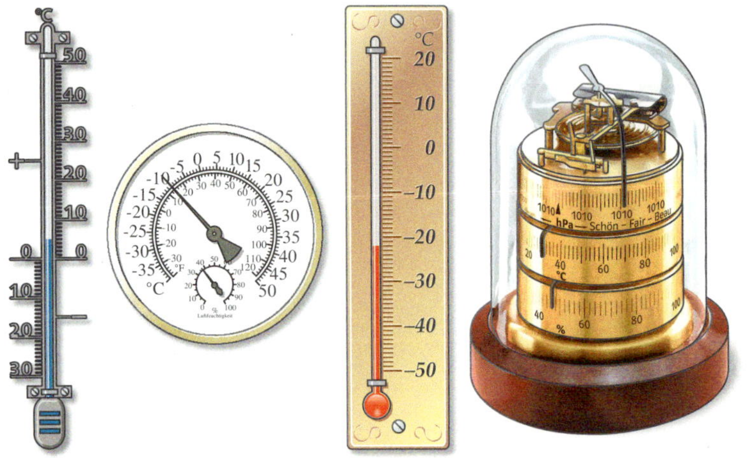

Die vier Thermometer zeigen unterschiedliche Temperaturen.

→ Lies die angezeigte Temperatur ab. Notiere ein Kleidungsstück, dass du bei dieser Temperatur anziehen würdest.

→ Vergleiche mit deiner Partnerin oder deinem Partner.

→ Zeichnet einen Zahlenstrahl und erweitere ihn so, dass ihr auch die Temperaturen unter dem Gefrierpunkt eintragen könnt.

→ Ihr habt zwei Temperaturen unter dem Gefrierpunkt, sogenannte Minusgrade, notiert. Kennt ihr andere Situationen, in denen man solche Zahlen verwendet?

Um Temperaturen anzugeben, reicht die Menge der natürlichen Zahlen ($\mathbb{N} = \{0;\ 1;\ 2;\ \ldots\}$) nicht aus. Es muss zusätzlich angegeben werden, ob die Temperatur unter oder über null liegt. Dafür verwendet man das **Vorzeichen** – (minus) oder + (plus) und unterscheidet so zwischen **negativen** und **positiven** Zahlen. Den Zahlenstrahl verlängert man nach links über die Null hinaus. Damit entsteht die **Zahlengerade**.

Merke

Negative Zahlen sind kleiner als null und stehen auf der **Zahlengeraden** links von der Null.
Sie haben das **Vorzeichen** –.

Positive Zahlen sind größer als null und stehen auf der **Zahlengeraden** rechts von der Null.
Sie haben das **Vorzeichen** +.

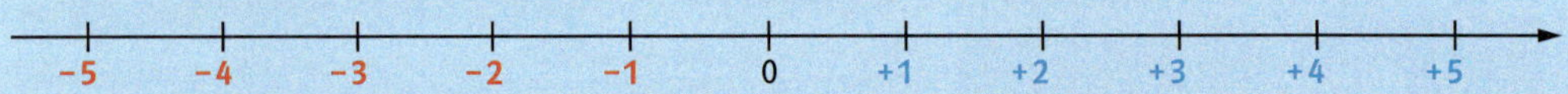

Die Zahl Null ist weder positiv noch negativ und hat kein Vorzeichen.
Die Zahlen ...; –3; –2; –1; 0; +1; +2; +3; ... nennt man **ganze Zahlen**.
Die Menge der ganzen Zahlen wird mit $\mathbb{Z}$ bezeichnet.
$\mathbb{Z} = \{\ldots;\ -3;\ -2;\ -1;\ 0;\ +1;\ +2;\ +3;\ \ldots\}$

Beispiele

a) Der Pfeil zeigt auf die negative Zahl –3.

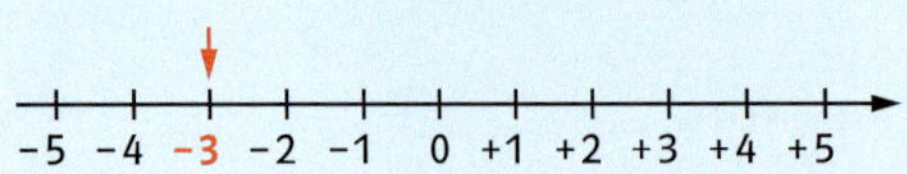

b) Der Pfeil zeigt auf die positive Zahl +2.

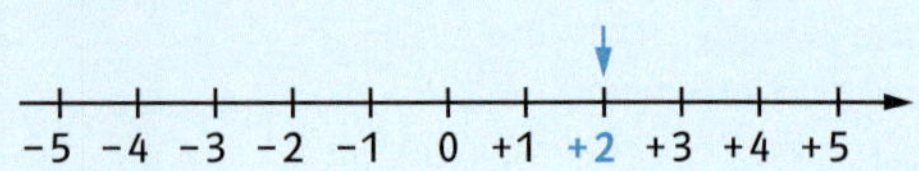

○ **1** Entscheide, welches Vorzeichen du verwenden musst.

a) Die niedrigste in Deutschland gemessene Temperatur betrug rund ■ 39 °C.

b) Die höchste in Deutschland gemessene Temperatur betrug rund ■ 43 °C.

○ **2** Auf welche Zahlen zeigen die Pfeile?

a)

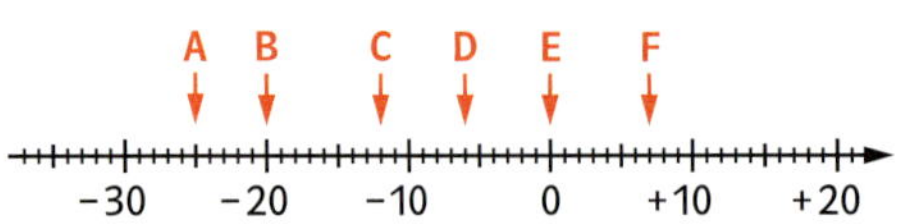

b)

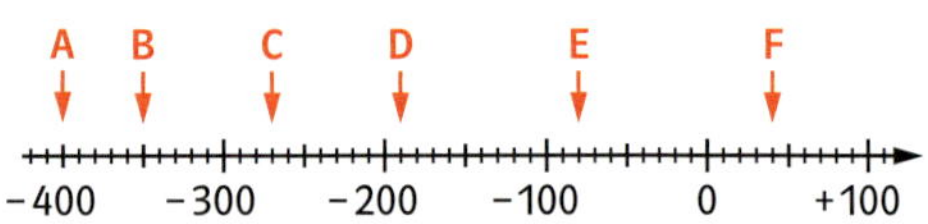

Alles klar?

Fördern

A Auf welche Zahlen zeigen die Pfeile?

a)

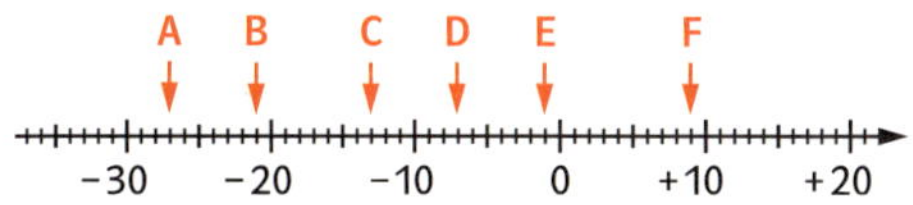

b)

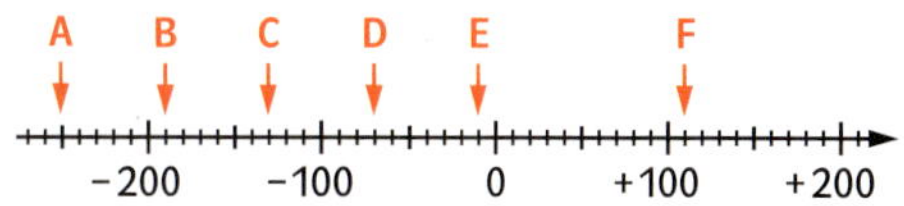

B SP Übertrage die Sätze ins Heft, ergänze das Vorzeichen. **Begründe** deine Entscheidung.

a) Anna und Lars bauen bei einer Temperatur von ▪ 15 °C einen Schneemann.
b) In der Sauna schwitzen Katja und Kai bei einer Temperatur von ▪ 90 °C.
c) Im Gefrierschrank beträgt die Temperatur ▪ 18 °C.
d) Die Wassertemperatur im Schwimmbecken beträgt ▪ 19 °C.

○ **3** Lies die Temperatur ab.

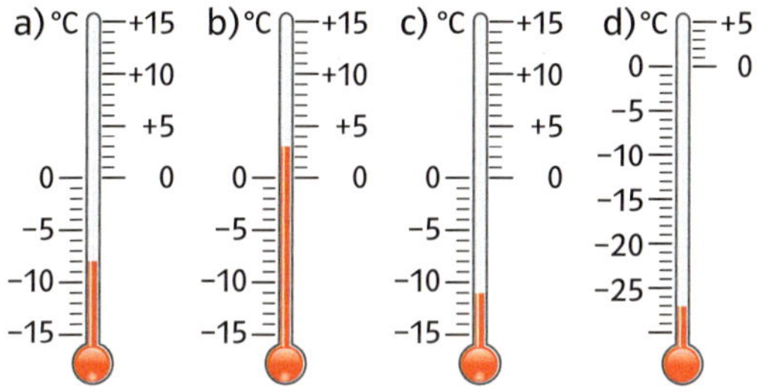

○ **4** Welche Zahlen sind markiert?

a)

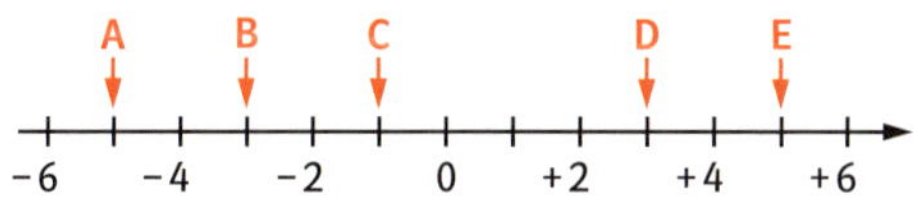

b)

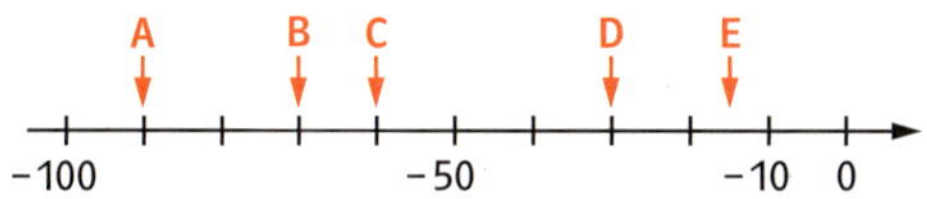

c)

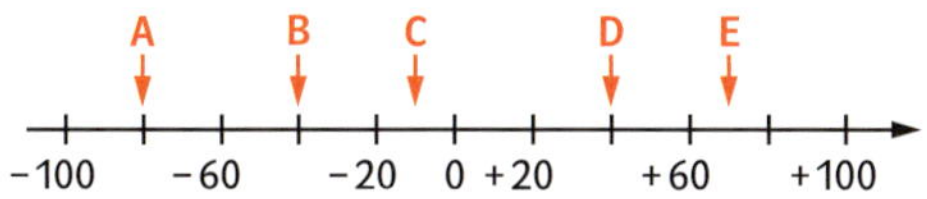

○ **5** Zeichne einen Ausschnitt der Zahlengeraden. Wähle 1 cm für eine Einheit. Markiere die Zahlen −12; −8; −3; −1; 0; +2; +5.

◒ **6** SP Welche Bedeutung haben die Zahlen −1 und −2 in der Abbildung? **Erkläre** die Bedeutung der Zahlen deiner Partnerin oder deinem Partner.

◒ **3** SP Welche Bedeutung haben die Vorzeichen? **Erläutere** sie deiner Partnerin oder deinem Partner: „Die Tordifferenz des FC Nord beträgt nach dem vierten Spieltag −6, nach dem zehnten Spieltag +5."

◒ **4** In der Grafik wird ein Ausschnitt aus den Zeitzonen dargestellt.

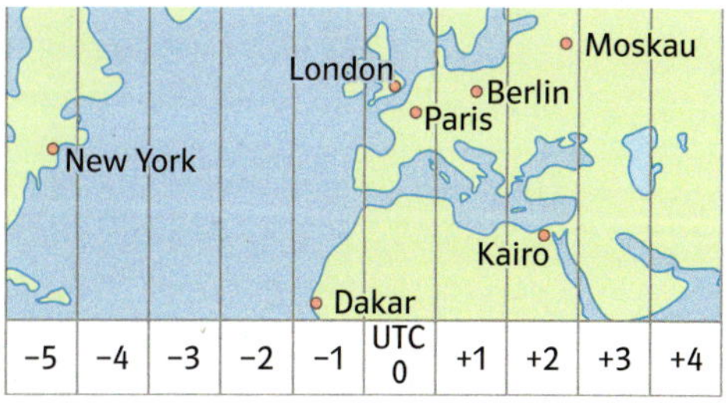

a) MK Was bedeutet UTC? Recherchiere.
b) SP **Erkläre** die Bedeutung der Zahlen.
c) In London ist es 10:00 Uhr. Wie spät ist es zur gleichen Zeit in den anderen Städten?
d) Ein Jet startet in London um 04:00 Uhr und landet in New York um 06:00 Uhr. Ist das möglich?

● **5** Der Abstand einer Zahl zur Null heißt **Betrag**.

Beispiele:

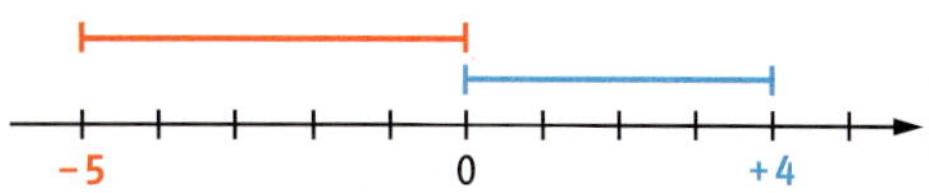

Der Betrag von −5 ist 5.
Man schreibt |−5| = 5

Der Betrag von +4 ist 4.
Man schreibt |+4| = 4

a) Notiere den Betrag der Zahlen.
−63; +98; −520; +750; −983; −9325
b) Welche Zahlen haben den Betrag?
5; 18; 96; 128; 235; 3268

→ Die Lösungen zu „Alles klar?" findest du auf Seite 246.

7 MK Bei der Europawahl am 26. Mai 2019 gab es folgende Änderungen der Sitzverteilung für die Parteien in Deutschland im Vergleich zur Wahl im Jahr 2014:

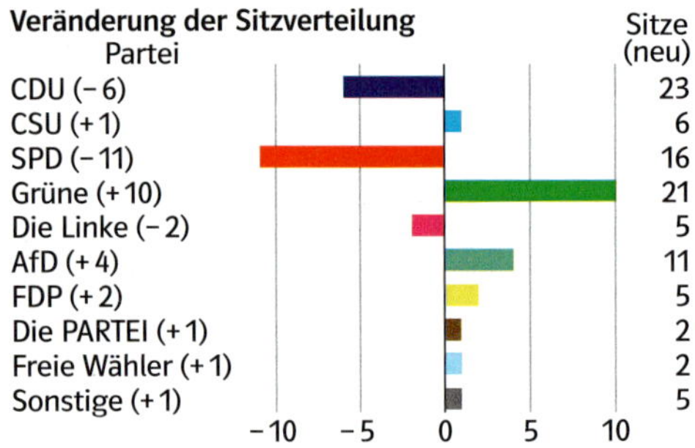

a) Welche Partei hat die meisten Sitze verloren?
b) Welche Partei hat die meisten Sitze gewonnen?
c) Bei welcher Partei ist die Anzahl an Sitzen fast gleich geblieben?

8 Die Tabelle zeigt die Mitgliederentwicklung eines Fanclubs.

Fanclub	
Fans am 31.12.	125
Monat	**Veränderung**
Januar	+20
Februar	−10
März	−5
April	−15
Mai	+10
Juni	−5

a) SP Im Mai sind 10 Personen in den Fanclub eingetreten. Woran kannst du das in der Tabelle erkennen? **Begründe**.
b) Wann gab es besonders viel Zuwachs, wann besonders wenig Zuwachs in dem Fanclub?
c) In welchen Monaten traten die größten Veränderungen der Mitgliederzahlen auf, wann die geringsten?
d) SP Wenn im Juli niemand ein- und austritt, wie schreibt man das auf? **Erkläre**.
e) Zeichne ein Diagramm, in dem die Zu- und Abnahmen sichtbar sind.
f) Clara sagt: „Im März sind 10 Personen ausgetreten und 5 eingetreten." Hat sie recht? Finde weitere Möglichkeiten.

6

Toppkasse IBAN DE38 5100 0123 4567 8910 12		
Kontostand: 31.05.		+468,00 €
Datum	**Verwendungszweck**	**Betrag**
01.06.	Geschenk Oma	+250,00 €
04.06.	Spielekonsole	−222,00 €
07.06.	Verkauf Spiel	+25,00 €
12.06.	Taschengeld	+15,00 €
14.06.	Vereinsbeitrag	−40,00 €
24.06.	Mobilvertrag	−8,00 €
Auszug 6		Blatt 1

a) SP Am 14. Juni wurden 40€ für den Verein abgebucht. Woran kannst du das auf dem Kontoauszug erkennen? **Begründe**.
b) Welche Ausgabe war besonders hoch und welche Ausgabe war besonders niedrig?
c) Welche Buchungen haben die größten Veränderungen gebracht?
d) Kann eine Buchung 0,00 € betragen?

7 Ganze Zahlen benötigt man, um auch die Minusgrade bei Temperaturangaben zu notieren.
a) Findet weitere Beispiele aus dem Alltag, bei denen negative Zahlen vorkommen.
b) **Präsentiert** eure Ergebnisse der Klasse.

8

Lisa sagt: „Wenn ich eine Umfrage mache, und in einer Klasse mag keiner Handball, dann muss ich Null eintragen und nicht einen Strich machen. Die Zahl 0 ist also auch eine Anzahl."

Engin: „Die Mathematiker haben dem Nichts einen Wert gegeben."

Petra: „Die Zahl 0 ist eine besondere Zahl, denn bei der Addition verändert sie das Ergebnis nicht."

Murat: „Doch wenn ich mit Null multipliziere, so ist das Ergebnis Null, die Null zerstört alles."

Leni: „Durch die Zahl 0 kann man nicht teilen, weil man nicht sagen kann, wie man 10 Äpfel auf 0 Personen verteilt."

a) SP **Erkläre**, was die Kinder mit ihren Aussagen meinen.
b) Finde zu jeder Aussage mindestens ein Beispiel.
c) SP Notiert weitere Aussagen zur Zahl Null und besprecht diese.

2 Ganze Zahlen vergleichen und ordnen

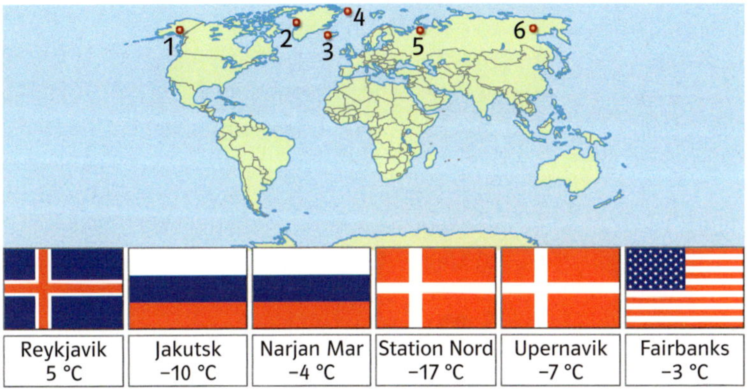

In der Abbildung sind durchschnittliche Jahrestemperaturen angegeben.

→ Notiere den Ort mit der höchsten und den Ort mit der niedrigsten durchschnittlichen Jahrestemperatur.
→ Vergleicht zu zweit die Ergebnisse.
→ Zeichnet zu zweit eine geeignete Zahlengerade. Tragt die Temperaturen ein.
→ Ordnet die Orte nach der Höhe ihrer durchschnittlichen Jahrestemperatur.
→ Besprecht in der Klasse, welche Ziffer auf der Landkarte zu welchem Ort gehört.

Ganze Zahlen kann man genauso vergleichen wie Temperaturen oder andere Messwerte. Die Temperatur von −12 °C ist niedriger als die Temperatur von −8 °C. Entsprechend ist −12 kleiner als −8.

Merke Auf der Zahlengeraden sind die ganzen Zahlen der Größe nach **geordnet**. Je weiter links eine Zahl auf der Zahlengeraden liegt, desto kleiner ist sie.

Beispiel

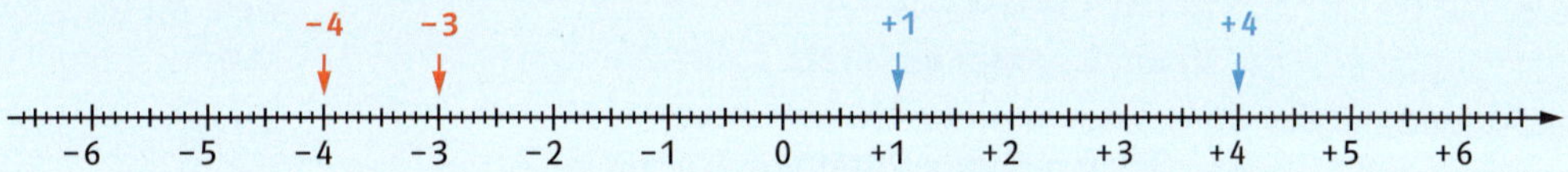

−4 liegt links von −3

$-4 < -3$

+1 liegt links von +4

$+1 < +4$

Zusammengefasst gilt: $-4 < -3 < +1 < +4$

Tipp!
Der Pfeil an der Zahlengeraden wird nur rechts gezeichnet und gibt an, in welcher Richtung die Zahlen größer werden.

○ **1** Setze das Zeichen < oder > richtig ein. Schreibe ins Heft.

a) −5 ■ +3 b) +12 ■ −8 c) −38 ■ −36 d) −18 ■ −29
e) −8 ■ +2 f) −5 ■ 0 g) +4 ■ −2 h) −28 ■ −35

○ **2** Ordne die Temperaturen nach der Größe. Schreibe … < … < …

a) +15 °C; −15 °C; −1 °C; +2 °C b) −7 °C; −5 °C; −9 °C; −11 °C
c) −82 °C; −81 °C; −80 °C; −83 °C d) −65 °C; −64 °C; −59 °C; −61 °C

Alles klar?

Fördern

A Suche die Fehler und korrigiere sie.

5 > −8 −28 > −82 −53 > −35
−4 < −40 −17 < −71 −60 > −6

B Ordne die Zahlen nach der Größe. Schreibe … < … < …

a) −8; +8; −12; +6; −10 b) −65; +62; −68; −70; +66

→ Die Lösungen zu „Alles klar?" findest du auf Seite 246.

Tipp!
Nachfolger
2; 3; 4
Vorgänger

○3 Setze das Zeichen < oder > richtig ein. Schreibe ins Heft.

a) +18 ■ −12 b) +22 ■ −26
c) −30 ■ −40 d) −512 ■ −498
e) −835 ■ −826 f) −605 ■ −650
g) +75 ■ +77 h) −75 ■ −77

○4 Welche der Temperaturen sind

a) höher als −3 °C?
−4 °C; −1 °C; −5 °C; −2 °C
b) höher als −42 °C?
−41 °C; −43 °C; −44 °C; −40 °C
c) niedriger als +3 °C?
+2 °C; −2 °C; +4 °C; −4 °C

◒5 Notiere Vorgänger und Nachfolger der Zahl.

a) +3 b) −21 c) −1 d) −201

◒6 Welche Zahl ist

a) um 3 kleiner als −7?
b) um 6 größer als −12?

◒7 MK In mehreren Städten wurden am 21. Januar die niedrigsten Tagestemperaturen notiert.

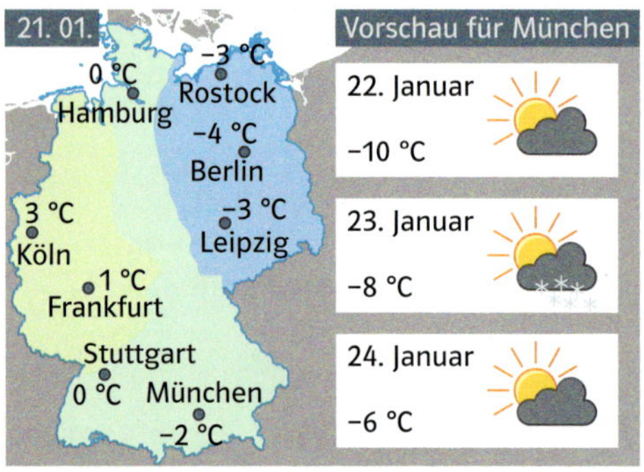

a) Trage die Tagestemperaturen auf einer geeigneten Zahlengerade ein.
b) Bestimme die niedrigste und die höchste Tagestemperatur.
c) Wo war es kälter als in München?
d) Wo war es wärmer als in Hamburg?
e) Wo war es kälter als in Stuttgart, aber wärmer als in Leipzig?
f) Für welchen Tag wird die niedrigste Tagestemperatur für München vorausgesehen?
g) An welchem Tag muss vermutlich Schnee geschoben werden?

○3 Was ist richtig?

a) $-7 < +9$ oder $-7 > +9$
b) $-2 < -6$ oder $-2 > -6$
c) $-12 < -10$ oder $-12 > -10$
d) $-3 < -36$ oder $-3 > -36$

○4 Prüfe.

a) Liegt −2 oder +2 näher bei 0?
b) Liegt −16 näher bei −10 oder bei −20?

◒5 SP Welche Zahl liegt genau in der Mitte zwischen den beiden Zahlen? **Beschreibe** deinen Lösungsweg.

a) −12 und −2 b) +9 und −11

◒6 Welche Zahl ist

a) um 2 kleiner als −12?
b) um 5 größer als −2?

◒7 MK Die Zahlen auf der Karte geben an, wie viele Meter ein Ort unter oder über dem Meeresspiegel liegt.

a) Entnimm dem Kartenausschnitt alle Höhenangaben und notiere sie in einer Tabelle.
b) Ordne die Höhenangaben nach ihrer Größe, beginne mit der niedrigsten.
c) SP Fließt der Jordan vom Toten Meer zum See Genezareth oder umgekehrt? **Begründe** deine Antwort.

●8 SP Setze < oder > richtig ein. **Begründe** deine Entscheidung.

a) 0 ■ −6 b) 0 ■ +12
c) −423 ■ −432 d) −10 ■ 2
e) −3 ■ 2 f) −2 ■ 3
g) −73 ■ 73 h) −371 ■ 317

3 Zunahme und Abnahme

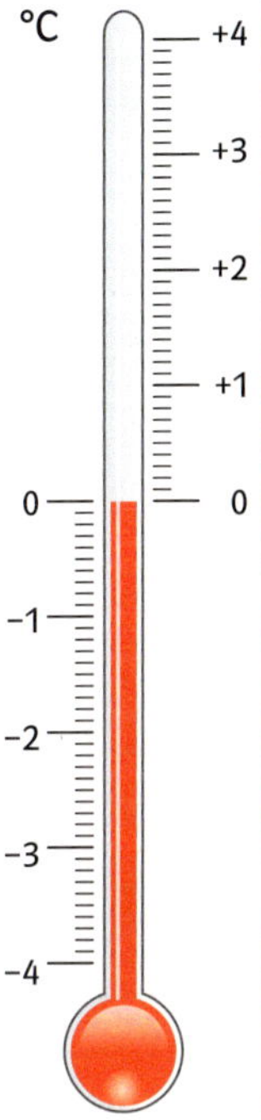

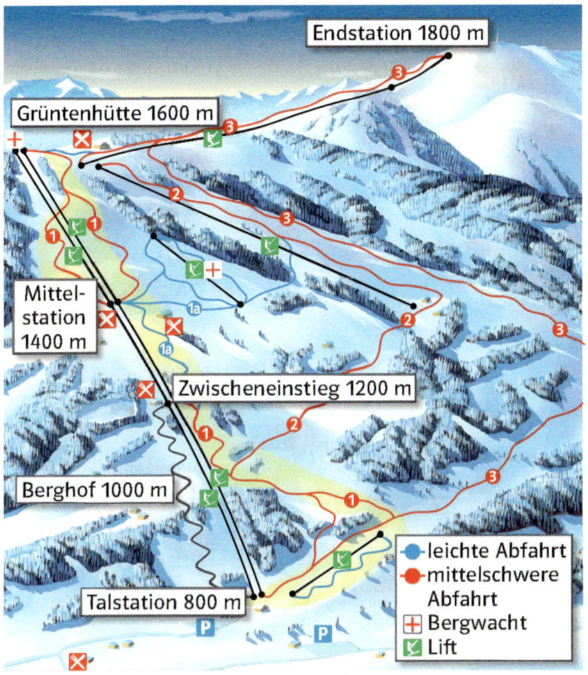

Familie Albrecht fährt in den Skiurlaub und übernachtet im Berghof. Als die Familie dort morgens um 09:00 Uhr aufbricht, zeigt das Thermometer + 2 °C an.
Vater Albrecht erklärt seiner Tochter Anke, dass die Lufttemperatur bei einem Höhenanstieg von 200 m durchschnittlich um rund 1 °C sinkt.

→ Ermittle, in welcher Höhe es 0 °C kalt ist.
→ Welche Temperatur erwartet Anke an der Talstation, welche am Zwischeneinstieg? Rechne.
→ Berechnet zu zweit die voraussichtlichen Temperaturen an Mittelstation, Grüntenhütte und Endstation.
→ Diskutiert in der Klasse, ob die Familie wirklich die so ermittelten Temperaturen erwarten kann.

Mit positiven und negativen Zahlen kann man zum Beispiel Temperaturen angeben. Man kann sie zusätzlich aber auch verwenden, um Temperaturänderungen zu beschreiben:
Nimmt die Temperatur um 8 °C zu, so spricht man von einer Temperaturänderung um + 8 °C.
Zunahmen werden also mit positiven Zahlen beschrieben.

Nimmt die Temperatur um 6 °C ab, so spricht man von einer Temperaturänderung um – 6 °C.
Abnahmen werden mit negativen Zahlen beschrieben.

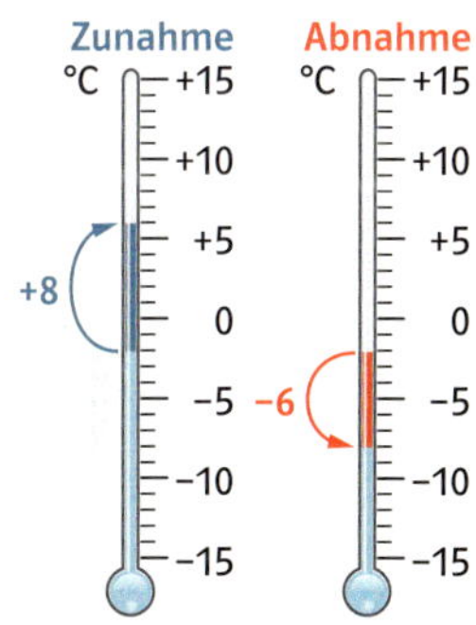

Merke

Zunahme und **Abnahme** können auf einer **Zahlengeraden** veranschaulicht werden:

Die Zunahme um 5 entspricht einer Änderung um + 5:
Gehe fünf Schritte nach rechts.

Die Abnahme um 4 entspricht einer Änderung um – 4:
Gehe vier Schritte nach links.

Beispiel

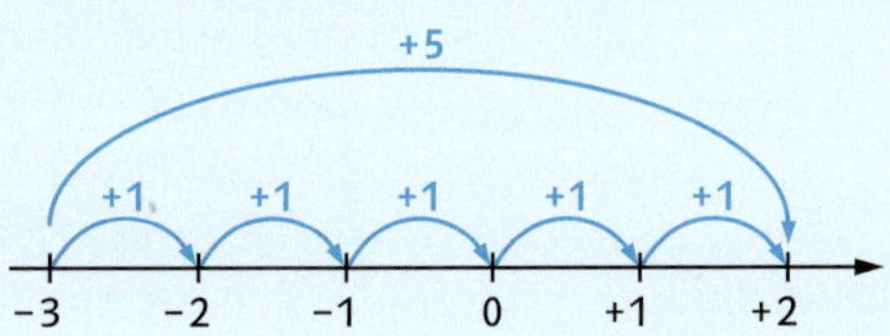

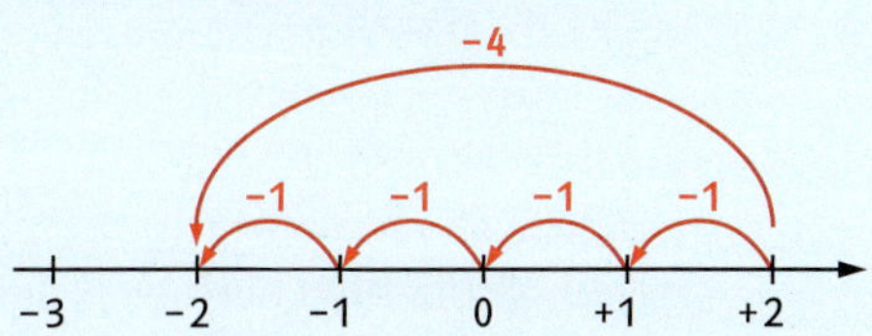

○ **1** SP Beschreibe die Änderung mithilfe einer positiven oder negativen Zahl.
a) Das Gewicht verringert sich um 50 g.
b) Die Temperatur steigt um 3 °C.
c) Maiks Guthaben wächst um 85 €.
d) Der Pegelstand des Rheins fällt um 4 cm.
e) Die Flughöhe des Segelflugzeugs sinkt rasch um rund 350 m.

2 Notiere die fehlende Größe.

a)

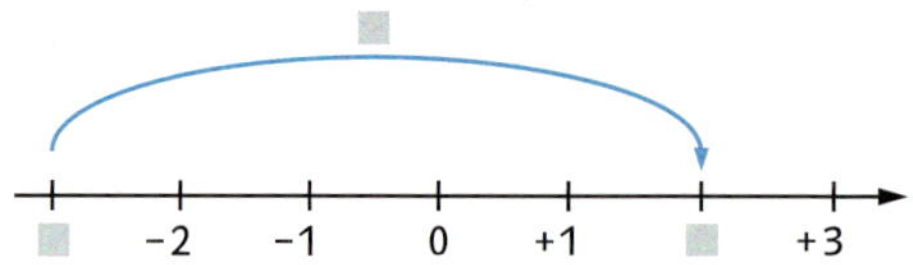

b)

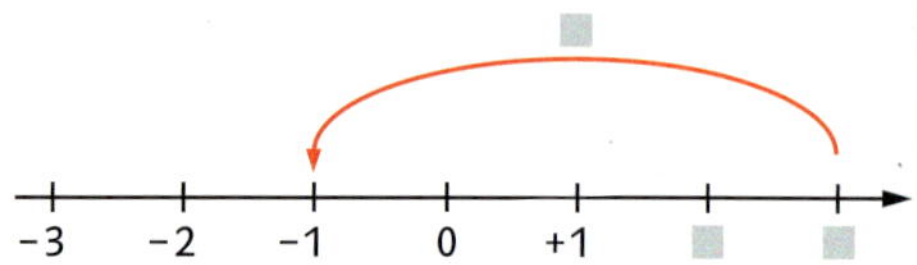

Alles klar?

Fördern

A SP Beschreibe die Änderung mithilfe einer positiven oder negativen Zahl.

a) In der Nacht sinkt die Temperatur um 4 °C.

b) Der Pegelstand der Elbe steigt um 21 cm.

c) Der Fahrstuhl fährt 3 Etagen nach unten.

d) Der Kontostand wird um 523 € erhöht.

B Notiere die fehlende Größe.

a)

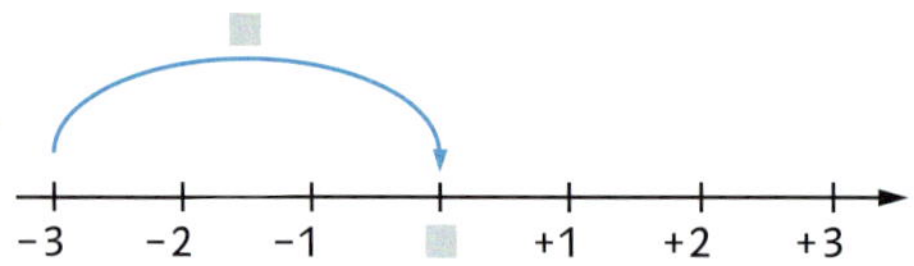

b)

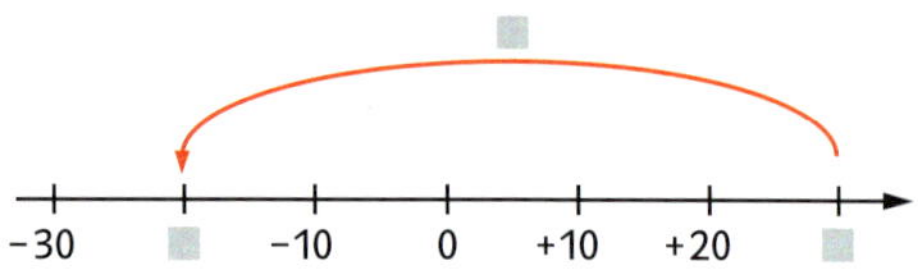

○**3** Um wie viel Grad Celsius verändert sich die Temperatur?

a)

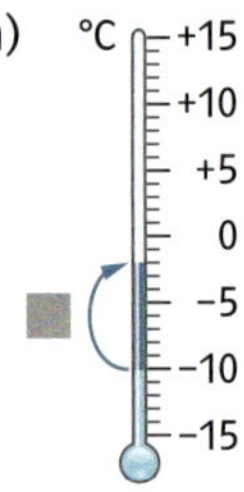

b)

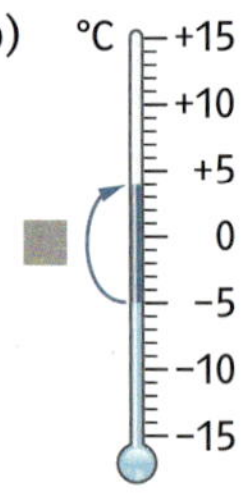

c)

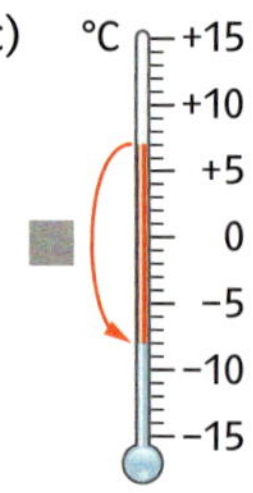

○**4** Notiere die fehlende Größe.

a)

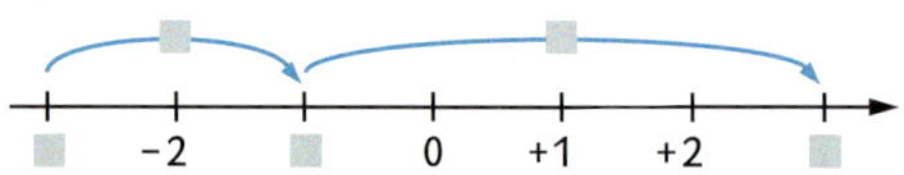

b)

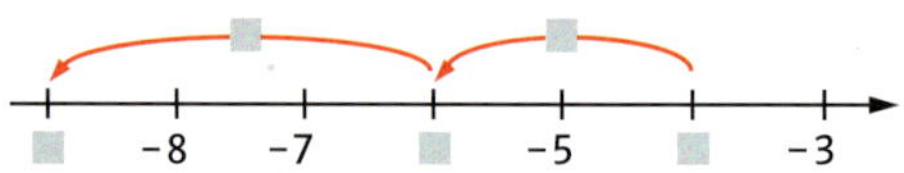

◒**5** SP Rechengeschichten

(1)

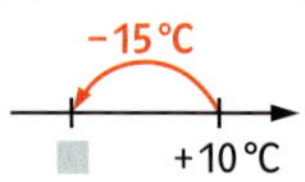

(2)

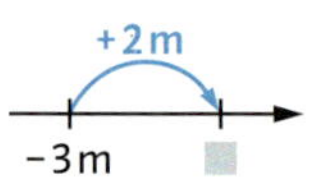

a) Überlegt euch eine Geschichte, die zur Darstellung passt und notiert sie.

b) Welche Zahl müsst ihr für das Kästchen einsetzen? **Erklärt** euren Lösungsweg.

c) Erfinde eigene Rechengeschichten. Lasse sie von deiner Partnerin oder deinem Partner lösen.

●**3** Ergänze den fehlenden Wert.

a)

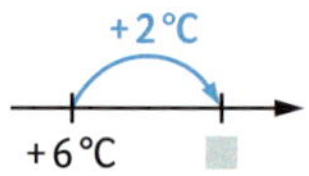

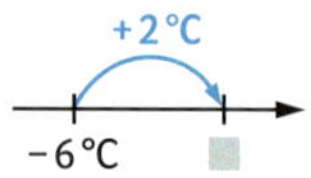

b)

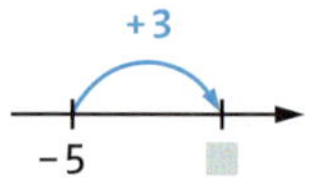

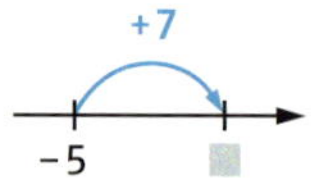

c)

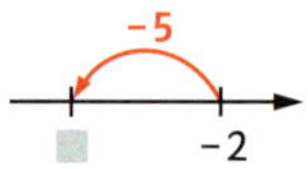

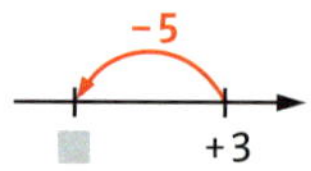

d)

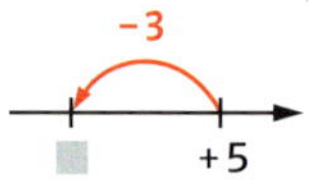

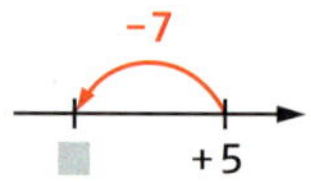

●**4** SP Schreibe als Aufgabe und berechne.

a) Die Innentemperatur im Flugzeug liegt bei 20 °C. Die Außentemperatur in 9000 m beträgt – 36 °C.

b) Der höchste Berg der Erde ist der Mount Everest. Vom Gipfel des Bergs bis zum tiefsten Punkt der tiefsten Höhle, sind es 11 045 m. Die Höhle heißt Werjowkina Höhle und hat eine Tiefe von 2212 m.

c) Nachts sinkt die Temperatur auf dem Böckelberg in Mönchengladbach um 2 °C auf – 8 °C.

d) Der Taucher arbeitet in 20 m Tiefe im Blauen See.
Er schwimmt 5 m nach oben.

→ Die Lösungen zu „Alles klar?" findest du auf Seite 246.

Rationale Zahlen

Bei Temperaturen oder anderen Messwerten ist es sinnvoll, Brüche oder Dezimalzahlen zu verwenden. Es gibt auch negative Brüche wie $-\frac{1}{2}$ oder negative Dezimalzahlen wie −21,3.

Zu den **rationalen Zahlen** gehören die ganzen Zahlen, die positiven und negativen Brüche und die positiven und negativen Dezimalzahlen.
Die rationalen Zahlen nennt man auch **Bruchzahlen**.
Die Menge der rationalen Zahlen wird mit $\mathbb{Q}$ bezeichnet.

Beispiele: +4; −2; $+\frac{2}{5}$; $-\frac{7}{10}$; +2,5; −3,1 gehören zu den rationalen Zahlen.

Beim Vergleichen und Ordnen der rationalen Zahlen geht man genauso vor wie bei den ganzen Zahlen:

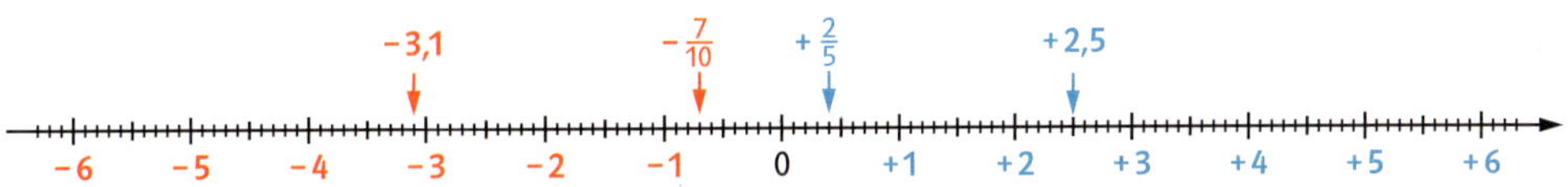

−3,1 liegt links von $-\frac{7}{10}$

$-3{,}1 < -\frac{7}{10}$

$+\frac{2}{5}$ liegt links von +2,5

$+\frac{2}{5} < +2{,}5$

Zusammengefasst gilt: $-3{,}1 < -\frac{7}{10} < +\frac{2}{5} < +2{,}5$

Tipp!
Bei positiven Zahlen kann man das Vorzeichen auch weglassen, statt +8 schreibt man dann nur 8.

○ **1** Auf welche Zahlen zeigen die Pfeile?

a)

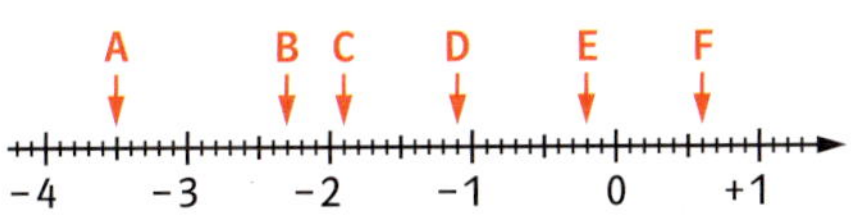

b)

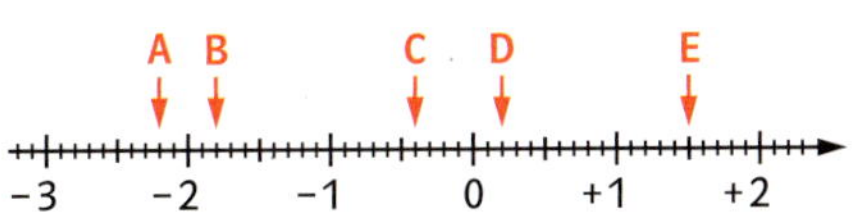

◒ **2** Auf welche Zahlen zeigen die Pfeile?

a)

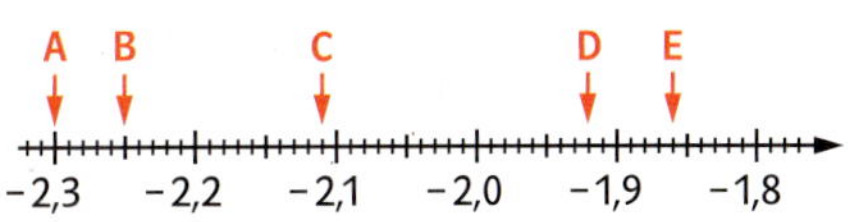

b)

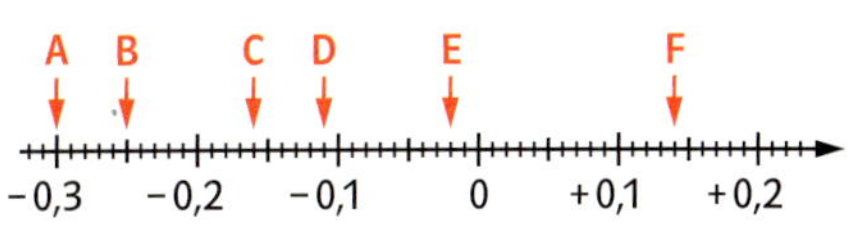

3 Setze das Zeichen < oder > richtig ein. Schreibe ins Heft.

a) $-5{,}5$ ■ $+2{,}4$ b) $-2{,}8$ ■ $-1{,}2$

c) $-\frac{3}{2}$ ■ $+\frac{1}{2}$ d) $-\frac{5}{4}$ ■ $-\frac{7}{4}$

e) $-\frac{3}{4}$ ■ $1{,}5$ f) $-\frac{2}{7}$ ■ 0

4 Setze die Zeichen < oder > richtig ein. Schreibe ins Heft.

a) $-\frac{4}{4}$ ■ $-\frac{4}{5}$ b) $-\frac{3}{4}$ ■ $-\frac{2}{3}$

c) $-\frac{2}{3}$ ■ $-0{,}6$ d) $-1{,}3$ ■ $-1\frac{1}{4}$

e) $-2{,}1$ ■ $-2{,}8$ f) $-4{,}45$ ■ $-4{,}5$

5 Ordne die folgenden Zahlen.

a) $-0{,}9$; $-0{,}6$; $-0{,}3$; $-0{,}15$; $-0{,}25$

■ < ■ < ■ < ■ < ■

b) $-\frac{8}{10}$; $-\frac{1}{2}$; $+\frac{3}{10}$

■ < ■ < ■

6 Ordne die Temperaturen nach der Größe. Schreibe … > … > …

a) +1,6 °C; −1,6 °C; −0,9 °C; +1,3 °C

b) −7 °C; −5 °C; −9 °C; −11 °C

c) −72 °C; −72,5 °C; −71,8 °C; −71,9 °C

7 Frau Mai will einen Teich anlegen.

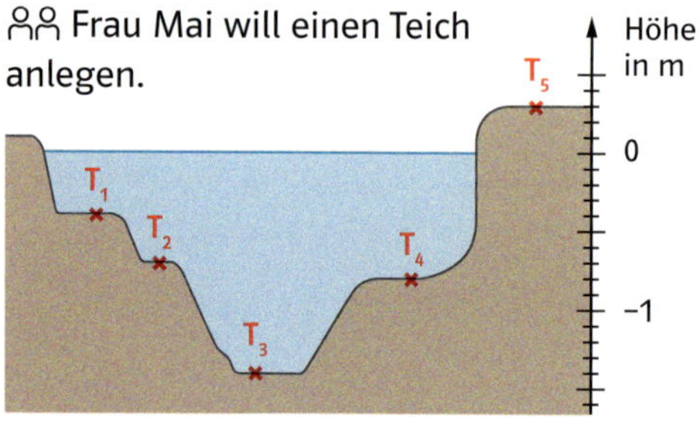

a) Entnehmt der Skizze die geplanten Tiefenangaben des Teiches.

b) Überlegt, welche Wasserpflanzen Frau Mai wo pflanzen könnte. Achtet dabei auf die in Klammern stehenden Angaben zur Wassertiefe: Hechtkraut (30 cm), duftende Seerose (40 – 180 cm), Zwergteichrose (60 cm), Hornkraut (50 – 120 cm), glänzende Seerose (1 – 2 m).

8 Prüfe.

a) Liegt −3,4 näher bei −3 oder bei −4?

b) Liegt −8,6 näher bei −8 oder −9?

c) Ist 2,4 weiter entfernt von −2 oder von −3?

d) Ist $-\frac{1}{3}$ weiter entfernt von 0 oder von −11?

9 Wie heißt das Lösungswort?

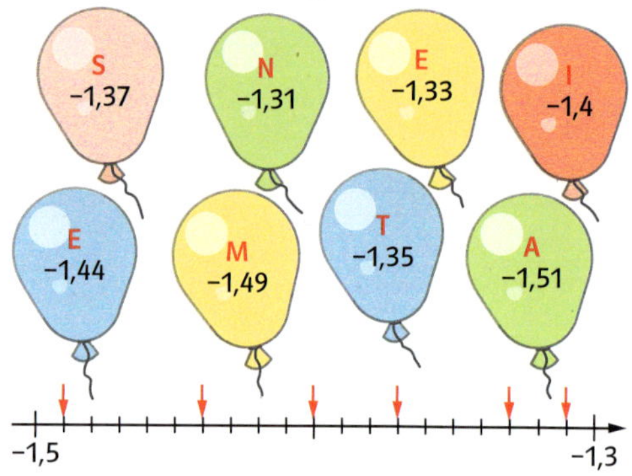

10 Nenne vier rationale Zahlen zwischen

a) −2 und −5. b) −1 und 0.

11 Auf welche Zahlen zeigen die Pfeile?

a)

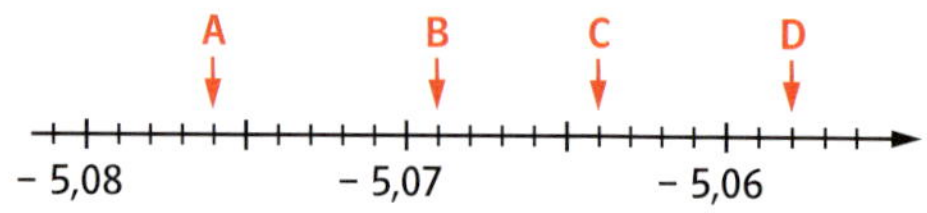

b)

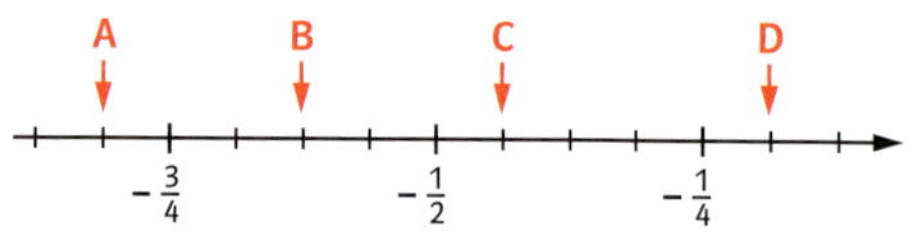

12 Julian hat **Fehler** gemacht. Korrigiere sie im Heft.

a)

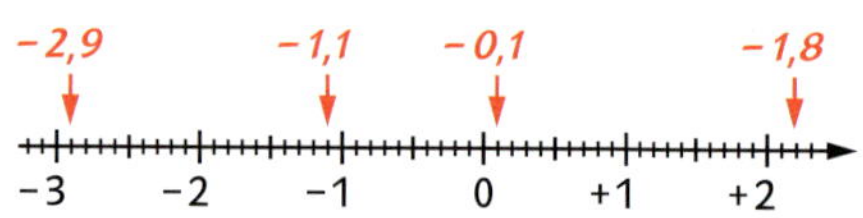

b)

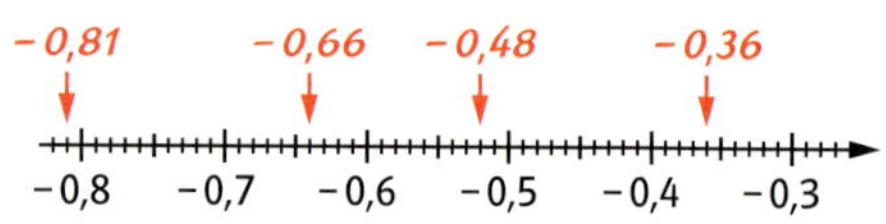

c)

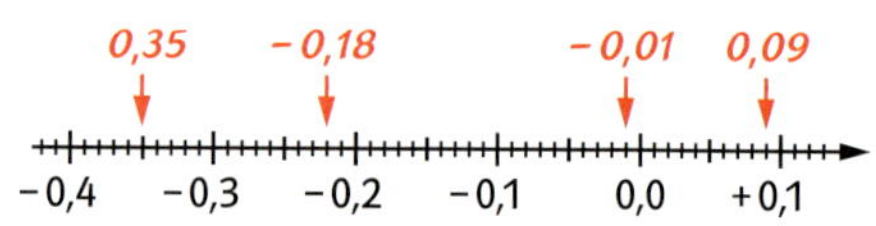

13 Zeichne einen Ausschnitt der Zahlengeraden, auf dem du diese Zahlen markieren kannst:

a) −4,31; −4,29; −4,27; −4,24

b) −12,043; −12,041; −12,038; −12,036

14 Bestimme die nächstkleinere und die nächstgrößere ganze Zahl.

a) ■ < +3,4 < ■
b) ■ < −21,85 < ■
c) ■ < −0,6 < ■
d) ■ < −200,9 < ■
e) ■ < $+2\frac{1}{2}$ < ■
f) ■ < $-\frac{1}{10}$ < ■
g) ■ < $-\frac{13}{15}$ < ■
h) ■ < $-\frac{8}{3}$ < ■
i) ■ < $\frac{100}{99}$ < ■
j) ■ < $-\frac{21}{2}$ < ■
k) ■ < 0 < ■
l) ■ < −0,999 < ■

15 SP Ist die Aussage richtig oder falsch? Diskutiere mit deiner Partnerin oder deinem Partner.

a) Null ist keine rationale Zahl.
b) Jeder Bruch ist eine rationale Zahl.
c) Zwischen −8 und −1 liegen sechs ganze Zahlen.
d) Zwischen −3 und +3 liegen fünf natürliche Zahlen.
e) Zwischen −3 und −2 liegen unendlich viele ganze Zahlen.
f) Zwischen −3 und −2 liegen unendlich viele rationale Zahlen.

16 Übertragt die Abbildung vergrößert ins Heft.

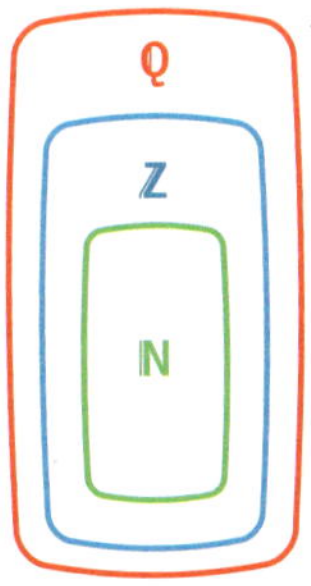

a) Tragt in roter, blauer beziehungsweise grüner Farbe folgende Zahlen ein: −3; +2,7; $+\frac{1}{4}$; −3,125; $4\frac{3}{5}$; −12; 0; 80; −122; 0,75.
b) Besprecht und korrigiert eure Ausarbeitung in der Gruppe.
c) SP „Jede natürliche Zahl ist auch eine ganze Zahl." Ist diese Aussage wahr oder falsch? Entscheidet und begründet.
d) SP Formuliert gemeinsam weitere Aussagen wie in Aufgabe c).

17 Ergänze den fehlenden Wert.

a)

b)

c)

d)

18 Um wie viel Grad Celsius hat sich die Temperatur jeweils verändert?

a) −6 °C $\xrightarrow{■}$ +2 °C
b) +2,2 °C $\xrightarrow{■}$ +7,6 °C
c) +10 °C $\xrightarrow{■}$ −7 °C
d) −3,5 °C $\xrightarrow{■}$ −9,3 °C
e) +29 °C $\xrightarrow{■}$ −4 °C
f) +5,4 °C $\xrightarrow{■}$ −8,7 °C
g) −1 °C $\xrightarrow{■}$ −14 °C
h) −9,7 °C $\xrightarrow{■}$ −6,8 °C
i) −4 °C $\xrightarrow{■}$ +4 °C
j) −5,2 °C $\xrightarrow{■}$ −5,2 °C
k) 0 °C $\xrightarrow{■}$ −7,4 °C
l) −6,7 °C $\xrightarrow{■}$ +7,8 °C

19 Die Lufttemperatur nimmt bei 100 m Anstieg durchschnittlich um 0,5 °C ab. In Gaschurn zeigt das Thermometer 2,5 °C an.

a) Mit welcher Temperatur muss man an der Bergstation Nova Stoba rechnen?
b) Suche Orte auf der Karte, an denen die Null-Grad-Grenze erreicht wird.
c) Stellt euch gegenseitig ähnliche Aufgaben.

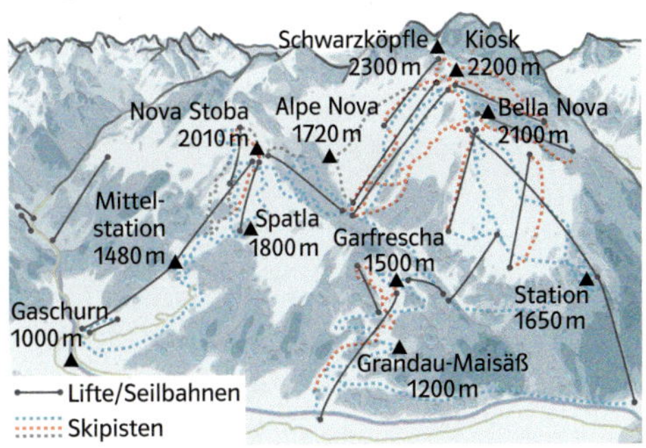

Das Koordinatensystem

Die x-Achse und die y-Achse sind zwei Zahlengeraden, die zueinander senkrecht stehen. Sie bilden das **Koordinatensystem**. Im Achsenschnittpunkt liegt der Koordinatenursprung 0.
Das Koordinatensystem ist in vier **Quadranten** unterteilt, die man mit I, II, III und IV bezeichnet.

Im Koordinatensystem lassen sich Punkte eintragen und ablesen.
- Der Punkt P(+3 | −1) hat die x-Koordinate +3 und die y-Koordinate −1.
- Der Punkt Q(−2 | +3) hat die x-Koordinate −2 und die y-Koordinate +3.

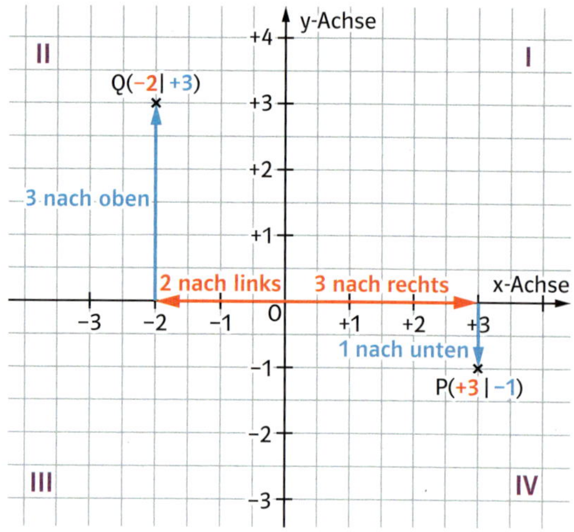

○ **1** Gib die Koordinaten der vorgegebenen Punkte an.

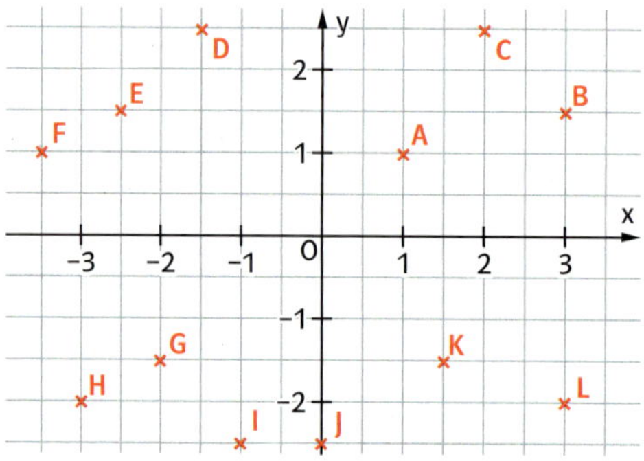

○ **2** Gib die Eckpunkte der Fledermaus an.

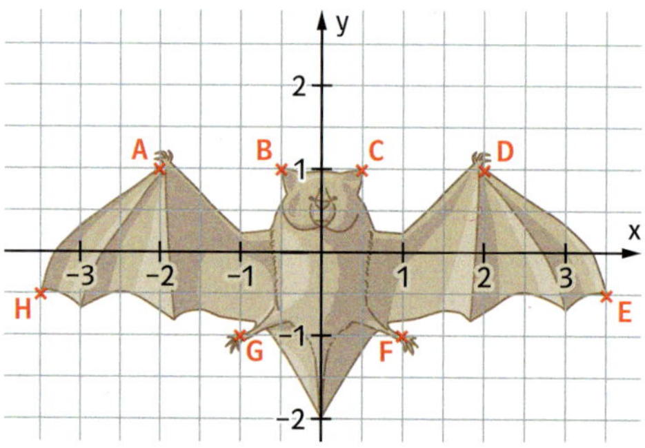

○ **3** Übertrage die Punkte ins Koordinatensystem und verbinde sie zu einer geometrischen Figur. Wie heißt die Figur?

a) A(5 | 0); B(0 | 5); C(−5 | 0); D(0 | −5)
b) A(0 | 2); B(−3 | 0); C(0 | −2); D(3 | 0)
c) A(−3 | −2); B(3 | −2); C(5 | 2); D(−1 | 2)
d) A(−3 | −5); B(1 | −4); C(1 | 1); D(−3 | 0)

◒ **4** In welchem Quadranten liegt der Punkt? Entscheide, ohne zu zeichnen.

a) P(5 | −2)
b) Q(−3 | 7)
c) R(2,5 | 3,5)
d) S(−1,5 | −0,5)

◒ **5** Übertrage die Punkte ins Koordinatensystem und bestimme den fehlenden Eckpunkt D.

a) Quadrat mit A(0 | −3); B(3 | 0) und C(0 | 3)
b) Rechteck mit A(4,5 | −0,5); B(1,5 | 5,5) und C(−2,5 | 3,5)

● **6** Der erste Punkt der Spirale ist der Punkt A(0 | 1).

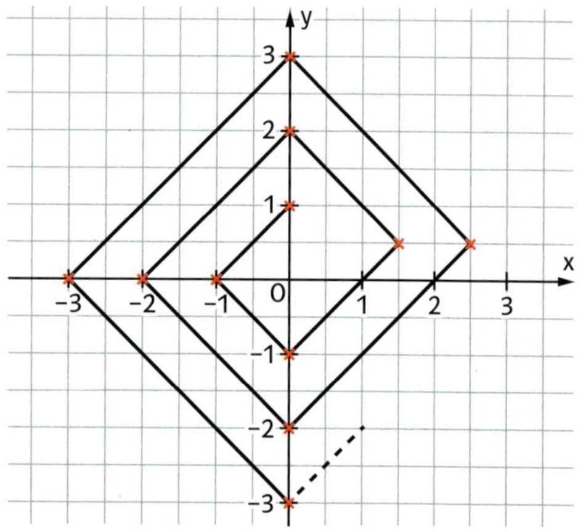

a) Welche Koordinaten hat der 10. Eckpunkt?
b) Setze die Spirale um einige Runden fort. Wo liegt der 20. Eckpunkt?
c) Durch Überlegen findest du die Lage des 100. Eckpunkts.

Zusammenfassung

Ganze Zahlen

Die Zahlen …; −3; −2; −1; 0; +1; +2; +3; … heißen **ganze Zahlen** ($\mathbb{Z}$ = {…; −3; −2; −1; 0; +1; +2; +3; …}).
Zur Veranschaulichung der ganzen Zahlen wird der Zahlenstrahl zur **Zahlengeraden** erweitert.

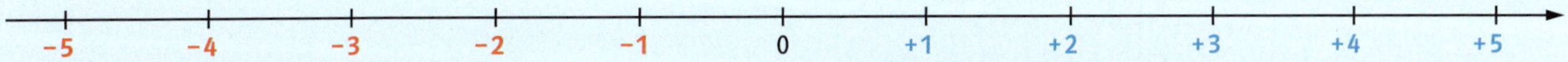

Negative Zahlen sind kleiner als null und stehen auf der Zahlengeraden links von der Null.
Sie haben das **Vorzeichen** −.

Positive Zahlen sind größer als null und stehen auf der Zahlengeraden rechts von der Null.
Sie haben das **Vorzeichen** +.

Die Zahl Null ist weder positiv noch negativ und hat kein Vorzeichen.

Ganze Zahlen vergleichen und ordnen

Auf der Zahlengeraden sind die ganzen Zahlen der Größe nach **geordnet**. Je weiter links eine Zahl auf der Zahlengeraden liegt, desto kleiner ist sie.

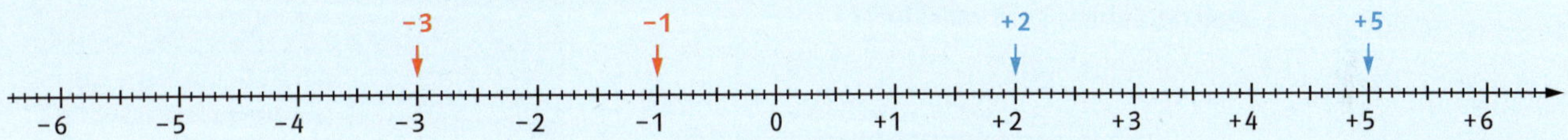

−3 liegt links von −1

$-3 < -1$

+2 liegt links von +5

$+2 < +5$

Zusammengefasst gilt: $-3 < -1 < +2 < +5$

Zunahme und Abnahme

Zunahme und **Abnahme** werden auf der Zahlengeraden veranschaulicht:

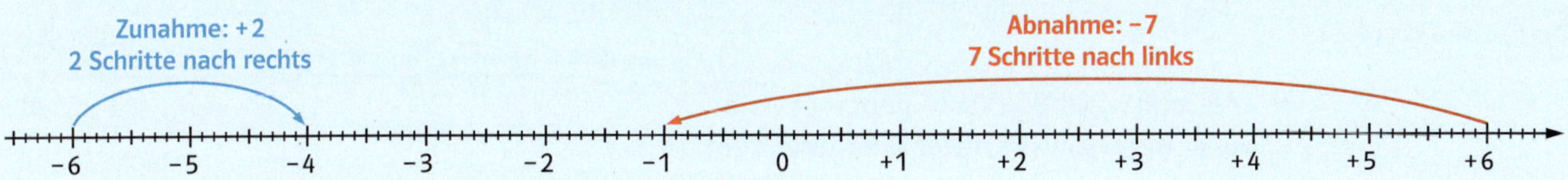

Basistraining

○ **1** Lies die Durchschnittstemperaturen im Januar entlang des 60. Grad nördlicher Breite ab.

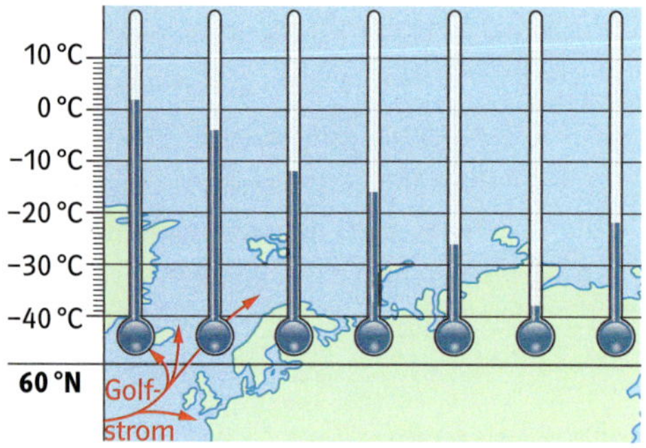

○ **2** Welche Zahlen sind markiert?

a)

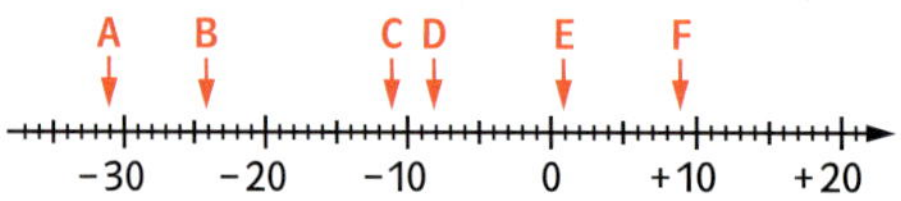

b)

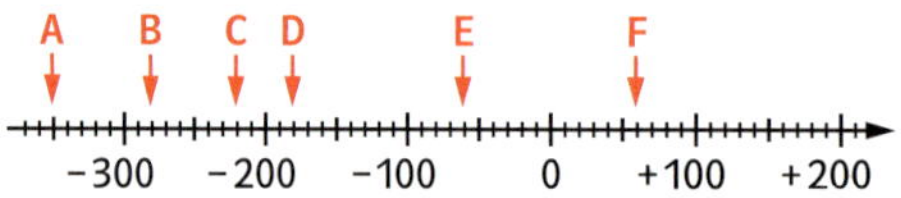

○ **3** Welche **Fehler** machte Maike?

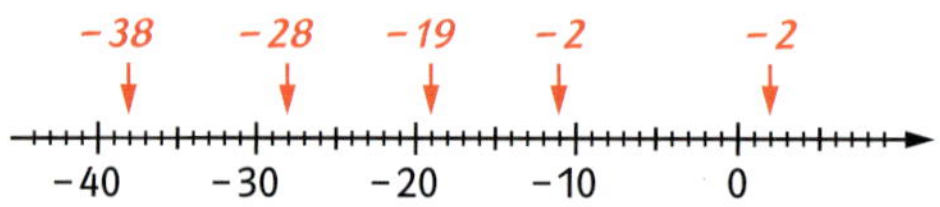

○ **4** Die Zahlen auf der Karte geben an, wie viele Meter ein Ort unter oder über dem Meeresspiegel liegt.

a) Welche niederländischen Städte liegen unter dem Meeresspiegel?

b) Zeichne eine geeignete Zahlengerade, auf der du die Höhenangaben einträgst.

c) Ordne die Angaben nach der Höhe. Beginne mit der niedrigsten Höhe.

d) MK Finde mithilfe des Atlanten heraus, wie hoch dein Schulort ungefähr liegt.

○ **5** Kim hat beim Test **Fehler** gemacht. Welche Korrekturen trägt die Lehrkraft ins Heft ein?

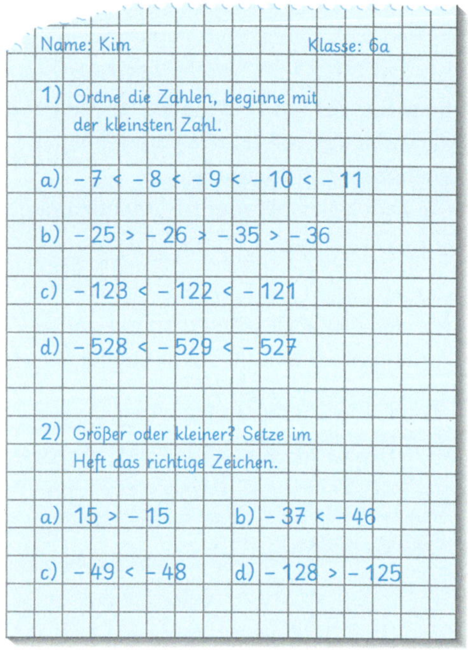

○ **6** Übertrage ins Heft und notiere die fehlenden Werte.

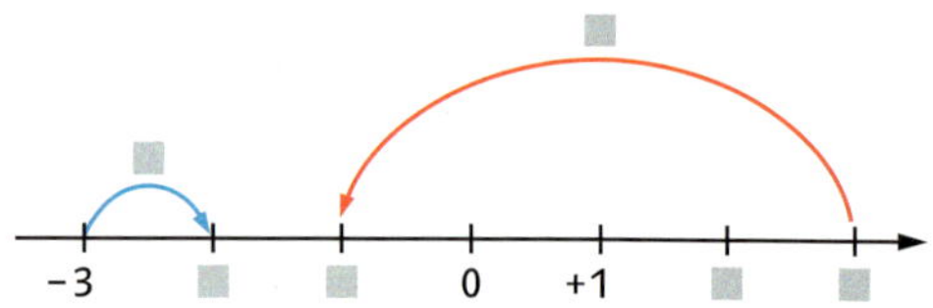

○ **7** Auf den verschiedenen Himmelskörpern unseres Sonnensystems herrschen große Temperaturunterschiede. Die Tabelle gibt die höchste und niedrigste Temperatur an.

	Erde	Mond	Venus	Merkur
höchste Temperatur in °C	+ 68	+ 118	+ 467	+ 480
niedrigste Temperatur in °C	−92	−153	+ 436	−180

a) Vergleiche die Temperaturunterschiede bei den einzelnen Himmelskörpern.

b) Vergleiche die Werte zwischen den Himmelskörpern.

c) MK Informiere dich über die Temperaturschwankungen auf anderen Planeten und Monden.

Anwenden. Nachdenken

○ **8** Wie heißt das Lösungswort, wenn du die Kärtchen den passenden Pfeilen zuordnest?

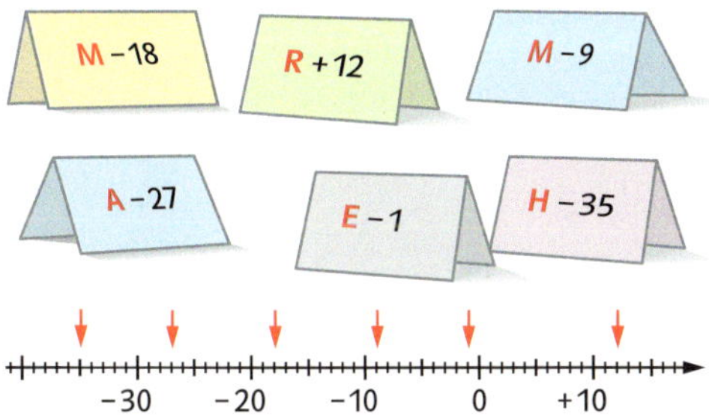

○ **9** Welche Zahl liegt in der Mitte zwischen
a) −5 und −1?
b) −7 und +1?
c) −6 und +8?
d) −11 und +3?

○ **10** Richtig oder **falsch**?
a) +45 ist eine ganze Zahl.
b) −123 ist eine natürliche Zahl.
c) −12 ist eine ganze Zahl.

◒ **11** Die Zeitskala zeigt Geburts- und Sterbejahr von zwei berühmten Griechen.

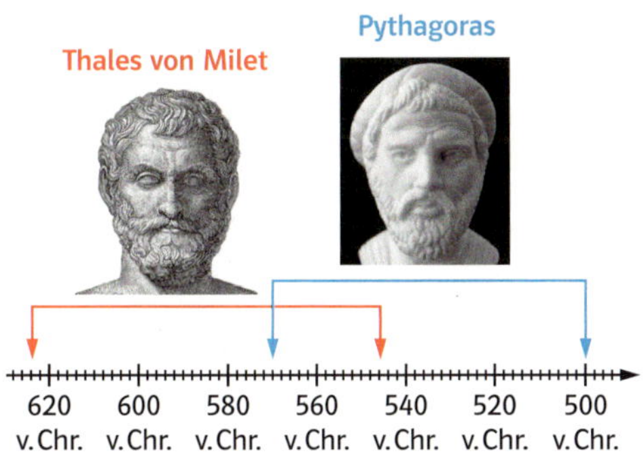

a) Wann wurde Thales von Milet geboren, wann starb er?
b) Wann wurde Pythagoras geboren, wann starb er?
c) Wie alt war Thales bei der Geburt von Pythagoras?
d) Wie alt war Pythagoras, als Thales starb?

◒ **12** Zeichne einen geeigneten Abschnitt aus der Zahlengeraden und markiere die Zahlen.
a) 30; −50; −20; 0; 10; −25
b) −25; −29; −36; −42; −33

◒ **13** Gib die beiden Zahlen an, die auf der Zahlengeraden
a) 8 Einheiten von −3 entfernt sind.
b) 5 Einheiten von 2 entfernt sind.

◒ **14** Nach dem 14. Spieltag in der 2. Fußballbundesliga 2019/2020 hatten mehrere Mannschaften die gleiche Punktzahl. Über den Tabellenplatz entscheidet dann die Tordifferenz, die möglichst groß sein muss.

Verein	Punkte	Tore
Darmstadt	18	16 : 19
Fürth	19	16 : 18
Heidenheim	20	22 : 17
Karlsruhe	16	22 : 27
Kiel	18	21 : 21
Nürnberg	15	21 : 27
Osnabrück	17	15 : 13
Regensburg	21	27 : 21
Sandhausen	18	15 : 15
St. Pauli	15	18 : 20

a) Erstellt die Platzierung für die Vereine.
b) **Erkläre**, warum St. Pauli vor Nürnberg steht.
c) Bei zwei Teams sind Punkte und Tordifferenz gleich. Überlegt, wie die Platzierung in diesem Fall festgelegt werden könnte.
d) MK Recherchiert, ob eure Überlegungen zu Teilaufgabe c) zutreffen.

● **15** Wie heißt die ganze Zahl?
a) Sie ist von −5 genauso weit entfernt wie von +3.
b) Sie ist doppelt so weit entfernt von −1 wie von −7.
Suche zwei Lösungen.

16 Hund – Hand – Laus – Hole?
Bestimme das richtige Lösungswort.

	> H	
−32	< L	−29
	= M	

	> A	
−64	< U	−65
	= O	

	> N	
+7	< L	7
	= U	

	> S	
−45	< E	−46
	= D	

17 Ordne die Zahlen. Beginne mit der kleinsten Zahl.
Wenn du die Zahlen richtig geordnet hast, kannst du eine Regelmäßigkeit erkennen.
Aber verflixt: Eine Zahl fehlt. Ergänze sie.

a) −23; −13; +2; −18; +7; −28; −3
b) −39; +33; −3; −63; −15; −27; +21; −51
c) +13; −26; +39; −39; +26; −13; −52
d) +14; −7; −4; +3; −1; −6; +21

18 Unter der Schmelztemperatur eines Stoffes versteht man die Temperatur, bei der ein Stoff schmilzt.
Ordne nach der Schmelztemperatur, beginne mit der niedrigsten.

Stoff	Schmelztemperatur
Chlor	−102 °C
Kochsalz	+801 °C
Motorenbenzin	−40 °C
Quecksilber	−39 °C
Sauerstoff	−218 °C
Schokolade	+37 °C
Spiritus	−114 °C
Wasser	0 °C
Zucker	+186 °C

19 Übertrage die Tabelle in dein Heft und ergänze die fehlenden Werte.

alter Wert	Änderung	neuer Wert
45 °C	■	−25 °C
−25 °C	65 °C wärmer	■
■	43 °C wärmer	38 °C
−22 °C	■	12 °C
48 °C	22 °C kälter	■
■	5 °C kälter	−7 °C
■	15 °C kälter	−12 °C
−25 °C	■	45 °C

20 Spiel für 2
Zeichnet auf ein DIN-A4-Blatt eine Zahlengerade von −10 bis +10. Außerdem benötigt ihr zwei Spielfiguren und zwei Würfel.

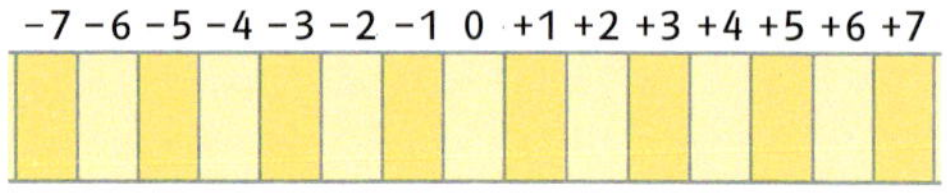

Stellt die beiden Spielfiguren auf die 0. Man würfelt nacheinander mit beiden Würfeln. Der erste Würfel entscheidet über die Richtung des Weges: Bei einer geraden Zahl wird der Spielstein nach rechts (Zunahme, +), bei einer ungeraden Zahl (Abnahme, −) nach links gesetzt. Der zweite Würfel gibt an, um wie viele Schritte der Stein gesetzt wird.

Beispiel:
Du würfelst mit dem ersten Würfel eine 2 (gerade Zahl, positive Richtung, Zunahme, +). Der zweite Würfel zeigt eine 5 (also 5 Schritte nach rechts, da der erste Würfel eine 2 zeigt).

a) Es gewinnt, wer nach fünf Spielrunden der Zahl 0 am nächsten steht.
b) Es gewinnt, wer zuerst genau die Zahl 10 erreicht.
c) Es gewinnt, wer zuerst eine Zahl kleiner als −7 erreicht.
d) Ihr könnt das Spiel auch im Treppenhaus spielen. Ihr selbst seid dann die Spielfiguren. Dabei ist es wichtig, dass ihr zu Beginn des Zuges immer in die Richtung schaut, in der die Zahlen größer werden.

21 Fahrstuhlgeschichten im Hochhaus:

a) Frank steigt in der fünften Etage ein und möchte ins dritte Untergeschoss. Wie viele Etagen muss er fahren?

b) Maren steigt in der zweiten Etage des Hochhauses in den Fahrstuhl und fährt fünf Etagen nach unten, anschließend elf Etagen nach oben. Wo kommt sie an?

c) Pascal steigt im dritten Untergeschoss ein und fährt neun Etagen nach oben. Wie viele Etagen und in welche Richtung muss er fahren, wenn er in der vierten Etage aussteigen will?

22 SP Emre hat Werte falsch abgelesen. **Erkläre**, welchen **Fehler** er gemacht hat. Schreibe richtig ins Heft.

a)

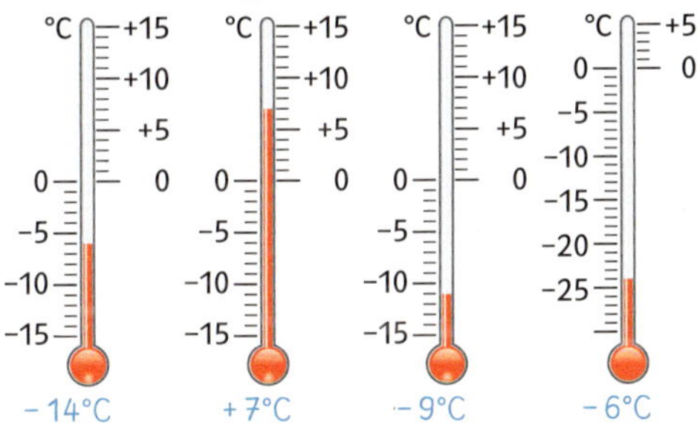

b)

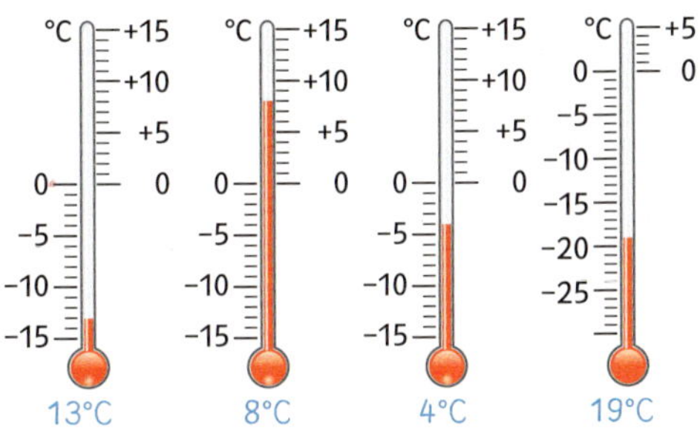

23

a) Herr Sentürk hat ein Guthaben von 216 € auf dem Konto. Er bezahlt eine Handwerkerrechnung in Höhe von 488 €. Bestimme den neuen Kontostand.

b) An einem anderen Tag hat Herr Sentürk 524 € auf dem Konto und bezahlt eine Rechnung von 712 €.

c) Bevor Herr Sentürk sein Gehalt von 1422 € erhält, ist sein Kontostand –143 €.

d) Erfinde eigene Aufgaben zum Kontostand von Herrn Sentürk. Lasse sie von deinem Partner oder deiner Partnerin lösen.

24 Beim Golfspiel gibt es in der Regel 18 Spielbahnen (Löcher). Damit man die Löcher auch von weitem sieht, kennzeichnet man sie mit einer Fahne. Die Anzahl der Schläge, die ein sehr guter Spieler vom Abschlagspunkt bis zum Einlochen benötigt, nennt man Par. Der Spieler mit den wenigsten Schlägen gewinnt.
Weitere Sprechweisen:
Bogey: +1 (1 Schlag mehr als Par)
Doppel-Bogey: +2
Birdy: –1 (1 Schlag weniger als Par)
Eagle: –2
Albatros: –3
Vor dem letzten Loch haben die führenden Spieler folgende Wertung:
Kaymer (+1); Stenson (–1);
Woods (–2); Bradley (–1).

a) Erstellt die aktuelle Platzierung der Spieler.

b) Beim letzten Loch spielt Kaymer einen Eagle und Bradley einen Birdy. Stenson und Woods sind noch auf der Bahn. Wann wird Woods alleiniger Turniersieger? In welchen Fällen gewinnt Stenson?

25 Welche der Zahlen
–9; +16; –23; –35; +18; +32
hat den größten Betrag (Abstand zur Null), welche den kleinsten?

26 Japangraben, Kurilengraben, Marianengraben, Philippinengraben und Tongagraben gehören zu den tiefsten Tiefseegräben der Erde.

a) Findet heraus, wie tief sie sind.

b) Ordnet sie nach ihrer Tiefe.

c) MK Recherchiert die Namen von weiteren Tiefseegräben und ordnet sie ein.

Rückspiegel

Teste dich

○ **1** SP Ergänze das Vorzeichen. Begründe deine Entscheidung.
a) Die Temperatur im Kühlschrank beträgt ■ 5 °C.
b) Mischt man 33 g Kochsalz mit 100 g Eis, kann man im Idealfall eine Temperatur von etwa ■ 21 °C erreichen.
c) Am 14.02.1940 wurde auf der Zugspitze, dem höchsten Berggipfel Deutschlands, eine Temperatur von etwa ■ 36 °C gemessen.

○ **2** Auf welche Zahlen zeigen die Pfeile?

a)
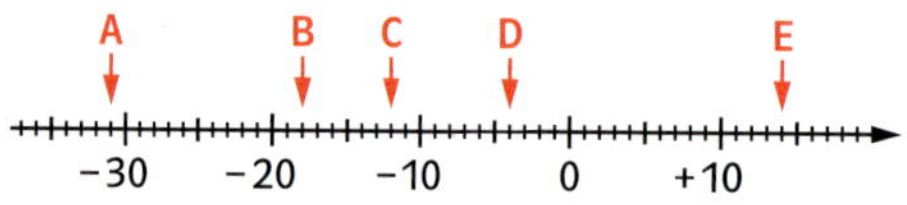

b)
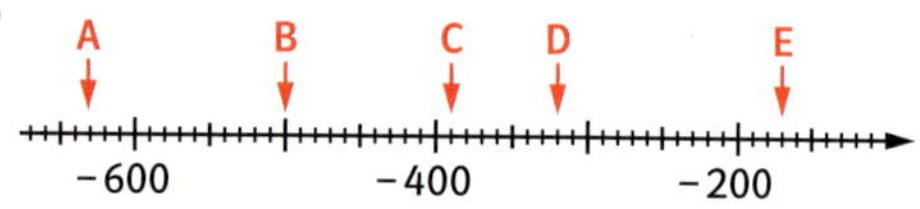

○ **3** Zeichne einen geeigneten Ausschnitt der Zahlengeraden und markiere die Zahlen −5; +4; −2; +6; +1; −8.

◒ **4** Vergleiche. Setze < oder > ein.
a) +15 ■ −21
b) −26 ■ −62
c) −20 ■ −30
d) −325 ■ −342
e) −25 ■ −27
f) −650 ■ −605

◒ **5** Ordne die Orte nach ihrer Jahresdurchschnittstemperatur.
Beginne mit dem kleinsten Wert.
- Chejsa: −14 °C
- Isfjord: −4 °C
- Mirnyj: −12 °C
- Thule: −11 °C
- Wuhan: −17 °C
- Upernavik: −7 °C
- Frobisher Bay: −9 °C

◒ **6** Ergänze die fehlenden Werte.

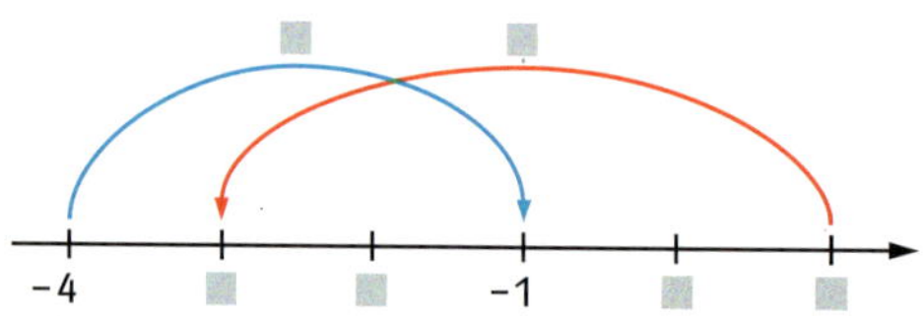

◒ **7** Die Tabelle zeigt die Kontostände vom letzten Tag des jeweiligen Monats in Euro. Bestimme die Kontobewegungen zwischen den Monaten.

Jan	Feb	März	Apr	Mai	Juni
540	170	-80	235	-215	74

◒ **3** Zeichne einen geeigneten Abschnitt der Zahlengeraden und markiere darauf folgende Zahlen:
−25; −29; +18; −36; −42; −33

◒ **4** Vergleiche. Setze < oder > oder = ein.
a) −86 ■ +83
b) −56 ■ −65
c) −323 ■ −332
d) −365 ■ −356
e) −17 889 ■ −17 898
f) −32 ■ 32

◒ **5** Welche Zahl ist
a) um 4 kleiner als −18?
b) um 6 kleiner als +3?
c) um 17 größer als −14?

● **6** Berechne die Endtemperatur.
a) Bis zum Mittag kletterte das Thermometer von −2 °C um 5 °C nach oben.
b) In der Nacht sank die Temperatur von −8 °C um weitere 3 °C.

● **7** Aus der Tabelle kann man die Tageshöchsttemperaturen (in °C) und die Tagestiefsttemperaturen entnehmen.
Bestimme die täglichen Änderungen und die größte Temperaturdifferenz.

Mo	Di	Mi	Do	Fr	Sa	So
12	9	6	7	8	10	5
3	4	−1	-3	-5	2	-4

→ Die Lösungen findest du auf Seite 246.

Grundwissen

Kapitel 5
Aufgabe B

Zahlen aus einer Stellenwerttafel ablesen und in diese eintragen

Zahlen kannst du unterschiedlich schreiben und darstellen.

In Dreierblöcken: 3 495 108

In Worten: drei Millionen vierhundertfünfundneunzigtausendeinhundertacht
In Stellenwerten: 3 M + 4 HT + 9 ZT + 5 T + 1 H + 0 Z + 8 E

In der Stellenwerttafel:

Millionen			Tausender			Einer		
HM	**ZM**	**M**	**HT**	**ZT**	**T**	**H**	**Z**	**E**
		3	4	9	5	1	0	8

1 Lies die Zahlen aus der Stellenwerttafel ab.

	HM	ZM	M	HT	ZT	T	H	Z	E
a)		7	8	5	2	1	3	9	4
b)		2	1	4	0	9	8	6	3
c)	1	5	7	8	9	3	4	2	6
d)	3	0	9	0	5	9	2	4	0

2 Trage die Zahlen in eine Stellenwerttafel ein.
a) 738 952 b) 4 421 863 c) 65 307 295 d) 132 790 546
e) drei Millionen sechshundertfünfundzwanzigtausendachthundertsechsundvierzig
f) zwölf Millionen vierhundertachtundfünzigtausendsiebenhundertsechsundneunzig

Kapitel 2
Aufgabe F
Kapitel 5
Aufgabe F
Kapitel 8
Aufgabe A

Zahlen auf dem Zahlenstrahl ablesen

Entscheide, in welchen Schritten der Zahlenstrahl zählt.
Sind es Zehner-Schritte, Einer-Schritte, Zehntel-Schritte, …?
Betrachte die eingetragenen Zahlen, zwischen denen die gesuchte Zahl steht.
Zähle den Wert der gesuchten Zahl ab.

Auf welche Zahl zeigt der Pfeil?

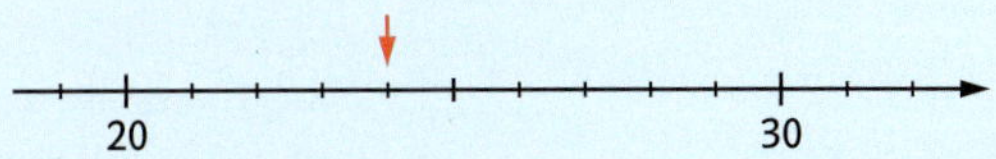

- Einteilung in Einer-Schritte.
- Die Zahl liegt zwischen 20 und 30.
- Vier Striche nach der 20:
  Die gesuchte Zahl ist die 24.

3 Auf welche Zahlen zeigen die Pfeile?
a)

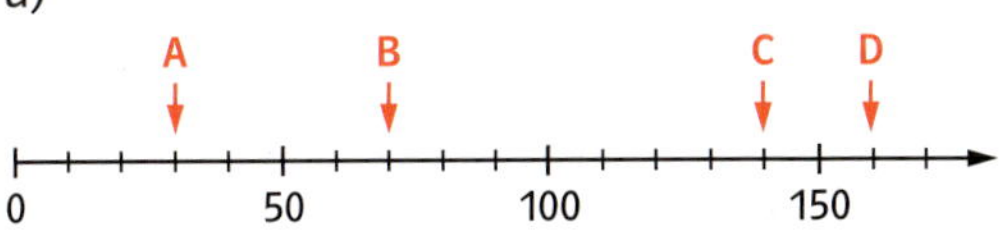

b)

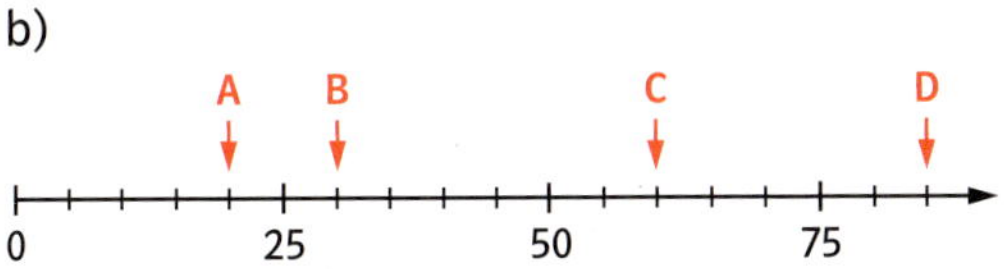

4 Lies die Zahlen am Zahlenstrahl ab.
a)

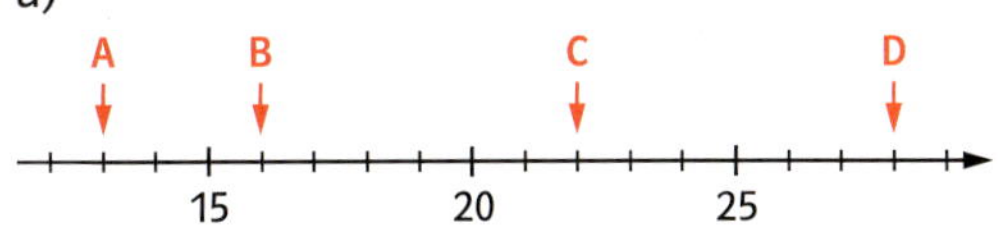

b)

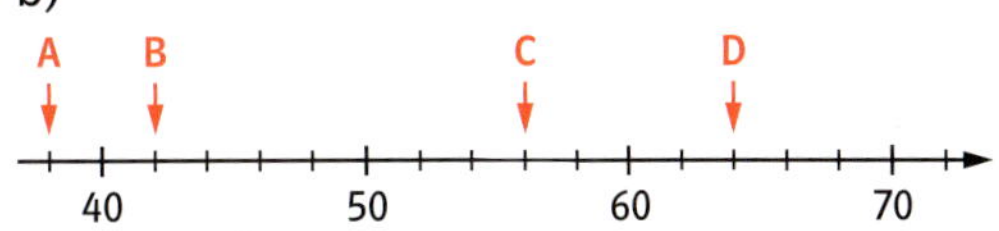

→ Die Lösungen findest du auf Seite 248.

Kapitel 2
Aufgabe F

Kapitel 8
Aufgabe B

Zahlen auf dem Zahlenstrahl markieren

Entscheide, **in welchen Schritten** der Zahlenstrahl zählt.
Überlege, **zwischen welchen beiden Zahlen** deine Zahl eingetragen werden muss.
Zeichne einen **Pfeil** an diese Stelle und **beschrifte ihn** mit deiner Zahl.

Markiere die Zahl 18.

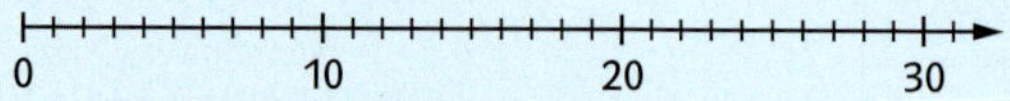

- Einteilung in **Einer-Schritte**.
- Die Zahl 18 liegt **zwischen 10 und 20**.
- Die Zahl 18 wird **auf dem achten Strich nach der 10** eingetragen.

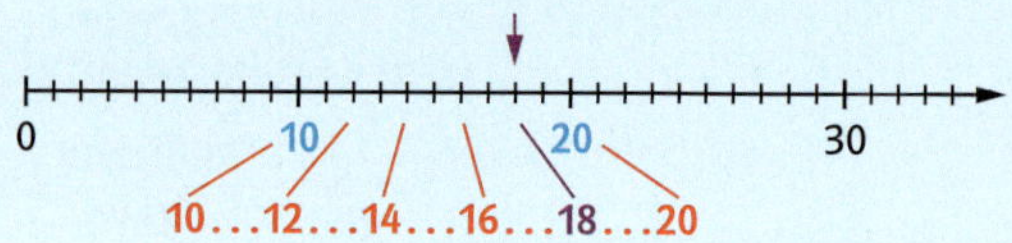

5 Zeichne den Zahlenstrahl in dein Heft. Markiere die Zahlen 69; 74; 78; 83 und 87 mit Pfeilen.

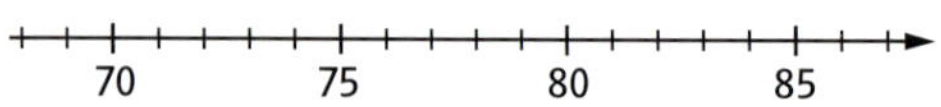

6 Markiere die Zahlen 38; 43; 49; 51 und 57 auf dem Zahlenstrahl.

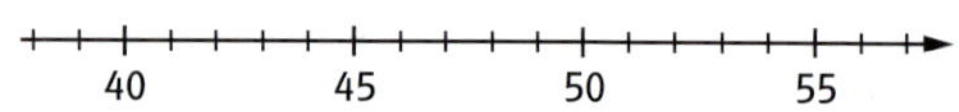

Kapitel 5
Aufgaben C und D

Kapitel 8
Aufgaben C und D

Zahlen vergleichen und ordnen

Auf dem Zahlenstrahl sind die Zahlen der Größe nach geordnet.

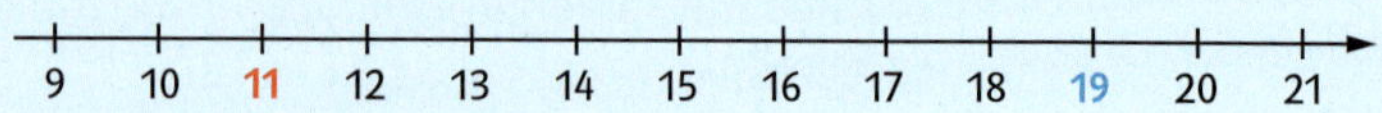

Je weiter **rechts** eine Zahl auf dem Zahlenstrahl steht, desto **größer** ist sie.

Vergleiche: 19 und 11
11 < 19 | 19 > 11
Man liest: 11 ist kleiner als 19. | 19 ist größer als 11.

Je weiter **links** eine Zahl auf dem Zahlenstrahl steht, desto **kleiner** ist sie.

Ordne: Beginne mit der kleinsten Zahl. 13; 19; 11; 16
11 < 13 < 16 < 19
Man liest: 11 ist kleiner als 13,
13 ist kleiner als 16 und
16 ist kleiner als 19.

Du ordnest sie mit den Zeichen < (kleiner) oder > (größer).

Ordne: Beginne mit der größten Zahl. 13; 19; 11; 16
19 > 16 > 13 > 11
Man liest: 19 ist größer als 16,
16 ist größer als 13 und
13 ist größer als 11.

7 Kleiner oder größer? Setze das richtige Zeichen (< oder >) ein.
a) 8 ▪ 5   b) 24 ▪ 28   c) 376 ▪ 374   d) 1596 ▪ 1569

→ Die Lösungen findest du auf Seite 248.

8 Ordne die Zahlen nach ihrer Größe. Beginne mit der kleinsten Zahl und verwende das Zeichen <.

a) 35; 29; 25; 39; 26

b) 8972; 7289; 9872; 2987

9 Ordne die Zahlen nach ihrer Größe. Beginne mit der größten Zahl und verwende das Zeichen >.

a) 53; 49; 57; 47; 58

b) 4361; 1463; 6314; 3641; 6431

Kapitel 5
Aufgabe E

Zahlen runden

Betrachte die **Rundungsstelle**.

Folgt auf die **Rundungsstelle** eine 0; 1; 2; 3 oder 4, wird die **Rundungsstelle** beibehalten.
Du rundest **ab**.

Folgt auf die **Rundungsstelle** eine 5; 6; 7; 8 oder 9, wird die **Rundungsstelle** um 1 erhöht.
Du rundest **auf**.

Runde auf Zehner:

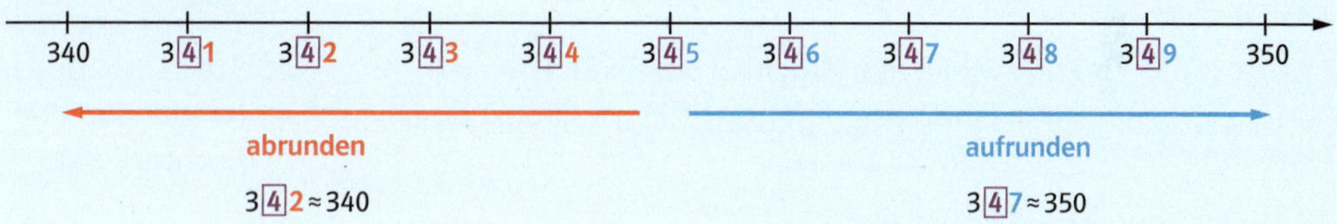

10 Runde auf Zehntausender.
78 136; 49 867; 84 372; 96 427

11 Runde auf Tausender.
78 136; 49 867; 84 372; 96 427

12 Runde auf Hunderter.
78 136; 49 867; 84 372; 96 427

13 Runde auf Zehner.
78 136; 49 867; 84 372; 96 427

Kapitel 2
Aufgabe D
Kapitel 3
Aufgabe D

Brüche aus unterteilten Figuren ablesen

Der **Nenner** eines Bruchs gibt an, in wie viele gleich große Teile das Ganze zerlegt wird.
Der **Zähler** gibt an, wie viele dieser Teile genommen werden.

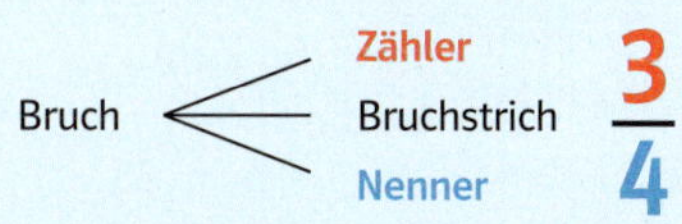

Der Kreis und das Rechteck sind in je **vier** gleich große Teile geteilt. Je **drei** dieser Teile sind gefärbt. Aus beiden Figuren kannst du den **Bruch** $\frac{3}{4}$ ablesen.

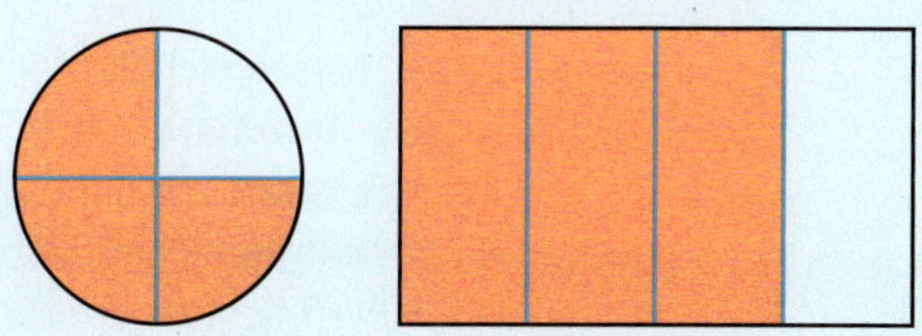

14 Lies aus der unterteilten Figur den Bruch ab.

a) 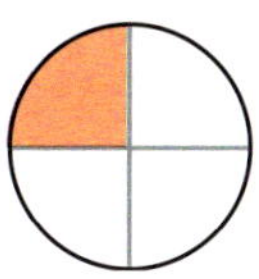

b) 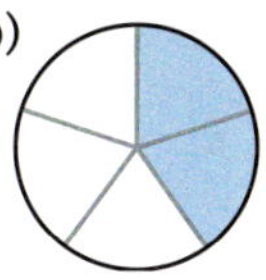

c) 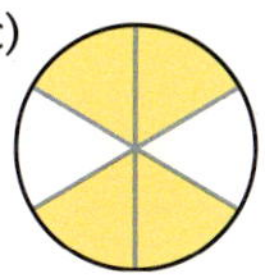

d) 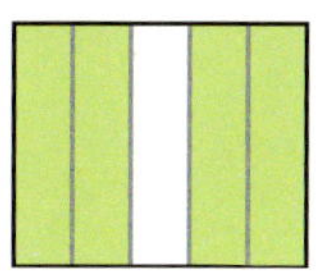

e) 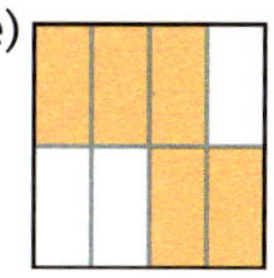

f) 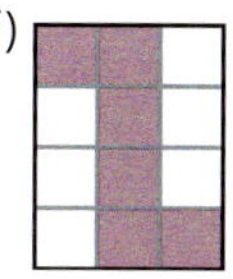

Kapitel 2
Aufgabe E

Kapitel 3
Aufgabe E

Brüche an unterteilten Figuren darstellen

So stellst du einen Bruch durch eine unterteilte Figur dar:

1. Wähle eine Figur, die sich in so viele gleich große Teile zerlegen lässt, wie der Nenner angibt.
2. Zeichne die Zerlegungslinien ein.
3. Färbe so viele Teile, wie der Zähler angibt.

Stelle den Bruch $\frac{3}{5}$ dar.

1. Du wählst z. B. einen 10 cm langen Streifen.
2. Teile den Streifen in fünf gleich große Teile.
3. Färbe drei Teilstücke ein. So erhältst du eine Darstellung des Bruchs $\frac{3}{5}$.

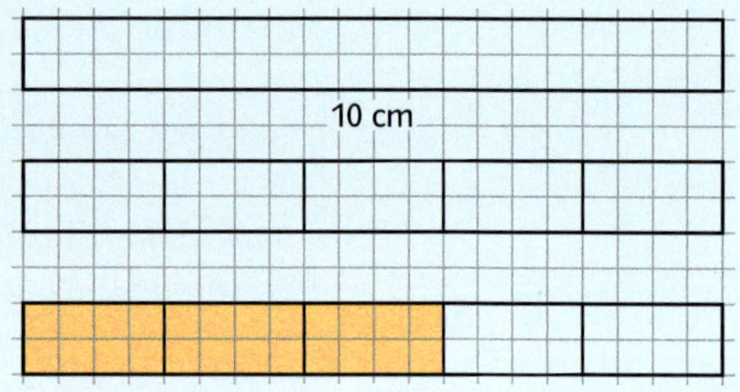

15 Stelle den Bruch an einem Streifen dar. Eine geeignete Länge in cm kannst du am Nenner ablesen.

a) $\frac{2}{5}$ b) $\frac{3}{4}$ c) $\frac{5}{8}$ d) $\frac{5}{6}$ e) $\frac{6}{10}$

16 Stelle den Bruch an einem vier Kästchen langen und drei Kästchen breiten Rechteck dar.

a) $\frac{6}{12}$ b) $\frac{7}{12}$ c) $\frac{1}{4}$ d) $\frac{2}{3}$ e) $\frac{5}{6}$

17 Stelle den Bruch an einer passenden Figur dar.

a) $\frac{9}{10}$ b) $\frac{1}{7}$ c) $\frac{4}{9}$ d) $\frac{5}{12}$ e) $\frac{4}{15}$

Kapitel 6
Aufgabe A

Kapitel 8
Aufgabe E und F

Im Kopf addieren und subtrahieren

So lassen sich Zahlen **im Kopf addieren**:

- Addiere zur ersten Zahl zunächst die Hunderter der zweiten Zahl.
- Addiere dann die Zehner der zweiten Zahl zum **Zwischenergebnis**.
- Addiere zum Schluss die Einer der zweiten Zahl zum **Zwischenergebnis**.

456 + 237 = …
456 + 200 = 656
656 + 30 = 686
686 + 7 = **693**

So lassen sich Zahlen **im Kopf subtrahieren**:

- Subtrahiere zuerst die Hunderter der zweiten Zahl.
- Subtrahiere dann die Zehner der zweiten Zahl vom **Zwischenergebnis**.
- Zum Schluss subtrahierst du noch die Einer der zweiten Zahl vom **Zwischenergebnis**.

573 − 368 = …
573 − 300 = 273
273 − 60 = 213
213 − 8 = **205**

18 Addiere im Kopf.

a) 36 + 52 b) 78 + 46
c) 212 + 87 d) 335 + 246

19 Subtrahiere im Kopf.

a) 97 − 32 b) 75 − 47
c) 167 − 23 d) 248 − 79

→ Die Lösungen findest du auf Seite 248.

Kapitel 6
Aufgabe B

Schriftlich addieren und subtrahieren

Schriftliche Addition

Addiere
zuerst die Einer,
dann die Zehner,
dann die Hunderter,
…

	H	Z	E
	4	3	6
+	1	0	9
+	6	9	8
	1	2	
1	2	4	3

Schreibe die **Überträge** jeweils in die nächste Spalte.

8 + 9 + 6 = 23, schreibe 3, übertrage 2
2 + 9 + 0 + 3 = 14, schreibe 4, übertrage 1
1 + 6 + 1 + 4 = 12, schreibe 12

Schriftliche Subtraktion

Subtrahiere
zuerst die Einer,
dann die Zehner,
dann die Hunderter,
…

	H	Z	E
	9	0	7
–	4	6	9
	1	1	
	4	3	8

Schreibe die **Überträge** jeweils in die nächste Spalte.

9 bis 17 fehlen 8, schreibe 8, übertrage 1
1 + 6 = 7. 7 bis 10 fehlen 3, schreibe 3, übertrage 1
1 + 4 = 5. 5 bis 9 fehlen 4, schreibe 4

20 Addiere schriftlich.
a) 72 + 87 b) 245 + 338
c) 98 + 173 + 408 d) 380 + 519 + 37

21 Subtrahiere schriftlich.
a) 98 – 53 b) 527 – 156
c) 765 – 125 – 218 d) 703 – 98 – 590

Kapitel 2
Aufgabe A und B

Im Kopf multiplizieren und dividieren

Um im Kopf multiplizieren oder dividieren zu können, zerlegt man die Zahlen sinnvoll. Die **Zwischenergebnisse** werden dann addiert bzw. subtrahiert.

Multiplizieren

a) 14 · 9 = …
10 · 9 = 90
4 · 9 = 36
90 + 36 = **126**

Dividieren

b) 84 : 7 = …
70 : 7 = 10
14 : 7 = 2
10 + 2 = **12**

In manchen Fällen ist es vorteilhaft, die Zahl auf einen Zehner aufzurunden und anschließend zu subtrahieren.

c) 29 · 6 = …
30 · 6 = 180
1 · 6 = 6
180 – 6 = **174**

d) 112 : 8 = …
120 : 8 = 15
8 : 8 = 1
15 – 1 = **14**

e) 97 · 4 = …
100 · 4 = 400
3 · 4 = 12
400 – 12 = **388**

f) 702 : 9 = …
720 : 9 = 80
18 : 9 = 2
80 – 2 = **78**

→ Die Lösungen findest du auf Seite 249.

22 Multipliziere im Kopf.

a) 34 · 3 b) 22 · 6
c) 51 · 9 d) 84 · 7
e) 19 · 5 f) 49 · 8
g) 78 · 4 h) 28 · 8

23 Dividiere im Kopf.

a) 115 : 5 b) 217 : 7
c) 352 : 8 d) 522 : 9
e) 116 : 4 f) 260 : 5
g) 133 : 7 h) 294 : 6

Kapitel 2
Aufgabe A

Kapitel 6
Aufgabe C

Schriftlich multiplizieren

Multipliziere zuerst den **Zehner** der **zweiten Zahl** mit dem Einer, dem Zehner, dem Hunderter der ersten Zahl. Multipliziere anschließend mit dem **Einer** der **zweiten Zahl** ebenso die erste Zahl. Achte auf den **Übertrag** und ergänze fehlende Nullen.

H	Z	E		Z	E
6	4	3	·	3	5
	1	9	2	9	
		3	2	1	5
	1		1		
	2	2	5	0	5

Multiplizieren mit dem **Zehner**
Sprechweise: 3 · 3 = 9, schreibe **9**
3 · 4 = **12**, schreibe **2**, merke **1**
3 · 6 + 1 = **19**, schreibe **19**

Multiplizieren mit dem **Einer**
Sprechweise: 5 · 3 = **15**, schreibe **5**, merke **1**
5 · 4 + 1 = **21**, schreibe **1**, merke **2**
5 · 6 + 2 = **32**, schreibe **32**

24 Multipliziere schriftlich.

a) 83 · 3 b) 364 · 8 c) 42 · 21 d) 89 · 23
e) 537 · 45 f) 809 · 98 g) 73 · 37 h) 326 · 126

Kapitel 2
Aufgabe B

Kapitel 6
Aufgabe D

Schriftlich dividieren

Dividiere stellenweise. Beginne mit der höchsten Stelle. Lässt sich die höchste Stelle nicht dividieren, fasst man die beiden höchsten Stellen zusammen.

	T	H	Z	E				H	Z	E
	2	9	3	6	:	8	=	3	6	7
-	2	4	↓							
		5	3							
	-	4	8	↓						
			5	6						
		-	5	6						
				0						

Sprechweise:
29 : 8 = **3**, schreibe **3**, rechne 3 · 8 = 24, Rest **5**
53 : 8 = **6**, schreibe **6**, rechne 6 · 8 = 48, Rest **5**
56 : 8 = **7**, schreibe **7**, rechne 7 · 8 = 56, Rest **0**

25 Dividiere schriftlich.

a) 469 : 7 b) 1872 : 8 c) 5112 : 6 d) 8163 : 9

→ Die Lösungen findest du auf Seite 249.

Kapitel 2
Aufgabe C

Dividieren mit Rest

Hat die letzte Differenz einer Divisionsaufgabe nicht den Wert 0, entsteht ein Rest. Diesen Rest schreibt man hinter den Quotienten.

	Z	E				Z	E			
	7	4	:	3	=	2	4		R	2
–	6									
	1	4								
–	1	2	Die letzte Differenz ist 2.							
		2	Die Division hat also den Rest 2.							

Sprechweise:
7 : 3 = 2, schreibe 2, rechne 2 · 3 = 6, Rest 1
14 : 3 = 4, schreibe 4, rechne 4 · 3 = 12, Rest 2

26 Dividiere.
a) 514 : 4 b) 654 : 7 c) 1234 : 5 d) 3219 : 9

Kapitel 6
Aufgaben E und F

Mit Stufenzahlen multiplizieren und durch Stufenzahlen dividieren

Stufenzahlen heißen auch **Zehnerpotenzen**. Es sind die Zahlen 10; 100; 1000; …

Multiplizierst du eine Zahl mit einer Stufenzahl, erhöhen sich die Stellenwerte der Ziffern, es werden Nullen ergänzt.

Aufgabe	Ergebnis				
	ZT	T	H	Z	E
36 · 10			3	6	0
36 · 100		3	6	0	0
36 · 1000	3	6	0	0	0

Dividierst du eine Zahl durch eine Stufenzahl, verringern sich die Stellenwerte der Ziffern, es entfallen Nullen.

Aufgabe	Ergebnis			
	T	H	Z	E
62 000 : 10	6	2	0	0
62 000 : 100		6	2	0
62 000 : 1000			6	2

27 Multipliziere mit der Stufenzahl.
a) 6 · 10 b) 15 · 100
c) 9 · 1000 d) 12 · 10 000

28 Dividiere durch die Stufenzahl.
a) 250 : 10 b) 5600 : 100
c) 24 000 : 100 d) 95 000 : 1000

Kapitel 3
Aufgabe A

Fachbegriffe verwenden

Bei den Grundrechenarten werden folgende Bezeichnungen verwendet.

Addition
1. Summand 2. Summand
8 + 12 = 20
Summe — Wert der Summe

Subtraktion
Minuend Subtrahend
24 – 15 = 9
Differenz — Wert der Differenz

Multiplikation
1. Faktor 2. Faktor
8 · 7 = 56
Produkt — Wert des Produkts

Division
Dividend Divisor
63 : 7 = 9
Quotient — Wert des Quotienten

29 Notiere ein Beispiel für eine Summe, eine Differenz, ein Produkt und einen Quotienten.

30 Ordne den Rechenausdrücken die richtige Bezeichnung zu.
a) 9 · 12 b) 48 – 23
c) 45 : 9 d) 15 + 7

→ Die Lösungen findest du auf Seite 250.

Kapitel 6
Aufgabe G

Rechenvorteile nutzen

Mit dem **Vertauschungs- (Kommutativ-) und Verbindungs- (Assoziativ-)gesetz** lässt sich oft vorteilhaft rechnen.

$54 + 67 + 46 + 23$
$= 54 + 46 + 67 + 23$ — Beim Addieren und Multiplizieren darf man Zahlen vertauschen.
$= (54 + 46) + (67 + 23)$
$= 100 + 90$ — Beim Addieren und Multiplizieren darf man Zahlen beliebig verbinden (einklammern).
$= 190$

In manchen Fällen kann man auch mit dem **Verteilungs- (Distributiv-)gesetz** vorteilhaft rechnen.

$8 \cdot 74 + 8 \cdot 26$ — Hier kannst du **ausklammern**.
$= 8 \cdot (74 + 26)$
$= 8 \cdot 100$
$= 800$

31 Rechne vorteilhaft.
a) $37 + 61 + 23 + 39$
b) $12 + 55 + 91 + 45 + 88$
c) $25 \cdot 7 \cdot 4$

32 Klammere gemeinsame Faktoren aus. Rechne dann.
a) $26 \cdot 3 + 26 \cdot 7$
b) $43 \cdot 27 - 33 \cdot 27$
c) $5 \cdot 7 + 5 \cdot 4 + 5 \cdot 9$

Kapitel 3
Aufgabe B
Kapitel 6
Aufgabe H
Kapitel 7
Aufgabe E

Punkt vor Strich

Wir unterscheiden Strichrechnungen und Punktrechnungen:
+ und –　　　　· und :
Es gilt die Regel: „Punktrechnung geht vor Strichrechnung".

$7 + 75 : 25$ — Punktrechnung vor Strichrechnung
$= 7 + 3$
$= 10$

$28 - 3 \cdot 9$ — Punktrechnung vor Strichrechnung
$= 28 - 27$
$= 1$

33 Beachte Punkt vor Strich.
a) $23 + 7 \cdot 9$
b) $25 - 96 : 6 + 18$
c) $16 + 12 \cdot 7 - 48 : 8$

Kapitel 3
Aufgabe B
Kapitel 7
Aufgabe E

Klammer zuerst

Was in einer Klammer steht, wird zuerst gerechnet.

$(47 - 12) : 5$
$= 35 : 5$
$= 7$

34 Achte auf die Klammern.
a) $(17 + 5) \cdot 4$
b) $36 : (13 - 4)$
c) $4 - (45 - 12) : 11$

→ Die Lösungen findest du auf Seite 250.

Kapitel 4
Aufgaben B und C

Längeneinheiten. Mit Längen rechnen

Für Längen gibt es folgende Einheiten:

Kilometer	**km**	1 km = 1000 m
Meter	**m**	1 m = 10 dm
Dezimeter	**dm**	1 dm = 10 cm
Zentimeter	**cm**	1 cm = 10 mm
Millimeter	**mm**	

Die Umwandlungszahl ist 10.
Ausnahme: Die Umwandlungszahl von Kilometer nach Meter ist 1000.
Beim Umwandeln hilft dir die Stellenwerttafel.

	km			**m**		**dm**	**cm**	**mm**	
100	**10**	**1**	**100**	**10**	**1**	**1**	**1**	**1**	
					4	5			4 m 5 dm = 45 dm
					2	6	5		2 m 6 dm 5 cm = 265 cm
		3	4	0	0				3 km 400 m = 3400 m

Für das Addieren und Subtrahieren müssen die Längen die gleiche Einheit haben.
Dazu musst du sie nötigenfalls umwandeln.

- 6 m + 12 m = 18 m
- 5 dm + 8 cm = 50 cm + 8 cm
  = 58 cm
- 80 m · 9 = 720 m
- 25 dm − 17 dm = 8 dm
- 7 m 8 dm − 4 m 6 dm = 78 dm − 46 dm
  = 32 dm
- 66 km : 6 = 11 km

35 Wandle um.

a) 5 m = ■ dm
b) 8 cm = ■ mm
c) 30 dm = ■ m
d) 4 km = ■ m
e) 45 cm = ■ dm ■ cm
f) 67 dm = ■ m ■ dm
g) 2000 m = ■ km
h) 500 cm = ■ dm = ■ m
i) 3 km 225 m = ■ m

36 Berechne.

a) 7 m 5 dm + 1 m 2 dm
b) 12 m 4 dm + 7 dm
c) 25 mm + 6 cm 5 mm
d) 12 m 4 dm − 3 dm
e) 25 cm − 1 cm 6 mm
f) 24 m · 3
g) 15 cm · 4
h) 80 m : 4
i) 45 cm : 15

Längen schätzen

Statt eine Länge genau zu messen, genügt oft eine ungefähre Schätzung.
Dazu vergleichst du die Länge, die du schätzen sollst, mit bekannten Längen.

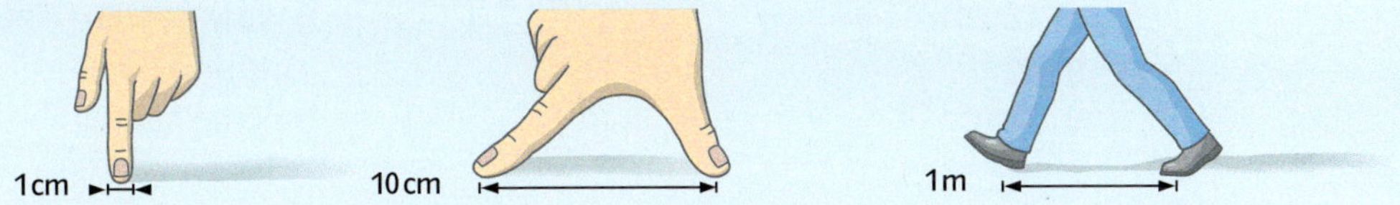

37 Schätze

a) die Länge deines Klassenzimmers.
b) die Länge, Breite und Dicke eines Schokoriegels.
c) die Höhe des Klassenzimmers.
d) die Höhe des Schulgebäudes.

→ Die Lösungen findest du auf Seite 250.

Kapitel 4
Aufgaben B und C

Flächeninhalt

Für Flächeninhalte gibt es folgende Einheiten:

Quadratkilometer	**km²**	$1\,km^2$ = **100** ha
Hektar	**ha**	1 ha = **100** a
Ar	**a**	1 a = **100** m^2
Quadratmeter	**m²**	$1\,m^2$ = **100** dm^2
Quadratdezimeter	**dm²**	$1\,dm^2$ = **100** cm^2
Quadratzentimeter	**cm²**	$1\,cm^2$ = **100** mm^2
Quadratmillimeter	**mm²**	

Die **Umwandlungszahl** für Flächeneinheiten ist **100**.

Beim Umwandeln hilft dir die Stellenwerttafel.

km²		**ha**		**a**		**m²**		**dm²**		**cm²**		**mm²**		
							2	4	5					$2\,m^2\ 45\,dm^2 = 245\,m^2$
								3	4	1	8			$34\,dm^2\ 18\,cm^2 = 3418\,cm^2$
					5	1	0							$5\,a\ 10\,m^2 = 510\,m^2$

Für das Addieren und Subtrahieren müssen die Flächeninhalte die gleiche Einheit haben. Dazu musst du sie nötigenfalls umwandeln.

- $15\,dm^2 + 8\,dm^2 = 23\,dm^2$
- $4\,dm^2 + 60\,cm^2 = 400\,cm^2 + 60\,cm^2$
  $= 460\,cm^2$
  $= 4\,dm^2\ 60\,cm^2$
- $3\,m^2\ 20\,dm^2 - 1\,m^2\ 40\,dm^2 = 320\,dm^2 - 140\,dm^2$
  $= 180\,dm^2$
  $= 1\,m^2\ 80\,dm^2$
- $12\,m^2 \cdot 5 = 60\,m^2$
- $32\,km^2 : 4 = 8\,km^2$

38 Wandle um.

a) $4\,m^2$ = ■ dm^2
b) $500\,dm^2$ = ■ m^2
c) $54\,m^2$ = ■ dm^2
d) 1 a $20\,m^2$ = ■ m^2
e) $800\,cm^2$ = ■ dm^2
f) $8000\,dm^2$ = ■ m^2
g) $3\,m^2\ 15\,dm^2$ = ■ dm^2
h) $6\,cm^2\ 25\,mm^2$ = ■ mm^2
i) 1 ha 25 a = ■ a

39 Berechne.

a) $4\,m^2\ 50\,dm^2 + 2\,m^2\ 30\,dm^2$
b) $12\,cm^2\ 25\,mm^2 + 6\,cm^2\ 85\,mm^2$
c) $25\,m^2\ 50\,dm^2 + 24\,m^2\ 50\,dm^2$
d) $4\,cm^2\ 20\,mm^2 - 1\,cm^2\ 10\,mm^2$
e) $4\,a\ 20\,m^2 - 1\,a\ 10\,m^2$
f) $32\,m^2\ 55\,dm^2 - 30\,m^2\ 25\,dm^2$
g) $24\,m^2 \cdot 2$
h) $15\,dm^2 : 3$
i) $10\,m^2 \cdot 10$
j) $55\,ha : 5$

→ Die Lösungen findest du auf Seite 250.

Gewicht (Masse)

Für Gewichte gibt es folgende Einheiten.

Tonne	**t**	1 t = 1000 kg
Kilogramm	**kg**	1 kg = 1000 g
Gramm	**g**	1 g = 1000 mg
Milligramm	**mg**	

Die **Umwandlungszahl** ist **1000**.
Beim Umwandeln hilft dir die Stellenwerttafel.

t			kg			g			mg			
100	**10**	**1**	**100**	**10**	**1**	**100**	**10**	**1**	**100**	**10**	**1**	
		4	7	2	5							4 t 725 kg = 4725 kg
					2	4	0	0				2 kg 400 g = 2400 g
								5	0	9	0	5090 mg = 5 g 90 mg

Für das Addieren und Subtrahieren müssen die Gewichte die gleiche Einheit haben.
Dazu muss man sie nötigenfalls umwandeln.

- 3 kg 600 g + 4 kg 300 g = 3600 g + 4300 g
  = 7900 g
  = 7 kg 900 g
- 2 t 500 kg − 800 kg = 2500 kg − 800 kg
  = 1700 kg
  = 1 t 700 kg
- 350 g · 4 = 1400 g
  = 1 kg 400 g
- 2400 g : 12 = 200 g

40 Wandle um.

a) 5 t = ■ kg
b) 9 kg = ■ g
c) 7 t 500 kg = ■ kg
d) 5000 mg = ■ g
e) 4250 kg = ■ t ■ kg
f) 6250 g = ■ kg ■ g
g) 4000 mg = ■ g
h) 16 000 kg = ■ t
i) 37 500 kg = ■ t ■ kg

41 Berechne.

a) 6 kg 500 g + 2 kg 300 g
b) 4 kg 750 g + 3 kg 500 g
c) 10 t 500 kg + 2 t 600 kg
d) 9 kg 250 g − 6 kg 150 g
e) 6 t 200 kg − 3 t 900 kg
f) 40 kg · 5
g) 300 g · 4
h) 100 g : 20
i) 64 kg : 8

Zeit

Für Zeiten (Zeitspannen) gibt es folgende Einheiten.

Jahr	**a**	1 a = 365 d
Tag	**d**	1 d = 24 h
Stunde	**h**	1 h = 60 min
Minute	**min**	1 min = 60 s
Sekunde	**s**	

- Zeitpunkte (Uhrzeiten) werden mit einem Doppelpunkt geschrieben. — 08:15 Uhr gelesen: acht Uhr fünfzehn
- So wandelst du Zeitspannen um: — 5 min = 5 · 60 s = 300 s; 1 h 30 min = 60 min + 30 min = 90 min
- So berechnest du Zeitspannen: — Zeitspanne von 01:20 Uhr bis 03:50 Uhr:
  3 h 50 min − 1 h 20 min = 2 h 30 min

→ Die Lösungen findest du auf Seite 251.

42 Wandle um.
a) in s: 1 min; 3 min; 2 min 40 s
b) in min: 1 h; 4 h; 3 h 30 min
c) in h: 1 d; 2 d; 2 d 12 h; 3 d 6 h
d) in min: 60 s; 600 s; 180 s; 300 s
e) in h: 60 min; 120 min; 240 min

43 Berechne die Zeitspanne.
a) von 08:00 Uhr bis 12:00 Uhr
b) von 09:00 Uhr bis 11:45 Uhr
c) von 09:15 Uhr bis 11:45 Uhr
d) von 09:45 Uhr bis 11:30 Uhr
e) von 01:30 Uhr bis 03:15 Uhr

Kapitel 5
Aufgabe A

Kommazahlen aus dem Alltag lesen und verstehen

Oft werden Größen in benachbarten Einheiten angegeben (gemischte Schreibweise).
Dafür gibt es eine kürzere Schreibweise, die Kommaschreibweise.
Die Stellen der kleineren Einheiten werden von den Stellen der größeren Einheit durch ein Komma abgetrennt.

6 m 5 dm = 6,5 m   5 t 325 kg = 5,325 t   4 m 25 cm = 4,25 m   15 m² 48 dm² = 15,48 m²

Für fehlende Stellen der kleineren Einheit musst du Nullen ergänzen.

5 kg 48 g = 5,048 kg   5 kg 4 g = 5,004 kg   2 € 1 ct = 2,01 €   24 m² 9 dm² = 24,09 m²

44 Schreibe mit Komma.
a) 2 m 4 dm   b) 4 m 25 cm
c) 5 cm 7 mm   d) 8 cm 9 mm
e) 8 km 234 m   f) 30 m² 47 dm²
g) 6 kg 200 g   h) 2 t 80 kg

45 Schreibe in gemischter Schreibweise.
a) 2,50 m   b) 4,80 m
c) 6,05 m   d) 60,50 m
e) 12,68 m²   f) 31,05 dm²
g) 65,825 t   h) 39,240 kg

Kapitel 2
Aufgabe G

Bruchteile von Größen in eine kleinere Einheit umwandeln

$\frac{3}{4}$ m ist ein **Bruchteil** von 1 m.

Der Nenner 4 gibt an, in wie viele gleiche Teile 1 m geteilt wird.
Der Zähler 3 gibt an, wie viele dieser Teile genommen werden.

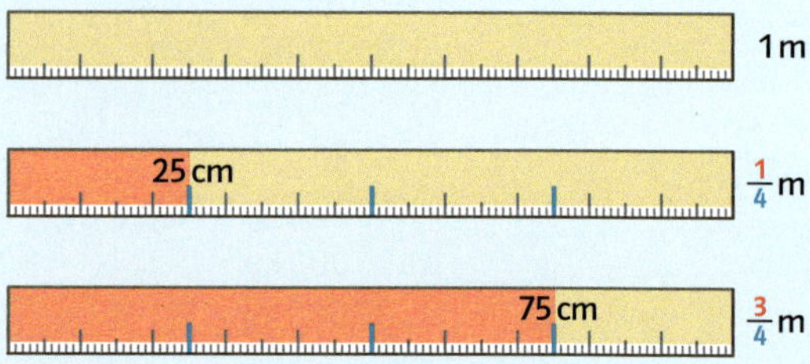

An der Messlatte kannst du ablesen: $\frac{3}{4}$ m = 75 cm.

$\frac{3}{4}$ m = $\frac{3}{4}$ von 1 m = $\frac{3}{4}$ von 100 cm kann in verschiedenen Schreibweisen notiert werden:

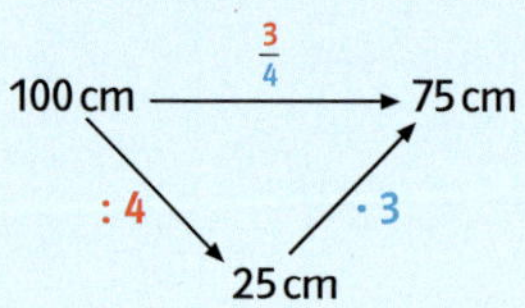

oder

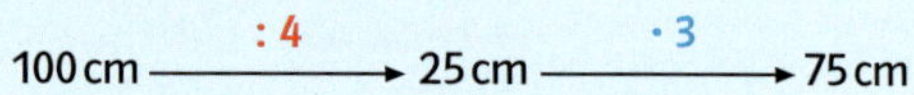

46 Rechne in die nächstkleinere Einheit um.
a) $\frac{1}{2}$ dm   b) $\frac{1}{2}$ kg   c) $\frac{3}{4}$ h
d) $\frac{3}{4}$ kg   e) $\frac{1}{4}$ t   f) $\frac{3}{4}$ m²
g) $\frac{5}{8}$ km   h) $\frac{1}{10}$ cm²   i) $\frac{1}{6}$ h

47 Fülle die Lücken im Pfeilbild.
a)
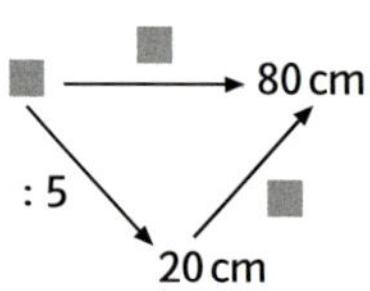

b)
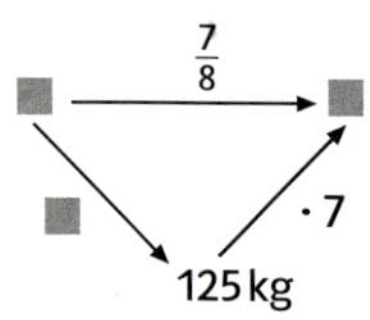

→ Die Lösungen findest du auf Seite 251.

Kapitel 6
Aufgabe I

Lösungsplan für Sachaufgaben

Laura möchte ein Fahrrad, das **395 €** kostet. Sie hat **schon 170 €** gespart. Ihre Großeltern haben ihr **80 € versprochen**. Von ihrem Taschengeld kann sie **monatlich 15 € sparen**.
Wie viele Monate muss sie noch auf ihr Fahrrad warten?

1. Lies die Aufgabe sorgfältig durch.

2. Schreibe die gegebenen und die gesuchten Größen heraus.

   Gegeben: 395 €; 170 €; 80 €; 15 € pro Monat
   Gesucht: Anzahl der Monate

3. Überlege einen Rechenweg und rechne Schritt für Schritt.

   Ich subtrahiere vom Preis die Geldbeträge, die schon vorhanden sind.
   395 € − 170 € − 80 € = 145 €

   Den fehlenden Geldbetrag dividiere ich durch 15 €.

   145 : 15 = 9 Rest 10

   NR 145 : 15 = 9 R 10
   −135
   10

4. Schreibe einen Ergebnissatz.

   Laura muss noch 10 Monate warten.

48 Zur Herstellung von 1 l Orangensaft müssen 1200 g Orangen ausgepresst werden.
a) Ernesto soll für eine Schulparty 10 l Saft vorbereiten. Wie viel kg Orangen muss er einkaufen?
b) Eine Herstellerfirma verarbeitet täglich 480 kg Orangen. Wie viel Saft erzeugt sie täglich?

49 Die Klasse 6c mit 26 Schülerinnen und Schülern und zwei Lehrkräften besucht ein Freilichtmuseum. Mit welchen Karten ist der Eintritt am günstigsten?

Eintritt	
Erwachsene	9 €
Jugendliche	4,50 €
Kinder bis 10 Jahre	frei
Karte für 10 Personen	40 €

50 Die vier Elefanten, fünf Kamele und acht Lamas im Zoo brauchen viel Heu. Die tägliche Ration für einen Elefanten ist 175 kg, für ein Kamel 40 kg, für ein Lama 12,5 kg. Im Jahr 2021 kostet 1 t Heu 110 €.
Der Zoo hat für Heu im Vorjahr 42 000 € ausgegeben. Reicht dieser Betrag auch für das Jahr 2021?

→ Die Lösungen findest du auf Seite 251.

Kapitel 1
Aufgabe C

Rechte Winkel erkennen

Rechte Winkel erkennst du häufig mit bloßem Auge. Sie werden durch einen Punkt im Winkelbogen ⊾ gekennzeichnet.

Du kannst sie auch mit vorgegebenen rechten Winkeln prüfen, zum Beispiel mit dem Geodreieck.

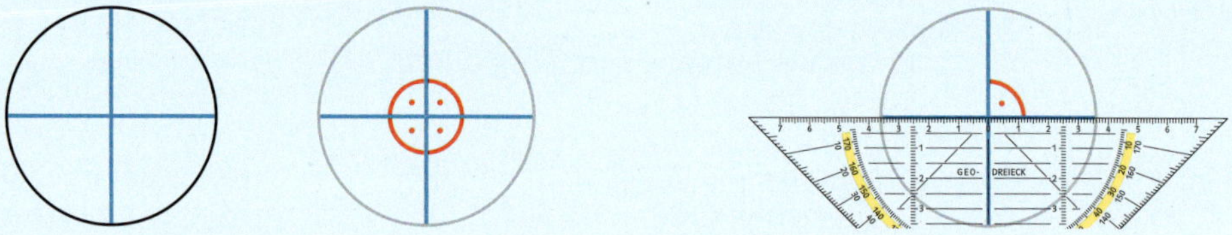

51 Übertrage die Figuren in dein Heft und kennzeichne alle rechten Winkel.

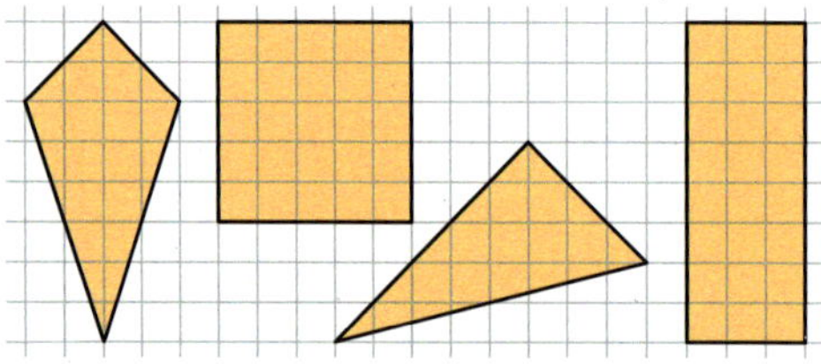

52 Überprüfe mit dem Geodreieck, an welchen Ecken rechte Winkel sind.

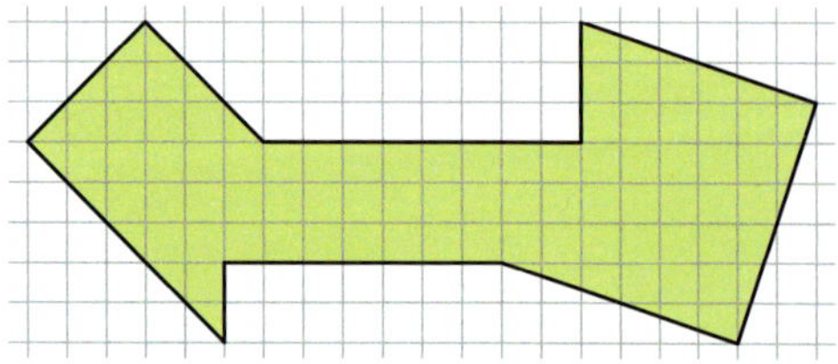

Kapitel 1
Aufgabe D

Rechte Winkel zeichnen

Zeichne eine Gerade und auf ihr einen Punkt.
Lege das Geodreieck an und zeichne einen rechten Winkel.

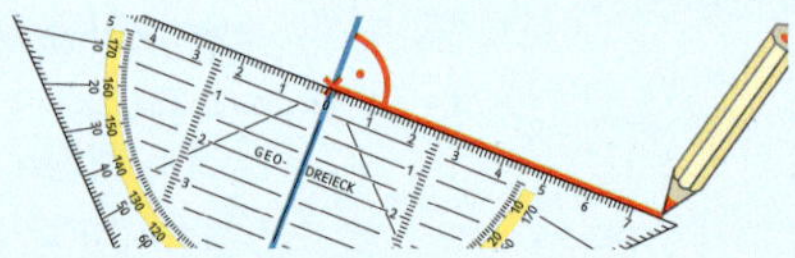

53 Übertrage die Strecken in dein Heft und zeichne im Punkt einen rechten Winkel an die Strecke.

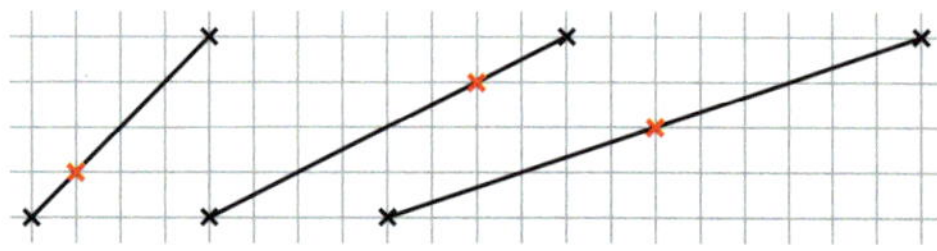

Kapitel 4
Aufgabe A

Rechtecke und Quadrate zeichnen

Die Bilderfolge zeigt dir, wie du ein **Rechteck** oder **Quadrat** zeichnest.
Beim Quadrat sind alle Seiten gleich lang.

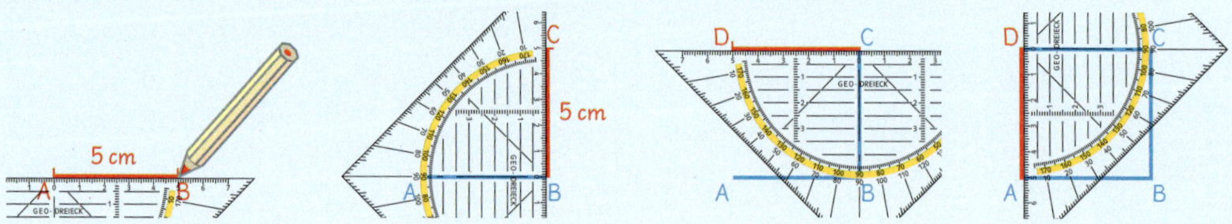

→ Die Lösungen findest du auf Seite 252.

54 Zeichne auf unliniertem Papier ein 3,5 cm breites und 5 cm langes Rechteck. Kennzeichne die Ecken mit den Buchstaben A; B; C und D und markiere die rechten Winkel.

55 Übertrage die Punkte in dein Heft. Verbinde die Punkte so, dass zwei Quadrate und zwei Rechtecke entstehen.

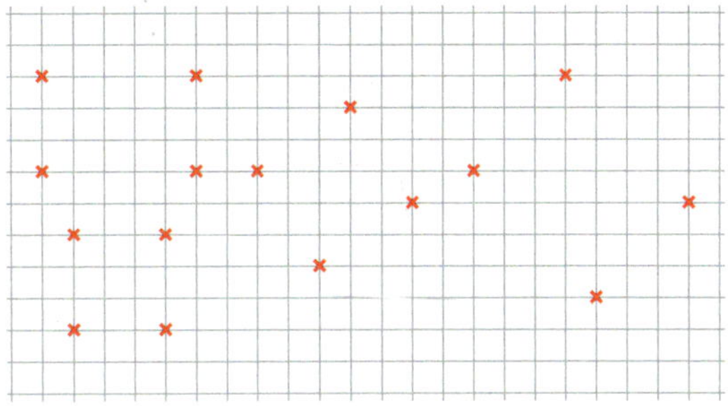

Kapitel 1
Aufgabe A
Kapitel 7
Aufgabe C

Mit dem Zirkel Kreise zeichnen

So zeichnest du einen Kreis:

1. Markiere den Mittelpunkt durch ein kleines Kreuz.
2. Stelle den Radius am Zirkel ein.
3. Zeichne einen Kreis um diesen Mittelpunkt.

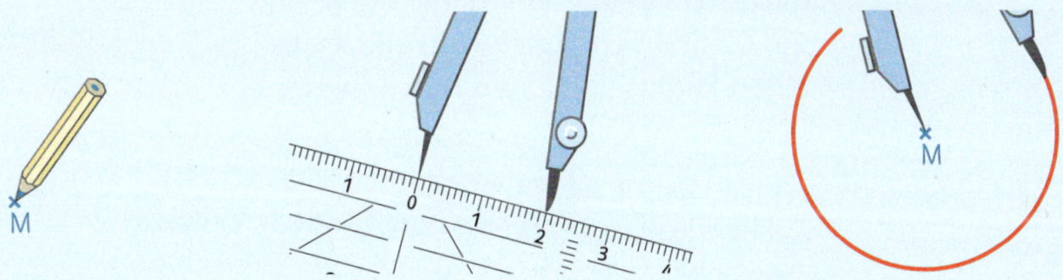

56 Zeichne Kreise mit den Radien 3 cm; 4 cm; 5 cm und 6 cm um denselben Mittelpunkt.

57 Zeichne Kreise mit den Radien 3 cm; 4 cm; 5 cm und 6 cm und lasse bei jedem Kreis den Mittelpunkt um einen Zentimeter auf der Geraden nach rechts wandern.

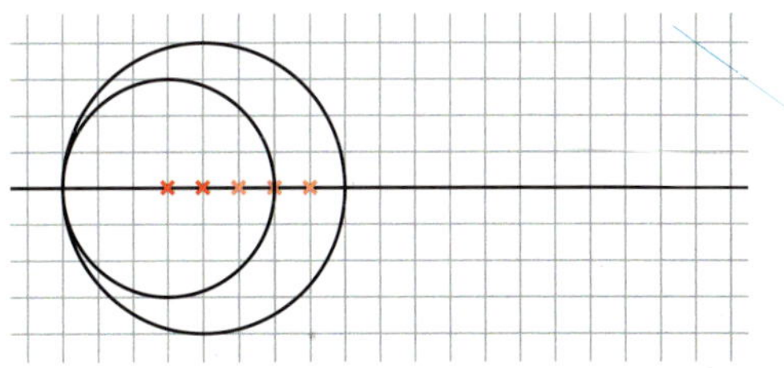

→ Die Lösungen findest du auf Seite 252.

Kapitel 1
Aufgabe A

Radius und Durchmesser in einen Kreis einzeichnen

Radius: Zeichne eine Strecke vom Mittelpunkt zu einem Punkt des Kreises.

Durchmesser: Zeichne eine Gerade durch den Mittelpunkt.
Markiere ihre zwei Schnittpunkte mit dem Kreis.
Verbinde die Schnittpunkte durch eine Strecke. Diese Strecke ist ein Durchmesser.

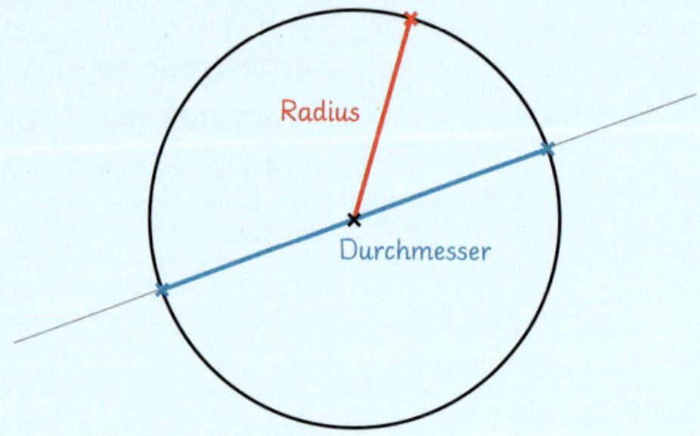

58 Zeichne einen Mittelpunkt und einen Kreis mit dem Radius 4 cm.
Zeichne anschließend einen Radius und einen Durchmesser ein.

59 Zeichne um den Mittelpunkt A einen Kreis mit 2,5 cm Radius, um B mit 3,0 cm und um C mit 3,5 cm. Zeichne in alle Kreise einen Radius und einen Durchmesser ein.

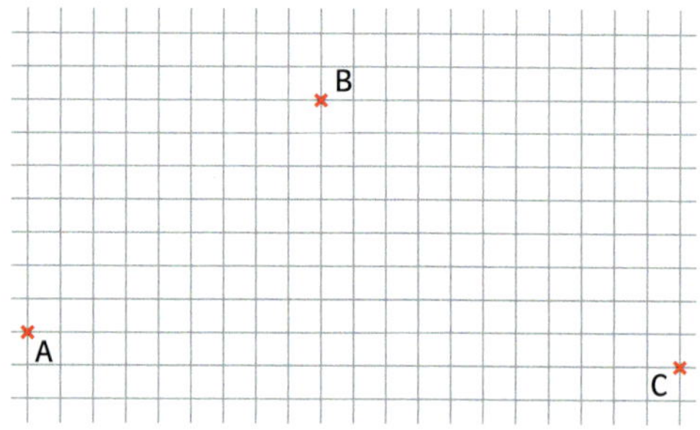

Kapitel 1
Aufgabe B

Muster mit Geodreieck und Zirkel zeichnen

1. Zeichne einen Kreis. Zeichne einen Durchmesser als Hilfslinie ein.

2. **Halbiere** die beiden Radien. Miss den Abstand mit dem Lineal.

3. Zeichne um den linken Mittelpunkt einen **Halbkreis** nach oben und

4. um den rechten Mittelpunkt einen **Halbkreis** nach unten.

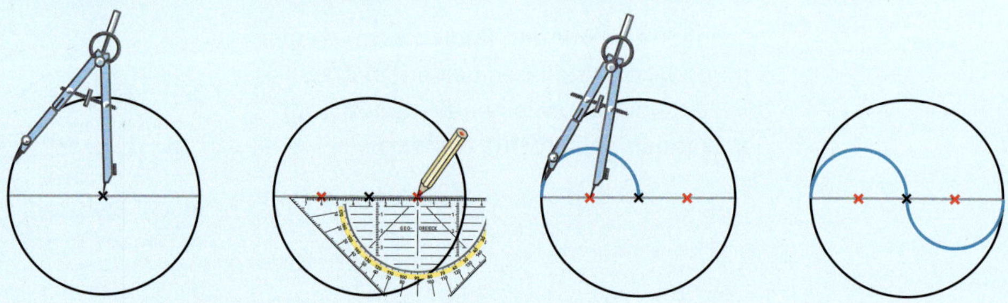

60 Zeichne die Kreisfigur und setze sie nach rechts mit zwei großen und zwei kleinen Kreisen fort.

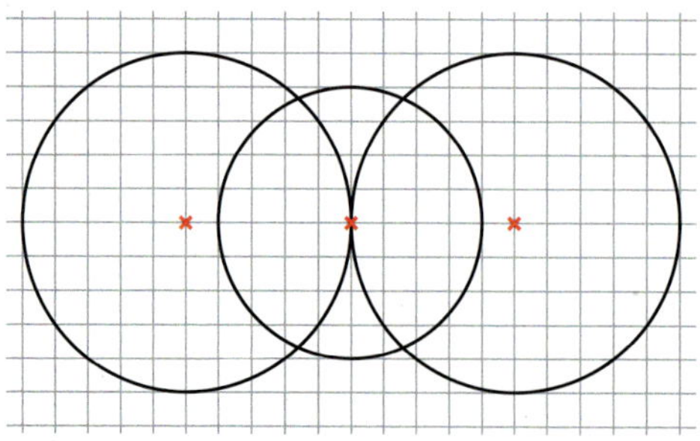

61 Zeichne das Kreismuster dreimal nebeneinander, sodass sich die Figuren berühren.

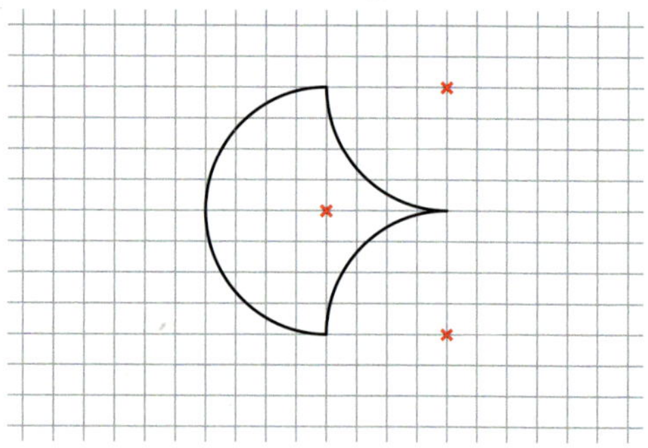

→ Die Lösungen findest du auf Seite 252.

Kapitel 4
Aufgabe D

Körper benennen

Geometrische Körper werden von Flächen begrenzt. Sie können eben oder gewölbt sein. Aneinandergrenzende Flächen bilden eine Kante. Kanten können gerade oder gekrümmt sein. Aneinandertreffende Kanten bilden eine Ecke.
Wird ein Körper im Schrägbild dargestellt, so sehen manche Flächen verzerrt aus.

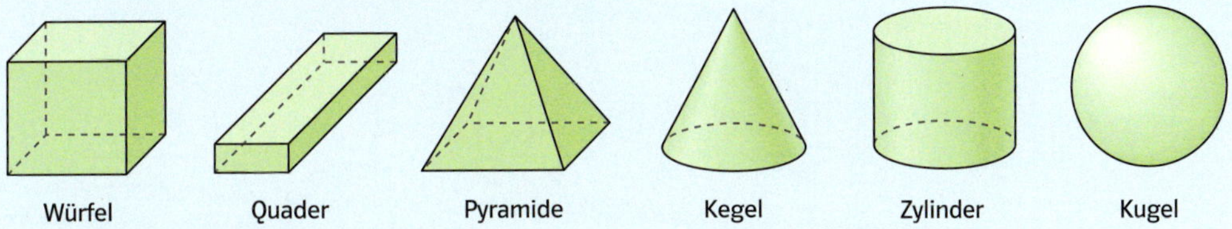

62 Welche der oben beschriebenen Körper findest du hier?

Kapitel 4
Aufgabe E

Würfel und Quader beschreiben

Ein Körper kann durch die Anzahl seiner Ecken und Kanten beschrieben werden.

Der **Würfel** ist ein Körper mit zwölf gleich langen Kanten und acht Ecken. Seine Seitenflächen sind sechs gleich große Quadrate.

Der **Quader** ist ein Körper mit unterschiedlichen Kantenlängen. Er hat zwölf Kanten, je vier davon sind gleich lang. Er hat acht Ecken. Seine Seitenflächen sind sechs Rechtecke, wovon je zwei gleich groß sind.

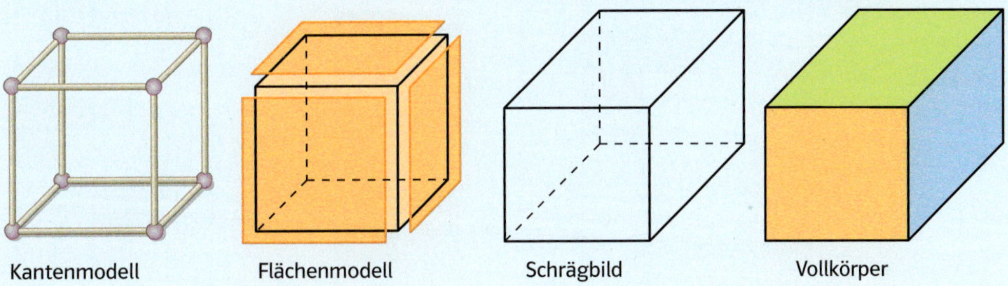

63 Von den farbigen Flächen kommen drei bei den Körpern vor. Ordne zu.

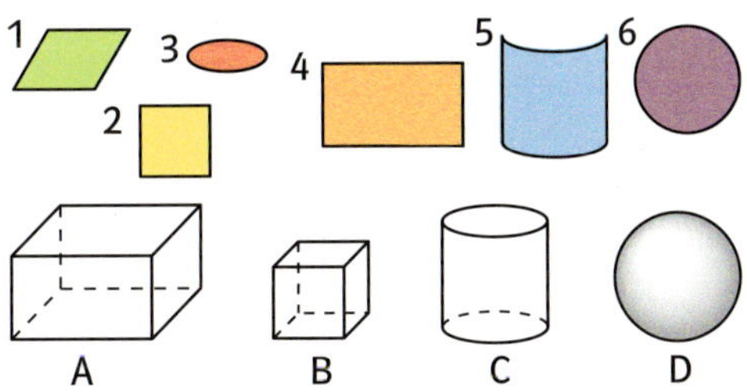

64 Übertrage in dein Heft und ergänze.

a) Würfel und Quader haben jeweils ■ Ecken und ■ Kanten.
b) Beide Körper haben gleich ■ Flächen, mit ■ Formen.
c) Ein Würfel besteht aus ■ Quadraten.
d) Ein Quader besteht aus ■ Rechtecken. Gegenüberliegende Flächen sind immer gleich ■.

→ Die Lösungen findest du auf Seite 253.

Kapitel 4
Aufgabe G

Netze von Würfel und Quader erkennen

Wird die Oberfläche eines geometrischen Körpers aufgeschnitten und in der Ebene ausgebreitet, so erhältst du ein **Netz** des Körpers.
Wenn du einen Würfel entlang einiger Kanten aufschneidest, erhältst du ein **Würfelnetz**.
Nicht jedes Netz mit sechs Quadraten ist ein Würfelnetz.

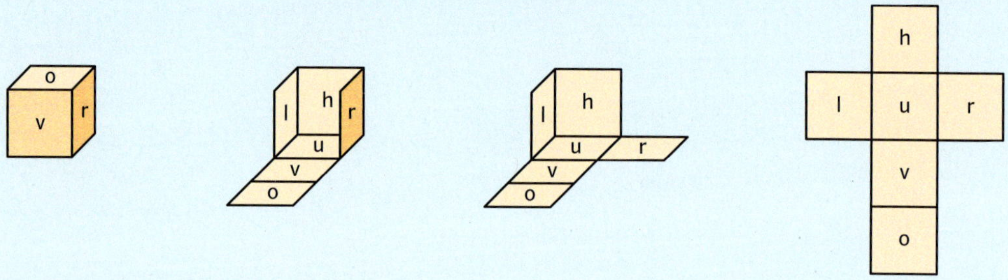

Der Quader hat sechs rechteckige Flächen. Je zwei gegenüberliegende Rechtecke sind gleich groß. Im **Quadernetz** liegen die gegenüberliegenden Rechtecke nicht nebeneinander.

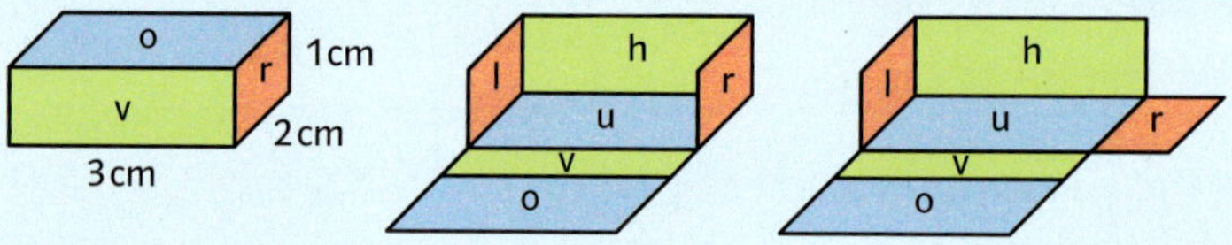

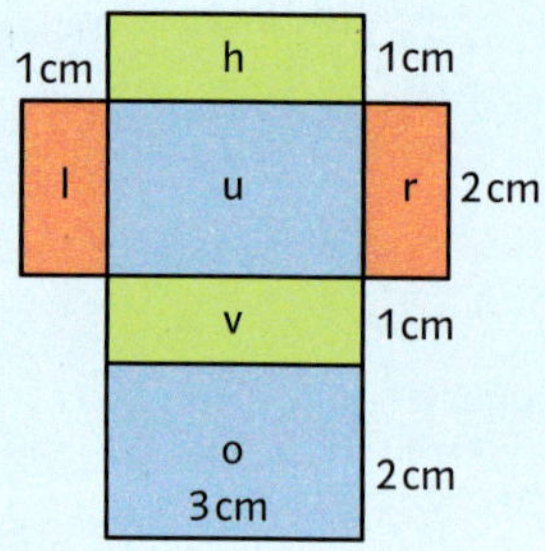

h – **h**inten; **u** – **u**nten; **v** – **v**orne; **o** – **o**ben; **l** – **l**inks; **r** – **r**echts

65 Übertrage die Würfelnetze ins Heft.
Färbe gegenüberliegende Flächen mit der gleichen Farbe. Falte zu einem Würfel.

(1)

(2)

66 Zwei der vier Netze sind Würfelnetze.
Wenn du unsicher bist, dann zeichne das Netz auf ein kariertes Blatt, schneide es aus und falte es zu einem Würfel.

(1)

(2)

(3)
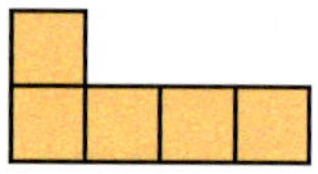

(4)
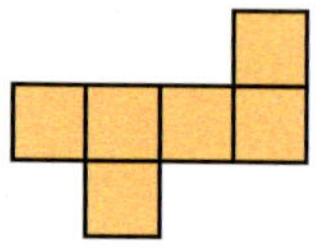

67 Übertrage die Quadernetze ins Heft.
Färbe aneinanderstoßende Kanten mit der gleichen Farbe. Falte zu einem Quader.

(1)
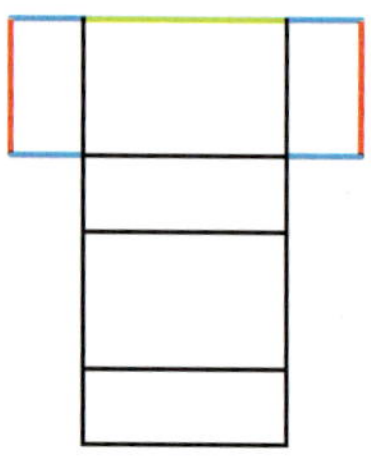

(2)
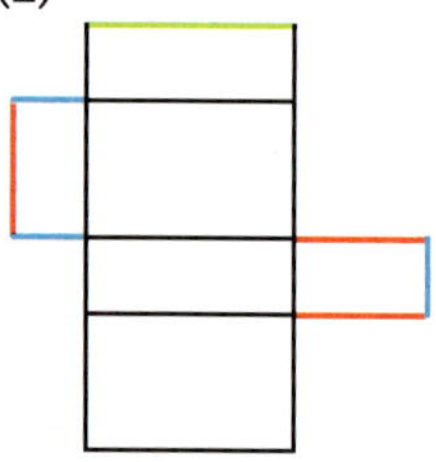

68 Zwei der vier Netze sind Quadernetze.

(1)

(2)

(3)
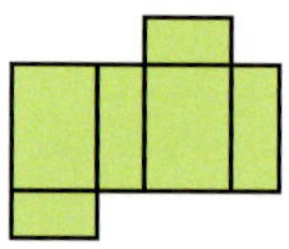

(4)
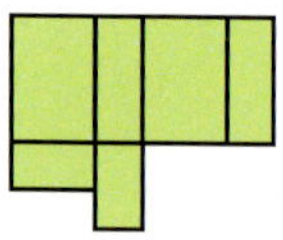

→ Die Lösungen findest du auf Seite 253.

Kapitel 4
Aufgabe G

Würfel in einem Würfelgebäude zählen

Würfel kannst du wie Bauklötze zu **Würfelgebäuden** zusammensetzen.
Im Schrägbild werden die Würfelgebäude von vorne und rechts oben dargestellt.
In den Würfelgebäuden siehst du nicht immer alle Würfel.

Ein Würfelgebäude mit vier Würfeln wird aus unterschiedlichen Richtungen betrachtet und dargestellt. In der ersten Abbildung ist ein Würfel (rot) nicht zu sehen.

69 Wie viele Würfel sind nicht zu sehen? Aus wie vielen Würfeln besteht das Würfelgebäude?

(1)

(2)

(3)
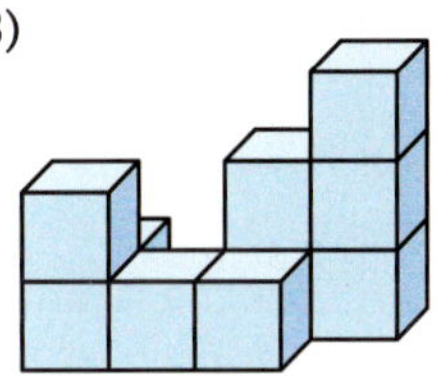

(4)
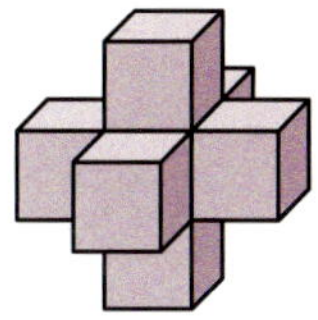

Kapitel 4
Aufgabe C

Umfang und Flächeninhalt von Quadrat und Rechteck

Die Länge des Randes ist der **Umfang** einer Figur.
Umfang der Figur = **14 cm**

Die Anzahl der **Flächenquadrate** gibt den **Flächeninhalt** einer Figur an.
Flächeninhalt der Figur = **7 cm²**

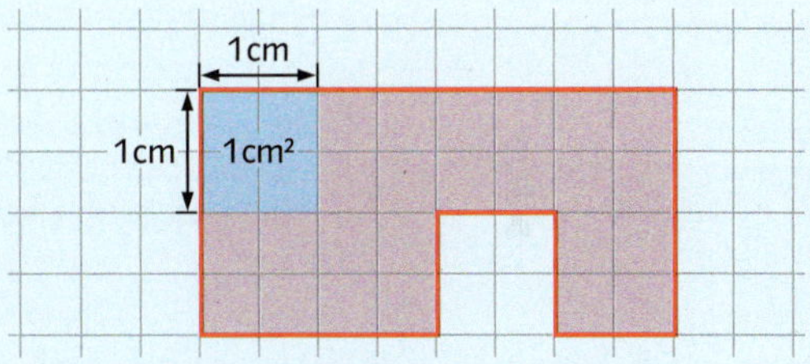

Umfang Quadrat
= 4 · Länge
= 4 · 2 cm
= 8 cm

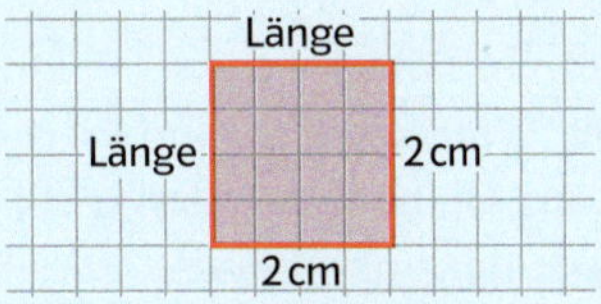

Flächeninhalt Quadrat
= Länge · Länge
= 2 cm · 2 cm
= 4 cm²

Umfang Rechteck
= 2 · Länge + 2 · Breite
= 2 · 3 cm + 2 · 2 cm
= 10 cm

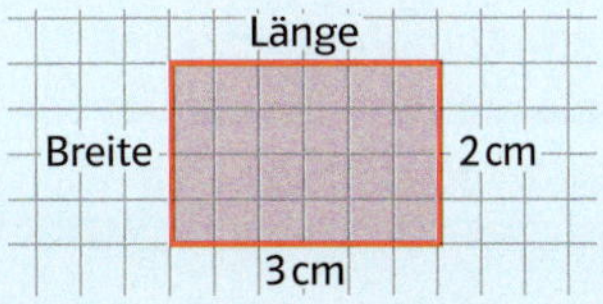

Flächeninhalt Rechteck
= Länge · Breite
= 2 cm · 3 cm
= 6 cm²

70 Zeichne die Vierecke mit den angegebenen Seitenlängen in dein Heft. Berechne den Umfang und den Flächeninhalt.
Quadrat: a) 3 cm b) 4,5 cm
Rechteck: c) 6 cm; 4 cm d) 3 cm; 5,5 cm

71 Richtig oder falsch?
(1) Umfang = 16 m²
(2) Umfang = 8 m
(3) Umfang = 16 m
(4) Flächeninhalt = 15 m
(5) Flächeninhalt = 16 m²
(6) Flächeninhalt = 15 m²

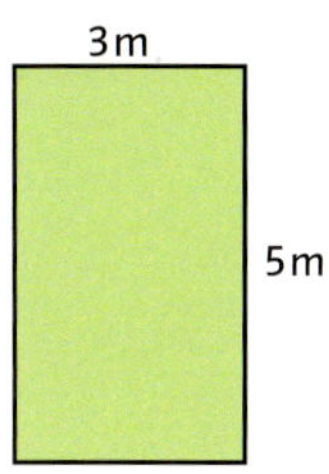

→ Die Lösungen findest du auf Seite 254.

Kapitel 1
Aufgabe E

Koordinaten eines Punkts im Koordinatensystem benennen

Im **Koordinatensystem** werden Gitterpunkte durch zwei Zahlen beschrieben.

Der Punkt P hat die **Koordinaten** (5 | 3).
5 heißt **x-Koordinate**,
3 heißt **y-Koordinate**.
Der Punkt wird mit P(5 | 3) beschrieben.
Der Koordinatenursprung O hat die Koordinaten (0 | 0).

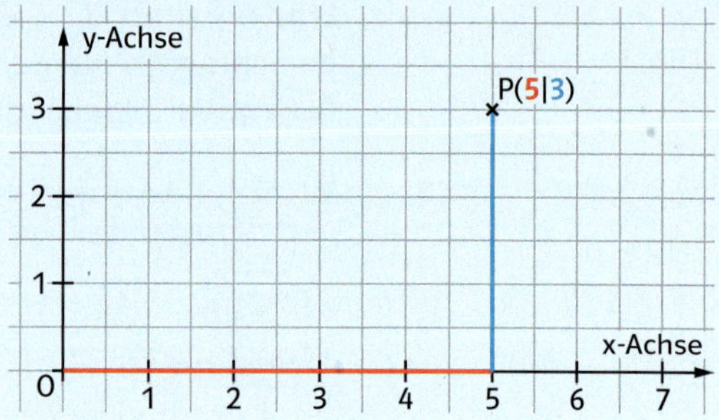

72

a) Übertrage den Satz ins Heft und ergänze.
Den Punkt D erreicht man, indem man vom Koordinatenursprung ■ Kästchen nach rechts und ■ Kästchen nach oben geht.
b) Ergänze die Koordinaten der Punkte A; B; C und D.
c) Ergänze die Koordinaten der Punkte P und Q. Was fällt dir auf?

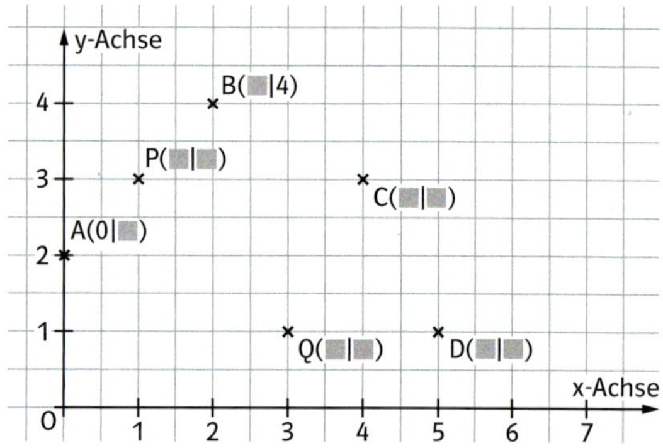

Kapitel 1
Aufgabe E

Punkte in ein Koordinatensystem eintragen

So trägst du einen Punkt in ein Koordinatensystem ein:

Um vom Koordinatenursprung O aus zum Punkt A zu gelangen, gehst du 2 Einheiten (4 Kästchen) nach rechts und 3 Einheiten (6 Kästchen) nach oben.
Den Punkt B erreichst du, indem du vom Punkt O aus 4 Einheiten nach rechts und 2 Einheiten nach oben gehst.
Punkte, die auf der x-Achse liegen, haben die y-Koordinate 0.
Punkte, die auf der y-Achse liegen, haben die x-Koordinate 0.

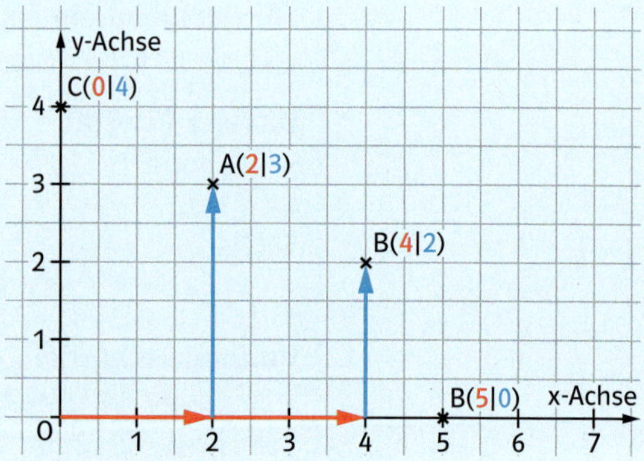

73
Zeichne ein Koordinatensystem.
a) Trage folgende Punkte ein:
A(1 | 5); B(3 | 3); C(4 | 1) und D(6 | 0).
b) Beschreibe den Weg vom Koordinatenursprung zu den Punkten B und C.

74
Zeichne ein Koordinatensystem.
a) Verbinde nacheinander die Punkte A(2 | 2); B(6 | 2); C(6 | 5) und D(2 | 5). Welche Figur entsteht?
b) Zeichne ein Dreieck, dessen Eckpunkte Gitterpunkte eines Koordinatensystems sind. Lies die Koordinaten ab und benenne die Punkte.

→ Die Lösungen findest du auf Seite 254.

Daten und Informationen aus einer Tabelle entnehmen

Lies in der **ersten Zeile** die **Überschriften** der Daten.
Lies In der **ersten Spalte** die **Beschriftungen** der Daten.
Entnimm die gewünschte Information aus dem Feld, das zu einer bestimmten Zeile und einer bestimmten Spalte gehört.

1. Spalte zur Beschriftung

1. Zeile für die Überschriften →

Tier	Schulterhöhe	Gewicht
Elefant	3,20 m	5000 kg
Nashorn	1,80 m	3000 kg
Büffel	1,80 m	500 kg

Der Büffel hat ein Gewicht von **500 kg.**

75 Beantworte die Fragen.
a) Wie viele Einwohner hat Spanien?
b) Wie heißt die Hauptstadt von Portugal?
c) Wie groß ist die Fläche von Frankreich?
d) Von welchem Land ist Madrid die Hauptstadt?
e) Welches Land hat die meisten Einwohner?
f) Welches Land hat die kleinste Fläche?

Land	Hauptstadt	Einwohner	Fläche
Portugal	Lissabon	10 600 000	92 212 km²
Spanien	Madrid	46 500 000	504 645 km²
Andorra	Andorra la Vella	76 000	468 km²
Frankreich	Paris	65 800 000	668 763 km²

Kapitel 7
Aufgabe A

Diagramme lesen

Säulendiagramm
Ermittle in der Überschrift das **Thema des Diagramms**. Lies an der **Hochachse** die Einheit ab. Überlege welchen **Wert** ein **Teilstrich** oder ein Kästchen hat. An der **Rechtsachse** findest du die **Beschriftung** der einzelnen Säulen. Lies den Wert dieser Säulen an der Hochachse ab.

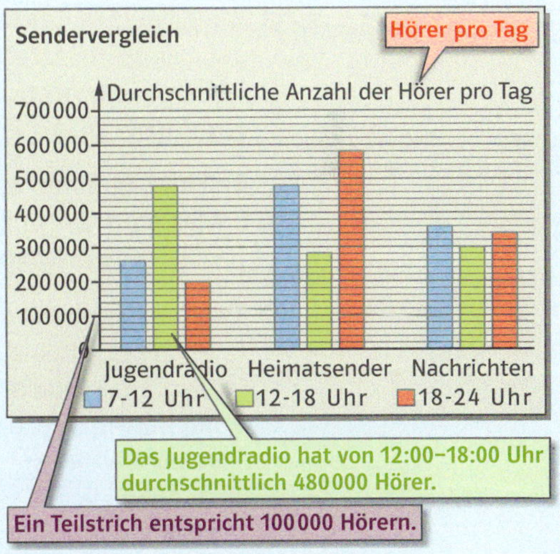

Balkendiagramm
Hier sind die beiden Achsen vertauscht. An der **Rechtsachse** stehen **Größe und Einheit**. Statt der Säulen sind waagerechte Balken gezeichnet.

Streifendiagramm
In einem Streifendiagramm sind die Balken hintereinander angeordnet.
Je länger ein Abschnitt eines Streifens ist, desto größer ist sein Wert.
Die genauen Werte stehen oft bei dem Abschnitt des Streifens.

Lieblingssender der Schüler

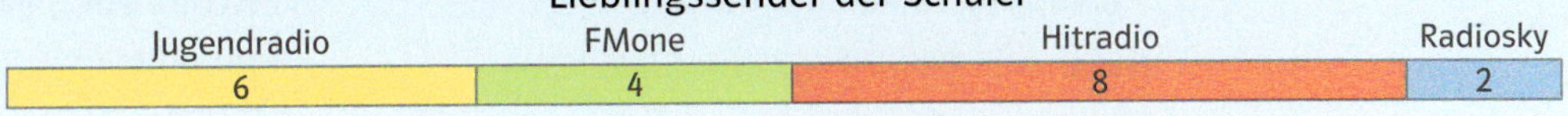

→ Die Lösungen findest du auf Seite 254.

76 Lies die Daten aus dem Diagramm ab.
a) In welchem Land wurde am längsten Fernsehen geschaut?
b) Wie vielen Minuten entspricht ein Teilstrich und eine Teillinie?
c) Wie viele Minuten schaut man in Österreich durchschnittlich fern?
d) Wie viele Minuten schaut man in Deutschland durchschnittlich länger fern als in den Niederlanden?

So lange läuft der Fernseher durchschnittlich pro Tag

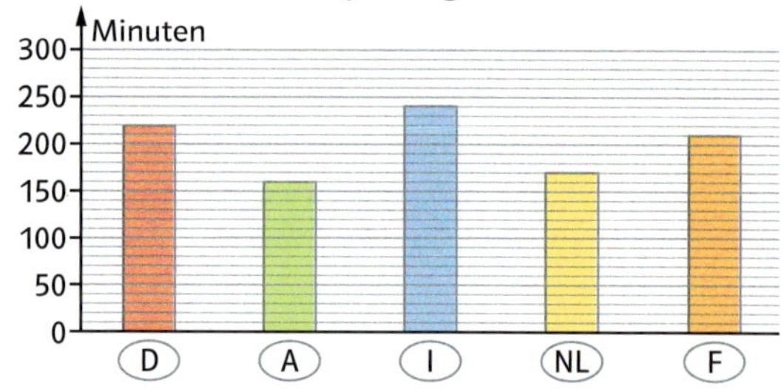

77 Betrachte das Streifendiagramm.
a) Was ist dargestellt?
b) Ordne die Daten der Größe nach. Beginne mit dem kleinsten Wert.

Lieblingstier der Schüler

Kapitel 7
Aufgabe B

Säulen-, Balken und Streifendiagramm zeichnen

Säulendiagramm: Zeichne links die Hochachse auf dein Blatt. Beschrifte sie an der Pfeilspitze. Teile die Hochachse in gleichmäßige Schritte ein und beschrifte sie von unten beginnend mit den Zahlenwerten. Zeichne auf Höhe der 0 die Rechtsachse. Zeichne gleich breite Säulen in der richtigen Höhe und beschrifte sie an der Rechtsachse.

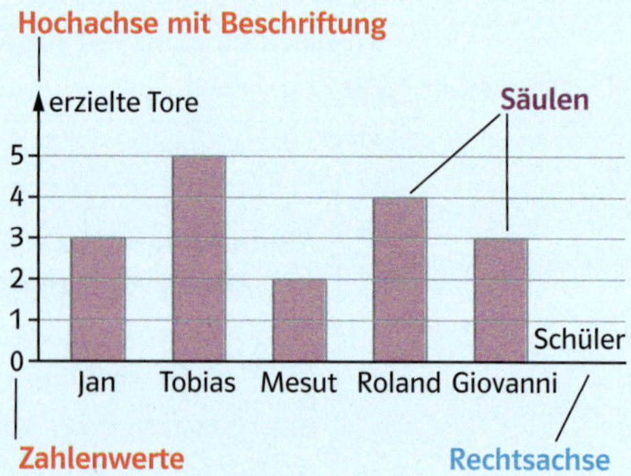

Balkendiagramm: Zeichne waagerechte Balken statt der senkrechten Säulen und vertausche die Achsen.

Streifendiagramm:
1. Überlege dir eine sinnvolle Einteilung. Der ganze Streifen sollte ungefähr 10 cm lang sein, damit du ihn gut zeichnen kannst.
2. Überlege wie lange die einzelnen Daten dargestellt werden müssen.
3. Zeichne den ersten Teil, beginne links.
4. Setze die anderen Teile an.
5. Beschrifte das Streifendiagramm.

Torschützen	Anzahl der Tore
Kevin	6
Marco	10
Ilkay	4

Insgesamt sind es 20 Tore.
Wenn man für jedes Tor 0,5 cm zeichnet, wird der Streifen 10 cm lang.

Kevin: $6 \cdot 0{,}5\,\text{cm} = 3\,\text{cm}$
Marco: $10 \cdot 0{,}5\,\text{cm} = 5\,\text{cm}$
Ilkay: $4 \cdot 0{,}5\,\text{cm} = 2\,\text{cm}$

Erzielte Tore:

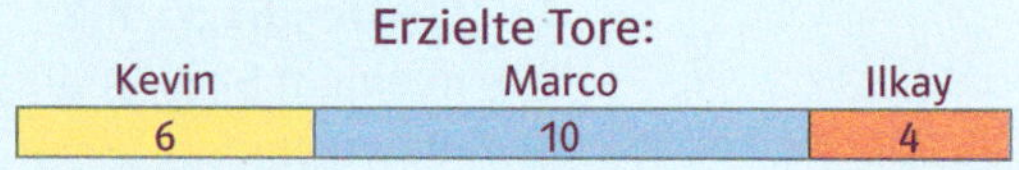

78 Zeichne ein Säulendiagramm.

Name	Anzahl fehlerfreier Aufgaben
Martin	4
Lena	7
Desiree	6
Leon	5

79 Zeichne ein Balkendiagramm zu den Daten aus Aufgabe 78.

80 Zeichne ein Streifendiagramm zu den Daten aus Aufgabe 78.

→ Die Lösungen findest du auf Seite 255.

Kapitel 7
Aufgabe D

Zu einer Datensammlung eine Strichliste und eine Häufigkeitstabelle erstellen

1. Zeichne eine Tabelle mit drei Spalten.
2. Schreibe jede Kategorie in eine neue Zeile.
3. Mache einen **Strich** für jede Nennung.
4. Setze den fünften Strich quer, damit ein Bündel entsteht.
5. Zähle die Striche.
6. Schreibe die **Anzahlen** in die Häufigkeitstabelle.

Lieblingsspeise	Strichliste	Häufigkeitstabelle
Pizza	𝍸 𝍸 ||	12
Hamburger	𝍸 |	6
Pommes	|||	3

81 Bei einer Umfrage in der 6. Jahrgangsstufe gaben die Kinder folgende Lieblingsbeschäftigung in ihrer Freizeit an.

Lieblingsbeschäftigung	Strichliste	Häufigkeitstabelle
Fußball spielen	𝍸 𝍸	10
Inliner fahren	■	5
Tanzen	||||	■
Reiten	||	■
Longboard fahren	■	4
Musik hören	■	9
Schwimmen	𝍸 ||	■
Lesen	𝍸 |||	■
Freunde treffen	■	12

a) Fülle die Lücken.
b) Wie viele Schülerinnen und Schüler nahmen an der Umfrage teil?

82 Erstelle zu den Punktzahlen bei einem Quiz eine Strichliste und eine Häufigkeitstabelle.
13; 18; 11; 14; 14; 9; 12; 13; 14; 16; 11; 16; 13; 12; 16; 18; 14

83 Amir hat einen Monat lang die Tageshöchsttemperaturen in den Kalender eingetragen. Erstelle mithilfe einer Strichliste eine Häufigkeitstabelle.

Juni									
1 18 °C	2 19 °C	3 21 °C	4 19 °C	5 21 °C	6 18 °C	7 19 °C	8 24 °C	9 24 °C	10 22 °C
11 21 °C	12 22 °C	13 20 °C	14 23 °C	15 22 °C	16 24 °C	17 18 °C	18 18 °C	19 16 °C	20 17 °C
21 19 °C	22 21 °C	23 20 °C	24 23 °C	25 25 °C	26 24 °C	27 24 °C	28 22 °C	29 20 °C	30 21 °C

→ Die Lösungen findest du auf Seite 255.

Lösungen der Kapitel

1 Kreis, Winkel, Dreieck | Standpunkt, Seite 7

A Mögliche Lösung:

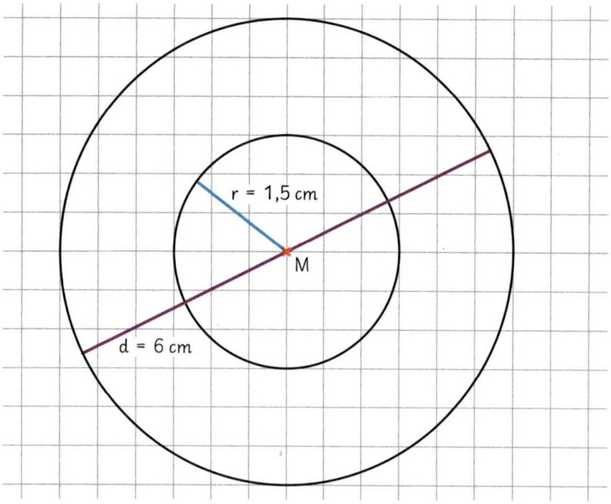

B a) Maßstab 1 : 2

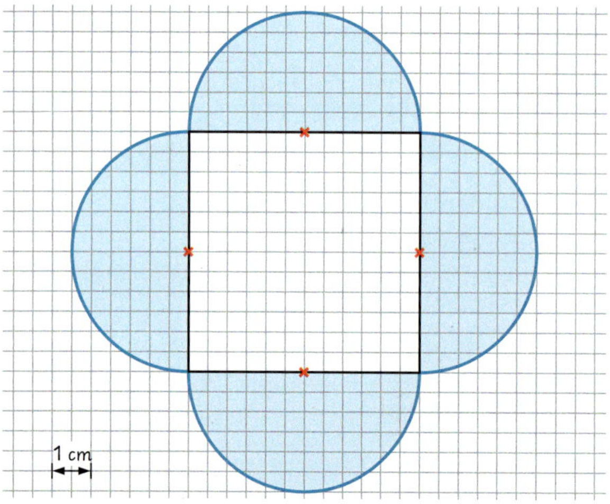

b)

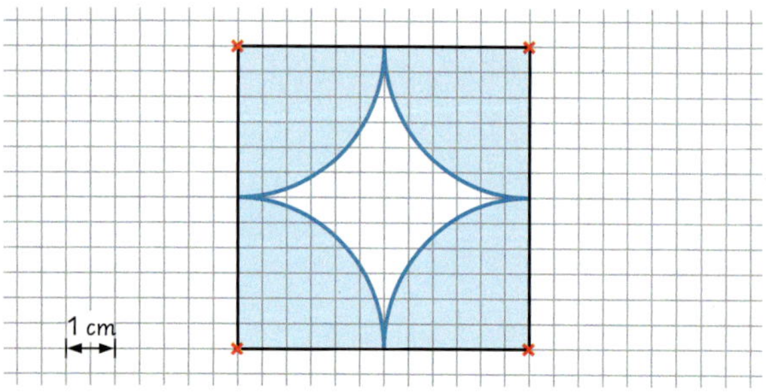

C a ∥ b b ⊥ c c ⊥ a
f ⊥ e a ⊥ d c ∥ d

D Mögliche Lösung:

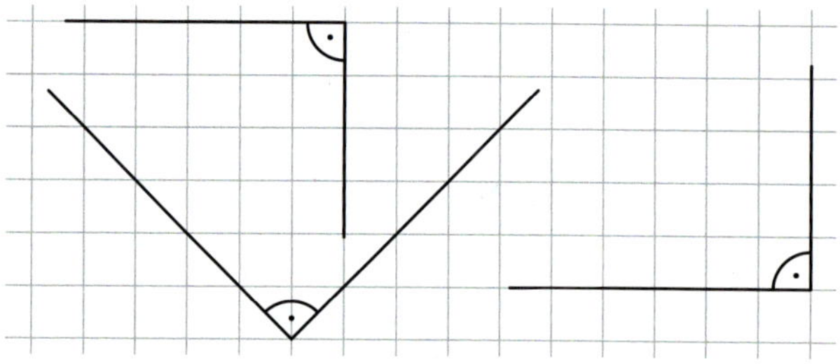

E a) A(1 | 1); B(3 | 2); C(2 | 6); D(5 | 4); E(7 | 0); F(0 | 5)
b)

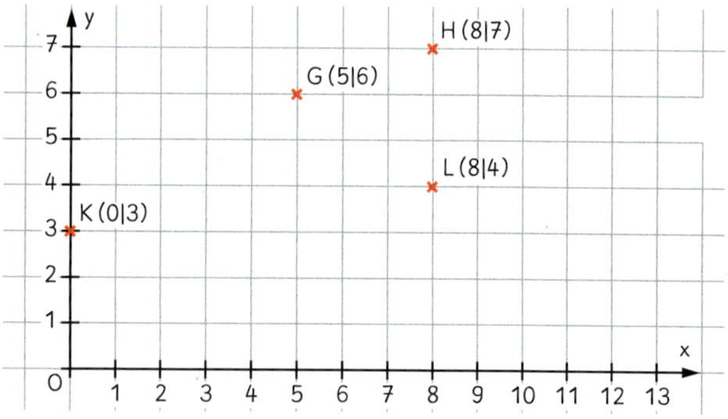

1 Kreis, Winkel, Dreieck | Alles klar?, Seite 11

A Mögliche Lösung:

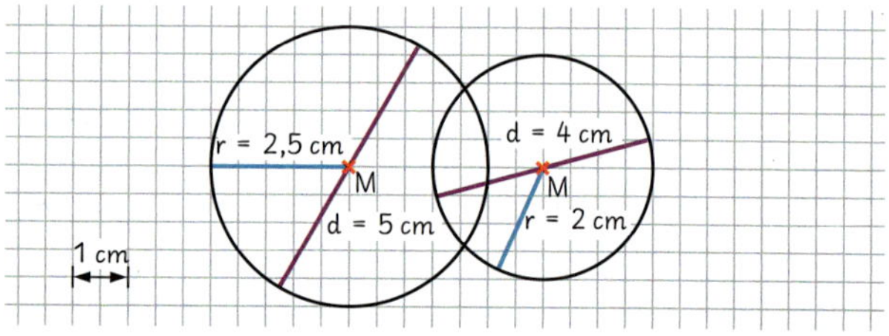

B a) $r = 5\,cm$: $d = 2 \cdot 5\,cm = 10\,cm$
$r = 30\,mm$: $d = 2 \cdot 30\,mm = 60\,mm = 6\,cm$

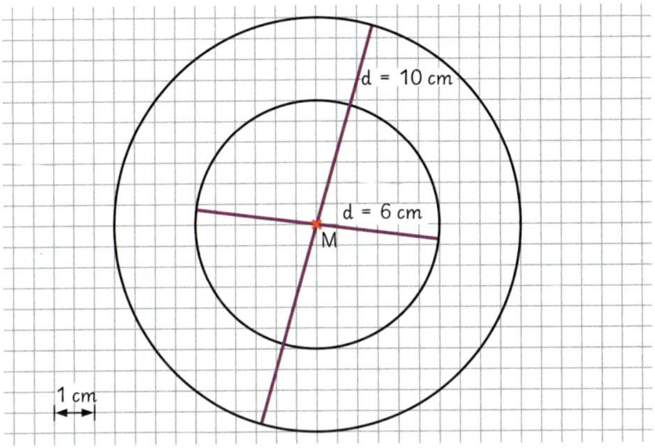

b) $d = 8\,cm$: $r = 8\,cm : 2 = 4\,cm$
$d = 90\,mm$: $r = 90\,mm : 2 = 45\,mm = 4{,}5\,cm$

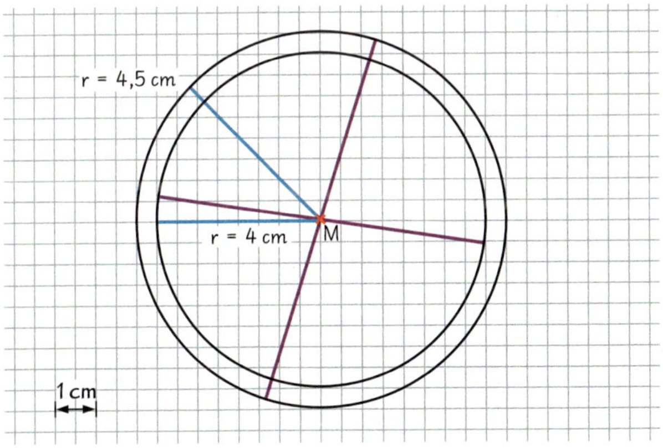

1 Kreis, Winkel, Dreieck | Alles klar?, Seite 13

A Bild A: Scheitel
Bild B: Winkelname
Bild C: Winkelbogen
Bild D: Schenkel

1 Kreis, Winkel, Dreieck | Alles klar?, Seite 16

A a) α ist ein spitzer Winkel; $\alpha = 60°$.
b) β ist ein stumpfer Winkel; $\beta = 120°$.
c) γ ist ein überstumpfer Winkel; $\gamma = 220°$.
d) δ ist ein rechter Winkel; $\delta = 90°$.
Das Kärtchen mit 180° bleibt übrig.

1 Kreis, Winkel, Dreieck | Alles klar?, Seite 19

A $\alpha = 25°$; $\beta = 165°$; $\gamma = 90°$

B

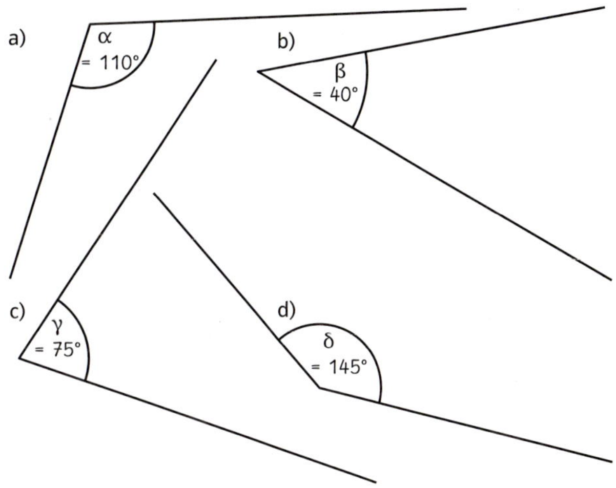

1 Kreis, Winkel, Dreieck | Alles klar?, Seite 24

A Die Fehler sind:
a) Bezeichnung der Eckpunkte ist im Uhrzeigersinn.
b) Bezeichnung der Seiten liegt nicht den entsprechenden Eckpunkten gegenüber.
c) Bezeichnung der Eckpunkte ist im Uhrzeigersinn.
d) Die Bezeichnungen der Seiten a und b sowie der Winkel β und γ sind vertauscht.
Richtig ist:

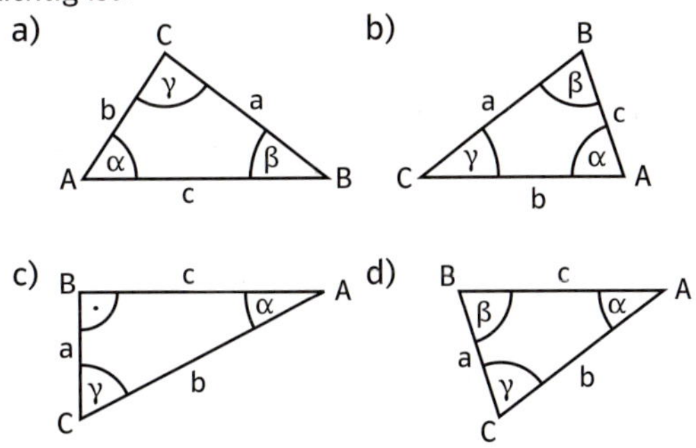

B Das Dreieck B ist ein stumpfwinkliges Dreieck, weil es einen stumpfen Winkel hat.
Das Dreieck C ist ein spitzwinkliges Dreieck, weil es drei spitze Winkel hat.
Das Dreieck D ist ein rechtwinkliges Dreieck, weil es einen rechten Winkel hat.
Das Dreieck E ist ein spitzwinkliges Dreieck, weil es drei spitze Winkel hat.

1 Kreis, Winkel, Dreieck | Rückspiegel, Seite 30

1

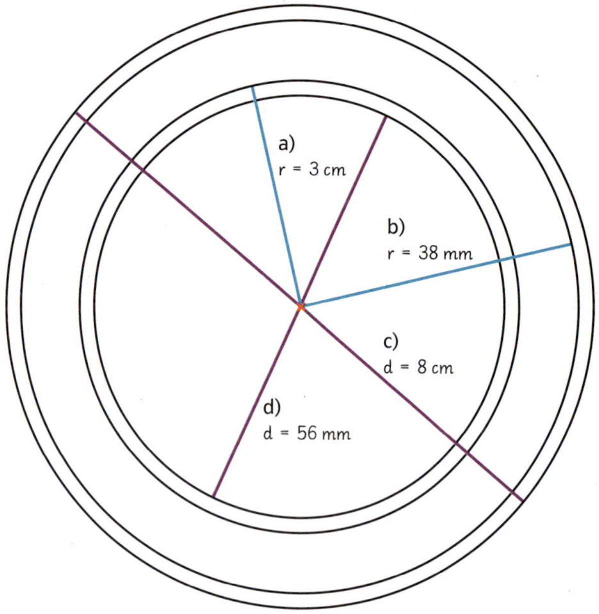

2 a) d = 4 cm b) r = 1,8 cm c) r = 39 mm

3

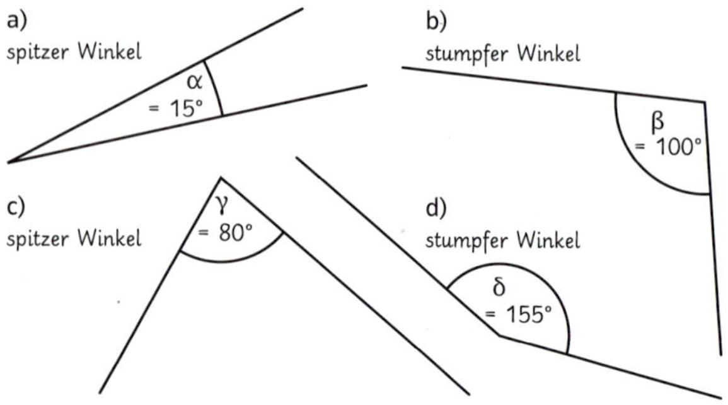

4 a) α liegt zwischen 0° und 45° – gemessen: 26°
b) β liegt zwischen 90° und 135° – gemessen: 123°
c) γ liegt zwischen 135° und 180° – gemessen: 139°
d) δ liegt zwischen 270° und 315° – gemessen: 304°;
ε liegt zwischen 45° und 90° – gemessen: 56°

5 A: Das Dreieck hat einen rechten Winkel, daher ist das Dreieck ein rechtwinkliges Dreieck.
B: Alle drei Winkel des Dreiecks sind spitz, also ist es ein spitzwinkliges Dreieck.
C: Das Dreieck hat einen stumpfen Winkel, daher ist es ein stumpfwinkliges Dreieck.
D: Alle drei Winkel des Dreiecks sind spitz, also ist es ein spitzwinkliges Dreieck.

1 Kreis, Winkel, Dreieck | Rückspiegel, Seite 30, links

6 a)

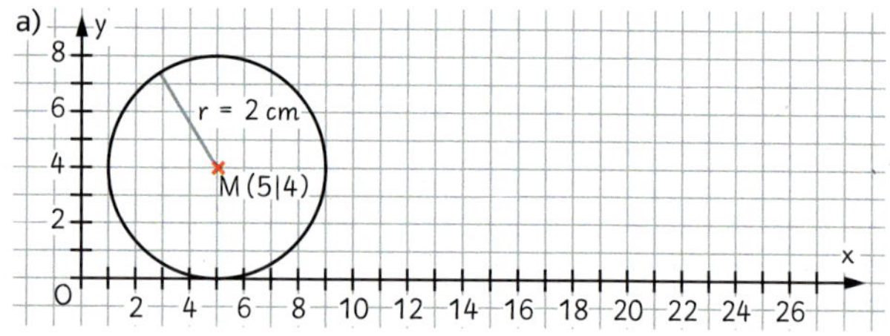

b)

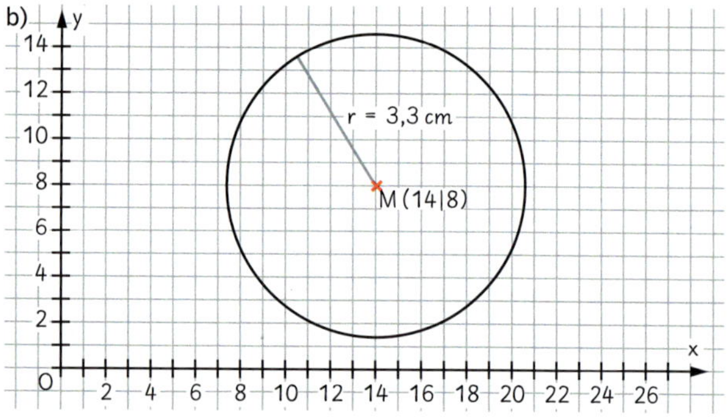

c)

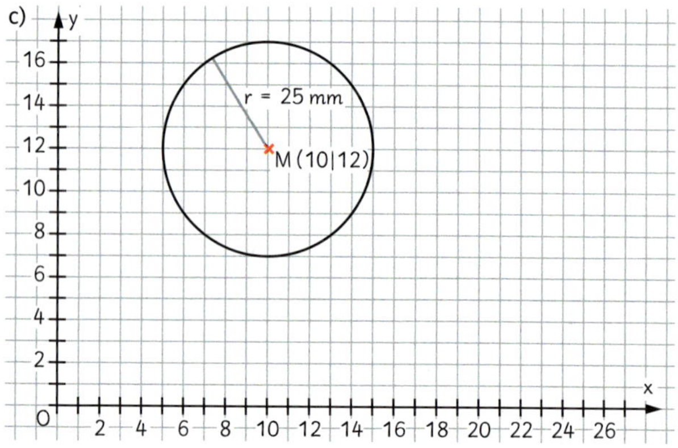

7 a)

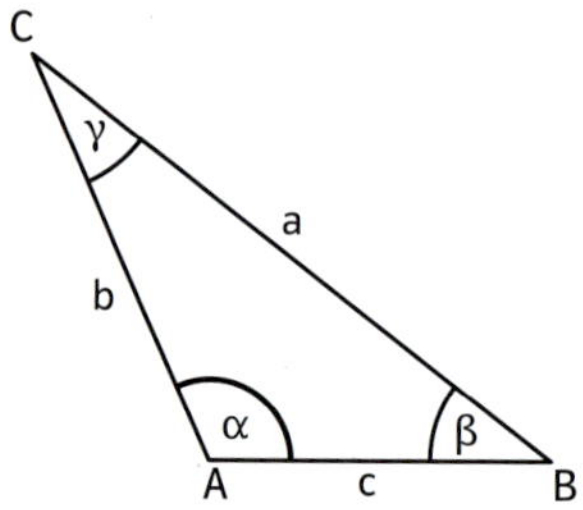

b)

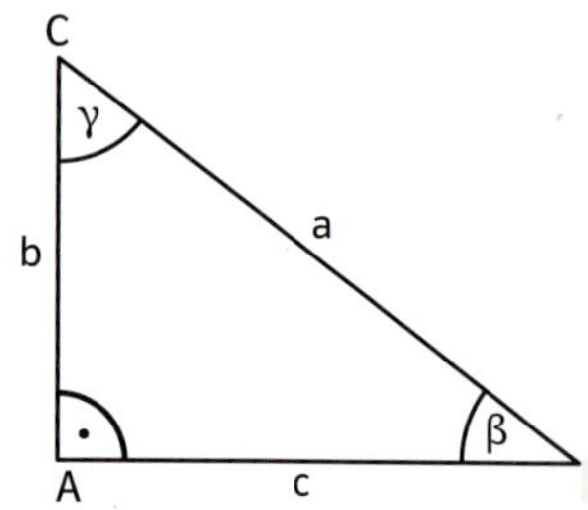

c)

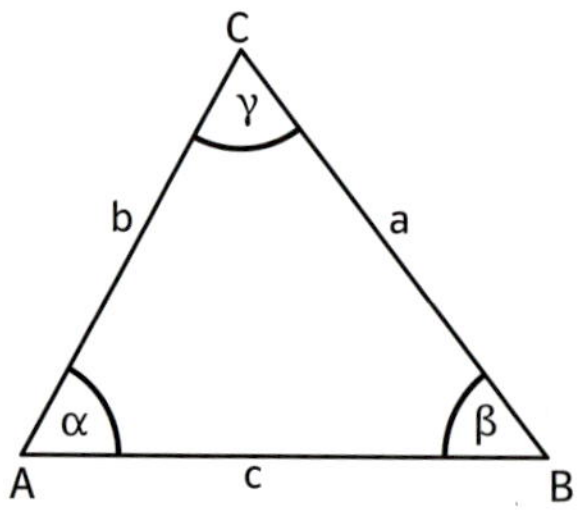

8 180° = 6 · 30°. Es passen also sechs 30°-Winkel in die Figur.

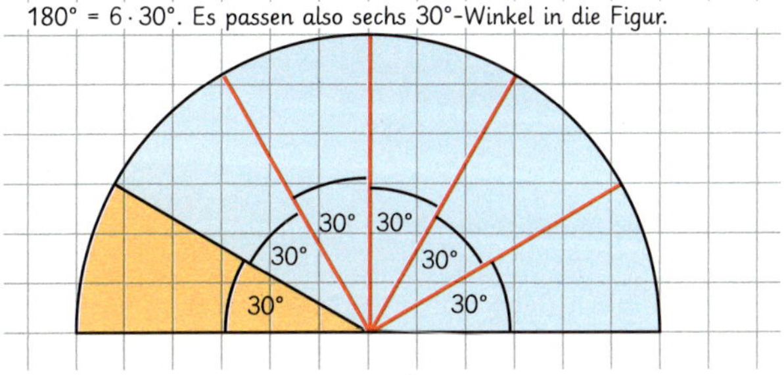

1 Kreis, Winkel, Dreieck | Rückspiegel, Seite 30, rechts

6 a)

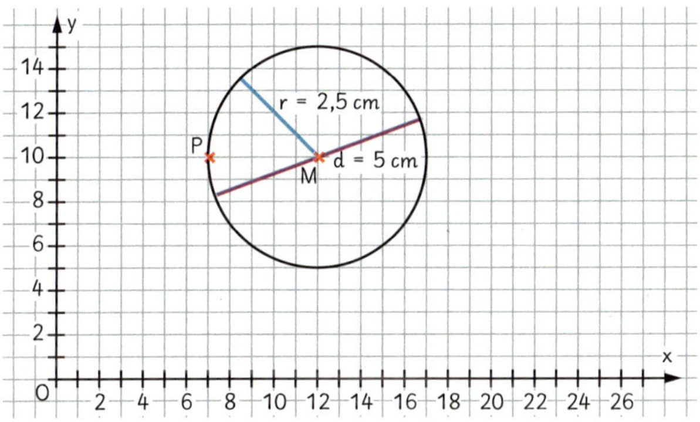

b)

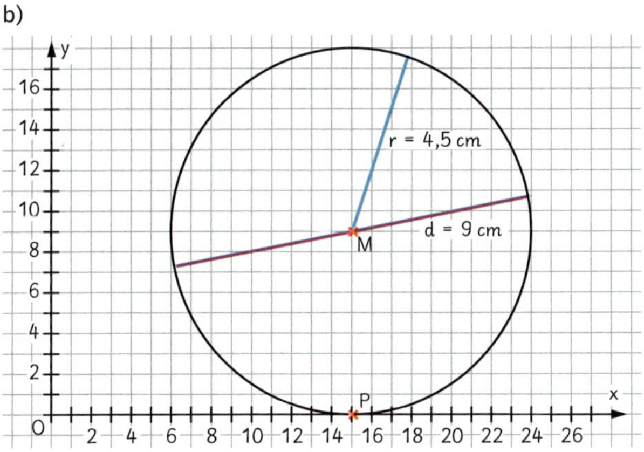

7 a) Schätzung: α, β und γ liegen alle zwischen 45° und 90°.
gemessen:
α = 53° (spitzer Winkel);
β = 45° (spitzer Winkel);
γ = 82° (spitzer Winkel)
b) Schätzung: α liegt zwischen 45° und 90°,
β und δ liegen zwischen 0° und 45° und
γ liegt zwischen 225° und 270°.
gemessen: α = 53° (spitzer Winkel);
β = δ = 37° (spitzer Winkel);
γ = 233° (überstumpfer Winkel)

8

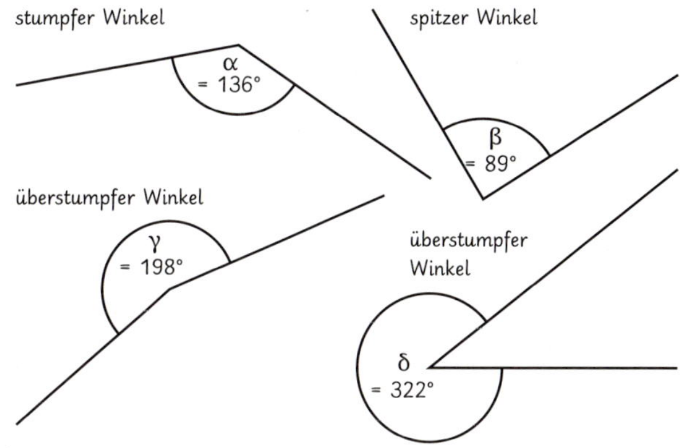

9 360° : 5 = 72°

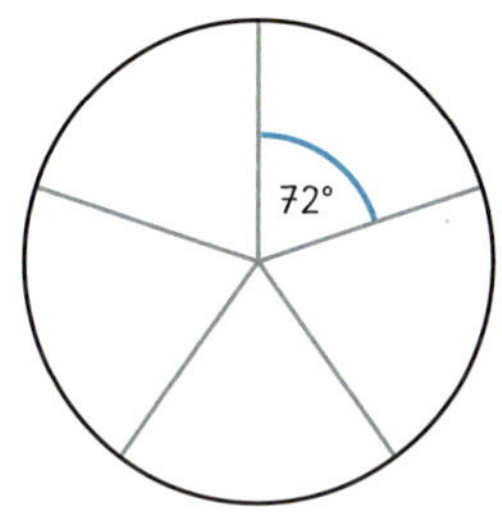

2 Teilbarkeit und Brüche | Standpunkt, Seite 31

A a) 36 b) 60

c)

1	5	·	1	6
		1	5	
+			9	0
		1		
		2	4	0

d)

2	1	·	1	8
		2	1	
+		1	6	8
		3	7	8

B a) 8 b) 14

c)

	1	3	2	:	1	2	=	1	1
–	1	2							
		1	2						
	–	1	2						
			0						

d)

	1	9	8	:	1	1	=	1	8
–	1	1							
		8	8						
	–	8	8						
			0						

C a) 5 R 5 b) 7 R 6

c)
```
 1 0 5 : 4 = 2 6 R 1
-  8
   2 5
 - 2 4
     1
```

d)
```
   1 5 7 : 5 = 3 1 R 2
 - 1 5
     0 7
   -   5
       2
```

D a) $\frac{1}{2}$ b) $\frac{1}{4}$ c) $\frac{3}{4}$
d) $\frac{1}{3}$ e) $\frac{2}{3}$ f) $\frac{1}{4}$

E Mögliche Lösungen:

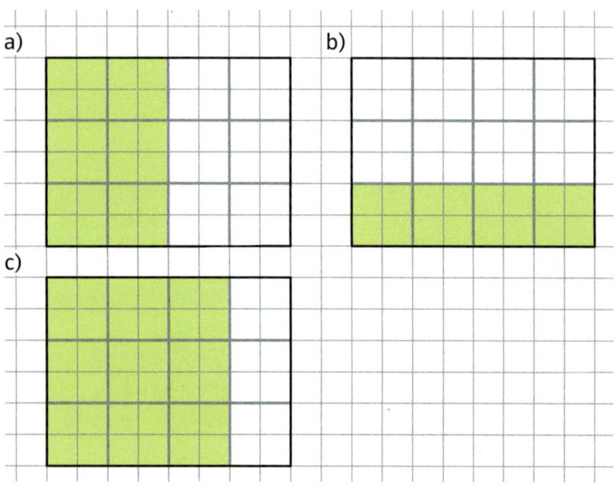

F a) A: 10; B: 25; C: 50; D: 55
b)

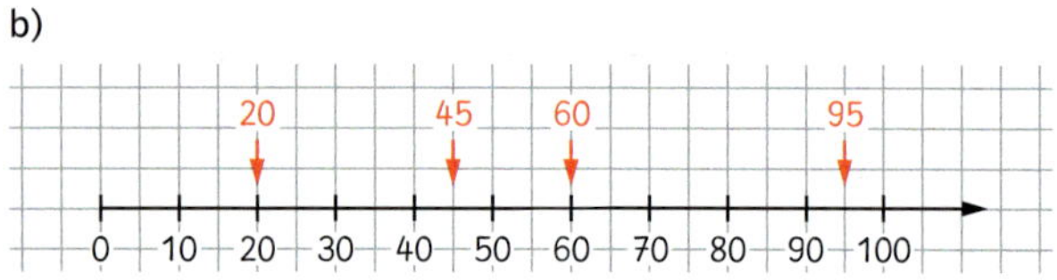

G a) 5 dm b) 50 cm c) 5 mm d) 1 mm
e) 500 g f) 250 g g) 30 min h) 12 h

2 Teilbarkeit und Brüche | Alles klar?, Seite 35

A a) ja, denn 35 : 5 = 7
b) nein, weil ein Rest bleibt, denn 16 : 6 = 2 Rest 4
c) ja, denn 16 : 4 = 4

B a) $T_8 = \{1;\ 2;\ 4;\ 8\}$ b) $T_{22} = \{1;\ 2;\ 11;\ 22\}$
c) $T_{24} = \{1;\ 2;\ 3;\ 4;\ 6;\ 8;\ 12;\ 24\}$ d) $T_{27} = \{1;\ 3;\ 9;\ 27\}$
Die Teiler können auch ohne Mengenschreibweise angegeben werden.

C a) 4; 8; 12; 16; 20; 24
b) 9; 18; 27; 36; 45; 54
c) 13; 26; 39; 52; 65; 78
d) 20; 40; 60; 80; 100; 120

2 Teilbarkeit und Brüche | Alles klar?, Seite 38

A Teilbar durch 2: 64; 1002; 9052; 654; 640; 24 680; 10 004
Teilbar durch 4: 64; 9052; 640; 24 680; 10 004
Teilbar durch 5: 640; 75; 24 680; 8005
Teilbar durch 10: 640; 24 680

2 Teilbarkeit und Brüche | Alles klar?, Seite 40

A Teilbar durch 3: 66; 126; 279; 3111; 7146
Teilbar durch 9: 126; 279; 7146

2 Teilbarkeit und Brüche | Alles klar?, Seite 42

A a) Ja, weil 29 nur durch die 1 und durch sich selbst teilbar ist.
b) Nein, weil 51 durch 3 teilbar ist.
c) Ja, weil 59 nur durch die 1 und durch sich selbst teilbar ist.

B a) $15 = 3 \cdot 5$ b) $9 = 3 \cdot 3$ c) $14 = 2 \cdot 7$

2 Teilbarkeit und Brüche | Alles klar?, Seite 44

A a) $\frac{1}{3}$ b) $\frac{1}{4}$ c) $\frac{2}{5}$ d) $\frac{3}{10}$

B Mögliche Lösungen:

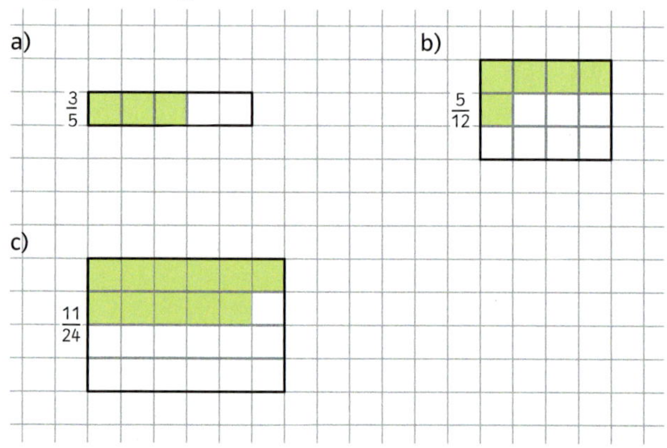

2 Teilbarkeit und Brüche | Alles klar?, Seite 48

A a) A: $\frac{2}{5}$; B: $\frac{3}{5}$
b) A: $\frac{3}{7}$; B: $\frac{6}{7}$; C: $1\frac{1}{7} = \frac{8}{7}$; D: $1\frac{4}{7} = \frac{11}{7}$

B

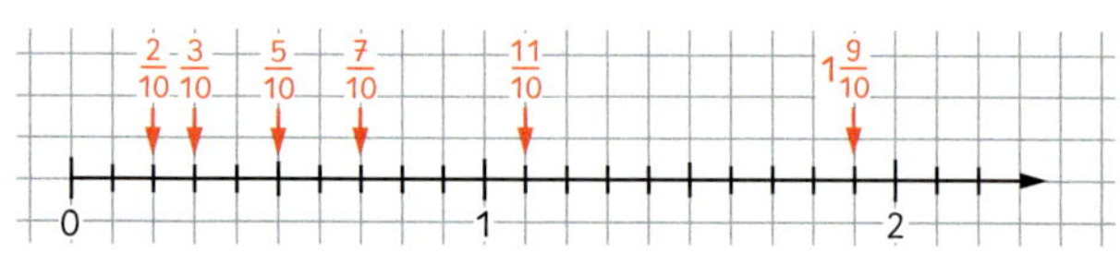

2 Teilbarkeit und Brüche | Alles klar?, Seite 51

A a) $\frac{3}{4} = \frac{6}{8}$; erweitert mit 2.
b) $\frac{1}{2} = \frac{3}{6}$; erweitert mit 3.
c) $\frac{1}{3} = \frac{4}{12}$; erweitert mit 4.

B a) $\frac{10}{25}$ b) $\frac{5}{10}$ c) $\frac{20}{45}$ d) $\frac{25}{40}$

C a) $\frac{2}{4}$ b) $\frac{2}{3}$ c) $\frac{3}{8}$ d) $\frac{1}{5}$

2 Teilbarkeit und Brüche | Alles klar?, Seite 54

A a)

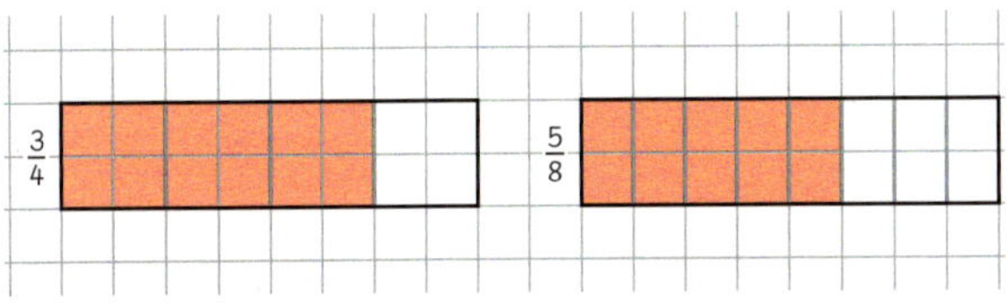

$\frac{3}{4} > \frac{5}{8}$

b)

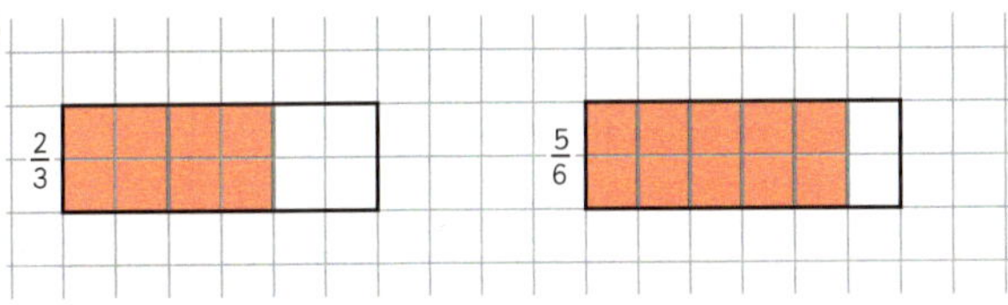

$\frac{2}{3} < \frac{5}{6}$

c)

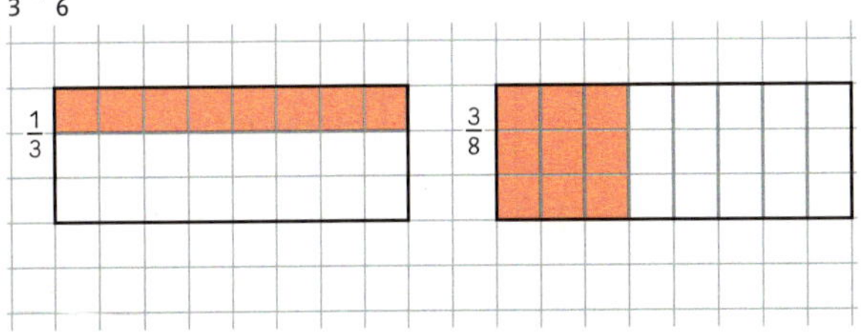

Bei $\frac{1}{3}$ sind 8 Kästchen gefärbt, bei $\frac{3}{8}$ sind 9 Kästchen gefärbt;
also ist $\frac{1}{3} < \frac{3}{8}$.

B a) $\frac{5}{8} < \frac{7}{8}$ b) $\frac{2}{3} = \frac{4}{6}$; also $\frac{5}{6} > \frac{2}{3}$
c) $\frac{3}{4} = \frac{6}{8}$; also $\frac{5}{8} < \frac{3}{4}$
d) gemeinsamer Nenner: 15
$\frac{2}{3} = \frac{10}{15}$ und $\frac{4}{5} = \frac{12}{15}$; also $\frac{2}{3} < \frac{4}{5}$
e) $\frac{4}{7} > \frac{4}{9}$; denn $\frac{1}{7} > \frac{1}{9}$
f) $\frac{3}{10} = \frac{9}{30}$ und $\frac{4}{15} = \frac{8}{30}$; also $\frac{3}{10} > \frac{4}{15}$

2 Teilbarkeit und Brüche | Alles klar?, Seite 57

A a) 12 m : 4 = 3 m
b) 40 m : 8 = 5 m
c) 12 cm : 4 = 3 cm   3 cm · 3 = 9 cm
d) 60 € : 5 = 12 €   12 € · 2 = 24 €

B a) $\frac{5}{12}$ b) $\frac{3}{20}$ c) $\frac{9}{27} = \frac{1}{3}$ d) $\frac{8}{24} = \frac{1}{3}$

2 Teilbarkeit und Brüche | Rückspiegel, Seite 64

1 a) richtig, denn 123 : 3 = 41
b) falsch, denn 101 ist keine gerade Zahl und somit nicht ohne Rest teilbar durch die Zahl 2.
c) richtig, denn 795 : 5 = 159   d) richtig, denn 14 · 5 = 70
e) richtig, denn 15 · 8 = 120   f) richtig, denn 86 · 3 = 258

2 a) $\frac{3}{8}$ b) $\frac{7}{15}$ c) $\frac{6}{9}$ d) $\frac{5}{25}$

3 a) 12 m : 4 = 3 m
b) 10 kg : 5 = 2 kg   2 kg · 2 = 4 kg
c) 24 € : 8 = 3 €   3 € · 3 = 9 €
d) 20 dm : 10 = 2 dm   2 dm · 3 = 6 dm

2 Teilbarkeit und Brüche | Rückspiegel, Seite 64, links

4 75; 333; 4530; 14 385

5 a) $1\frac{1}{2}$; $2\frac{1}{2}$; $1\frac{1}{3}$; $1\frac{2}{3}$; $1\frac{1}{8}$ b) $\frac{5}{2}$; $\frac{7}{2}$; $\frac{5}{4}$; $\frac{7}{4}$

6 a) $\frac{2}{3}$ b) $\frac{3}{4}$ c) $\frac{3}{5}$

7 a) $\frac{5}{8} = \frac{10}{16}$; also $\frac{5}{8} > \frac{7}{16}$
b) gemeinsamer Nenner: 30
$\frac{3}{10} = \frac{9}{30}$ und $\frac{4}{15} = \frac{8}{30}$; also $\frac{4}{15} < \frac{3}{10}$

8 a) 2 m = 20 dm   b) 8 kg = 8000 g
20 dm : 4 = 5 dm   8000 g : 5 = 1600 g
5 dm · 3 = 15 dm   1600 g · 4 = 6400 g

9 Jean bekommt 200 Gummibärchen, Sandro 150, Kemal 120 und Claudine 100 Gummibärchen.
600 − 200 − 150 − 120 − 100 = 30
Für Alina bleiben 30 Gummibärchen übrig.

2 Teilbarkeit und Brüche | Rückspiegel, Seite 64, rechts

4 45; 255; 4800; 72 615

5 a) $1\frac{4}{5}$; $3\frac{1}{2}$; $1\frac{2}{3}$; $1\frac{3}{8}$ b) $\frac{11}{4}$; $\frac{13}{2}$; $\frac{17}{4}$; $\frac{15}{4}$

6 a) $\frac{1}{3}$ b) $\frac{3}{4}$ c) $\frac{6}{7}$

7 a) gemeinsamer Nenner: 45
$\frac{8}{15} = \frac{24}{45}$; $\frac{5}{9} = \frac{25}{45}$; also $\frac{7}{45} < \frac{8}{15} < \frac{5}{9}$
b) gemeinsamer Nenner: 100
$\frac{9}{20} = \frac{45}{100}$; $\frac{21}{50} = \frac{42}{100}$; $\frac{10}{25} = \frac{40}{100}$; also $\frac{10}{25} < \frac{21}{50} < \frac{9}{20}$
c) gemeinsamer Nenner: 40
$\frac{7}{8} = \frac{35}{40}$; $\frac{17}{20} = \frac{34}{40}$; $\frac{4}{5} = \frac{32}{40}$; also $\frac{4}{5} < \frac{17}{20} < \frac{7}{8}$
d) gemeinsamer Nenner: 60
$\frac{4}{15} = \frac{16}{60}$; $\frac{1}{4} = \frac{15}{60}$; $\frac{2}{5} = \frac{24}{60}$; also $\frac{1}{4} < \frac{4}{15} < \frac{2}{5}$

8 Zucker: $\frac{250}{1000} = \frac{1}{4}$; Schokolade: $\frac{200}{1000} = \frac{1}{5}$;
Butter: $\frac{150}{1000} = \frac{3}{20}$; Mehl: $\frac{200}{1000} = \frac{1}{5}$; Kakao: $\frac{50}{1000} = \frac{1}{20}$;
Nüsse: $\frac{100}{1000} = \frac{1}{10}$; Ei: $\frac{50}{1000} = \frac{1}{20}$

9

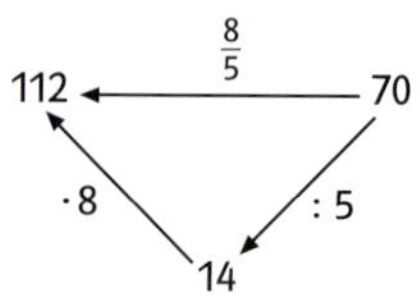

3 Rechnen mit Brüchen | Standpunkt, Seite 65

A

addieren	56 + 7	Summe
subtrahieren	26 − 8	Differenz
multiplizieren	7 · 8	Produkt
dividieren	63 : 9	Quotient

B
a) (9 + 18) : 9 = 27 : 9 = 3
b) 32 − 3 · 8 = 32 − 24 = 8
c) 7 · (15 + 5) = 7 · 20 = 140
d) 6 · 9 − 7 · 5 = 54 − 35 = 19
e) (57 − 9) : (25 − 19) = 48 : 6 = 8
f) 35 : (12 − 5) = 35 : 7 = 5

C
a) T_{15} = {1; 3; 5; 15}
b) T_{24} = {1; 2; 3; 4; 6; 8; 12; 24}
c) T_{50} = {1; 2; 5; 10; 25; 50}
d) V_8 = {8; 16; 24; 32; 40; 48; …}
e) V_{12} = {12; 24; 36; 48; 60; 72; …}
f) V_{15} = {15; 30; 45; 60; 75; 90; …}
Teiler und Vielfache können auch ohne Mengenschreibweise angegeben werden.

D a) $\frac{2}{5}$ b) $\frac{5}{9}$ c) $\frac{7}{10}$

E Mögliche Lösung:

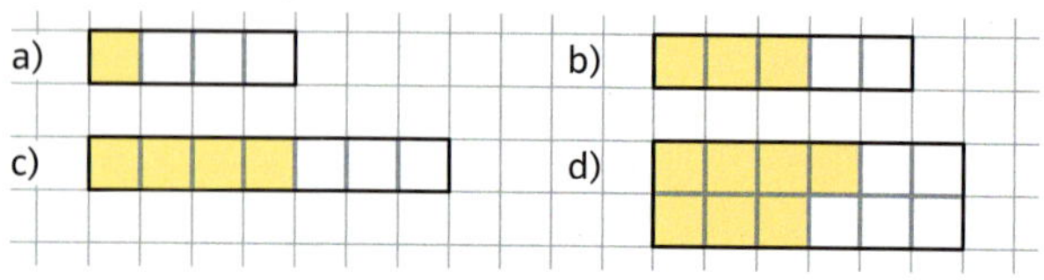

F a) $\frac{2}{3}$ b) $\frac{1}{4}$ c) $\frac{1}{3}$
d) $\frac{2}{5}$ e) $\frac{3}{5}$ f) $\frac{4}{5}$

G a) $1\frac{3}{4}$ b) $2\frac{1}{2}$ c) $2\frac{2}{3}$ d) $1\frac{2}{15}$

H a) $\frac{3}{6}$ und $\frac{1}{6}$ b) $\frac{1}{8}$ und $\frac{6}{8}$ c) $\frac{9}{12}$ und $\frac{4}{12}$ d) $\frac{3}{18}$ und $\frac{8}{18}$

I a) 500 m b) 600 m c) 15 min
d) 40 min e) 3 kg f) 8 kg

3 Rechnen mit Brüchen | Alles klar?, Seite 68

A a) $\frac{2}{6} + \frac{3}{6} = \frac{5}{6}$ b) $\frac{3}{8} + \frac{4}{8} = \frac{7}{8}$
c) $\frac{2}{7} + \frac{3}{7} = \frac{5}{7}$ d) $\frac{5}{12} + \frac{7}{12} = \frac{12}{12} = 1$

B a) $\frac{4}{9}$ b) $\frac{9}{10}$ c) $\frac{5}{14}$ d) $\frac{7}{15}$

3 Rechnen mit Brüchen | Alles klar?, Seite 71

A a) $\frac{1}{2} + \frac{1}{8} = \frac{4}{8} + \frac{1}{8} = \frac{5}{8}$

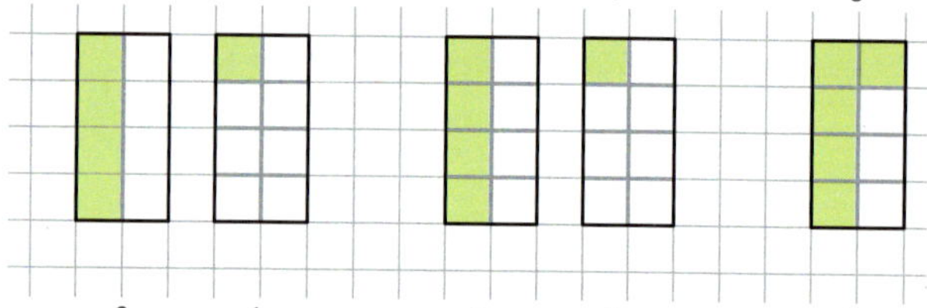

b) $\frac{2}{5} + \frac{1}{2} = \frac{4}{10} + \frac{5}{10} = \frac{9}{10}$

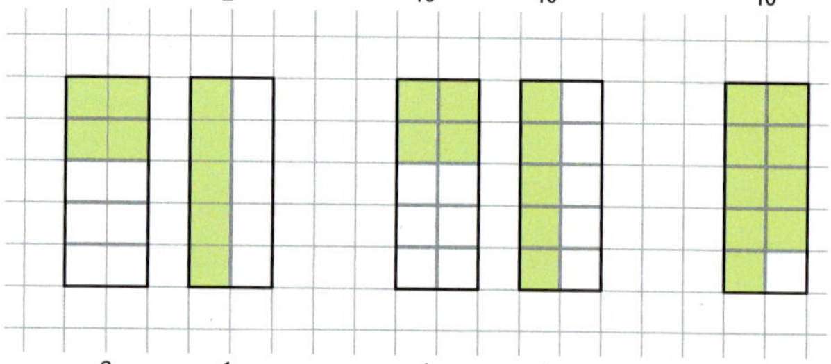

c) $\frac{2}{3} - \frac{1}{6} = \frac{4}{6} - \frac{1}{6} = \frac{3}{6}$

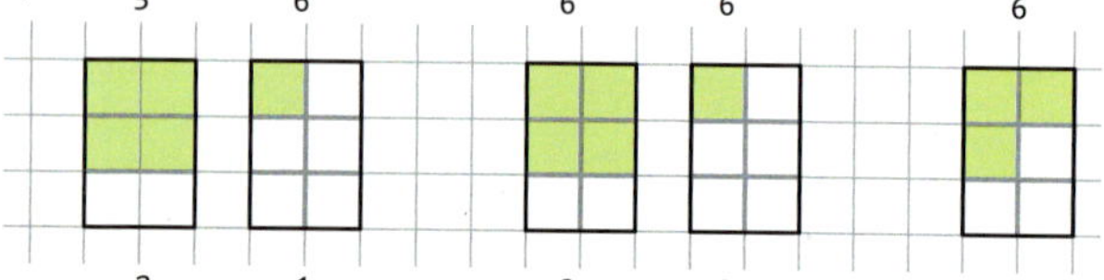

d) $\frac{3}{4} - \frac{1}{2} = \frac{3}{4} - \frac{2}{4} = \frac{1}{4}$

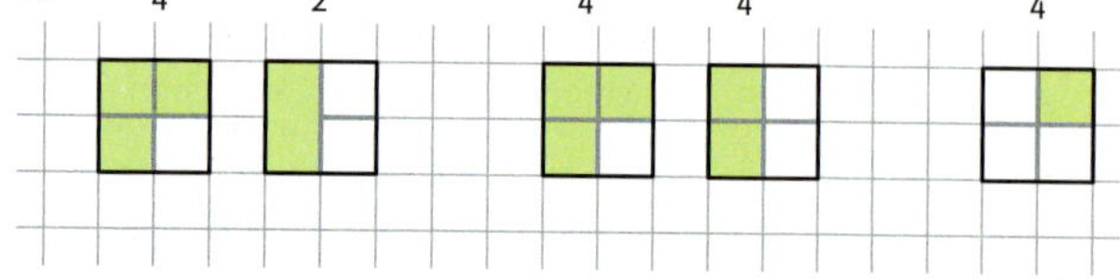

B a) $\frac{4}{10} + \frac{3}{10} = \frac{7}{10}$ b) $\frac{3}{12} + \frac{8}{12} = \frac{11}{12}$
c) $\frac{14}{16} - \frac{5}{16} = \frac{9}{16}$ d) $\frac{10}{12} - \frac{9}{12} = \frac{1}{12}$

3 Rechnen mit Brüchen | Alles klar?, Seite 75

A a) $3 \cdot \frac{1}{4} = \frac{3}{4}$ b) $2 \cdot \frac{2}{5} = \frac{4}{5}$ c) $3 \cdot \frac{3}{9} = \frac{9}{9} = 1$

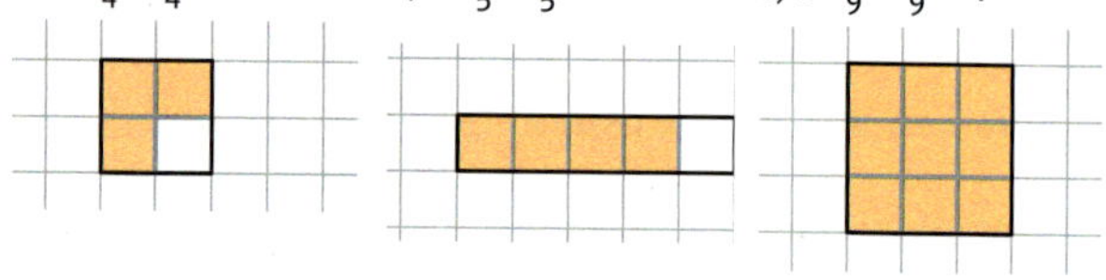

B a) $\frac{4}{7}$ b) $\frac{9}{10}$ c) $\frac{10}{11}$ d) $\frac{8}{9}$

3 Rechnen mit Brüchen | Alles klar?, Seite 78

A a) $\mathbf{\frac{4}{5}} : 2 = \mathbf{\frac{2}{5}}$

b) $\mathbf{\frac{1}{4}} : 3 = \mathbf{\frac{1}{12}}$

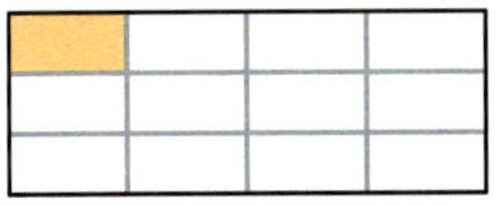

c) $\mathbf{\frac{2}{3}} : 4 = \mathbf{\frac{2}{12}} = \mathbf{\frac{1}{6}}$

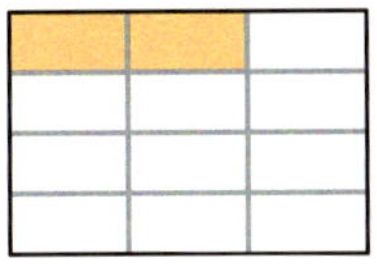

B a) $\frac{1}{12}$ b) $\frac{2}{5}$ c) $\frac{3}{7}$
d) $\frac{3}{20}$ e) $\frac{3}{26}$ f) $\frac{1}{24}$

3 Rechnen mit Brüchen | Alles klar?, Seite 80

A a) 2 b) $\frac{7}{18}$ c) $\frac{7}{9}$
d) $\frac{1}{20}$ e) $\frac{3}{4}$ f) $2\frac{1}{3}$

3 Rechnen mit Brüchen | Rückspiegel, Seite 86

1 a) $\frac{4}{7}$ b) $\frac{1}{5}$ c) $\frac{1}{10} + \frac{2}{10} = \frac{3}{10}$
d) $\frac{9}{24} - \frac{4}{24} = \frac{5}{24}$ e) $\frac{20}{35} + \frac{14}{35} = \frac{34}{35}$ f) $\frac{10}{18} + \frac{3}{18} = \frac{13}{18}$

2 a) $\frac{1}{6} \cdot 5 = \frac{5}{6}$ b) $\frac{1}{3} \cdot 2 = \frac{2}{3}$ c) $\frac{3}{25} \cdot 7 = \frac{21}{25}$
d) $\frac{1}{5} : 4 = \frac{1}{20}$ e) $\frac{3}{4} : 3 = \frac{1}{4}$ f) $\frac{4}{5} : 2 = \frac{2}{5}$

3 a) $\frac{7}{12} - 3 \cdot \frac{1}{6} = \frac{7}{12} - \frac{3}{6} = \frac{7}{12} - \frac{6}{12} = \frac{1}{12}$
b) $\frac{3}{4} : \left(\frac{3}{2} + \frac{1}{2}\right) = \frac{3}{4} : \frac{4}{2} = \frac{3}{4} : 2 = \frac{3}{8}$
c) $\left(\frac{5}{10} - \frac{2}{5}\right) \cdot 2 = \left(\frac{5}{10} - \frac{4}{10}\right) \cdot 2 = \frac{1}{10} \cdot 2 = \frac{2}{10} = \frac{1}{5}$

3 Rechnen mit Brüchen | Rückspiegel, Seite 86, links

4 a) $\frac{3}{7}$ b) $\frac{8}{9}$ c) $\frac{30}{8} = \frac{15}{4} = 3\frac{3}{4}$
d) $\frac{2}{13}$ e) $\frac{3}{8}$ f) $\frac{8}{108} = \frac{2}{27}$

5 a) $\mathbf{\frac{7}{9}} - \frac{2}{9} = \frac{5}{9}$ b) $\mathbf{\frac{2}{8}} \cdot 3 = \frac{6}{8}$
c) $\frac{1}{3} + \mathbf{\frac{7}{12}} = \frac{11}{12}$ d) $\mathbf{\frac{5}{7}} : 2 = \frac{5}{14}$

6 a) $\left(\frac{1}{3} + \frac{2}{5}\right) : 2 = \frac{11}{30}$ b) $\left(\frac{5}{6} - \frac{1}{12}\right) \cdot 4 = \frac{9}{3} = 3$

7 a) $\left(\frac{1}{2} + \frac{1}{3}\right) \cdot 3 = \frac{5}{6} \cdot 3 = \frac{5}{2} = 2\frac{1}{2}$
b) $\frac{1}{2} \cdot 3 - \frac{1}{4} = \frac{3}{2} - \frac{1}{4} = \frac{6}{4} - \frac{1}{4} = \frac{5}{4} = 1\frac{1}{4}$

8 2 Honigmelonen; Saft von 4 Zitronen; $\frac{1}{5}$ l Himbeersirup;
$\frac{7}{5}$ l = $1\frac{2}{5}$ l Mineralwasser; $\frac{2}{2}$ l = 1 l Apfelsaft

3 Rechnen mit Brüchen | Rückspiegel, Seite 86, rechts

4 a) $\frac{7}{4} = 1\frac{3}{4}$ b) $\frac{13}{4} = 3\frac{1}{4}$ c) $\frac{2}{5}$
d) $\frac{8}{3} = 2\frac{2}{3}$ e) $\frac{3}{25}$ f) $\frac{21}{10} = 2\frac{1}{10}$
g) 12 h) $\frac{67}{60} = 1\frac{7}{60}$ i) $\frac{15}{4} = 3\frac{3}{4}$

5 a) $\frac{1}{6} \cdot \mathbf{9} = \frac{3}{2}$ b) $\mathbf{\frac{3}{5}} : 4 = \frac{3}{20}$
c) $\mathbf{\frac{5}{3}} + \frac{7}{12} = \frac{9}{4}$ d) $\frac{8}{9} - \mathbf{\frac{5}{36}} = \frac{3}{4}$

6 a) $\frac{2}{5} : 4 + \left(\frac{2}{15} + \frac{1}{30}\right) = \frac{1}{10} + \frac{5}{30} = \frac{3}{30} + \frac{5}{30} = \frac{8}{30} = \frac{4}{15}$
b) $\left(\frac{19}{20} - \frac{1}{5}\right) : \left(\frac{1}{2} \cdot 6\right) = \left(\frac{19}{20} - \frac{4}{20}\right) : 3 = \frac{15}{20} : 3 = \frac{15}{60} = \frac{1}{4}$

7 $1 - \frac{1}{4} - \frac{3}{10} - \frac{1}{5} = \frac{1}{4}$
$\frac{1}{4}$ entspricht 240 Schülerinnen und Schülern, also hat die gesamte Schule 960 Schülerinnen und Schüler.
Bus: $\frac{1}{4}$ von 960 sind 240 Schülerinnen und Schüler.
Bahn: $\frac{3}{10}$ von 960 sind 288 Schülerinnen und Schüler.
Fahrrad: $\frac{1}{5}$ von 960 sind 192 Schülerinnen und Schüler.

4 Quader und Würfel | Standpunkt, Seite 87

A a) Rechteck b) Quadrat

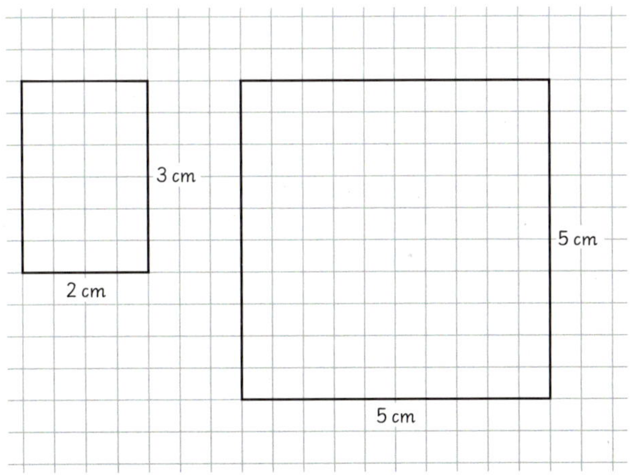

B a) 20 mm; 35 dm; 7 cm; 300 mm²; 110 dm²; 80 mm²
b) 3 cm; 650 m; 12 km; 4 cm²; 5800 m²; 3 dm²

C a) 12 m = 120 dm; 4,5 m = 45 dm
u = 2 · 120 dm + 2 · 45 dm = 240 dm + 90 dm = 330 dm = 33 m
A = 120 dm · 45 dm = 5400 dm² = 54 m²
b) u = 4 · 9 cm = 36 cm
A = 9 cm · 9 cm = 81 cm²

D (1) Quader (2) Zylinder
(3) Würfel (4) Kugel

E

		Würfel 	Quader 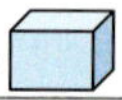
Anzahl	Ecken	**8**	**8**
	Kanten	**12**	**12**
	Flächen	**6**	**6**
Flächenformen		**Quadrat**	**Rechteck**

F Netz (1) gehört zu einem Quader. Es besteht aus sechs Rechtecken. Jeweils zwei Rechtecke sind gleich groß.
Netz (2) gehört zu einem Würfel. Es besteht aus sechs gleich großen Quadraten.

G Das Würfelgebäude besteht aus 11 Würfeln.
Zwei Würfel sind nicht zu sehen.

4 Quader und Würfel | Alles klar?, Seite 91

A a) Fertige zuerst zwei Quadrate aus jeweils vier Schaschlikspießen oder Zahnstochern. Setze dann senkrecht auf die Knetmasse vier weitere Schaschlikspieße oder Zahnstocher. Baue den Würfel zusammen.

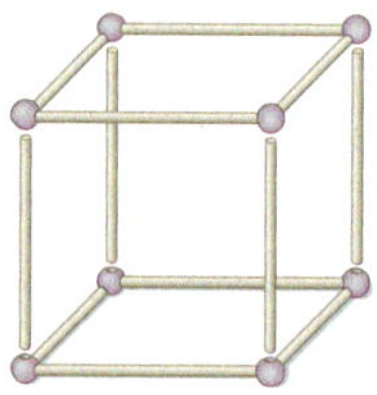

b) Würfel und Quader haben jeweils acht Ecken und zwölf Kanten.
c) Beim Kantenmodell eines Würfels haben alle Kanten die gleiche Länge. Beim Kantenmodell eines Quaders können die Kanten unterschiedlich lang sein. Dann braucht man Spieße oder Zahnstocher in unterschiedlichen Längen.

4 Quader und Würfel | Alles klar?, Seite 94

A (1) und (3) sind keine Würfelnetze.

B Es fehlt ein Quadrat. Es kann an verschiedenen Stellen des Netzes angelegt werden. Vier Möglichkeiten sind eingezeichnet.

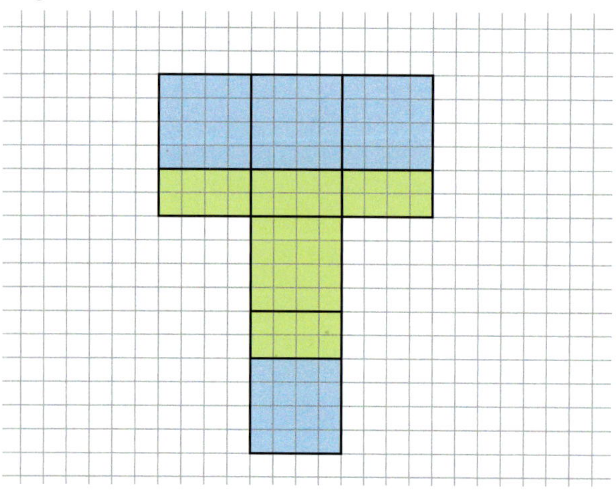

4 Quader und Würfel | Alles klar?, Seite 97

A

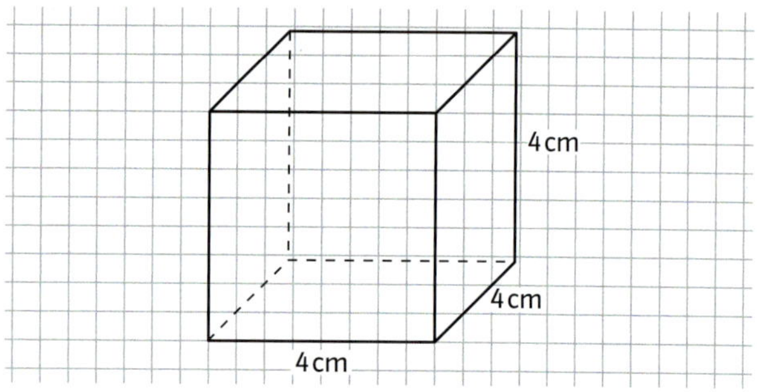

B

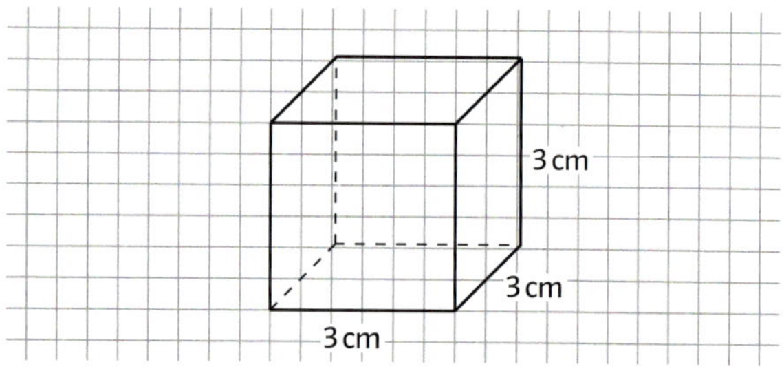

C

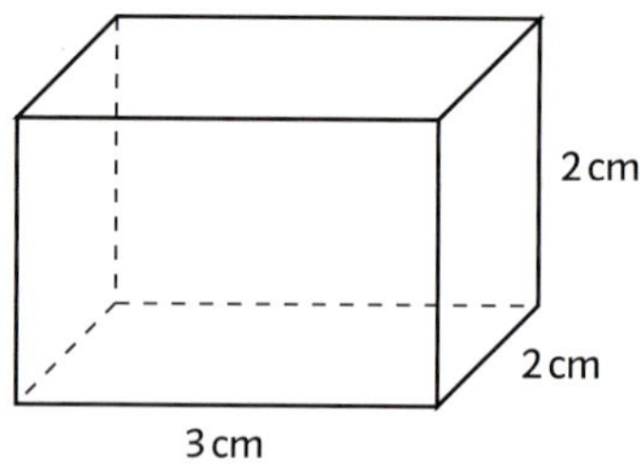

4 Quader und Würfel | Alles klar?, Seite 100

A $O = 2 \cdot 10\,cm \cdot 12\,cm + 2 \cdot 10\,cm \cdot 15\,cm + 2 \cdot 12\,cm \cdot 15\,cm$
$= 240\,cm^2 + 300\,cm^2 + 360\,cm^2 = 900\,cm^2$

B $O = 6 \cdot 7\,cm \cdot 7\,cm = 294\,cm^2$

4 Quader und Würfel | Alles klar?, Seite 102

A Der linke Körper besteht aus 16 Würfeln und der rechte aus 15 Würfeln. Der linke Körper ist also größer.

B Man könnte in alle drei Kisten 12 Würfel füllen. Die Rauminhalte der Kisten sind also gleich groß.

4 Quader und Würfel | Alles klar?, Seite 104

A a) l oder dm^3 b) m^3 c) cm^3 d) mm^3

B a) $24\,m^3$ b) $5\,dm^3$ c) $4000\,mm^3$ d) 3000 ml

4 Quader und Würfel | Alles klar?, Seite 106

A (1) $V = 4\,cm \cdot 6\,cm \cdot 9\,cm = 216\,cm^3$
(2) $V = 4\,cm \cdot 5\,cm \cdot 10\,cm = 200\,cm^3$
Der Quader (1) hat das größere Volumen.

B $V = 6\,cm \cdot 6\,cm \cdot 6\,cm = 216\,cm^3$

4 Quader und Würfel | Rückspiegel, Seite 114

1 a) Das Quadrat mit der Augenzahl 1 kann an vier verschiedenen Stellen angesetzt werden.

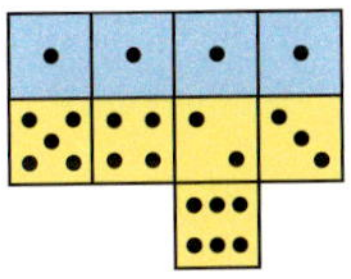

b) Das Quadrat mit der Augenzahl 1 kann an vier verschiedenen Stellen angesetzt werden.

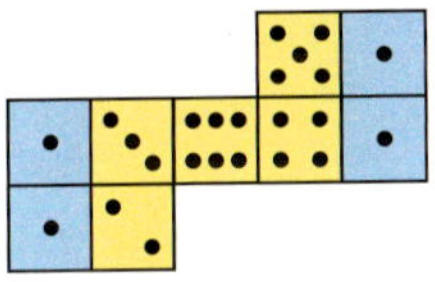

c) Das Quadrat mit der Augenzahl 6 kann an vier verschiedenen Stellen angesetzt werden.

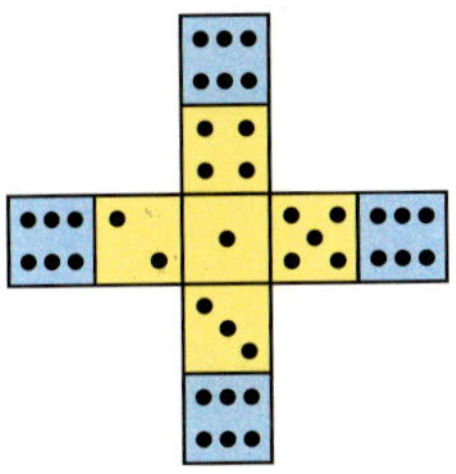

2 a) Mögliche Lösung:

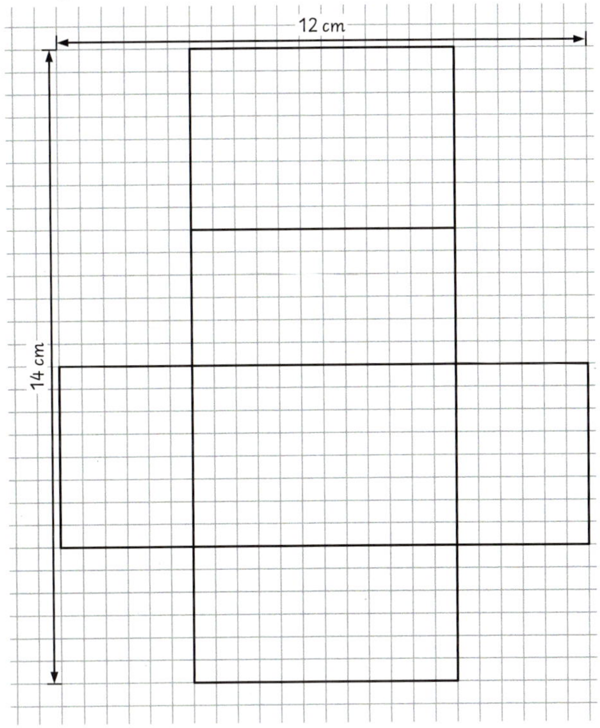

Das Quadernetz passt auf ein DIN-A4-Blatt.

b)

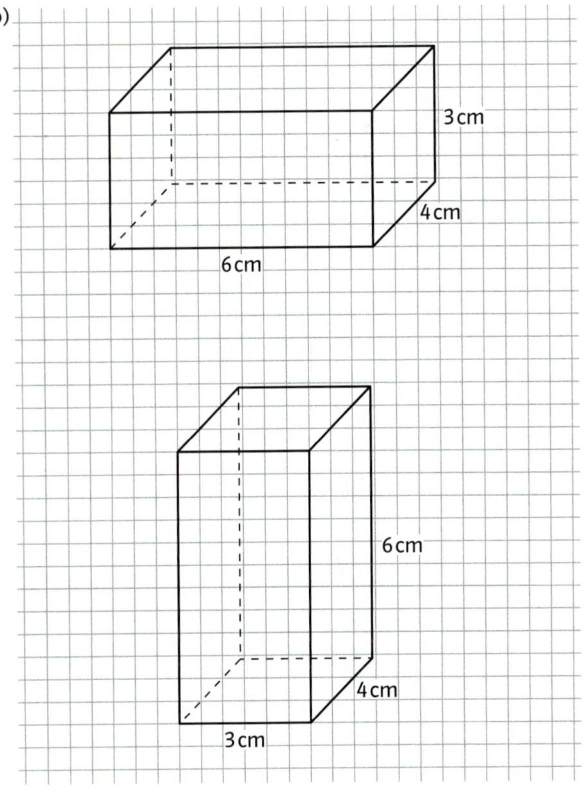

3 a) $5\,cm^3$ = $\mathbf{5000}\,mm^3$ b) $18\,dm^3$ = $\mathbf{18\,000}\,cm^3$
c) $45\,000\,cm^3$ = $\mathbf{45}\,dm^3$ d) $34\,m^3$ = $\mathbf{34\,000}\,dm^3$
e) $68\,000\,mm^3$ = $\mathbf{68}\,cm^3$ f) $55\,cm^3$ = $\mathbf{55\,000}\,mm^3$

4 Quader und Würfel | Rückspiegel, Seite 114, links

4 a) $3{,}541\,dm^3$ b) $50{,}866\,m^3$ c) $5{,}050\,m^3$ d) $35{,}003\,cm^3$

5 a) $1500\,cm^3 = 1{,}5\,dm^3$ b) $600\,dm^3$
c) $1200\,dm^3 = 1{,}2\,m^3$ d) $43\,cm^3$

6 $V = 13\,cm \cdot 5\,cm \cdot 8\,cm = 520\,cm^3$
$O = 2 \cdot 13\,cm \cdot 5\,cm + 2 \cdot 13\,cm \cdot 8\,cm + 2 \cdot 5\,cm \cdot 8\,cm$
$= 130\,cm^2 + 208\,cm^2 + 80\,cm^2 = 418\,cm^2$

7 Wasserhöhe: $30\,cm - 5\,cm = 25\,cm$
$V = 50\,cm \cdot 40\,cm \cdot 25\,cm = 50\,000\,cm^3 = 50\,dm^3 = 50\,l$
Das sind 50 l.

4 Quader und Würfel | Rückspiegel, Seite 114, rechts

4 a) $4123\,cm^3$ b) $8230\,mm^3$ c) $12\,820\,dm^3$ d) 3500 ml

5 a) $9100\,cm^3 = 9{,}1\,dm^3$ b) $2005\,dm^3 = 2{,}005\,m^3$
c) $60\,cm^3 + 1000\,mm^3 = 61\,cm^3$ d) $5\,dm^3 + 100\,cm^3 = 5{,}1\,dm^3$

6 $V = 13\,cm \cdot 25\,cm \cdot 8\,cm = 2600\,cm^3$
$O = 2 \cdot 13\,cm \cdot 25\,cm + 2 \cdot 13\,cm \cdot 8\,cm + 2 \cdot 25\,cm \cdot 8\,cm$
$= 650\,cm^2 + 208\,cm^2 + 400\,cm^2 = 1258\,cm^2$

7 50 cm = 5 dm; 40 cm = 4 dm
$5\,dm \cdot ■ \cdot 4\,dm = 60\,dm^3$
■ = 3 dm
Das Aquarium ist 3 dm breit. Die neue Glasscheibe muss also 5 dm lang und 3 dm breit sein.

5 Dezimalzahlen | Standpunkt, Seite 115

A „In der Flasche ist ein dreiviertel Liter." gehört zu 0,75 l.
„Die Schokolade kostet 79 ct." gehört zu 0,79 €.
„Ein Buch kostet 7 € und 90 ct." gehört zu 7,90 €.

B a) einunddreißigtausendsiebenhundertneunundzwanzig;
fünfzehntausenddreihundertzwei;
achttausendneunzig;
zwanzigtausendsiebenunddreißig
b)

ZT	T	H	Z	E
	5	3	7	9
1	7	0	4	4
5	9	5	0	5
3	4	7	6	0

C a) 4556 kg < 4565 kg b) 350 m > 305 m
c) 21,56 € > 12,65 € d) 7802 g < 7820 g

D a) 2154 g < 4145 g < 4154 g < 5124 g < 5241 g
b) 0,56 € < 2,56 € < 2,59 € < 5,92 €

E a) 3423 ≈ 3400; 156 ≈ 200; 1255 ≈ 1300; 21 055 ≈ 21 100
b) 0,99 € ≈ 1 €; 2,89 € ≈ 3 €; 9,90 € ≈ 10 €; 4,25 € ≈ 4 €

F a) A: 15; B: 24; C: 32; D: 46; E: 59
b) A: $\frac{1}{5}$; B: $\frac{2}{5}$; C: $\frac{1}{2}$; D: $\frac{3}{4}$

G a) $1\frac{2}{3}$ b) $1\frac{3}{5}$ c) $1\frac{4}{7}$
d) $1\frac{1}{9}$ e) $1\frac{7}{8}$ f) 2

5 Dezimalzahlen | Alles klar?, Seite 118

A

Dezimalzahl	Ganze		Dezimale			Sprechweise
	Z	E	z	h	t	
0,89		**0**	**8**	**9**		**null Komma acht neun**
3,501		3	5	0	1	**drei Komma fünf null eins**
10,003	**1**	**0**	**0**	**0**	**3**	**zehn Komma null null drei**
2,019		**2**	**0**	**1**	**9**	zwei Komma null eins neun

5 Dezimalzahlen | Alles klar?, Seite 120

A a) 0,7 b) 0,23 c) 0,789
d) 0,493 e) 0,090 = 0,09 f) 0,008

B a) 0,4 b) 0,04 c) 0,40 = 0,4
d) 0,004 e) 0,040 = 0,04 f) 0,400 = 0,4

C a) $\frac{4}{10} = 0{,}4$ b) $\frac{12}{100} = 0{,}12$ c) $\frac{625}{1000} = 0{,}625$
d) $\frac{1}{4} = 0{,}25$ e) $\frac{1}{2} = 0{,}5$ f) $\frac{1}{5} = 0{,}2$

5 Dezimalzahlen | Alles klar?, Seite 123

A a) 0,25 < 5,02 < 5,25 < 5,52 b) 31,32 < 32,13 < 33,12 < 33,21
c) 0,678 < 0,687 < 0,768 < 0,786 d) 1,010 < 1,011 < 1,101 < 1,110

B A: 1,4; B: 1,6; D: 2,1; E: 3,7; F: 3,8
C bleibt übrig, die fehlende Zahl heißt 1,9.

5 Dezimalzahlen | Alles klar?, Seite 126

A 7,05 € ≈ 7 €; 0,49 € ≈ 0 €; 3,49 € ≈ 3 €; 7,95 € ≈ 8 €;
2,50 € ≈ 3 €

B

Zahl	gerundet		
	auf Zehntel	auf Hundertstel	auf Tausendstel
a) 1,4363	**1,4**	**1,44**	**1,436**
b) 3,5675	**3,6**	**3,57**	**3,568**

5 Dezimalzahlen | Alles klar?, Seite 127

A

Dezimalzahl	Ganze Z	Ganze E	Dezimale z	Dezimale h	Dezimale t	Bruch	gekürzter Bruch
0,85		**0**	**8**	**5**		$\mathbf{\frac{85}{100}}$	$\mathbf{\frac{17}{20}}$
0,55		0	5	5		$\mathbf{\frac{55}{100}}$	$\mathbf{\frac{11}{20}}$
0,5		**0**	**5**			$\mathbf{\frac{5}{10}}$	$\frac{1}{2}$
0,625		0	6	2	5	$\mathbf{\frac{625}{1000}}$	$\mathbf{\frac{5}{8}}$
0,7		**0**	**7**			$\frac{70}{100}$	$\mathbf{\frac{7}{10}}$

5 Dezimalzahlen | Alles klar?, Seite 131

A $1\,\% = \frac{1}{100} = 0{,}01$; $2\,\% = \frac{2}{100} = 0{,}02$; $6\,\% = \frac{6}{100} = 0{,}06$;
$20\,\% = \frac{2}{10} = 0{,}20$; $35\,\% = \frac{35}{100} = 0{,}35$; $40\,\% = \frac{40}{100} = 0{,}4$;
$60\,\% = \frac{6}{10} = 0{,}60$; $95\,\% = \frac{95}{100} = 0{,}95$; $100\,\% = \frac{100}{100} = 1{,}00$

5 Dezimalzahlen | Rückspiegel, Seite 138

1 $0{,}033 < 0{,}303 < 0{,}330 < 0{,}333 < 3{,}030 < 30{,}03 < 30{,}33 < 33{,}03$

2 $\frac{9}{10} = 0{,}9$; $\frac{1}{20} = \frac{5}{100} = 0{,}05$; $\frac{3}{4} = \frac{75}{100} = 0{,}75$; $\frac{5}{1000} = 0{,}005$

3 a) $3{,}61 \approx 3{,}6$; $1{,}49 \approx 1{,}5$; $4{,}099 \approx 4{,}1$; $2{,}901 \approx 2{,}9$
b) $0{,}363 \approx 0{,}36$; $5{,}155 \approx 5{,}16$; $0{,}005 \approx 0{,}01$; $2{,}5049 \approx 2{,}50$
c) $0{,}3635 \approx 0{,}364$; $5{,}1505 \approx 5{,}151$; $2{,}500\,51 \approx 2{,}501$

4 a) $0{,}01 = \frac{1}{100} = \mathbf{1}\,\%$ b) $0{,}50 = \mathbf{\frac{50}{100}} = 50\,\%$
c) $1{,}00 = \frac{100}{100} = \mathbf{100}\,\%$ d) $0{,}65 = \mathbf{\frac{65}{100}} = 65\,\%$

5 Dezimalzahlen | Rückspiegel, Seite 138, links

5 a) $\frac{5}{10}$ m = 0,5 m b) $\frac{7}{10}$ dm = 0,7 dm
c) $\frac{17}{100}$ € = 0,17 € d) $\frac{21}{100}$ m = 0,21 m
e) $\frac{150}{1000}$ kg = 0,150 kg f) $\frac{3}{1000}$ km = 0,003 km

6 Mögliche Lösung: 5,5; 5,51; 5,52

7 a) $\frac{6}{20} = \frac{30}{100} = 0{,}30 = 30\,\%$
b) Man muss 5 Kästchen färben.

8 $\frac{1}{4} = 0{,}25 = 25\,\%$; $\frac{9}{10} = \frac{90}{100} = 0{,}9 = 90\,\%$; $\frac{5}{20} = \frac{25}{100} = 0{,}25 = 25\,\%$;
$\frac{13}{50} = \frac{26}{100} = 0{,}26 = 26\,\%$; $\frac{100}{100} = 1{,}00 = 100\,\%$

9 a) $\frac{4}{5} = \frac{80}{100}$ und $\frac{17}{20} = \frac{85}{100}$; also ist 17 von 20 größer.
b) $\frac{13}{50} = \frac{26}{100} = 26\,\%$; also ist 13 von 50 größer.
c) Die Hälfte entspricht 50 % und ist größer als 40 %.

5 Dezimalzahlen | Rückspiegel, Seite 138, rechts

5 a) 0,3 m = $\frac{3}{10}$ m b) 0,9 dm = $\frac{9}{10}$ dm
c) 0,37 € = $\frac{37}{100}$ € d) 0,126 t = $\frac{126}{1000}$ t
e) 0,252 kg = $\frac{252}{1000}$ kg f) 0,060 km = $\frac{60}{1000}$ km

6 Mögliche Lösung: 2,43; 2,431; 2,432

7 a) $\frac{3}{8} = 0{,}375 = 37{,}5\,\%$
b) Man muss $7\frac{1}{2}$ Kästchen färben.

8 $\frac{3}{4} = 0{,}75 = 75\,\%$; $\frac{1}{8} = 0{,}125 = 12{,}5\,\%$; $\frac{10}{40} = 0{,}25 = 25\,\%$;
$\frac{51}{250} = \frac{204}{1000} = 0{,}204 = 20{,}4\,\%$; $\frac{1}{16} = 0{,}0625 = 6{,}25\,\%$

9 a) $\frac{19}{50} = \frac{38}{100} = 38\,\%$
b) $\frac{3}{150} = \frac{1}{50} = \frac{2}{100} = 2\,\%$
c) „Jeder Fünfte" bedeutet 1 von 5; also $\frac{1}{5} = \frac{20}{100} = 20\,\%$.
d) „Jeder Achte" bedeutet 1 von 8; also $\frac{1}{8} = \frac{125}{1000} = 12{,}5\,\%$.

6 Rechnen mit Dezimalzahlen | Standpunkt, Seite 139

A a) 59 b) 83 c) 53 d) 17 e) 379 f) 89

B a)

	3	4	7
+		8	6
	1	1	
	4	3	3

b)

	2	4	1
−	1	6	5
	1	1	
		7	6

C a)

2	8	·	9
	2	5	2

b)

6	8	·	4	3
	2	7	2	
+		2	0	4
	2	9	2	4

c)

1	2	7	·	6	9
		7	6	2	
	+		1	1	4	3
		8	7	6	3

d)

3	0	8	·	3	6	9
		9	2	4		
+		1	8	4	8	
+			2	7	7	2
		1	1	1		
	1	1	3	6	5	2

D a)

	1	9	8	:	6	=	3	3
−	1	8						
		1	8					
	−	1	8					
			0					

b)

	6	2	3	:	7	=	8	9
−	5	6						
		6	3					
	−	6	3					
			0					

c)

	3	6	9	6	:	8	=	4	6	2
−	3	2								
		4	9							
	−	4	8							
			1	6						
		−	1	6						
				0						

d)

	7	6	6	8	:	9	=	8	5	2
−	7	2								
		4	6							
	−	4	5							
			1	8						
		−	1	8						
				0						

E a) 2400 b) 4070 c) 12 000 d) 760 000

F a) 78 b) 250 c) 41 d) 76

G a) 47 + 36 + 53 + 24 = (47 + 53) + (36 + 24) = 100 + 60 = 160
b) 133 + 211 + 67 + 89 = (133 + 67) + (211 + 89) = 200 + 300 = 500
c) 278 − 69 − 31 − 47 − 53 = 278 − (69 + 31 + 47 + 53)
= 278 − (100 + 100) = 278 − 200 = 78
d) 12 · 43 + 12 · 57 = 12 · (43 + 57) = 12 · 100 = 1200

H a) 25 + 25 · 2 = 25 + 50 = 75
b) 12 · 5 − 3 · 15 = 60 − 45 = 15
c) 16 − 48 : 8 + 7 · 4 = 16 − 6 + 28 = 38

I Anzahl der Schülerinnen und Schüler der Klasse 6a: 25
Berechnung der Kosten pro Schülerin oder Schüler:
(50 € + 175 €) : 25 = 225 € : 25 = 9 €
Antwort: Die Kosten pro Schülerin oder Schüler betragen 9 €.

6 Rechnen mit Dezimalzahlen | Alles klar?, Seite 143

A a) 3,8 b) 4,9 c) 2,2 d) 1,4

B a)

	1,	3	7
+	3,	5	9
		1	
	4,	9	6

b)

	2,	2	5
+	4,	6	7
		1	
	6,	9	2

c)

	5,	7	2
−	2,	6	7
		1	
	3,	0	5

d)

	9,	8	1
−	7,	6	3
		1	
	2,	1	8

6 Rechnen mit Dezimalzahlen | Alles klar?, Seite 147

A a) 32,5 b) 567,8 c) 54,3 d) 1870

B a) 3,456 b) 34,56 c) 3,456 d) 0,3456

6 Rechnen mit Dezimalzahlen | Alles klar?, Seite 149

A a) 3,6 b) 0,32 c) 0,24 d) 0,45

B a) 4,5 b) 5,6 c) 1,25 d) 1,26

6 Rechnen mit Dezimalzahlen | Alles klar?, Seite 153

A a) 1,2 b) 1,1 c) 0,5 d) 0,4

B a)

	1	8,	6	:	2	=	9,	3
−	1	8						
		0	6					
	−		6					
			0					

b)

	1	4,	4	:	3	=	4,	8
−	1	2						
		2	4					
	−	2	4					
			0					

c)

	4	4,	5	:	5	=	8,	9
−	4	0						
		4	5					
	−	4	5					
			0					

d)

	5	1,	2	:	8	=	6,	4
−	4	8						
		3	2					
	−	3	2					
			0					

6 Rechnen mit Dezimalzahlen | Alles klar?, Seite 157

A a) 4 · 1,1 + 2,2 = 4,4 + 2,2 = 6,6
b) 0,6 : 0,2 − 0,8 = 3 − 0,8 = 2,2
c) 5,7 − 1,8 · 3 = 5,7 − 5,4 = 0,3
d) 3,3 + 5,5 : 5 = 3,3 + 1,1 = 4,4

B a) 3,5 − (2,5 + 0,5) = 3,5 − 3,0 = 0,5
b) 6,5 − (4,2 − 2,7) = 6,5 − 1,5 = 5
c) (7,4 − 5,8) · 2,5 = 1,6 · 2,5 = 4
d) (9,9 − 3,3) : 0,6 = 6,6 : 0,6 = 11

6 Rechnen mit Dezimalzahlen | Rückspiegel, Seite 166

1 a) 16,8 b) 2,3 c) 8,99 d) 8,16

2 a)

	2,	5	8
+	7,	6	9
	1	1	
1	0,	2	7

b)

	1	3,	2	4
−		8,	7	6
	1	1	1	
		4,	4	8

c)

	0,	8	0
+	3,	4	7
	1		
	4,	2	7

d)

	2,	0	3
−	0,	9	0
	1		
	1,	1	3

3 a) 6,9 b) 26 c) 2,1 d) 1,2

4 a) 35,7 b) 18,2 c) 2,58 d) 0,0159

6 Rechnen mit Dezimalzahlen | Rückspiegel, Seite 166, links

5 a)

	7,	2	9
+	6,	4	3
+	8,	7	5
	1	1	
2	2,	4	7

b)

	2	3,	4	5
+		5,	6	3
		1		
	2	9,	0	8

	2	9,	0	8
−	1	2,	9	1
		1		
	1	6,	1	7

6 a)

7,	8	·	9,	4
	7	0	2	
+		3	1	2
	7	3,	3	2

b)

	5	3,	6	:	0,	8	=	6	7
	5	3	6	:		8	=	6	7
−	4	8							
		5	6						
	−	5	6						
			0						

7 a) 78,4 − (23,7 + 19,5) = 78,4 − 43,2 = 35,2
b) 45,78 : (7,35 − 6,65) = 45,78 : 0,7 = 65,4
c) 5,2 · (4,1 + 0,9) = 5,2 · 5 = 26

8 a) 3,8 + 2,4 **−** 1,8 = 4,4 b) 0,5 · 2,4 **+** 4,2 − 2,6 = 2,8

9 a) möglichst großer Wert: 3,2 · 7 = 22,4
b) Produkt mit dem Wert 8,1: 2,7 · 3 = 8,1

10 NOK: 2500 · 0,1145 € = 286,25 €
GBP: 150 · 1,3718 € = 205,77 €
Insgesamt: 286,25 € + 205,77 € = 492,02 €
Antwort: Natalie muss 492,02 € umtauschen.

6 Rechnen mit Dezimalzahlen | Rückspiegel, Seite 166, rechts

5 18,44

6 a)

0,	7	6	·	1,	0	7
		0	7	6		
+			0	0	0	
+				5	3	2
			1			
		0,	8	1	3	2

b)

	1	1,	7	1	2	:	1,	2	=	9,	7	6
	1	1	7,	1	2	:	1	2	=	9,	7	6
−	1	0	8									
			9	1								
		−	8	4								
				7	2							
			−	7	2							
					0							

7 14,97 − 7,08 : 0,8 − 3,2 · 1,6
= 14,97 − 8,85 − 5,12
= 1

8 (4,6 − (0,42 + 1,38) : 0,5 + 0,2) · 1,2
= (4,6 − 1,8 : 0,5 + 0,2) · 1,2
= (4,6 − 3,6 + 0,2) · 1,2
= 1,2 · 1,2
= 1,44

9 a) Bei der Zahl 0,72 wurde das Komma um zwei Stellen nach rechts verschoben. Richtig wäre eine Stelle. Korrekt müsste die Rechnung lauten:
0,72 : 0,8 = 0,9
7,2 : 8 = 0,9
b) Beim Multiplizieren müssen die Teilprodukte stellengerecht untereinander geschrieben werden.

3,	4	·	1,	0	8
		3	4		
+		0	0	0	
+			2	7	2
		3,	6	7	2

10 (0,5 + 1,7) · 4 − 2,8 = 6
Probe: (0,5 + 1,7) · 4 − 2,8 = 2,2 · 4 − 2,8 = 8,8 − 2,8 = 6

11 Pro Sekunde werden weltweit durchschnittlich 4,2 Kinder geboren. Die Minute hat 60 Sekunden, die Stunde hat 60 Minuten, der Tag hat 24 Stunden und das Jahr hat 365 Tage.
Sekunden in einem Jahr: $60 \cdot 60 \cdot 24 \cdot 365 = 31\,536\,000$
Geburten in einem Jahr: $4{,}2 \cdot 31\,536\,000 = 132\,451\,200$
In einem Jahr werden weltweit ungefähr 132 451 200 Kinder geboren.

7 Daten darstellen und auswerten | Standpunkt, Seite 167

A a) 8 Mitschülerinnen und Mitschüler haben Till gewählt.
b) Die Klasse hat 25 Kinder.

B a) Säulendiagramm:

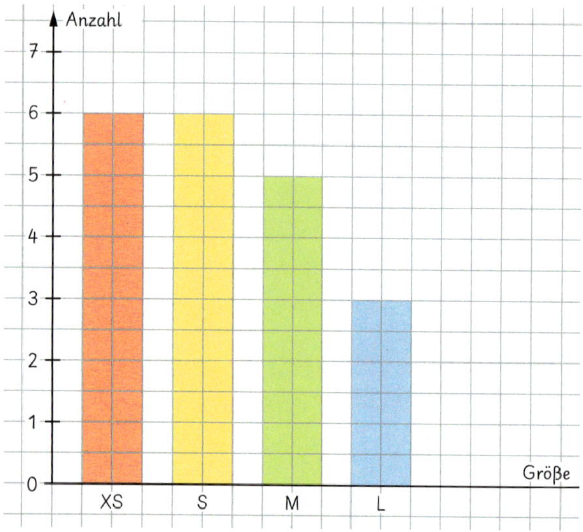

Balkendiagramm:

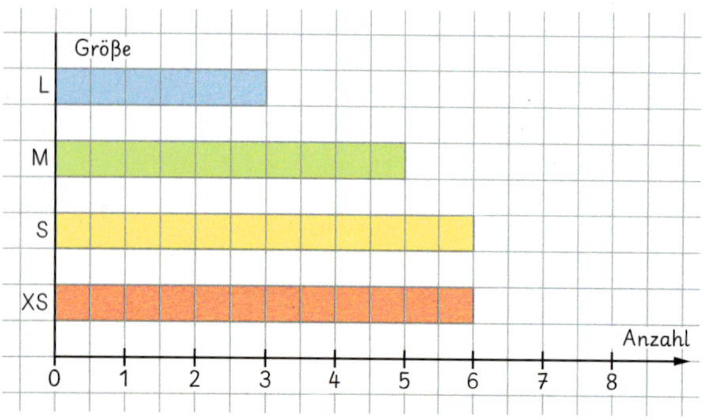

b)

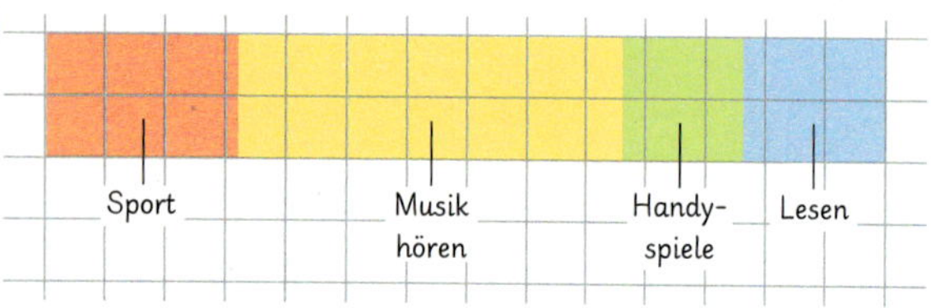

C

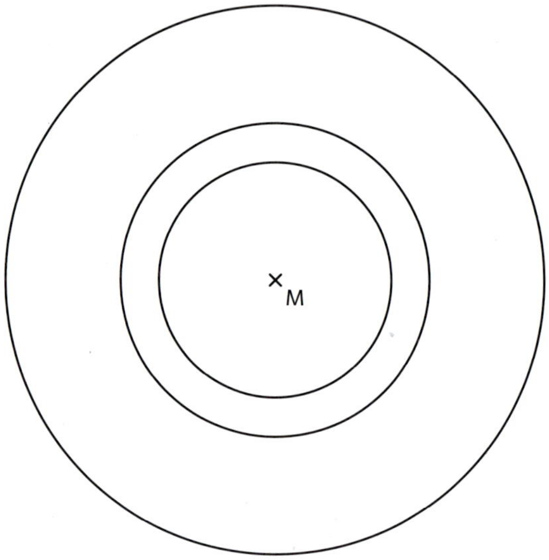

D

Lieblingsfarbe	rot	**gelb**	**blau**
Strichliste	IIII	𝍸	III
Häufigkeitstabelle	**4**	**5**	**3**

E a) $7 + 8 \cdot 3 = 7 + 24 = 31$
b) $9 - 4 \cdot 2 - 1 = 9 - 8 - 1 = 0$
c) $(6 + 10) : (7 - 3) = 16 : 4 = 4$
d) $12 - (11 - 3 \cdot 2) + 2 = 12 - (11 - 6) + 2 = 12 - 5 + 2 = 9$

F a) $\frac{75}{100} = 0{,}75$
b) 0,3
c) $2\frac{4}{10} = 2{,}4$
d) $\frac{375}{1000} = 0{,}375$

G a) 45 %
b) $\frac{92}{100} = 92\,\%$
c) $\frac{5}{100} = 5\,\%$
d) $\frac{16}{100} = 16\,\%$

7 Daten darstellen und auswerten | Alles klar?, Seite 171

A a)

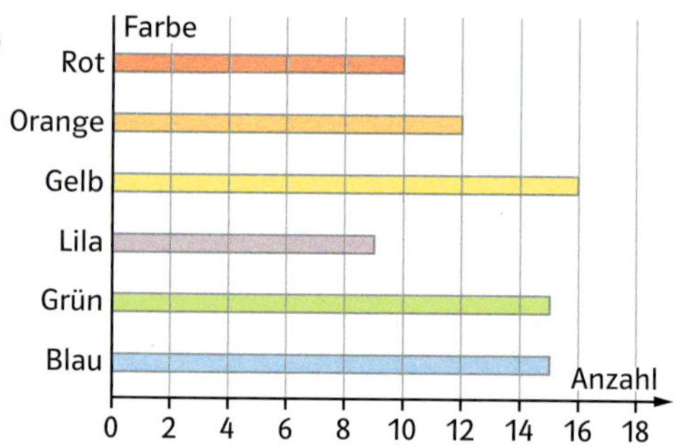

Farbe	Anzahl
Rot	10
Orange	**12**
Gelb	16
Lila	**9**
Grün	15
Blau	**15**

b) Die Farbe Gelb wurde mit 16-mal am häufigsten getroffen. Die Farbe Lila wurde nur 9-mal getroffen. Das war der geringste Wert.

7 Daten darstellen und auswerten | Alles klar?, Seite 172

A a) A: 120°; B: 80°; C: 60°; D: 100°
b) A: 165°; B: 135°; C: 60°
c) A: 75°; B: 135°; C: 90°; D: 60°

B a)

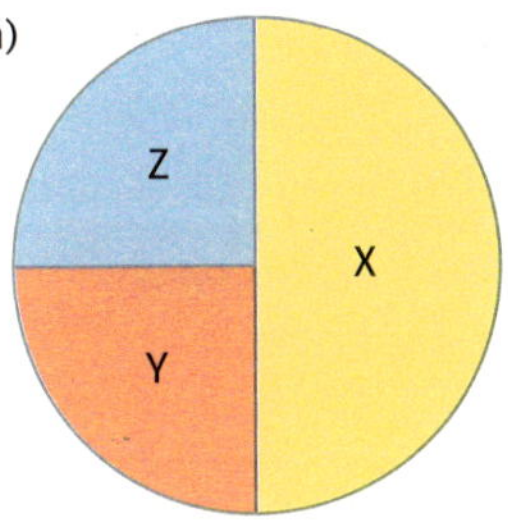

b)

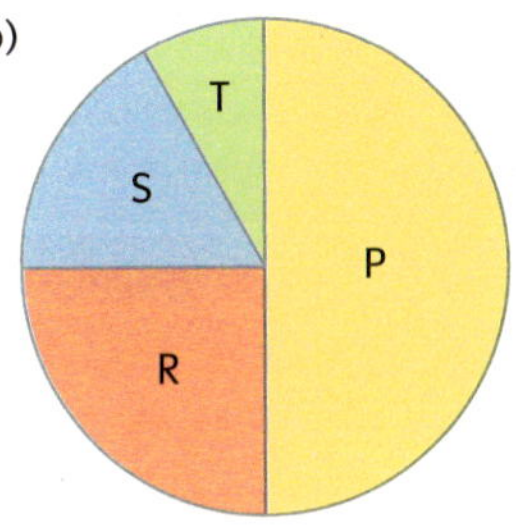

7 Daten darstellen und auswerten | Alles klar?, Seite 175

A a) (3 + 9 + 11 + 24 + 31 + 42 + 55) : 7 = 175 : 7 = 25
b) (1,5 + 4 + 8,5 + 14 + 21 + 23) : 6 = 72 : 6 = 12

B (26,5 m + 30,5 m + 24,6 m + 33,4 m + 30,2 m + 40,2 m) : 6
= 185,4 m : 6 = 30,9 m

7 Daten darstellen und auswerten | Alles klar?, Seite 177

A a) Median: 7
b) Rangfolge: 11; 14; 17; 26; 37; 91
Median: (17 + 26) : 2 = 43 : 2 = 21,5
c) Rangfolge: 0,2; 1,1; 1,1; 1,8; 2,1; 4; 4,6
Median: 1,8
d) Rangfolge: 24,6 m; 25,1 m; 26,5 m; 30,2 m; 30,5 m; 33,6 m; 40,2 m
Median: 30,2 m

7 Daten darstellen und auswerten | Alles klar?, Seite 180

A Claus: $\frac{14}{20} = 0{,}7 = 70\,\%$; Achim: $\frac{18}{25} = 0{,}72 = 72\,\%$

Achim hatte das bessere Wahlergebnis.

B a) $\frac{16}{25} = 0{,}64 = 64\,\%$ b) $\frac{8}{10} = 0{,}8 = 80\,\%$

7 Daten darstellen und auswerten | Rückspiegel, Seite 186

1 (2 + 3 + 4 + 6 + 7,5 + 9 + 11 + 10 + 8 + 6 + 3 + 2,5) : 12 = 6
Die durchschnittliche Anzahl an Regentagen beträgt 6 Tage pro Monat.

2 Rangliste: Björn 0,2 km; Sven 0,3 km; Nelli 0,7 km; Sabrina 0,8 km; Ismail 1,5 km; Petra 1,6 km; Silke 2,8 km; Anke 2,9 km; Anna 3,6 km; Peter 4,1 km; Olga 4,2 km; Jens 4,7 km; Dirk 5,8 km; Sonja 6,5 km; Abdul 7,0 km; Sascha 7,1 km; Stefan 7,6 km; Marco 9,8 km; Nina 11,7 km; David 13,1 km; Alina 13,2 km
Der Median liegt bei 4,2 km von Olga.

7 Daten darstellen und auswerten | Rückspiegel, Seite 186, links

3 a) Gelb: 20; Rot: 10; Blau: 5; Grün: 5
b)

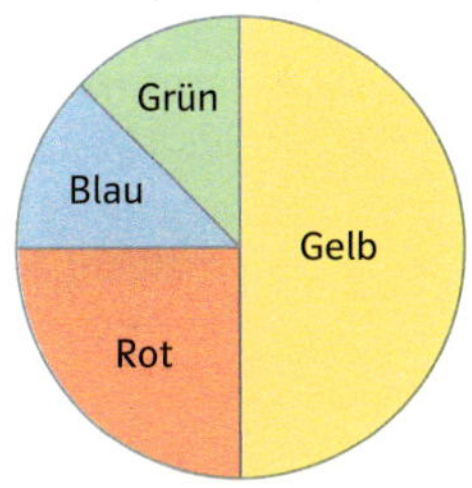

4 a) (43 km + 52 km + 46 km + 63 km + 57 km) : 5
= 261 km : 5 = 52,2 km
Das arithmetische Mittel beträgt 52,2 km. Dieser Wert gibt an, wie viele Kilometer durchschnittlich an einem Tag gefahren wurden.
Der Median beträgt 52 km. Dieser Wert ist die mittlere tatsächlich gefahrene Streckenlänge.
b) Wenn man sechs Tage lang durchschnittlich 60 km zurücklegt, fährt man insgesamt 6 · 60 km = 360 km. In den ersten fünf Tagen sind sie bereits 261 km gefahren. Am sechsten Tag müssten sie also noch 360 km − 261 km = 99 km fahren.

5 Frank: $\frac{2}{5} = 0{,}4 = 40\,\%$;
Mutter: $\frac{3}{10} = 0{,}3 = 30\,\%$;
Vater: $\frac{3}{8} = 0{,}375 = 37{,}5\,\%$

7 Daten darstellen und auswerten | Rückspiegel, Seite 186, rechts

3 a) Blau: $\frac{45}{90} = 0{,}5 = 50\,\%$ Rot: $\frac{25}{90} = 0{,}2778 = 27{,}78\,\%$
Grün: $\frac{15}{90} = 0{,}1667 = 16{,}67\,\%$ Lila: $\frac{5}{90} = 0{,}0555 = 5{,}55\,\%$

b)

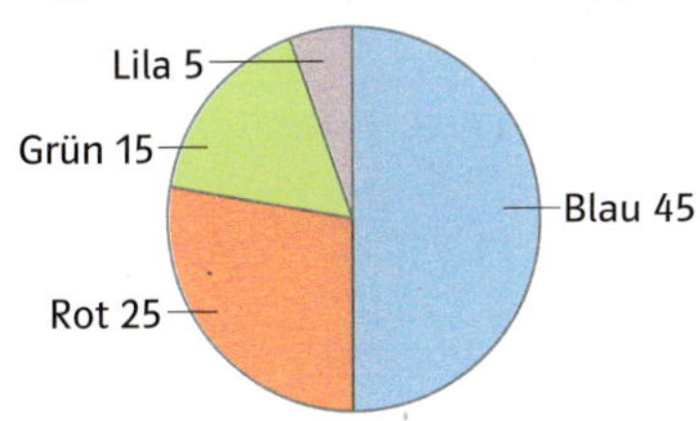

4 293 km − 32 km − 48 km = 213 km
213 km : 3 = 71 km
In den letzten drei Tagen müssen sie noch 213 km fahren.
Pro Tag sind das durchschnittlich 71 km.

5

Stadt	verunglückte Radfahrer	Verunglückte insgesamt	relative Häufigkeit
Mannheim	300	1400	$\frac{300}{1400} \approx 0{,}21 = 21\,\%$
Tübingen	170	860	$\frac{170}{860} \approx 0{,}20 = 20\,\%$
Heidelberg	280	860	$\frac{280}{860} \approx 0{,}33 = 33\,\%$

Relativ betrachtet leben die Fahrradfahrer in Heidelberg am gefährlichsten.
Man kann die Aufgabe auch lösen, ohne zu rechnen:
In Tübingen und Heidelberg sind insgesamt ungefähr gleich viele Menschen verunglückt, in Heidelberg ist der Anteil Fahrradfahrer deutlich größer.
Wenn man die Balken für die Städte Mannheim und Heidelberg vergleicht, sieht man, dass in Mannheim nur ein paar Fahrradfahrer mehr verunglücken, die Gesamtzahl an Verunglückten aber wesentlich größer ist. Also ist der Anteil verunglückter Radfahrer in Heidelberg größer. Relativ betrachtet verunglücken also in Heidelberg am meisten Radfahrer.

8 Ganze Zahlen | Standpunkt, Seite 187

A a) A: 4; B: 12; C: 19; D: 26
b) A: 20; B: 40; C: 75; D: 80
c) A: 340; B: 430; C: 460; D: 580
d) A: 250; B: 550; C: 600; D: 900

B a)

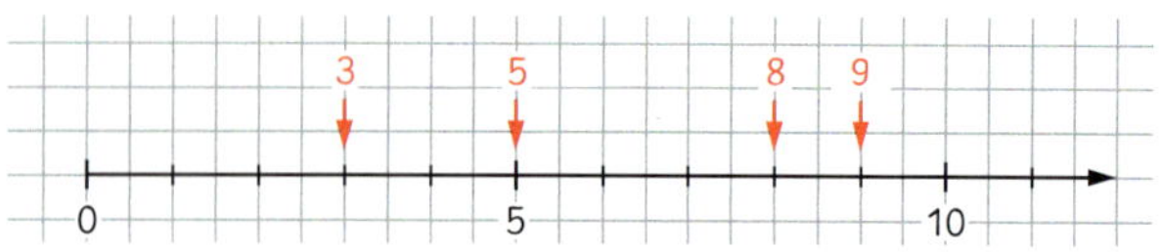

b)

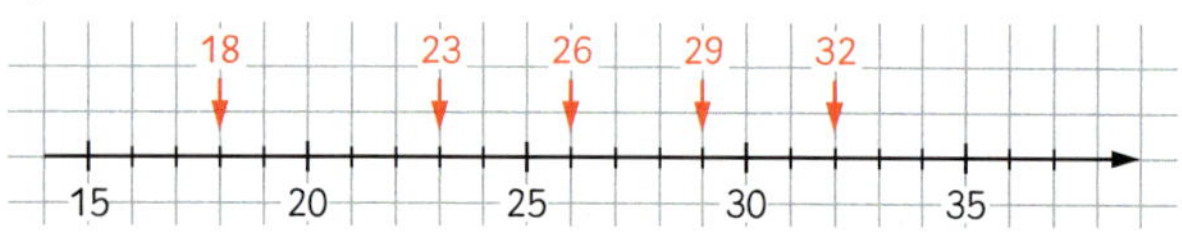

c)

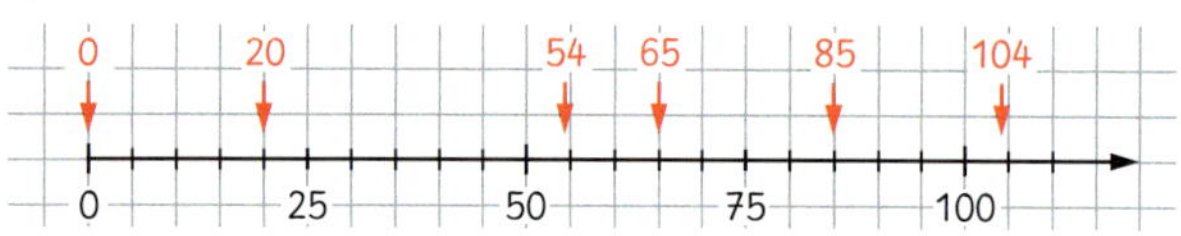

d)

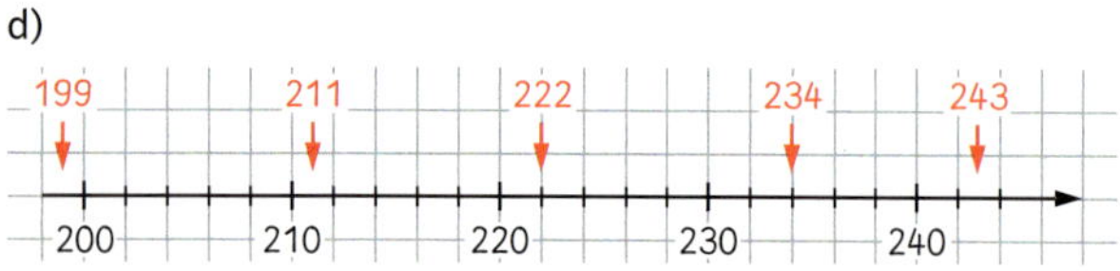

C a) 844 < 847 b) 372 > 327 c) 1942 > 1924
d) 4578 < 4672 e) 1981 < 2001 f) 6543 < 34 560

D a) 6 < 19 < 42 < 45 < 83
b) 236 < 263 < 326 < 362 < 632
c) 7 < 9 < 12 < 19 < 67 < 344
d) 3 < 7 <17 < 37 < 71 < 73 < 317 < 371

E a) 83 b) 140 c) 229
d) 828 e) 710 f) 1110

F a) 25 b) 116 c) 105
d) 82 e) 57 f 594

8 Ganze Zahlen | Alles klar?, Seite 191

A a) A: −27; B: −21; C: −13; D: −7; E: −1; F: +9
b) A: −250; B: −190; C: −130; D: −70; E: −10; F: +110

B a) Anna und Lars bauen bei einer Temperatur von **−**15 °C einen Schneemann; bei **+**15 °C würde kein Schnee liegen.
b) In der Sauna schwitzen Katja und Kai bei einer Temperatur von **+**90 °C; bei **−**90 °C würden Katja und Kai frieren, nicht schwitzen.
c) Im Gefrierschrank beträgt die Temperatur **−**18 °C; der Begriff „**Gefrier**schrank" weist auf Minusgrade hin.
d) Die Wassertemperatur im Schwimmbecken beträgt **+**19 °C; bei **−**19 °C wäre das Wasser zu Eis gefroren.

8 Ganze Zahlen | Alles klar?, Seite 193

A −53 < −35 −4 > −40
−17 > −71 −60 < −6

B a) −12 < −10 < −8 < +6 < +8
b) −70 < −68 < −65 < +62 < +66

8 Ganze Zahlen | Alles klar?, Seite 196

A a) −4 b) +21 c) −3 d) +523

B a)

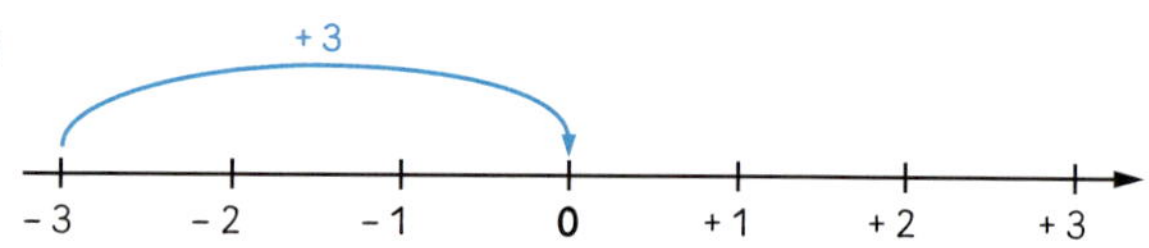

b)

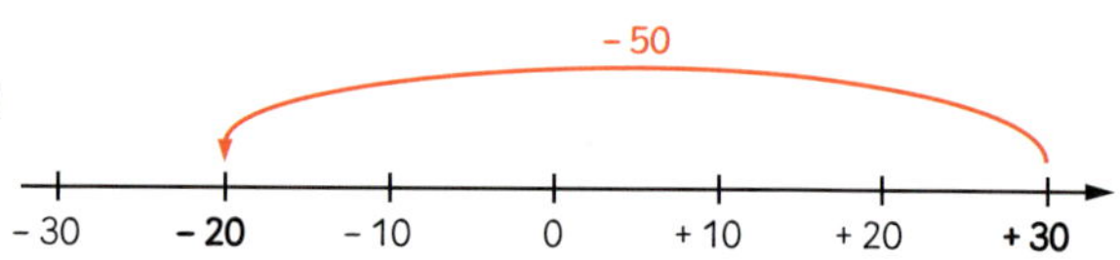

8 Ganze Zahlen | Rückspiegel, Seite 206

1 a) Die Temperatur im Kühlschrank beträgt **+**5 °C; bei Minusgraden würden die Lebensmittel im Kühlschrank gefrieren.
b) Mischt man 33 g Kochsalz mit 100 g Eis, kann man im Idealfall eine Temperatur von etwa **−**21 °C erreichen; mit solch einer Kältemischung kann man die Temperatur unter den Gefrierpunkt senken.

c) Am 14.02.1940 wurde auf der Zugspitze, dem höchsten Berggipfel Deutschlands, eine Temperatur von etwa – 36 °C gemessen; im Februar muss es sich auf der Zugspitze um eine Minustemperatur gehandelt haben.

2 a) A: – 31; B: – 18; C: – 12; D: – 4; E: + 14
b) A: – 630; B: – 500; C: – 390; D: – 320; E: – 170

8 Ganze Zahlen | Rückspiegel, Seite 206, links

3

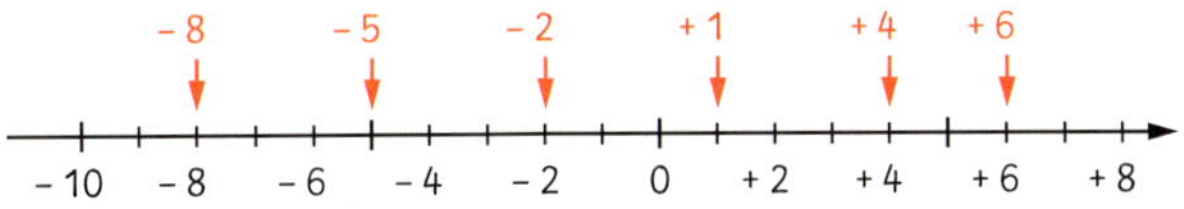

4 a) + 15 > – 21
b) – 26 > – 62
c) – 20 > – 30
d) – 325 > – 342
e) – 25 > – 27
f) – 650 < – 605

5

Wuhan:	– 17 °C
Chejsa:	– 14 °C
Mirnyj:	– 12 °C
Thule:	– 11 °C
Frobisher Bay:	– 9 °C
Upernavik:	– 7 °C
Isfjord:	– 4 °C

6

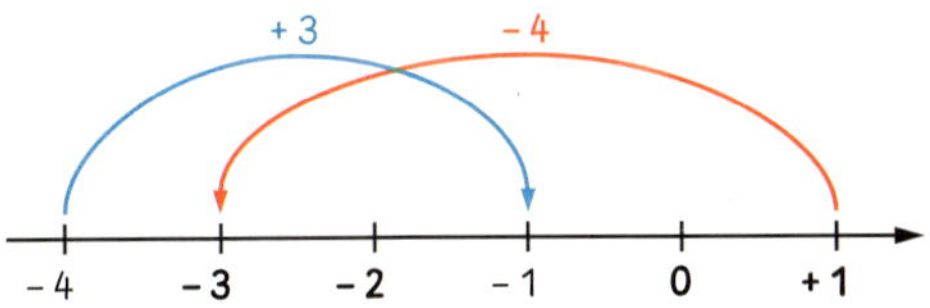

7 Von Januar zu Februar: – 370
Von Februar zu März: – 250
Von März zu April: + 315
Von April zu Mai: – 450
Von Mai zu Juni: + 289

8 Ganze Zahlen | Rückspiegel, Seite 206, rechts

3

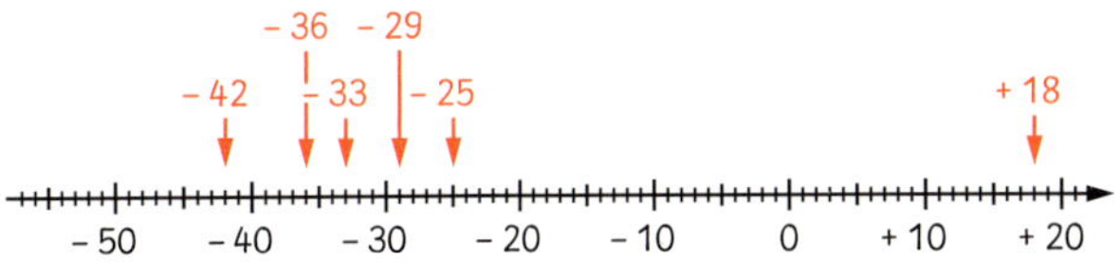

4 a) – 86 < + 83
b) – 56 > – 65
c) – 323 > – 332
d) – 365 < – 356
e) – 17 889 > – 17 898
f) – 32 < 32

5 a) – 22 b) – 3 c) + 3

6 a) – 2 °C + 5 °C = + 3 °C
b) – 8 °C – 3 °C = – 11 °C

7 Temperaturdifferenz innerhalb eines Tages:

Mo	Die	Mi	Do	Fr	Sa	So
9	5	7	10	13	8	9

Die größte Differenz gab es am Freitag.

Lösungen des Grundwissens

Grundwissen | Seite 207

1 a) 78 521 394
achtundsiebzig Millionen fünfhunderteinundzwanzigtausenddreihundertvierundneunzig
b) 21 409 863
einundzwanzig Millionen vierhundertneuntausendachthundertdreiundsechzig
c) 157 893 426
einhundertsiebenundfünfzig Millionen achthundertdreiundneunzigtausendvierhundertsechsundzwanzig
d) 309 059 240
dreihundertneun Millionen neunundfünfzigtausendzweihundertvierzig

2

	HM	ZM	M	HT	ZT	T	H	Z	E
a)				7	3	8	9	5	2
b)			4	4	2	1	8	6	3
c)		6	5	3	0	7	2	9	5
d)	1	3	2	7	9	0	5	4	6
e)			3	6	2	5	8	4	6
f)		1	2	4	5	8	7	9	6

3 a) Einteilung in Zehner-Schritte.
A: 30; B: 70; C: 140; D: 160
b) Einteilung in Fünfer-Schritte.
A: 20; B: 30; C: 60; D: 85

4 a) Einteilung in Einer-Schritte.
A: 13; B: 16; C: 22; D: 28
b) Einteilung in Zweier-Schritte.
A: 38; B: 42; C: 56; D: 64

Grundwissen | Seite 208

5

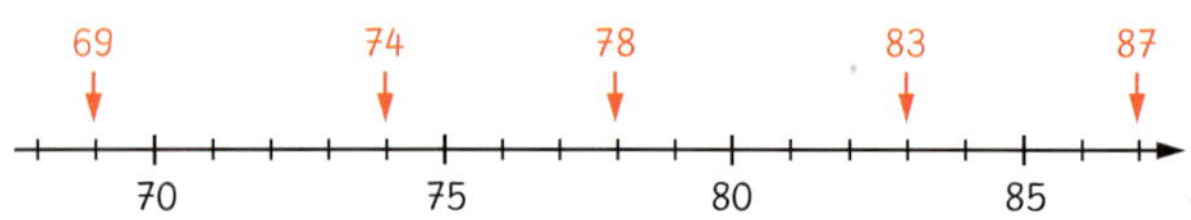

6

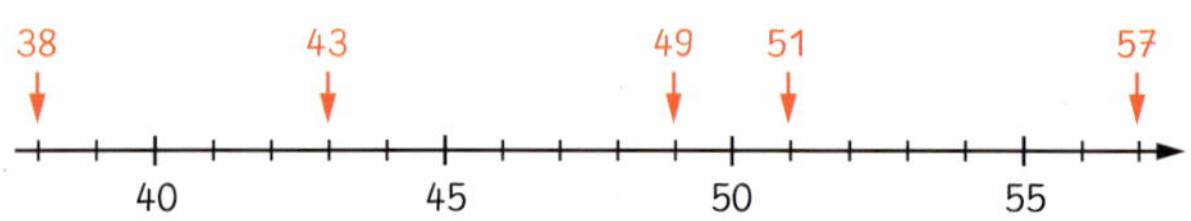

7 a) 8 > 5 b) 24 < 28
c) 376 > 374 d) 1596 > 1569

Grundwissen | Seite 209

8 a) 25 < 26 < 29 < 35 < 39 b) 2987 < 7289 < 8972 < 9872

9 a) 58 > 57 > 53 > 49 > 47
b) 6431 > 6314 > 4361 > 3641 > 1463

10 80 000; 50 000; 80 000; 100 000

11 78 000; 50 000; 84 000; 96 000

12 78 100; 49 900; 84 400; 96 400

13 78 140; 49 870; 84 370; 96 430

14 a) $\frac{1}{4}$ b) $\frac{2}{5}$ c) $\frac{4}{6}$ oder $\frac{2}{3}$
d) $\frac{4}{5}$ e) $\frac{5}{8}$ f) $\frac{6}{12}$ oder $\frac{1}{2}$

Grundwissen | Seite 210

15

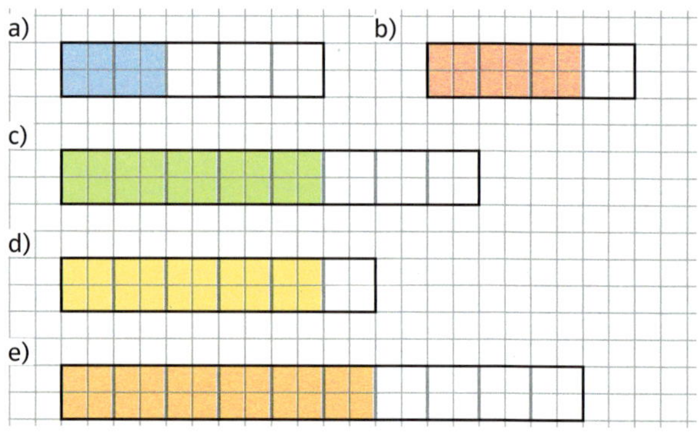

16 Mögliche Lösung:

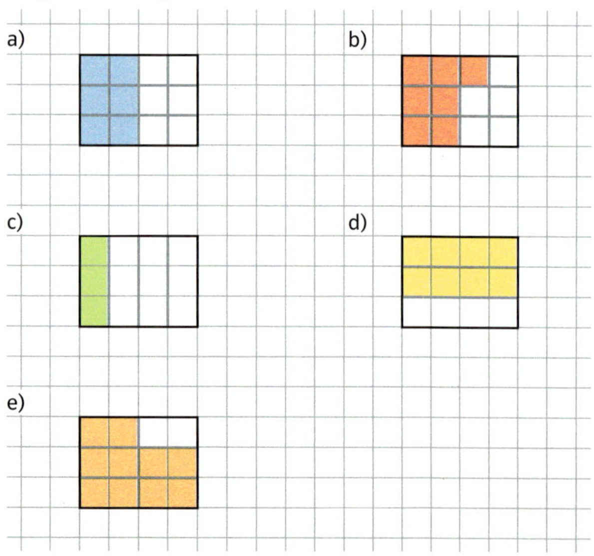

17 Mögliche Lösung:

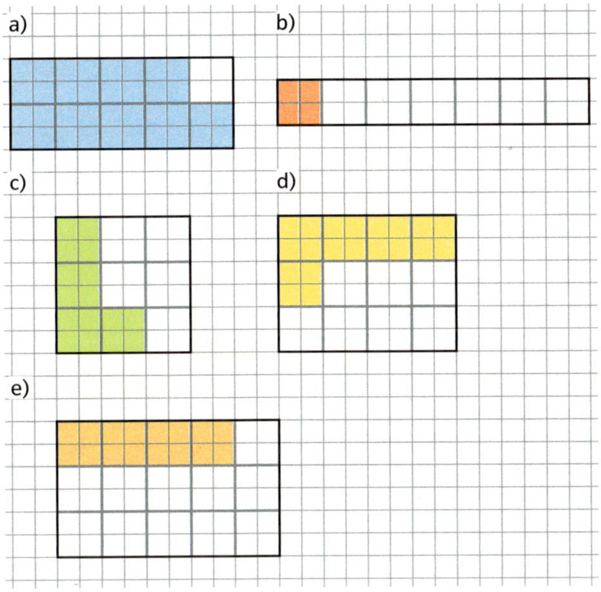

18 a) 88 b) 124 c) 299 d) 581

19 a) 65 b) 28 c) 144 d) 169

Grundwissen | Seite 211

20 a)

	7	2
+	8	7
1	5	9

b)

	2	4	5
+	3	3	8
		1	
	5	8	3

c)

		9	8
+	1	7	3
+	4	0	8
	1	1	
	6	7	9

d)

	3	8	0
+	5	1	9
+		3	7
	1	1	
	9	3	6

21 a)

	9	8
−	5	3
	4	5

b)

	5	2	7
−	1	5	6
	1		
	3	7	1

c)

	7	6	5
−	1	2	5
−	2	1	8
		1	
	4	2	2

d)

	7	0	3
−		9	8
−	5	9	0
	2	1	
		1	5

Grundwissen | Seite 212

22 a) 102 b) 132 c) 459 d) 588
e) 95 f) 392 g) 312 h) 224

23 a) 23 b) 31 c) 44 d) 58
e) 29 f) 52 g) 19 h) 49

24 a)

8	3	·	3
	2	4	9

b)

3	6	4	·	8
	2	9	1	2

c)

4	2	·	2	1
		8	4	
+			4	2
		8	8	2

d)

8	9	·	2	3
	1	7	8	
+		2	6	7
	1	1		
	2	0	4	7

e)

5	3	7	·	4	5
	2	1	4	8	
+		2	6	8	5
		1	1		
	2	4	1	6	5

f)

8	0	9	·	9	8
	7	2	8	1	
+		6	4	7	2
		1			
	7	9	2	8	2

g)

7	3	·	3	7
	2	1	9	
+		5	1	1
		1		
	2	7	0	1

h)

3	2	6	·	1	2	6
		3	2	6		
+			6	5	2	
			1	9	5	6
		1	2			
		4	1	0	7	6

25 a)

	4	6	9	:	7	=	6	7
−	4	2						
		4	9					
	−	4	9					
			0					

b)

	1	8	7	2	:	8	=	2	3	4
−	1	6								
		2	7							
	−	2	4							
			3	2						
		−	3	2						
				0						

c)

	5	1	1	2	:	6	=	8	5	2
−	4	8								
		3	1							
	−	3	0							
			1	2						
		−	1	2						
				0						

d)

	8	1	6	3	:	9	=	9	0	7
–	8	1								
		0	6							
	–		0							
			6	3						
		–	6	3						
				0						

Grundwissen | Seite 213

26 a)

	5	1	4	:	4	=	1	2	8		R	2
–	4											
	1	1										
–		8										
		3	4									
	–	3	2									
			2									

b)

	6	5	4	:	7	=	9	3		R	3
–	6	3									
		2	4								
	–	2	1								
			3								

c)

	1	2	3	4	:	5	=	2	4	6		R	4
–	1	0											
		2	3										
	–	2	0										
			3	4									
		–	3	0									
				4									

d)

	3	2	1	9	:	9	=	3	5	7		R	6
–	2	7											
		5	1										
	–	4	5										
			6	9									
		–	6	3									
				6									

27 a) 60 b) 1500 c) 9000 d) 120 000

28 a) 25 b) 56 c) 240 d) 95

29 Mögliche Lösung:
Summe: 12 + 8
Differenz: 36 – 24
Produkt: 6 · 9
Quotient: 72 : 8

30 a) 9 · 12 ist ein Produkt.
b) 48 – 23 ist eine Differenz.
c) 45 : 9 ist ein Quotient.
d) 15 + 7 ist eine Summe.

Grundwissen | Seite 214

31 a) 37 + 61 + 23 + 39
= (37 + 23) + (61 + 39)
= 60 + 100
= 160

b) 12 + 55 + 91 + 45 + 88
= (12 + 88) + (55 + 45) + 91
= 100 + 100 + 91
= 291

c) 25 · 7 · 4
= (25 · 4) · 7
= 100 · 7
= 700

32 a) 26 · 3 + 26 · 7
= 26 · (3 + 7)
= 26 · 10
= 260

b) 43 · 27 – 33 · 27
= (43 – 33) · 27
= 10 · 27
= 270

c) 5 · 7 + 5 · 4 + 5 · 9
= 5 · (7 + 4 + 9)
= 5 · 20
= 100

33 a) 23 + 7 · 9 = 23 + 63 = 86
b) 25 – 96 : 6 + 18 = 25 – 16 + 18 = 27
c) 16 + 12 · 7 – 48 : 8 = 16 + 84 – 6 = 94

34 a) (17 + 5) · 4 = 22 · 4 = 88
b) 36 : (13 – 4) = 36 : 9 = 4
c) 4 – (45 – 12) : 11 = 4 – 33 : 11 = 4 – 3 = 1

Grundwissen | Seite 215

35 a) 5 m = **50** dm
b) 8 cm = **80** mm
c) 30 dm = **3** m
d) 4 km = **4000** m
e) 45 cm = **4** dm **5** cm
f) 67 dm = **6** m **7** dm
g) 2000 m = **2** km
h) 500 cm = **50** dm = **5** m
i) 3 km 225 m = **3225** m

36 a) 8 m 7 dm
b) 124 dm + 7 dm = 131 dm = 13 m 1 dm
c) 25 mm + 65 mm = 90 mm = 9 cm
d) 124 dm – 3 dm = 121 dm = 12 m 1 dm
e) 250 mm – 16 mm = 234 mm = 23 cm 4 mm
= 2 dm 3 cm 4 mm
f) 72 m g) 60 cm h) 20 m i) 3 cm

37 a) Individuelle Lösung; etwa 15 m.
b) Individuelle Lösung; Länge etwa 12 cm; Breite 2 cm; Dicke 15 mm.
c) Individuelle Lösung; 3 m bis 4 m.
d) Individuelle Lösung; pro Stockwerk etwa 4 m.

Grundwissen | Seite 216

38 a) 4 m^2 = **400** dm^2
b) 500 dm^2 = **5** m^2
c) 54 m^2 = **5400** dm^2
d) 1 a 20 m^2 = **120** m^2
e) 800 cm^2 = **8** dm^2
f) 8000 dm^2 = **80** m^2
g) 3 m^2 15 dm^2 = **315** dm^2
h) 6 cm^2 25 mm^2 = **625** mm^2
i) 1 ha 25 a = **125** a

39 a) 6 m^2 80 dm^2
b) 1225 mm^2 + 685 mm^2 = 1910 mm^2 = 19 cm^2 10 mm^2
c) 2550 dm^2 + 2450 dm^2 = 5000 dm^2 = 50 m^2
d) 3 cm^2 10 mm^2 e) 3 a 10 m^2 f) 2 m^2 30 dm^2 g) 48 m^2
h) 5 dm^2 i) 100 m^2 j) 11 ha

Grundwissen | Seite 217

40 a) 5000 kg b) 9000 g c) 7500 kg
d) 5 g e) 4 t 250 kg f) 6 kg 250 g
g) 4 g h) 16 t i) 37 t 500 kg

41 a) 6500 g + 2300 g = 8800 g = 8 kg 800 g
b) 4750 g + 3500 g = 8250 g = 8 kg 250 g
c) 10 500 kg + 2600 kg = 13 100 kg = 13 t 100 kg
d) 9250 g – 6150 g = 3100 g = 3 kg 100 g
e) 6200 kg – 3900 kg = 2300 kg = 2 t 300 kg
f) 200 kg g) 1200 g = 1 kg 200 g
h) 5 g i) 8 kg

Grundwissen | Seite 218

42 a) 60 s; 180 s; 160 s
b) 60 min; 240 min; 210 min
c) 24 h; 48 h; 60 h; 78 h
d) 1 min; 10 min; 3 min; 5 min
e) 1 h; 2 h; 4 h

43 a) 4 h
b) 11 h 45 min – 9 h = 2 h 45 min
c) 11 h 45 min – 9 h 15 min = 2 h 30 min
d) 11 h 30 min – 9 h 45 min = 1 h 45 min
e) 3 h 15 min – 1 h 30 min = 1 h 45 min

44 a) 2,4 m b) 4,25 m c) 5,7 cm d) 8,9 cm
e) 8,234 km f) 30,47 m^2 g) 6,200 kg h) 2,080 t

45 a) 2 m 50 cm = 2 m 5 dm b) 4 m 80 cm = 4 m 8 dm
c) 6 m 5 cm d) 60 m 50 cm = 60 m 5 dm
e) 12 m^2 68 dm^2 f) 31 dm^2 5 cm^2
g) 65 t 825 kg h) 39 kg 240 g

46 a) 5 cm b) 500 g c) 45 min
d) 750 g e) 250 kg f) 75 dm^2
g) 625 m h) 10 mm^2 i) 10 min

47 a)
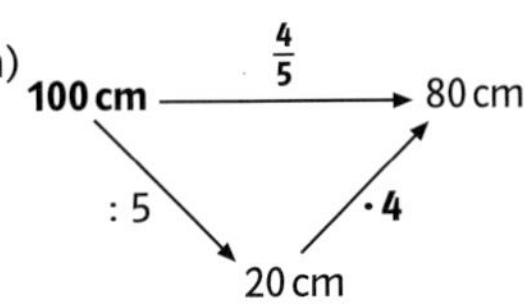

b)
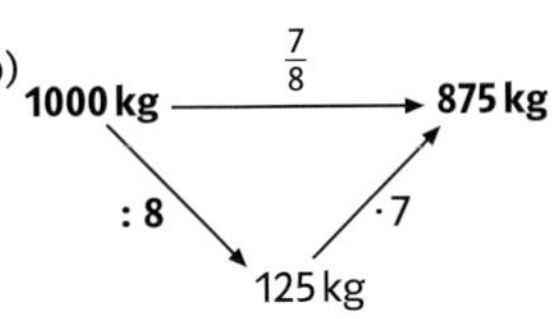

Grundwissen | Seite 219

48 Gegeben: 1200 g Orangen für 1 l Saft
a) Gesucht: Anzahl kg Orangen für 10 l Saft
Man verzehnfacht die Menge an Orangen für 1 l Orangensaft.
$1200\,g \cdot 10 = 12\,000\,g = 12\,kg$
Ernesto muss 12 kg Orangen kaufen.
b) Gesucht: Anzahl der Liter Saft pro Tag
Man muss ausrechnen, wie oft 1200 g in 480 kg enthalten sind.
480 kg = 480 000 g
480 000 g : 1200 g = 400
Die Firma erzeugt täglich 400 l Saft.

49 Gegeben: 26 Schülerinnen und Schüler sind älter als 10 Jahre und müssen bezahlen. 2 Erwachsene müssen bezahlen.
Gesucht: günstigste Möglichkeit den Eintritt zu bezahlen
Es gibt mehrere Möglichkeiten:
1. Möglichkeit
Man kauft 2 Zehnerkarten, 6 Einzelkarten für Jugendliche und 2 Einzelkarten für Erwachsene.
$40\,€ \cdot 2 + 4{,}50\,€ \cdot 6 + 9\,€ \cdot 2 = 80\,€ + 27\,€ + 18\,€ = 125\,€$
2. Möglichkeit
Die zwei Lehrkräfte kommen auf einer Zehnerkarte ins Museum. Dafür müssen für 8 statt für 6 Jugendliche Einzelkarten gelöst werden.
$40\,€ \cdot 2 + 4{,}50\,€ \cdot 8 = 80\,€ + 36\,€ = 116\,€$
3. Möglichkeit
Man kauft 3 Zehnerkarten. Der Eintritt wird für 30 Personen bezahlt, also für 2 Personen mehr als nötig.
$40\,€ \cdot 3 = 120\,€$
Die zweite Möglichkeit ist die günstigste.

50 Gegeben: 4 Elefanten – je 175 kg Heu; 5 Kamele – je 40 kg Heu; 8 Lamas – je 12,5 kg Heu; 110 € pro 1 t Heu; 42 000 € für das Jahr 2020
Gesucht: Kosten für das Jahr 2021; Vergleich mit den Kosten von 2020
Man berechnet zuerst die tägliche Futtermenge für die drei Tierarten, dann für alle Tiere pro Tag und schließlich die jährliche Futtermenge. Zum Schluss berechnet man den Preis für das Futter und vergleicht mit 42 000 €.
Tägliche Mengen Heu:
Elefanten: $175\,kg \cdot 4 = 700\,kg$
Kamele: $40\,kg \cdot 5 = 200\,kg$
Lamas: $12{,}5\,kg \cdot 8 = 100\,kg$
Tägliche Menge für alle Tiere:
700 kg + 200 kg + 100 kg = 1000 kg = 1 t
Jährliche Menge für alle Tiere: $1\,t \cdot 365 = 365\,t$
Preis im Jahr 2021: $110\,€ \cdot 365 = 40\,150\,€$
Der Betrag von 40 150 € ist kleiner als 42 000 €. Der Betrag vom Vorjahr reicht also aus.

Grundwissen | Seite 220

51 Die rechten Winkel sind in der Figur eingetragen.

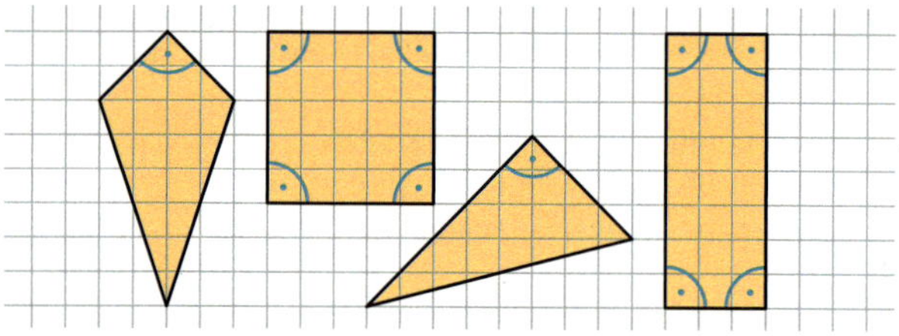

52

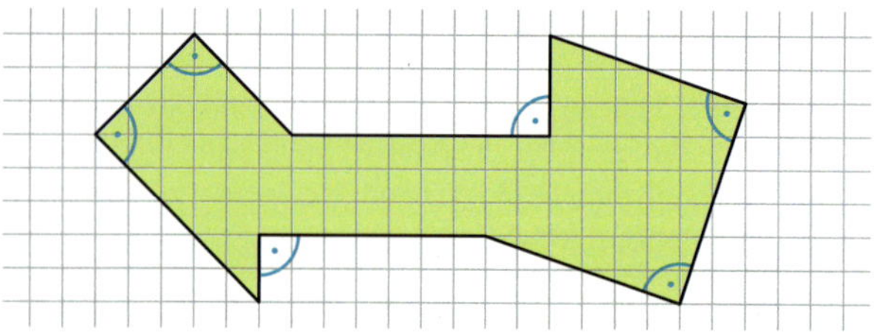

53

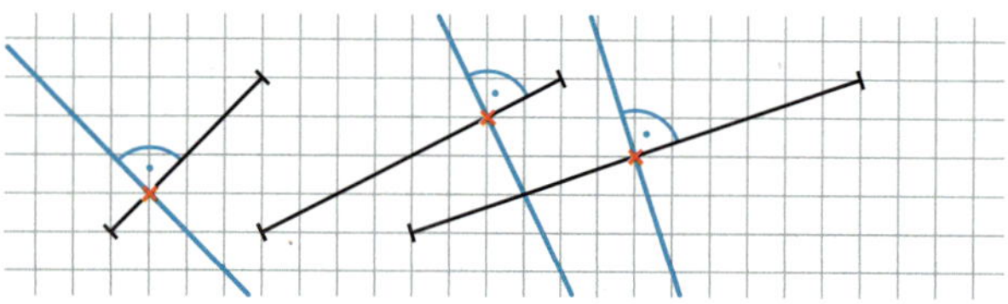

Grundwissen | Seite 221

54

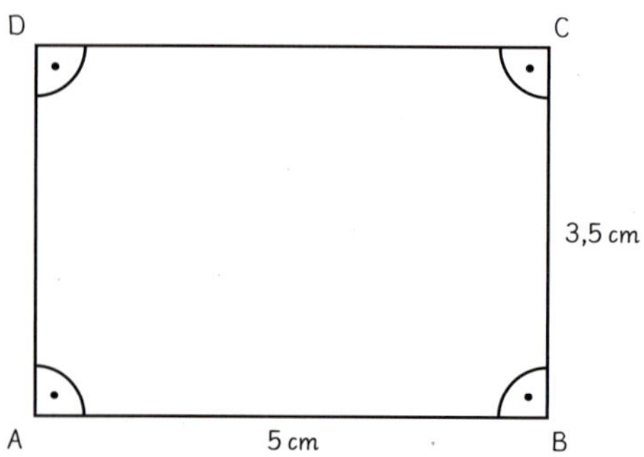

55

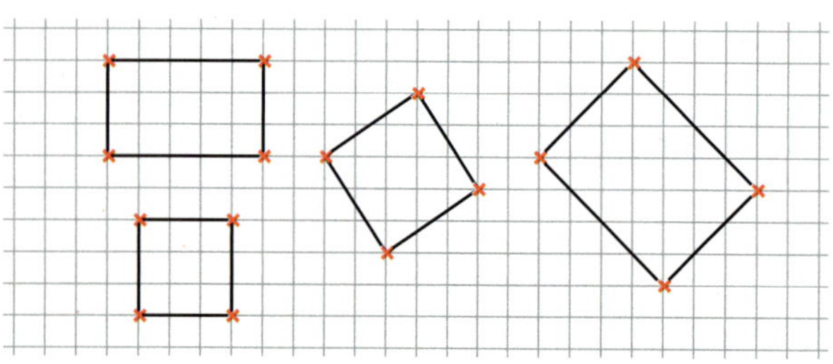

56

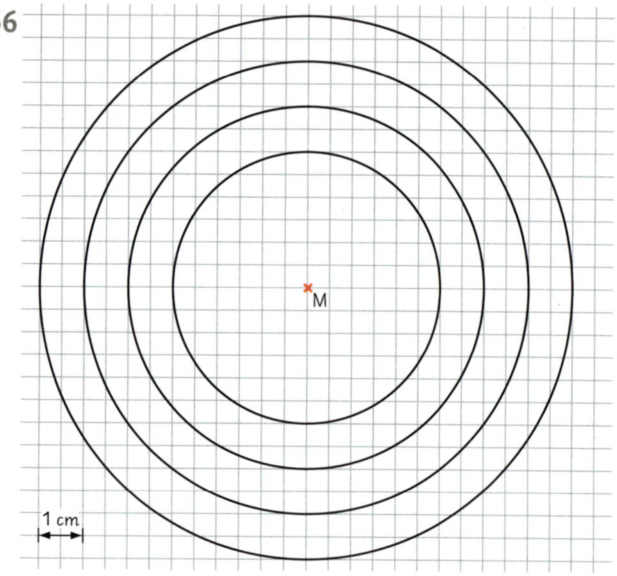

57

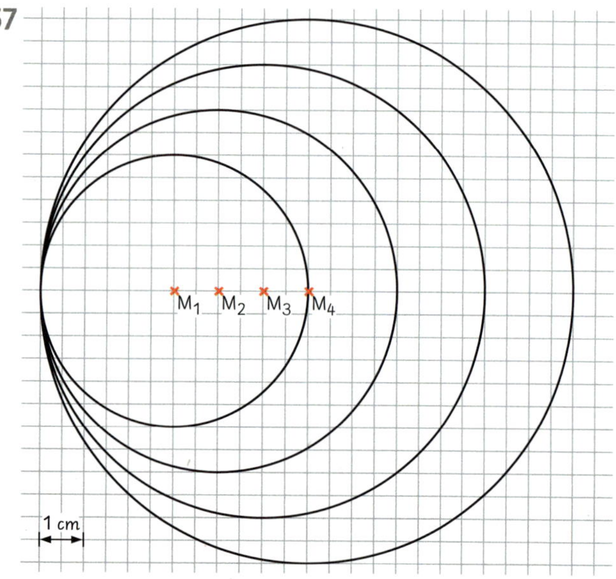

Grundwissen | Seite 222

58

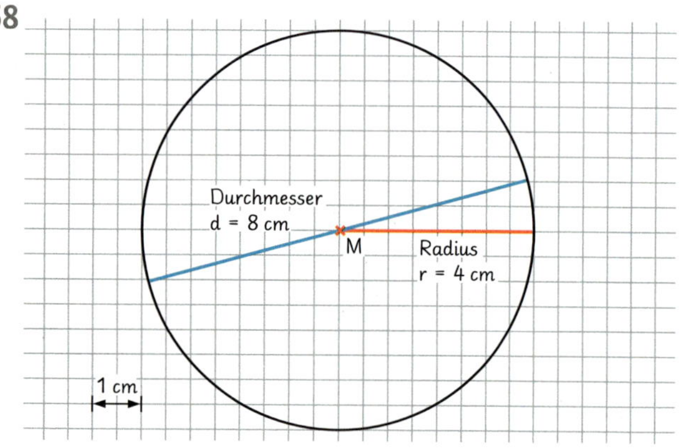

59

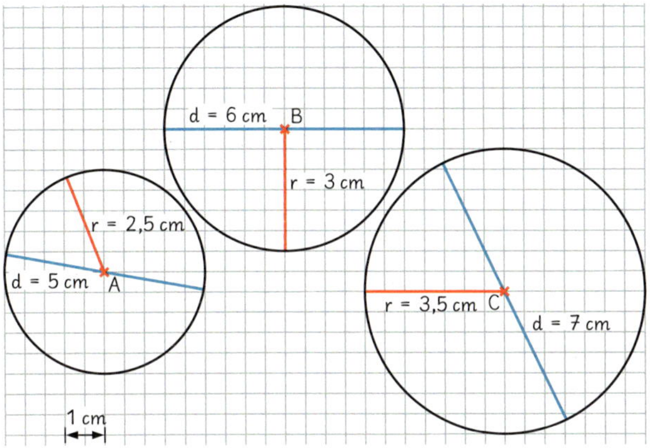

60 Siehe Abb. 2 unten.

61

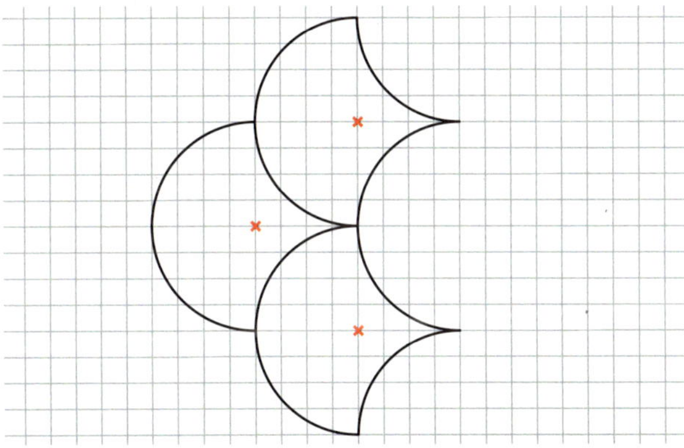

Grundwissen | Seite 223

62 Würfel; Zylinder; Quader; Kugel; Zylinder; Kegel; Pyramide

63 Das Quadrat (2) kommt beim Würfel (B) vor.
Das Rechteckt (4) kommt beim Quader (A) vor und beim Zylinder (C).
Der Kreis (6) kommt beim Zylinder (C) vor.
Da die Kugel eine gekrümmte Oberfläche hat, finden wir dort keinen Kreis.

64 a) Würfel und Quader haben jeweils **8** Ecken und **12** Kanten.
b) Beide Körper haben gleich **viele** Flächen, mit **unterschiedlichen** Formen.
c) Ein Würfel besteht aus **6** Quadraten.
d) Ein Quader besteht aus **6** Rechtecken. Gegenüberliegende Flächen sind immer gleich **groß**.

Grundwissen | Seite 224

65 (1)

(2)

66 Die Netze (1) und (4) sind Würfelnetze.
Beim Zusammenfalten von Netz (2) liegen zwei Quadrate aufeinander. Bei Netz (3) fehlt ein Quadrat.

67 (1)

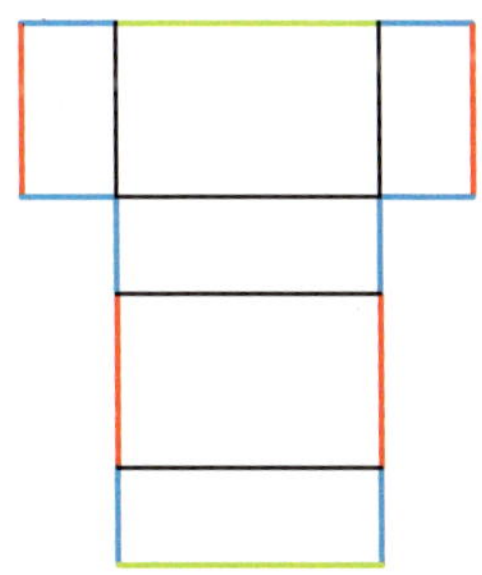

(2)

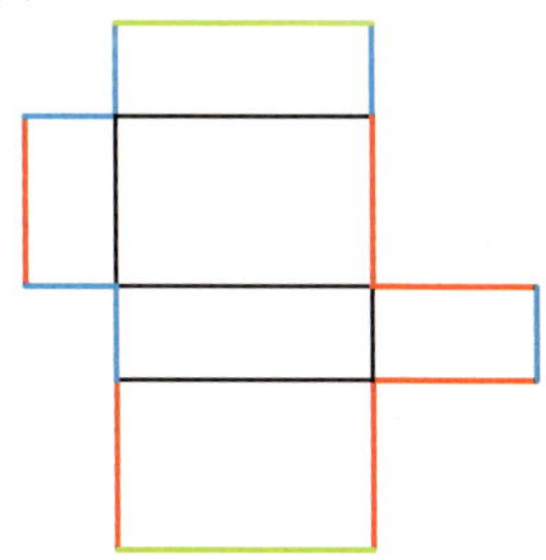

68 Die Netze (2) und (3) sind Quadernetze.

Abb. 2

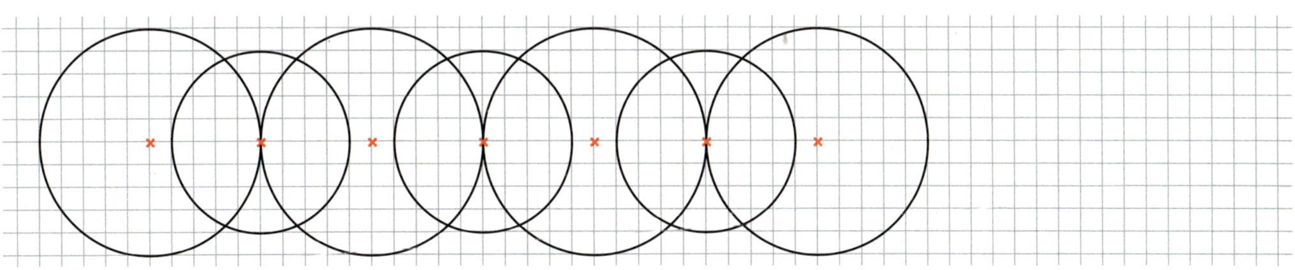

Grundwissen | Seite 225

69 (1) 6 Würfel (2) 6 Würfel (3) 10 Würfel (4) 7 Würfel

70 a)

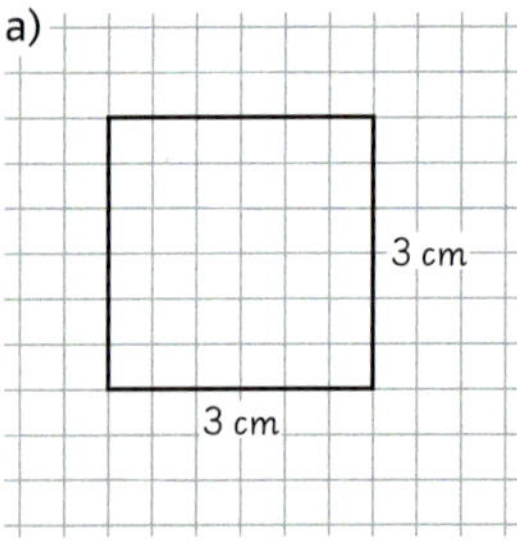

Umfang:
$4 \cdot 3\,cm = 12\,cm$
Flächeninhalt:
$3\,cm \cdot 3\,cm = 9\,cm^2$

b)

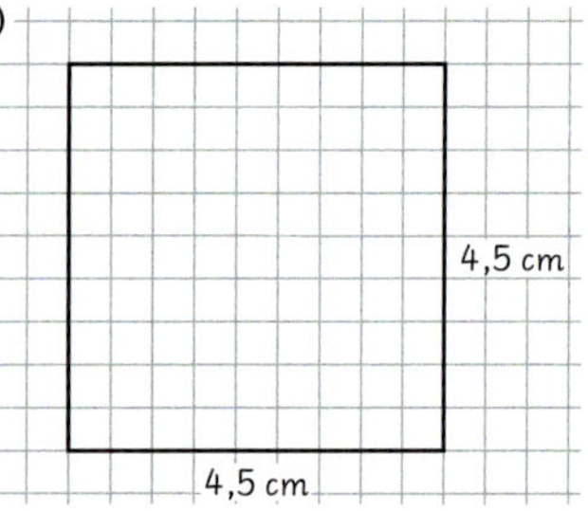

Umfang:
$4 \cdot 4{,}5\,cm = 18\,cm$
Flächeninhalt:
$4{,}5\,cm \cdot 4{,}5\,cm = 20{,}25\,cm^2$

c)

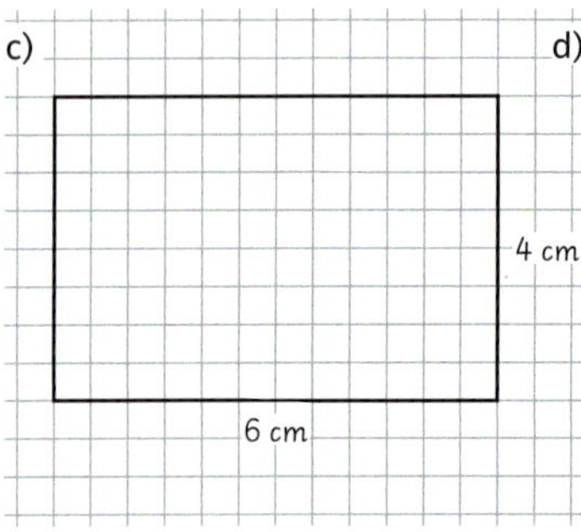

Umfang:
$2 \cdot 6\,cm + 2 \cdot 4\,cm = 20\,cm$
Flächeninhalt:
$6\,cm \cdot 4\,cm = 24\,cm^2$

d)

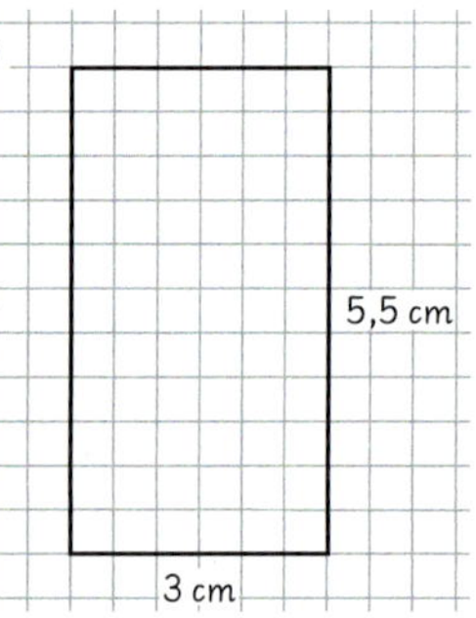

Umfang:
$2 \cdot 3\,cm + 2 \cdot 5{,}5\,cm = 17\,cm$
Flächeninhalt:
$3\,cm \cdot 5{,}5\,cm = 16{,}5\,cm^2$

71 Richtig: (3) Umfang = 16 m
Richtig: (6) Flächeninhalt = $15\,m^2$
Alle anderen Angaben sind falsch.

Grundwissen | Seite 226

72 a) Den Punkt D erreicht man, indem man vom Koordinatenursprung **10** Kästchen nach rechts und **2** Kästchen nach oben geht.
b) A(0 | 2); B(2 | 4); C(4 | 3); D(5 | 1)
c) P(1 | 3); Q(3 | 1)
Die x- und y-Koordinaten der Punkte P und Q sind vertauscht.

73 a)

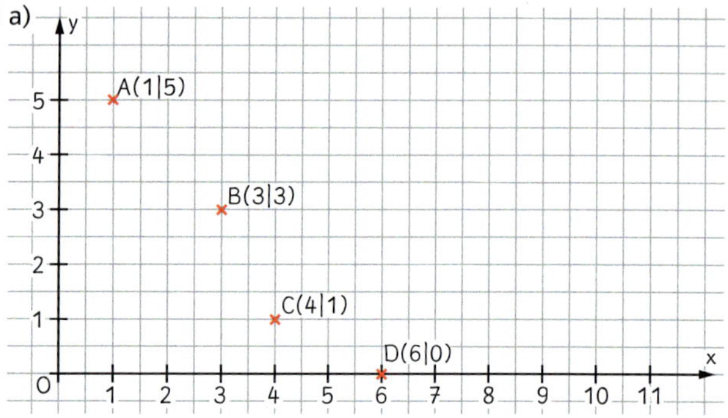

b) Den Punkt B erreicht man, indem man vom Koordinatenursprung aus 6 Kästchen nach rechts und 6 Kästchen nach oben geht.
Den Punkt C erreicht man, indem man vom Koordinatenursprung 8 Kästchen nach rechts und 2 Kästchen nach oben geht.

74 a) Es entsteht ein Rechteck.

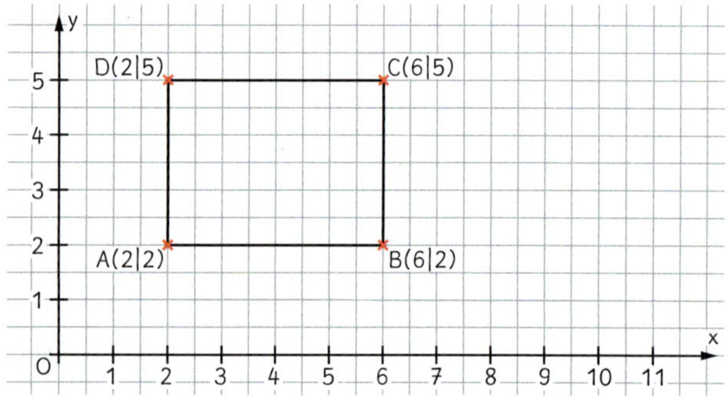

b) Mögliche Lösung:

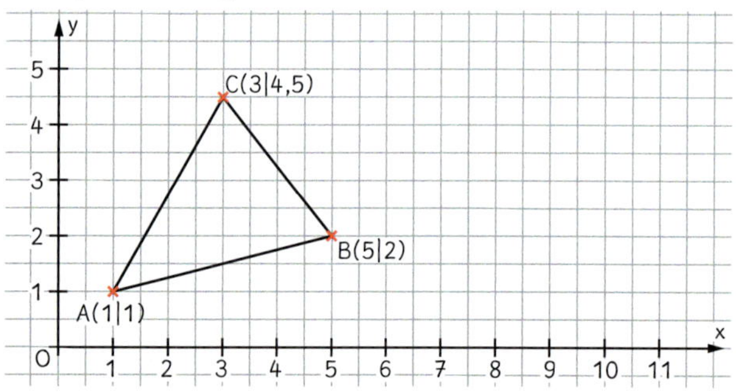

Grundwissen | Seite 227

75 a) Spanien hat 46 500 000 Einwohner.
b) Die Hauptstadt von Portugal heißt Lissabon.
c) Frankreich hat eine Fläche von 668 763 km^2.
d) Madrid ist die Hauptstadt von Spanien.
e) Frankreich hat von den vier Ländern die meisten Einwohner (65 800 000).
f) Andorra hat mit 468 km^2 die kleinste Fläche.

Grundwissen | Seite 228

76 a) In Italien wurde am längsten ferngeschaut. Die durchschnittliche Dauer pro Tag beträgt 240 min.
b) Ein Teilstrich entspricht 10 min. Eine dickere Teillinie entspricht 50 min.
c) In Österreich schaut man durchschnittlich 160 min pro Tag fern.
d) In Deutschland schaut man 220 min, in den Niederlanden 170 min pro Tag fern. In Deutschland schaut man also am Tag durchschnittlich 50 min länger fern als in den Niederlanden.

77 a) Das Streifendiagramm zeigt die Lieblingstiere der Schüler.
b) Man vergleicht die Länge der Abschnitte. Daraus ergibt sich die Beliebtheit der Tiere bei den Schülern: Pferd; Katze; Kaninchen; Hund.

78

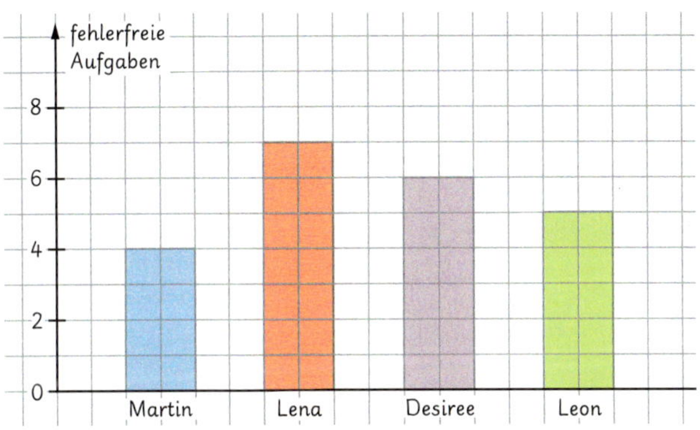

79

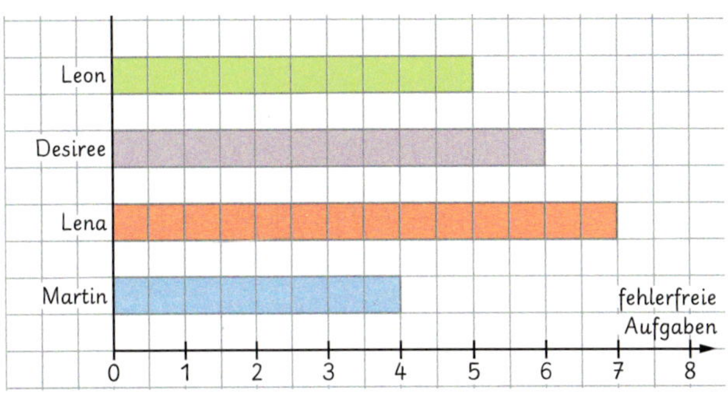

80 Insgesamt gibt es 22 fehlerfreie Aufgaben. Daher bietet es sich an, dass man für jede fehlerfreie Aufgabe einen 0,5 cm langen Abschnitt zeichnet. Der ganze Streifen wird dann 11 cm lang.
Martin: 4 fehlerfreie Aufgaben; 2 cm langer Abschnitt.
Lena: 7 fehlerfreie Aufgaben; 3,5 cm langer Abschnitt.
Desiree: 6 fehlerfreie Aufgaben; 3 cm langer Abschnitt.
Leon: 5 fehlerfreie Aufgaben; 2,5 cm langer Abschnitt.

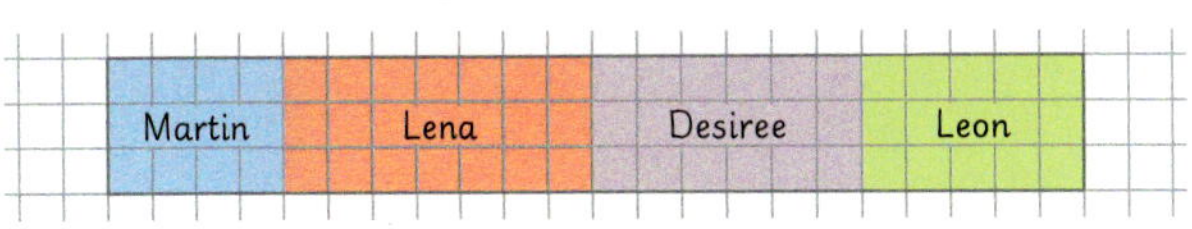

Grundwissen | Seite 229

81 a)

Lieblingsbeschäftigung	Strichliste	Häufigkeitstabelle
Fußball spielen	卌 卌	10
Inliner fahren	卌	5
Tanzen	||||	**4**
Reiten	||	**2**
Longboard fahren	||||	4
Musik hören	卌 ||||	9
Schwimmen	卌 ||	**7**
Lesen	卌 |||	**8**
Freunde treffen	卌 卌 ||	12

b) Es nahmen 61 Schülerinnen und Schüler an der Umfrage teil.

82

Punktzahl	Strichliste	Häufigkeitstabelle
9	|	1
11	||	2
12	||	2
13	|||	3
14	||||	4
16	|||	3
18	||	2

83

Temperatur	Strichliste	Häufigkeitstabelle
16 °C	|	1
17 °C	|	1
18 °C	||||	4
19 °C	||||	4
20 °C	|||	3
21 °C	卌	5
22 °C	||||	4
23 °C	||	2
24 °C	卌	5
25 °C	|	1

Mathematische Symbole

=	gleich
≈	ungefähr gleich; gerundet
<	kleiner als
>	größer als
ℕ	Menge der natürlichen Zahlen
ℤ	Menge der ganzen Zahlen
ℚ	Menge der rationalen Zahlen
{...}	Mengenklammer; Menge bestehend aus
$T_{10} = \{1;\ 2;\ 5;\ 10\}$	Teilermenge der Zahl 10
$V_5 = \{5;\ 10;\ 15;\ \ldots\}$	Vielfachenmenge der Zahl 5
$0,\overline{3}$	periodische Dezimalzahl

$g \perp h$	die Geraden g und h sind zueinander senkrecht
⊾	rechter Winkel
$g \parallel h$	die Geraden g und h sind zueinander parallel
g, h, ...	Buchstaben für Geraden
A, B, ..., P, Q, ...	Buchstaben für Punkte
$\overline{AB}$	Strecke mit den Endpunkten A und B
$A(-2\|4)$	Punkt im Koordinatensystem mit dem x-Wert −2 und y-Wert 4
$\alpha, \beta, \gamma, \delta, \ldots$	griechische Buchstaben für Winkel

Maßeinheiten und Umrechnungen

Zeiteinheiten

Jahr	Tag	Stunde	Minute	Sekunde
1 a =	365 d			
	1 d =	24 h		
		1 h =	60 min	
			1 min =	60 s

Gewichtseinheiten

Tonne	Kilogramm	Gramm	Milligramm
1 t =	1000 kg		
	1 kg =	1000 g	
		1 g =	1000 mg

Längeneinheiten

Kilometer	Meter	Dezimeter	Zentimeter	Millimeter
1 km =	1000 m			
	1 m =	10 dm		
		1 dm =	10 cm	
			1 cm =	10 mm

Flächeneinheiten

Quadrat-kilometer	Hektar	Ar	Quadrat-meter	Quadrat-dezimeter	Quadrat-zentimeter	Quadrat-millimeter
$1\,km^2$ =	100 ha					
	1 ha =	100 a				
		1 a =	$100\,m^2$			
			$1\,m^2$ =	$100\,dm^2$		
				$1\,dm^2$ =	$100\,cm^2$	
					$1\,cm^2$ =	$100\,mm^2$

Raumeinheiten

Kubikmeter	Kubikdezimeter	Kubikzentimeter	Kubikmillimeter
$1\,m^3$ =	$1000\,dm^3$		
	$1\,dm^3$ =	$1000\,cm^3$	
	1 l	1000 ml	
		$1\,cm^3$ =	$1000\,mm^3$

Alamy stock photo, Abingdon (Dorling Kindersley ltd), **106.4**; Arnold & Domnick GbR, Leipzig, **15.8; 15.12; 23.9; 23.11; 23.13; 24.6; 24.7; 24.8; 26.3; 28.3; 29.2; 29.3; 29.4; 29.5; 30.2; 94.8; 95.1; 95.5; 109.5; 112.3; 168.3; 168.4; 168.5; 172.1; 172.2; 173.1; 181.1; 181.2; 182.3; 192.1; 244.1; 245.1**; Axel Reis, Oberderdingen, **70.2**; BigStockPhoto.com, Davis, CA (hinnamsaisuy), **90.12**; Blickwinkel, Witten (P. Schuetz), **85.1**; Blühdorn GmbH, Fellbach, **3.1; 16.3; 16.4; 16.5; 16.6; 18.1; 20.5; 39.1; 43.13; 43.14; 43.15; 47.1; 50.1; 50.2; 50.3; 50.4; 66.1; 68.1; 70.1; 71.4; 74.1; 74.3; 74.3; 89.1; 90.9; 90.10; 90.11; 91.2; 91.3; 92.4; 93.1; 101.1; 101.2; 101.3; 101.4; 101.6; 101.8; 101.10; 101.11; 101.12; 102.6; 105.1; 105.9; 105.10; 105.12; 112.1; 112.1; 119.1; 130.1; 132.3; 140.3; 146.1; 179.2; 223.2.0**; Bridgemanimages.com, Berlin, **42.1**; By Ernst Wallis et al - own scan, Public Domain, https://commons.wikimedia.org/w/index.php?curid=11037570, **203.3**; Carlo Santambrogio, Milano, **107.2**; Corbis, Berlin (Aurora Photos / Chris Milliman), **Cover.1**; Corbis RF, Berlin (Image Source), **166.1**; dreamstime.com, Brentwood, TN (Iwan Zeller), **124.1**; Fechner, Günther, Meßstetten, **119.2**; Getty Images, München (Chris Schmidt), **8.2**; (National Basketball Association/Glenn James), **151.3**; Getty Images Plus, München (E+/JuergenBosse), **96.1**; (iStock/robynmac), **135.4**; (Michael Burrell), **90.7**; (nejdetduzen), **5.1; 168.1**; (oleg66), **118.1**; Holtermann, Helmut, Dannenberg, **70.5; 84.3; 108.1; 110.1; 110.4; 110.7; 113.3; 170.4; 170.5; 175.2; 176.2; 176.3; 185.1; 190.6; 193.2; 193.3; 196.6; 196.8; 197.1; 197.2; 197.5; 197.6; 198.4; 199.3; 201.2; 202.2; 202.3; 202.4; 203.1; 203.4; 206.1; 206.2; 234.4; 238.7; 244.2; 244.5; 246.1; 247.3**; (Helmut Holtermann), **31.1; 31.2; 31.3; 36.2; 38.1; 38.2; 43.8; 43.10; 43.12; 44.1; 44.2; 44.3; 44.4; 44.6; 45.1; 45.2; 45.3; 45.4; 45.5; 45.6; 46.1; 46.2; 46.3; 46.4; 46.5; 46.6; 47.3; 47.5; 47.6; 47.7; 47.8; 48.1; 48.2; 48.3; 48.4; 48.5; 48.6; 49.1; 49.2; 49.3; 49.7; 51.1; 51.2; 51.3; 51.4; 53.3; 54.1; 54.2; 55.3; 55.5; 57.1; 59.1; 60.1; 60.2; 60.3; 60.4; 61.1; 61.2; 61.3; 62.1; 63.1; 63.4; 63.5; 64.1; 64.2; 65.1; 68.2; 68.3; 68.4; 68.5; 69.2; 69.3; 70.3; 70.4; 71.3; 71.5; 72.1; 74.5; 74.6; 75.1; 76.1; 77.1; 77.2; 77.3; 77.4; 78.1; 81.1; 81.2; 81.3; 81.4; 82.1; 82.2; 82.3; 83.1; 84.1; 85.3; 87.3; 87.5; 90.2; 90.3; 90.5; 91.1; 91.4; 91.5; 91.6; 92.1; 92.2; 92.3; 92.5; 92.6; 93.5; 93.7; 93.8; 93.9; 94.1; 94.2; 94.3; 94.4; 94.5; 94.6; 94.7; 95.2; 95.3; 95.4; 95.6; 96.2; 96.3; 96.4; 97.1; 97.2; 97.3; 97.5; 97.6; 98.1; 98.2; 98.3; 98.4; 98.6; 99.2; 99.4; 100.1; 100.2; 100.3; 101.9; 101.13; 102.1; 102.2; 102.3; 102.4; 102.5; 102.7; 103.3; 105.2; 105.4; 105.8; 106.1; 106.2; 106.3; 108.2; 108.3; 108.4; 108.5; 109.1; 109.2; 109.3; 109.4; 109.6; 109.7; 109.8; 110.2; 110.3; 110.4; 110.5; 110.6; 111.1; 111.3; 112.2; 112.4; 113.4; 114.2; 114.3; 114.4; 114.5; 115.1; 115.2; 115.3; 120.1; 122.3; 122.4; 122.5; 123.1; 123.2; 123.3; 123.4; 124.2; 125.2; 131.1; 131.2; 131.3; 132.1; 132.2; 133.1; 134.1; 134.2; 135.1; 135.2; 135.3; 136.1; 136.2; 137.2; 137.3; 137.5; 137.6; 138.1; 138.2; 138.3; 138.4; 162.1; 187.4; 190.2; 190.4; 190.7; 190.8; 191.1; 191.2; 191.4; 191.7; 195.5; 195.7; 196.1; 196.2; 196.3; 196.4; 196.7; 197.3; 197.4; 198.2; 199.1; 201.1; 201.3; 202.5; 203.2; 204.1; 206.3; 207.1; 207.2; 207.3; 207.4; 207.5; 208.1; 208.2; 208.3; 208.4; 208.5; 209.1; 209.2; 209.3; 210.1; 215.1; 220.7; 221.1; 223.1; 223.10; 223.11; 223.12; 224.1; 224.2; 224.3; 224.4; 224.5; 224.6; 225.1; 225.2; 225.3; 225.4; 225.5; 225.6; 234.1; 234.2; 234.3; 235.1; 235.2; 235.3; 236.1; 236.2; 236.3; 236.4; 236.5; 236.6; 236.7; 236.8; 237.1; 237.2; 237.3; 237.4; 238.1; 238.2; 238.3; 238.4; 238.6; 239.1; 239.3; 239.4; 239.5; 246.3; 246.4; 246.5; 247.1; 247.2; 248.1; 248.2; 248.3; 248.4; 249.1; 252.6; 252.7; 253.2; 253.4; 254.1; 254.3**; (Holtermann), **22.3**; Hosch, Ann-Katrin, Lichtenwald, **74.1; 74.4**; https://creativecommons.org/licenses/by-sa/4.0/deed.de, siehe *3, **151.5**; Hungreder, Rudolf, Leinfelden-Echterdingen, **49.4; 49.5; 49.6; 90.1; 103.2; 204.2**; Ilka Kramer, Lausanne, **145.2**; imago images, Berlin (BildFunkMV), **10.1**; (blickwinkel), **79.1**; (Westend61), **168.2**; iStockphoto, Calgary, Alberta (Armando Frazao), **14.5**; (Bastar), **104.1**; (gaffera), **223.5**; (Jon Helgason), **63.2**; (Ricardo De Mattos), **149.1**; (sspopov), **223.9**; (Vasiliki Varvaki), **12.1**; (Vesnaandjic), **140.2**; (zoom-zoom), **223.4**; KD Busch GmbH, Stuttgart, **36.6; 36.7; 36.8; 36.8; 36.9; 93.2; 93.3**; Klett-Archiv, Stuttgart, **22.5; 68.9; 165.6**; Külen, Ilona Fa. imprint, Zusmarshausen, **238.5**; Matthalm, Thomas, Neukirchen bei Sulzbach-Rosenb, **189.3**; Mauritius Images, Mittenwald (Alamy/Werner Dieterich), **139.1**; (Udo Siebig), **107.3**; Menzel, Tom, Scharbeutz/Klingberg, **36.3; 36.4; 40.1; 42.3; 42.4; 44.5; 48.7; 48.8; 55.1; 55.2; 55.4; 57.2; 57.3; 58.2; 58.3; 58.4; 58.5; 63.3; 69.1; 72.2; 86.1; 87.4; 97.4; 98.5; 126.1; 145.1; 147.1; 147.4; 151.1; 151.2; 151.4; 152.2; 153.1; 154.1; 155.1; 155.2; 155.3; 155.4; 155.6; 155.7; 157.2; 158.1; 165.1; 165.2; 165.4; 165.5; 165.7; 167.1; 170.2; 171.1; 171.2; 171.3; 171.4; 171.5; 171.6; 174.1; 174.2; 174.3; 180.1; 182.1; 182.2; 183.1; 184.1; 184.2; 186.1; 186.2; 190.1; 191.3; 191.5; 193.1; 194.1; 195.1; 195.2; 195.3; 196.5; 198.1; 198.3; 199.2; 200.1; 200.2; 200.3; 200.4; 202.1; 205.1; 205.3; 226.1; 226.2; 226.3; 227.1; 227.2; 228.1; 228.2; 228.4; 244.3; 244.4; 245.2; 245.3; 254.2; 254.4; 254.5; 255.1; 255.2; 255.3**; MEV Verlag GmbH, Augsburg, **137.1; 147.2**; Picture-Alliance, Frankfurt/M., **164.1**; (Bergwacht Bayern/dpa), **189.1**; (dpa / Egor Eryomov/RIA Novosti), **180.2**; (Jan Potente/ADAC), **86.2**; (Laci Perenyi), **124.11**; (Markus Leitner/BRK BGL/dpa), **189.2**; (REUTERS/KAI PFAFFENBACH), **21.4**; Portfolio Neun Quadrate. Zwei Gruppen aus Extremkontrasten mit blaugrün-roter Diagonale 1981, Serigrafie, 70 x 70 cm © Richard Paul Lohse-Stiftung, Zürich / VG Bild-Kunst, Bonn 2016, **33.1**; Progression vier gleicher Gruppen von 1-4, 1952/1970, Öl auf Leinwand, 60x60 cm © Richard Paul Lohse-Stiftung, Zürich / VG Bild-Kunst, Bonn 2016, **33.2**; ShutterStock.com RF, New York, NY (AlexLMX), **223.8**; (Andrey Armyagov), **63.1**; (Dmitry Kalinovsky), **111.2**; (Dragon Images), **80.1**; (Fedor Selivanov), **114.6**; (Haoka), **28.5**; (HodagMedia), **4.1; 116.1**; (Ikonoklast Fotografie), **156.1**; (Ivan Garcia), **116.2**; (Jens Goepfert), **107.5**; (Kenishirotie), **183.2**; (Mariyana M), **104.4**; (Martin Silva Cosentino), **56.1**; (Maximumvector), **124.5**; (Mitch Gunn), **145.3**; (Nina Buday), **178.1**; (Pixel-Shot), **170.6**; (Route66), **124.9**; (Songquan Deng), **155.5**; (sungsu han), **8.4**; (WorldStockStudio), **4.2; 141.1**; (WTHOMEPHOTO), **124.3**; (Zoran Ras), **148.2**; (Zurijeta), **177.1**; stock.adobe.com, Dublin (alex), **15.3**; (AlexandreNunes), **104.2**; (Andrea Izzotti), **157.1**; (Andrejs), **223.2**; (annanahabed), **15.4**; (askaja), **147.3**; (Birgit Reitz-Hofmann), **223.7**; (contrastwerkstatt), **121.1**; (davit85), **27.2**; (diego cervo), **191.6**; (Digitalpress), **8.1**; (fotoflash), **223.6**; (fotohansel), **124.6; 124.10; 124.10**; (Guerilla), **127.1**; (Helmut Zweckerl), **36.1**; (highwaystarz), **29.1**; (IdeaBug, Inc.), **140.1**; (Ingo Bartussek), **106.5**; (Jacek Chabraszewski), **152.1**; (jamdesign), **73.1**; (markus_marb), **90.8**; (Martin Valigursky), **15.1**; (mikrosh), **2.1; 8.3**; (Monkey Business), **175.1**; (nikol85), **124.4; 124.7**; (racamani), **82.4**; (Ralf Gosch), **21.3**; (Reddogs), **15.2**; (seawhisper), **83.2**; (WavebreakMediaMicro), **2.2; 32.1**; (Werner Gölzer), **148.3**; (Yarek Gora), **179.1**; (Yvonne

Bogdanski), **121.2**; Thinkstock, München (Goodshoot), **173.2**; (Hemera), **40.2**; (iStock / Nagy-Bagoly Ilona), **113.2**; (istockphoto), **113.1**; (iStockphoto), **205.2**; (iStock/ArtBoyMB), **136.4**; (iStock/diego_cervo), **165.3**; (iStock/Dmitriy Shironosov), **161.1**; (iStock/Feng Yu), **104.3**; (iStock/Iuliia Sokolovska), **158.3**; (iStock/PeterTG), **170.1**; (iStock/Stramyk), **112.5**; (iStock/TerraSign), **158.2**; (iStock/ValerijaP), **137.4**; (iStock/vkara), **203.5**; (iStock/Yurchello108), **148.1**; (Kenishirotie), **52.2**; (Sergiy Serdyuk), **203.6**; ullstein bild, Berlin, **162.2**; (imageBROKER / Michael Weber), **142.1**; Uwe Alfer, Kråksmåla, Alsterbro, **10.3; 10.4; 11.2; 11.3; 11.4; 25.9; 25.11; 27.3; 218.1; 221.2; 221.3; 221.4; 223.1; 228.3**; (Alfer), **7.2; 17.4; 22.6; 22.8; 22.9; 22.10; 22.11; 22.12; 23.1; 23.3; 23.14; 24.5; 25.1; 25.2; 50.5; 50.6; 50.8; 50.10; 120.2; 202.6; 231.7**; (Alfer, Uwe), **222.8; 233.5**; (Uwe Alfer), **7.1; 7.3; 7.4; 7.5; 10.5; 11.1; 12.2; 12.3; 12.4; 12.5; 13.1; 13.2; 13.3; 13.4; 13.5; 14.1; 14.2; 14.3; 14.4; 14.6; 15.9; 15.10; 15.11; 16.1; 16.2; 16.7; 16.8; 16.9; 16.10; 17.1; 17.2; 17.3; 17.5; 17.6; 17.7; 17.8; 18.2; 18.3; 19.1; 19.2; 19.3; 19.4; 20.1; 20.2; 20.3; 20.4; 21.1; 21.2; 21.5; 23.7; 24.1; 25.3; 25.4; 25.10; 26.1; 26.2; 26.4; 27.1; 27.4; 28.1; 28.2; 28.4; 30.1; 30.3; 30.4; 100.4; 150.1; 194.2; 220.1; 220.2; 220.3; 220.4; 220.5; 220.6; 221.5; 222.1; 222.2; 222.3; 222.4; 222.5; 222.6; 222.7; 230.1; 230.2; 230.3; 230.4; 230.5; 230.6; 231.2; 231.3; 232.1; 232.2; 232.3; 232.4; 232.5; 232.7; 233.1; 233.2; 233.3; 233.4; 252.1; 252.2; 252.3; 252.4; 252.5; 252.8; 253.1; 253.3; 253.5**; Verschränkte farbkomplementäre Gruppen, 1952/1974, Öl auf Leinwand, 120x120cm © Richard Paul Lohse-Stiftung, Zürich / VG Bild-Kunst, Bonn 2016, **33.3**; VISUM Foto GmbH, München (Engel und Gielen), **176.1**; Wiemers, Sabine, Düsseldorf, **34.1; 37.1; 41.1; 43.6; 53.1; 54.3; 54.4; 85.2; 99.1; 103.1; 107.4; 122.2; 125.1; 136.3**; Zillig, Wolfgang, Dietramszell, **5.2; 189.0; 189.4; 189.5**; 123rf Germany, c/o Inmagine GmbH, Nidderau (Martin Novak), **52.1**; (paniayanna), **58.1**; (Wavebreak Media Ltd), **185.2**; © ester havlova, **107.1**

*3 Lizenzbestimmungen zu CC-BY-SA-4.0 siehe: http://creativecommons.org/licenses/by-sa/4.0/legalcode

Die Reihenfolge und Nummerierung der Bild- und Textquellen im Quellennachweis erfolgt automatisch und entspricht u. U. nicht der Nummerierung der Bild- und Textquellen im Werk. Die automatische Vergabe der Positionsnummern erfolgt in der Regel von links oben nach rechts unten, ausgehend von der linken oberen Ecke der Abbildung.

Schnittpunkt 6 – Differenzierende Ausgabe, Nordrhein-Westfalen

Begleitmaterial:
Lösungsheft (ISBN 978-3-12-744463-6)
Arbeitsheft mit Lösungsheft (ISBN 978-3-12-744465-0)

1. Auflage 1 5 4 3 2 1 | 25 24 23 22 21

Autoren: Sarah Macha, Rainer Pongs, Peter Rausche, Jens Richter, Ingrid Wald-Schillings
Unter Mitarbeit von: Martina Backhaus, Ilona Bernhard, Joachim Böttner, Günther Fechner, Wolfgang Malzacher, Achim Olpp, Emilie Scholl-Molter, Colette Simon, Claus Stöckle, Thomas Straub, Dr. Hartmut Wellstein

Entstanden in Zusammenarbeit mit dem Projektteam des Verlages.

Gestaltung: know idea, Freiburg
Umschlaggestaltung: know idea, Freiburg
Titelbild: Corbis (Aurora Photos / Chris Milliman), Berlin;
Satz: Arnold & Domnick, Leipzig
Druck: PASSAVIA Druckservice GmbH & Co. KG, Passau

Printed in Germany
ISBN 978-3-12-744461-2

9 783127 444612